Albert Camus

[法]阿尔贝·加缪－著

丁剑　刘思航－译

阳光之间　加缪救赎三部曲

L'Etranger

局
外
人

北京理工大学出版社
BEIJING INSTITUTE OF TECHNOLOGY PRESS

图书在版编目（CIP）数据

局外人 / (法) 阿尔贝·加缪著；丁剑, 刘思航译. —北京：北京理工大学出版社, 2020.12

（置身于苦难和阳光之间：加缪救赎三部曲）

ISBN 978-7-5682-9188-0

Ⅰ.①局… Ⅱ.①阿… ②丁… ③刘… Ⅲ.①中篇小说—小说集—法国—现代 Ⅳ.①I565.45

中国版本图书馆CIP数据核字（2020）第210641号

出版发行 / 北京理工大学出版社有限责任公司
社　　址 / 北京市海淀区中关村南大街 5 号
邮　　编 / 100081
电　　话 / （010）68914775（总编室）
　　　　　　（010）82562903（教材售后服务热线）
　　　　　　（010）68948351（其他图书服务热线）
网　　址 / http://www.bitpress.com.cn
经　　销 / 全国各地新华书店
印　　刷 / 三河市金元印装有限公司
开　　本 / 880 毫米 × 1230 毫米　　1/32
印　　张 / 6.5　　　　　　　　　　　　　　责任编辑 / 李慧智
字　　数 / 131千字　　　　　　　　　　　文案编辑 / 李慧智
版　　次 / 2020 年 12 月第 1 版　2020 年 12 月第 1 次印刷 责任校对 / 刘亚男
定　　价 / 90.00元（全 3 册）　　　　　　责任印制 / 施胜娟

序

阿尔贝·加缪出生于北非的阿尔及利亚，带有法国布列塔尼与西班牙血统，是法国著名的存在主义作家、哲学家，1957 年获诺贝尔文学奖，代表作《局外人》《鼠疫》《西西弗神话》等。

尽管加缪极力否认自己的存在主义者身份，但其哲学思想是存在主义则是无疑的，最为显著的表现就是他的"荒诞哲学"。相较于其他存在主义者，加缪的存在主义思想有其自身鲜明的特征，其逻辑是首先承认人生的荒诞本质，在此基础上，进而认可乃至推崇反抗的价值，他甚至并不着意关注反抗的结果，而是更为看重反抗的意识与过程本身。这一思想在《西西弗神话》中有着最为清晰的体现。正如加缪在诺贝尔文学奖获奖演说中所言，一位作家应当"拒绝对众所周知的事情撒谎"，在加缪看来，荒诞是人类存在状态的现实，他并没有逃避甚至回避这一现实，也没有试图去粉饰它，而是尝试着在哲学意义与实践意义上寻找人类的出路。从某种意义来讲，这是一种更为勇敢的行为。

加缪认为人生是荒诞的，这种荒诞不是世界本身造成的，世界只是如是存在着，而是人的意志、人对意义与价值的追索与世界的存在之间产生的矛盾与冲突导致的。面对荒诞，人应当始终如一地、激情满怀地反抗到底。这是加缪存在主义思想的内核，也是其思想的完整呈现，而这一思想几乎贯穿于他的主要作品之中。甚至《局外人》中的默尔索，也并非是毫无思想的、行尸走肉般的存在，相反，即便他时常将"无所谓"挂在嘴边，可他的意识与行为却也是建立在对其自身与世界、自身与社会的关系进行深入思考的基础之上的。《鼠疫》中的医生里厄、《西西弗神话》中的西西弗，则是反抗荒诞现实的典型代表，在他们身上，潜藏着一种隐忍的、内敛的激情，一股并非显露张扬却更为雄浑深厚的生命力量。

　　与其说加缪的作品具有传统的美学意蕴，不如说其更具有现代主义的思想性；与其说加缪的小说是在叙述故事，不如说其更多地是在渗透哲学思想。在文学谱系上，相较于浪漫主义与现实主义，加缪是现代主义的。对一般读者而言，他的小说故事性不强，会有一些晦涩难懂。不过，加缪更主要的是作为一位作家，而非专业的哲学家，他的作品可能是深沉的，但绝非抽象的、学理化的；相较于后现代主义，加缪又是拘谨的、理性的，他并没有狂暴地颠覆一切，也没有在荒诞中放逐自我，而是体认到人生的荒诞，却并未试图逃离荒诞；他自知无法逃离，于是选择以反抗的形式与荒诞共存。这是一种警醒的意识，也是一种无畏的态度。

在政治观上，加缪是典型的人道主义者，他的作品与思想中充满了正直的人格、人性的光辉与悲悯的人文关怀。他关注底层民众，关注那些承受着历史重压的人们，他怀着深切的同情站在底层民众的立场上，为他们发声呐喊，并始终秉持着反抗压迫的不屈精神。同时，加缪也是感性的、人文主义的，他的小说更多地体现其"荒诞哲学"的一面，小说中人物的存在方式通常会给人以孤独、压抑、异化、荒诞、疏离于世界的感觉，但加缪的散文、随笔，又会更多地展现其感性的、细腻的、激情满怀的一面，让我们看到一个热爱生活、亲近自然、尊崇生命的加缪，看到一个深深地沉浸在纯朴的、温柔的情爱之中的加缪。

因此，对加缪的理解不应局限于某一词语、某一句话、某一段落、某一篇章以及某一作品，正如他看待世界的视角是二元对立却又辩证统一的一样，我们也应站在具有足够广度的视野下完整地看待加缪。加缪的小说展现的是工业化与资本主义化发展到成熟阶段的西方社会中的个体经验，他揭示的现实是残酷的，但他并未止步于此，而是进一步地指出了人类的出路。他聚焦于存在主义的人的生存状态，昭示出现代社会中人的某种可能的存在方式，而这种方式有助于缓解人与世界、人与社会之间的紧张关系，在令人警醒的同时，又给人以抚慰，甚至隐含着意义本身。虽然加缪从未刻意地追寻意义，甚至断然否认意义与价值，但意义却在反抗荒诞的过程中自然而然地生成了，人的存在本身就是意义。加缪及其作品赋予我们一种道路的指引与灵魂的慰藉，他所指示的道路，未必是唯一的，但至少是一条可行的、并不消沉的道路。这也是为什么加缪不断地被人提及，其思想不断地得到阐释的原因，尤其越是在灾难不期而至的时刻，加缪就越是显得重要与恰切。

难能可贵的是，加缪不仅在作品中宣扬其价值观，在生活中也如实践行着，他的实践与他的作品是一致的。他是谦逊的、审慎的，同时也是浪漫的、有着浓郁生命气息的。他带着法兰西的感性气质、北非的豪放质朴与神秘感，以及西班牙的冒险精神，尽情地散发着人格魅力。无论在当时还是后世，我们可以不认可他的观点，不喜欢他的作品，却永远也无法诋毁他这个人。甚至于，因其作品、思想乃至生活态度，加缪成为很多人的精神导师，指引他们走出荒漠，走向更为全情投入的生命体验。如果有人因加缪而困顿于荒漠，应该说，这全然不是加缪的本意。

这就是加缪的价值，他揭示并演绎了人类生存的一种向度。即便不能说是全部，甚至很难说是最合理的，但毫无疑问，加缪及其作品所揭示的，是人类生存的一种值得尊敬的向度。

目录

局外人 / 001

第一部分 / 003

第二部分 / 057

堕落 / 111

L'ÉTRANGER

局外人

第一部分

1

今天妈妈死了。也许是昨天,我不确定。收容院发来的电报上写道:"你母过世。明日下葬。节哀。"事情因此变得复杂起来;忌日也有可能是昨天。

老年人收容院在马朗戈,离阿尔及尔大约八十公里。乘下午两点的公共汽车,我完全可以在天黑前赶到。在那里过夜,按照习俗守灵,到明天晚上就能回来。我已经向老板请了两天假;显然,他不能在这种情况下拒绝我。不过,我认为他有点儿生气。于是我不假思索地对他说:"对不起,先生。你知道这不是我的错。"

接着,我突然想到,我根本不用这样说,也没有什么要请人原谅的;倒是他应该跟我说点儿宽心话。也许等他看见我穿丧服的时候会那样做吧。截至目前,就像妈妈还没有死一样。葬礼才会真正把死讯带给我,也就是说,盖棺论定……

我坐上了两点钟的公共汽车。那天下午天气很热。和平时一样,我在赛莱斯特家的饭馆吃了午饭。每个人都很同情我,赛莱斯特还对我说:"人生在世,妈妈只有一个呀。"我走的时候,他们一直送我到门口。我匆匆离开,因为最后还得去艾玛努埃尔那里借他的黑领带和黑纱，几个月前，他叔叔去世了。

我不得不跑着去赶公共汽车。也许因为匆忙，加上亮得晃眼的路面和天空，还有车的汽油味儿和颠簸，令我昏昏欲睡。我几乎在车上睡了一路。醒来的时候，我发现自己正靠在一个士兵身上。他朝我笑笑，问我是不是赶了远路。为了不节外生枝，我只点了点头，没心情说话。

收容院离村子还有两公里。我步行赶到那里，要求立刻见到妈妈，但门房告诉我，应该先见院长。可是院长正忙，我只好等了一会儿，同时门房跟我聊着天；后来，他领我去了办公室。院长是个小老头，个子很矮，白头发，戴着荣誉军团勋章。他用含着泪水的蓝眼睛盯着我看了很长时间，然后我们握手，他握了好久，弄得我很难为情。随后，他查了一下登记册，对我说：

"默尔索太太是三年前进收容院的，她没有个人收入，完全靠你赡养。"

我感觉他在责备我，就开始解释。但他打断了我。

"你不用自责，孩子。我看过登记册，显然你也没有条件好好照顾她。她需要人一直陪着，像你这样的年轻人收入又不高。总之，她在收容院会更快乐一些。"

我说："是的，先生，我想也是。"

他又接着说："你知道，她在这里有好朋友，都是像她一样的老年人，人们总是和同龄人更容易相处。你太年轻了，做不了老人的伴儿。"

事情是这样的。我们一起生活的时候，妈妈总是盯着我，但我们俩几乎不说话。进收容院后最开始的几个星期，她老是哭，那是因为还没习惯。一两个月后，要是让她离开收容院，她反而舍不得了。因为离开又会变成一种痛苦。正因如此，这一年来我几乎没来看望她。当然，也因为要用掉我的周末——更别提坐公共汽车、买票，还有每天花两个小时在路上的麻烦。

院长还在说着，但我心不在焉。最后，他说：

"我想，你愿意再看看你母亲吧。"

我站起身，没有回答，于是他领我朝门口走去。下楼的时候，他向我解释说：

"我把遗体停厝到小太平间了，怕惹别的老人伤心，你明白吧。每次这里有人去世，他们都会紧张好几天。当然，也会因此增加我们的工作和担忧。"

我们穿过一个院子，院子里有不少老人正三五成群地聊天。我们经过的时候，他们都沉默下来。一等我们走开，背后的叽叽喳喳声又响起来，让我想起笼子里的长尾小鹦鹉，只是他们的声音没那么尖锐。院长走到一座矮矮的小房子门口停了下来。

"请自便吧，默尔索先生。要是你需要什么，就到办公室找我。我们预定明天早上举行葬礼，今晚你可以守在母亲身边，无疑你也希望这样。还有一件事，我听你妈妈的朋友说，她希望按照教会的仪式安葬。我已经安排好了，不过，我想应该让你知道这件事。"

我向他表示感谢。就我所知，尽管妈妈没有公开承认自己是无神论者，但她从来没关心过宗教。

我进了太平间。那是个明亮、一尘不染的房间，墙壁刷成白色，有一个很大的天窗，房间里有几把椅子和几个支架。其中的两个支架撑开在屋子中间，上面放着棺材，盖子已经盖好，但上面的镀镍螺钉并没有拧紧，一个个在漆成深胡桃木色的棺材盖上探着头。一位阿拉伯妇女——我猜是护士——正坐在棺材旁边；她身穿蓝罩衫，头上罩着一块色彩俗气的头巾。

这时，门房赶到了我身后。他显然是跑着来的，因为他有点儿喘不过气来的样子。

"我们把棺材盖给盖上了，打算等你来了再拧开，好让你再看看她。"

就在他朝棺材走过去的时候，我告诉他不用麻烦了。

"呃？什么？"他惊讶地问，"你不想让我……"

"对。"我说。

他把螺丝刀放回口袋，瞪大眼睛看着我。我意识到说了不该说的话，感到非常不安。他看了我一会儿，然后问：

"为什么？"但他的语气里没有责备，也许他只是想知道原因。

"哦，我真的不能说。"

他拈了拈白胡子，低着头温和地说：

"我知道了。"

他是个讨人喜欢的人，有一双蓝眼睛，脸色红润。他为我拉来一把椅子，放在棺材旁边，然后自己坐在那把椅子背后。这时，女护士站起身，朝门口走去。她从我们身边走过的时候，门房在我耳边悄悄地说：

"她生了瘤子，可怜的孩子。"

我仔细一看，发现她头上缠了一圈绷带，就在眼睛下面。她鼻梁所在的地方完全是平的，脸上除了一道白色的绷带，几乎什么都看不见。

她一走，门房也站起身。

"还是让你一个人待会儿吧。"

不知道是不是因为我做了什么手势，他并没有离开，而是在我身后站住了。背后有人站着，让我感觉很不自在。太阳西斜，房间里充满了柔和而舒适的光线。两只大黄蜂在天窗上嗡嗡地飞。我犯困了，眼皮直打架。我没回头，问门房他在收容院多长时间了。他立刻回答："五年了。"这让我感到他好像一直等着我发问一样。

就这样，他的话匣子打开了，变得十分健谈。如果十年前有人告诉他，他会在马朗戈的一家收容院当门房度过晚年的话，他是绝对不会相信的。他六十四岁了，来自巴黎。

听他说到这里，我插嘴问："啊，你不是本地人吗？"

这时我才记起来，在带我去见院长之前，他已经向我说过一些关于我母亲的事。他说要尽快下葬，因为这里地处平原，天气炎热。"在巴黎，他们往往停尸三天，有时候四天。"接着，他提到在巴黎度过了他人生中最美好的日子，无论如何也忘不掉巴黎。"在这儿，"他说，"丧事只能办得匆匆忙忙。刚听到一个人死的消息，就马上被拉着参加葬礼了。"

"够了，"他妻子不知道什么时候进来了，责备他说，"你不该向一个可怜的年轻人说这种事。"

老人红了脸，开始向我道歉。我对他说，这完全没关系。事实上，我感到他说的很有意思，我以前完全没有想过这些事。

他又接着说，他进收容院的时候和其他老人一样。但他身体好，也有精力，门房的工作出现空缺后，他就毛遂自荐，做了守门人。

我向他指出，即使这样，他事实上还像其他老人一样，是被收容者，但他不同意。他说他自己类似一个"官"。先前我就对他的用词感到奇怪，因为在提到其他并不比他年纪大的老人时，他总是说"他们"，有时说"那些老人"。不过，我明白他的想法。门房是有一定身份的，而且相对这里的其他人来说，也有一些权力。

这时候，那位护士又回来了。夜晚来得很快，几乎突然之间，天就黑了下来。老门房打开灯，耀眼的灯光使我在那一瞬间几乎变成了瞎子。

他建议我去食堂吃饭，但我不饿。然后他又提出给我带一杯牛奶咖啡。我喜欢牛奶咖啡，就向他表示感谢。几分钟后，他端着一个盘子回来了。我喝了咖啡，接着想抽支烟。但我不确定是否可以抽烟——

在这个环境里——当妈妈在场的时候。我考虑了一下，似乎不要紧，于是我递给门房一支烟，我们一起抽起来。

过了一会儿，他对我说：

"你知道吗，你妈妈的朋友都会过来，和你一起守灵。只要这里有人死了，我们都会这样做。我得去多搬几把椅子，再端壶黑咖啡。"

耀眼的白色墙壁刺得我眼睛疼，我问他能不能关掉一盏灯。"不行。"他说。这里的灯就是这样装的，要么全打开，要么全关上。后来我没再注意他。他出去了，搬来几把椅子，又把椅子摆在棺材周围。在一把椅子上放了一壶咖啡和十几个小杯子。然后他面对我坐下来，隔着妈妈的棺材。女护士坐在房间的另一头，背对着我。我看不清她在干什么，不过从她胳膊的动作来看，我猜她在织毛线。我感觉很惬意，咖啡温暖了我的身体，凉爽的晚风从门口吹来一阵阵花香。我不知不觉打起瞌睡来。

我被一阵奇怪的沙沙声惊醒。睁开眼后，感觉屋里的光线变得更耀眼了。房间找不出一点阴影，每个物体、每条曲线和每一个角落都显得格外的轮廓分明。那些老人——妈妈的朋友们——正在往这个房间走。我数了一下，有十个人，他们几乎无声地从惨淡的白光里滑过。坐下去的时候，连椅子也不发出一点儿声音。我活到现在，看人的时候从来没有像现在这样清清楚楚，他们的相貌和衣服上的每一个细节都逃不过我的眼睛。然而我听不到他们的声音，因此很难相信他们是真实存在的。

几乎所有的老太太都戴着围裙，系带紧紧地捆在腰上，使她们的大肚子显得更突出。我从未注意过老太太们会有这么大的肚子。可是，大部分老头子都瘦得像竹竿，而且他们都挂着手杖。让我最吃惊的是，我看不见他们的眼睛，只能从皱纹围起来的眼窝里看到一点儿暗淡的浊光。

坐下来后，他们都看看我，令人困惑地摇着头，他们的嘴唇深陷在牙齿掉光的牙龈里。我不知道他们是在跟我打招呼并试图说点儿什么，还是因为年迈导致的不自然的动作。我倾向于他们是在跟我打招呼，但这样一来，又造成了一种奇怪的效果，看着这些老人围坐在门房身边，一边严肃地打量我，一边摇晃着脑袋。有一阵子，我有了一种荒谬的感觉：他们正坐在这里审判我。

几分钟后，一个女人哭了起来。她坐在第二排，前面有一个老太太挡着，我看不见她的脸。每隔一会儿，她就似乎透不过气来地抽噎一下，让人感到她会没完没了地一直这么哭下去。其他人好像没注意到一样，都弯着腰静坐在椅子上，盯着棺材、手杖，或者他们前面的任何物体，再也不把目光移开。那个女人还在哭。我很奇怪，我并不知道她是谁。我希望她别再哭了，又不敢跟她说。过了一会儿，老门房弯下腰，在她耳边小声说了几句，可是她摇了摇头，含糊地说了几句我没听清楚的话，接着又有规律地啜泣起来。

门房站了起来，把他的椅子移到我旁边。一开始他没说话，过了一会儿跟我解释道：

"她和你妈妈很要好。她说，你妈妈是她在这个世界上唯一的好朋友，但现在只剩下她一个人了。"

我不知道该说什么，就这样沉默了好一会儿。那个女人的叹息声和抽噎声已经不那么频繁了，后来，她擤了擤鼻涕，又小声哭了几分钟，终于也安静下来。

我不瞌睡了，但感觉很累，腿也疼得厉害。我意识到，正是这些人的沉默使我心烦意乱。房间里只有一种奇怪的声音，时有时无。起初我很迷惑，不过，仔细听了一会儿，我猜出来了，有几个老头子在嘬腮帮子，所以发出了这种怪异的、让我摸不着头脑的声音。他们都沉浸在自己的思绪里，自己并没有意识到。我原以为，屋子中间的死者对他们来说没有意义，但现在我认为自己错了。

我们都喝了门房递来的咖啡。后来的事情，很多我都忘记了，夜晚悄然离去。我只记得一个瞬间：我睁开眼，发现那些老人都蜷在椅子上睡着了，只有一位例外。他下巴抵在握着拐杖的双手上，正目不转睛地盯着我，好像在等着我醒来一样。后来我又睡着了。再后来我又醒了一会儿，因为腿疼得抽起筋来。

天窗透进来一抹曙光。一两分钟后，一个老头子醒了，咳个不停。他把痰吐在一块大方格手帕里，每次吐痰，听起来都像在剧烈地干呕一样。就这样，其他人也被吵醒了，门房对他们说，该离开了。他们都立刻站起来。经过一个漫长而难熬的守灵夜，他们都脸色灰暗。我惊讶于他们每个人都和我握了手，好像经过这一夜后，虽然他们之间没有交谈，但已经变得熟悉起来一样。

我非常疲惫。门房把我带到他的房间，我洗了把脸。他又给我倒了杯牛奶咖啡。喝过咖啡后，我感觉好多了。我出门的时候，太阳已经升起，马朗戈和大海之间的山岭上空一片红霞。晨风拂面，夹杂着一股令人愉悦的盐味儿。看来今天是个好天气。我已经很久没来过乡下了，要不是因为妈妈去世，我真想舒舒服服地散散步。

我在院子里一棵悬铃木下等着。呼吸着新鲜泥土的气息，我感到一点睡意都没有了。这时我想起办公室的同事们，现在他们正在起床准备上班；对我来说，这总是一天里最难捱的时刻。我胡思乱想着，过了十分钟左右，房子里响起铃声，打断了我的思绪。我隔着窗户看着里面的动静，接着里面又安静下来。太阳又升高了一点，晒得我双脚暖洋洋的。门房走进院子，说院长要见我。我去了办公室，院长让我签了一些文件。我注意到他穿着黑衣服和细条纹裤子。他接了个电话，然后回头看着我。

"殡仪馆的人已经来了，他们要去太平间，把棺盖上好。要不要让他们等等，好让你最后再看你母亲一眼？"

"不用了。"我说。

他对着话筒，低声说："好了，费亚克。让他们去吧。"

接着，他告诉我，他打算参加葬礼，我对他表示感谢。他坐在办公桌后面，交叠着两条短腿靠在椅背上。他告诉我，除了值班的护士，送葬的只有他和我两个人。收容院有规定，虽然不反对一些老人守灵，但不允许他们参加葬礼。

"这是为了他们好，"他解释道，"为了防止他们情绪激动。但这次作为特例，我允许你母亲的一个老朋友跟我们一起。他叫多玛·贝莱兹。"院长微笑着说："这里有个感人的小故事。他和你的母亲几乎形影不离。别的老人常常逗贝莱兹，说他有了个未婚妻。他们总打趣地问他：'你打算什么时候娶她？'他常常一笑了之。实际上，这是个固定的笑话。所以，你也猜得出来，他对你母亲的死感到很难过。我认为我不能不近人情地拒绝他参加葬礼的请求。不过，根据医生的建议，昨晚我没让他守灵。"

他坐在那里沉默了一会儿，然后站起来走到窗前。过了一会儿，他看着窗外说：

"啊，马朗戈的神父来了。他提前到了。"

他提醒我，步行去村里的教堂要花三刻钟。然后我们一起下了楼。

那位神父正在太平间门外等着。他带了两个助手，其中一个捧着香炉。神父正弯着腰调节香炉上银链的长度。看见我们后，他站直了身子，对我说了几句话，把我称作"我的孩子"。然后他带头走进了太平间。

我马上发现四个穿着黑衣服的人正站在棺材后面，棺盖上的螺丝已经拧到位。同时听见院长说灵车到了，神父开始念祷文。然后每个人都行动起来。那四个人拿着一条黑布朝棺材走过去，同时神父、两个助手和我鱼贯而出。门外站着一位我先前没见过的女士。"这是默尔索先生。"院长对她说。我没听清她的名字，但听到了她是收容院的护士。院长介绍我的时候，她点了点头，但是她又瘦又长的脸上没有一丝笑容。我们让开门口让棺材通过，接着跟在抬棺人后面，沿着走廊来到前门，一辆灵车正等在外面。那辆长方形的灵车外表光亮，通体着黑漆，让我隐隐想起院长办公室里的笔盒。

灵车旁边站着一位穿着旧式服装的小个子男人，在我看来，他的任务是指挥葬礼，充当司仪。在他身边，是神色拘谨、几乎可以称得上害羞的贝莱兹先生，我妈妈那位形影不离的特别的朋友。他戴了一顶布丁盆型的软呢帽，帽檐特别宽——棺材一出门，他就把帽子摘了下来——他穿着一条长得堆在鞋上的裤子，系着一条和高高的白色双重领比起来显得过小的领带。他的圆鼻子上疙疙瘩瘩，嘴唇哆哆嗦嗦。但我印象最深的是他的耳朵，在灰白的脸颊和银色鬈发的衬托下，他那两只血红的耷拉耳朵就像两团火漆一样醒目。

司仪给我们安排好位置，神父走在灵车前面，四个穿黑衣服的抬棺人分别在灵车两边，院长和我跟在后面，老贝莱兹和护士在最后。

天上阳光耀眼，气温很快升起来。我开始感到背上的热量，我的黑色套装使情况变得更糟糕。真不知道他们为什么拖那么久才上路。老贝莱兹刚把帽子戴上，接着又摘了下来。院长又跟我说起贝莱兹时，我微微转身朝贝莱兹的方向看了一眼。我记得院长说，老贝莱兹过去常常和我妈妈结伴在凉爽的傍晚散步；有时候能走到村子里，当然，还有一位护士陪着。

我看着四周的田野。看着一排排绵延到天边和山岗上的柏树，看着点缀着翠绿斑纹的热烘烘的红土地，看着时不时出现的被阳光勾勒出清晰轮廓的孤零零的房子——我能够理解妈妈的感受。在这样的地方，傍晚必定是一种令人伤感的慰藉。但在此刻，在早晨炙热的阳光下，万物在热霾中闪烁着微光，这种情景让人感到既残忍又沮丧。

我们终于上路了。这时我才发现贝莱兹有一点儿瘸。灵车加速后，这位老兄就跟不上了。灵车旁的一个人也被落了下来，走在我旁边。太阳升得真快，一会儿工夫，空气里就充满了嗡嗡的昆虫叫声和草地在热气下发出的沙沙声。我的脸上开始淌汗，由于没有戴帽子，只好用手帕扇风。

旁边的抬棺人扭头对我说了句什么，我没听清楚。他左手拿着手帕擦汗，右手把帽子朝上推了推。我问他说的什么。他朝天上指了指：

"今天太阳真晒，是不是？"

"是。"我说。

过了一会儿，他问我："下葬的是你妈妈？"

"是。"我又说。

"她多大年纪了？"

"啊，她上岁数了。"事实上，我不清楚妈妈的年龄。

他沉默下来。回头一看，我看见老贝莱兹已经被落下五十多米。他正挥动手里的宽边软呢帽，卖力地往前赶。我又看了看院长，他不疾不徐地迈着四方步，没有一个多余的动作。汗珠在他额头上闪闪发亮，但他也不擦下。

我感到我们这一小队人走得更快了。不管走到哪里，举目四望都是阳光普照的田野。天上的阳光太刺眼，我没有勇气抬头去看。过了一会儿，我们走上了一段新铺了柏油的路。在烈日的暴晒下，那段路踩上去嘎吱作响，起脚后留下一个个黑亮的脚印。队伍前面，车夫亮闪闪的黑帽子像一团同沥青一样黏稠的物质，稳稳当当地挂在灵车前面。这样的情景给人一种奇异的梦幻般的感觉，天空是蓝白色的云和炫目的阳光，身边则是各种各样的黑：灵车光亮的黑色，人们的衣服暗淡的黑色，柏油路上银黑色的脚印。然后又有各种各样的气味，皮革晒热的气味、马粪味和焚香的气味混合在一起。再加上前一天晚上缺觉，我的视力和思维都模糊起来。

我又回头看了看，老贝莱兹被落在后面很远的地方，几乎被热霾藏了起来；又过了一会儿，他突然消失了。我迷惑了一会儿，猜测他走了小路。后来我注意到前面的路拐了个弯。显然老贝莱兹对这个地区很熟悉，抄了近路来追我们。我们走过那段弯路没多久，他就和我们会合了。不久后，他又走了另一条近路再次追上了我们；事实上，这样的情景在接下来的半个小时里频繁发生。不过，我很快对他的活动失去了兴趣。我的太阳穴一抽一抽地疼，只能勉强移动脚步。

后面的一切都进行得匆匆忙忙而且不失条理，但事实上我几乎记不清任何细节。除了一件事：在村子外面，那位护士对我说了几句话。

她的声音清亮悦耳，还带着一点儿颤音，完全和她的脸对不上，这使我很吃惊。她对我说："走得太慢，很容易中暑。不过，要是走快了又会出汗，当心被教堂里的冷空气吹着凉。"

这场葬礼还给我留下了另一些记忆。比如说，老贝莱兹在村口最后一次追上我们时的那张脸。他的眼睛里噙着泪水，因为疲劳或悲痛，或者兼而有之。但是因为脸上的皱纹，泪水流不下来，而是纵横交错地，在他年迈疲惫的脸上形成了一片光滑的泪光。

我也记得那座教堂的样子，道路上的村民，墓地里的红色天竺葵，贝莱兹的昏厥——就像一个散架的布娃娃，盖在妈妈棺材上的红褐色的泥土，混杂在泥土里的白色树根；更多的人，说话声，在一家咖啡馆外等汽车，轰隆隆的马达声，进入阿尔及尔第一条灯火通明的街道时微微的兴奋，以及一头倒在床上一觉睡上十二个小时的憧憬。

2

醒来的时候，我终于明白为什么请假时老板显得不满了，因为今天是星期六。我当时没想到，直到今天起床后才意识到。显然老板想到了，因为这样一来，我就直接得到了四天假期，怎么能指望他高兴呢。毕竟妈妈是昨天下葬而不是今天，这又不是我的错；另外，星期六和星期天本来就是我的假期。但这无碍于我理解他的想法。

昨天累得精疲力尽，今天早上我费了好大劲儿才从床上爬起来。我一边刮脸，一边想上午怎么过，后来决定去游泳放松一下。于是我搭电车去了港口。

和往常一样，游泳池里有很多年轻人，玛丽·卡多娜也在，她过去是办公室的打字员。那时我非常喜欢她，我认为她对我也有好感。但她和我们在一起工作的时间很短，所以后来无疾而终。

趁着帮她爬上浮床的机会，我的手有意无意地碰到她的胸脯。她平躺在浮床上，我踩着水。过了一会儿，她转过身来看着我，她的湿头发搭在眼睛上，眼睛里满是笑意。我也爬到浮床上，在她身边躺下。阳光温暖宜人，于是，我半开玩笑地把头枕在她的肚子上。看来她不介意，于是我们就这样躺着。放眼望去，蔚蓝的天空和金色的阳光尽收眼底，玛丽的腹部在我头底下轻轻起伏。就这样我们在浮床上躺了足有半个小时，都快睡着了。太阳变得晒起来，她跳进水里，我也跟着下了水。我追上她，用一只手搂着她的腰，和她肩并肩地游着。她还是笑个不停。

后来我们坐在泳池边上晾干身子，她说："我的皮肤比你黑。"我问她是否愿意晚上和我一起看电影。她又笑了，对我说："好。"只要我带她去看每个人都在谈论的那部喜剧，费南代尔演的。

我们换好衣服后，她盯着我的黑领带，问我是否在服丧。我解释说我妈妈死了。"什么时候？"她问。我回答："昨天。"她没说话，但我认为她有点害怕。我正要向她解释，说这不是我的错，但转念想到我向老板做过同样的解释，这样做很傻。可是，不管傻还是不傻，人们总是难免感到一点愧疚。

总之，晚上的时候，玛丽已经忘掉了这件事。那部电影有些地方很滑稽，但有些地方蠢到死。在电影院里，她把腿贴在我的腿上，我抚摸着她的胸部。临近电影结束的时候，我吻了她，但很笨拙。后来她跟我去了我的住处。

第二天我醒来时，玛丽已经走了。她告诉过我，今天一早她要和姨妈见面。我记得今天是星期日，这让我兴味索然；我从来不做礼拜。所以我在床上懒洋洋地打了个滚，在枕头上寻找玛丽的头发留下来的盐味儿。我又睡着了，一直睡到十点，然后又抽着烟，在床上赖到中午。我不想像平时那样去赛莱斯特家的饭馆吃饭，因为他们肯定有一堆问题要问我，我不喜欢被人追问。我煎了几个鸡蛋，把盘子里的食物吃得干干净净。我没吃面包，因为家里的面包吃完了，我也懒得下楼买。

吃过午饭，我无所事事地在小公寓里转了几圈。妈妈在的时候，这套房子对我们俩正合适；可是现在我一个人，这套房子就显得太大了，何况我还把饭桌移到了卧室。我只要卧室就够了，这里有我需要的全部家具：一张黄铜床架、一个镜台、几张座位多少有点凹陷的藤椅、一个镜子已经失去光泽的衣柜。公寓里其他地方都没用过，所以我也不愿费心打扫。

过了一会儿，为了打发时间，我拿起地板上的一份旧报纸看了起来。

报纸上有一份克鲁申盐业公司的广告，我把它剪下来贴到我用来收集剪报的簿子里。然后我洗了手，又为了打发时间而走上阳台。

我在阳台上可以俯瞰本区的主街道。这是一个天气晴朗的午后，人行道上的黑色地砖在太阳的照射下闪闪发光。街上行人寥寥，却很奇怪，每个人都匆匆忙忙。首先过来的是出来散步的一家人：两个小男孩穿着水手服和勉强盖住膝盖的短裤，显得很不自在；还有一个扎着大粉红蝴蝶结、穿着黑漆皮鞋的小女孩。他们的妈妈——一位胖得吓人、穿着棕色丝质连衣裙的女人跟在后面。他们的爸爸是一个衣冠楚楚的小个子男人，我见过这个人。他戴着一顶草帽，拿着手杖，扎着蝴蝶领结。看着他走在妻子身边，我就明白了为什么人们说他出身很好，但娶了个不般配的老婆。

接着走过来的是一群年轻人，这些人是本地的"血帮"①，每个人都有一头光滑油亮的头发，系着红领带，穿着束腰外套，口袋上缀着饰带，脚上蹬着方头皮鞋。我猜他们是去市中心某个大剧院看电影的，所以要这么早动身赶电车，他们一边走，一边高声说笑。

这些人过去之后，大街上逐渐空了下来。这时，各种午后的娱乐活动都开场了。附近只剩下几个商店的店主和几只猫。从悬铃木荫蔽的街道向上望，天空中没有云彩，但阳光很柔和。街道对面的烟草店店主拿了把椅子摆在门前的人行道上，跨坐在椅子上，双手扶着靠背。

---

① 此处泛指街头帮派。

几分钟前拥挤的电车现在几乎是空的。烟草店隔壁，名叫"比埃罗之家"的小咖啡馆里一个人都没有，服务员正在打扫地上的锯末。典型的礼拜天下午……

我也把椅子倒了过来，像烟草店店主一样坐着，因为这样更舒服。抽了两根烟后，我回到房间里，拿了块巧克力，回到阳台上吃起来。突然，天空乌云密布，我以为要下暴雨了。不过，过了一会儿，云又慢慢散开了。可是看上去还是有点要下雨的样子，而且天暗了一些。我待在那儿看天，看得出了神。

五点钟的时候，我听见了电车响亮的叮当声。车是从郊区体育场开过来的，那里刚举行过一场足球赛。电车里挤得满满当当的，连踏板上都站满了人。接着，另一辆电车拉回了足球队。我是从他们手里拿的小手提箱看出来的。他们大声吼着球队的队歌，"让我们的球滚不停，让我们的友谊万古长青，伙计们……"一个队员抬头看见了我，冲我喊道："我们踢赢了！"我向他挥挥手，喊道："干得好！"从这时起，街上的私人车辆逐渐多了起来。

天色又变了，屋顶上正升起一片红霞。随着暮色渐浓，街上渐渐热闹起来。散步的人也开始往回走了，我在行人中又看到了衣冠楚楚的小个子和他的胖老婆。孩子们一边抱怨，一边无精打采地跟在后面。又过了一会儿，附近的电影院散场了，退场的观众也涌上了街头。我发现，刚从电影院出来的年轻观众不光步子迈得比平时大，连动作也比平时更有活力，我想他们看的一定是带劲的西部片。那些去市中心电影院的人回来得稍晚些，而且显得更稳重，不过也有少数人在笑。总体上，他们显得有几分无精打采和疲倦。其中有几个人在我窗下的大街上闲逛。一群女孩手挽手走过来。我窗下的几个小伙子齐齐换了个方向，以便和姑娘们擦肩而过。他们还大声说了几句笑话，惹得姑娘们扭过头咯咯直笑。我认出了那些女孩子，她们是从我老家镇上来的，其中有两三个认识我，抬头向我招了招手。

这时，街灯一齐亮了起来，天上开始闪烁的星星顿时变得黯淡无光。看着华灯初上的街道和来来往往的行人，我感到眼睛发酸。灯光下有一片片的反光，不时有电车经过，车灯照亮了一个女孩的长发，或者一个微笑，或者一个闪亮的银手镯。

很快，电车少了，天空像罩在树木和灯光上的一块黑天鹅绒幕布。不知不觉中，街上的行人也越来越少，渐渐地，一个人都看不到了，直到我看见一只猫悠然地从空空荡荡的大街上穿过时，我才想到，该吃晚饭了。在椅背上趴了这么久，一直盯着楼下，一站起来就感到脖子发酸。我下楼买了面包和意大利面，做了晚饭，站着喂饱了自己。我原打算在阳台上抽支烟，可是天气变得很凉，只好作罢。我关上玻璃门，回到屋里，从镜子里看到了桌子上的酒精灯和旁边的几小块面包。我想，又一个星期日就这样百无聊赖地过去了，妈妈已经安葬，明天我又要像往常一样上班，我的生活没有任何改变。

3

在办公室忙了一个上午。今天老板心情不错，甚至问我累不累，然后又顺口问起我妈妈的年纪。我想了一会儿，因为不想说错，就回答说："六十来岁。"他听了似乎松了口气——我不明白为什么——他好像认为这件事终于尘埃落定。

我的桌子上有一堆等待处理的提单。出门吃午饭的时候，我洗了手。我很喜欢中午洗手。傍晚就不会有这种乐趣，因为滚筒毛巾被人用了一天，早就变得湿漉漉了。我曾经向老板反映过。这的确令人遗憾，他表示同意，但在他看来，这不过是件微不足道的小事。我离开办公楼的时候是十二点半，比平时稍晚。和我一起出来的是艾玛努埃尔，他在运输部门。我们的办公楼临海，出门的时候，我们在台阶上站了片刻，看海港里来往的船只。太阳很晒。就在那时，一辆卡车带着叮当作响的链条，冒着黑烟驶过，艾玛努埃尔提议扒车。我们就开始跑，那辆车已经开出去很远了，我们追了好大一会儿才赶上。天气又热，引擎又吵，我感到有点头晕。我只知道我们在沿着海岸线一路狂奔，穿过吊车和绞盘，跑过身边黑色的船壳和远处海面上摇摇摆摆的桅杆。我第一个抓住那辆卡车，飞身一跃爬了上去，接着又帮艾玛努埃尔爬上来。我们俩都上气不接下气，被开在粗石路上的卡车颠得骨头都要散架了。艾玛努埃尔咔咔笑着，一边喘着粗气，一边对着我耳朵喊："我们成功了！"

我们俩赶到赛莱斯特饭馆的时候都大汗淋漓。赛莱斯特还站在他门口的老位置上，圆滚滚的肚子上系着围裙，雪白的小胡子神气地向前撅着。他看到我之后，同情地对我说："希望你别太伤心。"我说："没事。"但我饿得要命。我狼吞虎咽地吃完饭，然后喝了杯咖啡。后来我回家小睡了一会儿，因为我喝了一杯葡萄酒，有点醉了。

醒来后，我抽了一支烟才下床。有点晚了，我不得不跑着去搭电车。办公室的气氛令人窒息，我又忙碌了一个下午，晚上下班时才松了口气。我沿着码头漫步回家，天是绿色的，空气很凉爽，从闷热的办公室来到户外感到很舒服。不过，我直接回了家，我打算煮点土豆。

门厅里很暗，上楼的时候，我差点儿和老萨拉玛诺撞个满怀，他和我住同一层。他像往常一样牵着狗去散步。八年来，他和这只狗形影不离。萨拉玛诺的这只西班牙猎犬是个丑八怪，染上了皮肤病，我猜是疥癣。总之，它的毛几乎掉光了，身上结了一层褐色的痂。大概因为和这条狗一起生活在一间小房子里，萨拉玛诺也变得有点像它。他的浅色头发变得稀稀拉拉的，脸上也生了不少红斑。那条狗也学会了他弓着腰走路的样子；它总是伸着头，把鼻子贴在地上。可奇怪的是，尽管他俩如此相像，却彼此憎恨。

每天的上午十一点和下午六点，萨拉玛诺都会牵着狗去散步。八年来每天两次，一成不变。生活在这里的人们经常能在里昂路上看到他们，狗死命地拉着人一路小跑，直到老先生跟不上趟儿甚至跌倒为止。然后他就对狗又打又骂。那条狗怕了，蜷缩在后面，于是换由主人拖着它走。过一会儿，狗忘记了，又开始拽绳子跑，就会再挨一顿打骂。然后他们停在人行道上，大眼瞪小眼；狗眼睛里是怕，人眼睛里是恨。每次他们出门，都会演这么一出。每当那只狗想停下来在路灯柱上撒尿的时候，老先生总是不准，而是拖着它继续往前走，于是那只可怜的猎犬只好淅淅沥沥地在地上留下一道尿痕。不过，如果它在家里这样干，那肯定又是一顿打。

这样的情景已经持续了八年，赛莱斯特总是说这样做很丢人，需要有人干涉一下，但事实上又没有人去干涉。我在门口碰到他们的时候，萨拉玛诺正在吼那条狗，骂它是个浑蛋、畜生，污言秽语层出不穷，那条狗正在哼哼。我对他说："晚上好。"但老先生好像没听到，还是骂个不停。我还是想问问他那条狗干了什么坏事，但他仍然没搭腔，而是吼了一声："你这个该死的畜生！"我看不太清楚，不过他似乎在摆弄狗项圈上的什么东西。我把嗓门提高了一点。他头也不回，压着火气嘟囔着说："它总是惹我生气，狗东西！"接着他开始上楼，但那条狗挣扎着不愿上，赖在地上，于是他只好牵着绳子，一级一级地把它拖了上去。

这时，另一个和我住同一层的人从街上回来了。附近的人们都说他是个皮条客。不过，如果有人问起他的职业，他会说他是仓库管理员。可以肯定的是，他在我们街上不受欢迎。但他时常跟我打招呼，有时还到我家里来聊两句，因为我愿意听他说话。实际上，我认为他说的那些事很有趣，所以我没有理由板起脸赶他走。他叫雷蒙——雷蒙·桑特。他个子不高，长得很结实，有一个像拳击手一样的鼻子，而且总是打扮得整整齐齐。提到萨拉玛诺，他也对我说过，那样有失体面，还问我是否讨厌老头儿对待他那条狗的方式。我回答："是。"

我和雷蒙一起上了楼，到我家门口时，他说：

"对了！和我一起吃晚饭吧？我有血肠和葡萄酒。"

我想这样一来就省得做饭了，就说："那太谢谢你了。"

他只有一个房间，还有一间没有窗户的厨房。我看见他的床头摆着一个粉红色和白色相间的石膏天使像，床对面的墙上贴着几张体育冠军和裸体女郎的照片。床上很乱，房间也很脏。他点起一盏煤油灯，然后从口袋里摸出一团肮脏的绷带，用绷带把右手裹了起来。我问他怎么了，他说，刚刚和一个找茬儿的家伙打了一架。

"我不喜欢惹麻烦，"他解释道，"可就是脾气不太好。那个家伙挑衅似的对我说：'有种你从电车上下来。'我说：'闭嘴，别逼我动手。'然后他说我没胆子。好吧，这下我火了。我下了车，对他说：'你最好闭嘴，不然我帮你闭上。''我倒想看看你敢不敢！'他说。然后我就一拳打在他脸上，把他打翻在地。过了一会儿，我要扶他起来，结果被他踢了一脚。所以我用膝盖顶着他，又揍了他几下。打完以后，他像死猪一样躺在地上，满脸是血。我问他挨够没有，他说：'够了。'"

雷蒙一边说，一边固定绷带，我在他床上坐了下来。

"你看，"他说，"这不是我的错，他是自找的，对不对？"

我点点头。他又接着说：

"其实，我还有些事想让你帮我出出主意，和这档子事有关。你见识广，我敢说你能帮上我。那么我们以后就是朋友了，我是绝对不会忘记任何帮过我的人的。"

看我没说话，他又问我是否愿意和他做朋友。我回答说，我不反对，他听了很满意。他拿出血肠，在煎锅里煎好后摆到桌子上，然后又拿出两瓶葡萄酒。在忙活的时候，他没再说话。

我们开始吃晚饭时，他先是犹豫了一下，然后把整个故事告诉了我。

"这件事背后，照例有个女人。我们经常一起睡觉。我供养着她，事实上，她花了我一大笔钱。被我打了一顿的那个家伙是他的哥哥。"

我没说话。他解释说，他知道邻居说他的闲话，但那是不折不扣的谣言。他和别人一样有自己的原则，还在仓库做管理员。

"好吧，"他说，"接着说我的事……有一天，我发觉她让我很失望。"他给她的钱足够维持正常的生活，不仅为她付房租，还给她每天二十法郎的饭钱。"三百法郎的房租，六百法郎的饭钱，还不时送点儿小礼物，如长袜呀什么的。也就是说，一个月要给她花一千法郎。即使这样那个女人也不知足，总抱怨我给她的钱不够花。所以，有一天我对她说：'依我看，你为什么不去找个一天工作几个小时的活干干呢？那样也会让我轻松一些。这个月我给你买了一套新衣服，给你付了房租，还每天给你二十法郎。但是你把钱和一群女孩子在咖啡馆胡乱就花掉了。你请她们喝咖啡，给她们加糖，这些钱都是从我的口袋掏出来的。

我一心一意待你，你就这样报答我？'但是工作的事她听不进去，还一直向我抱怨钱不够花。后来有一天我发现她在骗我。"

他接着解释说，他在她的手袋里发现了一张彩票，他问她买彩票的钱是从哪里来的，她不告诉他。几天后，他又发现了一张当票，当的两只镯子是他从来没见过的。

"所以我知道这里面一定有鬼，我告诉她，我要跟她断绝关系。不过，我先揍了她一顿，然后给了她几句忠告。我说，她只喜欢一样东西，那就是一有机会就和男人上床。我直截了当地告诉她：'有一天你会后悔，并且希望我回到你身边的。有我养活你，你都不知道街上所有的女孩子在嫉妒你的好福气。'"

他一直打得她见了血。以前他从来没对她动过手。"唉，总之打得不重，我没舍得下重手。她叫了几声，我就把窗户关上了，这件事也就这样结束了。我和她虽然结束了，在我看来，我对她的惩罚还远远不够。明白我的意思吗？"

他说，就是这件事，他想听听我的建议。煤油灯在冒烟，他把灯芯拧短了一点儿。我一直听着，没说话。我喝了一整瓶葡萄酒，脑袋嗡嗡直响。我抽完了自己的烟，现在在抽雷蒙的。几辆晚班电车开过去，带走了街上最后的嘈杂声。雷蒙接着说，他烦恼的是，他对她的肉体还是念念不忘，但他决意要给她一个教训。

他的第一个想法是，把她带到一家旅馆里，然后叫来特警队，让他们把她当作妓女记录在案，这会使她发疯的。后来，他又找了一些黑社会的朋友，希望他们有好主意，但事实上他们也没有什么好办法。不过，正如桑特所说的那样，在他们的地盘上，这种事情必须给她一个教训；如果不知道怎么惩罚一个背叛你的女人，以后在这个地盘上还有什么脸面？他这样一说，他们提议给她留个"记号"。但他也不想这样做。他得好好考虑一下……所以，他想听听我的建议。首先他想知道对他讲的这件事，我大体上是什么看法。

我说，我没有看法，但认为这件事很有意思。

他又问我是不是也觉得那个女人骗了他。

我只好承认，看来是这样。然后他又问我是不是认为她不该受惩罚，还有，如果我处在他的位置上，我会怎么办。我告诉他，这种情况没有一定的做法，但我很理解他想教训那个女人的心情。

我又喝了点儿葡萄酒，雷蒙点起一支烟，开始跟我说他的打算。他想给她写封信，一封真正称得上恶毒的信，直抵她的痛处，同时又让她对自己的所作所为感到后悔。然后，等她来的时候，他就和她上床，把她逗得动了情，欲罢不能的时候，啐她一脸唾沫，再把她赶出门。我赞成说，这个主意不错，也能惩罚她，就这么办。

不过，雷蒙说，他自己写不好这种信，想请我帮忙。他看我没反对，就问我介不介意现在就写，我说："不介意。我试着写一下。"

他喝掉杯里的酒，站了起来，把盘子和吃剩的血肠推到一边，腾开位置。他细致地把桌上铺的油布擦干净，然后从床头柜里拿出一张方格纸、一个信封、一个小红木笔架，还有一方瓶紫墨水。他一说那个女孩的名字，我就知道她是个摩尔人①。

没花多少工夫我就把信写完了，不过我希望雷蒙满意，因为我没有不让他满意的理由。然后我把那封信念给他听。他一边抽烟一边听，不时地点点头。"请再念一遍。"他说。他显得很高兴。"写得正合我意，"他咯咯笑着说，"我没看错，老弟你真是个聪明人，一点就透。"

一开始，我没注意到他叫我"老弟"。后来他拍着我的肩膀，对我说："那么，我们现在是兄弟了，对不对？"这时我才回过神来。我没说话，于是他又问了一遍。我倒无所谓，既然他这样认真，我就点点头说："对。"

他把信放进信封，我们喝完了酒，又默默抽了会儿烟。街上很安静，除了偶尔有一两辆车开过。最后，我说天不早了，雷蒙说是。"今天晚上时间过得真快。"他补充道。在某种意义上，确实如此。我想回家睡觉，只是动一动都要花很大力气。我一定显得很疲倦，因为雷蒙对我说，"事情过去就过去了，别太伤心。"一开始我没听明白他的意思。然后他解释道，他听说我妈妈去世了，但这是迟早会发生的事。我很感激，也向他表示感谢。

我站起身时，雷蒙非常热情地和我握手，他说男人总是理解男人。我从他家出来，门在身后关上以后，又在楼梯平台上磨蹭了一会儿。整栋楼安静得像座坟墓，一股阴冷潮湿的气息从楼梯井里冒出来。我

----

① 19世纪末和20世纪初法国入侵并统治西部非洲之后，对生活在撒哈拉沙漠西部地区居民的称呼。

只能听见耳朵里血液流动的声音，我听着这个声音，静静地站了一会儿。然后，听到那条狗在老萨拉玛诺的房间里呻吟起来，那隐约的哀伤穿透了沉睡中的房屋缓缓上升，就像一朵从寂静和黑暗中生长出来的花。

4

整个星期我的工作都很忙。雷蒙找过我一次，告诉我他已经寄出了那封信。我和艾玛努埃尔一起看了两次电影，他总是看不懂剧情，要我为他讲解。昨天是星期六，玛丽如约而至。她穿了一件红白条纹相间的漂亮的长裙和一双皮凉鞋，我简直没办法把视线从她身上移开。我眼睛里全是她小巧坚实的乳房的轮廓，还有她像天鹅绒一样柔软、像浅褐色花朵一样美妙的脸。我们坐上公共汽车，去了离阿尔及尔几公里远的一处我熟悉的海滩。那里只有一条夹在两座石山中的带状沙滩，岸边长着一溜灯芯草。下午四点钟，太阳已经不那么晒了，但海水还是温温的，细细的浪花慵懒地涌上沙滩。

玛丽教给了我一个新花样，就是游泳的时候，把浪花扬起的水沫吸进嘴里，等嘴里满是泡沫的时候，仰躺在海面上，把泡沫仰天喷出去。这样可以喷出一团水雾，飘散在空气里，然后又像一阵热雨一样落在脸上。可是没过多久，我的嘴就被咸水蜇得生疼。这时玛丽游到我身边，在水里抱住我，把她的嘴唇贴到我的嘴上，她凉凉的舌头舔着我的嘴唇。我们就这样搂抱着随浪花荡漾，过了一会儿，才游回岸边。

我们换好衣服后，玛丽含情脉脉地看着我，她的眼睛闪着光。我吻了她。然后好一阵儿，我们俩都没说话。后来，我搂着她一起爬上浅滩。我们匆匆忙忙地上了公共汽车，一到家就滚到了床上。我没有关窗子，夜间凉爽的空气流过我们晒黑的身体，快乐的感觉难以言表。

玛丽说她今天上午没事，所以我提议她和我一起吃午饭。她同意了，于是我下楼买肉。回来的时候，我听见雷蒙房间里有女人说话。一会儿，又听见老萨拉玛诺开始骂他的狗，接着木楼梯上传来靴子的踩踏声和爪子的抓挠声，然后在"该死的畜生！快走，狗杂种！"的斥骂声里，他们上了大街。我把老头儿的事跟玛丽讲了一遍，她听得哈哈大笑。她穿着我的睡衣，挽着袖子。她笑的时候，我不禁有点儿蠢蠢欲动。过了一会儿，她问我爱不爱她。我说这种问题没有意义，真的；但我认为我不爱她。她显得有点儿伤心。不过在我们准备午饭的时候，她又开心地笑了起来，她笑的时候我总是想吻她。就在这时，雷蒙的房间里传来了争吵声。

开始，我们听到一个女人尖锐的声音，接着是雷蒙的叫骂声，"你骗我，婊子！我会让你知道骗我的后果！"然后砰砰几声，那个女人尖叫起来——让人听了心里发冷——楼梯口马上传来人走动的声音。玛丽和我也出门去看。那个女人还在尖叫，雷蒙还没有罢手。玛丽说真吓人，我没说话。然后她让我去叫警察，但我告诉她，我不喜欢警察。不过，一个警察很快出现了，住在三楼的一个水管工跟在警察身后。那个警察敲了敲门，屋里没声音了。他又敲了一下，过了一会儿，屋里传出女人的哭叫声，雷蒙开了门。他叼着一支烟，一脸令人厌恶的笑容。

"你叫什么名字？"警察问。雷蒙报了自己的名字。"和我说话的时候不准抽烟。"警察严厉地说。雷蒙犹豫了一下，看了看我，没有一点儿把烟掐掉的意思。那个警察突然一甩手，给他左脸狠狠来了一巴掌，香烟飞出去老远，掉在地上。雷蒙被打得龇牙咧嘴，但没有发作，只是可怜巴巴地问警察他能不能把香烟捡起来。

"可以，"警察说，"不过别忘了下次放尊重点儿，我们对你们这种人可不会手软。"

与此同时，那个女人一直在哭，嘴里不停地说："他打我，这个窝囊废。他是个恶棍。"

"对不起，警察先生，"雷蒙提出，"当着这么多人的面，骂一个男人是恶棍，这样合法吗？"

那警察叫他闭嘴。

于是雷蒙又转向那个女人说："别担心，亲爱的。我们还会见面的。"

"够了。"警察说。他转头让那个女人走。然后让雷蒙待在家里，等候警察传讯。"你应该为自己感到惭愧，"警察又说，"这么紧张？站都站不稳了。怎么啦，你在浑身发抖！"

"我不紧张，"雷蒙解释说，"只是您站在这儿盯着我，我就不由自主地发抖。这再自然不过了。"

　　然后他关了房门，围观的人都散了。玛丽和我做好了午饭，但她没胃口，饭几乎全被我吃掉了。她一点钟时走了，我小睡了一会儿。

　　接近三点时，外面有人敲门，原来是雷蒙。他进来后在床沿上坐了一会儿，没说话。我问他情况怎么样。他说一开始按照计划，进行得很顺利，只是被她在脸上打了一巴掌，让他火冒三丈，于是就揍了她。至于后面的事，他说我都看见了。

　　"哦，"我说，"你教训了她一顿，目的达到了，是吗？"

　　他说是的，又说不管那个警察干了什么，总之改变不了她已经受到惩罚的事实。对于警察，他清楚应该怎么对付他们。不过他想知道，那个警察打他的时候，我是不是以为他会回击。

　　我对他说我不希望发生任何事，而且我不喜欢警察。雷蒙很高兴，接着问我愿不愿意跟他一起出去溜达溜达。我下了床，开始梳理头发，这时雷蒙说，他其实是想让我帮他做证。我说我没意见，只是不知道他想让我说什么。

　　"简单得很，"他回答，"只要告诉他们那个女人对不起我就行了。"

　　于是我同意做他的证人。

　　我们出了门，雷蒙请我喝了一杯白兰地，然后我们打了一局桌球。那场比赛势均力敌，后来我以几分之差输给了他。后来他提议去妓院，我拒绝了，我不喜欢那种地方。当我们一起慢慢走回去的时候，他对我说，今天满意地报复了那个女人，他很开心。他对我很热情，一路上我也很开心。

快到家的时候，我看见老萨拉玛诺站在门阶上，样子很激动。我注意到他的狗没跟他在一起。他像只陀螺一样团团转，四处张望，还时而回头用布满血丝的小眼睛往黑乎乎的走廊里看。他嘴里嘟囔着，朝大街四下张望。

雷蒙问他怎么了，但他没有立刻回答。然后我听见他咒骂起来："这个杂种！狗杂种！"我问他他的狗去哪儿了，他瞪着我没好气地说："跑了！"过了一会儿，很让我意外，他把事情原原本本地告诉了我们。

"我像平时一样带它去阅兵场。那里在开展览会，人多得挤不动。我在一个棚子旁边停下来，看《手铐国王》。等我回头准备走的时候，发现狗不见了。我一直想给它换个小一点儿的项圈，谁知道这个畜生就这样溜走了。"

雷蒙安慰他说，狗是认路的，还给他讲了几个狗跑了很远回到主人身边的故事。但老头儿听了反而更担心了。

"你们不明白吗，他们会弄死它的——我是说，那些警察。别的人不可能收养它，它一身癣，谁都不愿意碰它。"

我告诉他，警察局有走失动物待领处，流浪狗都关在里面。他的狗肯定在那里，只要花一小笔钱就能把它领回来。他问我需要多少钱，但我不知道，于是他又勃然大怒。

"我会为这样一只杂种狗付钱吗？去它的吧！他们宰了它吧，我才不管呢！"他又咒骂起来。

雷蒙笑了笑，扭头进了门厅，我跟着他上了楼，我们在楼梯口分别。过了一会儿，我听见萨拉玛诺的脚步声，他敲了我的门。

我打开门，他站在门口停了一下，对我说：

"对不起……希望我没有打扰到你。"

我让他进屋，但他摇了摇头。他耷拉着头，一双粗糙的手颤颤巍巍。他开口说：

"他们不会真的把它从我身边夺走的吧，默尔索先生？他们肯定不会干那种事。要是那样——我不知道我会多伤心。"

我对他说，就我所知，他们会把流浪狗在笼子里关三天，等着主人去领，没人领的话他们才会随意处置。

他默默地盯着我看了一会儿，然后对我说："晚安。"

他回家以后，我就听见他在屋子里走来走去，走了好一阵子。接着听到床吱嘎响了一声。隔着墙，我隐隐约约地听见呼哧呼哧的声音，我猜他在抹眼泪。不知道为什么，我开始想念妈妈。但是第二天我得早起；我不觉得饿，没吃晚饭就上了床。

5

雷蒙往我办公室打了个电话。他说有一个朋友——他向他谈起过我——邀请我下个星期天去他的海滨小屋做客,那里离阿尔及尔不远。我告诉他本来没问题,只是我约了一个女孩一起过周末。雷蒙说我可以带她一起去。而且他朋友的老婆在男人聚会时会很高兴有个女伴儿的。

我本来立刻想把电话挂了,因为老板不允许职员在办公室打私人电话。但雷蒙让我等等,他还有件事要对我说,他打电话也是为了那件事,如果只是为了传达邀请的话他本可以等晚上再告诉我的。

"是这样的,"他说,"有几个阿拉伯人跟踪了我一上午,其中一个是刚和我吵过架的那个女人的哥哥。如果你回来的时候在附近看到他们,就通知我一声。"

我答应了他。

正在这时,老板派人叫我。我有点儿忐忑,担心他教训我,要我好好工作,不要浪费时间打电话和朋友闲聊。但结果不是这么回事儿。他要和我讨论一个计划中的项目,尽管这个项目尚未决定,他打算在巴黎开设一个分公司,开展市场业务,可以和当地的大公司直接做生意。他想知道我愿不愿意去那里工作。这个项目可以使我在巴黎生活,每年还能旅行。

"你年轻,"他说,"我相信你会喜欢巴黎的生活。当然,你也可以一年去巴黎出差几个月。"

我对他说，我非常愿意。其实在哪里工作我都无所谓。

然后他问我是否"生活的变化"（他的原话）对我没有吸引力。我回答说，一个人改变不了自己的生活方式；怎么过都一个样，我现在的生活也不错。

他听了我的回答，显得很痛心，说我总是拿不定主意，还说我没有野心——在他看来，这对做生意来说是个严重的缺点。

我回去继续工作。我不想惹他生气，但我认为没有理由改变我的生活。总的来看，我过得不错。我上学时有过不少他所说的"野心"。不过，等我被迫辍学以后，我很快认识到那些东西都是很无谓的。

晚上，玛丽来找我，问我愿不愿意娶她。我说我不介意，如果她坚持结婚，我们就结婚。

然后她又问我爱不爱她。我像上次那样回答说，这个问题没有意义或者近乎没有意义——我想我并不爱她。

"如果你是这样想的，"她说，"那又为什么同意娶我？"

我解释说，这其实不重要，如果能使她快乐，我们可以马上结婚。我又说，不管怎么说，这是她提出来的，对我来说，我只要回答"好"就行。

她告诉我，婚姻是一件严肃的事情。

我随即回答："不是。"

她听了没说话，用古怪的眼光盯着我问：

"假如另一个女孩要你娶她——我指的是，一个你像爱我一样爱你的女孩——你也会对她说'好'？"

"当然。"

然后她说，她也不知道她是不是真的爱我。当然，这个问题我给不出答案。于是，她沉默了一会儿，喃喃地说我是个"怪家伙"。"我猜我就是因为这样才爱上你的，"她说，"但是也许有一天我会因为同样的原因恨你。"

我无言以对，只好沉默。

她想了一会儿，然后微笑着挽起我的胳膊，又一次说，她是认真的，她真心希望和我结婚。

"好，"我答应说，"只要你愿意，我们随时可以结婚。"这时，我说起了老板的提议，玛丽说她愿意去巴黎。

我告诉她我曾经在巴黎生活过一段时间，她问我那里怎么样。

"我觉得，那是个肮脏的城市。有大群大群的鸽子和黑乎乎的院子。人们都有一张无精打采的、苍白的脸。"

后来，我们出去散步，把城里的主要街道逛了个遍。一路上遇见的女人都很漂亮，我问玛丽有没有注意到。她说，"是的。"而且她也明白我的意思。之后，我们俩有一会儿都没说话。但我不想她离开我，于是我提议我们晚上去赛莱斯特饭馆吃晚饭。她说，她很想和我一起吃晚饭，只是她晚上有约会。我们已经走到了我家附近，于是我说："那，再见吧。"

她盯着我的眼睛，说：

"难道你不想知道我今天晚上要做什么吗？"

我确实想知道，但是我没想到去问她，而且我猜她有点儿生气。我一定很窘迫，因为她突然笑了，朝我探过身子，噘着嘴让我亲她。

我一个人去了赛莱斯特饭馆。我刚开始吃，就见一个奇怪的小个子女人进了饭馆，她问我能不能同我坐一桌。我当然不会拒绝。她有一张像成熟的苹果一样的圆脸，一双明亮的眼睛，行动时给人一种跳的感觉，好像很紧张的样子。她脱掉了紧身外套，坐下来专注地凝视着菜单。然后她叫来赛莱斯特，点了菜。她说话非常快，但口齿清晰，让人一个字都漏不掉。在等开胃小菜的时候，她从包里拿出一张字条和一根铅笔，提前算好钱。她又从包里翻出钱包，取出相应数额的钱和小费，放在她面前的台布上。

服务员端来开胃菜，她狼吞虎咽地吃得干干净净。在等下一道菜的时候，她从包里拿出另一支铅笔，这次是蓝铅笔，又拿出一份下周的广播节目杂志，开始在几乎所有的节目上做标记。那本杂志有十二页，因此在吃饭的时间里，她一丝不苟地看着那份杂志。等我吃完饭，她还在专心致志地勾选着节目。后来她站起身，用那种生硬的、像机器人一样的姿势穿好外套，快步走出了饭馆。

我闲着没事，就跟了她一小段距离。她一直在人行道上靠边走着，一直往前，没有变过方向，也没有回过头。想不到她这么小的个头，走路的速度却快得惊人。事实上，我根本跟不上她的脚步，所以没过多久，我就跟丢了，只好掉头回家。当时，这个"小机器人"（按照我对她的想法）给我留下了很深的印象，但很快我就忘掉了她。

回家的时候我在门口碰到萨拉玛诺。我让他到我家里，他说，他的狗肯定是丢了。他去待领处查过，狗不在那儿，那里的办事员说也可能被车撞死了。他问他们去警察局查询的话会不会有用，他们说警察有更重要的事情做，不会记录这种事。我建议他另养一只。但是，他有一个合乎情理的想法，他已经习惯了这只狗，不可能再找到另一只同样的了。

我坐在床上，跷着双腿，萨拉玛诺坐在桌边的椅子上，面对着我，双手摊在膝盖上。他还戴着他的旧毡帽，嘴在湿答答的黄胡须下面不停地嘟囔着。我感到他很讨厌，但是我无事可做，也不想睡觉，所以我接着和他聊天。我问了关于那条狗的一些问题——他养了多长时间之类的。他告诉我，他是在他妻子死后不久得到这条狗的。他结婚很晚。年轻的时候，他一心想当演员，在军队当兵期间，经常在兵团的戏剧表演里演出，人人都说他演得好。但最后他干起了铁路工作，但他并不后悔，因为他现在有一小笔退休金。他和妻子性格不合，但他们都习惯了对方。妻子去世后，他感到很孤独。他铁路上一个同事家的母狗下了崽儿，提出送他一只。他接受了，好做个伴儿。一开始，他要用奶瓶喂它。但狗的寿命比人短，他们也就一起变老了。

"它是个很难相处的畜生，"萨拉玛诺说，"我们俩常常闹别扭。但它仍然是个好杂种。"

我说它看起来是只纯种狗，老头儿听了很高兴。

"啊，你真该看看它没得病前的样子！"他说，"它的毛漂亮极了，说真的，它最好看的就是一身毛。后来我下了很大功夫给它治病；从它得上皮肤病后，我每天晚上给它抹药膏。但它真正的麻烦是上了年纪，这是治不好的。"

说到这里，我打了个哈欠，老头儿说他要走了。我说不用急，我对他的狗的遭遇感到很难过。他表示感谢，接着告诉我，我妈妈很喜欢他的狗。他提到我妈妈时用的是"你可怜的妈妈"，说我肯定为了妈妈的死感到很难过。我没说话，他又非常难为情地补充说．因为我送妈妈去了收容院，街上有些人对我说了很多难听的话。当然，他了解情况，知道我一直以来对妈妈都很关心。

我回答——为什么，我还是不明白——我惊讶地得知，原来我给别人留下了这样坏的印象。但因为我没办法好好照顾她，送她去收容院是很自然的事儿呀。"总之，"我又说，"她一直以来跟我都没话说了，她一个人在家也没有人陪她说话，我知道她很闷。"

"对，"萨拉玛诺说，"在收容院还可以交交朋友。"

他站起身来，说他该去睡觉了，又说一下子没了狗，生活可能会有点小问题。从我认识他以来，他第一次向我伸出了手——相当害羞，我想——我摸到了他皮肤上的鳞屑。就在他要出门的时候，他扭过头来，微微笑了一下，说道：

"但愿今天晚上不会听到狗叫声。我总以为是它……"

6

星期天早上，我起床很是吃力，玛丽又是推我的肩膀，又是喊我的名字，才把我叫起来。因为我们想早点去游泳，所以没有考虑吃早饭。我的头有点疼，抽的第一支烟带着苦味。玛丽说我看起来像"死了娘"一样，我确实感到非常疲倦。她穿着白裙子，披着头发。我说她这样很迷人，她很开心。

出门时，我们敲了敲雷蒙家的门，他大声说马上出来。我们下楼来到大街上，因为我不舒服，屋里一直关着百叶窗，早晨的阳光猛然照进眼睛，我感到像被一只紧握的拳头打了一拳。

玛丽高兴得蹦蹦跳跳，一直说："多么美好的一天呀！"过了一会儿，我感觉好点了，这才感到很饿。我说给玛丽听，但她没在意。她提着一个油布袋子，里面放着我们的洗浴用品和一条毛巾。直到这时，我们才听到雷蒙关门的声音。他穿了条蓝裤子，一件短袖白衬衣，戴着一顶草帽。我注意到他手臂上汗毛旺盛，但皮肤非常白。那顶草帽逗得玛丽咯咯直笑。不过在我看来，他的打扮让人很倒胃口。雷蒙心情不错，下楼的时候吹着口哨。他向我打招呼说："你好，伙计！"还称呼玛丽为"小姐"。

前一天晚上，我们去了警察局，我为雷蒙做证——证明那个女孩欺骗了他。警察只做了口头警告就放他走了，也没有检查我的供词。

我们在台阶上聊了几句，决定去乘公共汽车。虽然那个海滩完全可以步行去，但我们应雷蒙的朋友之约，当然是到得越早越好。就在我们出发去车站的时候，雷蒙扯扯我的衣袖，示意我看街对面。我发现几个阿拉伯人懒洋洋地靠在烟草店的橱窗前。他们默默地盯着我们，用一种特别的方式——好像在看石块或枯树一样。雷蒙小声说，左边第二个阿拉伯人就是他说的那个人，我认为他很担心，不过他说那些事都过去了。玛丽没听明白他的意思，就问："怎么啦？"

我告诉她路对面的阿拉伯人和雷蒙有仇。于是她要求我们快点儿走。雷蒙笑着，挺了挺身子说是该离开了。去车站的路上，他回头张望，说那些阿拉伯人没有跟过来。我也回头看了看，他们还在那里，像刚才那样，冷冷地看着我们刚才所在的地方。

上车后，雷蒙安下心来，一直开玩笑逗玛丽。我看得出他被玛丽吸引住了，但她几乎没跟他说一句话。偶尔，她捕捉到我的眼光时，就微笑一下。

刚出阿尔及尔，我们就下了车。海滩离汽车站不远，中间只隔着一片俯瞰大海的高地，走过这片高地，下一个陡坡就是沙滩。这里的地面上覆盖着黄色的卵石，野百合在蓝天映衬下如雪一样白，天空已经出现了只有非常炎热的天气才有的刺眼的、带着金属质感的反光。玛丽淘气地用袋子抽打花朵，花瓣四处飞舞。我们从两排带着木头阳台和绿色或白色围篱的小房子中间走过。这些房子有些半掩在柽柳丛里，另一些无遮无挡地建在石头地面上。走到高地边缘之前，大海就已尽收眼底，海面波平如镜，远处，一大片海角探进水面黑色的反光里。

一阵马达的嗡鸣搅动了宁静的空气，接着一艘渔船出现在很远的地方，在闪闪发光的海面上几乎令人难以觉察地划过。

玛丽在石头堆里采了几朵鸢尾花。沿着通往海滩的陡峭小路走下去，我们看见沙滩上已经有了一些游泳的人。

雷蒙的朋友的小木屋坐落于海滩尽头的近端。小木屋背靠崖壁，前面由一些桩子支撑，这时桩子已经站在水里了。雷蒙向我们介绍了木屋的主人，他叫马松。他身材高大，宽肩膀，体格健壮；他妻子是一个胖乎乎、性格活泼的小个子女人，说话带着巴黎口音。

马松让我们不要客气。他一早就出去钓鱼了，他说，上午第一件事，就是炸鱼来做午饭。我恭维他的房子，他说他周末和假日都在这里度过。"不用说，当然是和妻子一起。"我看了看他妻子，发觉她和玛丽相处得不错，两个人有说有笑。也许是第一次，我认真地考虑起和她结婚的可能性。

马松想马上去游泳，但他妻子和雷蒙不想动，所以我们仨去了海边。玛丽立刻跳进水里，但马松和我等了一会儿。马松说话特别慢，我还注意到，他有个口头禅，不管说什么，都喜欢加上一个"而且"——即使第二句话并没有对第一句做任何补充。比如，谈到玛丽，他说："她真是个可爱的女孩子，而且，很迷人。"

但我很快对他的口头禅失去了兴趣。太阳晒得暖洋洋的，我感到舒服多了。沙子开始变得烫脚，尽管我很想下水，可还是拖延了一两分钟。最后我对马松说："下去吧。"我一个猛子扎进水里。马松慢吞吞地走进水里，到了深水区才开始游。他两手交替划水，游得很慢，所以我抛下他去追玛丽。水凉凉的，这样反而感觉更好。我和玛丽游出了很远，我们齐头并进，这是一种美妙的感觉，我们动作默契，心情契合；我们尽情地享受着每一刻。

游到开阔的海面之后，我们仰躺在海面上，我注视着天空，感到太阳正吸收着我嘴唇和面颊上的一层盐水。我看到马松游回海边，坐在沙滩上晒太阳。从远处看过去，他体形庞大，像一头搁浅的鲸鱼。玛丽提议我们一前一后地游。她在前面，我用手搂着她的腰，这样她用手臂划水，把我们向前拉；我用脚打水，把我们向前推。

这样一来，好长时间我的耳边都是哗啦啦的水声，我有点坚持不住了。于是我放开玛丽，放慢节奏，做深呼吸。上岸后，我摊开四肢趴在马松身边，把脸贴在沙子上。我对他说："这里不错。"他点点头。不一会儿，玛丽也回来了。我仰起头看着她走近。她把头发拢在脑后，湿漉漉的身体在阳光下。她在我身边躺下来，我感受着她的体温加上阳光的温度，不知不觉睡着了。

过了一会儿，玛丽拉了拉我的胳膊，说马松已经回去了，差不多到了吃午饭的时间。我一骨碌爬起来，因为我很饿，但玛丽说从一大早到现在，我都没吻过她。还真是——虽然有几次我很想吻。"我们回海里去。"她提议。我们一起跑进海里，在细浪里躺了一会儿。我们游了几把，游到水深的地方后，她转身搂住我，我们拥抱着，我感到她的双腿缠在我身上，不禁一阵冲动。

我们回去的时候，马松正站在小屋的台阶上喊我们回去。我说我快饿死了，他马上扭头对妻子说，他非常喜欢我这样。面包很好，我吃光了我的那份鱼。接着又上了一些牛排和炸土豆片。吃饭时没有一个人说话。马松喝了不少葡萄酒，我的杯子一空就给我添酒。等上咖啡的时候，我已经有点晕晕乎乎了，我一支接一支地抽烟。马松、雷蒙和我商量着八月份一起在海滨度过，费用均摊。

玛丽突然叫道："我说！你们知道时间吗？现在才十一点半。"

我们都很吃惊，马松说我们午饭吃得早了，而且，真正的午饭是"不固定的圣节"①，想过的时候就可以过。

玛丽被逗得哈哈大笑，我不明白为什么，我想她可能也喝得有点多了。

马松问我愿不愿意和他一起去海滩上逛逛。

"我妻子午饭后总要小睡一会儿，"他说，"我没这个习惯，而且，我喜欢散一会儿步。我一直告诉她这对健康有好处。不过，她有权坚持自己的主张。"

玛丽提出留下来帮忙洗餐具。马松太太笑着说，要是这样，第一件事是把男人们赶出去。所以我们一起出了门，三个男人。

阳光几乎直射下来，海面的反光灼人眼目。海滩上一个人都没有。坐落在浅滩的一排排平房和小屋里隐隐约约传来刀叉和餐具的叮当声。

---

① 基督教的一种宗教节日，日期不固定于日历上的某一天。此处取引申义。

热气从石头上蒸腾起来，让人呼吸困难。

雷蒙和马松谈论起一些我不知道的人和事。我这才知道他们已经认识了一段时间，甚至一起住过一阵儿。我们来到海边，沿着海岸线往前走，偶尔一个大浪打湿了我的帆布鞋。我脑子里一片空白，因为阳光晒着我没有遮挡的脑袋，使我昏昏欲睡。

就在这时，雷蒙对马松说了句什么，我没听清楚。与此同时，我发现两个穿着蓝色工装裤的阿拉伯人出现在远处的海滩上，朝我们这边走来。我看看雷蒙，他点点头说："就是他。"我们继续往前走。马松问他们是怎么跟到这里来的。我想到他们看到了我们坐的那班公共汽车，也看到了玛丽装着洗浴用品的油布包，但我什么也没说。

尽管那些阿拉伯人走得很慢，但已经距离我们不远了。我们没有改变步伐，但雷蒙说：

"听我说！要是打起来，马松，你对付第二个。我对付那个跟踪我的。还有默尔索，你站在旁边，要是再来一个，就放倒他。"

我说："好。"马松把双手插进了口袋。

沙子像火一样灼热，我敢发誓沙滩上正冒着红光。阿拉伯人和我们的距离越来越近。在离我们几步远的地方，他们站住了。马松和我放慢了脚步，但雷蒙直冲向跟踪他的那个人。我听不清他们说了什么，但我见那人低着头，好像打算用头撞雷蒙的胸部一样。雷蒙怒斥一声，接着喊马松上。马松迎上他要对付的那个人，用尽全力打了那人两拳。那个人跌倒在水里，半晌爬不起来，气泡从他脑袋周围的水面上冒出来。

同时雷蒙和另外一个人斗在一起，那人的脸被打得血淋淋的。雷蒙扭头朝我瞟了一眼，叫道：

"你在旁边看着！我跟他还没完！"

"当心！"我大叫，"他有刀。"

我说出这话时已经晚了。那人已经在雷蒙的胳膊上划了一刀，又在嘴上划了一刀。

马松往前一跳。这时另一个阿拉伯人从水里爬起来，躲在拿刀的同伴身后。我们不敢动。他们俩一边用刀逼着我们，一边慢慢后退。退到安全距离后，他们立刻转身就逃走了。我们呆站着，阳光火辣辣地照在我们身上。血从雷蒙受伤的胳膊上滴下来，他紧紧地按着肘部的伤口。

马松说这里有一位经常来度周末的医生，雷蒙说："太好了，我们马上去。"他几乎说不成话，因为一说话嘴里就冒血泡。

我和马松搀着他回到了小屋里。回去后，他告诉我们伤口不太深，他可以走到医生那里。玛丽脸色煞白，马松太太被吓哭了。

马松带雷蒙去找医生，我则留下来向两位女士解释事件的来龙去脉。我不喜欢这种任务，所以很快闭了嘴，开始盯着海面抽烟。

大约一点半的时候，马松陪着雷蒙回来了。他的胳膊上扎了绷带，嘴角上贴了一条橡皮膏。医生说他的伤势不重，但他还是沉着脸。马松想逗他笑，但没成功。

过了一会儿，雷蒙说他想去海边走走。我问他准备去哪里。他含含糊糊地说想"出去透透气"。我和马松说我们陪他一起去，但他突然发起火来，让我们别管闲事。马松说既然这样，我们还是不要招惹他了。但是他出去的时候，我还是跟了上去。

太阳在沙子和海面上撒下火雨，外面就像一个火炉。我们走了很久，我想雷蒙出来是有目的的，但也许不是。

海滩尽头有一条小溪，在沙地上冲出了一条小渠。在那里我们再次发现了那两个阿拉伯人。他们穿着蓝色工装裤，正躺在沙滩上。他们显得若无其事，好像没有任何恶意一样，当我们走近的时候他们也没有做出任何举动。那个刺伤雷蒙的人一言不发地盯着他。另一个人正在吹着一支只能发出三个音的小小的芦笛，一边斜睨着我们，一边翻来覆去地吹着那三个音。

我们静默地对峙着，除了溪水的淙淙声和那三个孤独的音节之外，四周只有阳光和寂静。过了一会儿，雷蒙把手伸向左轮枪的枪袋，但两个阿拉伯人还是一动不动。我发现那个吹芦笛的人大脚趾分得很开，差不多和脚成直角。

雷蒙盯着他的仇人，对我说："我应该一枪干掉他吗？"

我飞快地动着脑筋。如果我说不，以他现在的情绪，很可能勃然大怒，结果还是会开枪。于是我把首先想到的一句话说了出来。

"他还没跟你说话。这样对他开枪不光彩，太残忍了。"

又一次，沉默中只有淙淙流水声和在火热而静止的空气中颤抖的芦笛声。

"好吧，"雷蒙说，"如果你这样想，我最好说几句激怒他们的话，只要他回嘴我就开枪。"

"好，"我说，"不过，要是他没有拿出刀子，你就不能开枪。"

雷蒙烦躁起来。那个吹笛子的阿拉伯人还在吹，他们都注视着我们的一举一动。

"听我说，"我对雷蒙说，"你对付右边那个人，把手枪给我。要是另一个人找麻烦或者拿刀子，我就开枪。"

雷蒙把枪递给我，太阳光在枪上倏然一闪。但我们还是静默着，就像四周的一切把我们裹了起来，每个人都动弹不得一样。我们只能互相注视着，在阳光和大海之间的这片沙滩上，整个世界似乎停顿下来，溪水和芦笛的声音也消失了。此时，我的脑子里似乎着了火，或者不是火的形态——总之完全是同样的物质。

几乎在突然之间，两个阿拉伯人消失了，他们像蜥蜴一样溜进石头堆里。于是雷蒙和我掉头往回走。他情绪好多了，还跟我谈起要搭汽车回家的事。

我们回到小屋前，雷蒙上了木梯，但我在踏上第一级后停了下来。阳光晒得我脑袋嗡嗡作响，一想到要爬台阶，还要在女人面前装得若无其事，我就迈不动脚步。但是天这么热，炫目的阳光火辣辣地当头照下来，站在这里也是自讨苦吃。留下来，还是走开——结果大体是一样的。过了一会儿，我回到海滩上，一个人慢慢走着。

举目所见，到处都是刺眼的红光，细浪拍打着灼热的沙滩，发出微弱的、不安的喘息声。我慢慢朝海滩尽头的大石堆走去，感到太阳穴在阳光的冲击下膨胀。强烈的阳光压迫着我，我简直迈不开脚步。每一波热浪冲击我的额头，我都咬着牙，在裤袋里攥着拳头，绷紧每一根神经来抵挡太阳以及它带给我的那种昏昏沉沉的感觉。每当一道强光从沙滩上的贝壳或碎玻璃射向我时，我就咬紧牙关。我不会被打败，我稳稳地往前走。

远处海滩那块凸起的黑岩石出现在眼前，阳光和水沫给它镶上了一道耀眼的光环。我想到了岩石背后清冽的泉水，渴望再次听到淙淙的流水声。只要让我躲开这些亮光，别让我再看见女人的眼泪，别再这样紧张和劳累——我渴望岩石的荫蔽和它冷冷的沉默。

但是当我走近时，我发现刺伤雷蒙的那个阿拉伯人又回来了。这次他是一个人。他仰天躺着，头枕在胳膊上，脸躲在石头的影子里，身体则暴露在阳光下。他的蓝色工装裤在太阳下冒着热气。我很吃惊，在我看来，那件事已经结束了，我过来的时候已经把它抛到了脑后。

那个阿拉伯人一看见我就支起身子，把手伸向口袋。我也自然而然地握紧了口袋里雷蒙的那支左轮手枪。那个人又躺了下去，但手还放在口袋里。我离他还有段距离，至少有十米，他在我眼里只是一个在热浪下颤动的模糊的黑影。但偶尔我也能看见他的眼睛在半闭的眼皮下微微一闪。海浪的声音比中午时更倦怠、更无力，但阳光依旧猛烈地炙烤着这片一直伸展到那块石头为止的沙滩。这两个小时里，太阳似乎没有移动过位置，止步在这片像熔化了的金属一样的大海里。

也许是一艘轮船从远远的地平线上驶过，我紧盯着那个阿拉伯人，从余光里看到那个移动的小黑点。

我一心想掉头走开，但是这座在热浪下颤抖的海滩紧压在我的背上。我朝着小溪走了两步，阿拉伯人没有动。毕竟，我们还隔着一段距离。也许因为他脸上的阴影，我感到他在咧着嘴对我笑。

我站在那里。热浪扑面而来，汗珠聚集在我的眉毛上。这种炎热就像妈妈下葬那天一样，我也有着同样不舒服的感觉——尤其是我的额头，似乎全身的血液都冲撞着皮肤。我无法忍受，又朝前走了一步。我知道这一步不明智，走那么一步逃不脱太阳。但我走了那一步，只是朝前走了那么一步。这时，那个阿拉伯人抽出了刀子，他起身举着刀对准我，迎着阳光。

一道反光从刀刃上射向我，我感到像被一道又细又长的刀刃刺破了额头。霎时，我的眉毛里聚集的汗水淌了下来，眼睛里又是汗水，又是泪水，一下子什么都看不见了。我只感到太阳的铙钹在我的脑袋里铿然作响，还有那把刀刃上射出的光剑，灼伤了我的睫毛，刺进了我的眼球。

眼前天旋地转，炽热的阵风从海上吹来，天空裂成了两半，火焰从裂缝里狂妄地倾泻下来。我的每一根神经都如一根绷紧的钢弹簧，我握紧了那把左轮手枪。机头张开了，光滑的枪柄在我手掌里滑动。"砰"的一声脆响，一切都开始了。我挣脱了汗水和一直困着我的亮光的起跑线。我知道我打破了那天的平衡，破坏了我曾在这里满怀喜悦的空旷平静的海滩。可是，我又朝那个一动不动的身体开了四枪，子弹打进去毫无痕迹。每一枪都是我冲向终点线——毁灭之门响亮而急促的敲击。

第二部分

1

被捕之后，我立刻受到了几次审讯。但是这些审讯都是例行调查，问的都是我的身份之类的问题。第一次是在警察局，似乎没有人对我的案子感兴趣。但是，一周以后，我被带到预审法官面前，我感到他看我的眼光里有一种明显的好奇心。他依照惯例，从询问我的名字、住址、职业和出生地点开始。然后他问我有没有辩护律师。我回答说没有。我没考虑过这件事，所以我问他是不是有必要请一位律师。

"为什么你这样问呢？"他说。我说我认为我的案子非常简单。他笑了。"啊，在你看来也许是这样。不过我们得遵守法律，所以，如果你没有律师，法庭会为你指定一名。"

当局能关照到这样的细节，我认为这种安排很体贴，我对他说了这个想法。他点点头，说政府的法律制度是健全的。

起初，我没有认真地对待他。他审问我的房间很像一间普通的起居室，窗户上挂着窗帘，唯一的一盏灯放在他的桌子上。灯光照在他让我坐的那张扶手椅上，他自己则坐在阴影里。

我在书上阅读过这种场景的描写，在我眼里这就像一场游戏。但是，在我们开始交谈后，我才看清了他的样子。他个子很高，有一张轮廓分明的脸、一双深陷的蓝眼睛、浓密的灰色小胡子，还有一头茂盛的、几乎像雪一样白的头发。我感觉他很有智慧，总的来说，让人觉得很亲切。只有一点不好：他的嘴偶尔很难看地抽搐起来，但是看样子是一种神经性痉挛。我离开的时候，差点想伸出我的手，对他说"再见"，只是我及时想到，我杀了一个人。

第二天，一位律师来到我的狱室里：他是一个又矮又胖、梳着一头光滑黑发的年轻人。尽管天热——我穿着衬衣——他却穿着黑色的正装，领子很挺，系着一条宽大的黑白条纹相间的领带，十分显眼。他把公文包放在我床上，做了自我介绍，然后补充说，他认真地看了我的案卷。他认为这个案子需要慎重处理，但假如我听从他的建议，我减刑的可能性很大。我向他表示感谢，他又接着说："很好。现在我们开始谈正事。"

他在我床上坐下来，对我说他们正在调查我的私生活。他们得知我妈妈最近在一所收容院去世。他们甚至调查到了马朗戈，警察说我在妈妈的葬礼上表现得"麻木不仁"。

"你必须明白，"律师说，"我并不想在这件事情上追问你。但这很重要，因为，如果我找不出为你受到的'麻木不仁'的指控做辩护的办法，我们就会很被动。这是我需要你帮助的地方，而且也只有你才能帮助我。"

他接着问我在那个悲伤的场合是否感到伤心。我认为这是个奇怪的问题，如果是我问人家这样的问题，我会感到非常尴尬。

我回答说："最近几年，我在很大程度上失去了仔细观察自身感情的习惯，而且几乎不知道该如何作答。我可以诚实地说，我很爱我妈妈——但这其实说明不了什么问题。所有正常的人，"我又补充道，"都多少盼望过他们所爱的人死亡，只是时间问题。"

说到这里，律师打断了我，他显得很焦躁。

"你必须向我保证，不会在审判席或者预审法官面前说这种话。"

为了让他满意，我答应了，但我解释说，我的身体在特定的时候常常会影响我的感情。比如说，妈妈下葬的那天，我又累又困，只有平时的一半清醒。所以，实际上对发生的事情几乎没有感觉。但不管怎样，我可以向他保证一件事：我真希望妈妈还活着。

但律师还是显得不太高兴。"这还不够。"他脱口而出。

他又考虑了一会儿，然后问我，是不是可以认为，我那天一直在压抑着自己的感情。

"不，"我说，"那不是真的。"

他用奇怪的表情看着我，仿佛突然对我感到一丝厌恶一样。接着，他用一种几乎带着敌意的声音对我说，收容院的院长和一些工作人员将被传唤作为证人。

"这会对你非常不利。"他总结道。

当我表示，妈妈的死和我受到的指控没有任何关系时，他仅回答说，这样说只能证明我从来没跟法律打过交道。

然后他愤然离去。我真希望他能多停留一会儿，这样我就能向他解释我渴望他的同情，但不是为了让他能更好地为我辩护。但我如果这样向他说出内心的想法时，我想可能会惹恼他；他不理解我，自然就会气恼。有一两次，我想向他保证，我不过和其他每个人一样，是一个非常普通的人。但这样说其实没有多大意义，顺其自然吧——像对待别的事情一样，因为懒惰而听之任之。

当天晚些时候，我又被带到了预审法官的办公室。当时是下午两点，那个房间里充满阳光——窗户上只有一层薄薄的窗帘——非常非常热。

请我坐下后，他用非常客气的语气说，"因为意料之外的原因"，我的律师不能到场。他又补充说，在律师到场之前，我完全有权利对他的问题保持沉默。

我说，我可以一个人回答。他按了按桌上的一个铃。一个年轻书记员走进来，在我背后坐了下来。然后，我和预审法官放松地坐在椅子上，讯问开始了。他从别人对我的评价开始。他说，人们都说我沉默寡言，是个以自我为中心的人，他想知道我对此有什么看法。我回答说：

"哦，我一般很少说话。所以很自然，我不予置评。"

他像上次一样微笑起来，认为这是最好的理由。"总之，"他补充说，"这关系不大。"

沉默片刻后，他突然把身子往前一探，盯着我的眼睛，微微提高了一点声音说：

"真正让我产生兴趣的是——你！"

我不太明白他的意思，所以没说话。

"你的案子有几个疑点，"他接着说，"我相信你能帮助我弄明白。"

我回答说这其实很简单，他要我把那天所做的事情讲一遍。事实上，第一次会面时我已经跟他说过——当然，以一种概述的方式——包括雷蒙、海滩、游泳、打架；然后又是海滩，和我开的五枪。"对，对，"当我讲到那具尸体躺在沙地上时，他用力点点头，说："很好！"我对翻来覆去复述同一件事感到厌倦，我感觉我一辈子从来没有说过这么多话。

他又沉默了一会儿，然后站起来，说他愿意帮助我；他对我很感兴趣，而且，凭借上帝的帮助，他会为我解脱困境做点什么。但是，首先，他必须问我几个问题。

他坦率地问我是否爱我母亲。

"爱，"我回答，"和每个人一样。"我身后的书记员开始以稳定的节奏敲着键盘，他刚才一定按错了键，因为我听见他推开进纸器，划掉了些什么。

接下来，预审法官问了一个没有明显逻辑联系的问题：

"为什么你连续开了五枪？"

我想了一下，然后解释说，不是连续开的枪，我先打了一枪，另外四枪是过了一会儿才打的。

"为什么你在第一枪和第二枪之间停了一下？"

此时，我似乎又看见了那片海滩上红热的光，感觉到了烧灼着我面颊的燃烧般的热气——于是，这一次，我没有回答。

我的沉默使预审法官坐立不安，他用手指抓着头发，弓身站着，然后又坐下。最后，他把胳膊肘撑在桌子上，朝我俯下身子，用一种奇怪的表情审视我。

"为什么，为什么你要继续向一个倒地的人开枪啊？"

我再次无言以对。

预审法官把一只手撑在额头上，以一种稍微不同的声音再次问：

"我问你'为什么'，我坚持要求你回答我。"我仍然沉默。

他突然起身，走到对面靠墙的一个文件柜旁，拉开一个抽屉，从里面取出一个银十字架，他挥着这个十字架回到书桌旁。

"你知道这是什么吗？"他的声音完全变了，因为激动而颤抖着。

"当然知道。"我回答。

我的回答打开了他的话匣子，他滔滔不绝地对我说起来。他说他信仰上帝，哪怕罪恶滔天的人也能获得上帝的宽恕。但首先罪人必须忏悔，要变得像一个小孩，以一种纯洁的、虔诚的心灵忏悔自己的罪行。他几乎伏在桌面上，在我眼前摇晃着那个十字架。

事实上，我很难理解他的这番话。一方面是因为他的办公室热得让人窒息，还有几只大苍蝇嗡嗡乱飞，甚至落在我的脸上；另一方面是因为他使我害怕。当然，我明白这样想很荒唐，考虑到毕竟我才是罪犯。但是，在他继续说下去的时候，我尽可能地去理解，我大概明白了他的意思，我的供词里只有一点需要澄清，也就是我在开第二枪之前等了片刻的事实。也就是说，其他的一切都合情合理，这一点让他困惑。

我开始对他说，他执着于这一点是错误的，这件事微不足道。但是，我还没来得及说，他腾地站了起来，极度严肃地问我是否信仰上帝。听见我回答"不"以后，他愤怒地坐回椅子里。

这是不可想象的，他说，所有人都信仰上帝，即使那些反对他的人。他对此深信不疑。要是他怀疑这一点的话，他的生活将失去所有的意义。"你希望我的生活失去意义吗？"他愤怒地问。我真不明白他为什么会觉得我希望他的生活失去意义，我也同样告诉了他。

我正说着，他又一次把十字架伸到我的鼻子下，大声叫道："总之，我是一个基督徒，我向上帝祈祷，祈求他原谅你的罪过。我可怜的年轻人，你怎么能不相信他是为了你的利益而受难呢？"

我注意到，他说话时的态度显得真诚而热切，"我可怜的年轻人"——但是我已经开始不耐烦了。房间里变得越来越热。

像我通常所做的那样，当我希望摆脱一个言谈使我厌烦的人时，我就装作同意他的看法。谁知道这样一来，他的脸亮了起来。

"你看！你看！现在你不是也承认，你相信，而且会把你的信任托付给他？"

我肯定又摇头了，因为他坐回椅子里，显得既无力，又沮丧。

又过了一会儿，只听见打字机啪嗒啪嗒还在敲打着我们最后的几句对话。然后，他悲伤地凝视着我。

"我从来没见过像你这样冷酷的灵魂，"他用低沉的声音说，"来到我面前的罪犯见了主受难的标志，还没有不痛哭流涕的。"

我正要回答说那正是因为他们是罪犯。但我随之意识到，我也在这一范畴里。只是我还不能适应这个身份。

也许为了暗示讯问已经结束，预审法官站了起来。他用疲惫的声音问了我最后一个问题："你为自己的所作所为感到后悔吗？"

我考虑了一下，然后回答说，"后悔是有，但更多的是一种烦恼"——我找不到更合适的词来形容。但他看起来并不理解。那天的讯问也就到此为止了。

后来，我又被带到这位预审法官面前多次，但都由律师陪着。这些讯问只限于要求我详述以前的供词。或者由预审法官和我的律师讨论法律依据。这时候他们很少关注我。总之，随着时间的推移，审讯的风格发生了变化。预审法官似乎对我失去了兴趣，并且对我的案子做出了某种判定。他也不再提及上帝，也没有再显示出初次会面时那种令我为难的宗教热情。结果，我们的关系反而变得更融洽。问几个问题，再和我的律师交换一下意见，预审法官就结束了审讯。照他们的说法，我的案子正在"走上程序"。有时候，如果谈的是一些普遍问题，预审法官和律师也鼓励我参与。我开始感到自由多了。在这种情况下，两个人都对我没有任何敌意，甚至可以说很亲切，一切都进行得如此顺利，以至于使我产生了一种成为"家庭一员"的荒谬感觉。我可以真诚地说，在持续了十一个月的审讯期间，我已经习惯了，有为数不多的几次，我甚至吃惊地感觉到那是我有生以来最快活的时候。预审法官会把我送到办公室的门口，然后拍着我的肩膀十分友好地说："好吧，反基督先生，今天就到此为止吧！"而后我又被转交到狱警手里。

2

有些事情我从来不愿谈。被捕几天后，我就知道以后这段生活也会成为我不愿谈及的话题。但随着时间的流逝，我开始感到这种厌恶是没有实质意义的。事实上，在最初的日子里，我几乎没有意识到自己在坐牢，我一直隐隐期望着什么事情的发生，一些令人愉快的惊喜。

从玛丽第一次也是唯一的一次探访后，变化很快来临了。我收到她告诉我监狱方不允许她再来探访我的那封信，理由是：她不是我的妻子——从那一天开始，我认识到这间牢房将是我最后的归宿，也就是说，一条死路。

在我被捕的第一天，他们把我关进一个里面有几个囚犯的较大的牢房里，那些囚犯大部分是阿拉伯人。我刚进去的时候，他们都笑嘻嘻的，然后问我犯了什么事。我告诉他们我杀了一个阿拉伯人，于是他们沉默了。但是到了晚上，其中一个人向我解释怎么铺睡觉的床垫，把床垫的一头卷起来，就能做成一个长枕头。整个晚上，我一直感到有臭虫在我脸上爬。

几天后，我被安排进一个单人狱室，房间里有一张固定在墙上的木板床、一个便桶和一个脸盆。监狱坐落在山丘上，透过小窗户可以看见大海。有一天我正抓着窗栏，眯起眼眺望海面波浪反射的日光，一个看守走进来，说有人来探视。我想一定是玛丽，果然是她。

我被带着穿过一条走廊，然后走上一段台阶，接着再穿过一条走廊，最后才来到探访室。那是个很大的房间，被大凸窗照得通亮。探访室被两排高高的铁栅栏横向隔成三部分，两排铁栅栏之间约有十米，是一段隔开囚犯和探访者的无人地带。我被带到玛丽正对面的一个地方，她穿着条纹长裙。我这边的铁栅栏有十几个囚犯，阿拉伯人占多数。玛丽那边则大多是摩尔人。她被夹在一个紧闭嘴唇的小老太太和一个没戴帽子的胖妇女中间。那胖妇女说话的时候不停地打着手势，大呼小叫的。因为中间的距离，我也不得不抬高了声音。

自我进入探访室开始，从光秃秃的墙壁上反射回来的嘈杂的声音，以及从天窗照进来、给室内的一切罩上了一层耀眼白光的太阳，使我感到头晕眼花。从相对黑暗和安静的狱室来到这里，我花了不少时间才适应这里的环境。过了一会儿，我才能清楚地看到仿佛在探照灯照耀下的每一张面孔。

我看见栅栏中间无人带的两侧各坐着一名看守。那些本地囚犯和他们另一侧的亲属都面对面蹲着。尽管环境很吵，但他们并不抬高声音，而是用几乎像耳语一样的声音交流。这种从低处发出的窃窃私语声形成了他们头顶上谈话声的某种伴奏。我很快注意到了这种情形，于是向前朝玛丽移动了一小步。她把被太阳晒得黑黑的脸蛋贴在栅栏上，竭力向我微笑着。我觉得她看起来非常可爱，但我不知道该怎样告诉她。

"怎么样？"她尖着嗓子问，"你还好吧，一切需要的东西都有吗？"

"是的。什么都不缺。"

我们沉默了一会儿，玛丽仍然微笑着。那个胖妇女朝我身边的囚犯大声喊叫着，那个人大概是她丈夫，个子很高，金黄色头发，模样很讨人喜欢。

"让娜不愿意要他。"她喊叫着说。

"那太糟糕了。"那男人回答。

"对，我告诉她你一出来就会让他回来，但她不听。"

玛丽对我叫道，说雷蒙向我问好，我说："谢谢。"但我的声音被旁边囚犯"只要他身体健康"的声音淹没了。

那个胖女人发出一声大笑。"健康——应该说是！他非常健康。"

与此同时，我左边的囚犯，一个有着细长的、像女孩一样的手的年轻人，一句话都没有说。我注意到，他的眼睛凝视着对面的那个小老太太，对方也以同样"饥饿"的感情凝视着他。但我不得不停止观察他们，因为玛丽正在冲我喊，说我们不能失去希望。

"当然不能。"我回答。我的目光落在她的肩膀上，我突然渴望捏捏她的肩膀，穿过那层薄薄的长裙。那种丝绸光滑细腻的材质吸引着我，不知道为什么，我感到她所说的希望大概就集中在这里。我想玛丽心里也是这么想的吧，因为她继续微笑着，毫不掩饰地凝望着我。

"你要相信，会好起来的，出来后我们就结婚。"

此刻我只能看见她牙齿的白色闪光，还有她眼角细细的皱纹。我回答："你当真这样想吗？"但我这样说主要是感觉该由我回答些什么。

她立刻用同样高亢的声音回答：

"是的，你会被无罪释放，我们星期天还会去游泳。"

玛丽身边的那个胖妇女还在大吼大叫，对她丈夫说她在监狱的办公室留了一只篮子。她把里面的东西一清二楚地说给丈夫听，要他仔细检查，因为其中一些花了不少钱；我另一边的年轻人和他妈妈仍然伤感地互相凝视着；那些阿拉伯人的低语声还在低处嗡嗡响着。外面的阳光似乎压迫着窗户，挤了进来，给那些迎着它的人的脸上涂上了一层黄色的油光。

我感到有些不舒服起来，我想离开。身边刺耳的声音震动着我的耳膜。然而，我又希望最大限度地拥有玛丽的陪伴。我不知道过了多长时间。我记得玛丽向我讲述她的工作，微笑一直挂在她的脸上。耳边的嘈杂声一刻不停——喊叫声、交谈声，以及低沉的嗡嗡声。只有我身边的年轻人和他妈妈彼此凝视着对方的眼睛，仿佛在嘈杂声里营造出一块儿寂静的绿洲。

后来，那些阿拉伯人一个接一个地被带走了。第一个人离开的时候，几乎每个人都静了下来。那个小老太太把身体紧贴在栅栏上，同时，一个看守敲了敲她儿子的肩膀。他叫了一声，"再见，妈妈。"她把手从栅栏间伸出去，缓慢地、轻柔地摆动着。

她刚走开，一个手拿帽子的男人来到她的位置上。一个罪犯也被领到我身边的空位置上，两人欢快地交谈起来。但他们声音不大，因为房间里已经相对安静下来。有人叫走了我右边的男人，他妻子冲他喊道——她似乎没注意到已经不再需要喊叫——"听着，照顾好自己，亲爱的，做什么事都不要冲动！"

接着轮到我了。玛丽抛给我一个飞吻，我走开时回头看着她。她站着没动，她的脸还贴在栅栏上，她的嘴唇仍旧微微分开着，她的微笑变得紧张、不自然。

不久后，我收到了她的信。就在那时，我从来不愿提及的那些事情开始了。不是因为这些事情特别可怕，我无意夸大，而且我受的苦并不比别人多。但在起初入狱的那些日子里，有一件事确实很讨厌：我的像自由人一样思考的习惯。比如说，我会突然产生渴望去海滩游泳的想法。仅仅想象着细浪在脚下拍打的声音，冲出水面时海水在身体上光滑的触感，以及那种奇妙的放松感，就会使我感到被囚禁在狭窄狱室里是多么残酷。

不过，这种状态只持续了几个月。再往后，我在不知不觉中逐渐形成囚徒的思考习惯。我期待着每天在院子里放风，或者律师的来访。剩下的时间里，我安排得很好，真的。我常常想，假如我被迫生活在一棵死树的树洞里，除了仰望头顶的一小块儿天空以外无事可做，我也会逐渐适应下来的。我会学会观赏飞经的鸟儿或飘过的云朵，正如欣赏我那矮胖律师的扎眼的领带；或者在另一个世界里，耐心地等待着星期天和玛丽约会一样。总之，在这里，我没有被关在空虚的树干里；在这个世界上，还有比我更不幸的人。我记得这曾经是妈妈最喜欢的一个想法——她常常说：时间一长，什么事都能习惯。

不过，我通常不会想得那么长远。开始的几个月很难熬，但挺一挺也就过去了。比如说，我深受女人的困扰——考虑到我的年龄，这很自然。我从不特别想玛丽。我沉迷于对这个女人或那个女人的回忆，所有和我上过床的女人，所有我爱过她们时所处的情境；想到后来，以至于我的狱室里到处挤满了她们的面孔，到处飘浮着过往的激情的幻影。这无疑令我心神恍惚，但是至少也帮我消磨了时间。

我逐渐和监狱长建立了友好的关系，他在吃饭时常和厨房的伙计一起巡视。正是他跟我挑起了女人的话题。"那也是这里的人抱怨最多的事。"他说。

我说我深有感触。"这有点不公平，"我补充说，"就像打一个已经倒在地上的人一样。"

"但是关键就在这里，"他说，"那正是你们被关监狱的原因。"

"我不明白。"

"自由，"他说，"就是这个意思。你们被剥夺了自由。"

我以前没想过这件事，但我明白他的意思。"您说得对，"我说，"否则这就不是惩罚了。"

监狱长点点头："对，你不同，你会动脑筋。他们不行。不过那些家伙总能找到办法，他们自己能解决。"第二天，我也像其他人一样了。

缺少香烟也是一种折磨。我被收监的时候，他们收走了我的皮带、鞋带，还有我口袋里的东西，包括我的香烟。我被关进单人狱室后，曾要求他们还给我，至少给我香烟。但他们告诉我，这里禁止吸烟。这也许是让我最痛苦的一件事。事实上，最初的几天尤其难熬。我甚至从床上撕下几块木片放在嘴里吸。我整天感到浑身无力，脾气暴躁。我不明白，为什么我连烟都不能抽？我在这里又不可能妨碍任何人。后来，我明白了其中的道理，这种剥夺也是惩罚的一部分。不过，等我懂得的时候，我已经失去了抽烟的欲望，所以它对我来说也不再是惩罚了。

除了这些以外，我还不算太苦恼。然而，我要重申一次，全部的问题在于如何打发时间。但从我学会回忆的诀窍开始，我就再也没有感受丝毫的烦闷。有时候我会用我的狱室来练习回忆，从一个角落开始，绕房间一周，记下一路上看见的任何物品。开始的时候，这个过程一两分钟就结束了。但每次重新进行，时间就会花得更长一些。我会把每件家具形象化，回想每件放在它上面或内部的物品，然后回想每件物品的细节，最后再回忆细节中的细节，也就是说，一点儿小凹痕，或者镶嵌物，或者一道有裂缝的边缘，或者实际的纹理和木器的颜色。同时，我也强制自己从头至尾把这份清单记在脑子里，按照正确的顺序且不遗漏任何项目。结果，几个星期之后，仅仅列出我卧室里的物品，我就要花上几个小时。我发觉我想得越多，就会有几乎遗忘或不曾留意过的更多的细节从我的记忆里浮现出来，这一过程似乎永无止境。

所以我也认识到，一个人即使在外面生活了一天，也足以在监狱里毫无困难地生活一百年。因为他已经储存了足够的记忆，从而在回忆中不至于烦闷。显然，在某种意义上，这是一种补偿。

　　还有睡觉的问题。一开始，我晚上睡不好，白天睡不着。但渐渐地，我晚上的睡眠好起来了，白天也能打个盹儿。实际上，在最后的几个月里，我肯定每天睡到了十六到十八个小时。这样，我需要打发的时间只剩下六个小时——包括睡觉、大小便、回忆……还有捷克人的故事。

　　有一天，在检查我的草床垫时，我发现了粘在底下的一小片报纸。那片纸因为年深日久已经变得发黄，几乎透明，但我仍然能辨认出上面的印刷字体。那是一个犯罪故事。第一部分已经丢失了，但看得出来故事发生在捷克斯洛伐克的某个村庄。一位村民离开家乡去国外碰运气。二十五年后，他发了财，带着妻子和孩子衣锦还乡。他的母亲和姐姐在他出生的村子里经营着一家小旅馆。他决定给她们一个惊喜，就把妻子和孩子安顿在另一家旅馆，自己来到母亲的旅馆里，化名登记了一个房间。母亲和姐姐完全没有认出他来。那天晚上吃饭的时候，他给她们看了身上的一大笔钱，于是，那天晚上，她们用一把锤子杀了他，拿了钱后把尸体丢进河里。第二天早上，他妻子来了，无意中透露了丈夫的身份。结果，母亲上了吊，姐姐投了井。我肯定把这篇故事读了上千遍。这个故事听起来几乎不可能发生；可是换个角度，它又是合情合理的。总之，依我看来，那个男人纯属自取其祸，一个人不应该耍这种愚蠢的把戏。

于是，随着充分的睡眠、回忆、阅读那片报纸、昼夜交替，时间就不知不觉地流逝了。我曾经在书里读过，在监狱里，人们会失去时间的概念。但这对我而言没有任何决定性的意义。我从来不理解，日子怎么会在漫长的同时又短暂。作为生活的一个个周期，日子的漫长是毫无疑问的，它甚至膨胀到一天的结束和另一天的开始互相重叠，周而复始。说真的，我从来没有这样想象过每一天。对我来说，只有"昨天"和"明天"这两个词仍旧保持着一些意义。

　　一天早上，看守告诉我，我已经在监狱里待了六个月，我相信他的话——但这些话没有在我心里掀起丝毫波澜。对我来说，自从入狱以来我一直生活在同一天里，而且在所有的时间里都做着同样的事。

　　看守走后，我对着锡盆照了照，看了看自己的脸。我发觉，即使在我试图微笑的时候，我的表情也严肃得可怕。我举着锡盆换了几个角度，但我的脸上始终是同样的一副悲伤而紧张的表情。

　　太阳正在落山，这也是我不愿谈起的时刻——我称为"难以形容的时刻"——夜晚的声音从监狱各层以一种鬼鬼祟祟的步调响起来，我来到装着铁条的窗前，借着最后的亮光，再次看了看自己的脸。还是和从前一样严肃，这不奇怪，因为这个时候我的心情本来就很沉重。但是，在同一时刻，我听见了几个月来不曾听见的声音。那是一个人说话的声音，是我自己的声音，千真万确。我听出这就是每天无数次在我耳边响起的声音。于是我知道我一直在对自己说话。

　　这让我想起妈妈葬礼上那位女护士对我说的话。不，出路是没有的，没有谁能想象得出监狱夜晚的模样。

3

总体来说，我不能说这几个月过得很慢，因为我还没有意识到上一个夏天的结束，另一个夏天已经悄然来临。随着最初几个真正炎热的日子的到来，我的案子有了新进展。终审将在巡回法庭进行，时间定在六月底。

开庭那天是个阳光灿烂的日子。我的律师告诉我说，这个案子只需要两到三天。"据我所知，"他说，"法庭会尽可能快地处理你的案子，因为它在讼案聆讯表里不是最重要的一件。后面紧跟着还有一件弑亲的案子，要花费他们一些时间。"

他们早上七点半提我，把我用囚车送往法院。两名警察把我带到一个黑暗的小房间里，我们靠近一扇门坐着。门外传来说话声、喊叫声和椅子在地板上移动的声音，混杂的喧哗声使我想到小镇上的"联欢会"，在音乐结束后，大家收拾场地准备跳舞的声音。

一名警察告诉我法官还没来，还递给我一支烟，我拒绝了。过了一会儿，他问我是不是感到紧张。我说："不是。"想到即将亲历审判我反而感到很有兴致，我以前还从来没机会参加过呢。

"也许是，"另一个警察说，"但只要过一两个小时就受够了。"

过了一会儿，房间里一个小电铃响起来。他们给我摘下手铐，打开门把我带上了被告席。

　　法庭里有很多人。尽管拉着软百叶窗窗帘，阳光还是从缝隙里钻了进来，空气热得令人窒息。窗户都已经关上。我坐了下去，两名警察也分别在我两侧坐下。

　　我这时才注意到正对着我的一排面孔。这些人严肃地看着我，我猜测他们是陪审团。但不知怎么我没有把他们当成个体来看。就像你上了电车，发现对面一排旅客正盯着你，希望从你身上搜寻到一些笑料一样。当然，我知道这是一种荒唐的比喻；这些人要找的不是乐子，而是犯罪的迹象。但两者的区别并不是特别大，总之，我的想法就是这样。

　　法庭里的人群和闷热的空气使我感到眩晕。我环顾了一下四周，还是一张脸都认不出。一开始，我几乎不能相信这些人都是因为我来的。变成人们关注的焦点对我来说是一种全新的体验；放在平时，谁都不会这样关注我。

　　"这么多人！"我对左边的警察说，他说这是报纸的功劳。

　　他指指坐在陪审团下首一张桌子旁的一群人，"他们在那儿！"

　　"谁？"我问。

　　"报社的人。"他说，"其中一个人是我的老朋友。"

　　过了一会儿，他提到的那个人朝我们这边看了看，来到被告席旁，和他热情地握了握手。那记者是个老年人，表情严肃，但态度很和气。

这时，我发现法庭里几乎所有的人都在互相打招呼、交谈，并形成圈子——表现得就像和俱乐部里的一伙身份和品位相近的人在一起一样自如。这无疑也解释了我在这里产生的那种被抛弃的感觉，好像我是个不速之客一样。

但是，那个记者和气地对我说，希望我一切顺利。我向他表示感谢，接着他又微笑着补充说：

"你知道，我们对你做了一点特写。夏天对我们的报纸来说是淡季，除了你的案子和接下来要审理的那桩案子以外，最近几乎没什么文章可做。我想你已经听说了，那是一桩弑亲案。"

他指着媒体桌旁的一个肥胖的小个子男人，那个人戴着一副大黑框眼镜，让我联想到一只吃撑了的鼬鼠。

"那个人是巴黎一家日报的特派记者。实际上，他不是为了你的案子来的。他来采访那桩弑亲案，但他们也让他顺便采访你的案子。"

我差点儿要感谢他，但接着想到这样做很愚蠢。他向我友好地摆摆手，然后离开了。又过了几分钟，我的律师身穿法袍，在几个同事的陪同下匆匆赶了进来。他来到报纸席和那些记者握手。他们继续谈笑风生，显得无拘无束，直到一阵刺耳的铃声响起，每个人才各就各位。我的律师来到我身边，跟我握了手，然后建议我回答问题尽可能简洁，不要节外生枝，一切有他。

我听见左边传来挪椅子的声音，原来是一位又瘦又高、戴着夹鼻眼镜的人在就座前整理他的红袍子。我猜测他是公诉人。法庭书记员宣布法官入庭，与此同时，两台大电扇在头顶嗡嗡地转动起来。三名法官，两名穿黑衣，第三个穿红衣，胳膊下夹着公文包进了法庭，快步走向他们高出法庭地面的席位。身穿红袍的人坐在正中间的高背椅子上，把法冠放在桌子上，用手帕在法冠上拂拭一下，然后宣布开庭。

记者们都拿起了自来水笔，他们都是一副微带讽刺的默然表情。其中有一个例外，那是一个比他的同事年轻得多的青年人，穿着灰法兰绒外套，蓝色领带，他没有把桌上的笔拿起来，而是专心地盯着我。他有一张平凡的、胖乎乎的脸；吸引我的是他的眼睛，一双非常黯淡的、清澈的眼睛，目不转睛地盯着我，尽管没有显示出特定的感情。我当时有一种奇怪的感觉，仿佛我正在审视自己一样。那也解释了我的心不在焉，事实上我也确实不熟悉法庭的程序，比如陪审团抽签，首席法官向公诉人、陪审团主席和我的律师（每次他发言，所有的陪审团成员都一齐把头转向他的坐席）快速宣读案情记录，其中我听出了一些熟悉的人名和地名，然后由我的律师问了几个补充问题。

接着，法官宣布公告证人名单。书记员读到的一些名字令我非常惊讶。在那些一个个直到现在在我眼里还是一片模糊的人脸中，他们一个接一个地从人群里站了起来，雷蒙、马松、萨拉玛诺、收容院的门房、贝莱兹，还有玛丽，在跟着其他人一起从一处侧门走出来的时候紧张不安地向我招了招手。我一边听着他们念到赛莱斯特，一边疑惑我先前为什么没有看到他们。赛莱斯特站起来的时候，我注意到了他身边曾经在饭馆里和我共用过一张桌子的奇怪的小个子女人，她穿着一件男式外套，一副活泼而坚定的神气。我注意到，她的眼睛也盯在我身上，但我没有时间再疑惑，法官又开始讲话了。

他说，审判将要开始，他希望无须重申，公众能够保持肃静。他还说明自己作为某种形式的裁判员，将对案件持严谨公正的态度，在此监督审判的进程。陪审团的判决将由他以公正的精神进行解读。最后，只要法庭出现骚乱，他会毫不留情地将捣乱者逐出法庭。

气温已经升高起来。一些观众开始拿报纸扇风，法庭里响起持续的哗啦哗啦的报纸皱折声。在首席法官的示意下，书记员拿来三把蒲扇，三位法官马上一人一把扇了起来。

审讯立刻开始了。首席法官审问我时语气平和，我甚至感到了几分亲切。我又一次被要求提供身份的细节，尽管我发自内心地厌烦这种官样文章，但我也意识到这是必经程序，毕竟，如果法庭审错了人，那可是一件令人震惊的事情。

紧接着，法官开始陈述案件的过程，每读两三句就问我一声，"是这样吗？"按照律师的建议，我总是回答，"是，先生。"这是一个很长的过程，因为法官纠结于每一个细节。同时记者也在匆匆记录。但我仍然不时注意到那个年轻人和那个小个子女人停留在我身上的目光。陪审团的成员都凝视着首席法官，我再次想起了一排坐在电车上我对面的乘客。首席法官轻轻咳嗽一声，翻了几页文件，然后一边扇着扇子，一边转向我。

他提出，为了帮助了解案情，他要提问几个表面上与本案关系不大，但事实上可能高度关联的问题。我猜想他要问到妈妈的事了，心里一阵厌烦。他的第一个问题是：为什么我把妈妈送进收容院？我回答说原因很简单，我没有足够的钱好好照顾她。然后他又问和妈妈分开是否让我感到痛苦。我解释道，无论妈妈还是我都对对方没有太高的要求——具体到这个问题，也可以说，对任何人都没有奢求，所以我们俩都很容易适应新环境。这时，首席法官说他无意强调这一点，然后询问公诉人现阶段是否有别的问题问我。

公诉人半转身体对着我，并没有朝我这边看，回答道，既然法官大人允许，他想知道我回到海滩时是否有杀死阿拉伯人的意图。我说，"没有。""既然这样，你为什么带着左轮枪，又为什么恰恰回到了那个地点？"我回答说这完全是碰巧。公诉人以一种令人不快的语气说道："很好。暂时只问这些。"

我不清楚接下来的法律程序。总之，在法官、公诉人，以及我的律师进行一番商议后，首席法官宣布全体起立，休庭，下午进行取证。

我还没来得及想清楚就被带进囚车，然后被送回监狱吃午饭。没过多久，就在我刚刚感到自己是多么疲惫时，他们又来提审了。我回到同一个大厅，面对着同样的人，整个又重来了一遍。但法庭里的闷热又多了几分，而且似乎奇迹一般，几乎人手一把扇子：陪审团成员、我的律师、公诉人，还包括一些记者。那个年轻人和小个子女人还在那里。但他们没扇扇子，而且，像上午一样，他们一直注视着我。

我擦了擦脸上的汗，直到听见收容院的院长被叫到证人席，我才勉强意识到自己的身份和处境。在问及我妈妈是否曾经抱怨过我的行为时，他说："是。"但这个回答远远不够；收容院里几乎所有的被收容者都对他们的亲戚有怨言。法官要求他更明确地回答；她是否埋怨过她儿子把她送进收容院，他再次回答："是的。"但这一次他只有回答"是"或者"不是"的权利。

对另一个问题，他回答说，在送葬的路上，他对我的平静感到几分诧异。在回答他所说的"我的平静"的含义时。他垂着头沉思了一会儿，然后解释说我不愿意看妈妈的遗体，也没有流一滴眼泪，还有葬礼一结束就马上离开，甚至没有在坟前逗留一会儿。他还对另外一件事感到吃惊。一个抬棺人告诉他说我不知道妈妈的年龄。法庭上安静了一会儿，接着法官问他，他是否可以认为院长指的是被告席上的犯人。院长被这个问题弄糊涂了，于是法官解释说："这是个程序问题。我必须这样问。"

然后，法官问公诉人是否有问题要问，后者高声回答："当然没有，我需要的都有了。"他瞟了我一眼，他丝毫不去掩饰他的语气和脸上那种扬扬得意的表情，使我有了一种多年没有过的感觉。我渴望大哭一场。我第一次意识到这些人原来这样憎恨我。

在问过陪审团和我的律师是否有疑问之后，法官又听取了收容院门房的证词。后者在走上证人席之前瞥了我一眼，又别过了脸。在回答询问时，他说我拒绝看妈妈的遗体，我还抽了烟，睡了觉，而且喝了牛奶咖啡。就在那时，我感受到了法庭上出现的愤怒的浪潮，而且我第一次意识到，我是有罪的。他们又让门房把咖啡和抽烟的事重复了一遍。

公诉人再次看着我，眼神里带着一种沾沾自喜的得意。我的律师问门房是否他没有跟我一起抽烟。但公诉人对这个问题表达了强烈的异议。"我想知道，"他说，"站在审判席上的是谁？还是我们的朋友认为通过诽谤一位证人的证词，就能动摇针对他的当事人的充分而有说服力的证据？"然而，法官还是要求门房回答这个问题。

门房有些不安。他含含糊糊地说："唉，我知道不应该这样。但这位年轻人递烟的时候，我确实接受了一支——只是出于礼貌。"

然后法官问我是否有异议。"没有，"我说，"证人说得很对，我确实给他递过一支香烟。"

门房吃惊中带着几分感动地看看我。他清清嗓子，迟疑了一会儿，然后主动声明，是他建议我喝点咖啡的。

我的律师很高兴："陪审团将感激你的诚实。"

然而公诉人马上站了起来。"正是，"他大声说，"陪审团会欣赏这一点。而且他们将得出结论，尽管第三者或许会在无意中请他喝咖啡，但罪犯理当拒绝，如果他对生养他的那个可怜的女人的遗体尚存敬意的话。"

然后门房回到他的座位上。

接着被传唤的是多玛·贝莱兹，一位法庭保安把他搀扶到证人席上。贝莱兹陈述道，尽管他是我妈妈的好朋友，但他只见过我一次，就是葬礼当天。在问及我那天的表现时，他说：

"我太难过了，你们知道吗？我伤心得什么都没注意。我想，是我的悲痛蒙蔽了我。因为我无法接受我亲爱的朋友去世的事实，在下葬时我晕厥了。所以我根本没注意这位年轻绅士的表现。"

公诉人要求他说明是否看见我哭。当贝莱兹回答"没有"后，公诉人又着重指出："相信陪审团会注意这一回答。"

我的律师立刻站起来，用一种在我看来过于咄咄逼人的语气问贝莱兹：

"仔细想想，老朋友！你能发誓没有看见他流一滴眼泪吗？"

贝莱兹回答："不能。"

这样一来，一些人窃笑起来，我的律师把法袍的袖子往上一推，严肃地说：

"这就是案件正在被引往的典型方向。没有做任何用来得出事实真相的尝试。"

公诉人没有理会这句评论，他用铅笔在起诉书的封皮上轻轻敲打着，似乎完全无动于衷。

暂时休庭五分钟，在此期间，我的律师告诉我，案子的进展很顺利。接着赛莱斯特被传唤。他被宣布为辩方证人。辩方指我。

赛莱斯特不时瞥我一眼，他在做证时双手一直捏着那顶巴拿马草帽。他穿上了最好的套装，有时我们星期天去看赛马他就穿这套衣服。但他显然没有戴硬领，我注意到他的领口是用一颗铜纽扣固定起来的。

在问及我是不是他的顾客时，他说，"是的，同时也是朋友。"在问到他对我的看法时，他说我"不错"。然后在回答"不错"的含义时，他解释说，人人都知道那是什么意思。在问我是不是个沉默寡言的人时，他回答："不，我不这样认为。但和大多数人一样，他只不过不喜欢说废话。"

公诉人问他我是否总是按时付每个月的账单。赛莱斯特笑了。"哦，他是当场付钱的，懂了吗？另外，账单问题是我和他之间的细节问题。"然后公诉方问他对我的罪行的看法。他把双手撑在证人席的栏杆上，看得出来，他是有准备的。

"在我看来，这仅仅是一场意外，如果你愿意，也可以说运气不好。这样的事情总是让人猝不及防。"

赛莱斯特还想说下去。但首席法官打断了他："的确如此。就这样吧，谢谢你。"

赛莱斯特似乎吃了一惊，然后他解释说他还没把想说的话说完。他们让他接着说，但要简短。

他只能再次重复说这"仅仅是一场意外"。

"很有可能，"法官说，"但我们必须依照法律来审判这样的意外。你可以退出证人席了。"

赛莱斯特扭头盯着我。他的眼睛潮湿，嘴唇颤抖，仿佛在对我说："好了，我已经为你尽力了，老兄。恐怕没能帮上你多大忙。对不起。"

我没说话，也没有任何表示，但是，我有生以来第一次产生了拥抱一个男人的想法。

法官再次下令退席，赛莱斯特回到他人群中的位置上。在剩下的时间里，他一直坐在那里，前倾着身体，两肘撑在膝盖上，一字不落地听着庭审的过程。

下面轮到玛丽了。她戴着帽子，还是那么可爱，虽然我更喜欢她披散着头发。从我所在的地方，可以看到她胸脯柔软的曲线，还有她令我着迷的微微翘起的下嘴唇。她显得非常紧张。

她被问到的第一个问题是，她认识我多久了？从她在我们办公室工作时开始，她回答。法官接着问我们是什么关系。她说她是我女朋友。在回答另一个问题时，她承认和我有婚约。一直在翻看面前一份文件的公诉人这时相当严厉地问她，我们之间的"关系"是什么时候开始的。她说了日期。公诉人接着用故作平淡的语气说，这一天显然是我妈妈下葬的后一天。然后，他用一种微带讥讽的语气说这显然是一个"微妙的话题"，而且他能够理解这位青年女子的感受，但是——他的声音又变得严厉起来——他的职责使他不得不抛开人之常情。

在做了这番声明之后，他要求玛丽完整讲述一下我们第一次发生"关系"的那天的全部行动。玛丽起初不愿回答，但在公诉人的一再坚持下，她不得不告诉他我们在浴场见面，一起去看电影，然后去了我家。这时公诉人表示，根据玛丽在预审时的说法，他已经查看过当天的电影节目，接着他要求玛丽说出我们所看的那场电影的名字。玛丽小声说那是一部费南代尔主演的电影。她说完后，法庭里一片寂静，连一根针落地的声音都能听得见。

公诉人庄重地站起来，用一种我可以发誓他被真正触动的声音说：

"陪审团的先生们，我要请你们注意，在母亲去世的第二天，这个人就去游泳，开始勾引女孩，还去看了一场喜剧电影。我想说的就是这些。"

他坐下后，法庭里仍然是一片死寂。接着玛丽突然大哭起来。他完全弄错了，她说；实际情况不是这样，他逼着她说出了和她内心想法相反的意思。她非常了解我，而且确信我没有做错任何事……在首席法官的示意下，一名法警把她带走了，审讯继续进行。

接下来，马松做证的时候，几乎没有人听了。他说我是个可敬的年轻人。"而且，还是一个非常正派的小伙子。"

萨拉玛诺的发言也没有引起他们的注意，他告诉他们我对他的狗如何如何好，在回答关于我妈妈和我之间的关系时，他说我和我妈妈没什么共同语言，还解释了我决定把她送进收容院的原因。"你们得理解，"他补充说，"你们一定得理解。"但是似乎没有一个人理解。他也被带出了证人席。

雷蒙是下一个，也是最后一个证人。他朝我轻轻招招手，然后大声说我是清白的。法官制止了他。

"你是来这里做证的，不是陈述你的看法，你只能实事求是地回答提出的问题。"

法庭要求他澄清他和死者之间的关系，雷蒙抓住机会解释，死者恨的是他，不是我，因为他动手打了那人的妹妹。法官问他是否死者也没有恨我的理由。雷蒙告诉他，那天上午我纯粹是出于巧合才去那片海滩的。

"那么，为什么导致这场惨剧的那封信是犯人写的？"

雷蒙回答说，这件事也仅仅是一个巧合。

公诉人反驳说，在这件案子里"巧合"似乎扮演了非常重要的角色。当雷蒙殴打他的情妇时，我没有出面干涉也是巧合吗？我在警察局为雷蒙作证也应该归功于"巧合"吗？最后，他要求雷蒙说明他是靠什么谋生的。

当他说明自己是仓库管理员时，公诉人告知陪审团，众所周知，证人是靠女人的不道德收益为生的。公诉人还说我是雷蒙的好友和同党。"事实上，这个案件的背后很肮脏。而且犯人的人性，一个完全没有道德观念的残忍的怪物使这起案件变得尤其令人作呕。"

雷蒙开始辩解，我的律师也提出抗议。但法官要他们让公诉人完成发言。

"我差不多讲完了，"他说。他问雷蒙，"犯人是你的朋友吗？"

"当然。我们是最好的朋友。"

公诉人接着又问我同样的问题。我认真地注视着雷蒙，他目光坚定。

"是的。"我回答。

公诉人又向陪审团说：

"这个站在被告席上，面对着你们的人，不仅在他母亲死后第二天极其可耻地荒淫作乐，还因为下层社会妓女和皮条客之间的私仇残忍地杀了人。陪审团的先生们，这个人就是我们的这位犯人。"

他一坐下，我的律师就不耐烦地站了起来，他高高举起手臂，法袍的袖子滑下来，把整个僵硬的衬衣袖子露了出来。

"我的当事人受审是因为埋葬了母亲，还是因为杀了人？"他问。

法庭里响起几声嗤笑。但公诉人又跳了起来，他一边整理法袍，一边说他很惊讶于这位辩护人朋友的天真，竟然没有看到这起案件的两个元素之间的重要联系。如果让他说，他认为这两件事在心理上是紧密结合的。"简而言之，"他用激烈的声音总结道，"我谴责犯人在母亲葬礼上的表现，这种表现显示他在内心已经成了一名罪犯。"

这番话似乎对陪审团和公众造成了重要的影响。我的律师仅仅耸了耸肩膀，擦了擦额头上的汗水。他显然慌了，我感觉到形势开始对我不利。

随后，主审法官宣布休庭。当我被带出法院上囚车的时候，我体验到了片刻曾经熟悉的夏日傍晚户外的感觉。随后，我坐在移动狱室的黑暗里，开始意识到，回响在我疲惫大脑里的是这座我热爱的城市的那些特有的声音，在每天特定的时间里，我总是特别享受这些声音。在已经倦怠的气氛中报童的叫卖声，公园里鸟儿最后的鸣叫声，三明治小贩的喊叫声，电车在上城的街角拐弯时的尖叫声，还有黑夜降临时港口上方隐隐约约的嘈杂声——在回监狱的途中，这些声音使我重返囹圄的过程感到自己像一个盲人，沿着一条每一寸都烂熟于心的路线旅行。

是的，就是这样的夜晚，每当这样时——似乎是很久以前的事了——我总是感到对生活如此满足。然后，等待我的是一晚上舒适无梦的酣眠。现在是同样的夜晚，然而有了一点儿不同；我正在回狱室的途中，等待我的将是一个被来日的不祥之兆折磨的夜晚。因此，我意识到，那些在夏日傍晚的薄暮中熟悉的道路，既可以通往牢房，也可以通往无忧无虑的、平静的睡眠。

4

即使坐在被告席上，听着自己被人议论也是很有意思的。当然，在我的律师和公诉人的发言中，大部分是谈论我的；然而，更多是关于我本人的，而不是案件本身。

其实，这两种发言并没有很大的不同。辩护律师高举双臂，承认我有罪，但存在可以减轻罪行的情况；公诉人做出同样的姿势，也认为我有罪，但不容宽恕。

这个过程里有一点令我深恶痛绝。虽然在他们谈论的时候我听得饶有兴致，但我常常忍不住想插句话。只是我的律师已经警告过我不要这样。"你的发言对你的案子没有任何好处。"事实上，在诉讼程序中把我排除在外似乎是一个阴谋，让我成为一个没有发言权的局外人，却让我把命运交给他们来决定。

有时候，克制自己想打断他们谈话的冲动需要很大的努力。我真想对他们说："住嘴，该死的，我想问问，这个法庭上受审判的究竟是谁？对一个被控告谋杀的人来说，这是个严肃的问题。我有真正要紧的话想告诉你们。"

但是一想，我又发现其实没什么好说的。总之，我要承认，听人家谈论自己会很快失去兴趣。特别是公诉人的发言，常常说到一半就让我厌烦起来。唯一能真正吸引我的是他偶尔说的一两句话，他的手势，还有一些精心编排的长篇大论——但这些都是断章取义的片段。

我的推测是，他想证明我杀人是有预谋的。有一次我记得他这样说："陪审团的各位先生，我完全能够证明。首先，你们掌握了确凿无疑的犯罪事实。然后，你们也了解了我愿意称为这个案件幕后真相的一面，一个犯罪心理的隐秘作用。"

接着，他开始列举从我妈妈去世至今的一系列事实。他强调我的冷酷，我记不住妈妈的年纪，我去游泳池遇见了玛丽，我们去电影院看费南代尔的片子，我带玛丽回家过夜。我一开始没听明白，因为他一直说"犯人的情妇"，但对我来说那只是"玛丽"。接着，他又提到了雷蒙。在我看来，他对待事实的方式显得很老练。他所说的话听上去全都貌似合情合理。我写了一封信，和雷蒙合谋把他的情妇骗到他的房间，使她被一个"岂止名声可疑"的人虐待。然后，在海滩上，我又和雷蒙的仇人发生了一场争吵，在此过程中雷蒙受了伤。我向他要来了左轮手枪，然后一个人怀着报复心理回到海滩上，朝那个阿拉伯人开了一枪。开了第一枪后我等着。然后，为了确保活儿干得干净利落，我又故意朝受害人开了四枪，近距离射击，异常残忍。

"这就是我的证据，"他说，"我已经向你们描述了一系列导致这个人在完全清醒的情况下杀害死者的一系列事件。我强调这一点。我们所说的不是一种可以考虑减刑的过失杀人事件。我请你们注意，陪审团的先生们，犯人是受过教育的人。你们可以从他回答我问题的时候看出来；他很聪明，懂得沉默是金。我要再次指出，我们有理由认为，在犯罪的时候，他的意识是完全清醒的。"

我注意到他强调我"聪明"。我不明白为什么可以把一个平常人的优点当成无可辩驳的罪证，用来对付一个被告。在思考这个问题的时候，我听漏了他紧接着说的话，直到听见他愤怒地大声说："那么他对他极为可恶的罪行表达过一个字的悔恨吗？一个字都没有，先生们。这个人在整个审判过程中没有表现出一点儿后悔的意思。"

他把身子转向被告席，用手指着我，继续着同样的论调。我实在不理解他为什么如此喋喋不休地纠缠于这个观点。当然，我不得不承认他说得对，我对自己所做的事情并不感到特别后悔。然而，在我看来他说得有些过头，如果有机会，我很愿意用一种友好的甚至亲切的方式向他解释，我从来不会对我生活里的任何事情感到后悔。我总是沉浸在当前或者不久的未来，而不是回顾过去。当然，在我当前的处境里，我是不可能用那样的语气向任何人说话的。我无权展现友情或表达善意，而且我希望再听听下面的，因为公诉人现在谈到了他所谓的"我的灵魂"。

他说，他经过透彻的分析，结果发现一片空白，"简直什么都没有，陪审团的先生们。"事实上，他说，我没有灵魂，我没有人性，普通人所有的道德品质，我一样都不具备。"当然，"他接着说，"我们不应该为此责备他。我们不能指责一个人缺少他没有能力取得的东西。但在刑事法庭上，这种完全消极容忍的宽容应该让位于严厉而崇高的理想，也就是正义。尤其当站在你们面前的人缺乏每一种正当的天性时，那就是社会的祸害。"他接着又谈起我对我妈妈的行为，刻意重复了一遍他在听证会上说过的话。但他说的话比谈论我的罪行时多得多，多到我失去了兴趣，只感觉到法庭里逐渐上升的温度。

最后，当公诉人稍作停顿，在短暂的沉默后，用一种低沉而富有感染力的声音说："先生们，同样在这个法庭，明天将要审判一起骇人听闻的案件，一个儿子谋杀了父亲。"在他看来，这样的罪行几乎是无法想象的。不过，他不揣冒昧地希望，正义将不打折扣地得到伸张。他大义凛然地说，弑亲这样的罪行固然令人憎恶，但比起我的麻木不仁给他带来的憎恶感可以说黯然失色。

"这个在道德上对母亲的死犯罪的人，并不比另一个杀死亲生父亲的人更有资格在人类社会拥有一席之地。而且，一种罪行往往导致另一种罪行，这两名罪犯中的前者，这个站在被告席上的人，已经开了一个先例，如果我听之任之，就是批准了第二次犯罪。是的，先生们，我确信，"——说到这里，他抬高了声音——"如果我说被告犯了和明天审判的杀人犯同样的罪行，你们将不会认为我针对被告夸大本案的案情。我希望你们得出相应的结论。"

公诉人又停了一下，擦了擦脸上的汗。接着，他表示，他的职责是痛苦的，但他将毫不退缩地尽到责任。"我再说一次，既然这个人毫不后悔地抛弃了这个社会的基本规则，就没有资格在这个社会拥有一席之地。而且，像他这样冷酷无情，也不配得到宽容。我要求依法处以被告极刑，而且这样的要求不会让我产生丝毫不安。在我漫长的职业生涯里，呼吁判处死刑常常是我的职责所在，这一痛苦的责任从来没有像这件案子一样令我感到如此轻松。在请求裁定一名谋杀犯罪无可赦的时候，我遵循的不仅有我良心的命令，也包括在目睹罪犯毫无人性闪光时油然而生的正义的愤怒。"

公诉人坐下了，法庭里出现了长时间的沉默。我自己完全被闷热和惊愕压倒了。首席法官轻轻咳嗽了一声，用低沉的声音问我有没有话要说。因为一直想说话，我就站了起来。我首先说了我想到的第一件事：我不是有意杀死那个阿拉伯人的。法官说法庭会考虑我的这一声明。同时他也乐于在我的律师发言之前，听听我犯罪的动机。因为到目前为止，他还没有完全理解我辩护的理由。

我试图解释那是因为太阳，但我说得太快，而且语无伦次。我也遗憾地认识到这听起来很荒谬，并且我听见人们在窃笑。

我的律师耸了耸肩。这时轮到他向法庭致辩护词了。但他只是表示时间迟了，请求推迟到次日下午。法官同意了。

第二天下午开庭时，电扇仍旧搅动着房间里沉闷的空气，陪审员们以平稳的节奏不住地扇着他们华而不实的小扇子。律师的辩护词在我看来似乎长得无穷无尽，但是，我还是偶尔记住了几句。我听见他说："我确实杀了人。"他一直用同样的语气，在提到我时用第一人称。我感到如此奇怪，于是弯下腰问右边的警察这是怎么回事。他让我闭嘴。过了一会儿，他小声告诉我："他们都这样说。"在我看来，这种做法是在进一步地把我排斥在案件之外，把我从地图上抹掉。也就是说，通过让律师来剥夺我的发言权。但这一点儿都不重要，我早已感到自己远离了这个法庭和它冗长的"程序"。

另外，我的律师也软弱无力到了荒谬的程度。他草率地以愤怒为原因进行辩护，然后，也开始谈起我的灵魂。但我感到他的才华远远不及那个公诉人。

"我也认真地考察了这个人的灵魂，"他说，"不过，和提起公诉的这位博学多才的朋友不同，我也有一些发现。事实上，我像阅读一本打开的书一样认识了犯人的所思所想。"他阅读到的是我是个优秀的青年人，一个踏实的、为雇主勤勉工作的称职员工；我的人缘很好，乐于助人。按照他的说法，我是一个称职的儿子，尽力供养了母亲很长时间。而且，我是在经过痛苦考虑之后才做出决定的，通过把母亲送进收容院，可以使她享受到以我的条件所无法提供的安慰。"我对那位博学多才的公诉人提到收容院时的态度感到震惊，先生们，"他又说，"如果要证明这些机构的优点，我们只需想到它们是由政府部门资助和推广的就行了。"我注意到他没有提到葬礼，这在我看来是个严重的疏忽。但是，由于他的长篇大论和被人们无休无止地讨论我的灵魂和其他一切，我感到脑子里一团模糊，一切都化为一团灰色的、水汪汪的薄雾。

最后，我只注意到了一个插曲。正当我的律师继续慷慨陈词时，我听见街上一个冰激凌小贩吹起锡喇叭，那个微弱而尖锐的声音穿透了滔滔不绝的发言。紧接着，一阵记忆涌进了我的脑海——有关生活的记忆，曾经属于我，不再能够然而曾经给我带来最可靠、最卑微欢乐的记忆：夏天温暖的气息、我最喜欢的街道、傍晚的天空、玛丽的长裙和她的笑脸。昔日的琐碎回忆似乎堵住了我的喉咙，我想呕吐，我只有一个念头：赶快结束，回我的牢房，睡觉……睡觉。

我昏昏沉沉地听到我的律师做出了最后的呼吁。

"陪审团的先生们，你们无疑不会把一位正派、努力工作的年轻人送给死神，难道仅仅因为他一念之差失去了自制力？难道让他一辈子生活在悔恨中还惩罚得不够？我充满信心地期待你们的裁决，唯一可能的裁决——罪犯有可减轻罪行的情节。"

暂时休庭，我的律师一副精疲力尽的样子瘫坐到椅子上。他的一些同事来和他握手。"你的表现棒极了，老兄！"我听见其中一个人说。另一个律师甚至要求我来见证："不错吧，是不是？"我言不由衷地表示同意。然而我太累了，累得无法判断是"不错"，还是相反。

一天即将结束，也没那么热了。从街上传来的一些微弱的声音来看，凉爽的傍晚到来了。我们全坐在座位上，等候着。然而大家所等待的其实只和我有关。我环顾了一下法庭，一切都和第一天一样。我碰到了那个穿着灰衣服的记者和小个子女人的目光。这使我想起来，在整个听证过程中，我一次也没尝试过捕捉玛丽的目光。这倒不是说我忘记了她，而是我太专注了。我看见她了，坐在赛莱斯特和雷蒙之间。她轻轻地朝我挥挥手，仿佛在说："终于结束了！"她在微笑，但我看得出她非常担忧。但我的心似乎变成了石头，我甚至不能给她回以微笑。

　　法官们回到了座位上。有人向陪审团连珠炮一样宣读了一系列问题。我只能断断续续地听到一些词："预谋杀人……挑衅……减免罪行情节。"陪审团出去了，我也被带回那个曾经在里面等候开庭的小房间。我的律师来看我，他说了很多话，显得比以往任何时候都亲切和自信。他向我担保一切都会很顺利，我只用坐几年牢或服几年苦役就行了。我问他撤销起诉的机会有多大。他说不可能。他没有提出任何法律问题，因为那样最容易让陪审团有偏见。而且，除非有法律根据，否则，很难撤销一项起诉。我明白他的意思，表示认可。不含感情地看待这件事的话，我同意他的看法。否则诉讼就会变得无休无止。"总之，"律师说，"你可以通过一般途径上诉。不过我相信判决是有利的。"

　　我们等了很长时间，我想有三刻钟。然后铃声响了。我的律师在离开时对我说：

"陪审团主席将宣读回复，你随后会被招进去听取判决。"

几扇门乒乒乓乓响了几声。我听到人们匆匆走下楼梯，但听不出远近。接着听到法庭里响起一个人沉闷的声音。

铃声再次响起。我重新回到被告席上，法庭里的寂静包围了我，这寂静使我产生了一种奇怪的感觉。我第一次注意到那位年轻律师把目光移开了。我没有往玛丽的方向看。事实上，我没有时间看，因为公诉人已经开始说起一段冗长的废话，大意是"以法兰西人民的名义"，我将在某个公开场所被砍头。

这时，我能够看懂在场的人脸上的表情了，那是一种几乎可以称得上尊敬的同情。警察也待我很温和。律师把手放在我的手腕上。我已经完全停止了思考。我听见法官的声音问我有没有话说。我考虑片刻后，回答："没有。"然后警察把我带了出去。

5

我刚刚第三次拒绝见监狱牧师。我跟他没什么好说的，我也不想说话——但我应该很快会见到他。现在，我唯一感兴趣的是绕过这一结局，想知道必然中是否存在漏洞。

他们把我转到了另一间狱室。在这间狱室里，仰躺在床上可以看见天空，也只能看见天空。我的时间都用于观察天空从早到晚颜色的缓慢变化。我把双手放在头底下，凝视着，等候着。

　　这个漏洞的问题令我着迷；我总想知道是否有死囚在最后一刻从无情的法律机器中逃离，突破警察的防线，在断头台的闸刀落下之前及时逃脱的例子。我常常责怪自己平时没有对公开处决一类的报道给予更多的关注。一个人应该对这类事件经常关注。谁也不知道自己会碰上什么事。我和别人一样，都在报纸上读过关于处决的描写。但一定有相关的技术书籍，只是一直没有强烈的兴趣驱使我去查阅。在那些书籍里我将找到有关逃脱刑罚的故事。书里肯定会告诉我，在一个案子里，滑轮不知怎么停止了；在这一系列无法阻挡的事件里，有一次，只要有一次机会或幸运扮演了快乐的角色的例子就够了。只要一次！这个孤立的事例就能使我得到满足，我的感情会填补其他的一切。那些报纸常常谈论"欠了社会的债"——按照他们的说法，这笔债必须由犯人偿还。但这种说法不涉及想象力。是的，我在乎的是冲击和打败他们嗜血的仪式的可能性，那会给我瞬间疯狂地逃奔自由的希望，一种赌徒的孤注一掷。很自然，所有的"希望"都可能终结于在街道角落被打倒，或被一颗背后飞来的子弹干掉。但是，这种结果对我而言甚至都是奢望；我无可挽回地陷入了绝望。

　　无论我如何努力，都无法忍受这种残酷的必然性。说真的，如果认真想想的话，在判决的依据和判决宣布后开始的一系列无可挽回的事件之间，存在着一种不均衡。判决是在晚上八点宣读的，而不是下午五点，这是事实；判决完全可能截然不同，这也是事实；这些判决是由一群常换内衣裤①的人做出的，而且归功于一个如此模糊的抽象概念的"法国人民"——就这件事而言，为什么不可以归功于中国人或德国人呢？——所有这些事实似乎使法庭的判决丧失了严肃性。然而我不得不承认，从做出判决的那一刻开始，它的效力就变得令人信服且可以依靠，就像我正躺在上面，背靠着的这堵墙。

想到这里，我又回忆起妈妈过去常说的关于我父亲的一个故事。我从来没见过他。关于他的事情我都是从妈妈那里听说的。其中有一件说的是，他去观看处决一名杀人犯。一想到要看杀人，他就犯恶心。但是他还是从头到尾地看了，而且，一回家就呕吐不止。当时，我认为父亲的行为非常恶心。但我现在懂了，那是很自然的。我当时怎么没有认识到什么都不如死刑重要呢？而且，从某个角度看，它甚至是唯一一件真正令人感兴趣的事。于是我决定，只要能出监狱，以后处决犯人时我都要去看。无疑，考虑这种可能性是很不明智的。我想象自己自由的时候，站在两排警察身后，也就是说，站在好人一边——只要想到作为来看表演的旁观者，而且可以回家后呕吐一番，心里就有一种疯狂而荒诞的得意感觉。这样放纵自己的想象力很愚蠢，没多久我就浑身打战，不得不把自己紧裹在被子里。但我的牙齿一直打架，怎么都停不下来。

所以很显然，一个人是不可能始终保持理智的。我的另一个同样

---

① 原文如此，可能和社会阶层有关。

荒唐的幻想是设计一部新法律，改变处罚的规定。按照我的想法，要给犯人一个机会，即使是希望渺茫的机会；比如说，千分之一的机会。或许有某种药物或者药物的组合，能够杀死一千个病人（我认为犯人是"病人"）里的九百九十个。当然，前提是事先让他知道。在经过大量思考之后，我得到的结论是，断头台的错误是不给死刑犯人一点儿机会。事实上，病人的死是无法挽回的命令，是一种预先决定的结果。如果因为意外闸刀没有完成工作，他们会再来一次。所以，这是违反人性的，被定罪的人最好希望法律机器工作状态良好！我认为，这是系统的缺陷；而且，对于这个问题，我的观点是合理的。但是，我必须承认这证明了系统的效率。结果是，接受判决的人不得不在精神上合作，这是为了他的利益，一切都应该畅通无阻地进行。

另一件我必须承认的事情是，直到现在，我在这个题目上的想法都是错误的。由于某种原因，我一直以为一个人必须走上台阶并爬到一个架子上，然后被人把头砍掉。也许这是因为1789年的大革命；我指的是，我在学校学到的，还有我看到的图片都是这样的。后来，有一天早晨，我想起报纸上刊登的处决一个著名罪犯的场景。事实上那个装置是放在平地上的；外表很普通，而且比我想象中的窄得多。我吃惊地想到，这幅图片直到现在才从我的记忆里浮现出来。它闪闪发光的外表和精细的做工令我联想到某种实验室的设备。人们总是对不了解的东西产生夸张的想法。现在，我不得不承认，上断头台看来是一个非常简单的过程；那台机器的高度和人相仿，走向它就像走过去迎接一个老朋友。在某种意义上，这个过程令人失望。那种爬上高台，把世界抛在下面的感觉，可以说给想象力提供了一个上升的空间。但是，照现在的样子，机器占据了主导地位，效率成了主要的考虑，你被处死的时候无声无息，这个过程有一种耻辱的意味。

我一直思考的还有另外的两件事：黎明和上诉。但是，我尽可能地避免想这两件事。我躺下去，仰望着天空，强迫自己去观察它。当天空变成绿色时，夜晚便要来临了。另一个转移思路的办法是倾听自己的内心。我无法想象这跟随了我那么长时间的心跳声会有停止的一天。想象力从来不是我的强项。可我仍然试图想象我的心跳不再回响在脑海的情景。但是，我依然逃避不了黎明的到来和上诉的想法。最后，我认为迫使一个人的想法脱离他的自然状态，这是愚蠢的做法。

我很清楚，他们总是黎明时来找我。所以，我的夜晚都用于等候黎明。我向来不喜欢措手不及。每当发生些什么，我都希望自己已经做好了准备。所以我养成了白天睡觉，整个晚上都用来等待黑暗的穹窿上第一抹曙光的到来。夜里最难过的是混沌未明的时刻，我知道他们通常在那个时候来。一过半夜，我就一心一意地等候和倾听。以前我的耳朵从来没有听到过这么多的声音。不得不说，我还有几分运气，因为我没有听到脚步声。妈妈过去常说不管一个人有多惨，生活里也总是有值得感激的地方。所以当每天早晨，当天色亮起，阳光开始流进我的牢房时，我就觉得她的话是有道理的。因为，我本来可能已经听见了脚步声，感到我的心裂成了碎片。哪怕是最轻微的抖动也会使我慌忙赶到门口，把耳朵贴在粗糙而冰冷的木头上，我听得如此专注，以至于可以听见我的呼吸声，急促而嘶哑，就像狗在喘粗气——即使这样我还是充满期待；我的心没有碎，而且我又得到了二十四个小时的喘息时间。

然后，我用一整天来考虑上诉。我考虑过各种办法，设想过各种可能的结果，以便获得尽可能大的安慰。就这样，我总是从最坏的结果开始想起：我的上诉被驳回。当然，那意味着我要死掉。显然比其他结果更快。"但是，"我提醒自己，"总之，大家都知道活着是不值得的。"而且，从更宽的视角来看，我知道一个人三十岁死还是七十岁死没有多大差别——因为，无论哪种情况，其他男男女女都还活着，世界也不会因此改变。另外，无论我现在死还是四十年以后死，死亡的到来都是不可避免的。但是，这样想并不能起到应有的安慰效果；几十年可以自己掌握的生命是一个令人烦恼的提醒！但是，只要想想自己寿数已尽，死期将至，我还是能说服自己。一旦面临死亡，死亡的确切时间和形式显然无关紧要。所以——尽管很难放弃导出这个"所以"的"因为"——我应该做好接受上诉被驳回的准备。

在这个阶段，也只是在这个阶段，我才可以说我有了权利，并相应允许自己考虑另一种可能，即我的上诉获得了成功。于是麻烦变成了如何在无法遏制的喜悦和眼泪中平静下来，压服兴奋的神经，稳定我的思想。因为，即使考虑这种可能性，我仍然要在我的头脑中保持一定的理性，以此来求得安慰，因为第一种可能更加可信。当我成功的时候，就赢得了一整小时内心的平静；这毕竟来之不易。

就是在这样的一个时刻，我又一次拒绝去见神父。我正躺在床上，蔓延在天空的一层柔和的金光标志着夏日黄昏的来临。我刚刚放弃了上诉，感到我的血液在身体里缓慢而稳定地流动。是的，我不需要见神父……然后我干了一件很长时间没干的事，我开始想念玛丽。她很久没给我写信了，我猜测，她也许厌倦了给一个被判处死刑的人当情人。或者她病了，也许死了。毕竟，发生了这么多事。除了现在被隔离开的身体，我们之间也没有别的任何东西可以让我们联系在一起，让我们思念彼此。而且我又怎么可能知道呢？假如她死了，关于她的记忆就没有任何意义，我不会对一个死掉的女孩有任何兴趣。这在我看来很平常，正像我意识到人们在我死后也会很快忘掉我一样。我甚至不能说这种事很难接受，真的，没有什么事情是人们不能及时习惯的。

正在这时，神父突然走了进来。看见他我不由得吓了一跳。他无疑注意到了，因为他随即告诉我不用怕。我提醒他，他通常是在另一个时间露面的，而且是一个相当糟糕的场合。他回答说，这只是一次友好的访问。他的到来和我的上诉无关，其实他不知道上诉的事。他坐在我的床上，要我坐在他旁边。我拒绝了——不是因为我对他本人有抵触；他是一个温和、善良的人。

开始他很安静，他的胳膊放在膝头，低着头看自己的双手。他的手指细长而结实，像两只灵巧的小动物。然后，他轻轻搓了搓双手。他坐了很长时间，保持着同一个姿势，我几乎忘记了他在那儿。

可是突然之间，他抬起头，盯着我的眼睛。

"为什么，"他问，"你不愿让我来见你？"

我解释说我不信仰上帝。

"你真的那么肯定吗？"

我说我没有理由为这件事费脑筋，无论相信与否，在我看来，都是微不足道的问题。

这时，他向后靠着墙，把双手平放在大腿上。好像不是在向我说话一样，他说他经常注意到一个人认为很肯定的事，事实可能恰恰相反。见我没说话，他又看着我，问道：

"你认为呢？"

我说这是很有可能的。但是，尽管我不能肯定我感兴趣的是什么，但绝对知道自己对什么事情不感兴趣。他提出的问题正是我不感兴趣的。

他不看我了，但没有改变姿势，接着问我是否因为彻底绝望才这样说话。我向他解释，我感到的不是绝望，而是恐惧——这是明摆着的。

"这个问题，"他坚定地说，"上帝可以帮助你。我见过的所有和你处境相同的人，在陷入烦恼时都皈依了他。"

很显然，我回答，如果他们愿意，他们有权利那样做。但是，我不想接受帮助，而且对于我不感兴趣的事物，我也没有培养兴趣的时间。

他焦躁地抖着手；他坐直身子，把袍子抚平整。然后，他又对我说了起来，话语中称呼我为"我的朋友"。他说，他用这种方式对我说话，并不是因为我被判了死刑。在他看来，地球上的每个人都被判了死刑。

可是，我打断他，这不是一回事。而且谈不上是安慰。

他点点头。"也许是的。不过即使不是很快死，也终有一天会死。那么又会面临同一个问题——如何面对可怕的临终时刻？"

我说我会像面对此刻一样面对它。

他当时站了起来，直盯着我的双眼。我很了解这个把戏。我过去常常用它和艾玛努埃尔和赛莱斯特开玩笑，十次有九次他们会不舒服地躲开我的目光。我看得出这位神父是个老手，他的目光绝不躲闪，他的声音也非常稳定："你难道一点希望都没有了吗？你真认为你死了就一了百了，什么都剩不下吗？"

我说："是的。"

他垂下眼睛，又坐下来。他说，他真为我难过，像我这样想的话，这样的生活会让一个人无法承受的。

这位神父开始让我感到厌烦了，于是我侧身靠在墙上，正在那扇小天窗下，我扭头看向别处。他的话不难理解，我猜测他又要开始质问我了。他的声音变得激动、急促，因为意识到他是真诚的，我才听得认真了一些。

他说他相信我的上诉会成功，但我背负着沉重的罪行，这是必须摆脱的。依他看来，人类的正义是无用的，只有上帝的正义不容忽视。我指出，正是前者判了我的死刑。是的，他表示认可，但这并不能赦免我的罪行。我告诉他，我没有意识到任何"罪行"，我只知道我对一件犯罪行为感到内疚。是的，我正在为这一行为付出代价，谁都没有权利再对我做更多的要求了。

这时他又站了起来，我突然意识到，如果他想在这间狭小的牢房里活动一下，几乎唯一的选择就是站起来，或者坐下去。我正低头看着地板，他向我走了一步，又站住了，好像不敢再走近一样。然后他抬起头，看着铁栏外的天空。

"你错了，我的孩子，"他认真地说，"我们可以要求你的还有很多。也许还会向你提出来。"

"你的意思是？"

"要求你看……"

"看什么？"

神父缓缓盯着牢房看了一圈，我被他回答时悲伤的声音震动了。

"这些石墙，我对它们太了解了，它们充满了人类的痛苦。每当看到它们，我都会忍不住地发抖。然而——请相信我，这是我的心里话——我知道你们中最可怜的人有时候也能看见，在这些灰色里浮现的一张神圣的面孔。这就是我要求你看的。"

这番话使我激动起来。我告诉他，这些石头墙我已经看了几个月；我对这些石头墙的了解超过了对任何人、任何事物的了解。也许很久很久以前，我曾希望在上面看到一个人的面容。不过那是一张太阳晒黑的脸，因为欲望而闪着光，那是玛丽的脸。但是很不幸，我从来没有看见过。现在我已经放弃尝试了。真的，我从未看见任何东西从这些灰色的墙壁上像他所说的那样"浮现"出来。

神父带着某种悲哀的神色盯着我。我现在整个背靠在墙上，阳光照着我的额头。他喃喃地说了几句话，我没听清楚；然后他突然问他能不能吻我。我说，"不。"于是他转过身去，走到墙边，用一只手缓慢地抚过墙壁。

"你真的这样迷恋这些尘世上的事物吗？"他轻声问我。

我没说话。

有很长一段时间，他一直避免和我目光接触。他的存在变得越来越令人厌烦，我正要让他走开，让我一个人清静一下，这时他突然转身看着我，用激昂的语气大声说：

"不！不！我不能相信。我确信你经常希望有来世存在。"

那当然，我告诉他。每个人都会有这样的想法。但并不比希望富有，并不比希望游泳游得更快，或者希望有一个形状更好的嘴唇来得更重要。这是同一类的东西。我和他们想的一样。这时他打断我，问了我一个问题："你怎么想象死亡后的生活？"

我简直在向他吼叫："一种能让我回忆尘世生活的生活。我想要的就是这些。"同时，我告诉他我想一个人待着。

但是，他在上帝这个话题上显然还有更多的话要说。我走到他身边，最后一次尝试向他解释，我告诉他，我剩下的时间不多了，我不打算把它浪费在上帝身上。

然后他试图改变话题，问我既然他是神父，为什么我从来没有称呼过他"神父"。我被激怒了，我告诉他他不是我父亲，所以，他还是去其他人那边做"父亲"吧！

"不，不，我的孩子，"他把手放在我的肩膀上，对我说，"我在你这边，尽管你没有认识到——因为你的心是冷酷的，但我会为你祈祷。"

这时，我不知道怎么了，好像内心有什么东西爆炸了一样，我开始扯着嗓子向他吼叫。我辱骂他，我叫他不要在我身上浪费他陈腐的祈祷，即使燃烧也好过消失。我抓着他的教士袍的领口，然后，在一阵狂喜和暴怒的冲击下，我把所有一直在我内心发酵的悲愤一股脑儿地向他发泄出来。他不是信心十足吗？然而他笃定的事情没有一件比得上一根女人的头发。像他那样生活，像行尸走肉一样，他甚至不能肯定自己是不是活着。

我虽然表面上两手空空，事实上，我对自己有把握，我对一切都有把握，远远比他更有把握，我对现在的生活和即将来临的死亡都有把握。无疑，这就是我的全部；但至少这种确定性是我可以把握的——正如它对我也有着同样的把握一样。我曾经正确，现在仍然正确，我始终是正确的。我曾经以某种方式生活过，只要我愿意，我也可能以另一种不同的方式生活。我这样表现，我没有那样表现；我没有干 A 事，然而却干了 B 事和 C 事。这是什么意思？这就是说，自始至终，我一直等着当前的这个瞬间，等着那个黎明，明天或者另外一天的黎明，来证明我无罪。什么都不重要，我很明白为什么。他也明白。

从我未来黑暗的地平线，一股缓慢而固执的微风一直朝我吹来，终生不止。一路上，那股微风抚平了在我生活过的同样不真实的年月里人们试图强加给我的所有理念。他们能给我带来什么不同？他人的死亡、母亲的爱，或者他的上帝；或者一个人决定的生活方式，他认为自己选择的命运。唯一同样的命运不仅"选择"了我，还让成千上万像他一样享有特权的人自称是我的兄弟。当然，他当然明白。每个活着的人都是享有特权的，人类只有一个阶层，即特权阶层。有一天他们也会被判处死刑，总有一天会轮到他。那么这又会有什么不同？在被控谋杀后，他因为没有在母亲的葬礼上抹眼泪而被处决，因为一切最终都会归结为同一件事。就像萨拉玛诺的狗和他的妻子，那个小个子女人和那个嫁给马松的巴黎女人，或者想和我结婚的玛丽，也一样"有罪"。如果此时此刻玛丽正在和新男友亲吻，那又有什么关系？如果雷蒙像赛莱斯特一样是我的朋友，那又有什么要紧，后者是一个更有价值的人。作为一个被判了死刑的人，难道他能理解我所说的从我的未来刮起的黑暗的风吗……

　　我一直喊叫着，说了这么多，我激动得喘不过气来。这时看守们冲了进来，开始把神父从我手里解放出来。有一个看守似乎要打我。神父让他安静下来，他默默地看了我一会儿。我看见了他眼里含着泪水。最后，他转身离开了牢房。

　　他一走，我就平静了下来。但一番激动使我筋疲力尽，我沉重地倒在床板上。我一定睡了长长的一觉。因为我醒来时，璀璨的繁星正照在我的脸上。乡村的声音隐约传来，凉爽的晚风携带着一缕缕泥土和海盐的气息吹拂着我的脸颊。沉睡的夏夜，美妙的宁静像潮水一样流过我的全身。在黎明到来之前，我听见一声轮船的汽笛声。人们正在向一个永远不再关心我的世界启程。这几个月里，我第一次想起了妈妈。我现在似乎理解为什么她在即将到达生命的终点时找了个"未婚夫"，为什么她想开始新的生活。没有人，这个世界上没有一个人有权利为她哭泣。现在，我也准备开始新的生活了。就像那场暴怒把我冲刷得干干净净，放空了我的希望一样，凝视着星光闪烁的黑暗夜空，我第一次向这个亲切而冷漠的世界敞开了心扉。我感到它和我如此相像，亲切得使我认识到自己曾经是幸福的，而且现在仍然幸福。为了有始有终，为了使我不再那么孤独，我希望在我被处决的那一天，会有很多很多人来观看，就让他们用憎恨的呐喊来迎接我吧！

LA DÉCADENCE

堕落

1

梅里先生，我的冒昧没有打扰到您吧？我担心那位"大猩猩"理解不了您的话。他掌管着这里的一切，令人十分敬佩，但是他只会荷兰语。如果我不为您解说，他可能就不知道您想喝杜松子酒。我大胆判断以为他能听懂我的话，他点头就意味着明白我的意思了。您看，他有所行动了，他在犹豫，在谨慎思考该怎么做。您可真幸运啊，他没有抱怨嘟囔。从前，他只要不想干活的时候就会嘟囔，也没有人会强求他。唉，做自己情绪的主人，那是大型动物才有的特权。先生，我该退下了，很高兴能为您服务，我很感谢您，希望没有打扰到您，您真是太好了，这酒杯我放在您旁边了。

您说得对，他的沉默让人振聋发聩，那是来自原始森林的沉默，充满了威慑。有时，我也会为他的固执而惊讶，他总蔑视文明的语言。他在阿姆斯特丹的一家酒吧里招待各国水手，没有人知道这家酒吧为何叫"墨西哥城"。难道您不觉得这个名字有些尴尬吗？设想一下，克罗马农人①居然住在巴别塔里！克罗马农人肯定会觉得不自在，而他

---

① 距今三万年前，欧洲大陆上出现的智慧较高的早期人类。因发现于法国克罗马农山洞而得名，属于晚期智人。

却意识不到自己流离失所，还在自以为的"阳关大道"上继续前行，没有什么可以触动他。他曾说过一句难得的话：要么忍受，要么离开。谁会必须忍受或者离开呢？毫无疑问，正是这位朋友本人。我坦言，我迷上了这种生物。不论出于职业或者天性使然，只要对人类稍加思考，人们就会怀念灵长类动物，毕竟，这类动物不会有不可告人的打算。

　　说实话，我们的主人在心底里也是藏有一些算计的。他不能理解别人当面说的话，于是养成了多疑的性格，他那敏感的自尊好像表明至少他怀疑人世间并非完美。这种多疑的性格也让他很少谈自己的任何事情，当然，他的生意除外。您看，他脑袋后面的墙上有一片长方形的空白，那是一幅画的挂痕。从前这里确实有一幅画，很有意思，算得上真正的杰作。他挂上这幅画的时候，以及又把它从墙上取下来的时候，我都在场。经历了几个星期的深思熟虑，他还是流露出了一丝疑虑。您必须承认，这个社会多少损害了他淳朴的天性。

　　您别误会，我不是在评判他的对错，相反，我认为他的疑虑是有道理的。就如您看到的那样，如果我健谈的天性允许，我也会有这样的疑虑。唉，我的话实在太多了，也很容易交朋友，虽然我知道怎样保持距离，但总会抓住一切机会和别人交朋友。从前，我在法国的时候，每当遇见一个有才华的人，我就会立即和他交朋友。如果那很愚蠢……啊，我看到您朝我勉强地笑了笑，我承认我偏爱优美的辞藻，还有这种语态，这些都是我的弱点。请相信，我也常常因此责怪自己。我很清楚，喜欢穿丝绸的衣袜不代表脚是脏的，可是，风格就像轻薄的丝绸那样，可以遮住湿疹。我的这种自我安慰不过是想告诉自己：不说真话的人也算不上淳朴，难道不是吗？来，我们还是继续喝杜松子酒吧！

您在阿姆斯特丹待得久吗？这儿真是一座美丽的城市。迷人？这个形容词我已经很久没听到过了。其实，我离开巴黎已经很多年了，但是我的心却有它自己的记忆，我从未忘记过美丽的巴黎，就连它的每一个码头都记得清清楚楚。巴黎是一幅真正的繁华盛景，有四百万人居住在这座壮丽宏伟的城市，最近的一次人口普查显示已经将近五百万了。为什么人口快速增长，我却没有丝毫讶异？在我看来，我们的同胞对两种事物怀着巨大的热情：理想和通奸。不要任何理由，你就可以这么说。虽然如此，我们还是不要责怪他们，并不是只有他们这样，整个欧洲都在一条船上。有时，我会想，后世的历史学家会怎样评价我们？也许只要一句话就可以概括：他们读报、通奸。若真的如我所说，做出这样生动的定义之后，这个问题就解决了。

哦，不是荷兰人，他们没那么现代！他们有的是时间。看看他们，他们在做什么呢？这些先生甚至要靠女士的劳动过活。无论男女，他们所有人都是中产阶级，通常，他们来到这里是因为对神话的痴迷和愚蠢。总之，就是想象力太丰富或者匮乏。有时，这些先生沉迷于小刀和左轮手枪的游戏，但是不要以为他们喜欢这样。这只是他们所扮演的角色需要，在射击的时候，他们就会被恐惧吓死。虽然如此，我却觉得他们比另外一些人更有道德——那些人因为一点儿小摩擦就杀光了一户人家。难道你没有注意到吗？我们的社会就是因为这种杀戮而组织起来的。你一定听说过，巴西的河流里有一种小鱼，它们会成千上万地聚集在一起攻击粗心的游泳者，不出几分钟，它们就会小口地把游泳者啃食得干干净净，只剩一副骨架。不错，他们的组织就是这样的。"你想要体面的生活吗？就像其他人一样？"你肯定会回答"想"，怎么能拒绝呢？"很好，你很快会被清理干净的。只需要一份工作、一个家庭，以及组织的娱乐活动。"这些细小的牙齿会一点点啃食你的肉体，直到只剩骨头。但我有失偏颇，我不该说他们的组织，毕竟，这也是我们的组织：问题是谁清理掉谁。

杜松子酒终于送来了，来，祝您前程似锦。是的，大猩猩叫我"博士"，在这个国家，每个人都是"博士""教授"。他们乐于表达自己对他人的尊重，或是出于善意和谦虚。至少，在他们国家，恶意还没有变成国家体制。但是我不是博士，如果您想了解的话我可以告诉您，来到这儿之前，我是一名律师，然而现在，我是忏悔的法官。

请允许我介绍一下我自己，让－巴蒂斯特·克拉芒斯，竭诚为您服务。很荣幸能认识您，我没猜错的话，您是做生意的吧？大概？真是绝妙的回答。我们的生活中处处是"大概"，真的太明智了。现在，请允许我扮演一个"侦探"。您的年纪大概和我一样大，有着四十岁男人的深邃眼光，看透了人生的风雨。您的穿戴大概算得上体面，和我们国家的人差不多，您的肌肤如此光滑细腻，我猜，您大概是一位资产阶级，而且是一位文雅的资产阶级！事实上，您勉强的笑容再次证明了您的教养，因为您从一开始就意识到了，并为此感到优越。最后，顺便说一句，我可以逗您开怀，这表明您的思想是开放的，因此，您大概……但是没关系……可能这样问话有些失礼，您有财产吗？一些？很好，您和穷人分享过这些财产吗？没有？您就是我所说的撒都该[①]教徒。如果您不熟悉《圣经》，那么就对您没有帮助。但是《圣经》曾经帮助过您？所以您读过？很显然，我对您很感兴趣。

至于我……好吧，由您来评判。我的身材、肩膀，还有这张常常被人说害羞的脸，让我看起来更像一个橄榄球运动员，不是吗？但是如果我的这些话能够评价我，就会让我有一些敏感。我的大衣的骆驼毛可能很脏，但我的指甲修剪得很整齐；我也是老于世故的人，却仅凭您的相貌而毫无顾忌地信任您。尽管我举止得体，言辞优美，但我经常去善德街[②]的水手酒吧。行啦，不说了。我的职业是双重的，仅此而已，就像人类一样。我已经告诉过你了，我是一个忏悔的法官。对我来说，只有一件事简单明了：我一无所有。是的，曾经我很富有，但我从不和穷人分享我的财富。这能证明什么呢？证明我也是个撒都该……哦，您听见港口的雾喇叭了吗？今晚须德海[③]有雾。

您要走了吗？对不起，我也许耽误了您的时间。不，我求您了，不要付钱。 我的家就在"墨西哥城"，很高兴能在这里接待您。明天

---

① 不相信复活、天使及灵魂等的存在，为犹太教的一个派别。

② 善德街是荷兰首都阿姆斯特丹市中心唐人街的一条街道，历史上曾和毒品密不可分。

③ 即荷兰艾瑟尔湖。

我一定会来的，就像每天晚上一样，我很高兴接受您的邀请。您回去的路怎么走？如果您愿意的话，最简单的办法就是我陪着您到港口。绕过犹太人居住区，您会看到那些漂亮的大街，街上的电车队伍里满载鲜花和雷鸣般的声音。您的酒店就在其中的达姆拉克大街①上。您先走，我随后。我住在犹太人聚居区——希特勒的党羽们清扫地界的时候一直这样叫。那可真是大清扫！七万五千名犹太人被驱逐或暗杀，是"真空"的大清扫啊！欣赏那样的勤奋和有条不紊的耐心！ 当一个人没有扮演什么角色的时候，他必须运用一种方法。在这里，这种方法无可争议地创造了奇迹，而我生活的地方，正是历史上最大罪恶的遗址。也许这让我理解了大猩猩以及他不相信任何人的原因。我可以克制自己的天性，不让自己和谁亲密，每当我看到一张新面孔，我的内心就会发出警报："慢着！危险！"即使对方十分吸引我，我也会防备着。

　　您知道吗？在我生活的小村庄里有一次惩罚行动：一位德国军官彬彬有礼地询问一位老妇人，要她在她的两个儿子中选择一个作为人质来处决。选择！——你能想象吗？那个孩子？不，这个。然后眼睁睁地看着他死去。我就不多说了，但是相信我，先生，任何惊喜都是有可能的。我认识一个人，他是一个和平主义者、自由主义者，怀着一颗纯洁之心，不愿猜疑，用同样的爱去爱所有的人类和动物。毫无

①荷兰阿姆斯特丹市中心的一条街，介于中央车站和水坝广场之间，是人们从火车站进入阿姆斯特丹市中心的主要街道。

疑问，那是一个特别的灵魂。在欧洲最后一次宗教战争期间，他退休回国了，在门口写道："无论你从哪里来，都请进来，欢迎您。"您觉得是谁回应了这个崇高的邀请？是民兵，他们把那里当作自己的家，然后把他开膛破肚。

哦，对不起，夫人！其实她一个字也听不懂。这么多人，嗯？这场雨已经连续下了好几天了，幸亏还有杜松子酒。这是黑暗中唯一的一丝光亮。您有没有感觉到一种金黄、铜色的光，在心中燃烧？我喜欢喝了杜松子酒以后，趁着微醺的酒意，在夜晚的城市中散步。连续好几个晚上，我一直在散步，要么徜徉于梦境，要么无休止地自言自语。是的，就像今天晚上一样，我担心您听糊涂了。谢谢，您真客气！但那些话仿佛是自己溢出来的，我一张嘴，话就从我嘴里往外冒。况且，这个国家给了我灵感：我喜欢这些人拥挤在人行道上，挤进房子和运河间的狭小空间，四周是雾气和冰冷的土地，海浪像泡沫一样。我喜欢它们，因为它们是哪里都有的，它们在这里，也在其他地方。

没错！听到他们在潮湿的人行道上沉重的脚步声，看到他们在满是金黄色的鲱鱼和枯叶颜色的珠宝店之间，沉沉地走来走去，您可能会以为他们今晚就在这里。您和其他人一样，把这些好人当成一群公司理事和商人，他们一边怀着永生的梦想，一边数着自己的金冠。他们唯一的娱乐就是不戴宽边帽去上解剖课程！您错了。可以肯定的是，他们和我们一起走着，但是看看他们的脑袋在哪里：在商店招牌的霓虹灯散发的灯光之下，在杜松子酒和薄荷混合的雾气之中。 先生，荷兰是一个梦——一个黄金和烟雾的梦：白天烟雾缭绕，夜晚纸醉金迷。日日夜夜，梦里的人好像全是罗英格林^①，他们骑着黑色自行车，车把很高，葬礼上的天鹅陆续出现在整个陆地上，在海上，在运河上漂流。他们梦想着围成圆圈，站在金色云彩下祈祷，在镀金的烟雾中祈祷，但他们已经不在这里了，他们已经走了数千英里^②，前往爪哇岛，那是一座遥远的岛屿。他们向印度尼西亚那些狰狞的神祈祷，他们用那些神装饰他们的商店橱窗。此刻，那些神正飘浮在我们的上空，然后落在广告牌和阶梯屋顶上，提醒这些思乡的殖民者，荷兰不仅是商人们的欧洲，也是海洋——通往日本的海洋，通往那片让人们为之疯狂或者幸福死去的海洋。

但我得走了！原谅我，我得为一个案子辩护！先生，这是习惯、职业使然，希望您完全了解这座城市，以及事物的本质！因为我们是这里的核心。您有没有注意到阿姆斯特丹那些环绕一个中心的运河，它就像地狱的圆环——中产阶级的地狱，充满了噩梦。当一个人从外面来的时候，逐渐经过这些圆圈，生活就会变得越来越黑暗，让人越来越喘不过气。这里，我们在最核心的一个圆圈里，就是那个圈子……啊，您知道吗？越来越难以把您归类了。您知道我之所以说事物的中心在这里的原因，虽然我们在大陆的边缘。敏感的人能理解这种奇怪的事情。无论如何，那些报纸的读者和通奸者没法再往前走了。他们

---

① 德国神话中的圣杯骑士，圆桌骑士帕西瓦尔之子。
② 1英里=1609米。

来自欧洲的各个角落，在内海以及单调的海滩上停下脚步。他们听着雾喇叭的声音，试图辨认出雾中船只的轮廓，却终究徒劳无功，然后他们翻过运河，冒着雨回家，最后来到"墨西哥城"，说着各种语言，向我索要杜松子酒，而我就在那里等着他们。

先生，我亲爱的同胞，明天见。不了，您现在很容易就能找到路了，我就到这座桥附近。晚上我从不过桥，我发过誓。假设有人跳进水里，有两种可能——要么您也跳下去，把他捞上来，但在寒冷的天气里，会冒很大的风险！或者您选择不救他，抑制住潜水救人的冲动，但这会使您痛苦。晚安，先生。您说什么？那些窗户后面的女人？先生，那是廉价的梦，是去印度群岛旅行的梦！那些女人用香料给自己喷香水，一旦您进去，她们拉上窗帘，旅程就开始了。众神降临到赤裸的身体上，岛屿随风漂荡，迷失的灵魂戴上棕榈树一般的冠冕，凌乱的秀发随风轻轻荡漾。您可以去试试看。

2

您问我什么是忏悔法官吗？啊，这件事让您感兴趣？我没有恶意，相信我，我能解释得很清楚。从某种角度来说，这甚至在我的职责范围之内，但我首先要告诉您一些事实，这些事可以帮助您理解我的故事。几年前，我是巴黎的一名律师，说实话，是一名相当有名的律师。当然，我没有告诉您我的真名。我有个专长，专为高尚的案件辩护，就如别人所说的孤儿寡母①，我不知道这是为什么，可能因为总有不讲道理的寡妇和性格暴戾的孤儿。但我只要闻到被告身上有一丁点儿受害者的气味儿，就会采取行动。那是什么样的行动啊！是真正的龙卷风！真心可鉴啊！您可以那么认为：正义每晚都伴着我入眠。我相信您会钦佩我正直的语气，恰当的情绪表露，以及我的说服力和热情，还有我在法庭辩护中克制的愤怒。我天生拥有高贵的身体，因此摆出高贵的态度毫不费力。此外，还有两种真挚的感情鼓舞着我：站在律师界正直一方的满足感，以及对法官本能的蔑视。也许这种蔑视不是出于本能。我现在知道了原因，从外在看，它更像是一种激情。不可否认的是，至少现在，我们必须有法官，不是吗？可是我无法理解，一个人怎么让自己去完成这样重大的任务。后来，我接受了这个事实，是因为我看到了，就像我接受了蝗虫的存在。两者的区别在于：那些直翅目生物的入侵从未给我带来过一分钱，而我的谋生手段则是与我鄙视之人对话。

但毕竟我站在正义的一边，这足以让我的良心得到宽慰。亲爱的先生，来自法律的正义，以及站在正义一边带来的满足感，还有自我满足的快乐，这些都会使我们怀着正直之心，勇往直前。与之相反的是，如果你剥夺了一个人享有的一切，就会使他变成暴怒的狗。多少罪行

---

① 这里作者用孤儿寡母来表示社会上的弱势群体。

仅仅是因为罪犯不认错啊！我认识一个制造商，他的妻子十分完美，所有人都称赞她，可是她的丈夫仍然背叛了她。那个男人对自己的错误感到愤怒，因为他拿不到，或者不能给他自己颁一个"美德"的证书。他的妻子越表现出完美，他就越烦恼，最终，这种痛苦的生活让他无法忍受。您猜他做了什么？他不再背叛她？不，他杀了她。我就是因为这件事才和他结识的。

我的情况要让人羡慕一些。我不仅没有加入犯罪集团的危险（特别是我不会杀妻，因为我是个单身汉，没有这种机会），甚至还为他们辩护。唯一的条件是他们必须是高尚的谋杀犯，因为其他人都是高尚的野蛮人。在我的职业生涯中，辩护案件的方式一直是无可指摘的，对此我十分满意。毫无疑问，我从来没有收受过贿赂，也从来没有向任何不正当的行为屈服过。更难能可贵的是，我从未屈尊奉承过任何记者以此拉拢他，也没有拉拢任何官员请他帮助我。我有幸获得过两三次荣誉军团授予的勋章，但我的尊严使我谨慎地拒绝了它，于是，我获得了真正的激励。我也从不向穷人收费，而且从不吹嘘这件事。先生，您别以为我在吹牛，这不是我的功劳。在我们的社会里，贪婪取代了野心，真是讽刺，但我的目标更高，您待会儿就会明白，这句话是为我量身打造的。

但您可以想象我是多么满足。我很享受自己的天性，这就是幸福，尽管为了彼此安慰，我们偶尔会假装谴责这种自私的快乐。至少我很享受我的那部分天性，对寡妇和孤儿做出恰当的反应。最终，通过锻炼，这种天性支配了我的整个生活。比如说，我喜欢帮助盲人过马路，如果从很远的地方看到一根拐杖正在人行道的边缘犹豫不决，我就会冲上前去。有时会抢在另一个已经伸出手的人之前，不让那个盲人接受除我之外的人给予的关怀。我会轻轻地扶着他，坚定地带着他穿过人行横道，朝着另一条人行道走去，在那里怀着同样的心情分手。与此同时，我还喜欢在街上指路，帮忙推着沉重的手推车，推着"抛锚"的汽车，从"救世军"那里买报纸或者从老商贩那里买花，虽然我知道这些都是她从蒙帕纳斯公墓那里偷来的。我也喜欢——这个词有些难以启齿——施舍。我一个非常虔诚的基督徒朋友，连他都承认了，一个人看到乞丐走近自己的房子时，最初的感觉是不舒服的，而我以前却很开心。我们不要纠结细节了。

现在，我们还是谈谈我的礼貌吧！毫无疑问，我的礼貌是出了名的。的确，礼貌给我带来了极大的快乐。如果我运气好，在某些早晨，在公交车或地铁上，我会把座位让给需要它的人；或者捡起某个老太太掉落的东西还给她，她那微笑我再熟悉不过了；或者仅仅是把我打的出租车让给更匆忙的人，那么一整天都值得纪念。我必须承认，我甚至很高兴，在交通系统罢工的那些日子里，有机会在公共汽车站让无法回家的同胞上我的车。在剧院里，我常常让出座位，好让情侣坐在一起；在火车上，我会帮女孩子把手提箱放到行李架上——这些事我比其他人做得都多，因为我更关注机会，所以更享受其中的趣味。

很多人认为我很慷慨，实际上也的确如此。不论公共场合还是私底下，我都捐了很多钱。而且，当我捐助什么东西或一笔钱时，并不会感受到丝毫痛苦，反而从中获得了源源不断的快乐。但这种快乐中还夹杂着忧郁，一想到这些礼物不值钱，可能人家也不领我的情，我就感到悲伤。我很享受给予的乐趣，但是讨厌被迫这么做。捐助钱财的数目让我厌烦，我必须自由自在地给予帮助。

这些只是细节，它们会帮助您了解我在生活中，尤其是职业生涯中源源不断的快乐。在法庭的走廊上，被告的妻子可能会拦住你，而你仅仅是出于正义或怜悯才为那位被告辩护，没有收取一分钱。那个女人絮絮叨叨地说，没有任何东西可以补偿你为他们所做的一切，你的恩情无法用价值衡量。你回答说不必客气，任何人都会这样做。你甚至还从经济上接济他们，好让他们度过未来一段艰难的日子。你为了结束这个场景，表达自己的共情，去亲吻一个可怜女人的手，然后离开。先生，相信我，这境界比野心勃勃的人更高，并且是最高峰，是美德本身的回报。

先不说了，现在您明白我说的"目标更高"是什么意思了吧。我说的是这种高峰，是唯一能让我真正安心的地方。的确，除了在高处，我从来没有觉得舒心过。即使是在琐碎的日常生活中，我也需要时刻感受到自己在高处。我喜欢公交车，不喜欢地铁；喜欢开放式马车，不喜欢出租车；喜欢露台，不喜欢封闭式场所。我是个运动飞机的狂热爱好者，毕竟运动飞机是敞篷的。坐船的时候，我也要待在顶层甲板上。在深山之中，我不会探寻深谷，而是寻找隘口和高地，至少也是平顶山。如果命运迫使我必须在汽车工人和屋顶工人之间二选一，我一定会选屋顶，并且还会很快克服眩晕。我很反感煤矿、船舱、地下室、洞穴、矿坑等，甚至特别厌恶洞穴专家。他们居然有勇气登上我们的报纸头版，他们那所谓的研究记录让我恶心。那些洞穴专家努力爬到了海拔不足800米的地方，冒着把他们自己的头卡在山的缝隙里的危险。（就像那些傻瓜说的虹吸管！）在我看来，他们就是变态或受了什么创伤，这背后肯定有什么犯罪的因素。

此外，在高出海面五百米左右的天然阳台上，沐浴在阳光之下的海水依然澄澈可见，那便是我可以自在呼吸的地方。尤其当我独自一人，远远高于蝼蚁众生的时候，心情就会格外舒畅。我很能理解为什么布道、重要的预言，还有燃烧的奇迹，都发生在可以触及的高处，毕竟没有人会在地窖或监狱里冥想（除非监狱坐落在一个视野开阔的塔楼里），否则人会发霉。我能理解那个人，进入圣会后，因为他的住处没有像他所期望的那样能俯瞰广阔的景色，而是对着一堵墙，于是他退出了圣会。放心吧，我是不会发霉的。一天之中的任何时刻，不论我独自一人还是同他人一起，都会去攀登高峰，在那里点燃明亮的火焰，于是一种欢乐之情就会在我心中涌起。至少我享受生活，享受自己的优点。

我的职业可以让我常去攀登，因此我对邻居的怨恨就消失了。我经常帮助他们，从不欠他们任何东西。这让我高于法官之上，反而是我审判他们，也让我高于被告之上，因为我迫使他们感谢我。亲爱的先生，您可以计算一下，我是逍遥法外的，没有审判可以强加给我。

我不是在法庭的地板上，而是在舞台上，就像那些被机器不时击倒的神一样，来改变他们的行为，使之更有意义。毕竟，被最多人看到并为之欢呼的唯一途径是生活在高处。

除此之外，我的一些典型的被告，他们往往受同一种感觉的驱动而杀人。他们下场悲惨，事后看看报纸，仿佛给了他们一种不幸中的慰藉。他们和大多数人一样，不能忍受寂寂无名，这种急躁使他们走向了极端。要想声名狼藉，只需要杀死一个看门人就够了，然而遗憾的是，这名声只是昙花一现。许多看门人都该杀，并且都被杀了。犯罪事件总是霸占着报纸头条，但罪犯总是变成逃犯，并且马上就会有新的罪犯取代他。简而言之，这种获得短暂胜利的代价太高昂了。另外，为这些悲惨的"有抱负"的人辩护，就是在同一时间、同一地点使之真正出名，还要用最节俭的方式。因此，这促使我不得不做出更多努力，让他们的支出尽可能减少。从某种程度上来说，他们付的钱是给我的，而我在他们身上付出义愤、才华和情感作为回报，把我欠他们的一切债务也抵消了。法官惩罚犯人，被告受到惩罚，而我，没有任何义务和责任，不会被审判、惩罚，在伊甸园一般的光芒中自由自在。

亲爱的先生，生活和我没有一点儿隔阂，难道不是伊甸园吗？这就是我的生活。我从来不用学习如何生活，在这方面，我一出生就知道了。有些人要远离他人，或者至少要迁就附和，但对我来说，早已对这一切了然于心了。需要和气的时候就和气，必要的时候就沉默，自在随性或庄严肃穆我都转换自如。我的名望很高，在社会上获得的成就数不胜数。我外表英俊，表现得仿佛是一个不知疲倦的舞者，又是一个学识渊博的人。我既爱女人又爱正义，这并不容易。我沉迷于体育和美术——不过，我就不继续说了，我担心您会怀疑我自夸。但是可以想象一下，一个正值壮年的男人，健康状况良好，天赋异禀，体格和思想一样不凡，既不富裕也不贫穷，睡眠质量很好，基本上对自己感到满意，待人接物熨帖妥当，却不会四处显摆炫耀。很快您就知道啦，为什么我能毫不谦虚地谈论成功的生活。

的确，没有什么人比我更潇洒。我的生活十分和谐，融入了这个世界的一切，我接受生活的任何讽刺、伟大或奴役，尤其是肉体、物质方面。简而言之，在肉体方面，它使那么多陷入爱情或孤独的人失去勇气和信心，但却没有奴役我，反而给了我长久的快乐。我生来就拥有了肉体，那种和谐让我感到轻松自如，甚至还有人告诉我，这对他们的生活大有帮助，所以人们喜欢和我交朋友。举个例子，人们常常认为他们以前曾见过我。生活和人们赠予了我许多礼物，我感到一种亲切的骄傲，接受了这种敬意。说实话，我只是一个普通人，但是却如此圆满，因而有时我甚至觉得自己是超人。

我出身于一个正直的家庭，但身份卑微（我父亲是一名军官）。然而，我必须谦恭地承认，在某些早晨我感觉自己像是国王之子，或者仿佛国王一般正点燃灌木丛。这不是您想的那样，我常常觉得自己比别人更聪明。其实这种确信无伤大雅，因为很多蠢货也会这样想。不，正是因为天资聪颖，我才不得不承认，我从众人之中脱颖而出，一直拥有源源不断的成就，都是我谦虚的结果。但我不会把这种成功归因于自己的优点，也不相信一个拥有各种美德的人的成功只是偶然。因此，在生活中，我感到幸福是由更高的力量决定的。我还想补充一点，我没有宗教信仰，您能明白这个信念是多么的不同寻常。不管平凡与否，它让我摆脱了日常生活的束缚，我真的连续好几年事事如意。说实话，我内心依然渴望重现昨日，这种情形一直持续，直到一个晚上……但那是另一回事了，我必须把它忘掉。虽然有点儿夸张了，但可以肯定的是，我事事如意，但又对一切都不满意。拥有一种快乐就会使我更渴望另一种，我不停地赴约，有时会连续跳上几个晚上的舞，对人和生活越来越疯狂。有时候，尤其在夜深人静的时候，我跳舞、陶醉、充满狂热的热情。大家的热烈和无拘无束使我既疲惫又狂喜，在疲劳到了极限的那一瞬间，我终于明白了人世的真相。但是到了第二天，疲劳消失了，感悟也随之消失，于是我又开始夜夜笙歌。我就这样不知疲倦，满怀热情，从不满足，不知道该停在哪里，直到那天，那个晚上：音乐戛然而止，灯光突然熄灭。我很高兴能参加那个同性恋派对，但请允许我招呼那位灵长类动物朋友，请点头表示感谢，尤其是和我一起喝酒，我需要您的理解。

　　我知道这些话让您很惊讶。难道您就没有突然需要理解、帮助、友谊的时候吗？我学会了仅仅满足于同情和理解。同情和理解比较容易，而且没有约束力。"请你一定要相信我内心的同情和理解……"在内部演讲中，这一句话常常紧接着下一句："现在，让我们看看另一件事。"这是董事会主席的同情。在灾难之后，这种同情来得很容易。友谊就不简单了，要经过一个漫长而艰辛的努力。但是当一个人拥有它的时候，就无法摆脱了，只需草草应付。不要以为你的朋友每天晚上都会给你打电话，只是为了看看今天晚上你是不是想自杀，或者需不需要人陪，又或者你是不是心情不好不想出门。别担心，他们会在生活是美好的、你有伙伴的时候给你打电话。至于自杀，他们更有可能逼你自杀，他们会说这是你欠自己的。上帝保佑，亲爱的先生，不要让我们的朋友把我们捧上天！那些本该爱我们的人，我是说家人和亲戚朋友（多么亲密的说法！），那是另一回事。他们总有合适的词，然后正中靶心，他们打电话就像打步枪一样，而且知道如何瞄准。哦！这群巴赞①一样的家伙！

　　什么？晚上？我会处理的，请耐心一点儿。我提到亲戚朋友不是不合时宜的。我听说有一个人，他的朋友被监禁了，于是他每天晚上睡在自己房间的地板上，就是因为他的朋友不能在舒适的床上睡觉了。亲爱的先生，谁愿意为了我们睡地板呢？我们自己又能做到吗？但我愿意，也应该这样。是的，总有一天我们都能做到，那就是救赎。但那并不容易，因为友谊总是容易被忘记，至少也是没什么用的，而且

----

① 即阿希尔·弗朗索瓦·巴赞，法国元帅，普法战争爆发时任第三军团司令。战争期间，法兰西第二帝国被推翻，他向普鲁士投降，致使法国国防政府失去了和德国谈判的一切条件。1873年，军事法庭以叛国罪判处他死刑。后经总统批准，减为20年徒刑，关押在圣玛格丽特岛。1874他越狱成功，先逃亡意大利，后逃亡西班牙。1888年在流亡中因贫困而死于马德里。

它想做的事也做不到，也许是因为这种信念不够，也许我们也不够热爱生活。您有没有注意到，只有死亡才能唤醒我们的感情，因此我们爱极了刚去世的朋友。我们多么热爱长眠的朋友！他们嘴里满含泥土，再也不能好为人师地说个不停。然后我们的赞美之情便会自然而然地涌现出来，也许他们终其一生都在期待我们的赞美。您知道我们为什么总是对死者更公正、更慷慨吗？其实原因很简单，因为我们不用对他们尽任何义务了。他们给了我们自由，我们可以慢慢安排自己的时间，鸡尾酒派对之后，与美丽女人约会之前，总之在空闲时间，都可以表达我们的赞誉。如果他们可以强迫我们做什么，那只有怀念，但我们的记忆是短暂的。 不，我们的朋友中最近死去的人，是最能让我们痛苦的死者，毕竟我们怀念的是自己的痛苦，是我们自己。

我有一个朋友，但我常常躲着他，他很无趣，而且还是个道德家。但是别担心，当他快死的时候，我反而在他身边。我从来不会错过重大的日子，他死的时候对我很满意，一直握着我的双手。还有一个女人，她曾执着地追求我，却只是徒劳，但她很识相地英年早逝了，于是她终于在我心里留下了印记！而且她还是自杀而死！主啊，这是多么令人愉快的骚乱！于是电话铃声响起，你传达自己内心的悲痛，越简短的句子越能显示你的痛苦，是那种克制的痛苦，甚至还有些自责！

亲爱的先生，这就是人类，他们有两副面孔：如果不自爱，那么他就不能去爱他人。请注意一下你的邻居，特别是如果有人死在这栋楼里。他们像往常一样正在熟睡中，突然，看门人死了，他们马上就会醒过来，兴奋振作，不断询问细节，表达同情。这是对刚刚死去的人，于是演出便开始了，人们需要悲剧。您不知道吗？这是他们超越庸碌的时刻，是他们的开胃酒。还有，我提到看门人难道是出于偶然吗？我就认识一个看门人，但他不受欢迎，而且十分歹毒，是一个无足轻重并且满是恶意的怪物，连方济各会[①]的修士看到他都会气馁。我甚至都不想跟他说话了，他的存在让我很不满。然而他死的时候，我还是去参加了他的葬礼。您知道这是为什么吗？

不管怎样，仪式举行前的两天很有趣。看门人的妻子病了，躺在唯一的一个房间里，棺材就放在她身旁的锯木架上。我们每个人都得自己收信了。你推开门，说道："早上好，夫人。"然后她指着死者，不停地赞美他，最后你才能拿走信件。这没什么好笑的，但是整栋楼的人都去了那个房间，房间里弥漫着石炭酸的臭味儿。房客们也没有派他们的仆人来，这意想不到的吸引力让他们屈尊于此。当然，仆人也偷偷摸摸地来了。举行葬礼那天，房门太小，棺材抬不出去。妻子躺在床上又高兴又悲伤地说："亲爱的，这棺材是多么大啊！"葬礼承办人答道："别担心，夫人，我们把棺材立起来抬出去。"于是他就被立起来抬了出去，然后再放平。除了一个朋友以外，我是唯一一个到了墓地并在棺材上撒了鲜花的人。那口棺材真的很奢华（据我所知，那位朋友以前是酒馆门卫，每天晚上都会和死者喝酒）。后来我又去

[①] 是天主教托钵修会之一，提倡过清贫生活，托钵行乞。

拜访了死者的妻子，她仿佛一位伟大的悲剧演员，不停地向我表达感谢。您告诉我，为什么会这样？没有任何原因，只因为一起喝过酒。

我也参加过一个律师协会老会员的葬礼。协会里没有人注意到他，但我总是想和他握手。在我工作的地方，我和每个人都要握手，并且确信没有遗漏过任何人。这种诚挚的朴素使我不费吹灰之力就赢得了声望，而这声望是我舒适生活的必需品。协会主席没有亲临那位小职员的葬礼，但我去了，而且是在旅行的前夜，这才是最引人注目的。我知道，我的出现一定会引起众人的注意，也会受到赞誉，所以即使那天下了大雪，我也没有退缩。

怎么回事？我正要说到点子上，别担心。再说了，我一直在这儿呢，先让我接着说那位看门人的妻子。为了最大限度地表达她的悲痛，她去了很远的地方找十字架，厚重的橡木和银把手。可是一个月后，她就和一个乡巴佬同居了。乡巴佬衣冠楚楚，以他的歌声为傲。他经常打她，我常常听到可怕的惨叫，紧接着他就会打开窗户，唱着他最喜欢的歌，一边说："女人啊，你们真漂亮！"邻居们会说："都一样！"我想问问您，什么都一样？这个男中音表里不一，看门人的妻子也表里不一，但没有证据表明他们不相爱，也没有证据表明她不爱她死去的丈夫。这个乡巴佬嗓音嘶哑，手臂疲惫，远走高飞以后，这位忠诚的妻子又会重新开始赞美逝去的人。毕竟，我认识一些人，他们一表人才，却不真诚，也不忠贞。我认识一个男人，他把二十年的生命献给了一个漫不经心的女人，为她牺牲了一切——他的友谊、他的工作，甚至生命中最值得尊敬的东西。然而有一天晚上，他突然意识到他从来没有爱过她，他只是觉得生活无聊，仅此而已。他只是和大多数人一样无聊，所以他自己制造了一个复杂的戏剧般的人生。必须要有事情发生，这也解释了大多数人类职责的由来。必须得有事发生，即使是成为没有爱的奴隶，甚至是制造战争或死亡。因此，葬礼就是一个难得的良机！

　　但至少我没有那个借口，我不觉得无趣，因为我在风口浪尖上。在我所说的那个晚上，一点儿也不无聊。可是……亲爱的先生，那是一个美好的秋夜，城里还很暖和，塞纳河上空气有些湿润。夜幕降临，天空渐渐暗下来，但西边依然明亮，街灯发出朦胧柔和的光芒。我沿着河堤左侧慢慢走向艺术桥，透过二手书店和书摊之间的空隙，看见河面微波粼粼。河岸上只有几个人，巴黎人正在吃晚饭。我踩着那些灰黄的树叶，它们仍然会让我想起夏天。渐渐地，天空布满了星星，从一盏路灯走向另一盏的时候，还能看到它们在天空中闪烁。我享受着久违的宁静，夜色的温柔，还有这巴黎的空旷。我很满足，这一天过得很愉快：我为一个盲人辩护，并且期待的减刑达成了，委托人同我亲切地握手，我拥有了些许自由；下午在朋友的陪伴下，我发表了精彩的即兴演讲，批判了统治阶级的冷酷和上层精英的虚伪。

　　我走上艺术桥，那时四周空无一人，我只想看看夜色笼罩之下影影绰绰的塞纳河。我正对着青雅酒店，俯瞰着圣路易岛①。一种巨大的

---

① 巴黎塞纳河上的小岛，位于巴黎的中心。

力量在我心中涌起，我不知道如何表达，这种感觉使我心旷神怡。我直起身来，正要点燃一支烟，那是我极其满足时抽的烟，然而就在这时，身后突然爆发出一阵笑声。我立刻转过身去，但那里没有人，我走到栏杆边，也没有一艘驳船或小船。我转身面对着小岛，又听到身后传来了笑声，离我有些远，好像顺着河流漂过来的。我一动不动地站着，笑声渐渐弱了，但我还是能清楚地听到身后有声音，它不会来源于别处，除非是水里。与此同时，我清晰地听到我的心在怦怦直跳。请不要误解我的意思，那笑声没有什么神秘的，那是一种很美妙的、发自内心的、几乎是友好的笑声，那笑声重建了某种东西。很快，我再也听不到任何声音了，于是我回到岸上，去了多芬纳大街，买了包我根本不需要的香烟。那时候我头昏眼花，呼吸困难。那天晚上我给一个朋友打电话，但他不在家，我正犹豫着要不要出去，却突然听到窗下传来笑声。我打开窗户，发现人行道上，有一些年轻人正在大声地说"晚安"。我关上窗户，耸了耸肩膀，毕竟我还有一个简报要看。我去浴室倒了一杯水，看到我的面孔在镜子里微笑，但那笑容似乎有重影……

　　怎么了？抱歉，我刚才在想别的事。也许明天还能见到您。没错，就是明天。不，我不能留下。另外，那边那个长得像棕熊的男人，他找我咨询过。那是个正派的人，警察纯粹是因为他太反常了而故意害他。您觉得他看起来像个杀手吗？您放心，他的行为符合他的外表。他也会偷东西，您会惊讶地发现，那个洞穴人专做艺术品买卖。在荷兰，每个人都是绘画和郁金香的专家。这个人有着谦逊的风度，却犯下了最著名的窃画案。具体是哪个案子？也许有一天我会告诉您。不要因为我知道的太多而感到惊讶。虽然我是个忏悔法官，但也有自己的爱好：我是这些好人的法律顾问。我学习了这个国家的法律，在这个地方建了一个客户群，这地方不需要文凭。虽然不容易，但我激发了您的自信，不是吗？我的笑容和气真诚，握手有劲，这些都是王牌。我还解决了一些棘手的案子，一开始是出于自身利益，后来是出于信仰。亲爱的先生，如果皮条客和小偷总是被判刑，正派的人就会认为自己是清白无辜的。在我看来，不能再这样下去——我知道，我又开始碎碎念了——否则，一切都只是个笑话。

3

　　亲爱的同胞，我很感激您的好奇心，可是我的故事没有什么特别的。不过既然您感兴趣，我就告诉您吧：我一直在想那个笑声，想了几天，然后就忘了，有一次，我好像又听到了那笑声。但大多数时候，我都在想其他事情。

　　但我必须承认，从那以后我都不会再沿塞纳河散步了。不论是乘汽车还是坐公共汽车，一种沉默就会降临在我身上。我一直在等，我相信会再次有那样的奇遇。但当我经过塞纳河时，什么都没有发生，我才松了一口气。当时我有些小毛病，没什么特别的，也许是沮丧，一直无精打采的。后来我看了医生，他却给了我兴奋剂，于是我变得时而兴奋，时而沮丧。生活好像不那么容易了：我身心俱疲，十分憔悴。我从未学习过如何生活，可是却一直懂得，但那时我好像快要把它忘记了。是的，我感觉一切的改变都是从那时开始的。

今晚我也不太舒服，甚至觉得说话都很困难。我感觉自己表现得不是很好，对自己的话也没那么有把握，可能是因为天气吧，空气沉闷，压在胸口，让人喘不过气来。我的同胞，要不我们出去走走，在镇上散散步？感谢您。

今晚运河多美啊！我喜欢死水的气息，枯叶浸泡在运河里，还有满载鲜花的驳船散发出阴郁沉腐的气味儿。不，不，我保证，这气味儿没什么可怕的。恰恰相反，我是故意的，我强迫自己去欣赏这条运河。其实我最喜欢西西里岛，尤其是阳光照耀时，从埃特纳山山顶俯瞰岛屿和海洋。我也喜欢爪哇岛，尤其是信风季节。是的，我年轻时去过那里。总之，我喜欢所有的岛屿，在那里容易控制一切。

很迷人的房子，不是吗？您看，上面的两个头颅是黑奴的，是商店的招牌。这座房子是一个奴隶贩子的。哦，那时候他们可是一点儿也不担心！他们的生活得到了保障，于是他们说："你看，我是个有钱人，我贩卖奴隶，做黑人生意。"您能想象如今有人敢公开宣称这种勾当吗？真该遗臭万年！我现在还记得我巴黎同事的声音。他们对这个问题很执着，毫不犹豫，就接连发表了两三个声明，甚至更多！一番深思熟虑之后，我也签了名。支持奴隶制？当然不是，我们反对奴隶制！我们被迫在家庭或工厂里建立这种制度，这很正常，但吹嘘这种制度应该有限度！

我很清楚，一个人如果不专横跋扈的话，就不能与之相处。每个人都需要奴隶，就像他们需要新鲜空气一样。命令就是呼吸，您同意吗？即使是穷困潦倒的人也需要呼吸。社会地位最低的男人仍然有妻儿，如果他没有结婚的话，他还可能会有一只狗。毕竟，最重要的是能够对他人发怒，而那个人没有权利顶嘴。"一个人不能和他的父亲顶嘴。"您知道这句话吗？这让人很费解。在这个世界上，一个人如果不能和他所爱之人顶嘴，那么他还能和谁顶嘴呢？然而从另一个角度看，这很有说服力。总得有人说了算，否则，每个道理都可以用另一个道理来反驳，就会没完没了。因此，权力解决了一切。意识到这一点需要时间，但我们最终明白了。比如说，您一定注意到了，我们古老的欧洲终于用正确的方式进行哲学思考了。我们不再像蒙昧时代那样，说："这是我的思维方式，您反对什么？"我们变得清醒了。我们用公报代替了对话："这就是事实。"我们说："你想怎么讨论就怎么讨论，我们不感兴趣，但几年后警察会证明我们是对的。"

啊，可爱又古老的地球！现在一切都清楚了。我们有自知之明，知道自己有多大的能力。我再举个例子，主题不变。就拿我来说吧，我总希望得到微笑着的服务。如果女仆看起来神情忧郁悲伤，她就会毒害我的生活。当然，她有权不高兴。但我觉得，对她来说，微笑着服务比哭丧着脸好，更确切地说，这对我更好。虽然我的说法没有什么值得赞扬的地方，但也不愚蠢。以此类推，我不愿意去中国餐馆吃饭。为什么？因为东方人沉默的时候会让白人觉得他们在蔑视自己。而且他们在上菜的时候也会保持这种表情，这样怎么能品味美味的烤鸡呢？怎么能一边看着他们，一边认为自己是对的呢？

说句知心话，奴役，而且最好是面带微笑的奴役，是不可避免的，但我们不能承认。那些没有奴仆就不能生存的人应该称奴仆为自由人，这样不是更好吗？首先要制定原则，其次不该让他们绝望，那称呼本来就是我们欠他们的补偿，难道不是吗？那样的话，他们就会继续微笑着被奴役，我们的良心也会得到安宁。否则，我们将被迫反省，会因痛苦而疯狂，甚至变得谦逊——因为一切皆有可能。因此，商店不要挂招牌，否则会引起大家的震惊。如果每个人都展示了他的真实职业和身份，我们就不知道该怎么办了！想象一下这样一张名片：杜邦，战战兢兢的哲学家，或者基督教的地主，或者通奸的人道主义者——事实上，还有很多说法。但那将会是地狱！是的，地狱一定是这样的：街上到处都是商店的招牌，但没有办法解释。人们划分好等级，终生不能改变。

比如您，我亲爱的同胞，停下来想想您的名片是什么。您不说话吗？好吧，您以后再告诉我吧。不管怎样，我知道我的：双面人，迷人的雅努斯 [①] ，上面还有祖传的座右铭："不要依赖它。"我的名片上

---

① 罗马人的门神，也是罗马人的保护神。具有前后两个面孔或四方四个面孔，象征着开始，也象征着世界上矛盾着的万事万物。

写着"让－巴蒂斯特·克拉芒斯，一位演员"。在我告诉您的那个晚上之后不久，我发现了一些东西。我把盲人护送到人行道上，准备离开的时候，我向他致敬了。显然，脱帽致敬不是为了他，因为他看不见。那是为了谁呢？是为公众。演完自己的角色后就鞠躬致敬，不错吧？在这一时期的另一天，一个司机感谢我帮助他，我回答说，没有人会这么做。当然，我的意思是任何人都会这么做，但很不幸，我口误了，这让我心情很沉重。真的，说到谦逊，我一定榜上有名。

亲爱的同胞，我必须谦恭地承认，我的虚荣心很强。我，我，我，就是我一生的生命之歌，我说的每句话都有它的影子。每当我说话就会自吹自擂，特别是我吹嘘的时候，都还有着惊人的谨慎。确实，我的生活十分自由，又生机勃勃。无论面对谁，我都很放松，因为我认为没有与我平等的人。就像我告诉过您的，我一直觉得自己比其他人都聪明，但也更敏感，更机灵，是一个神枪手，一个无与伦比的司机，一个更体贴的情人。即使在那些很容易证明我自己低人一等的领域，比如说网球，我是个差强人意的搭档，但我认为自己只要稍微练习一下，就会超过最优秀的选手。我只承认我的优势，这就是我满怀善意和安宁的原因。当我关心别人的时候，纯粹是屈尊俯就，随心所欲，所有的功劳都属于我：我的自尊心又高了一级。

在我告诉您的那个晚上之后的一段时间里，根据一些事情的真相，我慢慢地发现了一些事实，不过不是一下子发现的，也不是十分清晰。首先我唤醒我的记忆，渐渐地，我看得更清楚了，学会了一些曾经知道的东西。在那之前，一直有一种惊人的遗忘能力在帮助我。我常常忘记一切，先忘记了我的决心。对我来说，其他什么都不重要。战争、自杀、爱情、贫穷吸引了我的注意力，当然，那是环境迫使我这么做，只是一种表面的、肤浅的关心。有时候，我会假装对一些与我日常生活无关的事感到兴奋，但我的心思并没有真正参与其中，除非我的自由受到了阻碍。我该怎么说呢？一切都消失了，是的，从我身边悄然流逝。

说句实话，有时候健忘也是好事……您有没有注意到，有些人的宗教信仰就是宽恕所有的冒犯侮辱。事实上，他们的确宽恕了，但永远不会忘记。我这个人不够仁慈，不能原谅别人的冒犯，但是会慢慢忘记。有个人认为我厌恶他，看到我微笑着向他致敬，一直对此耿耿于怀。就他的脾气来说，他要么欣赏我的品格高贵，要么鄙视我性格恶劣，却没想到我的理由很简单：我连他的名字都忘了。同样的弱点，在一种情况下常常使我看起来冷漠、忘恩负义，然而另一种情况下却使我宽宏大量。日复一日，我的生活只有一种连续性：我，我，我。日复一日地，找女人谈情说爱；日复一日地，做善事或坏事；日复一日地，像狗一样。但每一天，我都坚守自己的岗位。因此，我一直活在生活的表面，在口头上，从不活在现实中。所有那些几乎没读过的书，那些几乎不爱的朋友，那些几乎没有游历过的城市，那些几乎不曾拥有过的女人！出于无聊或者心不在焉，我曾有所行动。然后人们就跟着，他们想要有所依附，但是没有什么可以依附，这对他们来说，真的太不幸了。至于我，我忘了。我只记得我自己。

　　然而，渐渐地，我想起来了。更确切地说，是我回到了记忆中，在那里我发现了自己的回忆，它在等待我。我亲爱的同胞，在告诉您这些之前，请允许我举几个例子（我相信这些例子会很有用），方便说明我在探索中发现的东西。

　　有一天我开着车，过绿灯的时候慢了点儿，平时一向耐心的市民却在我身后狂按喇叭，这让我突然想起了另一个类似的场景。等红灯时，一个身材瘦小的男人，戴着眼镜，穿着灯笼裤，骑着一辆摩托车超过我，停在我前面。停下的时候，那个小个子把摩托车发动机熄了火，再发动的时候却发动不了了。绿灯亮了，我像往常一样，礼貌地请他把摩托车开走，以便我好通过……那个小个子男人还在为轰隆轰隆的马达烦躁，于是，他按照巴黎人的礼节回答我，让我一边待着去。我坚持请他让开，依然很礼貌，只是声音里透着一丝不耐烦。于是他说，无论如何，我就应该下地狱。与此同时，我身后响起了车的喇叭声。于是我的语气更坚决了，坚持请他礼貌一点儿，并让他明白他在阻碍交通。这家伙脾气暴躁，也可能是马达的故意作对激怒了他，他告诉我，如果我想尝尝拳头的滋味，他一定乐于奉陪。我火冒三丈，下了车，打算把这个粗鲁的家伙痛打一顿。我一点儿也不懦弱（但愿别人也这么想）。我比他高一头，有着强有力的肌肉，与其想让别人尝尝拳头的滋味，不如让他自己尝。但我刚踏上人行道，就有一个人从越聚越多的人群中走了出来。他直接冲向我，让我明白我才是最为低劣卑鄙的人，他不允许我攻击一个因为骑着摩托车而似乎处于劣势的人。我转过头面向那个人，他就像个火枪手，事实上，我根本没看清他。我刚刚转过头，几乎就在同时，摩托车又开始突突突地响。随即，我的耳朵猛地挨了一拳。我还没来得及反应到底发生了什么，摩托车就开走了。我茫然不知所措，木然地朝那家伙走去。与此同时，一阵阵恼怒的喇叭声此起彼伏。绿灯又亮了。我还是有点儿迷茫，但没有痛打那个跟我说话的白痴，而是温顺地回到我的车上，把车开走了。当我经过那个蠢货身边的时候，那个蠢货跟我打了个招呼，说了句"可怜的白痴"。这句话我到现在还记得。

　　您觉得这是完全无关紧要的故事？也许吧，但我还是花了些时日才忘记，说明这件事也很重要吧。毕竟，我得有宽慰自己的理由。我挨了打却没有还击，人们不能指责我懦弱。因为当时双方都发表了意见，双方都闹翻了，最后是喇叭声结束了我的尴尬。我对此很不高兴，就好像我失去了荣誉一样。我还能清楚地记得，自己在那群人讥讽的目光下，毫无反应地上了车。我还记得，我穿着一件非常优雅的蓝色西装，因此他们更兴奋了。我能听到他说"可怜的白痴"，尽管发生了这么多事，我还是觉得这一说法很有道理。总之，我在所有人面前丢了脸。当然，这是一系列事情的结果，毕竟当时是这样的情况。事后，我就明白了当时我应该做什么。我看见自己给那个蠢货的下巴来了一拳，回到车里，开车追那个打了我的家伙。我追上他，把他的摩托车扔到路边，把他拉到一边，狠狠地揍了他一顿。我想象了无数遍这场景，脑海里演了好几个版本的小电影，但还是为时已晚，甚至过了几天，我心里还怀着一种卑劣的怨恨。

唉，又下雨了。我们在这门廊下躲会儿雨行吗？刚才我说到哪儿了？哦，是的，荣誉！当我想起那件事时，我明白了它的意义。毕竟，我的梦想没有经受住事实的考验。现在这点已经很清楚了，我曾经梦想成为一个完美的人，想方设法在人格和职业中得到尊重。换句话说，一半是塞尔当①，一半是戴高乐②。总之，我想主导一切。因此，我会摆架子，尤其注重展示我的身体技能，而不是智力天赋。但是当我在公共场合被打却没有反应之后，就再也不可能期望那美好的图景了。我自称是真理与智慧之友，如果真是那样，那段插曲对我来说意味着什么？那些看客已经遗忘了这件事。我几乎不会责怪自己无缘无故地生气，即使生气了，也不会责怪自己不知如何面对生气的后果，因为我没有冷静下来。与此相反，我想报仇，攻击和战胜对方。好像我真正的愿望不是成为地球上最聪明、最慷慨的人，而是想打败谁就打败谁，总之，就是变得更强大，而且是用最原始的方式。事实上，您也知道，每个聪明的人都梦想成为一个强盗，用武力统治社会。这并不像侦探小说那么容易让人相信，人们通常依靠政治，参加最残酷的政党。如果一个人成功地统治了所有人，即使思想卑鄙，那又有什么关系呢？

---

① 世界拳击冠军，出生在阿尔及利亚的法国人。
② 法国军事家、政治家、外交家、作家，法兰西第五共和国的创建者。法国人尊称他为"戴高乐将军"。

我发现自己正在做压迫他人的美梦。

至少我知道在被告的罪行没有伤害到我的情况下，我是站在被告一边的。他们的罪行让我口若悬河，因为我不是受害者。而当我受到威胁的时候，我不仅变成了法官，甚至成了暴躁的人，不顾一切法律，想要打倒罪犯，让他跪下。亲爱的同胞，在那之后，我很难再继续相信一个人有伸张正义的天职，是孤儿寡母命中注定的保护者。

这雨下得越来越大，我们刚好有空，我和您讲一讲我的另一个新故事？那是不久之后我想起来的。来，我们坐在这长椅上避避雨。几百年来，抽烟斗的人也看着同样的雨水落进同一条运河。我要讲述的事却更难开口，这次是关于一个女人的故事。首先您得明白，我在女人身上很容易获得成功，不费吹灰之力。我不是说成功地让她们幸福快乐，或者因为她们而使自己得到了快乐。就只是成功而已，只要我想，我就能达到目的。女人都觉得我很有魅力。真想不到！您一定知道是何种魅力：即使不提出明确的问题都能得到肯定的答复。当时我就是这样的。你很惊讶吗？好了，别否认了。瞧我的容貌，这自然是天经地义的。唉，到了一定年龄，每个人都要对自己的容貌负责。我的容貌……但是有什么关系呢？事实就是，人们认为我很有魅力，而我利用了这一点。

然而，我没有任何算计，相反，我很真诚，或者几乎这样。我和女人的关系是自然、自由、轻松的，就像人们说的那样。我待她们不会掺杂诡计，或者说只有明显的诡计，而她们视之为一种敬意。用神圣的话来说，我爱她们，其实也就是说，我从来没有爱过她们中的任何一个。我一直认为厌恶女人是粗俗、愚蠢的，几乎所有我认识的女人都比我更好。然而，把她们捧得那么高之后，我利用她们的次数比为她们效劳还多。一个人怎么做得出这种事呢？

当然，真爱是例外，但百年中差不多只有两三次，剩下的时间只有虚荣和厌倦。至于我，无论如何，我又不是那个葡萄牙修女。我并非铁石心肠，远非如此，相反，我的心充满怜悯，而且还经常流泪。只不过，我的激情总是转向自己，我的怜悯之情仅仅关乎自己。毕竟，说我从未爱过，那也是假的。我生命中至少有过一次伟大的爱情，而我就是其对象。从这个角度来看，在经历了青春不可避免的磨难之后，我很早就下定决心：纵欲主宰我的爱情生活。我只找寻享乐和征服的对象。此外，我还得益于我的体格，大自然对我很慷慨。我对此相当自豪，从中得到了许多满足，虽然我现在还不知道这满足是感官上的还是声望上的。我知道，您要说我又在吹牛了。我不会否认，也不会为此感到骄傲，因为我在这里说的都是事实。

无论如何，我的放纵（我只谈这个）是如此真实。即使只为了十分钟的艳遇，我也愿意为之与父母断绝关系，哪怕事后我会后悔得要命。尤其是一个十分钟的艳遇，如果我确信它不会有续集，那就更是如此了。但我是有原则的，朋友的妻子是神圣不可侵犯的。只是几天前，我很真诚地终止了与一位丈夫的友谊。也许我不该把这叫作纵欲？纵欲并不令人厌恶，让我们宽容一点儿，用"缺陷"一词来形容：一种只有身体能感知的，爱情中的先天性缺陷。但这种缺陷非常省事，再加上我的健忘，我就得到了自由。同时，由于它给予了我让人难以接近、不可动摇的独立，于是我拥有了更多成功的机会。不够浪漫，我便创造浪漫。我的女性朋友和波拿巴一样，总是相信自己能在别人失败的地方取得成功。

此外，在这种交易中，除了满足我的放纵的瘾，还满足了一些东西：我对赌博的热情。我喜欢某种游戏中的女人，她们至少有一点儿纯真的味道。您看，我忍受不了无聊，只喜欢生活中的消遣。任何团体，无论多么辉煌，都会很快使我厌倦，但是我从来没有厌倦过喜欢的女人。承认这一点让我难以启齿，我愿意拿与爱因斯坦的十次谈话的机会去换取和一个漂亮的歌舞团女演员约一次会。毕竟，在第十次约会时，我就想和爱因斯坦谈话了，或者读一本严肃的书也行。总之，只有在我放纵之余的短暂的间隙里，我才会关心大事。有很多次，我站在人行道上，和朋友讨论得正热烈，却忘了争论的线索，仅仅因为一位迷人的女郎正在过马路。

于是我加入了这个游戏。我知道她们不喜欢对方太快暴露自己的目的。就像她们说的那样，应该先聊天，还要温柔地注视对方。作为律师，我不必担心言辞，而且在军队服役期间我是业余演员，因此也不用忧心眼神交流。我经常转换角色，但总是同一出戏。比如说，戏里总是出现这样的场景："不可思议的魅力""神秘的力量""没有理由，我不想爱上谁，我厌倦了爱情"，等等。尽管这是最古老的剧目之一，但现在还很盛行。还有神秘的幸福，其他女人从未给过你的那种，这可能是一条死胡同，事实上它确实是（因为谁都没法保证），但它又是独一无二不可替代的。最重要的是，我改良了一段台词，这段台词很受欢迎，我相信您也会为它鼓掌的，大概意思就是：悲伤痛苦地说，我一无是处，与我在一起一点儿也不值得，我的生活在别的地方。它无关庸常的幸福，不过也许我宁可舍弃一切，去追求那种庸常的幸福，但是一切都太晚了。至于它背后的原因，我一直保守秘密，因为我知道，保守秘密最好的方式就是不要告诉任何人。从某种程度上说，我相信我所说的，也成了我所扮演的角色。于是，毫不奇怪，我的伙伴们也开始热情地参与其中。她们中最敏感的人试图理解我，可她的努力却使她终日悲伤，不能自已。至于其他人，她们满意地看到我遵守游戏规则，并且听到了我在行动之前的明智谈话，于是就毫不拖延地走向现实。我赢了，而且赢了两次，除了满足了我对她们的欲望，还通过检验自己的魅力满足了我对自己的爱。

这是千真万确的。有些女人只给了我一点点的乐趣，但我仍努力与之重修旧好，无疑是由于长时间的若即若离和随之产生的默契点燃了这奇怪的欲望，同时也证实了这样一个事实：我们的关系仍然保持着，并且只有我有权加固这个关系。有时候为了一劳永逸地平息我的不安，我甚至让她们发誓，此生只能属于我一个人。然而，我的心，甚至连想象力，都没有参与其中。我实在太自负了，以至于我不顾事实，难以想象一个曾经属于我的女人有一天会属于其他男人。她们的誓言让我的心灵得到了解放，然而却禁锢了她们自己。如果我早知道她们不属于任何一个人，我早就和她们断绝了往来。否则，这对我来说几乎是不可能的。在她们看来，我彻底地完成了对她们的验证，我的权力也得到了长久的保障。很奇怪，不是吗？但事实就是如此，我亲爱的同胞。有人大喊："爱我吧！"有人大喊："不要爱我！"但是有一种最坏最卑劣的人，喊道："不要爱我，但是要对我忠诚！"

然而，验证永无终止，毕竟每遇到一个新人就得重新开始。由于一次又一次的重新开始，我就养成了习惯。很快，台词就不假思索地冒出来了，随之而来的就是条件反射。有朝一日，你会发现自己不断索取，却对它没有真正的欲望。相信我，至少对某些人来说，不去索取自己没有欲望的东西是世界上最难的事。

这就是最终发生的事情。告诉你她是谁也没有意义，虽然她萎靡不振、贪婪的样子吸引了我，却没有真正激起我的兴趣。坦白地说，这是一次糟糕的经历，却也在我意料之中。我从来没有什么情结，很快就忘了她，再也没有见面。我以为她毫无察觉，也没想过她会有自己的看法。在我看来，她的消极态度使她与世隔绝。然而，几个星期后，我却得知她把我的缺点告诉了第三个人。顿时，我觉得自己被欺骗了，她并不像我想象的那么消极，也并不缺乏判断力。然后，我耸了耸肩，假装笑了笑，甚至大笑起来。显然，这件事并不重要。如果有什么领域应该以谦逊为准则的话，难道不是性欲以及一切不可预见的事情吗？但事实并非如此，即使是在孤独的时候，我们每个人都想尽力显示自己的优势。尽管我耸了耸肩，但事实上我做了什么呢？不久后我又见到了那个女人，为了吸引她，我做了一切该做的事，她的确回心转意了。这并不难，因为她也不愿失败。从那时起，我并没有真正愿意接受她，开始百般羞辱她。我抛弃她，又重新拥有她，强迫她在不恰当的时间、不恰当的地点献出自己。无论在哪方面，我对她都十分粗暴残忍，最后却爱上了她，如同我想象狱卒依附于囚犯一样。直到有一天，在痛苦、压抑、狂乱的快乐中，她高声致敬奴役她的一切。就在那一天，我开始疏远她。后来，我很快就忘了她。虽然您礼貌地保持沉默，我还是同意您的看法，那次艳遇并不美好。但是，我亲爱的同胞，想想我的生活！如果您搜索自己的记忆，也许会找到一些类似的故事，也许以后您会告诉我的。至于我，每当我想起那件事，我就会发笑，但那是另一种笑声，很像我在艺术桥上听到的那种笑。比起嘲笑自己在女人面前的高谈阔论，更多的时候我在笑自己在法庭上的言辞和辩护。至少对她们来说，我没有撒太多谎。我的态度是清楚地说出自己的想法，没有任何托词。比如说，爱的举动就是忏悔，自私在喊叫，虚荣人人皆知，或者真正的宽容大度也显露出来。最终在那个令人遗憾的故事中，和我的其他事情相比，我比自己想象的更加坦率，我说了我是谁，该如何生活。不管外表如何，我在私人生活中更值得尊敬，即使当我按照我说的那样行事，都比我在伟大的职业生涯中谈论无辜和正义时更值得尊敬。至少，可以看到自己和别人相处的行为举止，我不能欺骗自己，让自己相信自己的本性。没有一个人在欢愉中是虚伪的。这句话是我读过的还是自己想到的呢，亲爱的同胞？

当我审视与女人彻底分开遇到的麻烦时，我不会责怪自己心软，虽然这种麻烦常常迫使我不得不同时与许多女人联络。当情人厌倦了激情，说要离开我的时候，并不是心软使我行动。我立刻前进，屈服，变得口若悬河。我唤起了女人的爱意和温柔，而我所感到的仅仅是表面现象，只是为这种拒绝而激动，也为可能失去某人的感情而感到惊慌。有时候，我真的以为我很痛苦，真的。但是只要那个叛逆的女人离开，我就会轻而易举地忘记她，就像她决定回来时却忘掉她一样。不，当我面临被抛弃的危险时，唤醒我的不是爱情或慷慨，而仅仅是渴望被爱，得到我认为应得的东西。情人爱上我，而我又忘了她的时候，我仿佛变成了闪耀的明星，处于人生的巅峰，于是就变得讨人喜欢。

并且，一旦我重新赢得那份感情，我就会意识到它的重要性。在我愤怒的时候，我认为理想的解决办法就是让对方去死。一方面，她的死能修复我们的关系；另一方面，也解除了对她的束缚。但人们不能期待每个人都去死，或者仅仅为了享受一种无法想象的自由而使地球人口减少。我的感性反对这一点，我对人类的爱也使我反对。

当一切顺利时，我不仅得到了安宁与平静，而且还得到了刚离开一个女人的床就同另一个女人更加温存快乐的自由。在这些艳遇中，我偶尔能感受到的唯一深刻的情感是感激，好像我把刚刚欠她们中的一个人的债都还给了其他人。无论如何，不管我的感情有多混乱，我所得到的结果都是清清楚楚的：我把我所有的感情都放在触手可及的范围之内，只要我想，就可以随时利用。我承认，我只能在这样的环境下快乐地生活：地球上所有的人，或者尽可能多的人，都转向我，永远有空闲，没有独立的生命，随时准备回应我的呼唤，即使注定没有结果，直到我屈尊赐予她们恩惠的那一天。总之，为了我生活得快乐，我选出的那些人就不该拥有自己的生活。他们必须活在我的指令中，偶尔才能有自己的生活。

啊，请相信我，我同您讲述这些事的时候毫无自满之情。当我想起那时候，我索取一切却没有任何代价，我动员那么多人为我服务，某种意义上来说，我把他们放置在冰箱里，适合的时候就随时取出来使用，我不知道怎么形容那种心头涌起的奇怪感觉。也许这不是羞愧吧？亲爱的同胞，"羞愧"这个词有些伤人吧？是吧？那可能就是羞愧，或者是那些与名誉有关的愚蠢情感。自从我在记忆中发现了那次艳遇之后，这种感觉就再也没有离开过我，我再也不能拖延下去不讲述它了。尽管我离题了，努力讲述新故事，但我还是希望您能赞扬我。

看，雨停了！能劳驾您陪我回家吗？奇怪，我居然累了，不过不是因为说了那么多话，而是因为想到了我要说的事情。好吧，几句话就足以说明我的重要发现了。说得再多又有什么用？为了让事物显露其本质，应该抛弃华丽的辞藻。我开始说啦。那是十一月的一个夜晚，事情发生在我听到身后笑声的那天晚上的两三年前。当时，我从皇家大桥回家，经过了左岸，凌晨一点，细雨淅淅沥沥的，应当说是毛毛细雨，街上行人寥寥无几。我刚离开一个情人，她已经睡着了。我很享受那次散步，有点懒洋洋的，身体慢慢平静下来，血液温和地流动着，就像下雨一样。在桥上，我从一个人身后走过。那个人倚在栏杆上，好像在盯着河看，走得更近一些，便看到是一个身材苗条的年轻女子，身穿黑色的衣服，她的脖子后面，黑发和衣领之间，阴冷潮湿，这让我有些不安。我犹豫了片刻，继续前行。在桥的尽头，我朝圣米歇尔走去，那是我住的地方。我走了大约五十米，突然听到了有人落水的声音——尽管距离很远，但在午夜的寂静中，这声音听起来非常大。我突然顿住了，但没有回头。几乎同时，呼救声传了过来，重复了好几次，呼救声顺流而下，然后戛然而止。夜突然静了下来，接下来的寂静永无边际。我想跑，但是没有动。我不停地发抖，觉得是因为寒冷和惊恐。我告诉自己必须要快点行动，却感到一种不可抗拒的懦弱在我身上蔓延。我已经忘记了自己当时在想什么，好像是"太晚了，太远了……"诸如此类的话。我一动不动地站在那里听着。后来，在这毛毛细雨中，我慢慢离开了，没有把这件事告诉任何人。

我们到了，这是我家，我的避难所！明天？好，如果您愿意的话。我想和您一起去马肯岛①，这样您就可以看到须德海了。明天十一点，我们在"墨西哥城"见。什么？那个女人？我不知道，真的，我不知道。第二天和接下来的几天里，我都没有看报。

---

① 荷兰阿姆斯特丹北面的一座小岛。

4

　　这里就像玩偶的村庄，不是吗？这儿从不缺新奇的玩意儿。但亲爱的朋友，我带你来不是为了新鲜。所有人都可以向你展示乡下人用的头巾、木头做的鞋子和装饰华丽的房子，渔民在屋子里吸着上等烟草，周围弥漫着打蜡家具的味道。另外，我是少数几个可以向你展示这里真正重要的东西的人。

　　就要到堤坝了。咱们要沿着堤坝走，离这些漂亮的房子越远越好。来，咱们坐下吧。嗯，你觉得这儿怎么样？这难道不是最美丽的风景片吗？看看左边那一堆堆的灰烬，他们管那叫沙丘，右边就是那个灰色的堤坝，脚下是灰蒙蒙的海滩，面前是淡黄色的海水，广阔的天空倒映着无色的海水。真是一个沉闷的地狱！一切都是平的，没有曲折；空间没有色彩，生命都死气沉沉。这不正是宇宙毁灭，使永恒的虚无变得可见吗？没有人，重点是没有人！只有我们独自面对这荒芜的星球！天空还活着？你说得没错，亲爱的朋友。天空变厚了，凹了下去，仿佛开了一道道通风井和阴暗的门。那些都是鸽子。荷兰的天空中有成千上万只看不见的鸽子，您没有注意到吗？您没看到，因为它们飞得很高。它们扇动着翅膀，同时上升下降，浓密的灰色羽毛被风吹来吹去，遍布天际。那些鸽子一年到头都在那儿等着。它们在地球上转圈，向下看，想飞下来。但那里什么都没有，只有大海和运河，还有挂满商铺招牌的屋顶，却没有可以落脚之处。

您还没明白我的意思？我承认我有些疲倦，不知道自己在说什么，好像现在说话已经不太清晰了，过去我的朋友都很佩服我说话清晰。此外，我说"我的朋友"，只是出于习惯。我没什么朋友，除了帮凶什么也没有。对了，帮凶的人数增加了，他们是全人类。而且在这全人类中，您排第一位，不论谁在我身边，都是第一位。我怎么知道自己没朋友？很简单，是这样的：有一天我想自杀，整蛊他们，以此作为惩罚。但惩罚谁呢？有人会惊讶，没有人觉得受到了惩罚。就在那时，我才意识到我没有朋友。另外，就算我有，也不会因此过得更好。如果我自杀了，看看他们的反应，看看他们为什么有那样的反应，那我的死就是值得的。但亲爱的朋友，棺材太厚了，地下太黑了，裹尸布会挡住灵魂的眼睛。如果灵魂存在，那当然有眼睛！但是您知道，我们不能确定，我们无法确定，要不然，就会有答案，至少可以让自己受到重视。除非你死了，否则人们永远不会相信你的理由、你的真诚、你所受痛苦的严重性。只要你还活着，你的事情就是可疑的，只有权得到怀疑。因此，如果有一点点把握确定有人可能享受这样的表演，那就值得向他们证明那些他们不愿相信的事，并因此令他们惊讶。但你自杀了，和他们信不信你又有什么关系呢？你无法到现场，看他们的惊讶和悔恨（顶多转瞬即逝）的表情，无法像每个人梦想的那样，见证自己的葬礼。一个人要停止被怀疑，就必须停止存在，仅此而已。

　　再说，这样不是更好吗？我们会因为他们的冷漠而痛苦万分。"你会为此付出代价的！"女儿对她的父亲说道，只因她父亲阻止她嫁给一个打扮得过于精致的追求者。后来，她自杀了，但她父亲也没付出什么代价。他爱钓鱼，三个星期后，他又回到了河边——按照他说的，是为了忘记。他是对的，他确实忘了他女儿的死。说实话，如果不是这样，反而令人惊讶。你以为你在用死亡惩罚你的妻子，其实是助她解脱。不知道那些最好。此外，你可能会听到他们为你的举动而找各种理由。就我而言，我现在听到他们说："他自杀是因为他受不了……"啊，亲爱的朋友，人类是多么缺乏新意啊！他们总是以为人自杀只有一个原因，但也很有可能有两个。不，他们从来没想过。那么，为了别人对你的看法而故意牺牲自己有什么好处呢？一旦你死了，他们就会利用这个机会把你的行为归咎于你愚蠢或庸俗的动机。亲爱的朋友，殉道者必须在被遗忘、被嘲笑和被利用之间做选择。至于被理解——从来没有！

还有，咱们不要拐弯抹角了。我热爱生命——这是我真正的弱点——热爱到我无法想象没有生命的样子。您不觉得这种热爱有些庸俗吗？贵族无法想象自己与周围其他生命没有丝毫距离。必要时，人可以去死，可以崩溃而不能屈服。但是我屈服了，因为我还要继续爱自己。例如，在我告诉您所有事情之后，您认为我说了什么？对自己的厌恶？得了吧，得了吧，只有和别人在一起的时候，我才感到特别厌恶。当然，我知道自己的缺点，并为此感到遗憾。然而我要忘掉他们，而且相当固执。相反，我心里却在不断地对别人进行着控诉。当然，这让您感到震惊吗？也许你认为这不合逻辑？但问题不是要符合逻辑，问题是要略过,还有最重要的是——是的,最重要的问题是要逃避审判。我不是说要逃避惩罚,因为没有审判的惩罚尚可忍受。此外,它还有一个名字,可以保证我们的清白,那就是不幸。不,恰恰相反,这有关逃避审判,有关逃避总是被人审判却从不判刑。

但人无法轻易躲避。如今我们喜欢审判他人,就像喜欢偷情一样,唯一的区别就是这没什么可害怕的。如果您对此存疑,那就听听八月时那些夏日酒店餐桌上的谈话吧,那些慷慨的同胞们在那里治疗无聊。如果您还不愿意下结论,那就阅读当代伟人的著作。或者,您就观察自己的家庭,相信您会受到启发的。我亲爱的朋友,不要给他们任何借口来审判我们,不管多么小的借口!否则,我们会被丢弃。我们被迫采取与驯兽师同样的预防措施。如果在进笼子之前,他不慎在刮胡子的时候割伤了自己,这对野兽来说是多么丰盛的美餐啊!我突然意识到这一点,我开始怀疑自己也许没有那么了不起。从那以后,我变得疑神疑鬼。因为既然我流了一点儿血,就无处可逃,他们会吞噬我。

我和同龄人的关系表面上还是一样,但有点儿不协调。我的朋友们没有变化。有时,他们依然称赞我,说我的陪伴和谐而安全。但我只能意识到自己内心的不安和混乱,我很脆弱,觉得容易受到别人的指责。在我看来,我的伙伴们不再是我所习惯的有礼的人了。以我为中心的圈子被打破了,他们像法官一样站成一排。总之,当我意识到我身上有东西需要审判的时候,我就意识到他们身上有一种不可抗拒的判断力。是的,他们还像以前一样在那里,但他们在笑。或者更确切地说，在我看来，我遇到的每一个人都似笑非笑地看着我。那时候，我甚至有一种人们在给我使绊子的感觉。事实上，我在进入公共场所时被绊倒了两三次。有一次，我甚至跌倒在地板上。我这个笛卡儿式的法国人没过多久就稳住心神，并把那些意外归咎于唯一合理的天意——即巧合。尽管如此，我仍然多疑。

一旦唤起我的注意力，就不难发现有敌人。一开始是在我的职业生活中，后来是在我的社交生活中。其中有些人我已经帮助过了，其他有些人是我本该帮助的。毕竟，这一切都是正常的，我发现这些人时并没有太过悲伤。另外，更困难、更痛苦的是，要我承认在那些几乎不认识或根本不认识的人中有敌人。我向您提到过我的天真，因为我的天真，我一直以为，那些不认识我的人如果认识了我，就会情不自禁地喜欢上我。根本不是！我感受到了敌意，尤其是那些在我不认识的但只在远处认识我的人身上。毫无疑问，他们以为我生活得很充实，完全沉溺于幸福之中，这是不可原谅的。如果成功的样子以某种方式表现出来，就会激怒白痴。然而我的生活再次被塞满，由于没时间，我拒绝许多约见。然后，同样的，我会忘记拒绝过谁。但是那些向我示好的人，他们的生活并不充实，正因为如此，他们还记得我拒绝过他们。

最后再举一个例子，女人让我付出了沉重的代价。我以前常把时间花在她们身上，因此不可能再花在别人的身上了，他们未必会原谅我。有出路吗？只有当你慷慨地分享你的成功和幸福时，你的成功和幸福才会得到原谅。但快乐的重点在于不要太过在意别人，结果自然无处可逃。快乐，却要被审判，或被赦免，却依然不幸。对我来说，不公更甚：我因过去的成功而受到谴责。长期以来，我一直生活在一种人人赞赏的幻觉中。然而，审判、弓箭和嘲笑从四面八方而来，像雨点般落在我身上，我却漫不经心，面带微笑。我开始警觉的那一天，终于清醒了，瞬间遍体鳞伤，一下子失去了所有力气。整个世界都开始嘲笑我。

没有人（除了那些不是真正活着的人，总之，就是智者）能忍受这些。唯一可能炫耀的是恶意。人们急于审判是为了让自己不被审判。这有什么奇怪呢？对于人来说，这是最自然的想法，仿佛他的天性是无罪的。从这个角度看，我们都像布痕瓦尔德集中营的那个小个子法国人，他坚持要向书记员登记上诉。书记员本身就是一个囚犯，正在记录他的到来。上诉？书记员和他的同志们笑了："没用的，老头子。不能在这里上诉。""但是您看，先生，"那个小个子法国人说，"我的案子是例外，我是无辜的！"

我们都是特例。我们都想上诉！我们每个人都坚持不惜一切代价保持清白，即使他得指责整个人类和天堂本身。他不会因为你称赞他努力变得聪明或慷慨而高兴。但是，如果你赞美他天生慷慨大方，他就会非常感激你。反之，如果你告诉一个罪犯他的罪行不是出自他的天性或性格，而是由于不幸的境遇，他也会对你感激不尽。律师演讲到这儿时，就该哭了。然而，生来诚实或聪明没什么可赞许的。正如一个人对本性使然的犯罪所负的责任，不能比环境使然的犯罪责任更大一样。但是那些流氓想要的是恩典，即不用负责，他们无耻地宣称本性有理或借口环境使然，即使那些理由实际上互相矛盾。最重要的是，他们应该是无辜的，他们的美德是与生俱来的，不应该受到质疑；他们的罪行是由瞬间的不幸所致，不过是偶然现象。正如我所说，这是一个逃避审判的问题。既然很难逃避，很难让人同时做到欣赏并原谅他们的天性，他们就都努力致富。为什么？您问过自己吗？当然是为了权力。特别是因为财富可以避免直接的审判，它可以把你从地铁人群中带出来，把你关在镀铬汽车里，把你隔离在受到保护的大草坪上，把你放在普尔曼客车头等舱里。亲爱的朋友，富有并不意味着完全无罪，而是缓刑，但总归是值得的。

当你的朋友请求你对他们真诚时，千万不要相信他们。他们不过是希望你能给他们提供额外的保证，使他们相信你的诚意，从而得到他们对自己的好感。真诚怎能成为友谊的条件呢？不惜一切代价地喜欢真理，是一种什么都不放过、什么也不抗拒的激情。这是罪恶，有时是一种安慰，有时是一种自私。因此，如果你处在那种情况下，不要犹豫：答应说实话，然后尽可能撒谎。你满足他们隐藏的欲望，并加倍表现对他们的爱。

我们确实很少和那些比我们强的人说心里话。相反，我们更倾向于逃离他们的圈子。另外，大多数情况下，我们向那些和我们一样、有着共同弱点的人坦白。我们不想提高自己，也不想变得更好，因为我们要首先被视为完美的。我们只希望在我们选择的道路上受到同情和鼓励。简而言之，我们会在停止愧疚的同时却不努力净化自己，不够厌世也不够高尚。我们既缺乏善的能量，也缺乏恶的能量。你认识但丁吗？真的吗？你说的是魔鬼！你知道吗？但丁在上帝和撒旦的争吵中接受了中立天使的观点。他把他们放在了地狱的前厅里。我们都在前厅了，亲爱的朋友。

耐心点儿？也许您是对的。等待最后的审判需要耐心。但就是这样，我们很着急。事实上，我太过匆忙地让自己成为一个忏悔法官。然而，我首先要做的是改变我的发现，让自己与同龄人的笑声同步。从我被召唤的那天晚上起——我真的被召唤了——我必须回答，至少是寻找答案。这并不容易，我挣扎了一段时间。首先，这种无休止的笑和各种笑声让我看清了自己的天性，最终发现自己并不简单。别笑，事实没有看起来那么简单。我们所谓的基本真理，只不过是我们在发现其他真理之后才发现的。

不管怎样，经过长时间的自我研究，我发现了人类最基本的两面性。后来我意识到，在我的记忆中，谦虚助我大放异彩，谦卑助我无往不利，美德助我克服一切。我曾经以和平的方式发动战争，最终以公正的方式获得我想要的一切。例如，我从来没有抱怨过我的生日被忽略了；人们甚至对我在这个问题上的体贴感到惊讶，带着一丝钦佩。但我无私的原因更为隐秘：我渴望被遗忘，以便能够自怨自艾。在那个好日子到来的前几天（我对此记忆非常清晰），我就一直保持着警惕，不让任何事情泄露出去，不想让任何可能引起注意和唤起记忆的事情发生（有一回我曾经想要把住处的日历窜改一下）。一旦我的孤独被彻底证实，我就可以沉溺于强烈自怜的魅力中。

因此，我所有的善良的表面都有一个不那么光荣的反面。的确，在另一种意义上，我的缺点变成了优势。例如，我觉得有义务隐藏我生活中邪恶的一面，使我带着冷漠的表情，与美德的表情相混淆；冷漠使我被爱，自私变成了慷慨。就此打住，因为太多的排比句会打乱我的论证。但毕竟，我表现出一副冷酷的外表，却永远无法拒绝一杯酒或一个女人的邀请！人们认为我活泼开朗而精力充沛，但其实我的王国是床。我曾经宣扬过我的忠诚，但我相信没有一个我爱过的人最后没有遭到我的背叛。当然，我的背叛并不妨碍我的忠诚。我以前常常在连续的空闲中完成大量的工作，我从未停止帮助我的邻居，因为我喜欢。但是，无论我如何重复这些事，它们给我的也只是表面的安慰。有时在早晨，我要彻底揭发自己，最后得出结论：我的轻蔑无人能敌。我帮助的最多的人往往是我最轻蔑的人。我曾经每天都彬彬有礼、满怀感情地向所有盲人的脸上吐唾沫。

老实说，有理由吗？有一个，但它如此不幸，我做梦也想不到要提及它。无论如何，我从来就不相信人类事务是严肃的事情。我不知道什么地方会有严肃的事情，除了我在周围所看到的这一切之外——在我看来，这不过是一场好玩的游戏，或者是令人厌烦的游戏。有些努力和信念是我永远无法理解的。我总是感到惊讶，看着那些奇怪的人为钱而死，为失去"地位"而绝望，或为家庭的兴旺而郑重其事地牺牲自己，我多少有些怀疑。我更能理解那位朋友，他下定决心戒烟，并通过纯粹的意志力取得了成功。一天早晨，他打开报纸，读到第一颗氢弹已经爆炸了，得知它的惊人威力，于是他急忙去了一家烟草店。

当然，我偶尔也会假装认真地对待生活。但是很快我就有了轻浮的念头，我只是继续尽我所能地扮演我的角色。我假装自己高效、聪明、善良、有公德心、本分、宽宏大量、与人为善、启迪他人……简而言之，没有继续下去的必要。您明白，我就像荷兰人一样，人在这里心却不在：身体占据了很大空间，但我的心是缺席的。除了沉浸在运动和军队中，以及在表演自娱自乐的戏剧时，我从未有过真正的真诚和热情。这两种情况，都有游戏规则，虽然这个规则并不严肃，但我们喜欢把它当成严肃的来对待。即使到了现在，周日举行比赛的人潮涌动的体育场，以及我以最大的热情所热爱的剧院，依然是世界上唯一让我能感到天真的地方。

但是，面对爱、死亡和穷人的薪水，谁会认为这种态度是合理的呢？然而，我们能做些什么呢？我只能在小说或舞台上想象伊索尔德①的爱情。在我看来，临终的人们似乎深信自己的角色。我可怜的客户们说的那些话总是让我吃惊，因为它们都符合同样的模式。因此，在没有共同利益的人群中生活，我无法相信我所做的承诺。我很有礼貌，也很懒惰。在我的职业、家庭和公民生活中，我都没有辜负人们的期望，

—————————

① 《特里斯坦与伊索尔德》是在西方流传了近1000年的古老传说，和《罗密欧与朱丽叶》并称西方两大爱情经典。故事讲述了伊索尔德公主与特里斯坦骑士忠贞不渝的爱情。

但每一次我都带着一种漠不关心的态度。这种态度把什么都搞砸了。我一生都生活在双重准则下，我最严肃的行为往往最不投入。正是这所有的原因加重了我的错误，我不能原谅自己，极力抗拒这些靠我内心和我对周围的感觉所形成的判断，并寻求逃避。

有一段时间，我的生活表面上什么都没变，在正轨上高速前进。仿佛是故意的，别人的赞扬变多了，就是倒霉的源头。您是否记得那句话："当所有人都说你好话的时候，你就要遭殃了！"啊，那个人说的话有大智慧！我遭殃了！结果，发动机开始出现古怪的、莫名其妙的故障。

就在那时，死亡的念头闯入了我的日常生活。我要衡量我与死亡之间的间隔时间，我要寻找已经死去的同龄人作为例子。一想到我可能没有时间完成我的任务，我就感到很痛苦。什么任务？我不知道。说实话，我所做的事情值得继续下去吗？但事情还不完全是这样。事实是，一种荒谬的恐惧一直纠缠着我：一个人如果不坦白自己所有的谎言，就不可以死去。不是对上帝或他的代表坦白；您知道，我不信这些。不，举个例子，这是个向男人、朋友和心爱的女人坦白的问题。要不然，如果生命中只有一个谎言，死亡就会使这个谎言成为定局，再也不会有谁知道真相了，因为唯一知道的人恰恰是那个对秘密守口如瓶的死人。对真理的完全谋杀曾使我不安。但今天，我插一句，这反而会给我带来微妙的快乐。例如，我是唯一知道大家在找什么的人，而我家里有个东西让三个国家的警察忙个不停，这种想法纯粹是一种乐趣。我们先不深入讨论这个问题。当时，我还没有找到办法，心里很着急。

当然，我振作起来了。一个人的谎言对几代人的历史有什么影响？而又要何等自负才想要把一个微不足道的骗局拖进真理的光明中去？否则终究只会像大海里的一粒沙子一样消失在岁月的海洋里！我还告诉自己，就我所见过的那些人来看，肉体的死亡本身就是足够的惩罚，足以赦免一切罪过。拯救是在临死前痛苦的汗水中赢得的（也就是完全消失的权利）。尽管如此，不适感还是增加了。死神忠实地守在我的床边，我以前每天早上都是这样起床的。对我来说，赞美变得越来越难以忍受。我觉得他们越说越不诚实，我再也无法纠正了。

有一天，我再也无法忍受了，反应有些过度。既然我是个骗子，我就会揭露这一点，当着那些蠢货的面，甚至在他们发现之前，就把我的口是心非说出来。如果被我激怒了，我愿意接受挑战。为了不让大家笑出声来，我梦见自己被大家嘲笑。简而言之，这仍然是一个躲避审判的问题。我想让笑声站在我这边，或者至少让自己站在他们那边。我设想着，比方说，在街上碰到盲人，这给了我一种隐秘的、意想不到的快乐，我才意识到我的灵魂中有一部分是多么厌恶他们。我计划戳破残疾人车辆的轮胎，走到工人们工作的脚手架下大喊"讨厌的无产阶级"，在地铁里殴打婴儿。我梦见了这一切，却什么也没做；或者，即使我做了这类事，也把它忘了。无论如何，"公正"这个词使我感到一阵奇怪的愤怒。我不得不继续在法庭上发言时使用它。但为了报复，我公开抨击人道主义精神，我发表了一项宣言，揭露受压迫者如何压迫正派人士。有一天，我在路边的一家餐馆里吃龙虾，一个乞丐来打扰我，我叫店主把他赶走，并大声赞同店主的话，"乞丐让人很尴尬，"他说，"毕竟，你要设身处地地为这些先生女士着想！"最后，我常对那些愿意听我说话的人说，我很遗憾我再也不能像我所钦佩的某个俄国地主那样行事了。他会把那些向他鞠躬的农民和那些不向他鞠躬的农民都打一顿，因为他认为这两种人都是厚颜无耻的人。

　　然而，我想起了更严重的过激行为。我开始给警察写颂歌，把刽子手奉为神明。最重要的是，我曾时常强迫自己定期去一些特别的咖啡馆，那里聚集了职业的人道主义自由思想家。过去的良好记录使我受到欢迎。在那里，我无所顾忌地说出禁止的句式："感谢上帝……"或者直接说："我的上帝。"您知道，我们咖啡馆里的无神论者仿佛是多么害羞的小孩儿，他们露出愤怒的表情之后，会出现一阵惊愕，接着是目瞪口呆，面面相觑，然后开始骚动。有人会逃出咖啡馆，有人会愤愤不平地叽里咕噜，什么也不听，所有人都会像圣水里的魔鬼一样在抽搐扭动。

　　您一定觉得那很幼稚。然而，这些小玩笑可能有更严肃的原因。我要搅乱比赛，最重要的是要毁掉那奉承出来的好名声。一想到这儿，我就火冒三丈。人们只要嘴甜地说："像您这样的人……"我就会脸色发白。我不需要他们的敬重，因为它没有普及，我不能将其分享。它怎么可能是"普及"的呢？因此，最好是用嘲笑的外衣来遮掩一切，包括审判和尊重。我必须不惜一切地把那种让人窒息的感觉释放出来。为了让所有的人都知道我是什么样的人，我想把我在各处展示的英俊又爱开玩笑的形象打碎。例如，我记得我曾给一群初出茅庐的年轻律师做过一次非正式演讲。引荐我的酒吧老板夸赞我，天花乱坠，弄得我心烦意乱，无法长久忍耐。

我一开始就满怀别人所期待的热情和感情，做到这一点并不费劲。但我突然开始建议以混淆是非来辩护。应该说，不是现代的审问制度所完善的那种混淆，那种同时审判一个小偷和一个老实人的同盟，以便在第一人的罪行算在第二人的头上。相反，我的意思是通过揭露正直的律师的罪行来为这个小偷辩护。这一点我解释得很清楚：

"假设我愿意为某个可怜的公民辩护，他因嫉妒而杀人。陪审团的先生们，请想一想，我得说，当一个人他天生善良，却受到女人的恶意考验时，愤怒是多么的微不足道。恰恰相反，如果这个人碰巧坐在律师席的这一边，坐在我的座位上，却从来没有得到过被欺骗的好处或痛苦，这难道不是更严重吗？我是自由的，不用忍受你们的严苛。但我是谁？一个骄傲的路易十四，一个贪欲的公山羊，一个愤怒的法老，一个懒惰的国王。我还没杀过人？当然还没有！但我有没有叫有功之人去死呢？也许吧。也许我准备再来一次。然而这个人——只要看看他就知道——不会再这么做了。他仍然对自己所做的事感到十分惊讶。"这次演讲让这些年轻同事很不高兴。过了一会儿，他们决定一笑置之。当我得出结论时，他们完全放心了，因为我在结论中援引了人类个体及其应有的权利。那一天，习惯战胜了一切。

我一再说这些讨喜的蠢话，不过是使舆论有些混乱罢了。不是解除它的武装，最重要的是解除自己的武装。至于听众，他们感到惊奇，又相当沉默，令人尴尬，有点像您所表现出来的。不，不要抗议，我一点儿也没有平静下来。您看，仅仅为了澄清自己而指责自己是不够的；否则，我会像羔羊一样天真。一个人必须以某种方式谴责自己。我花了相当长的时间来完善这个结论，直到我陷入极度绝望中才搞明白。在那之前，笑声一直在我的脑海里飘荡，我没有试着去消除那笑声，尽管其中的善意及其几近温柔的品质使我难过。

现在我好像看到海平面正在上升。不久我们的船就要开了，一天就要结束了。您瞧，鸽子们成群结队，挤在一起，几乎没有动静，光线也越来越暗。您不觉得我们应该保持沉默，享受这凶险的时刻吗？不，我让您感兴趣？您真是彬彬有礼。而且，我现在冒着让您真正感兴趣的风险。在我开始忏悔之前，我必须跟您谈谈纵情酒色和立锥黑牢①。

5

您错了，亲爱的，船在全速前进。但须德海是死海，或者说几乎

---
① 欧洲中世纪时期的一种酷刑。

是死海。平坦的海岸在雾中延伸，没有人知道它从哪里开始，在哪里结束。因此我们就这样，没有地标，向前航行；我们无法测算速度，只知道在前行，但什么都没有变化。这不像航行，这是在梦境中。

在希腊群岛时，我的感受却相反。新的岛屿陆陆续续出现在地平线上。那些岛上的山脊树木稀少，指示着天空的界限；海岸处的岩石层层叠叠，与大海形成了鲜明的对比，不可能迷失：在明亮的灯光下，一切都成了地标。从一个岛屿到另一个岛屿，我们在小船上不停地航行，虽然船已经停了下来，我却觉得我们好像还在日日夜夜地，在短促又凉爽的浪尖上，在一场充满浪花和笑声的比赛中，疾驰而去。从那时起，希腊就在我的脑海里、在我记忆的边缘飘来飘去，不知疲倦……坚持住，我也在漂泊。我开始抒情了！阻止我，亲爱的，求您了。

顺便问一下，您了解希腊吗？不了解？那就更好了。我问问您，您知道我们在那儿该干什么吗？在那里，人的心必须纯洁。您知道吗？那些男性朋友们总是手拉手、成双成对地走在街上。是的，女人都待在家里。您常常可以看到一个中年男人，留着八字胡，很体面，沉重地沿着人行道大步走着，他的手指夹在朋友的指缝里。在东方偶尔也是如此？好吧。但请问，您愿意在巴黎的街头牵起我的手吗？噢，我在开玩笑。我们有一套礼仪，而这些糟粕使我们生硬做作。在到达希腊群岛之前，我们必须彻底地洗个澡。那里空气纯净，是感官的享受，像大海一样透明。然后我们……

我们坐在这些蒸汽船上吧。好大的雾！我打断我自己，我相信有雾，会出现在前往立锥黑牢的途中。是的，我会告诉您是什么意思。我挣扎了一番，耗尽了所有的精力，我的努力毫无用处，感到心灰意冷，决心离开男人圈子。不，不，我没有寻找荒岛，也没有荒岛，我只是躲在女人中间。如您所知，她们不会真的谴责任何过失，她们更倾向于试图羞辱我们或耗尽我们的力量。这就是为什么说女人不是战士的奖赏，而是罪犯的奖赏。她们是罪犯的港湾，是罪犯的避风港。毕竟，罪犯通常是在女人的床上被捕的。女人不就是人间天堂留给我们的馈赠吗？在困境中，我急急奔向我的天然港湾，但我不再沉溺于动听的话语。出于习惯，我偶尔还是会赌一把看看，但都缺乏新意。我不敢承认这一点，因为我怕说出一些更下流的话：在我看来，那个时候我感到我需要爱。很下流，是吧？无论如何，我体会到隐隐的痛，有种剥夺感使我变得更空虚。一方面是出于义务，另一方面是出于好奇，我允许自己做出一些承诺。因为我需要爱和被爱，我以为我在恋爱。换句话说，我装傻。

　　我常常发现自己在问一个问题，而作为一个深谙世故的人，我以前总是回避这个问题。我会听到自己在问："你爱我吗？"您知道，在这种情况下通常会回答："你呢？"如果我的回答是肯定的，就会发现这承诺超出了我的真实感觉。如果我敢说"不"，就会冒着失去被爱的危险，并为此而痛苦。我希望在那种感觉中找到平静。那种感觉受到的威胁越大，我就越要求我的伴侣也有这种感觉。因此，我得做出更明确的承诺，并且开始期待心里有更深入的感情。因此，我对一个迷人但愚蠢的女人产生了一种虚假的热情。她将"真爱"故事读得如此透彻，以至于她谈起爱情时的自信和信念，就像一位知识分子在宣告一个无阶级的社会时的样子。您知道，这种信念是会传染的。我试着用同样的方法计算爱情，并且最终说服了自己。至少直到她成为我的情妇，我才意识到，尽管"真爱"故事教会我如何谈论爱情，却没有教会我如何做爱。在爱上了一只鹦鹉之后，我不得不和一条蛇上床。于是，我只好到别处去寻找书中所描述的爱情，那可是我一生都未曾遇到过的爱情。

但我缺少实践。三十多年来，我一直只爱我自己，要改掉这样的习惯还有什么希望呢？我没有改掉，依然不把感情当回事。我增加了承诺的次数，同时爱着好几个女人，因为在早期，我也有多个暧昧对象。就这样，我给别人造成的不幸，比我当初漠不关心的时候还多。我有没有跟您提过，我的鹦鹉在绝望中想饿死自己？幸运的是，我及时赶到，并顺从地握着她的手，直到她遇见了从巴厘岛旅行回来的工程师。她从最喜欢的周刊里了解到那位工程师两鬓斑白。无论如何，我非但没有像人们说的那样，在情海中欢腾，得到宽恕，反而加重了我的罪过，使我更加背离美德。结果，我对爱情产生了厌恶之情，以至于多年来，每当我听到《玫瑰人生》①或《爱之死》②时，都会咬紧牙关。因此，我试图以某种方式放弃女人，过一种贞洁的生活。毕竟，她们的友谊

① 法国女歌手艾迪特·皮雅芙的代表作，一首温柔缠绵的情歌。
② 又名《伊索尔德之死》，是瓦格纳歌剧《特里斯坦与伊索尔德》中的经典曲目。

应该能使我满意。但这无异于戒掉游戏。如果没有欲望，女人会意外地让我厌烦，显然我也让她们厌烦。于是我不再游戏，也不再看戏——我大概活在真理王国里。但亲爱的，真理异常无聊。

我对爱情和贞洁已绝望，最后我想到了纵情酒色。这可以代替爱情，使笑声平静，恢复沉默，最重要的是，可以使人不朽。清醒着陶醉到了一定程度，深夜躺在两个妓女中间，耗尽了所有的欲望。您看，希望不再是一种折磨：思想支配着整个过去，活着的痛苦永远结束了。从某种意义上说，我一直生活在放荡之中，欲望源源不绝。这难道不是开启我天性的钥匙，是伟大的自爱的结果吗？是的，我渴望长生不老，我太爱我自己了，不想让我心爱的宝贝永远消失。既然清醒着，但凡有点儿自知之明，就会明白贪吃的猴子没有理由得到永生，那就必须找到永生的替代品。我渴望永生，我和妓女睡觉，连续几夜喝酒，第二天早上，我的嘴里自然充满了人世的苦涩。但是，一连几个小时，我在幸福中快乐地飞翔。我敢向你承认吗？我仍然深深地记得，有那么一些夜晚，我经常光顾一个龌龊的妓院，去见一个脱衣舞女，她对我百般偏爱，有天晚上，我甚至为了她的名誉，和一个吹牛的大胡子打了一架。每天晚上，我都要在酒吧里徜徉，那里有人间天堂的红光和灰尘，然后舒舒服服地躺着，畅饮一番。我会等待天亮，最后总是以躺在我的公主那凌乱的床上结束，她会机械地沉浸在性爱中，然后倒头睡去。天会慢慢地亮起来，照亮这一片污秽，我就会站起来，一动不动地站在灿烂的黎明里。

我承认，酒精和女人是我唯一应得的慰藉。我会告诉您这个秘密，亲爱的，不要害怕利用它，您会发现真正的放荡是自由的，因为它没有义务。在放荡中只需要占有自己，因此，它仍然是热爱自我的人最喜欢的消遣。这是一个没有过去和未来的丛林，没有任何承诺，也没有任何直接的惩罚。酒色之地与世界是分离的。一进门，人们就把恐惧和希望抛在身后。谈话并不是必须的，一个人为了什么而来，不用言语就可以知晓，而且往往不需要金钱。啊，我恳求您，让我向那些曾经帮助过我的无名和被遗忘的女人致敬！即使在今天，我对她们的记忆仍包含着类似尊重的东西。

　　无论如何，我随意利用了这种自由。甚至有人看到我住在一个所谓的罪恶的旅馆里，与一个成熟的妓女和一个来自上流社会的大家闺秀生活在一起。我和前者相处得很好，也给了后者了解现实的机会。不幸的是，那个妓女有着中产阶级的天性：她后来同意为《忏悔录》杂志写回忆录，该杂志对现代思想持开放态度。就那个大家闺秀而言，她结婚是为了满足自己肆无忌惮的本能，并充分利用自己非凡的天赋。在那个时候，一个经常被辱骂的男性行会却接纳了我，对此我也感到相当自豪。但我不会坚持这一点：您知道，即使是非常聪明的人也会以能比别人多喝一瓶酒而自豪。我可能最终会在这种快乐的消散中找到平静和解脱。但是，在那里，我也遇到了自己的障碍。这一次是我的肝脏，一种可怕的疲劳到现在还没有离开我。一个人试图长生不老，但几周后，他甚至不知道自己是否能坚持到第二天。

那次经历的唯一好处是，当我放弃夜间活动的时候，生活里我的痛苦减少了。疲劳折磨我身体的同时也灼烧了我身上的许多痛处。所有纵欲都会减少活力，因此也减少痛苦。与人们所想的相反，放荡并没有什么疯狂之处，这不过是个漫长的睡眠。您一定注意到了，那些真正忍受嫉妒之苦的男人，除了想和那个他们以为不忠的女人上床之外，并没有更迫切的欲望。当然，他们想再次确定，他们心爱的宝贝仍然属于他们——他们其实只想占有她。但另一个事实是，紧接着他们就不那么嫉妒了。身体上的嫉妒源自想象，同时也是一种自我审判。在同样的情况下，人往往把自己的肮脏思想归咎于对手。幸运的是，过多的感官满足削弱了想象力和判断力，然后，痛苦就会和阳刚之气一起休眠。出于同样的原因，青少年有了他们的第一位情妇后就失去了形而上的不安；而某些婚姻，只不过是形式化的放荡，成了勇气和创新的单调的灵车。是的，资产阶级的婚姻使我们的国家陷入困境，很快就会把它引向死亡之门。

我在夸大其词？没有，不过我跑题了。我只是想告诉您，我从那几个月的狂欢中得到的好处。我生活在迷雾中，其中的笑声变得低沉，最终让我不再注意到它。这种冷漠曾经对我产生影响，现在却没有遇到任何阻碍，并更加僵化。我没有更多的情绪，性情平和，或者干脆不发脾气。得了结核病的肺通过使幸福的主人干枯和逐渐窒息来得到治疗。我也是如此，平静地死于我的痊愈。我仍然靠工作生活，虽然我的名誉因语言混乱而受损，工作也因生活混乱受连累。然而，值得注意的是，我夜间放纵引起的怨恨比言语挑衅引起的要少。我在法庭开庭前的演讲中经常提到上帝——这纯粹是口头上的——引起了客户的不信任。他们可能担心，在法律上，上天不能像律师那样代表他们的利益，因此推论，我提到上帝的次数暴露了我的无知。我的客户这样推论，于是客户也变得稀少了。但我仍然时不时为案子辩护。我是一个很好的律师，有时甚至忘了我不再相信自己所说的话，声音会引导我前进，我也会跟着它走；如果不能像我曾经那样真正地翱翔，至少我会离开地面，掠地飞行。除了工作，我几乎不见人，艰难地和一两个老情人保持关系。有时我也会度过一些纯粹的友好的夜晚，没有任何欲望的成分，但不同的是，我几乎听不进她们在说些什么。我长胖了一点儿，终于相信危机已经过去。除了变老，什么也没有留下。

有一天，在一次旅行中，我款待了一位朋友，却没有告诉她我这么做是为了庆祝自己的痊愈。当时我在一艘远洋船上——当然是在上层甲板上。突然，在钢灰色的海面上，我看见远处漂来一个黑点儿。我立刻转过身去，我的心开始狂跳起来。当我强迫自己再去看的时候，那个黑点儿已经不见了。当我再次看到它时，我几乎要喊叫，要愚蠢地呼救了。这是船只留下的垃圾。然而，我却无法忍受，因为我立刻想到了快要淹死的人。我才明白，自己需要冷静地接受一个早已知道的真理——多年前在我身后塞纳河上响起的呼救声从未停过，它被河流带到了海峡，穿越无边无际的海洋，环游世界，它一直在那里等着我，直到我遇到它的那一天。我也意识到了，它将继续在海洋和河流中等着我。总之，给我洗礼的圣水就在那里。这里也是，顺便问一下，我们不是在水上吗？这是一片平坦、单调、无边无际的水域，它的界线和陆地的界线有什么区别？我们能到达阿姆斯特丹吗？我们永远也出不了这个巨大的圣泉。听！您没听见无影无踪的海鸥的叫唤吗？如果它们朝我们这个方向喊叫，它们叫我们做什么？

但它们是同一群在呼唤的海鸥，在我明确地意识到我还没有痊愈、还是被逼得走投无路、还得应付这些的那一天，它们早已在大西洋上空飞来飞去了。光荣的人生结束了，疯狂和骚动也结束了。我不得不承认我的罪行，不得不活在立锥黑牢中。可以肯定的是，您对那个在中世纪被称为"立锥黑牢"的地牢并不熟悉。一般来说，一个人在那里会被永远遗忘。那间牢房与众不同，有着精巧的尺寸。它不够高，不能站；也不够宽，不能躺。犯人不得不以一种扭曲的姿势，在对角线上苟延残喘：睡眠是种折磨，醒来只能蹲着。我亲爱的朋友，在这个如此简单的发明中存在着天才的构思——我在斟酌措辞。狭小的空间限制使人身体日益僵硬，这个罪人可以认识到他是有罪的，而无罪者就可以快乐地伸展身体。您能想象在那些小房间里囚禁的是高级会议和上层甲板里的常客吗？什么？有可能生活在那些牢房里的人仍然是无辜的？不可能！简直难以置信！否则我就会崩溃。无辜的人活生生地被逼成驼背——我拒绝接受这样的假设。此外，我们不能断言谁是无辜的，但我们可以肯定地指出所有人都有罪。每个人都见证别人的罪过。这是我的信念，也是我的希望。

相信我，宗教一旦对戒律进行说教和谴责，就会走上歧途。我们不需要上帝来使人感到有罪或给予惩罚。我们的同胞靠我们的帮助就足够了。您说的是最后的审判。请允许我谦恭地笑会儿。我会坚定地等待它，因为我知道更糟糕的是人的审判。对他们来说，没有可减轻罪行的情况，甚至连善意也被归为犯罪。你至少听说过那个"痰盂监狱"吧？有个国家最近想要借此证明自己在世界上最为伟大。囚犯站在封闭的空间里，不得动弹，门很结实，把他锁在水泥壳子里，高度刚到下巴，因此，只有他的脸能露出来。每一个路过的狱卒都往他脸上吐唾沫。犯人关在里面，只可能闭上眼睛，不能擦脸。我亲爱的朋友，这是人类的发明，他们不需要上帝来创造那个小小的杰作。

这又有什么关系？好吧，上帝唯一的用处就是保障清白，我倾向于把宗教看作一个巨大的洗涤企业——它曾经有，但很短暂，整整三年，不叫宗教。后来就没有肥皂了，我们的脸很脏，只能互相擦拭鼻子。所有的蠢货，人人被罚，让我们互相吐唾沫。赶快！吐向立锥黑牢！每个人都要争着先吐，就是这样。我要告诉你一个大秘密，亲爱的，不要等待最后的审判，因为它每天都在发生。

不，没事，在这该死的潮湿天气里，我只是有点儿发抖。我们在靠岸，到了，您先请。不过，我求您留下来，跟我一起走回去。我还没说完，必须继续。然而继续说很困难。唉，您知道他为什么被钉死在十字架上吗——就是您现在可能在想的那个人？这有很多原因。谋杀一个人总是有理由的，相反，要证明他的生命是合理的是不可能的。这就是为什么罪犯总能找到律师，无辜的人却不容易。但是，除了在过去两千年里我们已经很好地解释过的原因之外，还有一个主要的原因，那便是极度的痛苦。我不知道为什么这个原因被如此小心地隐藏起来。真正的原因是他知道自己并非完全无辜。虽然他没犯下所指控的罪行，但他有其他罪行，即使他不知道是哪些。难道他真的不知道吗？毕竟，他是罪魁祸首，一定听说过滥杀无辜的事件。犹太孩子被屠杀了而他的父母却把他带到了安全的地方。如果不是因为他，他们怎么会死去？那些身上溅满鲜血的士兵，那些被切成两半的婴儿，使他充满了恐惧。考虑到他的天性，我相信他是不会忘记这些的。从他的一举一动中都能感觉到的悲伤，难道不是一种无可救药的忧郁吗？他每晚都听见拉结①在为她的孩子哭泣，拒绝一切安慰。哀歌会撕裂夜晚，拉结会呼唤为他而牺牲的孩子们，而他还活着！

他知道他所知道的一切，熟悉人的一切。啊，谁会相信犯罪不是让别人死，而是在于让自己不死！他日日夜夜地面对自己无辜的罪行，觉得难以继续坚持了。要处理这件事，最好不要为自己辩护，而应该去死，以免成为唯一一个活着的人，以免去其他可能会支持他的地方。他抱怨说自己没有得到支持。作为最后一根稻草，他受到了审查。是的，我相信是第三个福音传道者首先隐瞒了他的抱怨。"你为什么抛

---

① 《圣经·创世纪》中拉班的女儿，雅各第一任妻子的妹妹，她本人也是雅各的妻子，因雅各的罪而成为她父亲拉班诡计中的牺牲品。她陪丈夫操劳了二十年，还得忍受多妻制下因无子带来的种种痛苦。

弃我呢？"这是一种煽动性的呼声，不是吗？那么，拿把剪刀，剪除掉！请注意，如果路加①什么也没隐瞒，这件事几乎不会被人注意到，无论如何，它都不会如此重要。于是审查员大声宣布他所禁止的内容。世界秩序同样模糊不清。

尽管如此，被审查的那个人还是无法坚持。亲爱的，我知道我在说什么。曾经有段时间，我完全不知道应该如何活下去。是的，人可以在这个世界发动战争，模仿别人去爱，折磨同胞，或者只是一边编织一边说邻居的坏话。但是，在某些情况下，坚持，仅仅是继续坚持，就是超人了。他不是超人，你可以相信我。他大声喊出了他的痛苦，这就是我爱戴朋友的原因，尽管他死的时候还不知道。

不幸的是，他丢下了我们。无论发生了什么，我们只能独自坚持，甚至当我们还在立锥黑牢时，从口口相传中知道了他所知道的，却不能做他所做的，也不能像他那样死去。人们自然想从他的死亡中得到一些帮助。毕竟，这是一个天才告诉我们的："你们不堪入目，这是事实！好吧，我们就不说细节了！我们马上把它全部清算，上十字架吧！"但是，现在有太多的人爬上十字架，只是为了被更远的地方看到，即使他们必须在一定程度上践踏那些在已经十字架上很久的人。太多的人为了实践慈善而决定吝啬。啊，他受到了多么不公正的待遇，多么不公正的待遇啊！这绞痛着我的心！

---

① 早期基督教传道者，相传为《新约》中第三部福音，即《路加福音》的作者。

天哪，我又染上了这种习惯，真想在法庭上发表演说。原谅我，要知道，我有我的道理。离这儿几条街的阁楼上有个博物馆，名叫"我主基督"。那时，他们在阁楼里造了地下墓穴，但是地窖都淹了。不过今天——您放心，他们的主既不在阁楼上，也不在地窖里，他们把他抬到了法官席上。在他们内心的秘密角落，他们敲锥子，他们审判，最重要的是，他们以他的名义进行审判。上帝柔声地对那荡妇说："我不想判你有罪！"但这并不重要，他们不加选择地谴责任何人。以上帝的名义，这是你应得的。主？我的朋友，他并没有期望那么多。他只是想要被爱，仅此而已。当然有人爱他，连基督徒里也有，虽然并不多，他也预见到了这一点。他有些幽默。彼得这个人，你了解的，那是个胆小鬼，彼得不承认认识他："我不认识那个人……我不知道你在说什么……"云云。真的，他太过分了！我的朋友玩起了文字游戏："你这彼得，我要把我的教堂建在这磐石上 ①。"你不觉得这是莫大的讽刺吗？但他们仍然胜利了！"你瞧，上帝说过！"他确实说过，他对这个问题了如指掌。然后他永远地离开了，留下他们审判和定罪。他们嘴上说着原谅，心里却判了刑。

不好说再也没有怜悯了。不，上帝啊，我们一直都在谈论它。简单地说，再也没有人无罪释放了。在死后无辜的躯体中，审判官蜂拥而至，各种各样的，有基督的审判官和反对基督的审判官。无论如何

---

① 有一座教堂与彼得同名，叫老彼得教堂。

都是一样的，在小小的立锥黑牢中和解了。毕竟我们总不能把一切都归咎于基督徒，其他人也难辞其咎。笛卡儿曾经住在这个城市，您知道他住过的房子现在怎么样了吗？现在是个精神病院。对，人人都有精神错乱，外加迫害妄想。当然，我们也不得不提到它。您已经观察到了，我什么也不放过，至于您，我知道您有同样的想法。我们既然都是审判官，就都在彼此面前有了罪。所有基督徒，已经刻薄地被钉上十字架，一个一个地钉上，无人知晓。如果我，克拉芒斯，没有找到出路，没有找到唯一的解决办法，没有找到真理，我们至少会……

不，我要停下。亲爱的，别担心！此外，我得离开你了，我们到了，这里是我家……在孤独和疲劳的时候，人们总是倾向于把自己当作先知。归根结底，我就是这样一个人，躲在满是石头、雾气和死水的荒原中避难。我是以利亚①这种并非救世主的空洞的先知，因高热和酒精而呛得喘不过气来。我背靠在这扇发霉的门上，手指向阴沉沉的天空，诅咒目无法纪、不能忍受任何审判的人。因为他们受不了，亲爱的，问题就在这儿。守法的人不怕审判，审判可恢复他信仰的秩序。人所受的最大的苦在于没有律法的审判，而我们就处在这样的痛苦中。失去了自然约束，审判官们随性而为，在工作中疲于奔命。因此我们必须试着跑得比他们快，不是吗？这是一个真正的疯人院。先知和庸医

---

① 《圣经》中的重要先知，活在公元前9世纪。当时的国王一味行恶，轻忽神的存在，以利亚为除灭真神的仇敌，挽回民众的信仰，设立了先知学校，点燃了经久不息的先知火焰。

迅速增加，他们急匆匆地赶在世界被遗弃之前，带着一部完善的法律或一个完美的组织赶到那里。很幸运地，我赶到了！我是结束也是开始。由我来宣读法律，简而言之，我是一个忏悔法官。

对，是的，明天我会告诉您这个高尚的职业包括什么。您后天就要走了，所以，我们的时间很紧。来我家，好吗？只要按三次门铃。您要回巴黎？巴黎很远。巴黎很美，我记得，我记得差不多这个季节巴黎的黄昏。黄昏降临，干燥萧索，屋顶青烟弥漫，城市隆隆作响，河水仿若倒流。那时，我常常在街上闲逛。我知道，他们现在也在闲逛！他们徘徊着，假装匆匆奔向厌烦的妻子，那个令人厌恶的家……啊，我的朋友，您知道孤独的人在大城市里游荡是什么样子吗？

6

很抱歉，我只能躺着招待您。没什么，只是有点儿发烧，喝点儿杜松子酒就好了。我已习惯了这样，这是我当教皇的时候染上的疟疾。不，这只是半开玩笑，其中有认真的成分……我知道您在想什么，我说的话很难区分到底是真是假。我承认，您是对的。我自己……您看，我认识的一个人曾经把人分为三类：更喜欢无所隐瞒而不愿说谎的人，更喜欢说谎而不愿无所隐瞒的人，最后是又喜欢说谎又喜欢隐瞒的人。您觉得我属于哪一种人？

但我在乎什么呢？难道谎言最终不都通往真相吗？难道我所有的故事，不管是真是假，不是都会得出同样的结论，都有相同的意义吗？如果这两件事对过去、现在的我都很重要，那么它们是真是假又有什么关系呢？有时候，看清说谎者比看清说真话的人更容易。真相，就像光明一样，刺得人睁不开眼。而谎言恰恰相反，谎言是一道美丽的曙光，能衬托出一切事物。随你怎么想，但我的确在战俘营里被任命为教皇。请坐。你看看这间屋子，什么也没有，但胜在整洁，只有一幅维米尔[1]的画，没有家具，甚至连一个铜锅也没有。当然，也没有书，我已经很久不看书了。有一段时间，我家里堆满了只读了一半的书。这和那些把鹅肝切下来，却吃一些扔一些的人一样恶心。不管怎样，除了忏悔，我什么都不喜欢了。那些忏悔的作者写《忏悔录》的目的，就是为了避免忏悔，避免诉说他们知道的。他们宣称要进行痛苦的坦白时，您就得小心了，因为他们要给尸体穿衣打扮了。相信我，我知道我在说什么，所以我阻止了他。不会再有书了，也不会再有无用的东西了，只有最基本的必需品，像棺材一样干净光亮。此外，这荷兰式的床，是如此坚硬；床单是如此洁净，熏着纯净的香薰。人死在这里，就好像被裹在一块裹尸布里。

　　您想知道我当教皇时的经历吗？您知道的，很平淡。我还有力气说话吗？是的，现在烧退了。那是很久以前的事了。在非洲，多亏了

---

[1] 荷兰最伟大的画家之一，其作品大多是风俗题材的绘画，基本上取材于市民平常的生活，如《戴珍珠耳环的少女》《倒牛奶的女仆》《窗前读信的少女》等。

隆美尔①，战争爆发了。不，别担心，我没有参加。我已经躲过一次欧洲的战争了。当然，我入伍了，但我从没参加过任何军事行动。从某种角度来说，我很遗憾，也许那会改变很多事情。法国军队不需要我上前线，他们只要求我参加撤退。后来，我回到了巴黎，又去了德国。我发现自己是爱国者的时候，人们谈论的抵抗运动吸引了我。您笑了？您错了。我是在夏特莱地铁站台上发现的。一条狗误入了迷宫般的通道。那条狗很壮实，毛发硬得像金属丝，一只耳朵竖着，眼睛仿佛在笑。它跳跃着，嗅着过往行人的腿。我对狗有一种天然的忠诚的感情，我喜欢狗，因为它们总是很宽容。我叫了它几声，它犹豫了一下，很快，它被我征服了，在我前面几米远的地方热情地摇着尾巴。就在这时，一个年轻的德国士兵轻快地从我身边走过，他走到狗跟前，抚摸着它毛茸茸的头。它毫不犹豫，以同样的热情跟了上去，跟着年轻士兵一起走远了。我对那个德国士兵充满了怨恨、愤怒，我认为我的反应是爱国的。如果那条狗跟着一个法国平民，我想都不会这样想。但恰恰相反，我把那条友好的狗想象成一个德国军团的吉祥物，这让我更生气了。因此，这个测试很有说服力。

　　我到了南方，想了解抵抗运动的情况。可是一到那里，我就发现自己犹豫了。我觉得这样做有点儿疯狂，有些浪漫主义的做派。尤其是地下活动，既不适合我的性格，又不适合我喜欢空旷高山的偏好。在我看来，这是要我在地窖里做一些编织工作，日复一日，年复一年，

①纳粹德国的陆军元帅，世界军事史上著名的军事家、战术家、理论家，绰号"沙漠之狐""帝国之鹰"。

直到一些畜生把我从藏身之处拉出来，拆了我的编织，然后把我拖到另一个地窖中，把我活生生地打死。我钦佩那些深深沉迷于英雄主义的人，但却无法效仿。

于是我到了北非，隐隐约约的想法是从那里去伦敦。但在非洲，情况并不明朗，对立双方似乎都有自己的道理，因此我保持中立。我知道您觉得我匆匆略过了有意义的细节。好吧，这么说吧，我评判了您的真实价值。我略过细节，是为了您能更好地注意到它们。不管怎样，我到了突尼斯，一位可爱的朋友给了我一份工作。她是一个非常聪明的女人，搞电影制作。我跟着她到了突尼斯市，直到盟军登陆阿尔及利亚之后，我才发现她真正的职业。那天她被德国人逮捕了，我也被捕了，但我并不想这样。我不知道她后来怎样了，至于我，我没有受到任何伤害。在经历了巨大的痛苦之后，我才明白待在那里是一种安全措施。我被关押在的黎波里附近的一个集中营里。在那里我虽然没受到暴行的折磨，却饱受缺水和物资贫乏之苦。我就不仔细描述了，我们都是二十世纪上半叶的孩子，不用画图就能想象这样的地方。一百五十年前，人们开始对湖泊和森林产生柔情，今天我们对监狱牢房抒情。因此，我把它留给你想象。你只需要添加一些细节：炎热、直晒的太阳、苍蝇、沙子、缺水。

有个年轻的法国人和我在一起，他有信仰。是的，绝对是个童话故事，可以说是迪格克兰[1]那样的人物。他穿越法国，到了西班牙去打

---

[1] 英法百年战争时期的法军名将。

仕。天主教的将军拘留了他，他看到佛朗哥集中营里有鹰嘴豆——如果可以，我会说那鹰嘴豆是受过罗马祝福的——然后他陷入了一种深深的忧郁中。无论是他下一次即将登陆的非洲的天空，还是营地的闲适，都没有使他忘记那种忧郁。他的沉思，还有阳光，让他有些精神错乱。

有一天，在一顶帐篷里，那帐篷像是在熔化铅水的熔炉，我们十来个人在乱飞的苍蝇中间喘着粗气，他不断地谩骂一个罗马人，称罗马人为"他"。他好几天没刮胡子了，眼神直盯着我们，赤裸着上身，汗流浃背，双手拍着仿佛琴键一般的肋骨。他向我们宣布，需要一位新教皇，而且越快越好。这位教皇应该生活在可怜的人群中，而不是在宝座上祈祷。他一边摇头，一边用眼神直勾勾地盯着我们。"是的，"他重复道，"尽快！"然后，他突然平静下来，用一种闷闷的声音说，应该在我们当中选一个，选一个有缺点有优点的人。我们宣誓效忠于他，唯一的条件是他必须同意，在他自己和别人身上，在我们的苦难中，继续活下去。"我们之中，"他问道，"谁的缺点最多？"我开了个玩笑，举了手，而且是唯一举手的人。"好吧，让－巴蒂斯特就行了。"不，他没有这么说，因为我那时还有别的名字。他说，像我这样能毛遂自荐就是最伟大的美德，并提议选举我。其他人都同意了，虽然是开玩笑，但还是带着一丝庄严的态度。事实上是迪格克兰给我们留下了深刻的印象。在我看来，即使是我也完全没有觉得可笑。我认为这位年轻的先知是对的，之后便是太阳、令人精疲力竭的劳动、争抢水的战斗。总之，我们的情况不好。不管怎么说，我行使教皇权力已经连续几周了，而且越来越严肃。

教皇的权力都有什么？好吧，我就像是一个小组的组长，或者是一个小组的干事。不管怎么说，其他人，甚至那些缺乏信仰的人，都习惯于服从我。迪格克兰痛苦，我就给他施加痛苦。于是我发现成为教皇并不像我想象的那么简单。就在昨天，和您讲了关于法官的事，嘲讽了我们的兄弟之后，我想起了这件事。营地里最大的问题是水的分配。其他政治或宗教团体也形成了，每个团体都对自己的伙伴有所偏爱。因此，我也偏向了我自己的，这是一个小小的让步。即使在我们之间，我也不能维持完全的平等。根据伙伴们的情况，或者他们必须做的工作，我会多给这个或那个一些优待。这种区别意义深远，您可以相信我。但我真的很累，不愿再想起那段时光了。这么说吧，有一天我喝了一个濒临死亡的伙伴的水，这个圈子就结束了。不，不，不是迪格克兰，他已经死了，因为他太节俭了。如果他在那里，出于对他的爱，我会忍耐得更久，因为我爱他。是的，我爱他，至少在我看来是这样。但我的确喝了别人的水，我说服自己，比起这个无论如何都要死的家伙来说，其他人更需要我，我有责任让自己为他们活下去。亲爱的，帝国和教堂都是在死亡的阳光下诞生的。为了纠正我昨天说的一些话，我要告诉您一个伟大的想法，那是我在讲述这一切的时候想到的。虽然我不知道说的这一切是真实经历，或者只是梦想的事。我的伟大想法是，人们应该原谅教皇。首先，教皇比任何人都需要原谅。其次，这是让自己凌驾于教皇之上的唯一方法。

您把门关严了吗？您能否看一下？请原谅我，我总是担心门闩没插好。我睡觉的时候，总是想不起来我是不是插了门闩，所以每天晚上都要起床检查。我和您说过，人们总是担心。不要以为这种对门闩的担心是一个胆小鬼的反应。以前我从不锁公寓门和车门。我没有紧紧抓住自己的钱，也没有紧紧抓住拥有的东西。说实话，我甚至对拥有钱财感到羞愧。我曾多次在社交谈话中坚定地说："先生们，财产就是谋杀！"我的心灵不够伟大，不能让一个值得赞助的穷人来分享我的财富，于是我把财富交给有能力的小偷来处理，希望用这样偶然的方式来纠正不公。况且如今我一无所有。因此，我并不担心我的安全，而是担心我自己和我的镇定。我也渴望堵住这个天地的大门，在这个封闭的天地里成为国王、教皇和法官。

顺便问一下，您能打开那个橱柜吗？是的，看看那幅画。没认出来吗？是《公正的法官》①。您不觉得诧异吗？难道我们的文化有差异吗？但如果您读过报纸，就会想起，1934年在根特的圣·巴夫大教堂，著名的凡·艾克②祭坛画《羔羊的颂赞》③的其中一幅被窃，那幅画就叫《公正的法官》。画作描绘了法官骑马前去瞻仰这神圣的羔羊。后来一个精美的复制品取代了原作，因为原作一直没有找到。喏，就是这幅画。不，此事与我无关。一位"墨西哥城"的常客，就是前几天

---

① 《根特祭坛画》中的一幅，1934年被盗，至今下落不明。

② 欧洲文艺复兴时期的伟大画家，也是15世纪北欧后哥特式绘画的创始人，尼德兰文艺复兴美术的奠基者，油画形成时期的关键性人物，因其对油画艺术技巧的纵深发展做出了独特的贡献，被誉为"油画之父"。

③ 《羔羊的颂赞》是《根特祭坛画》组画的核心。《根特祭坛画》是一种多翼式"开闭形"祭坛组画，画在木板上，置放在教堂圣坛的前面，由内外共20个画面构成一种折叠式画障。

晚上你看到过的那位，有天晚上他醉醺醺地把它卖给了大猩猩，换了一瓶酒。我建议我们的朋友把它挂在一个显眼的地方，挂了很长时间。人们满世界找画的时候，我们虔诚的法官高高居于"墨西哥城"的酒鬼和皮条客的头上。后来在我的要求下，大猩猩把它放到了这里。起初他有些不愿意，但我解释了来龙去脉以后，他吓了一跳。从那以后，这些可敬的法官，就成了我唯一的朋友。在"墨西哥城"的吧台的墙上，您也看到了，那里留下了很大一片空白。

　　为什么我还没有归还这幅画？哈哈！您的反应好像警察，真的！好吧，我会像回答州检察官那样回答您，如果有人发现这幅画在我房间里的话。首先，因为这幅画不属于我，而是属于"墨西哥城"的主人，他和根特大主教一样值得拥有它。其次，人们从《羔羊的颂赞》面前走过，也没有谁能够区分复制品和原件，因此没有人因为我的不当行为而受到伤害。第三，因为这样我就占据上风。假的法官受到全世界的崇拜，但只有我知道真正的法官在哪里。第四，因为我可能会被送进监狱，某种程度上说，这是一个很有吸引力的想法。第五，因为那些法官正在去见羔羊的路上，而羔羊或无辜早已不复存在，而且那个偷走这幅画的聪明窃贼是一个无名的正义的工具，我们不应该阻挠正义。最后，因为通过这样的做法，一切都处于和谐之中了。正义与无辜永远分离了，后者在十字架上，前者在壁橱里，而我可以根据我的信念行事了。我可以问心无愧地履行忏悔法官这一艰难的职责，在经历了这么多希望的破灭和矛盾之后，现在是时候了。既然您要走了，那么我就告诉你这一职业究竟是什么吧。

请允许我先坐起来，这样呼吸轻松些。啊，我太虚弱了！请把我的法官们锁起来。忏悔法官这一职业，我现在正在履行。通常来说，我的办公室在"墨西哥城"。但是伟大的职业总会超出工作地点，即使是躺在床上，即使在发烧，我也能正常工作。另外，这个职业是不用专门抽时间干活的，甚至呼吸的时候都在工作。别以为我跟您聊了五天，只是为了好玩。不，我过去已经说得够多了，现在我说的话是有目的的。显然，我的目的是抑制笑声，避免审判，尽管表面看来无法逃避。我们总是第一个谴责自己，这难道不是阻碍我们逃避审判的最大障碍吗？因此，首先应该一视同仁，将谴责扩及所有人，以便从一开始就减淡它。永远不要为任何人找借口，这是我一开始的原则。我否认善意的、可敬的错误，轻率的行为，以及可以减轻罪责的情况。我既不宽恕，也不祝福，只把事情简单相加，然后说："计算了这么多，你是个恶棍、色狼、天生的骗子、同性恋、艺术家，等等。"就是这样，这样生硬。在哲学和政治中，我支持任何拒绝承认人类无辜的理论，支持任何将人类视为有罪的实践。亲爱的朋友，你可以在我身上看到一个奴隶制的明智拥护者的影子。

　　事实上，没有奴隶制，就没有明确的解决办法。我很快就意识到了这一点。很久以前，我一直在谈论自由。早餐的时候，我把它涂在吐司上，我整天都在咀嚼它，我的呼吸充满了愉悦、芬芳的自由气息。我可以用这个词攻击任何反驳我的人，我让它为我的欲望和权力服务。我曾在床上对熟睡的情人耳语，用它帮助我甩掉她们，偷偷溜走……啊，我越来越兴奋，失去了分寸。毕竟，我的确对自由做出了更加公正的利用，想象一下我有多天真——为自由辩护了两三次，虽然还没有到为了自由献身的地步，但还是冒了一些风险。我应该原谅这莽撞的行为，我那时不知道自己在做什么。我不知道自由原来不是奖赏，不是用香槟庆祝的勋章，也不是什么礼物，更不是一盒能让你回味无穷的美味。哦，不！恰恰相反，这是个苦差事，是一次长跑，让人倍感孤独，筋疲力尽。没有香槟，也没有朋友举起酒杯深情地看着你。独自一人在禁闭室里，在绝境中面对法官，独自一人做决定，面对自己或他人的审判。所有自由的终点都是法庭的判决，这就是为什么自由如此沉重，让人难以承受，尤其当你发烧、痛苦，或者不爱任何人的时候。

亲爱的朋友，对于一个孤独的人来说，他不崇拜上帝，又没有主人，岁月的重量难以承受。因此，他应该选择一个主人，而上帝已经过时了，况且这个词早已失去了它的意义，不值得任何人冒险。以我们的道德哲学家为例，他们非常严肃，爱着邻居和一切，除了他们不在教堂里布道之外，没有什么能把他们与基督徒区分开。你觉得是什么阻止他们皈依基督教？也许是尊重，对人的尊重。是的，对人的尊重。他们不想引起丑闻，所以他们把自己的感情藏在心里。例如，我认识一个无神论小说家，他每天晚上都要祷告，但那于事无补。在他的书里，他对上帝都做了什么！用别人的话来说，真是一团糟。我认识一个激进的自由思想家，他朝天空举起双手，我向您保证，他没有恶意，他说："您没有教会我什么新的东西。"这位使徒叹息道，"他们都是这样。"在他看来，有百分之八十的作家，只要不署名的话，就会写上帝之名并为之欢呼。他们署名，是因为他们爱自己；他们不为上帝欢呼，是因为厌恶自己。但是他们不得不审判，于是他们通过说教来弥补。总之，他们对恶魔撒旦的崇拜是有道德的。真是个古怪的时代！我有一个朋友，他是模范丈夫之时是无神论者，通奸之后却皈依了宗教。这思想错乱时代还有什么值得大惊小怪的！

啊，那些卑鄙小人、演员、伪君子，一副让人同情可怜的样子！相信我，即使他们放火烧天的时候，也还是这个样子。无论他们是无神论者还是宗教徒，莫斯科人还是波士顿人，他们都是基督徒，世代相传。但是如果碰巧没有父亲，就没有了规矩。他们是自由的，因此必须自己做出改变。他们不愿要自由或自由的判断，因此他们请求把自由送到手里，他们发明了可怕的规则，竞相建造成堆的柴堆取代教堂。他们是萨沃纳罗拉①一样的人，只相信罪恶，从不相信恩典，虽然他们一定也想得到恩典。他们想要的是恩典、接受、屈服、幸福，也许还有婚约、贞洁的新娘、正直的男子、管风琴音乐，因为他们也多愁善感。以我为例，我不是多愁善感的人，但您知道我以前梦想什么吗？是全心全意的爱情，日日夜夜，在永不间断的拥抱中，有着感官享受和精神兴奋，就这样持续五年，然后死去。唉！

如果没有订婚或不间断的爱情，那就是婚姻，并且是残酷的婚姻，婚姻里充斥着权力和酷刑。重要的是，对孩子来说，一切都变得简单了，一切行为都应该被批准，善与恶的距离被武断地指出来。而我，不管我是西西里人还是爪哇人，我都不信基督教，虽然我对第一个基督徒

---

① 佛罗伦萨宗教改革家，以反对文艺复兴艺术和哲学，焚烧艺术品和非宗教类书籍，烧毁被他认为不道德的奢侈品，以及严厉的布道著称。

怀有友谊。但是站在巴黎的桥上，我发现我也害怕自由。主人万岁，不管主人是谁，来代替上帝的律法吧。我们的天父，暂时居住在这里……"我们的向导，我们令人愉快的严厉的领袖，噢，残忍而敬爱的领导者……"简而言之，您看，最重要的不是要自由，而是在忏悔中服从一个比自己更伟大的流氓。当我们都成了罪人的时候，那就是民主。亲爱的朋友，这还不算为孤独终老复仇。死亡是孤独的，而奴役是集体的。其他人也得到了他们的奴役，与此同时，我们……这才是最重要的，我们终于齐心协力地聚在一起，但双膝跪地，低着头颅。

像世界上其他人那样生活不是很好吗？为此，世界上其他人不是该像我一样吗？威胁、侮辱、警察，就是这种相似的圣礼。我被蔑视、被追捕、被压迫，然后我就可以展示自己的价值，享受真实的自己，最终回归自然。亲爱的，这就是为什么我在庄严地向自由表示敬意之后，悄悄决定立刻把它交给任何出现的人。每次我可以那样做的时候，我就会在"墨西哥城"的教堂里布道，邀请善良的人们屈服于我的权威，要他们谦卑地祈求奴役的安慰，哪怕我把它装饰为真正的自由。

我没疯，我很清楚奴隶制不可能马上实现。这只是对未来的祝福之一，仅此而已。同时，我必须接受现状，寻求一个解决方案，哪怕是暂时的也行。因此，我必须找到另一种方法来对每个人进行审判，以减轻我的负担。我找到这个方法了。请把窗户打开一点儿，太热了，也不要开太大，我有点儿冷。我的想法既简单又丰富。如何让每个人都参与进来，让自己有权冷静地置身事外呢？我应该登上讲坛，如同我那些杰出的同龄人那样，诅咒人类吗？那太危险了！一天，或者一个晚上，笑声毫无征兆地爆发。你对其他人的审判最终会反噬到你自己身上，给你带来伤害。那又怎样呢？好吧，这就是天才之举。我发现，在等待主人及他们的棍棒时，我们应该像哥白尼一样，反其道而行之。一个人不审判自己就不能去谴责别人，所以他必须先审判自己，才有权利去审判别人。总有一天法官都会成为忏悔者，所以应该反其道而行之，先当忏悔者，以便最终成为法官。您跟得上我说的吗？很好。但为了说得更清楚些，我就和您说说我是怎么做的。

我先关闭了我的律师事务所，离开巴黎去旅行。我打算用化名在一个我不缺乏经验的地方安家。世界上这样的地方有很多，但是机遇、便利、讽刺，还有某种苦修的需要，使我选择了这个水雾缭绕的都市，它被运河环绕，十分拥挤，汇聚了世界各地的人们。我把办公室设在水手区的一个酒吧里，因为来自港口城市的客户鱼龙混杂。穷人不会去豪华的街区，就像您看到的那样，而上流社会的人至少会去一次声名狼藉的地方。我等待着资产阶级的到来，特别是那些迷途的资产阶级。只有和他们在一起，我才能发挥最大的才能，就像一个演奏家用一把稀有的小提琴演奏，我能从他们身上汲取最美妙的乐音。

我在"墨西哥城"已经工作一段时日了。您应该也知道了，这个工作要求我尽可能地经常向公众忏悔。我全面地检讨自己，从上到下，从里到外。这并不难，因为我现在记性很好。但我要强调一点，我并没有粗鲁地检讨，从不捶胸顿足。不，我熟练地驾驭着各类谈话，滔滔不绝。总之，我的话题因人而异，引导听众给我更多反馈。我把自己的事和别人的事混在一起，挑选一些共同的特征、共同的缺点、一起经历过的事情——这是极好的方式。总之，最后构造出来的那个人是一位风云人物。我用这一切制造了一个肖像，这个肖像既是所有人的形象，又不属于任何一个人。总之，就是一个面具，像那些嘉年华面具，既栩栩如生又别具风格，让人们说："哇！我肯定见过他！"肖像画完成时，就像今天晚上一样，我带着极大的悲伤把它拿出来："唉，这就是我！"检察官的指控结束了。与此同时，我展示给同时代人的肖像变成了一面镜子。

我满身灰尘，撕扯着头发，脸上有抓伤的红印，但是眼睛锐利，站在全人类面前，重新审视我的羞耻，同时审视着我正在创造的效果，说："我是最低贱无耻的人。"然后不知不觉地，"我"变成了"我们"。当我说到"这就是我们"的时候，戏法已经开始了，我就可以责备他们了。我和他们一样，毫无疑问，我们是一条绳上的蚂蚱。然而，我有一种优越感，因为我知道它，这便给了我谈论的权利。您一定也能看到好处。我越是指责自己，就越有权利审判您。更妙的是，我煽动您去审判自己，这样我就更轻松了。啊，亲爱的朋友，我们是奇怪又可怜的生物，如果我们肯回顾一下自己的生活，就有很多让自己感到诧异和反感的机会。试试看，你放心，我会怀着博爱之情倾听您的忏悔。

别笑！是的，我一眼就看出来了，您是个难缠的主顾，但您一定会来的。大多数人不聪明，更容易多愁善感，很快就迷糊了。对于聪明人来说，这需要时间，向他们解释清楚方法就够了。他们不会忘记，会反思。半是游戏，半是混乱，他们迟早会放弃坚持，全盘托出。可是您不仅聪明，而且圆滑精明。不过，您承认您今天对自己不如五天前满意吗？我等您给我写信，或者回来，因为您会回来的，我敢肯定！您会发现我没有丝毫改变。我已经找到了适合自己的幸福，为什么要改变呢？我已经接受了双重人生，不会为此苦恼。相反，我在那里安顿下来，找到了我毕生所求的舒适。然而，我错了，不该告诉您最重要的是避免审判。最重要的是能做任何事，哪怕时常大声地宣扬自己的恶行。我重新开始随心所欲，但是这次没有笑声了。我没有改变我的生活，继续爱自己，利用别人。只不过，我对自己罪行的忏悔使我更轻松地重新开始，让我尝到双重的享受，先是我的天性，其次是迷人的悔悟。

自从我找到了解决办法之后，我沉迷一切，沉迷女人、自尊、厌倦、怨恨，甚至沉迷于高烧，此时此刻我感到热度正欢快地升高。我终于统治一切了，而且永远如此。我又发现了一座高峰，只有我能攀登，在那里，我可以审判所有人。在一个美丽的夜晚，我听到远处时不时传来一阵笑声，我又开始怀疑。但是很快我就把一切，所有的人和物，都置于我的弱点之下，于是我又重新振作起来。

我会在"墨西哥城"等候您的到来，无论多久。能不能帮我把毯子拿开，让我喘口气。您会来的，对吗？我会告诉您具体的细节，因为我对您有种深厚的友情。您会看到我整夜教导他们，让他们知道自己多邪恶。另外，就在今晚，我将重新开始。我离不开，也不能剥夺这样的时刻。他们其中一个人喝醉倒下，在捶胸顿足，亲爱的朋友，然后我便高大起来，站在高山之上自由地呼吸，平原从我眼底向远方延伸。我感觉自己像上帝一样，在颁发自己的恶劣性格和行径的证书。

这多么令人陶醉啊！我凌驾于我的邪恶天使之上，在荷兰天空的最高点，我看着他们经过末日审判，穿过雾和水，向我走来。他们慢慢升高，我看到他们中的第一个已经到达了。他用一只手半掩着脸，在他迷惑的脸上，我看到了共同命运的忧郁，以及因不能摆脱它而带来的绝望。至于我，我怜悯而不赦免，理解而不原谅，最重要的是，我终于感觉到人们崇拜我！

是的，我很激动。我怎么能像个真正的患者一样躺在床上呢？我应该比您高一些，我的思想托起了我。在这样的夜晚，或者在这样的早晨（因为堕落是在黎明发生的），我悠闲地沿着运河散步。在青灰色的天空中，鸽子的层层羽毛变薄了，飞得更高了，屋顶上空的绯色光亮，预示着我将创造新的一天。在达姆拉克大街，第一辆有轨电车在潮湿的空气中敲响了铃声，唤醒了这个处于欧洲尽头的城市。与此同时，成千上万的人，我的臣民们，艰难地从床上爬起来，嘴里充满苦涩的味道，去干一些无趣的工作。然后，我翱翔在这片不知不觉臣服于我的大陆上，在饮着浸染着苦艾酒的破晓时分，沉醉在恶毒的话语中。我很快乐，很满足，我不会让你觉得我不快乐，我快乐得要死！哦，阳光、海滩、信风吹拂的岛屿、青春的回忆让人绝望！

我要回去睡觉了，原谅我。我害怕自己激动起来，但我不会流泪。人们有时迷失方向，有时怀疑事实，即使他们已经发现了过上美好生活的秘诀。可以肯定的是，我的解决方案并不理想。但是当你不喜欢自己的生活，也知道你必须改变的时候，你没有任何选择，不是吗？一个人怎样才能变成另一个人？不可能。他应该什么人也不是，至少应该为别人忘记自己一次。但是应该怎么做呢？别给我太大压力。我就像那个老乞丐，有一天在咖啡馆的阳台上，他不肯放开我的手，"哦！先生，"他说，"我不是个坏人，仅仅是因为失去了光明。"是的，我们已经失去了光明，失去了清晨，失去了自我原谅的神圣的纯真。

看，外面下雪了！哦，我得出去！阿姆斯特丹在白色的夜里熟睡，被雪覆盖的小桥下有墨玉色的小河，街道空荡荡的。我把脚步放轻，在明天变得泥泞之前，这里都是纯净的，尽管转瞬即逝。大片的雪花飘落在窗玻璃上。这肯定是鸽子，没错。这些小可爱终于下定决心下来了，它们用厚厚的羽毛覆盖了水面和屋顶，它们在每一扇窗前翩翩起舞。简直就是入侵！希望它们能带来好消息吧。所有人都会得救，不是吗？不仅仅是被选中的人。财富和苦难都将被分享。而你，比如说，从今以后每晚都要为了我而睡在地上。总之什么花样都会有！来吧，承认吧，如果一辆战车从天而降把我带走，或者雪突然着火，您会目瞪口呆。不相信？我也是，但我还是得出去。

好吧，好吧，我会保持安静的，别担心！不要把我的情绪爆发或者胡言乱语太当回事。它们是有节制的。说吧，既然您要跟我谈谈您自己，我就要弄清楚我引人入胜的告白，有没有实现一个目标。事实上，我常常希望和我谈话的人是一个警察，他会以偷窃画作《公正的法官》的罪名逮捕我。除此之外，没有谁能够逮捕我，我说得对吗？至于那件盗窃案，那是法律允许的，而且我已经安排好了一切，让我自己成为同谋，因为我保存着那幅画，并且展示给任何想看它的人看。你可能会阻止我，这是个好的开始。也许其他的事情以后会得到解决，比如说，我会被斩首，而我不再害怕死亡，我会被拯救。在聚集的人群上，你会举起我依然有温度的头颅，这样他们就可以在里面认出我，那么我就可以成为一个典范，再次处于支配地位。一切都会圆满的，无人看见，无人知晓。我在旷野中叫喊、哭泣、拒绝出去的假先知生涯也将结束了。

　　但您显然不是警察，那就太简单了。什么？你觉得我太过疑虑了？我对您的那种奇怪的情感是有依据的。您在巴黎从事律师这个高尚的职业！我感觉到我们是同一种人。我们不都是一样的吗，不停地自言自语，永远面对同样的问题，尽管我们事先知道答案？那么请告诉我那晚在塞纳河的码头上发生了什么，以及您是如何不用冒着生命危险就处理好的。多年来，您说出的话不停地于夜里在我的耳旁回响，我最后要通过您的嘴说出来："年轻的女人，把你自己再次投入水中，这样我就可以再次获得拯救我们两个的机会！"第二次，真是个冒险的建议！亲爱的朋友，假设一下，我们应该照字面意思理解吗？我们必须这么做。啊……！水好冷！但是我们不用担心！现在已经晚了。幸运的是无论什么时候都已经太晚了。

第 一 个 人

[法] 阿尔贝·加缪 - 著

刘思航 - 译

北京理工大学出版社
BEIJING INSTITUTE OF TECHNOLOGY PRESS

置身于苦难和阳光之间　加缪救赎三部曲

[法] 阿尔贝·加缪 – 著

刘思航 – 译

Le premier homme

第一个人

北京理工大学出版社
BEIJING INSTITUTE OF TECHNOLOGY PRESS

图书在版编目（CIP）数据

第一个人 / (法) 阿尔贝·加缪著；刘思航译. —北京：北京理工大学出版社, 2020.12

（置身于苦难和阳光之间：加缪救赎三部曲）

ISBN 978-7-5682-9188-0

Ⅰ.①第… Ⅱ.①阿… ②刘… Ⅲ.①自传体小说-法国-现代 Ⅳ.①I565.45

中国版本图书馆CIP数据核字（2020）第211058号

出版发行 / 北京理工大学出版社有限责任公司

社　　址 / 北京市海淀区中关村南大街 5 号

邮　　编 / 100081

电　　话 / （010）68914775（总编室）

　　　　　（010）82562903（教材售后服务热线）

　　　　　（010）68948351（其他图书服务热线）

网　　址 / http://www.bitpress.com.cn

经　　销 / 全国各地新华书店

印　　刷 / 三河市金元印装有限公司

开　　本 / 880 毫米 × 1230 毫米　　1/32

印　　张 / 7.75　　　　　　　　　　　　责任编辑 / 李慧智

字　　数 / 179千字　　　　　　　　　　文案编辑 / 李慧智

版　　次 / 2020 年 12 月第 1 版　2020 年 12 月第 1 次印刷　责任校对 / 刘亚男

定　　价 / 90.00元（全 3 册）　　　　责任印制 / 施胜娟

原 编 者 语

本书的英语版本编辑朱迪斯·琼斯请我在法语版的基础上再多写一版解释性的前言。由于科诺夫出版社为本书付出良多，我也不好拒绝他的请求。但我必须先告知读者，我不是作者，也非学者，甚至不是研究加缪作品的专家，我只是加缪的女儿，也因此，我请读者宽容地阅读这段话，此中拙笔也请见谅。

为什么在我父亲故去这么久之后才出版这份手稿呢？因为在1960年，即父亲过世那年，当时的思潮使得我的母亲弗朗辛同父亲的朋友们决定，不出版他的手稿。我想试着总结当时的思潮，并粗略地叙述一下大家决定不出版手稿的想法。

法国的知识分子都会关注两个话题：苏维埃联盟和阿尔及利亚战争。对于前者，由于左派思想盛行，人们不得批评共产党政权，因为批评的声音可能会破坏共产党政权的美名，从而拖了整个人类世界事业发展的后腿。而对于后者，也是这群人认为阿尔及利亚应该从阿拉伯的统治下独立，并且支持着民族解放阵线。

而父亲谴责古拉格集中营，谴责斯大林发起的大审讯，以及苏联的集权主义，因为他认为意识形态必须服务于人类，而非让人类服务于意识形态，尤其在当时苏联的种种手段结果并不理想的情况下更应如此。于是他宣称苏联的集权主义政权湮灭了改进世界的所有希望。而对阿尔及利亚事件，他提倡让阿拉伯民族和欧洲民族结成平等的联邦。读罢此书，人们可能会更加理解他的想法。

由于父亲既反对苏联集权主义，又倡导建立一个各民族平等、文化多元的阿尔及利亚，他同时与左右两派为敌。他去世时孤立无援，而且受到各方抨击，意图将他的艺术生涯同他的人生一并毁掉。因此，他的想法在当时没能激起一丝水花。

这份手稿有144页，时常缺少句读，也未经修改。要在这样的环境下出版这份未完成的手稿，无异于给想要宣判父亲写作生涯死刑的人们送上炮轰的弹药。因此，他的朋友们和我母亲决定不冒此风险。当时我和我的双胞胎哥哥年仅十四岁，都没有权利左右他们的决定。

很多年过去了，母亲于1979年去世，我就接过了她肩上的担子。从1980年到1985年间，开始有声援的声音，称我父亲也许错得没那么离谱，从前的那些批评声也逐渐消失。我则第一次硬着头皮学习处理文学工作，为出版父亲的笔记手稿做准备。在20世纪90年代，我和我的哥哥又不得不解决《第一个人》的问题。有两个考量让我们最终同意出版：第一，我们相信，除非我们把它毁了，如此重要的手稿是迟早要出版的，那么我们宁可自己出版，将其原样呈现出来；第二，我们认为这种自传式的解释作品对想了解加缪的人来说，或可有额外的价值。

最后我想说，显然父亲是绝不会让手稿以这种面目出版的，首先是因为他还没有写完，而且，他还是一个极为矜持的人，他绝不可能在这份作品的终稿中粉饰自己的感情。但对我来说——我这样说有些犹豫，因为我的角度并不客观——人们从这份半成品的手稿中会最为清楚地聆听到我父亲的声音。这也是我希望读者们能出于同胞情谊，读一读这本手稿的原因。

卡特琳娜·加缪

于1995年3月

这一版本结合了手稿和弗朗西娜·加缪①最初整理的打印稿。

为了帮助理解，添加了必要的标点符号。不太清晰的词汇都被括在括号中。难以判读的词汇和句段用括号括起，留出了空格。页脚的星号标记表示同一句话的不同写法，作者在手稿中写在稿纸的顶端；字母标记表示作者的页边补充内容；而编者及译者的注释则用数字标记。

书中附录是作者所写的插页，现在用罗马数字I到V编好了号。其中一些是插在手稿间的，插页 I 在第四章之前，插页 II 在第六章A段之前，其余的 III 、 IV 、 V 均在手稿最后。

题为《第一个人（笔记与提纲）》的附录，其内容被作者用小活页本写在稿纸上。读过之后，读者就能够了解作者对这部作品之后内容的安排。可以肯定的是，作者写下的只是小说的开头，这本书本应有几百页。故事发生在阿尔及利亚，时间从法军压境一直延续到第二次世界大战期间，讲述了主人公们在抵御德国入侵的同时产生了感情纠葛的故事。

只要你读过《第一个人》，你就会明白，为什么附录中有两封信，一封是阿尔贝·加缪在斩获诺贝尔文学奖后写给他的老师路易斯·热尔曼的，另一封则是热尔曼先生的回信。

---

① 加缪的第二任妻子。

目录

第一部　寻父 / 001

一、在马车上空 / 002

二、圣布里厄 / 014

三、圣布里厄和马伦（雅克·科梅里）/ 020

四、孩子的游戏 / 027

五、父亲·战死·轰炸 / 039

六、家庭 / 056

　　艾蒂安 / 070

六、（附）学校 / 096

　　惩罚 / 105

七、蒙多维：移民与父亲 / 125

第二部　儿子或第一个人 / 141

一、中学 / 142

　　鸡笼和杀鸡 / 161

　　周四与假期 / 166

二、自我之谜 / 193

附录 / 199

第一部 寻父

———

代祷人：寡妇加缪[1]

致永不会读此书的你[2]：

———————

[1] 加缪的母亲。
[2] （添加了虚构的人物、陆地和海洋）

一、在马车上空

日暮时分，一驾马车正行驶在石子路上，上空漫天浓云向东边汹涌而去。三天之前，这些云从大西洋上空涌涨起来，待西风不断加速推搡着它们，一路掠过粼粼泛光的秋水直接飘向大陆，在摩洛哥的山脊间散开①，又在阿尔及利亚高原上卷聚成堆，飘到了突尼斯的边界上空，最终将在第勒尼安海消散殆尽。群云在一座北临怒涛、南面静丘的广阔岛屿上方飘浮了几千公里后，来到了这个无名之国。这些云的速度开始变得很慢，一如这片土地上几千年间帝国和种族的悠悠变迁。云渐渐地不动了，化作大颗的雨滴啪嗒啪嗒地砸落在四个旅人头顶的帆布顶棚上。

这段路没怎么修整过，路上的标线倒是画得很清晰，马车就在路上吱嘎作响地行驶着。时不时有火星从车轮和马蹄下迸出，还有石子打在马车的木板上，然后闷声弹入路边沟渠的软泥中。两匹小马平稳地前进着，偶尔略微打个趔趄，它们挺着胸，拉着满载家具的沉重马车，步调并不一致地小跑着向前赶，道路不停甩在它们身后。接着，赶车的阿拉伯人就会扯扯贴着马背的缰绳，让马赶紧跟上节奏。他中

---

① 苏法利诺（Solferino）。

等个头，身材健壮，长脸，前额又高又方，下颌线条结实，有一双蓝色的眼睛。

车前排坐在车夫身边的是一个约莫三十岁的法国男人，板着个脸看着面前两条马尾巴有规律地晃动。他穿着一件过了季节的三粒扣帆布外套，按照当时的潮流将扣子一直系到脖颈，平头上戴了一顶轻便的鸭舌帽①。雨水开始在顶棚上滚动时，他向车厢内喊道："还好吗？"

第二排座位卡在前面的椅子和一堆旧箱子家具中间，上面坐着一个穿着破旧衣衫的女人，裹在一条粗糙的羊毛毯里。她虚弱地对他笑笑，一边回答着："还好，还好"，一边做了个抱歉的手势。一个四岁的小男孩靠着她睡着了。这女人长相温和端正，一双棕色的眼睛目光温柔，鼻子小巧挺拔，头发是西班牙式的卷发。但这张脸上的动人之处却不是倦意或是别的什么转瞬即逝的神情，而更像是一种恍惚的状态，像是有些头脑简单的人脸上时常有的放空神色，但只会在她那美丽的脸上短暂地绽放出来。她的眼神显然是和善的，但有时闪过一瞬间无名的恐惧。她的手因为劳作的缘故，骨节有些突出，她用手拍着丈夫的背，边拍边说："没事，没事。"但她马上止住了笑意，从车篷下望向路边，雨水已经集成了小水塘，开始闪着微光。

驾车的阿拉伯人头上裹着黄色束绳的头巾，不紧不慢的样子，身着宽松的束脚裤，显得人挺壮实。男人问阿拉伯人："我们还得走很远吗？"阿拉伯人笑了笑，笑容掩盖在蓬松的白胡子底下："再走8公里，你们就到了。"男人转而去看他的妻子，脸上虽然没有笑容，可

---

① 或是圆顶礼帽，穿着大皮鞋？

神情体贴。女人的眼睛仍然盯在路上。"缰绳给我。"男人说。"请便。"阿拉伯人回答。他交出了缰绳，男人从他身上跨过去，老阿拉伯人则移到男人刚才坐的地方。男人拽了两下马背上的缰绳，控制住了马，猛地绷直缰绳小跑起来。"你会御马啊。"阿拉伯人说。对方面无表情地简短回复道："会。"

天光暗了下来，仿佛一瞬间夜色就降临了。阿拉伯人从他左边的钩子上拿下一盏灯，背过身去用几根粗糙的火柴点燃了灯里面装着的蜡烛，然后把灯挂了回去。雨一直淅淅沥沥地下着，雨丝在微弱的灯光下闪着光，黑暗中只有雨落的声音。马车隔一会儿就会擦过一片带刺的灌木丛，灯光短暂地照亮路边的矮树。除此之外，马车就在一片漆黑的茫茫旷野中行驶。不过烧过的干草味道和忽然冲鼻的肥料味证明他们经过的土地已经开垦过了。妻子在驾车的丈夫身后开了口，丈夫于是拉住马让它们稍微慢些，然后向后靠一点。妻子又说了一遍："这儿一个人也没有。"

"你害怕吗？"

"什么？"

丈夫喊着重复了一遍问题。

"不，不，和你在一起就不怕。"但她看上去还是忧心忡忡的。

"不舒服吗？"男人问。

"有点儿。"

他赶着马前进，一切重新安静下来，夜色中只剩下钉了铁掌的马蹄踏地的声音以及车轮碾过垄沟的笨重声响。

这是1913年的一个秋夜。旅者一行从阿尔及利亚首都阿尔及尔乘火车，坐了一天一夜的三等硬座到达了伯恩火车站，两小时前他们又从那出发，上了前来迎接的阿拉伯人的马车，向这个国家的腹地行驶约20公里，前往离一个村子不远的农庄。丈夫就是去接管这座农庄的。上马车时搬运箱子和行李费了不少时间，这条破路又使他们耽搁得更晚了。阿拉伯人好像看出了男人情绪不安，安慰他说："别担心，这里不闹强盗。"

"强盗到处都有，"男人说，"不过我有家伙对付他们。"他拍了拍紧绷的口袋。

"你说得对，"阿拉伯人说，"总有些个疯子。"

这时，女人呼唤丈夫："亨利，我难受。"

男人低咒了一声，把马赶得更快了①。

"马上到了。"他说。过了一会儿，他又问妻子："还难受吗？"

她心不在焉，勉强笑了笑，不过没有表现出痛苦的样子："很难受。"

他一直严肃地看着她。

她又辩解说："这也没什么，可能是乘火车的关系。"

"看，"阿拉伯人说，"村子到了。"在路左边稍远一点已经能看到雨幕中苏法利诺村的灯光。

"不过你要往右转了。"阿拉伯人说。

男人犹豫了，他问妻子："咱们去村子还是回家？"

"回家吧，回家好。"

马车又走了一段，向右驶向那个等着他们的陌生的家。"还有一

---

① 小男孩（译者：本章里，作者一会儿说男孩在马车里，一会儿说他在阿尔及尔）。

公里。"阿拉伯人说。

男人对妻子说："我们马上到了。"她弯着腰，把脸埋在自己的臂弯里，无声地哭着。"马上就能躺下了！我马上去叫医生！"男人一字一顿重重地说，"对，该去找医生，时候快到了。"

阿拉伯人惊讶地看着他们。

"她要生孩子了，"男人说，"村里有医生吗？"

"有，要的话我就去给你请。"

"不，你待在家里看着。我去更快。有车马吗？"

"有辆车，"阿拉伯人又对女人说，"你会生个儿子，一定会是个好孩子。"女人朝他笑了笑，似乎没听懂。

"她听不见。"男人说，"到了屋里，你说话得大声点，还得打手势。"突然，马车不再蹬蹬作响，驶过苍白的凝灰岩路面，路变得越来越窄。路过一排棚屋，屋前能看到几排葡萄藤，一股醇厚的葡萄发酵的味道扑鼻而来。他们又路过了几幢高大的尖顶房屋，车轮碾过一片煤渣路，路旁一棵树都没有。阿拉伯人无言地接过缰绳，猛地一拉。马停了下来，其中一匹喷了一口气①。他用手指向一座刷了白墙的小房子，葡萄藤蔓绕着矮门爬了一圈，周围被杀虫剂染成了蓝色。男人从马车上跳下去，冒着雨跑向房子。他打开门，房间黑漆漆的，炉子空空荡荡。跟在他身后的阿拉伯人摸黑直接走向炉膛，擦燃了一根火柴，点亮了挂在屋子中间的煤油灯，灯下是一张圆桌。男人这才发现，这是一间厨房，四面是白墙，有个红砖砌成的水槽，一个旧的餐柜，墙上挂着一张浸过水的日历。楼梯边上铺着同样的红砖，通向

————————

① 天黑了？

楼上。"把火点起来，"他说着，回到马车边。（他把小男孩带上了吗？）女人静静地等着。他将她抱在臂弯里，扶着站在了地面上，抱了她一会儿，然后抬起她的头问："能走吗？"

"能……"她回答，轻轻抚摸着他的胳膊。

他引她进屋，说："等一会儿。"

阿拉伯人已经点着了火，熟练地用葡萄藤拨旺了火。她站在桌前，手抚着肚子，美丽的脸庞对着灯光，一阵阵地浮现出痛苦的神色。她既没有注意到屋内的潮湿，也没发现屋里有一股无人居住、家徒四壁的味道。男人在楼上的房间里忙碌了一会儿，然后出现在楼梯顶端。"卧室里没有壁炉吗？"

"没有，"阿拉伯人说，"两个房间都没有。"

"上来。"男人叫他。阿拉伯人也上了楼，又从楼上下来，抬了一张床垫，男人则抬着另一端，他们把床垫搬到火边。男人把桌子拖到角落，而阿拉伯人则返回楼上抱下来一个枕头和几床被子。"躺在那儿吧。"男人把妻子领到了床垫边。

她却犹豫了，他们都能闻到垫子的霉味。"我不能脱衣服。"她一边说一边面带惧色地环顾周围，仿佛她刚刚注意到这个地方。

"把里面的衣服脱了。"男人说。他又重复了一遍："脱掉内衣。"然后对阿拉伯人说："谢谢你了。帮我卸一匹马，我要去村里。"阿拉伯人出去了，妻子开始准备起来，妻子和丈夫互相背对着。随后，她躺了下去。她一躺直，盖好被子，就长长地大叫了一声，仿佛想要一下子用叫喊释放她积累的疼痛。男人站在床垫边上放任她喊叫，等她安静下来，他再摘下帽子，单膝跪地，望着她紧闭的眼睛，在女人漂亮的额头上落下一吻。然后他重新戴好帽子，冲入雨中。从车上卸下的马正摇晃着脑袋，把前蹄插在煤渣里。"我去拿马鞍。"阿拉伯人说。

"不用，留着缰绳，我就这么骑。把箱子和别的东西搬进厨房去。你有妻子吗？"

"她上了年纪，去世了。"

"你有女儿吗？"

"没有，感谢上帝。但我有个儿媳妇。"

"叫她过来吧。"

"我正要去叫呢，你安心去吧。"

男人看着阿拉伯老人一动不动地站在细雨之中冲他微笑，大胡子已经被雨打湿了。他自己仍然咨啬一笑，但却体贴地看着阿拉伯人。他伸出手来，老人接过去，按照阿拉伯的习俗用指尖执起他的手，贴在唇边。男人转身向马走去，踩着沙沙作响的煤渣地，他跃上马背，马慢慢小跑着远去。

出了这片房子的区域，他直接打马奔向他们初来时见过的村庄亮灯的交叉路口。村里的灯光微弱了一些，此时雨已停了。右拐向村里的路是笔直的，穿过一片葡萄园，园里的铁丝网闪烁着微光。走到半道，马自己慢了下来，走到一座近乎矩形的棚屋前头。这屋子一部分是用砖石砌的房间，另一部分大一点，用木板搭成。木板搭的那边有一个突出在外的柜台，上面覆了一块巨大的席子。而砌砖的那面凹进去一道门，上面写着"雅克夫人农家餐厅"，光亮从门缝下面透出来。男人在门的右侧驻马，并未下马就直接敲响了门。很快，里面就有一个响亮的声音问道："谁啊？""我是新到圣阿伯特管理农场的。我的妻子要分娩了，需要帮忙。"

门内没有回应。过了一会儿，有人拉开了门闩，把闩子卸下来拖到一边，把门开了一半。一位欧洲女子露出了头，她有一头黑色的卷发，脸庞饱满，鼻子稍扁，嘴唇厚厚的。"我叫亨利·科梅里，你能否去照看一下我的妻子？我去找医生。"

她用眼神打量着他，这双眼睛已经看过了太多的男人和不幸。而他也直接迎着她的目光，并不再解释一词。"我马上去，"她说，"你要赶快。"他谢过了她，用脚跟踢了一脚马就出发了。

过了一会儿，他进了村子，经过了干土垒起的围墙。他的面前只有一条路，路边的石头单层小房，看上去都差不多。沿路往里走，他来到了一个硬地面的广场，那里竟然还有一个金属架结构的音乐台。这里也一样空无一人。科梅里直接向其中一座房子骑去，这时马闪了一下。一个身着破旧的深色斗篷的阿拉伯人从暗处出来走向他。"医生在哪？"科梅里赶忙问道。阿拉伯人审视了他一眼，然后说："跟我来。"他们又走回了街上。有一座楼的地面垫高了，门口有刷了白漆的楼梯，墙上写着"自由、平等、博爱"的法文。这栋楼旁边是一座粗泥墙围起的小花园，花园的尽头另有一座房子。阿拉伯人指着房子说："那就是了。"科梅里从马背上跳下来，丝毫没有奔波的疲态，他穿过花园，只注意到花园的中心有一棵低矮的棕榈树，树叶凋零，树根腐烂。他敲了敲门，没人应声[1]。他四周看看，阿拉伯人静静地等着。那丈夫又敲敲门，能听到门内有脚步声，然后在门后停下。但门还是没有开。科梅里又敲敲门说道："我找医生。"

门闩一下子拉开了，一个男人打开了门。他的脸庞年轻而饱满，

---

[1] 我曾与摩洛哥人用目光在虚空中打过架，那些摩洛哥人很坏。

然而头发却近乎全白。他身量很高，身材不错，穿着一条紧身裤，外套很像打猎的装备。"噢！你从哪来的？我以前从没见过你。"他笑着说。科梅里解释了一番。"噢，是了，村长跟我提过。但到这穷乡僻壤的地方生孩子还真是奇怪啊。"科梅里解释说这是因为他以为孩子会再晚些出生，事实证明判断错了。"好吧，每个人都可能会判断错的。你先走吧，我给'斗牛士'安上马鞍就跟上你。"

回程的路上，雨又开始下了，医生骑着一匹斑纹灰马追上了科梅里。科梅里已经浑身湿透，但仍直直地坐在他那匹笨重的农用马上。"直走就到啦。"医生喊道，"您瞧着吧，这地方其实不错，除了灌木丛中会藏着蚊子和盗匪。"他与科梅里保持并行。"春天来之前你都不需要担心有蚊子。但说到盗匪呢……"他自顾自地笑了起来，科梅里却一言不发地向前骑去。医生带着好奇的目光看着他。"别担心，"他说，"一切都会安然无恙的。"科梅里目光平静地看向医生，语气温和地说："我并不担心，我已经习惯经受打击了。""这是你第一个孩子吗？""不是，我把四岁的儿子留在阿尔及尔的岳母家了。"

他们行至岔路口，向房子的方向骑去，很快就到了煤渣路，煤灰在马蹄下飞扬。马停住了，周围一片寂静。这时他们听到房子里传来一声尖叫，两个男人急忙下马。一个影子在滴着水的葡萄藤下避雨，等着他们。走近了，他们认出是阿拉伯老人，他把自己的脑袋包在一只麻袋里。"你好，卡杜尔，"医生说，"怎么样啦？""不清楚，我没往女人们那儿去，"老人说。"不错，"医生说，"特别是女人们喊叫的时候，别去。"但现在里面已经没有了喊声。医生打开门走了进去，科梅里紧跟其后。

他们看到壁炉里烧着一大捆葡萄藤，把房间照得通亮，比挂在天花板中央的煤油灯还有用。他们的右边，水池里都是毛巾和水罐。本来在房间中间的桌子推到了左边，放到了晃晃悠悠的木头碗柜前面。桌上堆着一个旧旧的旅行包、一只帽盒和一些小包裹。一只柳条编的大箱子还有其他的旧行李把屋子堆得满满当当，只剩屋子中央，炉火边的一块空地。床垫摆在炉火的右边角上，产妇直直地躺在上面，头枕着没套上枕套的枕头，头发两边散开，而毯子只盖住了床垫的一半。没铺垫子的那一半上，餐厅女老板跪坐在左侧。她对着一个水盆绞着一条毛巾，绞出的水是红色的。右边是一个没戴面纱的阿拉伯女人，她端着一个花纹斑驳的搪瓷水盆，盆里的水冒着热气，她的姿势虔诚得仿佛在进行奉献仪式。产妇身下垫着一条叠起来的床单，两个女人各压着一边。炉火的光影在白墙上摇曳，在堆满房间的行李上跳动，也映红了近处两个看护产妇的女人的脸，还有裹在毯子底下的产妇的身子。

两个男人进屋时，阿拉伯女人很快地看了他们一眼，露出了一点笑容，又转回身去向着炉火，依然用她那细瘦的棕色手臂端着水盆。餐厅女主人看着他们兴奋地解释说："用不着你啦，医生。孩子顺利出生了。"她站了起来，两个男人这才看到产妇的身边放着一个带着血、看不清楚形状的新生儿，似动非动着，持续发出一种分辨不清的声音，像是闷声的尖叫①。"是了，"医生说，"但你最好还没处理脐带。""没呢，"女人大笑起来，"总得给你留点事情做。"

她给医生让出位子，医生的身影又再次挡住了科梅里，让他看不

---

① 像是显微镜下的什么细胞。

到婴儿，他还站在门口，只是摘掉了帽子。医生蹲了下来，打开他的手提箱，然后他接过阿拉伯女人端着的水盆。阿拉伯女人递过水盆之后，立刻退到没有光的角落去了。医生仍旧背对着门，他洗了手，倒了些闻上去像葡萄酒似的酒精在手上，酒精的味道一下子盈满整个房间。这时，产妇抬起了头，看到了自己的丈夫，她精疲力竭的美丽脸庞上浮现出一抹灿烂的微笑。科梅里走向了床垫。"孩子出来了。"女人喘息着说，向婴儿伸出了手。"是啊，"医生说，"但你还不能动。"女人疑惑地看了他一眼。科梅里站在床垫脚边上，做了一个"安静"的手势，说："躺下。"于是她又躺下了。雨比之前猛烈了一倍，重重地打在老旧的瓦檐上。医生在毯子下工作起来，然后站起来，在身前摇晃着什么。他手里的小东西发出了低低的哭声。"是个小男孩，"医生说，"一个壮实的好小子。""他可不错，"餐厅女主人道，"一出生就搬进了新家。"角落里的阿拉伯女人笑起来，还拍了两下手，但当科梅里看向她时，她却扭过身去，略显局促。"好啦，"医生说，"我们歇会儿吧。"

科梅里看着妻子，但她的脸一直向后仰着，手放松地搭在粗糙的毯子上。他还想着刚才的那抹微笑，这笑容使这间破屋蓬荜生辉。随后，他带上帽子，走出了门。"你们要给男孩取什么名字？"餐厅女主人问。"不知道，我们还没想过。"他看着她，"既然你来了，我们就管他叫雅克好了。"雅克夫人一下子大笑起来，科梅里走出了门。阿拉伯人依然披着麻袋在葡萄藤下等着。他看向科梅里，但他什么也没说。"过来。"阿拉伯人抓紧麻袋说。科梅里也躲到了麻袋底下，抵着阿拉伯老人的肩头，也闻到他衣服上的烟草味道。雨打在他们头顶的麻袋上。"是个男孩。"他这样说，并没去看阿拉伯人。

"上天眷顾啊，"阿拉伯人回道，"好样的。"从数千公里以外赶来的雨水落在他们眼前，落在煤渣里，落在离葡萄藤远一点的凹陷下去的水坑里，铁丝网依然在雨中泛着光。雨不会再向东流进海里去了，它会浸润整个国家，浸润河边的湿地和围绕他们的群山，浸润这片广阔而无人的疆土，土地的气息钻进躲在麻袋底下的两个男人的鼻子里，他们的耳边则时不时能听到微弱的婴儿啼哭。

深夜，科梅里躺下了，他穿着长衬裤和衬衫，歇在妻子身边的另一张床垫上，看着天花板上火光跃动。屋子已经收拾整洁了，妻子的另一侧，婴儿安安静静地睡在摇篮里，时不时轻轻地咯咯笑一声。妻子也睡着了，面朝着丈夫，嘴唇微启。雨已经停了，明天科梅里就开始干活了。他身边妻子的手粗糙得像用木头制成一般，仿佛提醒他该工作了。他伸出自己的手，轻轻地覆在妻子手上，把头往后一靠，合上了眼。

二、圣布里厄

①四十年后，一个男人站在开往圣布里厄的火车的过道里，对窗外闪过的景象嗤之以鼻。从巴黎到英吉利海峡，尽是平坦狭窄的乡间，春日午后的阳光普照之处，到处都是村庄和粗陋的屋子。一片片牧场和田野从他的眼前闪过——这片土地经过几个世纪的开垦，已没有闲置的土地了。这个男人没戴帽子，剃着平头，长着长脸，五官精致，他的一双蓝色眼睛目光率直，他身材高大，身着风衣，尽管已经四十来岁，仍显得瘦削。他双手牢牢地扶着栏杆，把重心压在一条腿上。他的胸间一片坦荡，毫无遮蔽，给人感觉悠然而充满精力。这时火车慢了下来，停靠在一个破旧的小站。一会儿，一位优雅的年轻女子从男人站过的门前经过。她停在门前，将行李箱用手提着，这时她抬头看到了窗内的男人。他正看着她微笑，于是她也忍不住笑了。男人摇下了窗子，火车却已经启动了。"真遗憾。"他说。年轻女子依然在向他微笑。

男人坐回了靠窗的三等座位置上。他的对面缩着一个头发稀少还紧贴着头皮的男子，他脸部浮肿，满是斑点，这让他看起来比实际年

---

① 从一开始就应当多多表现出雅克的冷漠。

龄还要苍老。他闭着眼睛，喘息粗重，明显是长期消化不好。他偶尔会抬头快速地①扫一眼对面的旅人。对面的靠过道座位坐的是一个农村妇女，穿着礼拜服，戴着一顶古怪的装饰着蜡制葡萄的帽子，正在帮一个红发的、面色暗淡的小孩擤鼻涕。旅人收敛了笑容，他从口袋里掏出一本杂志，心不在焉地看起了一篇让人哈欠连天的文章。

片刻之后，火车进站了，写着"圣布里厄"的小牌子出现在窗口。旅人马上站起来，轻松地从头顶的行李架上取下了自己的折叠箱，向边上的旅客点头致意，边上的旅客则略微吃惊地回礼。他快速跨下了三阶阶梯，走出了列车。走到站台，他发现自己的手在刚才握扶手的时候沾上了煤灰，于是拿出手帕小心地擦净了手，然后向出口走去，夹在一群身着暗色衣饰的麻脸旅客当中。他耐心地站在一个细柱的棚子下，等着检票员一言不发地检完票。拿回车票，他穿过候车室，候车室的墙污渍斑斑，墙上除了旧海报什么也没有，而且海报脏得连里韦拉的优美风景上都沾满了煤灰。他快步走在下午斜照的日光下，往镇上去了。

他已经提前订好了旅馆，入住时，他拒绝了一个脸长得跟土豆一样的女服务员为他提箱子，不过等到女服务员把他带到房间，还是给了一大笔小费。女服务员吃了一惊，态度立刻友好了起来。他洗净手，没有锁门，快步下楼，在大堂里找到女服务员，向他询问墓园的位置。她说了一大堆，但他还是友善地听完，然后朝着她说的方向走去。这里的街道狭窄而压抑，路边的房子普普通通，盖着粗陋的红瓦。时不时地，能看到一两座砖木结构的老房子，房顶上歪歪斜斜

---

① 目光阴沉。

地铺着石板。路上鲜有行人，他们也不会驻足在玻璃前面，欣赏店里的玻璃制品、塑料或尼龙制品，还有当今西方世界到处都有的陶瓷，只有卖食品的店还有生意。高墙包围着墓园，让人望而生畏。大门边上，摆着开得蔫蔫的花，还有一些做大理石切割生意的店铺。旅人停在其中一家店门口，店里有个看起来怪聪明的孩子躲在角落，趴在一块还没刻上字的石板上面写作业。旅人进了墓园，去了守园人的屋子。守园人出去了，他就等在简陋的小办公室里，研究着墙上的地图。正看着，守园人回来了，是个高高的老者，大鼻子，厚厚的高领外套底下有股汗味儿。旅人就向他打听在1914年战争中牺牲的士兵们葬在哪里。

"哦，"守园人答道，"那是法国纪念广场。你找谁啊？"

"亨利·科梅里。"旅人说。

守园人翻开一本包着书皮的旧书，用脏手指着一列列地寻找，然后停在一个名字前。"亨利·科梅里，"他说，"在马恩战役中受了致命伤，死于1914年10月11号。"

"是他。"旅人说。

守园人合上书，"走吧。"他说。他带着旅人走到了墓碑的前排，一些墓碑十分简陋，还有一些难看又做作，装饰着在哪儿都显难看的珠子和大理石装饰品。

"他是你什么人？"守园人懒洋洋地问。

"他是我父亲。"

"真糟糕。"守园人说。

"也没有，他阵亡时，我还不到一岁。你能明白吧。"

"噢，"守园人说，"即便如此，牺牲的人也太多了。"

雅克·科梅里没有作声。牺牲了这么多人的确可惜，但对他的父亲来说，他却没有什么尽孝的想法。他多年住在法国，一直想着远在阿尔及利亚的母亲求他的事，去父亲的墓前替母亲看一眼。不过他觉得此行并无意义，首先对他自己来说，他对父亲一无所知，本身自己又不热衷于人情世故；其次他的母亲也从未提及父亲，也说不出他看了墓碑又会如何。不过，他的一位老友正好退休，搬到了圣布里厄，他刚好有机会见他一面，因此科梅里决定来看看这位陌生的亡者，甚至在他与老友会面之前就先到墓园，这样一来，他也算是了却了一桩心事。

"就是这儿了。"守园人说。他们进了一块方形的墓地区，这里围着灰色界碑，界碑用黑色的粗铁链拴在一起。很多矩形的墓碑并列在一起，整齐划一，间隔一致，雕刻也很普通。每座墓碑前都装点着一束鲜花。"四十年来，这里一直都是法国纪念协会在管理。看，那个就是他的。"他指向第一排的一块石碑说道。雅克·科梅里在离墓碑稍远的地方站住了。"我先走了。"守园人说。

科梅里走向墓碑，神色茫然，墓碑上是父亲的名字。他抬起头，小块的白云和乌云在空中慢悠悠地飘过，天更阴了些，光线时亮时暗。雅克·科梅里盯着缓慢移动的云朵，试图从潮湿的花香之外，嗅出从远方静谧的海上飘来的咸水味道。这时，水桶撞到大理石墓碑的哐当声打断了他的思绪。这时，他突然想起自己还不知道父亲的出生日期，他看向墓碑，有两个日期："1885—1914"，他快速地算出，父亲只活到二十九岁。突然，他被自己的存在吓了一跳，自己已步入不惑之年，而坟墓里躺着的父亲居然比自己还要年轻。

他的心底翻起了同情的巨浪，他并不是作为一个儿子对亡故的父亲感到怀念，而是体会到了一个成人对惨遭杀害的孩子的同情——这并不符合自然规律。或者说，当儿子比父亲岁数还大这样的事情发生的时候，已经没有什么自然规律好讲，整个世界只剩下疯狂和混乱。时间在他的身边割裂开来，岁月之河不再按照原来的秩序奔流。他站在墓碑群间，却再也不忍心看上一眼。时间的长河里平静不再，只有惊涛骇浪，急流回涡，把他裹挟入痛苦和同情的洪流之中①。

　　他看着这片墓碑上面的碑文想到，从刻着的这个日期开始，此地就长眠着一群孩子，他们的儿女都已经开始老去，而且应当还活着。他一直确信自己的存在，是自己成就了自己，以为自己了解自己的能力和精力有多少，以为他能做好任何事，并亲手为自己开辟了人生。但此刻他却感到了奇异的眩晕感，他感觉这些墓碑——每个人最后的归宿，本应该在岁月的侵蚀下变硬，在漫长的时光中逐渐剥落碎裂，现在却在快速地碎裂着，已经倒塌了一般。现在这天地之间，只剩下这个心痛的人，充满着对生的渴望，想要打破这个世界从他出生既定好的死亡法则，也与那堵将他与生命的秘密隔开的墙做着抗争。他想要走得更远，走出这座墙，至死追寻这些秘密、追寻问题的真相，哪怕只能了解一次，了解一秒，也已是永恒。

　　他回望他的人生，既愚昧又勇敢，既怯懦不前又满怀壮志，他总是为了自己也不了解的目标奋不顾身。他至今的人生从未试着想象这个给了他生命然后很快地牺牲在海的另一边的异乡的他的父亲。二十九岁的自己是否曾有过弱不禁风、生病难受、神经紧张、思想顽固、心思敏感、浪漫幻想、愤世嫉俗或是勇往直前的时刻呢？

---

① 1914年战事的扩大。

是啊，他一直都是这样，不仅如此，他还有很多其他的面貌，他还活着，顺利长成了大人，但他却从未想到过躺在坟墓里的那个男人也曾是个活生生的人。对他来说，他只是一个死在自己故乡的陌生人，一个母亲提过自己很像他的人，一个阵亡的战士。然而如今，他曾渴望从书籍和人们身上寻找的秘密，好像与这个亡人紧密地联系在了一起，与这个年轻的父亲，连同他的故事和经历联系在了一起，就好像他已经探究过他们父子之间岁月和血脉的亲近之处一般。说实话，从没有人帮助他探究过。他的家人很少交谈，没有人读书写字，只有母亲整天郁郁寡欢，无精打采，还有谁能向他讲讲他年轻而可怜的父亲呢？只有母亲认识他，可是她也将他忘记了，雅克确信母亲是忘了。他的生命飞速地逝去了，像一个陌生人一样默默无闻地死在了这片土地上。无疑他应该自己开口询问父亲的事。但对他这样的人来说，他一无所有，却想要整个世界，他的力量还不够树立一个完整的自我，更罔论征服或者理解整个世界。不过现在还不算太晚，他仍然可以去探索，去了解这个一下子成为他在这个世界上最亲近的人。他仍可以……

　　下午的时光即将过去。一道身影以及走动时衬衫的沙沙声让他的思绪回到了眼前的坟墓和包容着他的天空之间。他得走了，待在这里也不能再做什么。他父亲的名字还有生卒年份却在他的脑海中挥之不去。在这块墓碑之下只剩下尘土，但对他来说，父亲作为一个陌生的安静的生命已经再一次鲜活起来，他这一走又要将父亲抛弃，让他独自飘零在这个永无休止的静默长夜，他来了，又要再将他抛下。忽然，一声巨响响彻了寂寥的天空，是一架隐形飞机穿过了音障。科梅里转过身背对着墓，抛下了父亲。

三、圣布里厄和马伦（雅克·科梅里）①

这天晚餐时，雅克·科梅里看着他的老朋友风卷残云地吃着第二片羊腿肉，贪婪得有些烦人。这间天花板低低的小房子位于靠近海滩的街区，风涌进房子，轻轻低吼着。雅克到这儿的时候，看到人行道边上的水沟里有小片的干海藻，也闻到海藻散发出的咸咸的气息，这些都宣示着这里近海的位置。

维克多·马伦一生都在从事海关管理，现在他退休了，来到了这座小镇。这并不是他自己的选择，但他认为，无论他居住的地方是太美还是太丑，抑或孤独本身，都不会有任何事能打扰他孤独的沉思，于是他同意了住在这里。管理人员拥有的资源让他学到了很多，但很明显，每个人的知识都永远太少。但他其实学问渊博，雅克也不掩对他的钦佩，马伦是一个在如今这个大人物大多陈腐的世道下，在可能的限度下，保有着自己的思想的人。无论如何，在他表面的圆通之下，他保持着自由，坚持自己的观点。

"就是这样，孩子，"马伦说，"你既然要去见你的母亲，就试着去了解了解你父亲，然后马上回来知会我一声。这么可乐的事情也

---

① 作者把这一节和随后两节都删去了。

太少了。"

"是啊，还挺可笑的。但现在我已经起了好奇心，也会去收集一些信息。我以前从没关注过这件事，真奇怪。"

"完全不奇怪，这其实反倒是明智之举。你知道玛莎吧，我们结婚三十多年了。她是个完美的女人，我现在还在想她。我一直觉得她是爱家的。"①

"你说的也肯定没错。"马伦说着，转开了眼神，科梅里等着他在肯定后面跟上反对的意见。

"不过，"马伦接着说，"我当然也有错，我不该去想生活以外的那些有的没的。但我做不到，是吧？总而言之，都是我自己的错，才让自己缩手缩脚的。而你呢，"——他的眼里闪过一丝狡黠，"你却敢作敢为。"

马伦长得像个中国人，圆脸，塌鼻梁，眉毛寡淡，剪了个西瓜头，浓浓的唇髭下露出他性感的厚唇。他的身材圆润、松软，手也肉嘟嘟的，手指短粗，难免让人想到出门连路都不自己走的东方官老爷。当他闭着眼津津有味地品尝食物时，又禁不住让人想象他身着绸缎、手拿竹筷的模样。但他的目光却打破了这种形象。他那热忱的深栗色双眼忽而不安，又忽而急切，仿佛正聚精会神地思考着哪件事。人们就能明白，这是一双极其敏感、极有涵养的西方人的眼睛。

老女仆端上了一盘奶酪，马伦用余光盯着盘子。"我认识一个人，"他说，"他和妻子生活了三十年之后……"科梅里听得稍稍仔细了，因为每当马伦说到"我认识一个人……"，或者"我有个朋

---

① 这一章已经完成，但被删除了。

友……", 又或是 "一个和我同行的英国人……", 说的就一定是他自己了……"他不爱吃糕点, 他妻子也从来不吃。在共同生活了20年之后, 他无意中在糕点店看到了他的妻子, 留心观察之后, 他发现原来妻子每星期都要去那儿大吃好几次咖啡松饼。是的, 他以为她也不爱甜食, 但实际上她却钟爱咖啡松饼。"

"所以说, "科梅里道, "人们对谁都不了解。"

"你可以这么说。不过请原谅我老喜欢把事情说得消极一点——是的, 这足以说明二十年的共同生活都不足以完全了解一个人, 那么在人死后四十年再去了解这个人, 了解的结果必不深入, 恐怕你得到的信息只会很有限, 别人告诉你的信息也可能没什么用。不过, 从另一种角度来讲……"

他拿起刀, 自然而然地放在了山羊奶酪上。

"见谅吧。你不吃点儿奶酪吗? 不吃? 你老这么克制自己! 讨好你可真不容易呀!"他半睁着的眼里又闪过一瞬戏谑的神色。

科梅里愉快地受了这位二十年老友的奚落①。"让我吃这些可不是讨好我。让我吃太多, 吃得大腹便便, 我可就惨了。"

"是啊, 到那时候你在我们这些人面前也得意不起来啦。"

这个低顶的餐厅摆满了刷过白漆、十分打眼的乡村风家什, 科梅里盯着这些家什看。"朋友啊, "科梅里说, "你总觉得我很高傲。是, 我是高傲, 但也不是每时每刻, 对谁都高傲的。要是跟您, 我就没法傲得起来。"

马伦转开目光, 隐藏了他被触动后的神色。"我懂, "他说,

---

① 这里要补充因何、如何认识的。

"但为什么呢？"

"因为我敬爱您。"科梅里平静地说。

马伦把冻水果的碗拉到面前，并没接话。

"因为，"科梅里接着说，"我那时还年轻，又无知，又孤单——还记得在阿尔及尔的时候吧——那时候您注意到我，正是您帮我打开了一扇大门，让我遇到了世界上一切我所钟爱的事物。"

"哦，你有天分。"

"当然。但越有天分的人，越需要有人引导。人终有一日会遇上命中的贵人，我坚信，这个贵人应该永远受到尊敬和爱戴！哪怕他并不可靠。"

"是啊，是啊。"马伦温和地应和。

"我知道你不信。我提醒你，我可不会因为对你的敬爱就失去理智。就我看来，你也有不少严重的缺点呢。"

马伦舔了舔他的厚嘴唇，突然显出兴趣来。

"什么缺点？"

"比如说，好吧，你太节省了，倒也不是贪财，而是恐惧，生怕会少哪样东西似的。不管怎么说，这缺点很严重嘛，一般来说我可看不惯。尤其有一样，你老是喜欢推测别人私下里的想法。你打心眼儿里就不相信有大公无私的情感。"

"瞧，"马伦喝光了他杯里的酒，说道，"我不喝咖啡就好了，而且……"

但科梅里依然不慌不忙[1]。

---

[1] 我知道借出去的钱要不回来，但还是把钱借给无关紧要的人。因为我根本不会拒绝人，我自己也很恼火。

"比如说，虽然你不会信，但只要你一句话，我的一切财产马上就都是你的。"

　　马伦犹豫了一下，看向科梅里。"哦，我知道。你是很大方。"

　　"不，我不大方。我吝啬自己的时间和精力，不乐意做任何会累着我的事，我自己也反感这一点。但刚才我说的是真话。你不信，你这么有能力，却是真的没法信我。因为你想错了。只要你的一句话，我的所有财产就都属于你。虽然你不要我的财产，我也只是打个比方。不过这个比方也不是随便打的。我的一切本来就都是你的。"

　　"谢谢，真的，"马伦眯起了眼睛，"我很感动。"

　　"好吧，我把你弄得很尴尬了。你不喜欢别人把话说得太明白，我只想表示，我是敬爱你的，尽管你有这样那样的缺点。我很少喜欢或崇拜谁，老是对别人很冷漠，我自己也不好意思。但对我所爱的人，没有什么能让我不爱他们，我自己也不行，我爱的人也不行。我花了很长时间才发现是这样的，我现在明白了。好吧，我们回到原来的话题吧：您不赞同我去打听父亲的消息。"

　　"不，我的意思是，我是同意的。我只怕你会失望。我的一个朋友迷上了一位姑娘，想要娶她，但他错就错在向别人打听了她。"

　　"目光狭隘。"科梅里说。

　　"对，"马伦道，"那个朋友就是我。"

　　他们一起大笑起来。

　　"我当时还年轻，探听到一些自相矛盾的风言风语，就不知道该怎么想她了。我不确定自己是不是爱她，后来，我就娶了别人。"

　　"可我找不到第二个父亲了。"

　　"幸亏如此。依我看，一个父亲足够了。"

"好吧，"科梅里说，"不管怎样，过几个星期我得去看我母亲，这正好是个机会。何况我已经说了，我比自己的父亲大了这么多岁，这种差距搅得我心烦意乱。是啊，居然是我多活了那么多年。"

"我理解。"

科梅里看着马伦。

"你要告诉自己，他也不用老去，免受了人之将老那漫长的煎熬。"

"也有一些乐趣。"

"是的，你热爱生活。你不得不热爱生活，这是你的信仰。"马伦重重地坐到印花靠椅里，他的脸上突然浮现一丝无以名状的伤感神色。

"你说得对。"科梅里说，"我热爱生活，渴望生活，但同时我又觉得生活虚无缥缈，充满恐慌。我才是生活的信徒，带着怀疑信仰它。是的，我永远都愿意信仰生活，我永远愿意活着。"科梅里住了声。

"当你六十五岁的时候，余后每一年都只是苟且偷生。"马伦说，"我真想平静地死去，可我害怕走向死亡。我还一事无成。"

"有些人守护着世界，他们存在，就能帮着别人生活下去。"

"是的。但他们也会死。"

他们都沉默了，屋外的风声更紧。

"你说得对，雅克。"马伦说，"去打听你父亲吧。你并不是需要父亲，你是自己照顾着自己长大的。现在你可以按你想的那样去爱他……"他说，迟疑了一下，"再回来看看我。我的时间所剩不多了。原谅我……"

"原谅你？"科梅里说，"我应该好好谢谢你才是。"

　　"不，你不用谢我。但你要原谅我，我不知道如何回应你对我的感情……"

　　马伦盯着桌子上方的老式吊灯，他的声音变得空洞。过了几分钟，风在空旷的街道上呼啸，科梅里还能听到他的声音在回响："我的内心缺了一块，糟糕透顶，这冷漠太折磨人了……"①

---

① 雅克，或说是"我"，想要从人生的开头，从孩提时代开始为自己寻找答案，何为是非对错——我身边没有人能告诉我。如今，我一无所有，这才发现我需要有人为我指引方向，批评我，或是赞赏我，并非凭借强权，而是凭着威信。我需要父亲。我本以为我明白，我要掌控自己，但我现在不明白了。

四、孩子的游戏

　　7月的热浪袭人，海面的微波推得航船微微摇晃。雅克·科梅里赤裸着上身躺在船舱内，看着粼粼波光折射到舷窗的铜边上，来回起伏着。舱内的电风扇将他刚刚渗出皮肤还未流到胸膛的汗水吹干。他跳起来关了风扇，还是出点汗好，然后重新躺回又硬又窄的铺位，这正好是他喜欢的那种。这时，从船底传来机器枯燥沉闷的轰鸣，好像千军万马在不停地行进。他喜欢听客轮日日夜夜永不停歇的轰鸣声，令他有一种走在火山上的感觉，而环顾四周，却能将无边的海景尽收眼底。甲板上太热了，饭后，腹中满满的旅客昏昏沉沉，倒在甲板阴凉处的折叠椅上，或是在甲板之下的船舱里午休。雅克不喜欢午睡。"'伯内多'。"他苦涩地回想起童年时在阿尔及尔，外婆逼着他一起睡午觉时怪异的表达。阿尔及尔的那座小屋有三个房间，百叶窗拉得严严实实，房间里投射下一条条的阴影①。屋外，路面干燥，尘土飞扬，被炎热的日头炙烤着。在半明半暗的房间里，会有一两只不知疲倦的苍蝇嗡嗡地像飞机一样盘旋着，执着地寻找着出路，天气热得连

---

① 那是他十岁的时候。

《帕尔达扬》或《无畏的人》这样的书都读不下去①。偶尔外婆不在家或跟邻居聊天的时候，小雅克就把脸紧贴在朝马路的饭厅百叶窗上，把鼻子都挤得扁扁的。大街上人迹罕至。对面的鞋店和布匹店铺门口垂着红黄的帆布帘子，香烟店门口挂着五彩的珠帘，吉恩的咖啡馆里也没有客人，只有一只卧在门槛上的猫，睡得死死的，这门槛外是尘土飞扬的人行道，里面则是铺着木屑的地面。

　　小雅克转回过身，他站在一间用石灰粉刷过的空荡荡的房间里，房间中央摆着一张方桌，靠墙立着一个碗橱跟一张满是划痕和墨点的小写字桌；地上支着一张铺了被子的床垫。晚上，他接近失声的舅舅就睡在上头，另外还有五把椅子②。角落里的壁炉只有架子是大理石做的，上面摆着一只细颈花瓶，瓶中的插花都是些市场里常见的。小雅克站在黑暗与阳光之间，绕着桌子不停地打转，嘴里不住地嘟囔："无聊呀！无聊呀！"他无聊，但又在无聊中发现了一种游戏，一种快乐，一种激动。外婆过了很久才回家，一进屋就又说那个词"'伯内多'"——就是让他睡觉，实在让他生气，但他抗议也没用。外婆在穷乡僻壤先后培养了九个孩子，自有她的一套想法。外婆一下子把他推进自己的房间。这座屋子有两个朝向院子的房间，其中一间里放着两张床，一张是他母亲的，另一张他和哥哥一起睡。外婆当然独自睡另一个房间。不过，每天午休或是晚上，她总是允许孩子睡到她又高又宽的木床上去。小雅克脱掉凉鞋，爬上了床。他得睡在里面最靠墙的位置，因为有天他趁外婆熟睡时又溜到地上，嘀嘀咕咕地围着

_____

① 这些增印出来的大厚书有着粗糙的彩色封面，封面上印得最大的不是标题也不是作者，而是标价。
② 房间很干净。

桌子绕圆圈玩，打那以后他就只能睡最里边。他一躺好，外婆就会脱下外裙，解开粗布带子的内衣，只要抽一下上面的丝带就能脱掉，然后她也躺上床。雅克在她身边闻到一股老人的体味，他盯着外婆的脚，遍布着曲张的蓝色静脉和老年斑，不再好看。"赶紧的，"外婆说，"'伯内多'。"她很快就睡着了，可是雅克依然睁着双眼，盯着不知疲惫地飞来飞去的苍蝇。

是的，多年来，他一直讨厌午睡，甚至长大成人后也如此。除非得了重病，否则他实在没法在这么热的天，在饭后躺到床上。有时好不容易睡着了，醒来时便浑身不自在，还更容易生病。直到不久前，他深受失眠的折磨，才能在白天睡上半个小时，醒来的时候精神饱满，头脑灵活。伯内多……

在阳光的照耀下，风平息了下来。船不再轻轻摇晃，而是似乎在直线航行。引擎全速转动，螺旋桨快速地排开大片海水，活塞的噪声变得很有节奏，与海面上阳光无声的呢喃交织在一起。雅克半梦半醒。一想到马上就要回到阿尔及尔，看到那片旧街区上简陋的小房子，他就感到又幸福又焦虑。每次从巴黎回非洲时，他的心里就有种逃出生天的秘密的狂喜，像一个越狱成功的犯人想象看守吃瘪的模样似的。而每当他去巴黎，无论是搭汽车还是火车，抵达时心总会没来由地猛地一沉。入眼的那些房子周围没有树木，也不见河流，整个郊区仿佛染上了癌症，贫穷与丑陋迅速扩散开来，吸收了异物，侵入了城市中心。市中心华丽的景致会让他时常忘记是被日夜困在水泥钢筋的冰冷森林之中，无法入眠。但他终于逃出来了，在大海宽广的背脊上贪婪地呼吸着，在粼粼波光里，他终于得以安眠。他又回到了难以割舍的童年时代，晒到了童年诡秘的阳光，找回了温暖的穷兮兮的岁月，是这段岁月让他生存下来，拥有战胜一切的能力。阳光照在海面泛起了粼粼波光，几乎一动不动地折射在舷窗的铜边上。同样是这个太阳，当年将光线沉沉地压在百叶窗上，射进外婆那间阴暗的卧室，透过百叶窗的接缝的凹口，阳光在黑暗中投射下极细的剑影。啊，苍蝇不见了，少了充实着他的回忆的苍蝇；海上没有苍蝇，从前的苍蝇早已经死去了，但雅克喜欢那些苍蝇。因为它们不停地嗡嗡作响，在那个热浪冲昏人头脑的世界里，它们好像是唯一的活物，而其他所有的人和动物懒散地侧着睡了——只有雅克没有。是的，他在墙与外婆之间留给他的狭小空间里来回翻腾，他也想活动活动。对他来说，午睡剥夺了活动和游戏的时间。伙伴们肯定在普雷沃斯特·巴拉多尔大街等着他。沿街是一些小花园，到了晚上会有浇过水后湿润的气息，还会有忍冬的芳香，这种花不管浇不浇水，到处都能生长。一等外婆醒来，他就飞快地冲出门去，从种着无花果树而空无一人的里昂大街，一直跑到普雷沃斯特·巴拉多尔大街拐角处的喷水池。他快速转动着喷水池顶部粗大的铁制手柄，把脑袋伸到水龙头底下冲着喷射而出的水柱，水花溅进鼻孔，漫进耳朵，从敞开的衬衣领灌淌到肚皮上，再顺着短裤的裤管流到腿上，滴进凉鞋里。脚底板和皮鞋底之间有一层水沫，踩在上面好玩极了。他气喘吁吁地跑去与皮埃尔①和其他朋友汇合。小伙伴们正坐在街上唯一一座二层楼的楼梯口，削着雪茄形状的小木棍，这种木棍还有蓝色的木质球拍都是过会儿用来玩"万加啤酒瓶"游戏的②。

　　人一到齐，他们就出发，边走边用球拍擦碰花园里锈迹斑斑的

---

① 他的朋友皮埃尔的母亲也是丈夫身死战场的战争遗孀，在邮局上班。

② 作者会在后面做解释。——译者注

栅栏，弄出巨大的声响，吵醒整个街区，把沉睡在灰扑扑的紫藤底下的猫也从梦乡惊醒。孩子们相互追逐着穿过马路，向绿园跑去，跑得汗流浃背，像在水里蹚过。绿园离他们的学校大约隔了四五条街区，但他们会在"海龙卷"那停一会儿。"海龙卷"坐落在一个较为宽敞的广场上，是一个双层圆形大喷泉，不过由于池底长期堵塞，没有水流出来，有时候下场暴雨，水就会积到池边。水的表面漂着苔藓、瓜皮、橘子皮还有各种各样的垃圾。等到太阳把水晒干，或等市政府终于想起用水泵把水抽干，那池中便只剩下干裂肮脏的泥土，等着太阳把它晒为尘土，然后有风，或是清洁工的扫把将它扬起，落到广场周围油光锃亮的无花果叶上。夏天，水池总是干的，深色的、宽宽的石头池沿早已被成千上万的人用手和臀部蹭得极为光滑。雅克、皮埃尔和其他人常在上面玩骑马游戏，坐在石沿上让身体转个不停，到最后总会控制不住，让自己跌进散发着尿骚味和阳光气味的池子中。

　　然后他们继续奔跑，灰尘和热浪腾起，扑上他们的脚面和凉鞋，他们飞奔着跑向绿园。那是制桶厂背后的一块空地，堆着锈蚀的铁环和腐烂的木桶，在铁环、木桶底下，枯瘦的小草从石灰岩的缝隙钻出地面。他们一面大声嚷嚷着，一面在石灰地面上画了一个圆圈。一个人手拿着球拍站在圈内，其他人轮流朝圈里扔雪茄棍儿。如果木棍掉在圈内，扔的那个就成了圆圈的"守门员"。敏捷的守门员如果接到了飞来的木棍，便把它向远处击打出去。这时，他们可以走到木棍掉落处，再用球拍的刃口击打木棍的顶端，把它打得更远。如果球拍没有击中木棍，或是进攻的一方接住了空中的木棍，守门员便要迅速退回圈中，把对方灵巧击回的木棍击出圈外。这种穷人网球的规则比较复杂，一玩起来就可以打发掉一个下午。皮埃尔打得最好。他比雅克瘦小一点，看上去弱不禁风，他的发色是金褐色的，一直盖过眉毛，一双蓝色的眼睛直接而毫不设防，流露出受伤、吃惊的神情。他的动作虽然看似笨拙，但行动起来却果断而敏捷。雅克不可能让皮埃尔赢，也不会错过反手击棍的时机，因为他觉得赢球会让同伴们崇拜自己，他认为自己才是打得最好的，并经常因此吹嘘。事实上，皮埃尔老是能打败他，但却什么都不说。游戏结束后，他笔直地站着，默默地微笑着听别人讲话[1]。

如果天气不佳，或是心情不好，他们就不在马路和空地上跑来跑去，而是先到雅克家的走廊里会合，再从走廊尽头的后门下到一个三面靠墙的小院子里。不靠墙的一面种着一棵粗壮的橘子树，几根树枝伸展到院墙之上，开花的时候，香味在破旧的小屋里弥漫开来，扑进走廊，或是顺着小小的石阶而下，飘荡在院子里。另一座直角形小屋靠着另一面墙，小屋里住着一个西班牙理发师，他在街上自己开店。另外还住着一家阿拉伯人[2]，到了晚上，女主人常在院子里烤咖啡。靠第三面墙的房客们养了些母鸡，铁丝网和木头围的鸡笼挺高，破破烂烂的。第四面墙连着一座楼梯，两边是大楼的地窖，在黑暗中仿佛大张着的深渊巨口。这些直接从地面挖出来的洞穴既没有其他出口，又不透光，常年浸着湿气，走下四阶覆着青苔的台阶，就能看到地窖里房客随意堆放着的一些没用的东西，几乎不值一文：腐烂的旧麻袋、破箱子、生锈的破盆……这些散落在地上的东西，连最穷的人都用不上。孩子们就在这样的一个地窖里会合。西班牙理发师的两个儿子，吉恩和约瑟夫经常在里面玩。由于地窖正对着他们家门，地窖就是他

---

[1] 后来的那场决斗就是在绿园进行的。
[2] 奥马是这家人家的儿子——他的父亲是街道清洁工。

们的领地了。约瑟夫长得胖墩墩的，十分顽皮，经常开怀大笑，也慷慨地把自己的东西都拿出来分享。而吉恩又瘦又小，一看到小钉子、小螺丝就捡起来，他格外珍视着自己的弹子或者杏核，因为这些玩意儿要用来玩他们最爱的游戏①。没有谁能比这对形影不离的兄弟的区别更加鲜明了。他俩和皮埃尔、雅克，还有另一个伙伴马克斯，一起待在潮乎乎、臭烘烘的地窖里面。孩子们捡起地上腐烂的破麻袋，抖掉里面的小蟑螂，他们管这种有甲壳和关节的灰色蟑螂叫作印度猪，然后把破麻袋挂到生锈的铁柱上。在这张破败不堪的帐篷下，他们终于拥有了自己的地盘（他们中没有人拥有过自己的房间和床）。他们生起火，空气过于潮湿，微弱的火苗熄灭，冒出烟雾，他们被烟雾呛得从地窖跑出来，跑到院子里刮些湿土，再回来盖住火堆。小吉恩一定会跟他们分享大颗的薄荷糖、盐炒花生、鹰嘴豆、叫作"特拉木丝"的羽扇豆，还有色彩鲜艳的麦芽糖。这些都是从阿拉伯人的货摊上买的，阿拉伯人在附近的电影院门口摆了一个装了滚轮的简陋的木箱子，上面歇着不少苍蝇。暴雨倾盆的日子里，院子里的泥土吸饱了水分，多余的雨水则漫进了地窖。孩子们站在旧箱子上，表演"鲁滨逊漂流记"的戏码，尽管没有宽阔的天空和吹拂的海风，他们在贫穷的王国里依旧俨然一副胜利者的模样。

　　然而，最愉快的日子是夏日，编个理由，扯个聪明的小谎，逃过午睡。他们没有钱坐有轨电车，就步行很长时间去试验花园，穿过郊区一条条灰黄色的街道，穿过属于工厂或个人的马厩区，这里是为内

---

① 把一颗杏核放在另外三颗上面，再用一颗杏核从固定的距离扔向搭好的杏核塔，把它击倒。如果他成功了，几个杏核就都是他的；如果没击中，他的杏核也要归杏核塔的主人所有。

陆区域提供马车服务的。他们从滑门经过时还能听见马蹄声、马突然打喷嚏的声音，直喷得厚唇也噼啪作响，能听见用作马笼头的铁链摩擦木饲料槽的声响。孩子们快乐地嗅着从无法入内的仓库里飘来的马粪、干草和汗水的味道，每次入睡前，雅克还总是挂念着这些地方。他们停在一个露天的洗马厩前面，一匹匹从法国拉来的高壮结实、连马蹄都很大的马被炎热和苍蝇烦得受不了，用大眼睛盯着陌生的孩子们看。但养马人很快就把他们赶走了，于是他们向种着奇花异草的大花园跑去。宽阔的大道通往园中的池塘和鲜花，最后直通大海。在看守人警惕的目光下，孩子们大摇大摆地信步走了进去。但一拐进第一条横向岔道，他们就赶紧直奔向花园的东面，穿过广袤的红树林，树木之间挨得很近，几乎不透光线，仿佛黑夜已经到来，然后再经过盘根错节的高大橡胶树[①]，临近地面的枝条一根根倒垂下来，树枝和树根让人分辨不清。更远处，才是孩子们此番探险的真正目的。高大的棕榈树顶结着一串串紧挨在一起的橘色圆果子，他们叫它"可可丝"。首先得四处侦察，以确保没有看守人在附近，接着，他们就开始分头去找弹药——也就是石头。每次回来集合，每个人的口袋里都总是满满当当的，然后每个人轮流朝树顶扔石子，棕榈树长得比其他树高，挂着果实的枝丫在最高处轻轻摇晃。石头砸中的那些果子只属于胜利的射手，其他人要等他捡起战利品后才能继续轮流射击。就这种游戏而言，雅克和皮埃尔都善于投掷，分不出高低。不过，他们俩都会和其他不够幸运的伙伴共同分享打中的果子。最笨拙的要数马克斯，他戴着眼镜，视力欠佳，尽管他矮胖敦厚，但自从大家见识了他打架的

[①] 树的名字需要查一下。

那天起便对他钦佩不已。他们经常在街上跟别人打架，尤其是雅克，他无法控制自己的暴脾气，通常不管是否会遭到加倍报复就扑向对手，马上把他痛揍一顿。马克斯的名字听起来像德国人，但当屠夫的胖儿子，绰号叫"羊后腿"，骂他是"肮脏的德国佬"时，马克斯平静地摘下眼镜，交给约瑟夫，做出像他们在报纸上看到的拳击手那样的姿势，让对方再骂一遍。接着，他似乎毫不动怒，闪避"羊后腿"的攻击，连揍了他几拳，把他打了个乌眼青，而对方连他的衣袖也没能摸着，真是莫大的光荣啊！打那天起，马克斯在小圈子里树立起了威信。现在，他们的口袋里和手里都是水果，黏糊糊的。他们跑出园子，往大海跑去。一出围墙，他们便迫不及待地把裹在脏手帕里的"可可丝"拿出来，高兴地大口嚼着这些带纤维的浆果。这种果子甜美多汁，就像是胜利的果实一般清新可口。然后，他们飞奔着跑向了海边。

去海边必须穿过一条他们口中的绵羊路，因为阿尔及尔东边有一个梅松·卡雷市集，来往的绵羊经常从这条路上走过。绵羊路其实是一条盘旋上山的环路，状如圆形剧场一般，将山丘上的城市与大海分开。路和大海之间开了几间作坊、砖窑和一家煤气厂，彼此间隔着绵延的沙地，覆盖着黏土和石灰粉末，沙地上散落的木头和铁屑也蒙上了一层白灰。穿过这块荒地，就到了萨布莱特沙滩。那儿的沙质并不是很干净，拍到沙滩上的浪花也并不总是清澈的。右边是海滨浴场，有几间更衣室，还有一间用木桩支撑起来的大木屋，每当过节时就用来供人们跳舞。海滨浴场开放的时节，会有一个卖薯条的小贩生着炉子摆摊。通常，他们这支小队伍连一袋薯条都买不起。但要是某个孩子恰好有足够的硬币①，他就会去买上一袋，与小伙伴们一起，带着庄严的神情向着海滩进发。买了薯条的孩子会躲在海边一条废弃的货船后面，两只脚插在沙子里，买薯条的要用一只手笔直地托着袋子，另一只手盖住袋口，这样，就不会有一根松脆可口的薯条掉到地上。按照规矩，他亲手给每个同伴分一根薯条，大家虔诚地品味着朋友赠予的这样一根热腾腾的、带着油香的薯条。吃完后，孩子们一起看着拥有薯条的小伙伴庄重地把余下的薯条一根根吃掉。纸袋里面总会剩下些碎屑，这时，他们会恳求餍足的伙伴把碎屑让给他们。大多数情况下，他会拆开油腻的纸袋，倒出薯条屑，让大家轮流拿了吃，只有吉恩不会那么大方。大家用"黑白猜"的猜拳游戏决定谁可以最先拿走最大的碎屑。饱食了一顿，他们马上就把方才多吃的快乐和少吃的失望抛诸脑后，在毒辣的阳光下，向海滩的最西边跑去，一直跑到一座拆了一半的老屋，这里应该是从前的海滨休息间，他们躲到屋后脱掉衣服。只需几秒钟小伙子们就个个赤条条的，不一会儿就下了水，用力地瞎扑腾着，高喊着②，淌着、吐着口水，比试潜水的本领，看谁憋气的时间最长。海水温暖平静，不再灼烧人的阳光照在孩子们打湿的头上，孩子们通体舒畅，不停地欢呼。此时，他们主宰着生活，主宰着大海，他们像达官显贵一样，拥有无穷的财富，无所顾忌地挥霍着。

孩子们忘却了时间，在沙滩和海里来回奔跑，躺在沙滩上晒干身上发黏的盐水，然后再到海里洗去身上灰色的沙粒。他们不停奔跑

---

① 薯条两生丁一包。

② 叫着："如果你溺水了，妈妈会胖揍你一顿。你一定会不好意思让事情变成这样吧。你妈妈在哪儿呢？"

着，雨燕低飞下来，急促地叫着，在工厂和海滩间徘徊。白日里的热气消散开来，碧空如洗，日光也渐渐暗淡下来，海湾对岸，一直笼罩在雾气中的房屋和整个城市清晰地展现在眼前。天还没暗，但已经有人家点起了灯，非洲短暂的黄昏很快就会过去。一般总是皮埃尔最先提醒大家："天晚了。"匆匆说了"再见"之后，孩子们一哄而散。雅克、约瑟夫和吉恩冲在其他人前面往家跑，直跑得喘不上气。约瑟夫的母亲下手很快，雅克的外婆也……他们穿过缓缓降临的夜幕，亮起的煤气灯光让他们惊恐不安，开着前灯的有轨电车从他们身边驶过，于是他们跑得更快了，却沮丧地发现夜晚实实在在地到来了，连声"再见"都没道就各自进了家门。那样的夜晚，雅克在黑咕隆咚、臭气熏天的楼梯间停下，在黑暗里靠着墙，等着怦怦乱跳的心脏平静下来。但他等不及了，晚归的不安让他的心跳得厉害。他一步跨上三阶楼梯，经过楼层里的厕所，打开了自家的门。走廊尽头的饭厅里点上了灯，他听到碗勺相碰的叮当响声，害怕得颤抖起来。他走进了饭厅。桌边，接近失声的舅舅[①]响亮地喝着汤；年轻的母亲有一头浓密的棕发，她用温柔美丽的眼神看着他，刚开口："你明知道——"就被背对着雅克的外婆打断了。她身着黑袍，紧紧抿着双唇，目光清澈而严厉。"你去哪儿了？"她问，"皮埃尔的算术作业都给我看过了。"外婆站起身走向他，嗅了嗅他的头发，摸了摸雅克沾满了沙子的脚踝。"你去沙滩了。""那么你就撒谎了。"舅舅口齿伶俐。外婆走到他背后，取下挂在门后的粗马鞭，据说是牛鞭做的，在他的腿上和屁股上抽了三四下，火辣辣的疼痛让他号叫了出来。不一会儿，

[①] 还有哥哥。

他嘴里和嗓眼里满是泪水地坐下了，舅舅同情他，给他端了汤盆。他神经紧绷，努力不让眼泪流下来。母亲看了外婆一眼，又转过脸来看他，他是如此深爱母亲。"喝汤吧。"她说，"好啦，没事啦。"话音刚落，他便忍不住抽泣起来。

　　雅克·科梅里醒来了。阳光已不再映照在他的铜舷窗上，日头沉到了海平线上，照亮了房间的壁板。他穿上衣服，走到甲板上。等到天亮，他就到了阿尔及尔。

五、父亲·战死·轰炸

　　刚一进门，他就将她拥入怀中，刚才一步四级台阶地奔上楼梯，他还喘着粗气。跑在楼梯上时，他一步也没踏空，仿佛身体还有每级台阶高度的记忆。下了出租车，他看见街道上已经热闹起来，路面因为早上①洒过水而闪闪发光，初生的暑气渐渐蒸发，形成雾霭。他抬头看见了她，她站在那里似乎已经很久很久了，那是两个房间之间唯一一个狭窄的阳台，在理发店顶棚的正上方——不过理发师傅换了人，不再是吉恩和约瑟夫的父亲了，他死于结核病。按他妻子的说法，这是职业病，老是吸着头发就会得这样的病。理发店的瓦楞铁皮顶棚与从前一样，有几颗无花果掉在上面，还有揉皱的纸和陈年的烟蒂。她站在那儿，她的头发依然浓密，但早在几年前就变白了，尽管已是七十二岁高龄，身板还是笔挺，由于非常瘦，又依然精力充沛，她看上去至少比实际年龄年轻十岁。他们全家都是这样，瘦削却精神，为人淡淡的，但精力却十分旺盛，他们似乎不会衰老。接近失声的埃米尔舅舅五十多岁时还像个年轻人；外婆临终前背也一点没驼。而他母亲，此刻他正向她跑去，似乎没有什么能改变她温柔又坚强的

------

①是星期天。

形象，几十年的繁重劳动也不曾破坏母亲在幼时的科梅里心中留下的年轻印象，他全心全意地崇拜着她，此刻，他向她飞奔而去。

他到了门前，母亲打开门，投入了他的怀抱。如以往重逢时一样，她连着吻他两三次，用尽全力地拥抱他。他抱着她，能感觉到她的肋骨还有她颤抖着的耸起的肩头。他嗅着她身上柔和的气息，回想起颈部下方、颈筋之间他不再敢去吻的地方。小时候他喜欢嗅嗅这里，抚摸这里，有几次她将他抱在膝上，他假装睡着，把鼻子贴在这块小小的凹陷处，对他来说，那地方有股他孩提时代十分难得的温柔气息。她拥抱了他，然后放开手，看了看他，又拥住他再吻一次，就好像她发觉这样还不足以表达出她全部的爱似的。"我的孩子，"她说，"你走得太远了。"①但她马上转身进到屋里，走向饭厅，对着街道的方向坐下来，似乎不再想着他，也不想任何其他的事情，甚至有时候用古怪的表情看着他，至少雅克感觉，他现在是多余的，还惊扰了她包裹着自己的狭窄、空灵、封闭的世界。当他在她身旁坐下，她似乎还陷在某种焦虑之中，时不时地用那双充满忧虑不安的美丽眼睛瞥着街道，直到看到雅克，她紧张的眼神才慢慢平静下来。

街道更加嘈杂了，几辆笨重的红色有轨电车嘎嘎作响，频繁地压过街道。科梅里看着母亲，她穿着一件白领子的灰色衬衣，侧身坐在窗前一张跟他的一样、不太舒服的椅子上[　]②，这是她的老位置了，由于年事已高，她的背有些微驼，但她也没有靠在椅子上，手里攥着一块小手帕，僵硬的手指不时地绞着，然后放手，手帕盖在两手之间的裙摆上，脑袋稍稍面朝窗户。她与三十年前没什么两样，透过皱

---

① 需要过渡。
② 有两个分辨不清的标记。——译者注

纹，他依然能看出那张如奇迹般年轻的脸，她的眉弓光滑平整，仿佛嵌进了前额，鼻子小巧笔直，尽管假牙周围的嘴角肌肉有些塌，嘴唇却依然清晰漂亮。脖子衰老得较快，颈筋有些凸起，下巴有些松弛，但至少没有变形。

"你理过发了。"雅克说。她像个犯了错的小女孩似的笑道："是啊，你知道，因为你要来嘛。"她总有似有若无的迷人之处。虽然她的衣饰可能有些朴素，雅克却好像从来没见她穿过一件难看的衣服。甚至今天，她穿的灰黑色衣服都搭配得很好。这也是这个家族的品位，虽然一直处境悲惨、穷困，只有几个表亲还算宽裕，但所有人，特别是男人，会如所有的地中海人一样，坚持要把衬衫洗得雪白，长裤熨得笔挺。衣柜里也没几件衣服，他们便自然地以为这种麻烦的衣物保养工作应当让女人去做，不是妻子就是母亲。雅克的母亲①老是觉得光洗洗衣服、做做家务是不够的，雅克久远的记忆中，总有她烫他哥哥和他仅有的一条长裤的身影，直到他进入了另一片世界，那里再也没有女人为他洗衣熨烫。

"这个理发师是意大利人，"母亲说，"他手艺不错。""是不错。"雅克答道。他想说："你真漂亮。"但他没有说出口。他一直觉得母亲很漂亮，却从来没敢对她说。倒不是怕母亲否认，或是疑心这样的恭维能否取悦于她，但这样就打破了母亲那道无形的栅栏。栅栏后面，母亲一直在温柔、谦逊、顺从，甚至消极中保护着自己，然而却从未被任何事物征服，这一点他一直看在眼里。她双耳失聪，孑然一身，也不善于表达自己，虽然美丽，却几乎难以触及，即

---

① 眉弓突出而光滑，黑亮热切的眼睛闪闪发亮。

使是在她满脸笑容，紧紧抓住他的心时，也依然如此。是的，雅克的一生中，她一直都是这样畏畏缩缩，顺从温和，但同时却也冷淡疏离，三十年前外婆鞭打雅克时，她也是这样的神情，只是看着却不阻拦，她自己从未动过孩子的一根手指头，甚至从未真正责骂过孩子，那几下鞭打也同样地伤害了她，但她却因为疲惫不堪而无法插手。她不知该如何开口，又敬畏自己的母亲，所以没有插手，岁岁年年，漫长地忍受着，忍受自己的孩子受到责打，就像是自己忍受着为别人做事的艰难岁月一样，跪在地上擦地板，没有男人照顾她，自己成天围着别人油腻的碗碟和脏衣服转。这样的生活没有盼头，她却毫无怨言地活下去，不知不觉地任苦痛堆积在自己和孩子身上。但他从未听她抱怨过，除了在大清洁的一天后喊一声累或者腰疼。她也从没说过别人的坏话，最多只说某个姐妹或是姨婶对她比较刻薄，或是过于"傲慢"。但另一方面，他也几乎没听过她由衷地开怀大笑。自打她的孩子们能供养她后，她的笑容才略微多了些。雅克打量着这房间，这里也一样毫无变化。她不想离开这套房子，这里对她来说已成为生活的一部分，周围的一切对她来说也很便利，如果搬去更舒服的地方，周围的一切可能倒会让她不便了。是的，还是这间房间，虽然家具已经换过了，房间更为得体，但仍然没有任何粉饰，家具还是贴墙摆放着。

"你总是爱到处瞎翻。"她说。是的，他不顾她的斥责，不由自主地打开碗橱，尽管他老叫母亲添置些东西，里面还是只有可怜的几样用具，东西少得令人震惊。他又将边柜的抽屉拉开，里面放着两三种备用的药片，三两张旧报纸，几卷线，一只盛满了掉了的扣子的小纸盒，还有一张旧的证件照。那里面几乎没什么不用的东西，因为他们从没有过富余。雅克很清楚，即使是现在家里样样齐全，和别人家一样，母亲也只舍得用很少一部分日常所需的用品。他知道在隔壁母亲的卧室里，摆着一只小衣柜，一张小床，一个木质小梳妆台和一张藤椅，窗户上挂着一副线勾窗帘，除此之外再无他物，除非她有时会把手里攥着的小手绢丢在空无一物的梳妆台面上。

当他初次看到别人家的房间时，他是震惊的。比如他的高中同学还有后来那些富裕世界人的屋子，满屋子都是瓶啊、碗啊、小雕像和画。在他家，却好像只有壁炉架上的罐子、水壶、汤盆和一些叫不出名字的物件。相反，他舅舅家里却有沃日①运来的釉面陶器，餐具也是坎佩尔来的。他在贫困中长大，身无长物，周围都是最普通的用具；但在舅舅家，他知道了各种用具专门的名字。直到如今，这间屋里的地砖刚刚擦过，在这些朴素而闪着光泽的家具上，还是几乎一无所有，墙上只挂着邮局的日历，还有一个阿拉伯式的铜刻烟灰缸，还是因为他要来才摆在餐桌上的。东西一眼就能看完，可谈论的话题也很少，因此，他只了解与母亲一起生活的经历，其他的一无所知。对父亲也是如此。

"在找爸爸？"

她看看他，神情变得专注②。

"嗯。他叫亨利，还有什么？"

"不知道了。"

"他还有别的名字吗？"

"我想有吧，但我不记得了。"她突然心不在焉起来，看向被烈

---

① 位于法国东北部。

② 父亲——存在疑问——他在1914年的战争中受袭而死。

日灼烤着的大街上。

"他和我长得像吗？"

"像的，你们简直一模一样。他的眼睛是蓝色的。你们的额头是一样的形状。"

"他是哪一年生的？"

"我不知道。我比他大四岁。"

"你呢，你是哪年生的？"

"我不知道。你去看看户口簿吧。"

雅克走进卧室，打开衣柜，在最上面，一堆毛巾中放着有户口簿、抚恤金证书和几张写着西班牙字的旧文件。他拿着这些材料走回来。

"他生于1885年，你是1882年。你比他大三岁。"

"啊！我一直以为是四岁。时间太久了。"

"你跟我说过，他很早就失去了双亲，他的兄弟把他送到了孤儿院。"

"对，还有他姐姐。"

"他父母有个农场？"

"对。他们是阿尔萨斯人。"

"在乌雷德·法耶特。"

"对。而我们在歇拉迦，两家离得很近。"

"爸爸双亲去世的时候有多大？

"我不知道。哦，那时候他还小呢。他姐姐丢下他不管，这真不对。他也不想再见到他们了。"

"那时他姐姐多大？"

"不知道。"

"他的兄弟呢？他是最小的吗？"

"不，他是老二。"

"那么说，他的兄弟也还太小，没法照顾他。"

"对，是这样。"

"这样说来不是他们的错。"

"不，他恨他们。他在十六岁时离开孤儿院，回到姐姐的农场里。他们让他干的活儿太多了，他根本受不了。"

"后来他就去了歇拉迦。"

"对，到我们这来了。"

"你就是在那认识他的？"

"对。"她再次把脸转向大街，他也感到很难再继续问下去了。倒是她自己又起了个话头。

"你得知道，他不识字，在孤儿院什么也没学到。"

"可是你给我看过那些他从前线寄来的明信片。"

"是的，他跟克拉西奥先生学的。"

"在里科姆家。"

"对。克拉西奥先生是一家之主，教给他读书写字。"

"那时他几岁了？"

"二十岁吧，我觉得。我不知道，真的太久了。但我们结婚时，他已经学会了做各种酒，可以到任何地方去工作了。他非常聪明。"她看看他，"和你一样。"

"然后呢？"

"然后，你哥哥就出生了。你父亲先是为里科姆家干活，里科姆后来又派他到圣阿波特的农场工作。"

"圣阿波特?"

"对。接着战争爆发了,他就阵亡了。我收到了他的弹片。"

那块削开他父亲头颅的弹片装在一只小小的饼干盒里,同样也放在衣柜里那些毛巾的后面,和那些写自前线的明信片放在一起,上面几句简明扼要的句子他都能默背出来:"我亲爱的露茜,我很好。明天我们就要转移阵地了,照顾好孩子。吻你,你的丈夫。"

是的,他们搬家的时候,也就是他出生的那天深夜,欧洲已经调准了它的大炮,准备在几个月后进行射击,把科梅里一家赶出圣阿波特。他被收编进阿尔及尔军团,而她则抱着被塞布斯河岸的蚊子叮得满身红肿的孩子,回到了她母亲所在的贫困社区的小公寓。"别忙了,妈妈,等亨利回来我们就离开。"外外婆身板笔挺,白发向后梳着,双眼清澈而冷酷:"我的女儿,你得干活儿。"

"他那时在轻步兵团。"

"是的,他在摩洛哥打仗。"

这是真的。他倒忘了。1905年,他父亲二十岁。就像别人说的,他那时是军人,正跟摩洛哥人打仗。雅克想起几年前在阿尔及尔大街上碰见他的小学校长莱韦斯克时,听到的一番话。莱韦斯克先生与他父亲同批入伍,但他们只在一起待了一个月。据他说,他们交往不深,因为科梅里不太说话。科梅里吃苦耐劳,虽然沉默寡言,但好相处,并且待人公正。只有一次,他做得有些出人意料。那是一天晚上,酷热的一天终于结束,小分队在阿特拉斯山脉一隅的小山丘上扎营,周围环绕着一条崎岖的石头小道。科梅里和莱韦斯克要去接替路口的岗哨,但没人回应他们的呼喊。在一排仙人掌底下,他们找到了一个同伴，他头向后仰着，脸庞诡异地映照在月光之下。这颗模样古怪的头颅，他们没能分辨出是谁。其实很简单。他被人割断了喉咙，面色青白，嘴里塞着自己完整的生殖器。这时，他们才看到他的身体，双腿叉开着，军裤被划开一条口子，在伤口中央，血迹隐隐反射着月光。①大约百米远的地方，他们发现一块巨石后面横陈着第二个哨兵的尸体，死去的样子与前一个哨兵一模一样。警报拉响了，哨岗增加了双倍。黎明时分，当他俩走回营房，科梅里说敌人不是人。莱韦斯克想了想后答道："对他们而言，他们这样做是应该的，因为这是他们的领土，他们可以用尽手段战斗。"

科梅里表情麻木："也许是这样。但他们错了。人类是不会这样做的。"莱韦斯克说："对他们而言，在某些情况下，人什么都可以做，也可以[摧毁一切]。"但科梅里像被怒火冲昏了头脑，大吼道："不，是人就不会做出这样的事！有所不为才能算人，否则……"随后他平静下来。"如果是我，"他心事重重地说，"虽然我很穷，从孤儿院出来，被迫穿上这军装，上了战场，但我也绝不会这么做。""法国人也会这么干的。"莱韦斯克说。"他们也都不是人。"突然，他吼道，"肮脏的民族！这是如此肮脏的民族！所有人，所有人……"他钻进帐篷里，脸白得像纸一样。

想到这一段，雅克才发现，这是他从这位久违了的老教师那儿了解到的关于父亲最多的经历。但这与他从母亲的沉默中猜测得到的相比，也没多多少，只多了一些细节。他是一个倔强、苦涩的人，劳碌终生，接受命令与敌人拼杀，接受一切无法逃避的事情，但出于自身

---

① 军士说，有没有这样东西，这都是死了。

的原因，他不愿违背自己的原则。他是一个穷人，但穷困无法选择，他只能保护自己。雅克通过从母亲那儿知道的一点点情况，努力勾勒出了这样一个形象：结婚九年之后，他成了两个孩子的父亲；生活稍微好转之时，他受召回到阿尔及利亚听从调遣①，与温柔的妻子及闹腾的孩子在夜里长途跋涉；他们在车站分开，三天之后到达贝尔库的小屋，他突然出现在他们面前，身着笔挺的红蓝相间的军装，下身穿的则是轻步兵军团肥大的军裤，在七月②的炎热天气中汗流浃背，既没有伊斯兰小圆帽，也没有头盔，只在手里拿着窄边草帽；他偷偷离开码头拱门下的兵站，飞奔过来亲吻他的孩子和妻子；傍晚，他就要上船开拔到他从未见过的法国③，到从未见过的大海航行。他飞快地跑过去，紧紧拥抱了他们，又原速跑回去，站在小阳台上的女人向他挥手，他也回以同样的手势，一边跑，一边回过头来挥舞着草帽，然后飞速地跑到了那条热浪滚滚、尘土飞扬的、灰扑扑的街道上，在更远处的电影院前不见了身影；他消失在那天清晨刺眼的光亮中，一去不复返。雅克还能想象出接下来的场景，但母亲没法告诉他更多了，她甚至连历史和地理是什么都搞不清楚，她只知道她住得离大海不远，与法国隔海相望。她从不出远门，无论如何，法国都是一个模糊的概念，人们会在幽暗的夜里到达马赛港口，她觉得那里跟阿尔及尔港一样，应该是一座炫目的城市，人们说那很漂亮，叫它巴黎。那儿有一片土地叫阿尔萨斯，她丈夫的父母就是那里的人。在之前很久，他们为了躲避德国人在阿尔及利亚落户，但如今阿尔及利亚也被同一伙人

---

① 1814年的阿尔及利亚报纸。
② 八月。
③ 他从来没去过法国，只匆匆看上一眼就不幸阵亡。

所占领，这些敌人总是凶恶残忍，尤其是对法国人，毫不讲理地痛下毒手。法国人总是不得不与那些挑衅的死敌殊死抗争。她不确定具体方位，但应该在西班牙边上，或离得不远，就在那儿。她父母一家是马洪人，也和她丈夫的父母一样，在很久以前移民到了阿尔及利亚，因为他们在马洪遭遇了饥荒。她甚至不知道马洪是一座岛，更不知道什么叫岛，因为她从没见过。有时她能记起其他的一些国名，却一直无法正确地叫出它们的名字。而且她从未听人说起过奥匈帝国和塞尔维亚，俄罗斯和英格兰一样很难发音，她不知道奥地利大公是做什么的，也读不出"萨拉热窝"这四个音节。战争就在眼前，像盘踞在天上厚厚一层恶浊的乌云，带着威压，但人们无法阻止它在天空中散开，就像无法阻止大批蝗虫侵袭，更无法不让暴风雨到阿尔及利亚高原兴风作浪一样。德国人又逼迫法国卷入战争，人们再度陷入苦难之中——毫无缘由，她不了解法国历史，也不懂什么是历史。她只知道一点儿自己的故事，知道一点她爱的人的事情，她知道她爱的那些人和她一样，都将陷入苦难。在她难以想象的、也不知来处的那个世界里，有一个晚上，更加黑暗的夜幕降临了。有人下达了神秘的命令，由浑身是汗、疲惫不堪的宪兵将命令传遍整个村落，于是男人就不得不离开正要收获葡萄的农庄——有一位教区牧师在伯恩火车站为应征入伍的离人送行。"我们要祈祷。"神甫对她说。她回答道："是，牧师先生。"但实际上，声音太轻了，她没听见他说的是什么。她从未想过祈祷，从不想麻烦任何人——她的丈夫是穿戴着漂亮的彩色戎装出发的，他很快就会回来。大家都说，德国人将受到惩罚，但在他回来之前她得找份工作。一个邻居对外婆说，兵工厂弹药库正好也需要女工，且入伍军人的妻子优先录取，特别是要负责养家的女人。这样，她就能一天工作10个小时，根据粗细和颜色把小纸筒排在一起，也能挣钱交给外婆，在德国人受到惩罚、亨利回来之前，要保证孩子们吃得上饭。当然，她并不知道还有个俄罗斯前线，也不知道什么是前线，不知道战争会蔓延到巴尔干半岛、中东，乃至全世界。她不知道法国发生了什么，德国人突然入侵，连孩子都不放过。实际上，那里的事情与驻扎在那的非洲部队息息相关，亨利·科梅里就在其中。部队急速地行军，开拔到一个叫作马恩的神秘地区，战士们没有时间配好头盔。那里的阳光不像阿尔及利亚的那样强烈，足以把人晒黑，因此大批阿拉伯人和法裔阿尔及利亚人就身着色彩斑斓的军装，头戴草帽，他们就像红蓝相间的靶子，从几百米远处就能看见。他们一批批地举着火把登上山脉，一批批地被消灭，化作身下这块狭窄的土地的肥料。四年间，在这片土地上，来自世界各地的人蜷缩在泥土挖出的洞穴中，在炮火照亮的天空之下一米一米地艰难向前冲着，密集的枪弹和震天的大炮攻击都徒然无功。那时没有战壕，只有非洲部队的士兵好像彩色的蜡娃娃在战火中熔化。每天，都有孤儿在阿尔及利亚各地降生，他们拥有阿拉伯或法国血统，刚降生就没有了父亲，他们不得不独自学会生活，没有人引导，也没有财产好继承。几个星期过去后，在一个周日的早晨，露茜·科梅里和母亲坐在楼梯边，坐在黑漆漆的厕所中的两张矮凳上，借着气窗的光线挑着扁豆——这窗是从砖墙上挖出来的，虽然一直在用药水清洁，却依然散发臭味，婴儿睡在一只小衣筐里，吸吮着一根沾满唾液的胡萝卜。这时，一位神情严肃、穿戴考究的绅士突然出现在楼梯口，手里拿着一个信封。两个女人十分诧异，赶紧放下筛好豆子的盘子，在她们之间的水壶里涮了涮手，那位先生站在倒数第二级台阶上，请她们不必麻烦，并问哪位是科梅里夫人。"她就是。"外婆说，"我是她母亲。"那位先生称自己是市长，带来了一个噩耗，她丈夫在战场上牺牲了，法国深表哀悼，同时为他骄傲。露茜没听见他说什么，但站了起来，十分恭敬地向他伸出手去。外婆身板僵硬，捂住了嘴，用西班牙语重复着："天啊！"那位先生接过露茜的手，用双手握了握，低声说了几句安慰的话，然后递给她那封邮件，就转身迈着沉重的脚步下了楼。

"他刚才说什么？"露茜问。"亨利死了。他被杀了。"露茜瞧着这封未拆封的邮件，她和母亲都不识字；她将它翻转过来，没说一句话，没流一滴眼泪，因为无法想象这个发生在不知道哪个晚上的、遥不可及的死亡。她将邮件放入围裙的口袋，从孩子身边走过，不看一眼，走到与两个孩子共住的卧室里，关上门和朝向院子的百叶窗，躺倒在床上，就这样躺了几个小时，既不说话也不流泪，紧紧攥着口袋里这封看不懂的信，在一片漆黑中望着令她无法理解的不幸①。

"妈妈。"雅克轻声喊道。她还用平常的神情盯着窗外的街上，没有听见儿子叫她。他碰了碰她满是皱纹的瘦削的胳膊，她则微笑着朝他转过身。

"爸爸的明信片，你知道的，就是从医院寄来的那些。"

"嗯。"

"是市长走后你才收到的？"

"对。"

一块弹片划开了他的头颅，他被抬到其中的一辆救护列车上，列车上血迹斑斑，塞满了草垫和绷带，在前线和圣布里约的后方医院

---

① 她以为弹片会自己炸开。

之间往来穿梭。他就是在医院里摸索着草草写了两张明信片，因为他的眼睛看不见了。"我受伤了，但没有大碍。你的丈夫。"几天后他因伤去世了。护士写道："这样更好。否则他不是变成瞎子就是会疯掉。他很勇敢。"然后她就收到了那块弹片。

一支持械的三人伞兵小分队打楼下街道上经过，排成一列，四处张望着，其中一位是黑人，高大灵活，看起来就像一只漂亮的斑点动物。

"这些人是对付强盗的，"她说，"你能去他的墓地看看，我很高兴。我已经老了，那儿又离得太远了。漂亮吗？"

"什么漂亮？坟墓吗？"

"对。"

"漂亮，还有花呢。"

"是啊，法国人挺好的。"

她这么说也这么觉得，便不再去想她的丈夫，她已经忘记了他，连带很久以前跟他有关的那些不幸也一并忘了。并且对于她和这间房子来说，这个被战火吞噬的男人什么都没有留下，只剩一缕缥缈的回忆，仿佛森林大火过后，蝴蝶翅膀残存的粉末。

"肉要炖煳了，你等等。"

①她站起身去了厨房，他坐了坐她的位置，望着这条多年未曾改变的街道，还是那几家商店，招牌色泽暗淡，被烈日烤得斑驳。只有对面香烟店老板用彩色塑料长带换下了以前用空心小苇秆编成的帘子，雅克如今仿佛还能听到掀动帘子时那种特别的声音，每次他一掀起帘子，便会被印刷品和烟叶美妙的香味包围了。他在那买《无畏

---

① 房子的改变。

的人》，总是因为读到英雄和光荣的故事激动不已。大街现在繁华热闹，正是礼拜天早上的景象。工人穿着刚洗过熨平的白衬衫，一边聊天一边朝着那三四家咖啡店里走去，咖啡店里飘出冷气和茴香的气味。过去一些阿拉伯穷人，穿得倒是整洁，妻子戴着面纱，但穿着路易十五式皮鞋。不时一些阿拉伯家庭走过，穿着整洁的礼拜服。有一家拖着三个孩子，其中一个穿着小伞兵服。正当此时，那队伞兵小分队又重新经过这里，神态放松了许多，看上去有些冷漠。在露茜走进房间的那一刻，剧烈的爆炸声响起。

这声音极近、极响，爆炸声持续不断。很久以后，声音才消失，餐厅的灯泡还在玻璃罩里晃动。他母亲退到房间的深处，面色苍白，黑眼睛里布满了无法抑制的恐惧，几乎站不住。

"炸到这儿来了，到这儿来了。"她念叨着。

"没有。"雅克说，他朝窗子跑去。一些人在街道上奔逃，不知跑向何方；一家阿拉伯人进了对面的布匹店，催促着孩子们赶快进去，老板等他们进去后，拉上门锁，站在玻璃窗后观察街上的动静。这时，伞兵小分队回来了，上气不接下气地朝另一个方向跑去。几辆汽车冲上人行道，排成一排停了下来。几秒钟工夫，大街上便空空荡荡。但弯下身子，雅克仍能看见稍远处一大群人在缪塞电影院和电车站之间涌动。"我去看看。"他说。

普雷沃斯特·巴拉多尔街角①，一群人在吵嚷着。

---

① ——他在见母亲之前见过爆炸了吗？

　——第三部中要重述克苏爆炸，因此只在这里略提一下。

　——更远的地方。

（1）直到"分不清怒骂和痛苦的呻吟声。"都圈出来，打了问号。

"你们这肮脏的民族！"一个穿着汗衫的小个子工人朝一个贴在咖啡馆旁大门上的阿拉伯人骂道，并向他走去。

"我什么也没做。"阿拉伯人说。

"你们都是同谋，你们都该死！"他朝他扑过去。其他人拽住他。雅克对阿拉伯人说："跟我来。"把他带进了咖啡馆，如今这咖啡馆是他童年玩伴、理发师儿子吉恩经营着。吉恩站在那儿，样子没变，只是有了皱纹，个头瘦小，面容奸猾而警惕。

"他没做什么，"雅克说，"让他到你家坐坐。"

吉恩一边擦吧台一边打量着阿拉伯人。"来吧。"他说，他们一起消失在房间深处。

雅克出去了，那工人斜眼看着雅克。

"他什么也没做。"雅克说。

"就该把他们全杀了。"

"你这是气话。想想吧。"

工人耸了耸肩膀，道："你自己去看看爆炸的地方，再看你怎么说。"

救护车急促的警铃声响了起来。雅克笔直地朝电车站跑去。炸弹是在离车站不远的电线杆那儿爆炸的。很多人在等车，都穿着节日盛装。那附近的小咖啡馆里人声鼎沸，分不清怒骂和痛苦的呻吟声。

他回到母亲身边。她还站得笔直，面色惨白。"坐下吧。"他将她扶到桌边的椅子上，挨着她坐着，握着她的双手。"这个星期已经有两次了，"她说，"我怕出门。""没什么，"雅克说，"会完事的。""对。"她说。她看着他，脸上犹疑不定，仿佛信赖儿子的才智，却又认定了生活本就是由不幸构成，人们对此唯有忍耐，无法反抗。"你知道,"她说,"我老了,跑不动了。"她的双颊这才恢复血色。远处响起了急促的救护车铃声,但她听不到。她深深地吸了口气,稍微平静下来,向儿子绽出了她那美丽而又坚强的微笑。她与这个国家的所有人一样,都在危险中长大,危险能揪紧她的心,她也跟别人一样,默默忍受着,束手无策……倒是雅克,他看不下去这张脸突然闪过濒死一般的憔悴神色。

"跟我去法国吧。"他对她说。她犹豫了一下,随后坚决而悲伤地摇了摇头:"哦!不,那儿太冷了。我已经老了,想留在自己家里。"

六、家 庭

"啊!"母亲对他说,"你来这里我实在太高兴了。不过,要是晚上来就更好了,我就不会那么无聊了。尤其是冬天的晚上,天很早就黑了。唉,要是我识字就好了,但是现在即使有灯也织不了什么东西,眼睛疼。艾蒂安不在的时候,我就躺着,等到吃饭的时候再起来,一躺就是两小时。如果小家伙们在身边,我还可以和她们说话,可是她们来了又走了。我已经老了,没准身上还有难闻的气味,所以就这样,孤零零一个人……"

她一下子说了许多,句子简短又简单,一句接着一句,仿佛她要把心里的想法全部说出来,毕竟在此之前她一直沉默。说完以后,她的思想枯竭了,又沉默下来,紧咬嘴唇,神情温柔而沮丧,透过餐厅关着的百叶窗,凝视着街上那令人窒息的光线,一动不动,坐着的还是同一把不舒适的椅子。她的儿子像从前一样,围着屋子中央的桌子转。她看着他绕着桌子转了一次又一次。

"苏法利诺很漂亮吗?"

"是的,很干净。但相比你上次看到的样子,现在肯定有变化。"

"是的,世事无常。"

"医生也向你问好,你还记得他吗?"

"记不得了，已经太久了。"

"也没人记得爸爸了。"

"我们在一起没多久，而且，他也不怎么说话。"

"妈妈？"她看着他，面无笑容，目光温柔而茫然。"我以为你和爸爸从没在阿尔及尔一起生活过。"

"不，不。"

"你明白我的意思吗？"

他从她略带惊恐和歉意的神态中猜出来了——她没听懂。于是他一字一句地慢慢问，重复着这个问题："你们从来没有一起在阿尔及尔住过吗？"

"没有。"她答道。

"爸爸是什么时候去看皮瑞特被砍头的？"他一边说一边用手比画，敲打自己的脖子，好让她明白自己的意思。她立刻回答："是的，他三点钟就起来去巴伯路斯监狱了。"

"所以你们住在阿尔及尔？"

"嗯。"

"那是什么时候的事？"

"我不知道。他当时给里科姆打工。"

"在你们去苏法利诺之前吗？"

"是的。"

她说是，也许不是，她必须通过一段模糊的记忆回到过去，也确定不了什么。穷人的记忆比富人的记忆贫乏，空间里的地标更少，因为他们很少离开自己居住的地方，他们生活灰暗，毫无特色，一生中的参考点更少。当然还有他们所说的最可靠的心灵记忆，但心灵因悲伤和操劳而疲惫不堪，在疲劳的重压下很快就会忘记回忆。回忆只属于有钱人。对穷人来说，回忆只是通往死亡的路上，微弱的痕迹。此外，为了养活自己，一个人不应该记得太多，而应该像他母亲那样，一小时一小时地紧紧跟随着逝去的日子，毫无疑问，这是不可避免的，因为儿时的疾病，她失聪了，说话很困难，也无法学习，即使是最可怜的人也能去学习，她只能默默屈从命运。但这也是她找到的面对生活的唯一方法，除此之外，她还能做什么呢？谁能在她的位置上找到另一种方法呢？顺便说一句，据他外婆说，是伤寒。但伤寒没有这样的后遗症。也许是斑疹伤寒？否则呢？这里一片黑暗。雅克希望她描述那个四十年前去世的男人，那个与她共同生活了五年的人。（她真的与他生活了五年之久吗？）她不能那样做。他甚至不知道她是否曾经热烈地爱过那个男人，无论如何他也不能要求她这样做，因为在她面前，他也是一个哑巴、一个瘸子，内心深处，他甚至不想知道他们之间发生了什么，所以他必须放弃从她那里了解任何事情，甚至其中一件还在他小时候就给他留下了深刻的印象。这件事也贯穿了他的一生，甚至进入了他的梦境：父亲三点钟起床去参加一个臭名昭著的罪犯的处决，这是他从外婆那里知道的。皮瑞特是萨赫勒一个农场的工人，萨赫勒离阿尔及尔很近。他用锤子杀害了他的雇主和三个孩子。"他要抢劫吗？"雅克小时候问过。艾蒂安舅舅答道："是的。""不是。"外婆反驳道，却没有进一步解释。人们发现了毁容的尸体，血溅满了屋子，飞溅到天花板上，在一张床下，最小的孩子还在呼吸，但最后也死了，临死前他用最后一口气，用沾满血迹的手指在白色的墙上写下："是皮瑞特。"人们搜寻凶手，发现他在乡下，精神恍惚。公众十分惊恐，要求判处凶手死刑。判处死刑很容易，而且处决是在巴伯路斯的监狱进行的，当时有许多观众在场。雅克的父亲那天晚上起床去参加惩罚罪犯的活动，据外婆说，这件事激怒了他，但他们不知道发生了什么。行刑没有发生任何意外，但是雅克的父亲到家时铁青着脸。他上床睡觉，又起来吐了几次，再躺回床上，也不谈论他所看到的。就在雅克听到这个故事的那个晚上，他蜷缩在床边，避免碰到和他同床共枕的哥哥，他重温着听到的细节和他想象的细节，努力抑制住了自己的反胃和恐惧。在他的一生中，这些画面时不时地伴随他进入梦乡，他时不时地会反复梦到一个噩梦，噩梦以各种形式出现，但总有一个主题：他们要来带走他——雅克，要处决他。他要醒来很久才能摆脱恐惧和痛苦，重新回到那个令人宽慰的现实，现实里他绝对不可能被处决。雅克成年之后，那件他为之恐惧的事却有可能了，现实也不再安抚他的梦想，相反，在相当确切的几年里，他被同样的恐惧笼罩着，也正是这种恐惧使他的父亲如此痛苦，并把它作为自己唯一清晰而确定的遗产留给他。他和圣布里厄那个死去的陌生人之间有某种神秘的联系（毕竟，他也没有想到他会惨遭横死），这种联系是他母亲无法触及的。她知道这件事，看到他呕吐，可是第二天早上就忘了，就像她从没意识到时代已经变了。对她来说，时代总是一成不变的：灾难随时可能发生，没有任何预示。

相反，外婆对事物有更准确的认知。她常对雅克说："你会被送上绞刑架的。"为什么不可能呢？这再寻常不过的了。她什么都不了解，但是，没有什么会让她感到惊讶。她常常穿着一件女先知的黑色长袍，身材挺拔，什么都不知道，还很固执，至少她从不听天由命。雅克童年的时候一直由她管束。她的父母来自马洪岛，而她在萨赫勒的一个小农场长大，很小的时候就嫁人了，那个男人也是马洪岛人，他体格纤弱，性格敏感。他的兄弟在1848年父亲不幸去世后，就在阿尔及利亚定居了。他的父亲是个诗人，常常骑着一头驴子，在岛上的菜园周围的石墙之间散步。正是在其中一次外出漫步的时候，一个满腹怨言的男人，在背后开枪射杀了他。那个人以为自己是在惩罚情人，但却被剪影和宽边黑帽子误导了，从而杀死了一个家庭美德的典范，致使他没有给孩子留下任何东西。他的死亡是一个悲剧性的误会，却最终导致了一家子文盲在阿尔及利亚的海岸定居下来，他们远离学校，在烈日下干体力活儿。但是雅克外婆的丈夫，从照片来看，保留了一些他父亲的诗人灵气，他那瘦削的脸庞，在高耸的眉毛下有着深邃的五官，还有他那梦想家一般的神气，但这并不意味着他可以掌控他年轻、美丽、精力充沛的妻子。她给他生了九个孩子，其中两个在婴儿时就夭折了，另一个活下来了，却以残疾为代价，最小的孩子生来就是聋哑人。她一边在那个阴暗的小农场里养育她的孩子，一边与丈夫分担辛苦的劳动。她坐在桌子的一端，手里拿着一根长棍子，免得说一些多余的话，调皮捣乱的孩子就会挨打。根据西班牙的惯例，孩子们必须用礼貌的语言称呼她和她的丈夫。她的丈夫却不能长久地享受这种尊重：他早早地死了，被烈日下的劳动折磨得筋疲力尽，也许也因为婚姻，雅克不知道他死于什么疾病。外婆一个人卖掉了小农场，和她年幼的孩子一起到了阿尔及尔定居，除了最年幼的孩子，其他孩子一长大就被送去做了学徒。

雅克长大后，发现不论穷困潦倒还是遭遇不幸，外婆都很坚强。最后只剩三个孩子和她在一起：凯瑟琳①去别人家当保姆；最小的孩

---

① 前几章中，雅克的母亲被称为"露茜"。从这里开始，她叫凯瑟琳。

子，就是残疾的那个，成了一个精力充沛的修桶匠；还有约瑟夫，他是个光棍，在铁路公司工作。这三个人的工资都很微薄，加起来还得养活一个五口之家。外婆管理着家里的财产，雅克对她的吝啬感到无比惊讶，不是说她是个吝啬鬼，而是说我们对赖以生存、每天呼吸的空气都吝啬。

外婆负责给孩子们采买衣服。雅克的母亲很晚才回家，她很乐意到处看看，听他们谈话，外婆实在太能干了，于是她就做了甩手掌柜。因此，雅克童年的时候，不得不穿着长长的雨衣，因为外婆买来的雨衣经久耐用，并指望大自然让孩子的身高赶上衣服的尺寸。但是雅克长得很慢，直到十五岁才真正开始长身体，结果雨衣在长高之前就磨坏了。新买的雨衣也遵循同样的节俭原则，雅克的同学常常嘲笑他的衣服，他没有别的办法，只好把他的雨衣掖到腰部，好让那可笑的衣服看起来还算新颖。总之，这些短暂的耻辱很快就在教室里被遗忘了，在那里雅克会重新占据上风，在操场上，足球场就是他的王国。但是那个王国是禁区，因为操场是水泥铺就的，鞋底很快就会磨损，因此外婆不准雅克在课间休息时踢足球。她自己给孙子们买了厚实的靴子，希望这靴子穿不破。为了延长它们的寿命，她还会在鞋底上钉上巨大的锥形钉子，这样做有两个作用：一来保护鞋底，在磨坏鞋底之前，钉子先磨坏，二来她能及时发现雅克是不是偷偷踢足球了。的确，在水泥场上奔跑很快就磨损了钉子，磨得闪闪发光的钉子暴露了罪魁祸首。每天雅克回到家，都要先到厨房报到，卡姗德拉站在黑锅旁边，雅克弯着膝盖，伸出脚底，摆出马掌的姿势，好让她看到自己的脚底。当然，他无法抗拒朋友的召唤和他最喜欢的运动的诱惑，也不可能去尝试自己做不到的美德，因此选择了掩饰由此产生的罪恶。学校放学后，他会花很多时间在潮湿的泥土上摩擦脚底。这个小计谋有时能成功，但是，当鞋钉的磨损非常明显，或者鞋底本身有时会受损，或者，遇到最糟糕的情况：不小心用脚踢到地面或保护树木的栅栏时，鞋底和鞋面就脱落了。这时雅克会用一根绳子系在鞋子上，把鞋面和鞋底系在一起。于是那个夜晚他就得挨一顿皮鞭。母亲对哭泣的雅克唯一的安慰便是："你明知道这鞋很贵，为什么就不能小心点呢？"但是她自己从来没有碰过自己的孩子。第二天，雅克穿上了帆布鞋，他的鞋送到鞋匠那里去修了。两三天之后，新的鞋钉重新钉了上去，不过鞋底太滑了，又不稳定，他不得不又一次学着保持平衡。

外婆还能更过分，这么多年过去了，雅克每次回忆起这件事，都会因为羞耻和厌恶而颤抖。他和哥哥从来没有零用钱，除非他们偶尔去拜访开店的舅舅或嫁了有钱人的姨妈。探望舅舅很轻松，因为他们喜欢他。但是姨妈总有方法来炫耀她的财富，其实她也只是相对有钱而已。两个孩子宁愿没有钱，宁愿得不到零花钱的乐趣，也不愿意丢脸。无论如何，尽管享受海洋、阳光、街区游戏是免费的，但是薯条、焦糖、阿拉伯糕点、某些足球比赛，都需要钱，至少得几生丁[①]。

一天晚上，雅克办完事回家，拿着他带到附近面包店烤的土豆和奶酪（他们家既没有煤气也没有炉子，家里用酒精炉子做饭，也没有烤箱，有东西需要烤的时候，就花几生丁送到面包师傅那里，烤面包的师傅会把盘子放到烤箱中），雅克的手臂挎着那个装满了少量东西（半磅糖、四分之一磅黄油、二十五生丁磨碎的奶酪等）的袋子，一

[①] 法国辅币，一百生丁合一法郎。

点也觉得不重，他嗅着马铃薯和奶酪的香味，敏捷地穿过熙熙攘攘的人群——这些工薪阶级正在附近的人行道上闲逛。就在这时，一枚两法郎的硬币从雅克的衣服口袋里的一个洞里掉了出去，在人行道上叮当作响。雅克把它捡起来，数了数零钱，还好没丢，然后放在另一个口袋里。"我可能会失去它。"他突然想到。第二天还有一场球赛，在那之前他一直尽力不去想，现在他又想起来了。

　　事实上，从来没人教过孩子什么是对的什么是错的，有些事情是禁止的，任何违法行为都会受到严厉的惩罚，而另一些则不会。只有在上课的空闲时间，老师偶尔会谈论道德，但是解释禁令同样很具体，而对于原因却匆匆略过。雅克所能看到的和体验到的有关道德的一切，只是一个工人阶级家庭的日常生活。在这个家庭里，显然，没有人认为除了最辛苦的劳动之外，还有别的办法可以获得他们生存所必需的金钱。但那是勇气的教训，不是道德的教训。尽管如此，雅克也知道把那两法郎硬币藏起来是不对的。他不想这么做，也不会这么做，也许他可以像以前那样，挤在两块木板中间，钻进校阅场的旧体育场，免费观看比赛。他自己也不明白为什么没有立即把硬币还回去，为什么过了一会儿，他从厕所里出来，就说脱裤子的时候，有一枚两法郎的硬币掉进了洞里①。即使是"厕所"这个词，对于楼上楼梯平台上临时搭建的狭小空间来说，也过于高尚了。一个土耳其风格的洞被钻在一个中等大小的基座上，卡在门和后墙之间。那地方没有空气，没有电灯，没有水龙头，每次上完厕所后，不得不往洞里倒几罐水，即使如此也没能阻止恶臭溢出楼梯。雅克的解释是合理的，他

---

① 其实事实并非如此。因他声称在街上丢了一枚硬币，所以他不得不另寻解释。

也不用回到大街上寻找丢失的硬币，并且避免了其他行动。雅克宣布他的坏消息时，感到心里一阵剧痛。外婆正在厨房里用木板切大蒜和芹菜，那块木板已经旧得发绿了。她停下来看着雅克，雅克正等着她发火。但是她一句话也没说，用她冰冷清澈的眼睛打量着他。"你确定？"她终于开口了。"是的，我感觉它掉下去了。"她一直盯着他。"很好，"她说，"我们去看看吧。"

雅克吓坏了，只见她卷起右手的袖子，露出白色的手臂，走到楼梯平台上。雅克冲进餐厅，几乎要吐了。外婆叫他的时候，他看见她在盥洗池旁，手臂上覆盖着灰色的肥皂泡，正在用水冲洗。"那里什么都没有，"她说，"你这个骗子。"雅克结结巴巴地说："可能是被水冲下去了。"她犹豫了一下，"也许吧，但如果你撒谎，那你就倒霉了。"是的，这是他的不幸，因为在那一刻，他终于明白了，并不是吝啬使他的外婆在粪便里摸索，而是可怕的需要，使得两法郎在这个家里成为一笔可观的数目。他明白了，现在他清楚地看到了，怀着一股羞愧，他从家里偷了两法郎。直到今天，看着他母亲站在窗前，雅克还是无法解释，为什么他没有把那两法郎还回去，还在第二天高高兴兴地去看比赛。

关于外婆的记忆总是和羞愧联系在一起，这些记忆没有什么正当的理由。她想让雅克的哥哥亨利去上小提琴课。雅克回避了，说如果去上课，在学校就很难保持好成绩。后来亨利学会了从冰冷的小提琴上拉一些难听的声音，用一些跑调的音符演奏流行歌曲。雅克的音调很准，他为了好玩学会了同样的歌曲，完全不知道这种纯粹的消遣会有什么灾难性的后果。

星期天，外婆已经嫁人的女儿们[1]通常会回来探望她，其中有两个是战争寡妇，有时候她的姐妹也会来拜访她。她们仍然住在萨赫勒的一个农场上，喜欢说马洪方言，不愿讲西班牙语。桌子上盖了油布，外婆端来一大碗黑咖啡，召集孙子孙女们，一起举办即兴音乐会。男孩们不得不表演，不情不愿地搬来金属乐谱架，翻开那两三页著名段落。雅克尽量跟着亨利的小提琴曲，唱着《雷蒙娜》："我做了一个美妙的梦，雷蒙娜，我们一起走，只有你和我。"或者："让我们共舞一曲，哦，亲爱的，今晚我爱的是你。"或者唱一些东方的曲调："中国之夜，珍爱之夜，爱情之夜，狂喜之夜，温柔之夜……"在其他场合，外婆会特别要求唱更多的表现真实生活的歌曲，所以雅克唱道："真的是你吗，我的爱人，你是我深爱的人，你曾经发誓，上帝知道，你永远不会让我哭泣。"这是唯一一首雅克能带着感情演唱的歌，因为最后女主角在人群中重复地唱着这动人的旋律，看着她任性的爱人被处决。但是，外婆最喜欢的歌是另一首，无疑是因为它忧郁和温柔的曲调，这是在她自己的天性中没有的品质。那首曲子就是杜塞利的《小夜曲》。亨利和雅克唱得十分生动，尽管阿尔及利亚口音并不适合这首歌所唤起的迷人的时刻。在一个阳光明媚的下午，四五个身穿黑衣服的女人，除了外婆之外，所有的人都把西班牙女人戴的黑色头纱解下了，排成一排，坐在这简陋的房间里，墙壁是粗糙的白色水泥。她们温柔地点头表示赞同音乐和歌词的溢美之词，直到她的外婆打断了这咒语一般的歌曲，她从来都分不清楚"do"和"si"，甚至连音阶音符的名字都不知道，她说"你唱错了"，这样就把表演者打断了。当外婆对这难唱的一段感到满意的

---

[1] 其实是她的侄女们。

时候，她就说"我们从这里开始唱"，于是女人们又随着音乐轻轻点头，最后为两位演奏家鼓掌，而两位演奏家却匆匆忙地收拾行装，出来与街上的战友们会合。只有凯瑟琳·科梅里坐在角落里一言不发。雅克丝还记得那个星期天下午，当他正要带着乐谱离开的时候，一个姨妈称赞他，他的母亲答道："是的，还不错，他很聪明。"好像这两种说法之间有什么联系。但他回头之际便立刻明白了其中的联系。母亲的脸颊仿佛在颤抖，目光温柔又热烈。她看着他，那温柔的表情使他退缩，他犹豫了一下，然后一溜烟跑了。"她爱我，她真的爱我！"他在楼梯上对自己说，同时也意识到自己怀着多么绝望的心情爱她，他全心全意地渴望她的爱，在此之前，他一直怀疑她对他的爱。

看电影也是孩子的乐趣。电影一般在星期天下午放映，有时也在星期四。附近的电影院就在雅克家楼下的街上，电影院起了一个浪漫派诗人的名字，和旁边的街道同名。到达电影院之前，必须通过一条熙熙攘攘的大街。街上有阿拉伯小贩的摊位，上面乱七八糟地摆着花生、干腌鹰嘴豆、羽扇豆、颜色鲜艳的大麦糖，还有黏黏的酸奶球。一些店铺出售色彩鲜艳的糕点，有金字塔形状的糕点，上面覆了奶油，撒着粉红色的糖；还有一些店铺卖的是滴着油和蜂蜜的阿拉伯油炸馅饼。苍蝇和孩子都被同样的糖果所吸引，苍蝇的嗡嗡声和孩子的打闹声此起彼伏，商贩们咒骂着，担心自己的货物被打翻，挥手驱赶苍蝇和孩子。一些小贩在影院门口的遮檐延伸的地方找到了庇护，另一些只能把他们的橡皮糖摆在炎热的阳光下，暴露在儿童游戏扬起的灰尘中。雅克陪着他的外婆。在这特殊的场合，外婆会把她的白发梳得光光的，给那一直穿着的黑裙子别上银色胸针。她平静地把堵在入口处号叫的孩子拨开，走到唯一的售票窗口，购买"预定"座位。实际上，预定座位只有两种：一种是不太舒适的折叠椅，张开时就发出嘎吱嘎吱的声音；一种是长椅，侧门打开的时候，孩子们常常在电影开始前的最后一刻涌向那些长椅，为了抢夺位置争吵。长椅的两端各有一名招待员，手持皮鞭，负责维持秩序，驱逐太过吵闹的儿童或成年人，这样的场景在影院并不罕见。在那些日子里，影院先放映无声电影、新闻短片，然后是一部喜剧短片，主要是故事片，最后播放每周一集的连续剧。外婆特别喜欢这些连续剧，连续剧每一集的结尾都充满悬念。比如肌肉发达的男主角抱着受伤的金发女孩，从架在峡谷激流之上的藤蔓桥上跑过。在最近一周的最后一个画面，一只有文身的手，用一把粗糙的刀割断了桥上的藤蔓。问题不是这对情侣能否逃脱，毫无疑问他们肯定能逃脱，问题在于他们如何逃脱，这就解释了为什么下周还有包括阿拉伯人和法国人在内的很多观众会回来——只为了观看这对本该坠落而亡的情侣如何被一棵树拦住。一位年迈的女士弹着钢琴为电影伴奏，观众的嬉闹衬托了她的优雅沉静，她那瘦削的背部仿佛饰有蕾丝领口的矿泉水瓶。那时候，这位女士令雅克印象深刻，即使在最炎热的天气里她也戴着露指手套，而这正是她与众不同的标志。她的工作也不像人们想象的那么简单，尤其是为新闻短片提供配乐，她要根据屏幕上显示的事件的性质改变旋律，从春季时装表演的活泼欢快的方阵舞曲，到为中国洪灾或国内外重要人物的葬礼而演奏的肖邦《葬礼进行曲》，她都没有间隔停歇。不管是什么曲子，她演奏起来总是得心应手，就好像十个小小的机械乐器，在一个由发条控制的发黄的旧键盘上精确地演奏。影厅的墙壁光秃秃的，地板上铺满了花生壳，淡淡的消毒剂气味和人的气息混合在一起。无论如何，她用踏板奏响了前奏，为午间电影营造了气氛，平息了震耳欲聋的喧闹。一阵巨大的震动声宣布放映机开始放映电影，而雅克的苦难也开始了。

由于放映的是无声电影，所以屏幕上会投射出字幕以解释情节。外婆不识字，因此雅克的工作就是为她念字幕。虽然外婆年纪大了，但是耳朵一点儿也不背。雅克首先得让自己的声音盖过琴音和观众的声音，这声音非常嘈杂。此外，虽然字幕非常简单，但是外婆并不熟悉这些词，甚至完全不明白。雅克不想打扰他的邻座，尤其不想告诉整个大厅他的外婆不识字（有时她自己也会尴尬，于是在节目的开始提高声音，说："你读给我听，我的眼镜没带。"）这样，他就不会读得那么大声了。结果外婆只能听懂一半，而且坚持让他再读一遍，还要大声些。雅克试图提高他的声音，周围观众的嘘声会让他陷入可耻的羞愧之中。他结结巴巴地念，外婆又责备他，很快另一段文字出现了，这对这个可怜的老妇人来说更加神秘，因为她不懂前面那段。困惑只会越积越多，直到雅克足够镇定，用几句话总结出一个关键时刻，例如，《佐罗的面具》里，范朋克[①]那段："坏蛋想把女孩从他身边抢走。"雅克利用钢琴声或听众的间隔，坚定地说道。情节变得清晰起来，电影继续，雅克终于可以松口气了。通常情况下，他最担心的是电影情节太过复杂，他夹在外婆的要求和邻居们愤怒的斥责之间，进退两难，最后他也不说话了。雅克仍然记得有一次看完电影以后，外婆走出去，他眼泪汪汪地跟着外婆，只因想到自己破坏了可怜的外婆那难得的快乐，本来家里就穷，还花了钱[②]。

[①] 一位美国演员、导演与剧作家，以默剧演出。

[②] 补充贫穷——失业——米利亚那夏令营——吹军号——被开除——不敢告诉她。
　　大声说：我们今晚喝咖啡。一次又一次的改变。他看着她。他常常给她读贫穷又勇敢的女人故事，可她没有笑，径直去了厨房。勇敢不是听天由命。

至于母亲，她几乎没有看过电影，因为她不识字，耳朵还有点聋。况且，她认识的字比她母亲还要少。即使在今天，她的生活也没有任何娱乐。四十年来，她只看过两三次电影，什么也看不懂。为了让那些邀请她的人高兴，她便说那些裙子很漂亮，或者那个留胡子的看起来像个坏人。她也听不了收音机。至于报纸，有时她会翻阅那些插图，让她的儿子或孙女解释那些图片，她觉得英格兰女王看起来很悲伤，然后合上报纸，再次凝视着同一扇窗，看着同一条街的场景。这样的场景，她已经看了大半辈子了①。

---

① 埃尔斯特舅舅年轻的时候，他的肖像就放在雅克和他母亲所在的房间里，或者让他之后再出现。

艾蒂安

  从某种意义上说，雅克的母亲参与生活的程度比她的兄弟埃尔斯特[①]还要少。埃尔斯特和他们一起生活。他已完全失聪，只能靠象声词、手势以及几百个词汇来表达自己的想法。埃尔斯特小时候不用去干活，只是偶尔去上学，学着辨认字母表上的字母。他有时候会去看电影，回家的时候，就复述一遍剧情，让已经看过的人十分诧异，他丰富的想象力完全可以弥补他的缺陷。此外，他聪明机灵，这种天生的聪明才智使他能在无声的世界中闯出一条路来。多亏了这样的聪慧，他每天苦读报纸，读得懂报纸标题，至少可以对世界各地的事情略知一二。例如，当雅克长大后，他会和雅克说："希特勒，是坏人。""的确，不是个好人。""德国人就是这样。"舅舅补充说，"不对，也有好人。""是的，有一些好的。"雅克的舅舅承认，"但希特勒不是。"然后，他喜欢的笑话占了上风："利维（街对面的绸缎商）害怕了。"说完他大笑起来。雅克试着解释，他的舅舅又变得严肃起来："为什么他要迫害犹太人？他们和其他人都一样啊。"

[①] 有时他叫埃尔斯特，有时叫艾蒂安，都是同一个人：雅克的舅舅。——译者注

埃尔斯特用自己的方式爱着雅克，常常夸奖雅克在学校的成绩。工具和劳动把他的手磨出了角质般的老茧，他会用那硬邦邦的手轻轻抚摸孩子的头，说："虽然很犟，但这小家伙脑袋很灵光，"他一边用他的大拳头敲自己的头一边说，"还很聪明。"有时候他还说："就像他爸爸一样。"有一天雅克趁机问他，他父亲是否聪明，于是舅舅回答："你爸爸脾气倔，他想做什么就去做什么，一直都这样。你妈妈总是说'对，对'。"然后雅克就问不出更多关于爸爸的信息了。

埃尔斯特经常带着孩子玩儿。他精力充沛，在语言和社会生活的复杂关系中找不到出口，于是就在他的身体、生活和感觉中爆发。有人把他从酣梦中摇醒时，他会睁大眼睛，大喊："哼！哼！"仿佛一头史前野兽，每天醒来就要面对一个陌生且充满敌意的世界。但只要他醒来，他的身体及技能就可以使他在这世界站稳脚跟。他的工作很辛苦，但他仍喜欢游泳和打猎。雅克还是个孩子的时候①，舅舅会带他去萨布莱特海滩②，把雅克背在背上游泳出海，他的泳姿简单但有力，还发出模糊不清的声音，先表达了他对冰冷的海水的惊讶，然后是游泳的快乐，或者是他对汹涌的波涛的愤怒。"别害怕。"他时不时地对雅克说。的确，雅克很害怕，只不过没有说出来。他被这孤独感震撼了，他们在天空和海洋之间，天空和海洋一样辽阔，回头看，海滩就像一条看不见的线，于是，一阵深深的恐惧在胸膛里跳动，他开始恐慌，想象着宽阔海面下的黑暗深渊，如果舅舅放开他，他就会像石头一样沉下去。于是雅克就紧紧抱住舅舅的脖子。"害怕了？"舅舅立刻询问。"我不怕，但我们回去吧。"舅舅温顺地转过头，深

---

① 那时雅克九岁。

② 海滩上漂白的木头，软木塞，海上磨损的玻璃碎片，软木树上的芦苇。

吸了几口气，又像在陆地上一样自信地出发了。回到海滩上，他几乎没怎么大声喘气，只用力摸摸雅克的脑袋，发出一阵大笑，接着转过身去大声地撒尿了，他仍然在笑，祝贺自己的膀胱功能良好，拍打着肚子，伴随着他所有愉快的感觉。他没有区分这些感觉是排泄物还是营养物，对每一种感觉都一样天真，强调它们带给他的快乐，并且总是希望与家人分享这份快乐。但在餐桌上，这会引起外婆的抗议。最终，外婆接受了这些事情的讨论，甚至她自己也提到了这些事情，但是，她总说："不要在我们吃饭的时候说。"她忍受了他吃西瓜的行为，因为西瓜有利尿的功效。埃尔斯特很喜欢西瓜，他开始吃的时候会笑，会恶作剧地向外婆眨眼睛，还会发出各种各样的吸气、反刍和咕噜咕噜的声音，在刚开始几口咬到西瓜皮的时候，他会表演一整套哑剧，用他的手反复演示这些漂亮的玫瑰和白色水果，从他的嘴到他的尿道的旅程，一边做鬼脸一边眨眼睛来表示他是多么享受，所有这一切都伴随着："好，好，洗一洗，好，好。"直到所有人都忍不住哈哈大笑。这种像亚当一样的天真使他过分担心他抱怨的一系列转瞬即逝的疼痛。他皱着眉头，目光转向身体，好像在审视自己器官的神秘黑暗。他说自己的疼痛像"针扎"，疼痛的位置变化很大，是一个"肿块"在到处移动。后来，当雅克上中学的时候，舅舅确信有一种科学可以适用于所有人，于是向他展示自己的背部的时候，就会问他："就在那里，拉扯着，那很严重吧？"没有，什么都没有，于是埃尔斯特就松了一口气，迈着匆忙的小步子走下楼梯，到附近的咖啡馆和同伴们会合，那里有木制家具和锌条，散发着茴香酒和锯末的味道，雅克有时在晚饭时间去那里找他。雅克在酒吧里发现这个聋哑人被他的同伴们簇拥着，即使他们大笑的时候他还在说个不停，笑声中没有嘲笑的意味。埃尔斯特善良又慷慨，朋友们十分喜欢他①②。

　　雅克十分清楚这一点，尤其是舅舅和他和同伴们一起打猎③的时候。他们都是港口或铁路的工人，黎明就起床了。雅克负责叫醒他的叔叔，因为没有任何闹钟能把他从睡梦中叫醒。雅克听到铃声就起床了，他的哥哥在床上翻过身来发牢骚，母亲则睡在另一张床上，没有被吵醒，只轻轻地动了动。他摸索着起身，划了根火柴，点燃了两张床之间床头柜上的小煤油灯。（房间里的家具有两张铁床，一张是母亲睡觉的单人床，另一张是两个孩子睡觉的双人床，两张床之间有一个床头柜，床头柜对面有一个带镜子的衣柜。在母亲的床脚有一扇面向院子的窗户，窗户下面是一个藤条箱，上面盖着一条钩编的毯子。雅克还小的时候，就得跪在箱子上把窗户的百叶窗关上，因为没有椅子。）然后雅克走到餐厅，摇醒舅舅，舅舅吼叫着，恐惧地抬头看着他眼前的灯，才慢慢恢复理智。他们穿好衣服。雅克在小酒精炉

---

① 埃尔斯特常常给雅克零花钱。

② 埃尔斯特中等身材，有点罗圈腿，他的肩膀在厚厚的肌肉下有点弯曲，他给人的印象是，尽管他身材纤细，但力气十足。在很长一段时间里，他的脸仍然是青春期的脸，精致而规则的五官，有着与他姐姐相似的美丽的棕色眼睛，非常直的鼻子，光秃秃的眉弓，整齐的下巴，还有一头漂亮而浓密的头发，不，有点卷。他的外表之美本身，这就是为什么尽管他有残疾，他还是和女人有过几次艳遇。他不会因为这些艳遇结婚，而且艳遇必须是短暂的，但是有时会出现通常所说的爱情，就像他的那段风流韵事。有时候他会带着雅克去听布列松广场的周六晚上的音乐会，那里可以看到大海，台上的军事管弦乐队演奏着歌剧《拉克美》中出现的曲子。而在人群中走来走去的时候，埃尔斯特总是穿着他最好的衣服，确保他的路线与咖啡馆老板的路线相交，咖啡馆老板的妻子穿着生丝衣服，他们会互相友好地微笑，丈夫偶尔对埃尔斯特说几句友好的话，他肯定从来没有把他看作一个潜在的对手。

③ 狩猎？可能会被打断。

上加热剩下的咖啡，舅舅则在袋子里装满食物：一块奶酪，一根猪肉香肠，加了盐和胡椒的西红柿，还有一块切成两半的面包，外婆做的大蛋卷。接着，舅舅又检查了一次双管霰弹枪和弹药筒，前一天晚上他们还为此举行了一个盛大的仪式。晚饭后，他们清理了桌子，仔细地清理了油布的盖子。舅舅坐在桌子的一边，庄重地坐在雅克面前。悬挂的大煤油灯的灯光下，放着他拆开的枪的碎片，他已经煞费苦心地擦过了。雅克坐在另一边，等着过会儿轮到他自己，狗也在一旁守着。只有一条狗，名叫布兰特，它是一条杂种雪达犬。布兰特性情温和善良，连苍蝇都不会伤害，证据就是：如果它碰巧抓到一只正在飞的苍蝇，他就会满脸厌恶地吐出来，同时还会伸出舌头，狠狠地扇动嘴巴。埃尔斯特和他的狗形影不离，他们之间有着完美的默契。你会情不自禁地把他们想象成一对情侣（只有那些既不认识也不喜欢狗的人才会觉得这比喻很荒谬）。狗对人类服从又忠心，而人类只同意承担一项责任。他们住在一起，从不分开：一起睡觉（男人睡在餐厅的沙发上，狗睡在一块破旧的床头毯上），一起工作（狗躺在一张专门为他做的木屑床上，在店里的工作台下），一起出去喝咖啡，狗耐心地蹲在在主人的两腿之间等待，等到表演结束。

他们用"汪汪"声交谈，互相欣赏对方的气味。但永远不要告诉埃尔斯特，他那条很少洗澡的狗散发出的气味有多臭，尤其是下过雨之后。他总说："它啊，没有一点气味。"然后就深情地嗅着狗颤抖的大耳朵。打猎对他们俩来说是一种狂欢，那是他们在镇上的夜晚。埃尔斯特只需拿出背包①，狗就会在小餐厅里疯狂地跑来跑去，用屁

---

① 应该有很多东西和肉。

股撞椅子，让椅子跳起舞来，然后用尾巴拍打餐具柜。埃尔斯特会大笑："它明白，它明白！"然后他让狗平静下来，狗就会把它的鼻子挨着桌子，看着他们准备，不时地小心翼翼地打哈欠，但永远不会离开，直到这令人愉快的景象结束。

舅舅把猎枪组装好后，把它递给了雅克。雅克恭敬地收下了它，用一块旧亚麻布擦了擦枪管。与此同时，舅舅正在准备他的子弹。他面前摆放着一些颜色鲜艳的硬纸管，里面装着铜底座，他从里面取出了一些葫芦形的金属烧瓶，里面装着粉末、弹丸和棕色毡絮。他小心翼翼地在管子里装满了粉末和填料，从麻袋里拿出一个小仪器，把这些管子装进小仪器里。一个带帽的小曲柄把管子顶部卷了边，使之与粉末填料齐平。子弹准备好后，埃尔斯特把它们一个一个交给雅克，雅克虔诚地把它们放在面前的子弹袋里。第二天早上，他们要出发了，埃尔斯特穿着两层厚毛衣，把沉重的弹夹袋套在他的腰上。雅克在他背后系上了子弹袋。布兰特自从醒来以后就一直静悄悄地走来走去，努力控制自己的快乐，以免吵醒任何人。它对着自己触手可及的每一样东西呼气，站起来靠着它的主人，把爪子放在他的胸口上，试着伸长背和脖子，狠狠地舔那张可爱的脸。

他们匆匆赶往阿加车站，天空变得越来越亮，空气中弥漫着榕树的清新香味。猎犬在他们前面全速前进，在弯弯曲曲的赛道上跑着，夜晚的空气还很湿润，有时候猎犬会在人行道上打滑，然后又很快地跑回来，很明显，它们害怕自己失去主人。艾蒂安背着装了猎枪的笨重帆布箱，一个包和一个打猎的袋子。雅克的手放在短裤的口袋里，背上背着一个大背包。舅舅的朋友已经到车站了，他们的狗不离开主人，只会跑到同伴的尾巴下嗅嗅。丹尼尔和皮埃尔是两兄弟，他们和埃尔斯特一起在店里工作。丹尼尔总是眉开眼笑，心态乐观，而皮埃尔更内敛，更加有条理，对人和事充满了智慧的见解。还有乔治，他在煤气厂工作，偶尔参加拳击比赛赚点外快。此外还有两三个人，他们都是好朋友，至少在这种场合都很开心，终于能从车间里、从拥挤不堪的小公寓里逃出来一天，或者从妻子那里逃出来，无拘无束，轻松愉快，这是男人们拥有短暂的狂欢而聚在一起所特有的心情。

他们兴高采烈地爬上其中一辆火车，火车每节车厢都通向站台。他们互相递给对方背包，再让猎犬进去，然后安顿下来。现在他们高兴地坐在一起，分享着同样的温暖。在这样的星期天，雅克明白了与男人相处的好处——能够滋养灵魂。火车出发了，渐渐加快了速度，急促的扑哧声和偶尔响起的汽笛声交织在一起。列车正在穿越萨赫勒的一端，当他们到达一片田地时，这些身强力壮的男人莫名其妙地陷入了沉默，精心耕作的田地上升起了黎明的曙光，早晨的薄雾像薄纱一样在隔开田地的大芦苇篱笆上飘荡。时不时地，一丛丛的树木从车窗一闪而过，树林里坐落着白色农舍，村庄里的每个人都在酣睡。突然，一只鸟从路堤旁的沟里冲出来，飞得同他们一样高，朝着与火车相同的方向飞去，仿佛试图追赶火车，突然又从一个斜前方飞去，与火车的路线成一个直角，似乎被风从窗口拉开，甩到了火车的后面。绿色的地平线变成了粉红色，然后突然变成了红色，太阳出来了，在天空中冉冉升起。他们一个接一个地脱下毛衣，让烦躁的狗趴下，互相开着玩笑，埃尔斯特已经开始用他独特的方式讲述关于食物和疾病的故事了，还有关于他总是占上风的打架。有时候，舅舅的朋友会问雅克关于他的学校的事情，然后再接着谈论其他事情，或者叫他看埃尔斯特表演的猜字游戏，说道："你舅舅是最棒的！"

乡村变了，石头变得更多了，橘子树变成了橡树，火车的轧轧声越来越大，冒着浓浓的蒸汽。天气突然变冷了，山峦挡住了太阳，旅行者们突然意识到现在还只是七点钟。终于，火车鸣了最后一声汽笛，减慢了速度，缓慢地转了一个弯，最后到达山谷里一个孤零零的小车站。这个小车站荒芜且寂静，因为它只服务于一些远处的矿山。车站里种着巨大的桉树，镰刀形的树叶在清晨的微风中颤动。他们像往常一样在嘈杂声中离开了火车，猎犬从车厢里跌跌撞撞地跑出来，跃过了两个陡峭的台阶，而男人们又排起队来，把麻袋和猎枪递给对方。但是在车站的出口，也就是马上到第一个坡道的地方，大自然的寂静渐渐淹没了他们的感叹和呼喊。就这样，小队伍安静地爬完了山，狗则不停地绕着圈。雅克不会让他那些精力充沛的伙伴离开他。他最喜爱的同伴丹尼尔，不顾他的反对拿起了背包，但他还是得走快点才能跟上他们的步伐，而且清晨的空气十分凛冽，刺痛了他的肺。过了一个小时，他们终于来到了一片宽阔而缓缓起伏的高原的边缘，这里长满了矮小的橡树和杜松树。在这片高原上，清新柔和的阳光照耀着广阔的天空，这里是他们的猎场。猎犬回来了，聚集在人们周围，好像它们已经知道了。他们打算下午两点在一片松树林里吃午餐，那里有一处泉水，坐落在高原的边缘，在那里可以看到山谷和远处的平原，视野很广阔。他们对了表，猎人们分成两人一组，对着各自的狗吹口哨，然后向不同的方向出发。埃尔斯特和丹尼尔是搭档。雅克拿到了麻袋，小心翼翼地将麻袋放在肩上。埃尔斯特在远处跟其他人说，他会带回比任何人都多的兔子和鹧鸪。他们笑着，挥舞着手，慢慢走远了。

　　现在，雅克开始了一段心醉神迷的时光，他总是怀着怀旧的好心情怀念这段时光：两个男人相隔两米并排走着，猎犬在前面，他自己则总是在后面，舅舅的眼睛突然变得野蛮而狡诈，总是检查一下以确保雅克跟紧了他，就这样无休止地默默走着，穿过灌木丛，鸟儿有时会从灌木丛中鸣叫着飞走，他们沿着充满香味的小峡谷一直走下去，就到了谷底，向上走的时候，阳光越来越温暖，上升的热量使他们出发时还潮湿的土壤迅速干燥。枪声穿过峡谷，一群灰色的鹧鸪被猎犬赶了出来，发出刺耳的咯咯声，又迅速重复了两遍，猎犬冲到了前面，它回来的时候眼睛闪闪发亮，血淋淋的嘴里叼着一团羽毛。埃尔斯特和丹尼尔把猎物从狗嘴里拿下来，雅克既兴奋又恐惧，搜寻更多的猎物，看到它们从天上掉下来时，分不清是埃尔斯特的叫声还是布兰特的狗吠声就会响起。他们重新走了一遍之前的路，尽管戴了一顶小草帽，雅克还是在阳光下拖着身子，毫无精力。他们周围的高原开始剧烈地震动起来，就像太阳下的铁砧一样，偶尔传来一两声枪响，但没有更多了，因为只有一个猎人看见过野兔或者兔子匆匆逃走，如果它在埃尔斯特的射程内的话，它就完了。他总是像猴子一样敏捷，现在他几乎和他的狗跑得一样快，并且像狗一样咆哮着，抓住死去的猎物的后腿，在很远的地方就把它展示给丹尼尔和雅克看，他们到达时已经上气不接下气了。雅克在再次出发前，打开了麻袋，把战利品装进去。他们在太阳下晃晃悠悠地走着，在没有边界的土地上一走就是几个小时。雅克沉浸在无边无际的阳光和广阔的天空中，觉得自己是孩子们中最富有的。当猎人们回到他们约好吃午饭的地方时，他们一直在寻找机会，但他们的心已经不在那里了。他们拖着步子，擦着汗水，饥肠辘辘，一个接一个地回到这里，从远处互相展示战利品，嘲笑那些空的麻袋，宣称同一个麻袋总是空的，所有人都在讲述他们捕获的东西，每个人都有一些特殊的细节要添加。但是最厉害的吹牛大王是埃尔斯特，他站到了地板上并且模仿着，雅克和丹尼尔能够准确地判断鹧鸪起飞的路线，那只疾跑的兔子曲折前进了两次，然后向前扑倒，就像橄榄球运动员从后面尝试扑球的样子。与此同时，有条不紊的皮埃尔把茴香酒倒进他从每个人那里拿来的金属酒杯，然后去松树林边的泉水那里，往杯子里倒满澄澈的水。他们用洗碗布临时搭了一张桌子，每个人都拿出了自己的食物。但是埃尔斯特这个天才厨师（夏天的垂钓之旅，总是先吃一道他当场准备的清汤，而且这个汤特别辣，简直要把舌头都烧焦了），把一些树枝削尖，刺穿他带来的辣味红粉肠，放在小柴火上烤，直到它们爆裂，一种红色液体滴落在炭火上，发出噬噬声，并燃烧起来。他把烧得滚烫、香喷喷的香肠夹在两片面包中间，递给其他人，他们欢呼着接受，然后狼吞虎咽地吃着，喝着泉水里冰镇过的茴香酒。这儿充满了笑声，关于他们工作的故事，还有笑话。但是雅克，他又脏又累，嘴巴和手都黏黏的，几乎没有在听，因为他睡着了。但事实上，他们都很困倦了，有时候还打起了瞌睡，他们在热气的笼罩下茫然地望着远方的平原，或者像埃尔斯特那样，用手帕蒙住脸，睡得很熟。

　　然而，他们四点钟的时候就得下山去赶五点半启程的火车。现在他们在车厢里，疲惫不堪地挤在一起，猎狗也很疲惫，趴在座位下面或者主人的两腿之间，沉睡中还伴有嗜血的梦。到了平原的边缘，夜色渐渐降临，然后便是非洲短暂的黄昏。夜晚来临得很快，夜幕下广阔的旷野令人不安。到了车站，大家都急着回家吃饭，因为第二天还得工作，必须早点上床睡觉。他们在黑暗中很快地分手，几乎没有说话，只是友好地拍了拍对方的肩膀。雅克听着他们离开的声音，听着他们温暖又粗粝的声音，他爱他们。然后他跟上埃尔斯特的步伐，埃尔斯特的步伐仍然很轻快，而雅克自己的步子却很迟缓。

快到家的时候，埃尔斯特在黑漆漆的街道上问他："开心吗？"雅克没有回答。埃尔斯特大笑，对着他的狗吹口哨。再往前走几步，孩子就把他的小手放在舅舅那只长满老茧的大手上，舅舅使劲捏着他的小手，两人就这样安静地回了家。

然而①，埃尔斯特的愤怒像他的快乐那样，总会突然爆发。他会没由来地生气，甚至无法与他讲道理，他的暴怒看起来像是一种自然现象。你看到暴风雨在聚集，只能等着暴风雨来临，除此之外无计可施。埃尔斯特和许多耳朵失聪的人一样，有非常发达的嗅觉（涉及他的狗就是例外了）。这种优越的天赋给他带来了极大的快乐，比如当他闻到豌豆汤的香味，或者他最喜欢的菜肴：汤里的鱿鱼，香肠煎蛋卷，或者用牛心肺做的内脏炖菜，穷人喝的勃艮第红酒。这些都是外婆的拿手菜，经常出现在他们的餐桌上，因为这些菜很便宜。或者在星期天，他会洒上廉价的古龙水，或者那种叫作"蓬珀露"的香水（雅克的母亲也用）。香水的香气和柠檬佛手柑的味道总是萦绕在餐厅和埃尔斯特的头发里，埃尔斯特会深深地嗅着瓶子，一脸陶醉。但他对气味的敏感也给他带来了麻烦。他不能忍受一些气味，而正常人的鼻子却闻不到。例如，他养成了在吃饭前闻自己盘子的习惯，当他发现有他所谓的鸡蛋的气味时，就会气得脸红。随后外婆拿起可疑的盘子，闻一闻，说她没闻到什么，然后把盘子递给女儿，听听她的意见。凯瑟琳·科梅里拿着盘子在她精致的鼻子前晃一晃，甚至都不

---

① 热尔曼先生——中学——天主教——外婆之死——以埃尔斯特的手为结尾？

闻一下，便轻声说了句"没气味"。他们闻了闻其他盘子，以便判断得更准确，除了那些用铁盘子吃饭的孩子。（发生这件事的原因是个谜，可能是因为缺少瓷器，或者正如外婆曾说的，是为了避免破损，尽管雅克和他的哥哥都不是笨手笨脚的人。但是家庭传统往往没有很好的根据，当人种学家们为这么多神秘的仪式寻找原因时，他们的确让我发笑。在许多情况下，真正的神秘根本没有任何理由。）最后，外婆宣布：盘子没有气味。事实上，她绝不会宣布其他答案，特别是如果前一天晚上是她洗碗的话，毕竟这件事关系到外婆作为女管家的责任，她绝不会让步的。但那时埃尔斯特的愤怒真的爆发了，尤其是因为他说不出话，表达不了他的想法①。人们只能顺着他的脾气，不管他是生气不吃饭，还是嫌恶地对盘子挑挑拣拣。尽管外婆已经换了新盘子，他还是会离开餐桌，怒气冲冲地说他要去一家餐馆。事实上，他从来没有去过那种地方，家里也没有任何人去过，如果有人在餐桌上表达不满，外婆就回一句："有本事你去啊。"从那时起，餐馆就变成了一个罪恶的、虚荣诱惑的地方。在这里，只要你能负担得起，一切似乎都很容易，但在餐馆享受罪恶的美味，总有一天会让你的胃付出沉重的代价。然而无论如何，外婆从来没有回应过她小儿子的愤怒。一方面是因为她知道这是没用的，另一方面是因为她总是对他有一个奇怪的弱点。雅克曾读过一些书，他把这个弱点归因于埃尔斯特有残疾这个事实（尽管我们有很多这样的例子，我们有先入为主的观念，他们会对这个残疾的孩子敬而远之）。在很久以后的某一天，雅克突然明白了，他在外婆冷冰冰的眼神里捕捉到了一种从未见过的温

---

① 这是一个小小的悲剧。

柔，他转过头，看到舅舅正在穿一件节假日穿的夹克外套。深色的衣服使他看起来更加苗条，年轻的脸上有着精致的五官，他刚刮了胡子，头发梳得很整齐，穿了一件新衣服，打了一条新领结，他的打扮像极了希腊牧羊人的节日盛装。雅克看到了舅舅的真实面容——他非常英俊。然后雅克意识到，外婆对儿子的爱是肉体上的，和所有人一样，她爱埃尔斯特的优雅和力量，她对他那看起来不同寻常的示弱其实是经常发生的，这或多或少地软化了他们。而且令人高兴的是，这使这个世界变得可以忍受——这是人们面对美丽之时的示弱。

雅克还记得埃尔斯特舅舅的一次暴怒，那次更严重，因为差点和在铁路公司工作的约瑟夫舅舅打了一架。约瑟夫没有住在外婆家（他会住在哪里呢？）。他在附近有一间房子（实际上他从来没有邀请过任何一个家庭成员去他家，比如雅克从来没有去过）。约瑟夫和他母亲一起吃饭，并且付给她一小笔伙食费。约瑟夫和他弟弟完全不同，他比埃尔斯特大十岁，留着小胡子和平头，他也更冷漠，更内向，特别是更加精于算计，埃尔斯特经常指责他贪婪。事实上，他的话十分简单："他这个莫扎比特人①！"在他看来莫扎比特人就是附近开杂货店的商人。他们从姆扎卜河谷迁徙到这里，多年来，他们住在自己的店铺后面，店铺里充满了油和肉桂的味道。他们也没有妻子，几乎什么都没有，只为了养活他们在姆扎卜河谷五个城镇里生活的家人。姆扎卜河谷坐落在沙漠里，几个世纪前一些伊斯兰教的清教徒被视为异教徒，受到东正教的迫害，于是就来到了这里。他们选择了这个地方，因为他们确信没有人会为了这个地方和他们战斗，那里除了石头

---

① 莫扎比特人：居住在阿尔及利亚撒哈拉北部的姆扎卜河谷，分散在五个绿洲边缘地带，人口约有18万。

什么都没有——这个地方离海岸的半文明世界十分遥远，就像一个没有生命的坑坑洼洼的星球离地球那样远。他们在那里定居，在稀有的水源周围建造了五个城镇，并构想了这种奇怪的苦修生活。他们把强壮的男人送到海边去做生意，仅仅是为了支持这种精神及其创造，直到这些男人被其他人取代，才能重回他们用土地和泥土筑成的城镇，享受他们最终因信仰而赢得的王国。因此，这些莫扎比特人的艰苦的生活和贪婪，只能根据其深远目的来判断。然而，附近的工人阶级对伊斯兰教及其异端教徒一无所知，只看到了肤浅的表面。对埃尔斯特或其他人来说，称他的哥哥为莫扎比特人就等于把他比作阿巴贡①。说实话，约瑟夫把他的钱守得很紧，与埃尔斯特相反，外婆说埃尔斯特把钱"捧在手里给大家看"。（外婆生他的气时，会指责他让钱从同一只手的指尖溜走。）但除了他们不同的性格外，约瑟夫的确比埃尔斯特挣得多一点。一个人在一无所有之时总是很容易挥霍。其实很少有人攒了许多钱之后还继续慷慨解囊。这些人都是人群的王侯，人们必须在他们面前屈服。当然，约瑟夫没有大把钞票，除了他小心翼翼管理着的工资（他实行所谓的信封制，他买不起真正的信封，用报纸或者杂货袋做信封），他还通过一些精心计算的小交易赚外快。他在铁路公司工作，可以每两周免费旅行一次。因此，每隔一周，他就会乘火车进入所谓的"内部"，即荒野，在阿拉伯农场周围低价购买鸡蛋、骨瘦如柴的鸡或兔子。然后他把这些商品带回来，卖给他的邻居，赚一点微薄的差价。他的生活各方面都井井有条。据说他没有女朋友。无论如何，在每周的工作和每周的贸易之外，他都没有时间去

---

① 莫里哀喜剧《吝啬鬼》中的主人公，生性多疑，视钱如命。

追求女人。但他总说，在四十岁时，他会娶一位地位显赫的女人，在那之前，他会独自待在自己的房间里，积累财富，继续在他母亲那里过日子。虽然看起来很奇怪，他缺乏魅力，却还是如他所说的那样执行了他的计划，并且娶了一个钢琴老师，她的容貌一点儿也不丑，还带来了家具，至少给他带来了几年的中产阶级的幸福。最终，约瑟夫留下了家具，却没能留下妻子，但那是另一个故事了。约瑟夫没有想到的是，他和埃尔斯特吵架后，他就不能和母亲一起吃饭了，因此不得不求助于昂贵的餐馆。雅克也忘了吵架的原因。隐晦的仇恨有时会分裂家庭，事实上，没有人能够找出他们吵架的原因，尤其是他们所有人都记不得了，没有人能够回忆起这种仇恨的原因，而只能局限于维持他们已经接受并永远回味的后果。雅克只记得那天埃尔斯特站在餐桌旁，大声辱骂他的哥哥，除了"莫扎比特人"之外，他一句也听不懂，约瑟夫仍然坐着继续吃饭。后来埃尔斯特打了他的哥哥，约瑟夫站起来，向后躲一下，上前要打埃尔斯特。但是外婆已经抓住了埃尔斯特，而雅克的母亲情绪激动，正从后面拉着约瑟夫，"让他去吧，让他去吧。"她说。两个孩子脸色苍白，嘴巴微微张开，一动不动地看着，听着一片愤怒的咒骂声，咒骂声都朝着同一个方向涌来，直到约瑟夫闷闷不乐地说："他就是个畜生，是个哑巴，你也不能伤害他。"随后就围着桌子走开了，外婆拦着埃尔斯特，以免他追着哥哥打。门砰的一声关上后，埃尔斯特还在挣扎，"放开我，放开我！"他对他母亲吼道，"我会伤到你。"外婆抓住他的头发，摇晃着他，说："你，你，你还想打你的母亲吗？"埃尔斯特坐在椅子上哭泣，"不，不，不会的。你就像我的上帝！"雅克的母亲没吃完饭就上床睡觉了，第二天头就开始痛了。从那天起，约瑟夫再也没有回过家，除了偶尔几次，他确定埃尔斯特不在家时，才去看望他的母亲。

还有一种雅克不愿回忆的愤怒[①]，因为他不想知道原因。有很长一段时间，一位叫安托万的先生总是在晚饭前去他们家。安托万好像是埃尔斯特的朋友，他是菜市场里的一个鱼贩，有着马耳他血统，长相十分英俊，身材苗条，个子很高，总是戴着一个奇怪的黑色圆顶礼帽，脖子上还系着一条花格大方巾，方巾掖在衬衫里。雅克后来想了想，发现了他当时没有注意到的事情：母亲穿得会更加得体，常穿着颜色鲜艳的裙子，甚至在脸颊上抹了浅色的胭脂。那时候女性开始流行剪头发，从前她们一直留着长发。雅克喜欢看他的母亲或外婆梳理长发。她们肩上围着毛巾，嘴里塞满了发夹，齐腰的长发要梳很长时间。然后把发夹竖起来，在脖子后面的发髻上拉一条很紧的发带，微微张嘴，把发夹一个一个地从嘴里取出来，然后咬紧牙关，一个一个地把发髻扎起来。外婆觉得这种新风格既可笑又可耻，但她低估了时尚的真正力量，毫无逻辑地说，只有"在街上花枝招展取悦男人的女人"才会让自己变得如此荒谬。雅克的母亲认为这是理所当然，然而一年后，就在安托万来拜访的时候，有一天晚上她剪了头发回了家，看上去精神焕发，神采奕奕。她说，虽然她表面上看上去很高兴，但其实很焦虑，她只想给他们一个惊喜。这对外婆来说的确有惊无喜，她从头到脚打量着她，打量着这场不可挽回的灾难，只是在她儿子面前对她说，现在她看起来像个妓女，说完就回了厨房。凯瑟琳·科梅里笑不出来了，她的脸上显露出无限的悲伤和疲惫。然后她看到了儿子

---

① 外婆去世之后，埃尔斯特和凯瑟琳住在一起。

专注的表情，试图再次微笑，但是她的嘴唇颤抖着，忍不住哭着冲向她的卧室。那张床是她休息、孤独和悲伤时的唯一避难所。雅克不知所措地朝着她走去，只见她把脸埋在枕头里，脖子露在短短的卷发外面，纤瘦的后背因抽泣而微微颤抖着。"妈妈，妈妈，"雅克怯生生地用手碰了碰她，说，"你这样很漂亮。"但她没有听见他的话，就用手示意他离开。他退到门口，倚在门框上，也因这绝望的爱而哭泣。

接下来的几天，外婆没有和她女儿说过一句话。同时，安托万来拜访时也受到了冷淡的接待。尤其是埃尔斯特，始终保持着一种冷漠的态度。虽然安托万是个能言善辩的人，但肯定也感觉到了什么。到底怎么回事呀？有好几次，雅克在他母亲美丽的眼睛里看到了泪水的痕迹。埃尔斯特一直沉默，甚至打了他的狗。夏天的一个夜晚，雅克注意到他舅舅好像在阳台上张望。"丹尼尔要来吗？"孩子问道。他舅舅咕哝了一声。突然，雅克看到几天没来的安托万来了。埃尔斯特冲了出去，几秒钟后楼梯上传来低沉的声响。雅克也跟着跑了出去，看见两个人在黑暗中打架，一句话也不说。埃尔斯特不顾自己受伤，用铁一样的拳头猛击对方，过了一会儿，安托万滚下了楼梯，满嘴是血地站起来，拿出一块手帕擦去血迹，一直盯着像疯子一般的埃尔斯特，看着他离开。雅克回到屋里，发现母亲坐在餐厅里，一动不动，表情僵硬。他也坐了下来，没有说话①。然后埃尔斯特回来了，嘟囔着、咒骂着，怒气冲冲地瞪着他姐姐。晚餐照常进行，只是雅克的母亲没有吃饭，她只是用"我不饿"来回答坚持叫她吃饭的母亲。晚饭

---

① 放在前面，没有打斗。

后，她回到自己的房间。夜里，雅克醒来，听到她在床上辗转反侧。从第二天起，她重新穿上了她的黑色或灰色的衣服，那是只有穷人才穿的衣服。雅克觉得她同样很漂亮，甚至比以前更漂亮了，因为她精神疏离和心不在焉的样子更美。此后，她永远生活在贫穷、孤独和即将到来的暮年①之中。

很长一段时间，雅克对舅舅怀恨在心，却又不知道自己到底在责怪他什么。但是同时，他也知道自己不能责怪他。贫穷、疾病、全家生活的基本需要，都让人能原谅一切。在任何情况下，他们都不能责怪那些受害者。

他们不想伤害对方，却总是互相伤害，只因为每个人都向对方表明这是他们残酷又苛刻的生活中必需的。无论如何，雅克不能怀疑舅舅对外婆的爱，以及母亲对孩子天生的母爱。制桶厂的事故发生的那天②，他深切地明白了这一点。雅克每周四都去制桶厂，如果学校有功课，他会迅速完成，然后飞快地跑向工厂，就像以前他去街上遇到玩伴那样快活。制桶厂就在校阅场附近，那是一个堆满了垃圾、旧铁箍、矿渣和熄灭的炭火渣的院子。院子的旁边有一个棚子，屋顶是用砖砌成的，每隔一定距离就用瓦砾做成的柱子支撑。有五六个工匠在那里工作，每个人都有自己固定的工作区：靠墙有一张工作台，工作台前面的空间可以组装木桶和酒桶，有一张长凳隔开了其他区域，长凳一侧有一个很大的槽，可以固定桶头，然后用一个类似菜刀的工具手工定型，但是这工具锋利的刀刃对着拿着两个把手的人。实际上这

---

① 当时雅克认为他的母亲已经老了，她和他现在差不多大，但是他认为青春首先是各种可能性的集合，生活对他来说是无比慷慨的。

② 在写愤怒之前，或者开始描写埃尔斯特的时候，先写制桶工厂的事故。

个布局乍看上去并不明显。当然这就是它最初的设计，但是慢慢地，工作台之间的长凳被移动，工作台之间铁圈、铆钉丢得到处都是，因此要花很长时间才看得出来这布局，或者说，只有来了很久的人才能看清每个工匠所做的工作都在各自的区域内。雅克拿着舅舅的午饭，还没走到工厂，就能分辨出锤子敲打铁箍的声音，这是工人在铁箍放好之后把铁箍打到桶上，工人敲击凿子的一端，同时熟练地将另一端绕着铁箍移动。雅克还能从更吵、更少见的声音中猜到有人正在钉牢老虎钳上的铁箍。当他在敲敲打打的喧闹声中到达工厂，工人们先对他的来到表示欢迎，然后锤子的舞蹈又重新开始。埃尔斯特穿着一件无袖的灰色法兰绒衬衫，一条破旧的打着补丁的蓝色裤子，帆布鞋上覆盖着锯末，戴着一顶褪色的土耳其毯帽，以保护他的漂亮的头发免受灰尘和刨花的侵袭。舅舅会拥抱雅克，并请他帮忙。有时雅克会把铁箍固定在铁砧的楔子上，舅舅使劲把铆钉打进去。铁箍在雅克的手中颤动着，锤子每锤一下，就像刺进他的手掌。有时候埃尔斯特坐在凳子的一端，雅克坐在凳子的另一端，握着桶底，而埃尔斯特正在把桶的形状做出来。雅克最喜欢把木棍拿到院子中央，让埃尔斯特粗略地组装起来，用铁环把它们固定住。在这个没安装桶底的木桶里，埃尔斯特会放一堆刨花，让雅克点火。火使铁膨胀得比木头还厉害，埃尔斯特就利用这个机会，用铁锤和凿子猛击铁箍，把铁箍砸下来。烟熏得他们眼泪汪汪。当铁箍嵌到桶上，雅克就拿来大木桶，在院子尽头的水井处装满水，然后走到另一边，埃尔斯特就用水浇木桶，铁箍遇冷收缩，把遇水变软的木桶箍紧，大量蒸汽随之四散开来①。

---

① 做好了桶身。

休息的间歇，他们把手里的工具放下吃点儿东西，冬天工人们聚集在木柴和刨花的火堆旁，夏天就聚集在屋檐下的阴凉处。其中有一个叫艾伯德，他是阿拉伯人，穿着阿拉伯长裤，裤腿折叠起来，垂到小腿中间，长着一把大胡子，一件旧夹克外面套着一件破烂的毛衣。他用一种奇怪的口音叫雅克为"我的同事"，因为当雅克帮助叔叔干活时，他和那个阿拉伯人做一样的工作。工厂的老板实际上是一个资历很老的制桶工，他和助手开了一个更大的匿名制桶工厂。他是个意大利人，总是多愁善感，还经常感冒。丹尼尔却总是乐呵呵的，他总是把雅克拉到一边和他开玩笑，摸他的头。雅克总是跑开，在工厂里四处逛，他的黑围裙上粘满了木屑，天热的时候他就光着脚穿着破旧的凉鞋，鞋上粘满了泥土和刨花。他品味着木屑的气味，特别是刨花的清新香气，然后回到火边，用嘴唇舔着甜美的烟雾，或者插一块木板在虎钳里，小心翼翼地试着削薄桶底的工具，他很高兴，自己手巧，工人们也常常称赞他。

有一次休息的时候，雅克傻乎乎地站在长凳上，脚底还是湿的。突然向前滑了一下，凳子向后翻，他重重地倒在凳子上，右手紧紧地压在凳子下面，顿时就感到手上隐隐作痛，但他还是站起来，在跑过来的工人面前笑。还在笑的时候，埃尔斯特就冲向他，抱起他，冲出了工厂，一边拼了命地跑，一边结结巴巴地说："去看医生，去看医生。"然后雅克看到自己右手的中指已经完全被压扁了，变成了一个没有形状的肿块，一直滴血。他心跳加速，昏倒了。五分钟后，他们到了住在他们家对面的阿拉伯医生那里。"没什么事吧，医生？没什么事吧，对吧？"埃尔斯特问道，他的脸色仿佛床单一样苍白。

"去隔壁等，"医生说，"他会很勇敢的。"雅克可以肯定，他那被修补过的手指还奇奇怪怪的，直到今天也证明着那件事。后来钉上了钉子，包上了绷带，医生给了他一杯甜甜的饮料，作为夸奖他勇敢的勋章，尽管如此，埃尔斯特还是想抱着他过马路，在他们家的楼梯上，他紧紧地抱着孩子，泣不成声，直到把雅克弄疼了。

"妈妈，"雅克说，"有人在敲门。"

"是埃尔斯特，"他母亲答道，"去帮他开门，现在有强盗，我锁了门。"

埃尔斯特发现雅克在门口，惊奇地叫了一声，听起来像是英语里的"how"。

他直起身来，拥抱了雅克。尽管他的头发现在已经全白了，但是脸庞还是很年轻，五官依然端正和谐。但是他的罗圈腿弯曲得更厉害了，肩膀也驼了，走路时胳膊和腿摆动的幅度很大。

"过得还好吗？"雅克问道。

不太好，他缝了针，还有风湿病，情况很糟糕。而雅克呢？是的，一切都很好，身体也很强壮，她（他用手指着凯瑟琳）很高兴见到他。自从外婆去世之后，孩子们都离开了，姐弟俩就住在一起，相依为命。他需要有人照顾，从某种角度来说，她就是他的妻子，为他做饭，洗衣服，必要时照顾他。她需要的不是金钱，因为有儿子赡养她，她需要的是一个男人的陪伴。埃尔斯特在他们生活在一起的这些年里一直以他的方式照顾着她。是的，就像夫妻，不是肉体意义上的夫妻，而是血缘的关系。他们相互扶持，一起度过这因残疾而格外艰难的人生。他们无声的对话不时被一些句子点亮，比许多普通夫妻更加默契，更加了解彼此。"是的，是的，"埃尔斯特说，"雅克，雅克，她总是念叨你的名字。"

"好啦，我来了。"雅克说。的确，他回来了，还像从前一样陪着他们。虽然他不能和他们说什么，可是他对他们的爱却没有停止过，尤其是对他们，他竭尽所有去爱他们，因为他遇到那么多值得爱的人，却都错过了。

"丹尼尔呢？"

"他很好，像我一样，老啦。但是他的兄弟皮埃尔在监狱里。"

"为什么？"

"他说是因为工会。我觉得是因为他和阿拉伯人有来往。"突然，他不安地问，"对了，那些强盗，真的吗？"

"不，"雅克说，"是阿拉伯人，但不是强盗。"

"是的，我对你妈妈说，老板太苛刻了，这世界太疯狂了，强盗太多了。"

"是的，"雅克说，"但我们得为皮埃尔做点儿什么。"

"很好，我会告诉丹尼尔的。"

"多纳特呢？"（他是煤气厂工人，也是拳击手）

"他得了癌症，死了。我们都老了。"

是的，多纳特死了。还有玛格丽特姨妈，也就是他母亲的姐姐，也死了。从前每个星期天的下午，外婆都会把他拖到玛格丽特姨妈家，他觉得十分无聊，除非迈克尔姨父在家。迈克尔姨父是一个赶牲口的，他也觉得在这昏暗的客厅聊天十分无聊，于是就带雅克去附近的马厩。在朦胧的阳光下，午后的阳光还在温暖着外面的街道，雅克会闻到马毛、稻草和粪肥的气味，听到马具链在木马槽上嘎嘎作响，马儿们把睫毛长长的眼睛转向他。迈克尔姨父留着长长的胡子，身上散发着稻草的香味。他会把雅克抱到一匹马上，这匹马会平静地把他的鼻子伸回马槽，嘎吱嘎吱地嚼着燕麦片。迈克尔姨父会给孩子一些角豆，雅克愉快地吮吸着、嚼着，内心充满了对这位姨父的友谊。在他心目中，这位姨父总是和马联系在一起，也老是和它在一起。复活节的星期一，他们全家和迈克尔姨父一起去了西迪费鲁奇森林，迈克尔租了一辆马拉的车，这车在他们居住的地区和阿尔及尔的市中心之间穿梭，仿佛一个很大的格子状的笼子，里面有着背靠背的长凳，马就套在前面，那匹马是迈克尔从他的马厩里选的一匹领头的马。一大早，他们把大洗衣篮搬到车里，篮子里装满了叫"穆纳"的粗糙的奶油小面包，还有叫"小肉酱"的松脆的糕点，这是女人们在玛格丽特姨妈家做的。在郊游前的两天，她们用擀面杖在沾有面粉的油布上擀平面团，直到几乎覆盖了整个面团，然后用一把小黄杨木刀切成片，孩子们用盘子装起来，放进装满滚烫的油的大铜盆里炸，最后小心翼翼地一排排地放进大洗衣篮里。从洗衣篮里飘出香草的香味，一路飘到西迪费鲁奇，其中还夹杂着从海上吹到岸边路上的浪花的气味。四匹马用力地吸着美妙的气味，迈克尔[①]用鞭子抽打着他的马，偶尔也会把鞭子递给身边的雅克。四匹马那巨大的臀部吸引住了雅克。它们在他面前晃动，巨大的铃铛声钉钉作响，有时尾巴会翘起来，雅克就看到诱人的粪便掉到地上，马蹄铁发出闪光，几匹马老是回头，铃铛响得更急了。在森林里，其他人把篮子和抹布放在树下的时候，雅克和迈克尔给马匹擦拭身体，然后把灰褐色的帆布鼻袋系在马匹的脖子上，它们在这些袋子里吃草，它们友善的大眼睛不时地眨着，或者不耐烦地用蹄子赶走苍蝇。森林里到处都是人，大家肩并肩地坐着吃着

---

① 在奥里安斯维尔地震时再提到迈克尔。

东西，人们伴着手风琴或吉他的乐音跳着舞，附近的海浪隆隆作响。天气虽然没有那么炎热，不可以游泳，但可以在最浅的海浪中赤脚踏水。其他人在午睡，阳光不知不觉地变得柔和起来，天空显得愈发辽阔，这辽阔使得孩子感觉到眼里泛起了泪花，同时对这美好的生活发出了巨大的欢乐而感激的哭声。

但是玛格丽特姨妈已经死了，她从前是那么漂亮，总是那么时髦，虽然人们说她卖弄风情，但那不是她的错。后来她得了糖尿病，只能终日坐在扶手椅上，她在公寓里开始全身浮肿，没有人管。直到她肿得几乎无法呼吸，丑陋得令人害怕，她的女儿①和当鞋匠的跛足儿子②围在她的周围，担心她因喘不上气而死。她继续浮肿，体内充满了胰岛素，最后真的喘不上气死掉了。

外婆的姐姐珍妮也死了，她常常参加周日下午的音乐会，穿着白色衣服，和她三个战时守寡的女儿一起生活了很久。她总是谈论她的丈夫，但他早就死了。约瑟夫姨姥爷只会说马洪方言，雅克喜欢他英俊的粉色脸蛋上的白发和他戴的黑色宽边帽，甚至在餐桌上也是如此，他有着一种不可思议的高贵气质，是一个真正的乡村绅士，但偶尔会在农舍用餐时微微抬起身子，发出一种不雅的声音，为此他会礼貌地为自己辩解以回应他妻子。雅克外婆的邻居，马森一家也都死了，先是老太太，然后是姐姐——高个子的亚历山德拉，还有长着大耳朵的哥哥，他是个柔体杂技演员，同时也在阿尔卡萨电影院的午场驻唱。他们所有人都死了，是的，甚至包括最小的女儿玛特，雅克的

---

① 丹尼斯十八岁就离开家去做妓女，二十一岁就很富裕了，她卖掉珠宝，在她父亲的马厩干活，后来死于一场流行病。

② 弗朗西斯也死了。

哥哥亨利曾经追求过她，甚至不只是追求。

再也不会有人提起他们了，雅克的母亲和舅舅都没有提起过死去的亲人，也从不提及雅克正在寻找其踪迹的父亲，也不谈论他人。他们继续生活在贫困中，虽然如今他们富裕了，但他们已经习惯了从前的生活方式，用一种无可奈何的怀疑眼光看待生活。他们像动物一样热爱生活，但是他们从经验中知道，生活往往多灾多难，毫无预兆。他们两个人和他在一起总是沉默着[1]，沉浸在自己的世界里，没有记忆，只有几个模糊的影像，生活在死亡的边缘——这总是存在于当下的现实。雅克永远不可能从他们那里知道他的父亲是谁，即使他们的出现使他回想起他贫穷而快乐的童年，他也不能肯定这些涌出的丰富的记忆是否真的忠于从前那个孩子。恰恰相反，他只记得两三个他最珍惜的场景，这些场景把他和他们联系在一起，也正是这些场景使他放弃了他这么多年来一直努力追求的东西，把他变成了一个盲目的无名氏。这么多年来，家人一直支撑着他，这使他真正与众不同。

例如这样的场景：在炎热的夜晚，吃过晚饭后，全家人会把椅子搬到大楼门前的人行道上，夏日的空气从灰尘覆盖的榕树上流淌下来，又热又脏，邻居在他们面前来来往往。雅克[2]把头靠在他母亲瘦弱的肩膀上，靠在椅子上微微后仰，透过树枝凝视着夏日夜空里的星星。还有圣诞的夜晚，午夜时分，埃尔斯特没在场，他们一家人从玛格丽特家回去，看见一个男人躺在他们家门口附近的餐馆门前，另一个男人围着他跳舞。那两个人喝了酒，想再喝一点。店主是一个身体虚弱的年轻金发男人，想让他们离开。于是他们踢了店主怀孕的妻

---

[1] 他们疏远吗？并不。
[2] 此时的雅克仿佛是这美丽夜晚的君主，谦卑又骄傲。

子，店主朝他们开了一枪。子弹射入了那个人的右太阳穴，他现在躺在人行道上，头枕在伤口上。酒精和恐惧让另一个喝醉了的人围着他跳舞。餐馆关门的时候，所有人在警察到来之前都离开了。在一个偏僻的角落里，两个女人站在一起，她们紧紧地抱着孩子。雨水打湿了街道，一道汽车光线在路面发亮，汽车在湿滑的路面留下了一道轮胎痕迹，偶尔驶来的车辆亮着暖暖的灯光，车上满载着欢快的乘客，他们对来自另一个世界的场景漠不关心。这一切在雅克惊恐的心上刻下了无法忘怀的一幕：街区一整天都沉浸在甜蜜的氛围中，天真而热切，但是白天结束就突然变得神秘不已，令人不安。街道上布满阴影，或者更确切地说，有时会出现一个不知名的身影，伴随着轻柔的脚步声和模糊的说话声，或者出现在药房球灯的血红色光芒中，孩子就会十分恐惧，跑回自己的家。

六、（附）学校 ^①

　　这个人^②不认识雅克的父亲，却经常像讲神话一般和他谈论起他的父亲，在任何情况下，尤其是关键时刻，他知道如何扮演父亲的角色。这就是雅克从来没有忘记他的原因，就好像他从来没有真正感觉到缺少一个他从来不认识的父亲。先是孩提时期，后来在他的余生中，他意识到一个父亲的行为既是深思熟虑，又是至关重要的，能影响孩子的一生。伯纳德先生是雅克小学最后一年^③的任课老师，在某些时刻，他想用一个男人的全部力量改变这个孩子的命运，而他的确改变了他。

　　伯纳德先生在他的小公寓里面对着雅克，公寓在罗维戈弯弯曲曲的街道上，几乎就在卡斯巴山脚下。这个地区俯瞰着城市和大海，居住着来自不同种族和宗教的小商贩，这里的房子充满了香料和贫穷的气味。伯纳德在雅克对面，他已经老了，光滑的脸颊和双手起了老年斑，头发更稀疏了，行动也比以前缓慢了许多，他显然很高兴自己能坐回他的扶手藤椅里。藤椅靠着窗，面对着商业街，窗边有一只金

---

① 见附录，第二部，作者插入手稿第68至69页之间。——译者注
② 雅克六岁的过渡？
③ 小学的最后一年，当时是公立义务教育的最后一年。

丝雀在鸣叫。年龄使他柔软了许多，更容易表露感情，他以前从不这样。但是他仍然挺直身子，声音坚定有力，就像从前那样，站在学生面前说："两人一队，两人一队。两个人！我没说是五个！"于是，喧闹停止了，那些同样敬畏和崇拜伯纳德先生的学生们，沿着教室外的墙壁，在二楼的走廊里，排成一排，直到最后行列排整齐，孩子们安静下来。伯纳德说："进去吧，你们这群吵闹的家伙。"这信号就会解放他们，但他们的行动仍然小心翼翼。伯纳德先生会友好而严肃地注视着他们，他身体健壮，穿着优雅，五官端正，头发稀疏但是仍然光滑，散发着古龙香水的香气。

学校位于老街区里一个相对较新的地方，附近是两三层的楼房，都是1870年战后不久建造的。仓库的年限更近，连接了街区的主要街道，也就是雅克的家到内港和运煤的码头。于是雅克每天两次步行到学校，他四岁时就开始去幼儿园，不过他什么也想不起来了，只记得有一天，有顶棚的操场一端有一个黑色的盥洗池，他头朝下摔在那里，眉弓被割破了，浑身是血，老师们都吓坏了。就在那时，他就开始熟悉皮肤缝合器了，好不容易一边的摘下来了，另一边又钉上去了。他的哥哥想到了一个主意，在家里给他打扮，让他戴上一顶老式的圆顶礼帽，帽子遮住了他的眼睛，再穿上一件旧外套，外套太长，绊住了雅克。结果他摔了一跤，脑袋磕到了一块松动的瓷砖上，又磕破了皮，血流不止。那时他要和皮埃尔一起去幼儿园，皮埃尔大他一岁左右，和他的母亲住在附近的街上。他的母亲也是一个战争寡妇，在邮局工作，他的两个叔叔在铁路上工作。他们两家的家人或多或少都算得上朋友，或者像这些社区的人们一样，他们彼此重视，但很少互相探望，他们虽然有着坚定的决心要互相帮助，但几乎从未有机会。只有孩子们真正成了朋友。从那天起，还穿着罩衫的雅克被托付给皮埃尔，皮埃尔意识到自己穿着裤子，还肩负着作为哥哥的责任，于是两个孩子就这样一起上了幼儿园。然后他们一起升了每一个年级，直到雅克上中学，那一年他九岁。5年来，他们每天往返四次，每次都是同样的旅程，一个金发，一个棕色头发，一个沉稳，一个热血，他们从一开始就注定要成为朋友，他们两个都是好学生，也是不知疲倦的玩伴。雅克在某些方面更加光彩照人，但是他的行为、他的轻浮，以及他想炫耀的欲望，总是做出各种愚蠢的事，这使得更加冷静和谨慎的皮埃尔获得了优势。所以他们轮流当班长，但是，和他们的家人相反，他们并不以此为荣。他们的乐趣不同。

每天早上，雅克都会在皮埃尔家门口等他。他们会在拾荒者经过之前去上学，或者更确切地说，在一辆由一个老阿拉伯人驾驶的马车经过之前。晚上的湿气太重，人行道还很潮湿，海风闻起来咸咸的。皮埃尔家的街道通往市场，到处都是垃圾桶，饥饿的阿拉伯人或摩尔人，有时还有一个西班牙老流浪汉，在黎明时分撬开垃圾桶，看看是否还有什么可以吃的东西，连贫穷和节俭的家庭都会把它扔掉。这些垃圾桶的盖子通常都是关着的。到了早上这个时候，邻居家那些瘦小而精力充沛的猫已经取代了衣衫褴褛的拾荒者。两个孩子悄悄地走到垃圾桶旁，以便可以突然把盖子盖上，把猫关在桶里。然而这并不容易，因为猫生长在贫穷的地区，十分警惕敏捷，以此来争取他们的生存权利。但是有时候，猫会被很难从垃圾堆里找出来的美味迷住，就不知不觉地被抓住了。

盖子"砰"的一声关上，猫会发出恐惧的嚎叫，痉挛性地拱起背部和爪子，设法抬高锌制的"监狱"屋顶，然后慌乱地爬出来，它的毛发因为恐惧而立了起来，就像有一群猎犬跟在它的后面撕咬一样，折磨它的人那里爆发出了阵阵笑声，这些折磨它的人几乎不知道他们的残忍[1]。

　　说实话，这些折磨它的人也很矛盾，因为他们讨厌那个捕狗的人，附近的孩子戏称之为"伽尔弗[2]"的人。这个市政工作人员大约在每天的同一时间工作，但如果有必要的话，他也会在下午过来。他是一个阿拉伯人，穿着欧洲服装，经常坐在一辆奇怪的两匹马拉的马车后面，由一个冷漠的阿拉伯老人驾车。这辆马车的车身是一个木制的立方体，两边各有一排牢固的铁笼，一共有十六个笼子，每个笼子可以容纳一只狗，让它挤在笼子的栏杆和笼底之间。捕狗的人在马车后面的一块小踏板上坐着，他的鼻子和笼顶平行，因此可以视察他的狩猎区。马车缓缓地驶过潮湿的街道。渐渐地，街道上挤满了上学的孩子们，穿着鲜艳花朵服饰去买面包牛奶的家庭主妇们，还有重新回到市场的阿拉伯小贩，他们的肩膀挎着小摊位，另一只手拿着巨大的稻草编织袋，里面装有他们的商品。只要捕狗的人一声令下，阿拉伯老人就拉起缰绳，马车就会停下来。捕狗的人发现他那只可怜的猎物正在垃圾桶里狂挖东西，每隔一段时间回头看一眼，或者快速地沿着墙跑，像一只营养不良的狗。紧接着，伽尔弗从车顶上拿了一根皮棍，一根链子穿着一个环，另一边是把手。他像狩猎者般接近那条狗，脚步轻盈又迅速，如果他追上那头野兽，刚好它又没有戴上证明它是家庭一员的项圈，他就会以惊人的速度向它奔去，把他的武器套在那只狗的脖子上，武器就成了一个皮革套索。狗突然被勒住，疯狂挣扎、

---

① 异国情调的豌豆汤？

② 这个绰号起源于第一个担任这个职位的人，就叫伽尔弗。——译者注

嚎叫。那个男人迅速地把它拖到车上，打开一个笼子的门，提起狗，狗脖子被勒得也越来越紧，然后他把狗丢进笼子里，确保把他的套索的把手从栅栏门中取出。一旦狗被捕获，他就松开铁链，松开这被囚禁的狗的脖子。至少狗不在邻居或孩子的保护之下时，事情就是这样发生的。因此他们都联合起来对抗伽尔弗。他们知道，被捕获的狗被带到市动物收容所，关押三天，之后如果没人认领，这些动物就会被处死。即使他们不了解，那辆死亡马车满载着各种颜色、大小不一的可怜动物，他们在栅栏后面惊恐地留下一连串的嚎叫，这样凄惨的景象足以激起孩子们的愤怒。因此，一旦囚车出现在这片街区，孩子们就会互相提醒。他们会分散在街区的各个角落，追捕这些狗，却是为了把它们赶到城市的其他地方，远离可怕的套索。即使有这些预防措施，捕狗人还是在他们面前发现了一只流浪狗，就像皮埃尔和雅克遇见的那样，他们的策略总是一样的。捕狗人还没来得及接近猎物，雅克和皮埃尔就开始尖叫："伽尔弗！伽尔弗！"这声音如此尖锐可怕，只要狗一听到就会尽快地逃跑，很快就跑远了。现在轮到孩子们来证明他们的短跑技术了，因为可怜的伽尔弗每抓到一只狗就会得到一笔赏金，他气得发狂，挥舞着皮鞭追赶他们。大人常常帮着他们逃跑，要么阻止伽尔弗，要么直接拦住他，让他专注于自己的狗。附近的工人都是猎人，通常喜欢狗，他们对这种奇怪的职业毫无好感。就像埃尔斯特舅舅所说："他就是个流浪汉！"驾马车的阿拉伯老人默默无声地坐在那里，对一切的喧闹视而不见，如果争论继续下去，他就开始平静地卷起一支烟。

不管捕获了猫还是拯救了狗，孩子们都得去上学。如果是冬天，孩子们就赶紧穿上短斗篷逆风而行；如果是夏天，他们的皮凉鞋就跑得啪啪作响。穿过市场的时候，他们会快速地看一眼市面上卖的水果，堆成山的橙子、橘子、枸杞、杏子、桃子、甜瓜和西瓜，但他们只能买点最便宜的尝尝，而且买得很少。他们在微波粼粼的水池旁打闹，再沿着梯也尔林荫大道上的仓库跑去，橙子的香味扑面而来，那是剥皮后做橙汁饮料的工厂里飘来的，随后他们沿着一条由花园和别墅组成的小街跑出来，加入一群孩子中间，互相交谈，等着学校开门。

　　然后便上课了，是伯纳德先生的课，这门课总是很有趣，原因很简单，伯纳德热爱他的工作。外面，刺眼的阳光照在黄褐色的墙上，教室里热浪袭人，尽管有黄白相间的遮阳篷遮蔽着。或者下雨，就像阿尔及利亚一样，无休止的洪水在街道上形成一个个潮湿黑暗的井，但是学生们几乎没有分心。只有暴风雨中的苍蝇才能转移孩子们的注意力。孩子们会抓住苍蝇，扔进墨水瓶里，让它们在那里悲惨地死去，淹死在紫墨水里，这紫墨水填满了桌子上的锥形洞。但是伯纳德先生的方法，包括对行为的严格控制，使他的教学生动有趣，比苍蝇还要吸引人。他总是知道在适当的时候从他的藏宝箱里拿出矿物收藏品、植物标本、蝴蝶和昆虫标本、地图等，让他的学生重拾兴趣。他是学校里唯一一个会制作幻灯片的人，每个月他会做两次自然历史或地理的幻灯片。在算术方面，他设立了一个心算竞赛，迫使学生快速思考。他会向全班提出一个问题，所有人都抱着胳膊坐着，要么做除法，要么做乘法，有时候做一个有点复杂的加法。比如"1267+691=？"。第一个给出正确答案的人会得到加分，这个加分将计入月度排名。此外，他用的教科书很好，十分准确，法国也用同样的课本。孩子们只知道热风、尘土、短暂的倾盆大雨、沙滩上的沙子、烈日下的海洋，他们会孜孜不倦，连标点符号都读得很清楚，故事对孩子们来说十分神秘。故事中的孩子戴着帽兜和围巾，穿着木屐，拖着一捆捆的木棍，沿着白雪覆盖的小路回家，看到屋顶上白雪皑皑的屋顶冒着烟的烟囱，就知道壁炉里正在煮豌豆汤。对雅克来说，这些故事充满了异国情调。他梦见了他们，在作文里描述了一个他从未见过的世界，并且一直询问他的外婆，20年前在阿尔及尔地区的一场持续一小时的降雪。对他来说，这些故事是学校里富有诗意的一部分，这种诗意来自涂漆的尺子和笔盒的气味的滋养，他埋头苦读时细细地品尝书包上带子的气味以及紫色墨水刺鼻的苦味，特别是轮到他用一个软木塞把一个弯曲的玻璃管子塞进一个巨大的黑色瓶子的墨水池时，雅克会愉快地嗅着管子的开口。这种诗意来自光滑柔软的书页散发出的印刷和胶水的香味，来自雨天教室后面的羊毛大衣散发出湿羊毛的气味。这仿佛预示着那个伊甸园：穿着木屐、戴着羊毛帽的孩子穿过雪地奔向他们温暖的家。

这种快乐只有学校能给雅克和皮埃尔。毫无疑问，他们在学校热爱的是家里没有的东西。在家里，贫穷和无知使生活越来越艰难，越来越凄凉，就好像把自己封闭起来。贫穷是一座没有吊桥的城堡。

不仅如此，一到假期雅克就觉得自己是最可怜的孩子，因为他的外婆为了摆脱这个精力旺盛的捣蛋鬼，会把他送到夏令营，同大约50个孩子和几个辅导员在一起，在米利亚纳的扎卡尔山区安营扎寨。他们住在一所学校的宿舍里，食宿都很好，整天到处玩耍闲逛，还有一些可爱的护士照顾他们。然而夜幕降临，山坡上的阴影迅速升起，从附近的兵营传来了军号声，这个迷失在山中的寂静小镇离任何真正的旅游景点都有100公里远，于是这军号便成了令人忧伤的宵禁的乐音。

孩子心中涌出无限的凄凉，在寂静中呼唤着他那整个童年①一直一贫如洗的家。

不，学校给他们提供的不只是让他们逃离家庭生活的场所。至少在伯纳德先生的课堂上培养孩子的渴望，这种渴望是成人远不能及的，即对发现的渴望。毫无疑问，孩子们在其他课堂上也学到了很多东西，但这有点像填鸭式教学：把食物做好给他们，要求他们吞下去。在热尔曼先生②的课上，孩子们第一次感觉到自己的存在，他们是最受尊敬的对象：老师认为他们有资格去发现这个世界。老师不仅仅是因为薪水而教导他们，他直率地领着他们进入他的个人生活，和他们聊他的童年和他所认识的孩子们的生活，和他们分享他的处世哲学，而不是要求他们同意自己的观点。尽管他像他的许多同事一样反对教会，但他从来没有在课堂上说过一句反对宗教的话，也没有反对任何可能成为信仰对象的东西，但是他会着力谴责那些无可争辩的罪恶——盗窃、背叛、粗蛮无礼、肮脏龌龊。

最重要的是，他曾当了四年兵，他向他们讲述了最近的那场战争，讲述士兵们遇到的苦难，他们的勇气和忍耐，以及停战的喜悦。每个学期结束时，在放假之前，他会时不时地读多热莱斯的《木十字架》③中的一些篇章。雅克认为，这些读物再次打开了异国情调的大门，但这次是一种充满恐惧和不幸的异国情调，尽管他除了理论上的情况外，从来没有联想过他不认识的父亲。他全心全意地听着老师读故事，这个故事再次告诉他关于雪和他珍爱的冬天，但也告诉了他一

---

① 延伸、赞扬了世俗学校。
② 应为"伯纳德"，此处作者不小心用了老师的真名。——译者注
③ 看看这本书（一战时期的小说）。

种特殊的人，他们穿着的衣服被厚重的泥土包裹着，硬邦邦的，还说着一种奇怪的语言，住在洞里，头上飞着弹壳、照明弹和子弹。皮埃尔和雅克总是急不可耐地等待着下一次朗读。至今还有人在谈论这场战争（雅克默默地听着，耳朵都快竖起来了。丹尼尔用自己的方式讲述着他曾参加的马恩河战役①，他仍然不知道自己是怎么活着出来的，他说，他们轻步兵冲锋在最前线，然后进攻，冲到前面的一个峡谷里，前面没有人，于是继续前进，突然，机枪手在他们下来的时候一个接着一个地掉下来，峡谷里全是血，那些人哭喊着，非常可怕），幸存者无法忘记，战争的阴影笼罩着一切以及孩子们的世界，塑造了孩子们所有的想法，比其他课堂上读到的童话故事，这个故事更加离奇，如果当时伯纳德先生改变了他的课程计划，孩子们会十分失望、无聊。但是他继续讲下去了，有趣的场景中时常穿插着可怕的描述，非洲的孩子们渐渐地认识了属于他们这个世界的X、Y、Z……他们彼此谈论着，好像那些人是他们的老朋友一样，就在他们身边，他们的形象如此生动。至少雅克一刻也不能想象，他们生活在战争中，就有可能成为战争的受害者。年末的一天，当他们读到书的结尾时，伯纳德先生用低沉的声音向他们宣读了D的死亡，默默合上书，回味自己的记忆和情感，然后抬起眼睛看着同样沉默不语、不知所措的学生们。他看着坐在第一排的雅克，雅克的脸上浸满了泪水，浑身颤抖，不断地抽泣。"好了，孩子，别哭了。"伯纳德先生用几乎听不见的声音说道，然后他站起来，把书放回柜子里，背对着全班。

---

① 第一次世界大战期间一场著名战役，法国军队领导的联盟军队大败德军。

惩 罚

　　"等一下，孩子。"伯纳德先生说。他艰难地站了起来，用食指在笼子的栏杆上画来画去，那只金丝雀更是叽叽喳喳地叫着。"啊！我们的卡西米饿啦？向父亲要吃的。"他走到房间另一边的靠近壁炉的学生课桌前，在抽屉里翻箱倒柜，关上一个，又打开另一个，拿出了什么东西。"给"，他说，"这是给你的。"雅克看到一本杂货店用纸装订的书，封面上没有字，但是在他打开它之前，他就知道一定是《木十字架》，也就是伯纳德先生读给全班听的那本。"不，不"，他说，"它……"他想说"它太美了"，但找不到用词。年迈的伯纳德先生摇了摇头："最后一天你哭了，还记得吗？从那天起，这本书就属于你了。"他转过身去，掩饰他突然发红的眼睛，然后又回到他的办公桌前，双手放在背后，转向雅克，在雅克面前挥舞着一把红色短直尺，笑着说："你还记得'甜蜜的棒子'吗？""哦，伯纳德先生，"雅克说，"所以你留下了它！您知道的，这现在是禁止的。""呸！那时也是禁止的。但你可以做证，我用了！"

　　雅克确实是见证人，因为伯纳德先生主张体罚。的确，每天的惩罚只包括减分，伯纳德先生会在月底从学生累积的分数中扣除，从而使学生的总排名下滑。但是在更严重的情况下，伯纳德先生并没有像他的许多同事一样，把犯事的学生送到校长办公室。他遵循一种不可改变的仪式。"我可怜的罗伯特，"他平静而幽默地说，"我们应该拿出'甜蜜的棒子'。"班上没有谁做出反应（除非在背后窃笑，根据人类心灵的常态，一个人受罚会让其他人感到快乐）[①]。然后，被点名的孩子会站起来，脸色苍白，但在大多数情况下，他都会努力表现得泰然自若（有些人离开桌子时努力忍住眼泪，朝着黑板前的桌子走去，伯纳德先生站在那里等着）。始终符合仪式，但其中有一点虐待倾向，因为受罚的罗伯特或约瑟夫不得不亲自去桌子前拿"甜蜜的棒子"并送到伯纳德先生手中。

"甜蜜的棒子"是一把破损的红色木尺，又短又厚，沾满了墨水的污渍，上面全是刻痕，是伯纳德先生很久以前从一个学生那里没收来的，不过记不得具体是谁了。这个男孩把戒尺交给伯纳德先生时，伯纳德先生带着嘲弄的神情接过来，然后张开双腿，孩子不得不把头放在老师的两膝之间，老师紧紧地夹住大腿，用尺子在学生的屁股上狠狠地打几下，打的次数根据犯错程度不同而定，而且两瓣屁股挨打的次数相同。学生对这种惩罚各有各的反应。

有的人甚至还没挨打就已经哭了，而老师则不慌不忙，还觉得他们的反应有些过头了。有些人很天真，试图用手保护自己的屁股，伯纳德先生就不经意地打在一边。还有一些人，不堪受折磨，便绝地反抗。还有一些包括雅克在内的人，挨打的时候一言不发，颤抖着身体回到自己的位置，忍住了洪流般的眼泪。然而，其实大家早已接受了这种惩罚，没有半分怨言，因为几乎所有的孩子在家里都会挨打，所

[①] 或者，惩罚一个人让其他人高兴。

以体罚对他们来说似乎是一种自然的教育方式，其次因为老师绝对公正，他们都事先知道哪些是违规行为，会招致这种赎罪仪式，并且违规的方式总是类似的，那些超过限制的行动只能导致负分，他们知道这样做的后果。最后是因为惩罚是绝对公正的，也十分严厉，好学生和坏学生一视同仁。虽然，伯纳德先生非常喜欢雅克，但他也和其他人一样受罚。在伯纳德先生公开表示喜欢他的第二天，他就挨了打。那天，雅克在黑板前，问题回答得很出色，伯纳德先生摸了摸他的脸颊，教室里有个声音低声说："老师的宠儿。"伯纳德先生把他拉得更近，郑重地说："是的，我偏爱科梅里，就像我偏爱你们所有在战争中失去父亲的孩子。我曾和他们的父亲一起打过仗，但我活了下来。至少我还在这里，想替代我死去的同志关爱他的孩子。现在如果有人想说我偏心谁，随他说！"说完，全班都沉默了，大家也接受了这个说法。那天下课的时候，雅克问是谁叫他"老师的宠儿"，他觉得受这样的侮辱却没什么反应的话，脸面挂不住。

"是我。"穆尼奥斯说道。穆尼奥斯是个高个子男孩，金发碧眼，弱不禁风，寡淡无趣，他虽然含蓄内敛不善表达，但总是对雅克表示厌恶。"好吧，"雅克说，"看来，你妈是个妓女①。"这也是一种常见的侮辱，立刻就会让人打起来，因为自古以来，在地中海沿岸，侮辱母亲和死者是最为严重的侮辱。即便如此，穆尼奥斯还是犹豫了。但常见的传统就是常见的传统，其他人为他说话了："走吧，去绿园。"那片绿色的田野是一片空地，离学校不远，病弱的草长满了结痂的草丛，上面散落着旧铁环、铁罐和腐烂的木桶。这里就

①你的女性祖先也都是妓女。

是斗殴发生的地方。斗殴就是一场决斗，用拳头代替剑，但遵守同样的仪式规则，至少在精神上是这样。它的目的是解决一场争吵，其中一个对手的荣誉受到污辱，或者因为某人侮辱了他的父母或祖先，或者贬低了他的国家或种族，或者被揭露或指控另一个人告密，偷窃或被指控偷窃，或者因为更隐蔽的原因，这在孩子们的世界中每天都会出现。当一个学生认为自己受到侮辱，特别是当其他人认为他受到了侮辱（他知道这一点），他受的冒犯必须得到补偿时，常用的表述是："四点钟，在绿园见。"一旦宣布，挑衅就停止了，所有的争吵也结束了。两个对手各自撤离，他们的朋友紧随其后。在接下来的课堂上，决斗的事还有双方当事人的名字就传出去了，他们的同学会用眼角的余光看着他们，而他们则要装出男子气概的冷静和决断，然而心里是另一回事了，即使是最勇敢的人上课也分心了，因为害怕即将到来的他们不得不面对的暴力时刻。但是绝不能让对方阵营的成员窃笑，并且指责他这个主角，按照惯用的说法，就是"吓得屁滚尿流"。

雅克挑战穆尼奥斯是他身为一个男人的责任，当然，他也很害怕，这就像他每次把自己置于一种情况之中：他必须面对暴力，做出反应。但是他决定了，在他的脑海里从来就没有退缩的念头。这就是事情的本质，他也知道，在战斗开始之前，那紧紧揪住他心脏的一丝恶心会在战斗的一瞬间消失，被他自己的暴力冲走，无论如何，这都会在战术上既伤害他又帮助他，并且赢得……①

在和穆尼奥斯决斗的当天下午，一切都按照惯例进行。决斗者

---

① 句子就这样中断了。——译者注

们在支持者的簇拥下先到达绿园，支持者拿着决斗者的书包，他们反过来又吸引了一些人跟着，他们围成圈，围着战场上的两个决斗者。决斗者们脱下短斗篷和外套，交给他们的支持者。这次，冲动使雅克占了上风。他虽然并不十分自信，但还是首先发起了进攻，迫使穆尼奥斯后退；穆尼奥斯慌乱地后退，笨拙地挡开对手的拳头，然后打中了雅克的脸颊。人群的叫喊声、笑声和鼓励声，激起了雅克心中的愤怒，于是他更加盲目了。雅克向穆尼奥斯猛扑过去，拳头像雨点一样落在穆尼奥斯身上，把他打得晕头转向，一记凶狠的拳头过去，打在了他的右眼上，那个倒霉的对手完全失去了平衡，一下子摔在地上，十分可怜。他一只眼睛流泪，另一只立刻肿起来，眼睛肿胀发黑，那是极其凶狠的一击。在接下来的几天里，它明示了雅克的胜利，观众爆发出了苏族人^①一般的喝彩声。穆尼奥斯一时站不起来，雅克最亲密的朋友皮埃尔立即权威地宣布雅克获胜，然后帮他穿上外套，披上斗篷，带着他离开，周围跟着一群仰慕者。而穆尼奥斯站起身来，仍然在哭泣，穿上了衣服，他那一小群支持者都很失望。雅克从未想过会大获全胜，他对这场快速的胜利有些飘飘然，几乎听不到周围的祝贺，也听不到那些美化了这场决斗的话。他想高兴起来，他的虚荣心的确得到了满足，然而，当他回头看到穆尼奥斯离开绿园时，看到了那个男孩灰溜溜的表情，一种凄凉的伤感突然涌上了他的心头。然后他突然意识到斗殴是没有好处的，因为征服一个人和被征服都一样痛苦。

　　为了完善教育，雅克立刻就明白了一个道理：骄兵必败。事实

---

① 北美印第安人中的一个民族。——译者注

上，第二天他觉得自己应该大摇大摆地炫耀，以回应同学们对他的仰慕。上课点名的时候，穆尼奥斯没有来，雅克的邻座同学用讽刺的窃笑和向胜利者眨眼来评论他的缺席，雅克鼓起脸颊，半闭着眼睛，正沉浸在一种怪诞的表演中，没有意识到伯纳德先生在看着他，老师的声音在突然静止的教室里响起时，这种表演瞬间就停止了。"我可怜的宠儿，"他面无表情地说，"你和其他人一样得尝尝'甜蜜的棒子'。"胜利者不得不站起来，拿起惩罚工具，在伯纳德先生周围新鲜的古龙香水味中，站起来受罚。

穆尼奥斯事件并没有在这堂哲学实践课上结束。这个男孩缺席了两天，雅克尽管神情傲慢，但还是隐约有些担心。第三天，一个年长的学生走进教室，告诉伯纳德先生，校长要见科梅里。只有在很严重的情况下，学生才会被叫到校长办公室，伯纳德老师扬起浓密的眉毛，简单说了一句："别磨蹭，孩子。我希望你没做什么傻事。"雅克的双腿发软，跟着那个年长的学生，穿过水泥院子，院子里种着观赏的胡椒树，然而斑驳的树荫仍挡不住炎热的天气，从院子穿过走廊，另一头就是校长办公室。雅克走进校长办公室，第一眼就看到了穆尼奥斯，两旁还站着满面愠色的女人和男人。虽然一只肿胀得睁不开的眼睛让那个同学毁了容，但雅克发现他还活着的时候，终于松了一口气，然而他没有时间享受这如释重负的轻松。

"是你打了你的同学吗？"校长问道。他是一个瘦小又秃顶的男人，脸色红润，声音洪亮。

"是的。"雅克用平淡的声音说。

"我告诉过你了，先生，"那个女人说，"安德烈不是坏孩子。"

"我们打了一架。"雅克说。

"我不需要知道，"校长说道，"你知道我禁止一切打架斗殴，即使是在校外也不行。你伤害了同学，可能伤得更重。作为第一次警告，每次课间休息，你要在墙角罚站，为期一周。如果你再打架，学校就开除你。对你的惩罚我也会告诉你父母。现在，你可以回去上课了。"

雅克惊呆了，一动不动。"去吧。"校长说道。

"哟，方托马斯①？"伯纳德先生看到雅克回到班上就问道。伯纳德先生话一出口，雅克就不由自主地哭了起来。"说吧，我听着呢。"那孩子声音里带着一丝哭腔，首先说了自己受的惩罚，说穆尼奥斯的父母告状，又说了他们打架的事。

"你们为什么打架？"

"他叫我'老师的宠儿'。"

"又说了一次？"

"不，在这儿，上课的时候。"

"啊！就是他啊。你是不是认为我没有给你足够的保护？"

雅克真挚地看着伯纳德先生，"哦，不，哦，不！您……"然后他突然放声大哭。

"去坐下吧。"伯纳德先生说道。

"这不公平。"孩子擦着眼泪。

"这是不对的。"伯纳德先生温和地说。

第二天课间休息的时候，雅克在操场尽头的角落里罚站，背对着

_____

① 一系列低俗小说丛书中的蒙面英雄。

院子，听着同学们欢快的呼声。他一条腿支撑着一条腿休息，两条腿轮换着站立着，很想和他们一起到处跑①。他不时地回头张望，看见伯纳德先生和他的同事在院子的一个角落里散步，看都不看雅克一眼。但是，到了第二天，在雅克没注意的时候伯纳德先生从他身后走了过来，他轻轻地拍了拍雅克的后颈："怎么把脸拉得那么长？小虾米？穆尼奥斯也在角落里罚站呢。这里，我允许你看一眼。"果然，穆尼奥斯在操场的另一边，独自一人，郁郁寡欢。"你罚站的这个星期，你的伙伴也不愿意和他一起玩。"伯纳德先生笑了起来，说，"你看，你们都挨罚了。事情应该就是这样的，公平了。"他俯下身子，亲切地笑着对孩子说："你知道，小东西，看看你，真想不到你能打出这样一拳！"这番话让这个受罚的孩子心中涌出一股爱的暖流。

如今，这个人正在和他的金丝雀说话，尽管雅克已经四十岁了，他还是喜欢叫雅克"小子"。雅克从来没有停止过对他的爱，不论距离多远，不论时间过去多久。最终，第二次世界大战逐渐完全切断了他和老师的联系，没有了老师的音讯。1945年，一个身穿军大衣的老人，按响了他在巴黎的家的门铃，雅克开心得仿佛一个孩子一般，那位老人正是伯纳德先生，他再次入伍了："不是因为战争。"他说，"而是为了反对希特勒，你也是，孩子，你参加了战斗。哦，我知道你是好样的，我希望你没有忘记你的母亲，多好，你拥有世界上最好的母亲。现在我要回阿尔及尔了，记得来看我。"15年来，雅克每年都想去看望他，每次都像这样：离开之前，他会在门口拥抱这个老人，老人也深受感动，紧紧抓着他的手。这位老人把雅克送到世间闯

---

① 先生，他绊倒了我。

荡，独自承担责任，让他背井离乡，好让他能继续伟大的发现①。

　　学年即将结束，伯纳德先生单独见了雅克、皮埃尔、弗洛瑞，弗洛瑞是一个在所有科目上都很出色的天才。"他拥有理科的思维。"老师评价道。还有圣地亚哥，他是一个英俊的男孩，虽然缺点天赋，但凭借勤奋取得了成功。"现在，"伯纳德先生在空无一人的教室里说道，"你们都是我最优秀的学生。我决定选你们为中学奖学金候选人。如果你们通过考试，就有了奖学金，可以在中学继续学习，直到中学毕业会考。虽然小学是最好的学校，但是也学不到什么。中学可以为你们打开世界的大门。我更希望像你们这样的贫苦孩子打开那扇门。但是，我需要征求你们父母的同意。现在，你们先回家吧。"

　　他们对此十分惊讶，甚至都没有讨论这件事就分手了。雅克回到家，看到外婆一个人在餐桌油布上挑扁豆。他犹豫了一下，然后决定等母亲回来再说。母亲回来了，疲惫不堪，穿上围裙就来帮外婆分拣扁豆。雅克主动帮忙，她们给了他一个白色的瓷碗，这样更容易从上好的扁豆里挑出小石子。他盯着白色瓷碗，宣布了这个消息。"这是怎么回事？"外婆问，"中学毕业是什么时候？""6年后。"外婆把盘子推开。"你听到了吗？"她问凯瑟琳·科梅里，但她没听见。雅克慢慢重复了这个消息。"啊！"她惊叹，"因为你很聪明。""不管他聪不聪明，我都打算明年让他当学徒。你也知道，我们没钱，他得挣钱养家。""那倒是真的。"凯瑟琳回应。夜幕降临，炎热也渐渐消退了。此刻工人都在工作，周围空无一人，寂静无声。雅克凝视着外面的街道，他不知道自己想要什么，只知道他想听

---

① 学识，学问。

从伯纳德先生的话。但是，他才九岁，不能违抗外婆，也不知道怎么办。不过，她显然还在犹豫。"以后你做什么？""我不知道。也许像伯纳德先生一样，当老师。""是的，在6年后。"她在慢慢地分拣小扁豆。"啊！"她说，"不行，我们太穷了。你去告诉伯纳德先生，我们不能这么做。"第二天，另外三个人告诉雅克，他们的家人同意了。"你呢？""我不知道。"雅克回答，一想到他比他的朋友们还要穷，雅克就难受。他们四个放学后留了下来。皮埃尔、弗洛瑞和圣地亚哥给出了他们的答案。"你呢，小家伙？""我不知道。"伯纳德先生凝视着他。"好吧。"他对其他人说，"但是下午放学后你们还得上课，我来安排，现在你们可以走了。"他们离开后，伯纳德先生坐在扶手椅上，把雅克拉近自己身边："怎么了？""外婆说我们家太穷了，我明年得去工作。""你母亲呢？""这是外婆决定的。""我知道。"伯纳德先生说道。他想了一会儿，然后搂住雅克道："听我说，你不要责怪她。生活对她来说太艰难了。她们两个人独自抚养你和哥哥长大，让你成为一个好孩子。所以她肯定会担心。除了奖学金，你们加还需要一点钱，而且不管怎样，你6年内都不能带一分钱回家。你能理解她吗？"雅克没有看他的老师，只是点头。"很好，但也许我们可以和她解释解释。拿上你的书包，我跟你一起去。""去我们家？"雅克问。"当然了，很高兴再次见到你的母亲。"

几分钟后，在困惑不已的雅克面前，伯纳德先生敲响了他家的门。外婆走到门口，在围裙上擦了擦手，围裙的绳子系得太紧，她的大肚子鼓了出来。她看到老师时，做了个手势，好像要梳头。伯纳德先生说道："这一定是外婆吧，还像往常一样工作？啊！您真是一位值得尊敬的女性。"外婆邀请他去餐厅，必须经过别的房间，她让他坐在桌子旁边，拿出杯子和一瓶茴香酒。"不用麻烦了，我是来和您聊聊天的。"他开始询问她的孩子，然后是她在农场的生活、她的丈夫，他也谈到了自己的孩子。就在这时，凯瑟琳·科梅里走了进来，立刻慌了，叫了声伯纳德先生"老师"，然后回到她的房间梳头，穿上干净的衣裙，再回到离桌子不远的椅子边上。伯纳德先生对雅克说："你，去街上等着我。您知道的，"他接着对外婆说，"待会儿我会说他的好话，免得他听到觉得这是事实。"雅克走了，冲下楼梯，站在大楼的门口。一小时过去了，他还站在那里，街道开始热闹起来，天空透过榕树变成了绿色。这时，伯纳德先生从他背后下了楼。他摸了摸雅克的脑袋。"好啦！"他说，"一切都安排好了。你的外婆是位杰出的女性。至于你的母亲……啊！永远不要忘记她。"

"先生，"外婆突然从大厅跑出来，她手里拿着围裙，擦着眼睛，"我忘了……您刚才说您会给雅克补课。""当然，"伯纳德先生回答，"相信我，这对他来说不是坏事。""但是我们付不起补课费。"伯纳德先生凝视着她，拍了拍雅克的肩膀。"您不用担心，"他摇晃着雅克，说道，"他已经付给我了。"然后他就走了，外婆牵着雅克的手回到家，她第一次用力握住他的手，怀着绝望的爱。"我的孩子，"她说，"我亲爱的孩子。"有一个月，每天放学后伯纳德先生就把四个孩子留在家里，让他们再学习两个小时。雅克回家的时候又累又兴奋，然后就得做作业了。外婆带着骄傲和悲伤的神情看着他。"他的脑袋很聪明。"埃尔斯特一边坚定地说，一边用拳头敲着自己的头。

"是的，"外婆会说，"但我们怎么办呢？"一天晚上，她念叨起来："他的第一次圣餐礼①怎么办？"事实上，宗教在他们的生活中并不存在。没有人参加弥撒，没有人援引或教导十诫，也没有人提到来世的奖赏和惩罚。有人在外婆面前提到死亡时，她会说："他以后不会再放屁了。"如果是某个她至少有点喜欢的人，她会说："可怜的人，他还很年轻啊。"即使死者明明已经很年迈了。这不是因为她无知，而是因为她看到太多人在她身边死去了：她的两个孩子、她的丈夫、她的女婿，还有她在战争中牺牲的侄子。她对死亡太过熟悉了，不亚于对工作和贫穷的熟悉，她不用思考死亡，而是在某种意义上亲身经历了死亡。此外，对她来说，对当下生活的需要，比整个阿尔及利亚人更为迫切，因为阿尔及利亚人的日常焦虑和平凡的生活，使得他们无法享受到文明中繁荣兴盛的葬礼。对他们来说，死亡②是必须面对的严峻考验，就像曾经面对过死亡的那些人，他们从不曾提起死亡，他们试图表现出勇气，因为对他们来说，这勇气是一个人的重要美德，但同时，应该尽力忘记，或者避而不谈。（因此所有的葬礼都会有这种滑稽的气氛。莫里斯表哥？）如果再加上日常生活中艰苦的工作和挣扎，更不用说雅克的家庭，由于那可怕的贫穷的消耗，想要找到宗教的位置就更难了。对埃尔斯特舅舅来说，他生活在感官中，他看到的宗教，也就是牧师和仪式。他利用自己的喜剧天赋，从不错过任何一个模仿弥撒仪式的机会，伴随着一个（长音）拟声词来代表拉丁文字，并扮演两个忠实的信徒，在钟声和牧师讲话的时候，偷偷低头喝圣餐酒。至于凯瑟琳·科梅里，只有她的温柔，才

---

① 基督教的主要仪式之一。接受圣餐前，基督徒进入教堂，画十字，向圣像鞠躬，
　唱诗，然后神父将圣餐送到信徒嘴里。
② 阿尔及利亚的死亡。

能印证她的信仰，但事实上，温柔是她的信仰。她既不反对，也不表示同意，只是对她弟弟的模仿微笑，但遇到牧师时，她就称其为"治愈先生"。她从来不会说上帝。事实上，雅克从小就没听人说过这个词，他也没有为此费心。生活，如此生动又神秘，足以占据他的整个生命。

尽管如此，如果家里提到民间葬礼，他的外婆，其至舅舅，都会自相矛盾，谴责没有牧师，他们会说"就像一条狗一样"。这是因为对他们以及大部分阿尔及利亚人来说，宗教是他们社会生活的一部分。他们是天主教徒，就像他们同样是法国人一样，有一定的宗教仪式。实际上，这些仪式正好有四个：洗礼、第一次圣餐礼、结婚（如果他们结婚的话）和葬礼。这些仪式的时间相隔很远，而在仪式间歇他们得忙于其他事情，最重要的就是活下来。

因此，雅克当然也会像亨利那样去参加他的第一次圣餐礼。亨利并不记得仪式本身，只记得它带来的社会后果，特别是他不得不把臂章戴在胳膊上，连续好几天去拜访朋友和亲戚，他们必须给他一小笔钱，孩子不好意思地收下了这笔钱，然后外婆就会拿走所有的圣餐礼，只把很少一部分返还给亨利，因为圣餐礼花了很多钱，其实这个仪式要等孩子学习两年教义问答之后，到了十二岁才举行。因此，雅克在他在中学的第二年或第三年才能领圣餐。但正是这时候，外婆开始有这个念头。她对中学的印象不好，模模糊糊，觉得在中学，学习负担比在社区小学高了十倍，因为学习带来了更好的工作，而按照她的思维方式，物质环境的改善只有加倍的工作才能实现。她衷心希望雅克成功，因为她事先已经同意做出牺牲，可是她算出教义问答所花的时间会影响学习时间后，又说："不，你不能一边在中学上学一边参加教义问答课。"

　　"好吧，那我不去参加我的第一次圣餐仪式了。"雅克回答。他最希望能够逃脱拜访亲戚的痛苦，对他来说，接受他人钱财是一种无法忍受的羞辱。"为什么？可以安排妥当的。穿好衣服，我们去见牧师。"她站起来，神情坚决地走进卧室。她回来的时候，已经脱掉了背心和家居裙，穿上了外出礼服，纽扣扣到了脖子，把黑色的丝巾系在头上，丝巾边上露出了缕缕白发。她眼神锐利，嘴唇紧抿，态度十分坚决。圣查尔斯教堂是一座现代哥特式建筑，样子十分恐怖。外婆在圣教堂的圣器室坐着，握着雅克的手，雅克站在她身边，站在教区牧师面前。牧师是一个六十岁的胖老头，脸圆圆的，看起来很柔软，长着大鼻子，厚厚的嘴唇咧出一个和善的微笑，一头银色的头发，他双手紧握，放在膝盖处的长袍上。"我想让这孩子参加第一次圣餐仪式。"外婆说道。

　　"很好啊，夫人，我们会让他成为一个优秀的基督徒。他多大了？""九岁了。""您做得对，让他很早就开始参加教义问答。他得为三年后的重大日子做好充分的准备。""不，"外婆干脆地说，"他必须马上参加。""马上参加？但距圣餐仪式还有一个月，而且他至少要经过两年的教义问答，才能登上祭坛。"

　　外婆解释了他们的处境。然而牧师深信在中学学习同时可以兼顾宗教教育。他耐心又和蔼，引用了自己的经验，举了一些例子……外婆站了起来："如果那样的话，他就不参加第一次圣餐仪式了。过来，雅克。"然后她拉着孩子往外走，牧师赶紧跟在他们后面。"等等，夫人，等等。"他轻轻地把她拉回座位上，试图跟她讲道理。但是外婆一直摇头，像一头倔强的老骡子一样："必须马上就参加，不能就算了。"最后，牧师妥协了。双方商定雅克快速完成宗教课程，一个月后参加他的第一次圣餐礼。牧师摇摇头，把他们送到门口，拍了拍孩子的脸蛋。"认真听课。"他说。他看着雅克，神情悲伤。

于是雅克上完伯纳德先生的辅导课之后，周四和周六下午还得上教义问答课。奖学金考试和第一次圣餐礼即将到来，他每天都很忙，没有时间玩耍，甚至在星期天也是如此。如果他放下笔记，外婆就会把家务和跑腿强加给他，总说为了他的教育，家里人同意了未来的牺牲——一连很多年他都不能为家里做事了。"但是，"雅克说，"我可能考不上，考试太难了。"在某种意义上，他有时会希望考不上，他们总是谈论家人的牺牲，这太沉重了，他年轻的骄傲无法承受。

外婆诧异地看着他，她从没想过这种可能性。然后她耸了耸肩，也不担心自相矛盾，"去吧，你要是没考上，"她接着说，"我会把你屁股打开花。"教区的第二位牧师负责教授教义问答。他身材高大瘦削，穿着黑色的长袍，脸颊凹陷，长着鹰钩鼻，看上去冷酷无情，不像老牧师那样温柔和善良。他的教学方法是背诵，虽然很原始，但这也许是唯一适合那些淘气包的方法。他的使命就是训练他们的精神，他们必须学习问题和回答"谁是上帝"①，然而这些话对年轻的儿童来说毫无意义。雅克记忆力很好，他不动声色地背诵，却从来没有听懂过内容。另一个孩子在背诵时，他思绪游荡，做着白日梦，或者和其他孩子做鬼脸。有一天，高个子牧师发现雅克在做鬼脸，觉得鬼脸是冲着他做的，认为雅克必须尊重他工作的神圣，于是在全体孩子面前把雅克叫来。他没有做任何解释，用他那瘦骨嶙峋的大手，用尽

---

① 看着教义回答。

全力打了雅克。雅克差点被打得摔在地上。"现在回到你的座位。"牧师说道。孩子凝视着他，一滴眼泪都没掉（他一生都在为善良和爱哭泣，从来没有痛苦或迫害哭泣，相反，这只会使他的精神和决心更坚定），回到了自己的座位上。他的左脸很疼，嘴里弥漫着血的味道。他用舌尖舔舐，发现自己的面颊内侧被打破了，正在流血，于是默默吞下了自己的血。

在接下来的准备圣餐礼的过程中，他的心思早已飘到了别处，牧师和他说话的时候，他静静地看着牧师，没有丝毫的责备，但也不友善，只是流利地背诵关于基督的神性和牺牲的问题。他梦想着离他几百里远的地方，那两场考试似乎变成了一场。他沉浸在学习中，就像沉浸在那个梦里，他只是被感动了，而且是以一种模模糊糊的感觉，到了晚上的弥撒时间，越来越多的人聚在那个可怕又寒冷的教堂里。他第一次听到管风琴的音乐，从前他听到的都是一些愚蠢的曲调，于是他的梦想更丰富、更深刻了。祭司的物品和衣服在模糊的黑暗中闪闪发亮，最终遇到神秘，但那是一种无名的神秘，就连教义中命名和严格定义的神圣人物也发挥不了任何作用，他们只是延伸了他生活中赤裸裸的世界，这神秘笼罩着他的内心，温暖又模糊，只是加深了他母亲每天沉默的神秘感，或者说，当他傍晚走进餐厅，看见母亲独自一人坐在房间里，也不点煤油灯，让夜色渐渐地侵入室内，她自己看起来则是更黑暗，正沉思凝视着窗外，看着街上的热闹，但对她来说却是沉默的。孩子会停在门口，心情沉重，怀着对母亲的绝望的爱，以及母亲身上某种不属于或不再属于这个世界和这些琐碎生活的绝望的爱。随后就是第一次圣餐仪式，雅克只记得前一天的忏悔，当时他承认了别人说的唯一罪恶的行为，其实都是小事。"你有罪恶的想法吗？"他想了一下，说："有，神父。"尽管他不知道一个念头怎么会有罪，但到了第二天，他还是很恐惧，担心自己会不知不觉地冒出罪恶的念头，或者说，他很清楚，上学时他说了很多令人反感的词汇，虽然他尽可能地忍住了。举行圣餐仪式的那天早晨，他穿着水手服，戴着臂章，手里拿着一本小小的祷告书和一小串白色的珠子，这些珠子都是条件好一些的亲戚（比如玛格丽特姨妈等）提供的。雅克拿着一支蜡烛，和其他拿着蜡烛的孩子站在过道里，排成一队，家人注视着他们，露出欣慰的神色。这时，音乐响起，轰鸣声使他打寒噤，他内心充满了恐惧和一种异常的兴奋，他第一次感受到自己的力量，感觉自己有无限的生存能力和胜利的力量，这种兴奋贯穿了整个仪式，使他一直走神，包括领圣餐的瞬间。这种兴奋一直持续到他回家的时候，家里邀请亲戚一起吃饭，饭菜比平常丰盛，习惯了吃喝节俭的客人也渐渐兴奋起来，房间里渐渐弥漫着欢乐的气氛，却破坏了雅克的兴致，大家吃甜点的时候，兴奋到了极点，雅克突然哭了起来。"你怎么了？"外婆问他。

"我不知道，我不知道。"外婆大为光火，打了他一耳光，"你现在知道为什么哭了吧？"但事实上，他看见桌子对面的母亲朝着他悲伤的微笑，就明白自己为什么哭泣了。"都已经结束了，"伯纳德先生说，"好啦，现在我们开始学习了。"还有几天，必须得努力学习，最后几节课是在伯纳德先生家。（描述一下公寓？）一天早晨，在雅克家附近的电车站，四个学生围着伯纳德先生，每个人都配备了垫板、尺子和笔盒，雅克看到了他的母亲和外婆，她们站在阳台上用力向他们挥手。

考点在一个中学，位于城市的另一头，在绕着海湾建设的弧形城市环的另一端，从前那里富裕又沉闷，多亏了西班牙移民的到来，后来成了阿尔及尔最拥挤最活跃的地区之一。这所中学是一座巨大的正方形建筑，占据了整条街道。要进学校可以从两侧的台阶或者前面宽阔的台阶往上走，两侧是小花园，种着香蕉树和……①，安装了铁丝网，防止学生破坏。中间的台阶通向一个拱廊，连接了两侧的台阶。拱廊正对着一扇大门，只用于重要场合。另一侧是一扇更小的门，通往看门人的玻璃小屋。

第一批到达的学生就在那个拱廊里，他们装出轻松的样子，以此掩饰内心的紧张，而小部分人则脸色苍白，一言不发，泄露了他们此刻的焦虑。伯纳德先生和他的学生就在那个拱廊里，在紧闭的校门前等待着。清晨的风透着些许凉意，街道有些潮湿，等太阳升起，就会覆盖一层灰尘。他们提前了足足半个小时，默默地围在老师身边，老师一时也不知道该说些什么，只说他要离开一会儿，马上就回来。

的确，几分钟后，他们看到他回来了，戴着为这个场合准备的高雅的毡帽，穿着厚背心，手里各拿着一包纸巾，纸巾的顶部缠绕了一个把手，他走近后，他们看到纸上有油渍。"这里有一些羊角面包，"伯纳德先生叮嘱道，"现在吃一个，另一个留到十点再吃。"他们道了谢，然后开始吃面包，但是嚼过的厚的面团很难咽下去。"不要失去理智，"老师不停地嘱咐，"仔细阅读问题的措辞和作文的主题。多读几遍，有的是时间。"是的，他们会读好几遍，他们会听他的话，和他在一起，生活中没有任何障碍，只需让自己被他引导就够了。现在小门边渐渐开始喧闹。大约有六十个学生朝那个方向走

---

① 手稿中此处没有出现任何词语。

去。一个工作人员开了门，念着一份名单。念到的第一个名字就是雅克……他抓住老师的手，犹豫了一下。"去吧，我的孩子。"伯纳德先生说。雅克颤抖着走向门口，一边走一边回头看看老师。他就在那儿，高大、结实，他的微笑十分镇定，朝着雅克点头，让他宽心①。

中午，伯纳德先生在出口等他们。他们给他看了考试题目。圣地亚哥是唯一一个在题目上犯错的人。"你的作文写得很好。"他简短地对雅克说。

中午一点，伯纳德先生陪他们回学校考试。下午四点钟的时候，伯纳德先生还在校门口等着，顺便检查了他们的答题情况。"走吧，"他说，"我们得慢慢等结果。"两天后，早上十点，他们五个又出现在那扇小门前。门开了，办事员又念了一份名单，这份名单比之前那份要短得多，是成功入选奖学金的候选人名单。周围一片喧闹，雅克没有听到自己的名字。伯纳德先生高兴地拍了拍他，说道："太棒了，小家伙。你通过了。"只有圣地亚哥没通过考核。他们觉得恍惚，忧伤地注视着他。"没关系，"圣地亚哥答道，"没关系。"

雅克不知道自己在哪里，也不知道发生了什么，他们四个人都坐着电车回来了。"我去看看你们的家人，"伯纳德先生说，"先去科梅里家，因为那里最近。"在这个挤满了女人的小餐厅里，有雅克的外婆、母亲，母亲还特意为了这个特殊的日子请了一天假。雅克紧紧跟在老师身边，最后一次呼吸着古龙香水的气味，紧紧地靠着那散发着热切温暖的坚实身躯，而外婆则在她的邻居面前微笑，不停地

---

① 检查奖学金计划。

向伯纳德先生道谢："谢谢您，伯纳德先生，谢谢您。"而他拍了拍孩子的脑袋。"以后你就不需要我啦，"他说，"你会接触知识渊博的老师。但你知道我在哪里，如果需要我，就来找我。"说完，他就走了，留下雅克独自一人待在女人中间，随后他冲到窗前，望着他的老师，这是老师最后一次向他挥手告别，从此以后，再也不管他了。孩子的心里不但没有成功的喜悦，反而只有深切的痛苦折磨着他，仿佛他事先就知道，这种成功只是把他从穷人温暖而纯真的世界中连根拔起。而这纯真的世界本身就是封闭的，就像社会中的一个孤岛，贫穷取代了家庭和社区。他被扔进了一个陌生的世界，一个不再属于他的世界，在那里，他不相信老师比一个心灵无所不知的人更有学问。从现在起，他不得不学习，学习自力更生，成为一个没有他人救助的人，他不得不独自成长，这是最高的代价。

七、蒙多维：移民与父亲

现在，他长大了……从伯恩到蒙多维①的路上，雅克·科梅里乘坐的车遇到了一辆慢速行驶的吉普，车上满载枪支弹药。

"维拉德先生吗？"

"是的。"

那个人站在他的小农舍门口，凝视着雅克·科梅里。他个子不高，身体很壮实，肩膀圆溜溜的。他左手把门打开，右手紧紧抓住门框，虽然他开了门回了家，但同时也堵住了路。他的头发稀疏花白，约莫四十岁，看上去像个罗马人，肤色黝黑，却有着端正的五官和明亮的眼睛。他穿着卡其裤子，虽然身上有些僵硬，但却不肥胖，腹部也没有赘肉，脚上穿着凉鞋，上身穿着有口袋的蓝色衬衫，这使他显得年轻了很多。他一动不动地站着，听雅克解释，随后说"请进"，让到另一边。雅克沿着墙壁粉刷成白色的小走廊走着，走廊里只有一个棕色的箱子和一把弯曲的木制伞架。这时他听到农夫在他身后大笑。"原来这就是朝圣！说实话，你来得正是时候。""怎么说？"雅克问道。"到餐厅来，"农夫回答，"那是最凉快的房间。"

---

① 一路上他乘坐了马车、火车、轮船、飞机。

餐厅其实是半个阳台，窗帘是柔软的稻草做的，除了一扇稻草窗帘以外，其余的都放低了。餐厅里有一张浅色的木桌子和橱柜，都是现代风格，还摆放着藤椅和折叠椅。雅克转身的时候，发现只有自己一人。他走到走廊上，透过百叶窗的空隙，看见院子里种着观赏的胡椒树，两台鲜红的拖拉机在树叶间影影绰绰。远处，农夫在十一点钟还可以忍受的阳光下，摆弄他的葡萄架。过了一会儿，他回来了，手里拿着一个托盘，托盘上放着一瓶茴香酒、几只玻璃杯和一瓶冰水。

农夫举起了斟满乳白色饮料的杯子，"如果你来得再晚一些，就可能什么也找不到了。无论如何，没有一个法国人能告诉你实情。""是那位老医生告诉我的，他说我是在你的农场出生的。""是的，这农场是圣·阿伯特的一部分，我父母在战后买下了它。"雅克看了看四周。"所以你肯定不是在这里出生的，"维拉德说，"这里的一切都是我父母重建的。""他们在战前认识我父亲吗？""我觉得不可能。他们原先在突尼斯边境定居，后来想离文明世界更近一些，他们觉得苏法利诺就代表文明。""他们没有听说农场上一任主人的事吗？""没有。既然你是本地人，你也知道这是怎么回事。这里什么都没留下。我们拆除了一切，然后重建。我们只考虑未来，其他的事情都忘了。""好吧，"雅克说，"我白白占用你的时间。""哪里哪里，"农夫说，"这是我的荣幸。"他对雅克微笑。雅克喝完了杯子里的酒。"你父母还在边境附近吗？"

"没有了，那里是禁区，附近就是水坝。很明显，你不了解我父亲。"农夫也把剩下的酒咽了下去，仿佛受到了什么刺激，放声大笑，"他真是个移民，守旧派，你知道吧，就是巴黎人辱骂的那种人。他一直是个严厉的人。都六十岁了，但是又高又瘦，像个老是板着脸的清教徒，你知道吧，就像族长那样。他剥削他的阿拉伯工人，说句公道话，其实还有他的儿子们。去年，他们不得不撤离的时候，局面已经很混乱了，无法继续在那里生活了，晚上睡觉你都得带着枪。罗斯科农场遇袭的时候，你还记得吗？""记不得了。"雅克回答。

"好吧，父亲和两个儿子被割喉，母亲和女儿被轮奸，然后被杀了……总之……不幸的是，省长在会议上告诉农民，他们不得不重新考虑（殖民地）问题，以及对待阿拉伯人的方式，认为新时代已经来临。然后他不得不听省长说的，世界上没有人会为他的财产专门制定法律。但从那天起，他就再也不开口说话了。有时候晚上他会起床出去。我的母亲透过百叶窗，看到他在自己的田地里走来走去。后来撤离命令下达的时候，他什么也没说。葡萄丰收了，酒也装在大桶里。他打开桶把酒倒了，来到咸水泉，很久以前他把泉水改了道，现在又把它重新改回去，让盐水流回地里，然后又给拖拉机装上了犁。他掌着方向盘，光着脑袋，一句话也没说，把所有的葡萄藤都拔了，干了整整三天的活。你想想看，一个瘦骨嶙峋的老人在拖拉机上颠簸，犁被更粗壮的葡萄藤缠住时，他就猛拉油门杆，也不愿意停下来吃东西。母亲给他送来面包、奶酪和猪肉火腿肠，他平静地吃着，像他做任何事情那样，扔掉最后一块面包，又加快速度干活。他从日出忙到日落，也不看一眼地平线上的山，也不看那些阿拉伯人。阿拉伯人远远地看着他，什么也没说。有一个年轻的上尉来到这里要父亲解释，也不知道是谁通知的，父亲对他说：'年轻人，我们在这里的所作所为是犯罪，必须被清除了。'等到一切结束后，他朝农舍走去，穿过院子，院子浸满了从大桶里倒出来的酒，于是开始收拾行李。阿拉伯工人在院子里等着他。（还有一支上尉派出的巡逻队，没有人知道为什么，一位好心的中尉等待着命令）'老板，我们该怎么办？''如果我是你，'老人回答，'我会加入游击队。他们会赢的。法国已经没有男人了。'"

农夫笑了起来："这话太直白了，是吧？""他们和你在一起吗？""不，他不想听到关于阿尔及利亚任何事，哪怕一个字也不行。他在马赛，住在一个现代化的公寓里，母亲写信告诉我，他在房间里绕圈子。""你呢？""哦，我啊，我留了下来，一直到最后。不管发生什么，我都要留下。我把家人送到阿尔及尔，而我，到死我都要在这里。巴黎人不懂。你知道除了我们谁是唯一能理解的人吗？""阿拉伯人。""没错，我们天生能互相理解。我们无论多么愚笨野蛮，都流着同样的血。我们再互相残杀，互相阉割，互相折磨，然后我们男人就可以和平共处了。国家也希望这样。再喝点茴香酒？"

"少点儿。"雅克说道。过了一会儿，他们走出农舍。雅克问这附近有没有谁认识他父母。"没有了，"维拉德答道，"除了那个把你带到这个世界上来的老医生和那个苏法利诺退休的老医生之外，就没有别人了。"圣·阿波特的土地两次易手，曾经在这里干活的阿拉伯工人，许多都在两次战争中死了，期间也有许多人出生了。"一切都变了，"维拉德说，"变化得太快了，人们都忘了。"但也许老塔姆扎……他是圣·阿伯特农场的看门人。1913年，他大概二十岁。无论如何，雅克可以看看他出生的地方。

这个地区除了北部，其余地方远山环绕，正午酷热难耐，远处山峰的轮廓影影绰绰，仿佛明亮的雾气笼罩着巨大的岩石，一度成为沼泽的塞布斯平原在远山之间向北延伸，一直延伸到海边，天空热得泛白，葡萄排成一条条直线，葡萄叶因用硫酸铜变成蓝色，葡萄熟透泛黑，葡萄园中还有一排柏树或一丛丛的桉树，树荫遮蔽着房屋。他们沿着一条农场小路走，每走一步，红色尘土就随之扬起。前面的路一直通往山上，空气热得仿佛在颤抖，阳光也在跳动。他们到达一排梧桐树后小房子时早已汗流浃背。一条狗狂吠着迎接他们，他们却看不见那狗在何处。

屋子十分破旧，桑木门小心翼翼地紧闭着。维拉德一敲门，狗就叫得更厉害了，狗吠声好像是从房子另一边的封闭的小院子里传来的。但是房屋里没有动静。"看看他们是怎样信任我们的，"农夫说道，"他们在家，但还在等待。""塔姆扎！"他大喊，"我是维拉德。"

"半年前，有人来找他的女婿，想了解他女婿是不是给游击队供货。他们也没有听到关于他的消息。一个月前，他们告诉塔姆扎他女婿可能在逃跑时被杀了。""啊？"雅克问，"他给游击队提供补给吗？"

"也许是，也许不是。还能期待什么呢？这就是战争。但这也解释了为什么在这个好客的地方，开门开得很慢。"

就在这时，门开了。塔姆扎个头不高，头发花白，头上戴着宽边草帽，穿着打了补丁的蓝色工作服，看着维拉德微笑，随即望着雅克。"他是我的朋友，在这里出生。""请进，"塔姆扎说道，"进来喝杯茶。"

塔姆扎什么都不记得了。是的，也许吧。他曾经听叔叔说起过一个经理，他在战后待了几个月。"是战前。"雅克说道。

应该是战前，有可能，那时候他还很年轻，他父亲后来怎么样了？他在战争中牺牲了。"天意弄人啊，"塔姆扎说道，"战争终归不好。"

"战争总是有的，"维拉德说，"但人们很快就习惯了和平，所以他们认为和平才正常的。其实不是，战争才是正常的。"

"男人在战争时期都很疯狂。"塔姆扎一边说着一边从女人手中接过一盘茶，她在隔壁房间，把头转了过去。他们喝了滚烫的茶，向他道了谢，然后沿着闷热的小路穿过葡萄园回去了。"我要坐那辆出租车回苏法利诺了，"雅克说道，"医生邀请我共进午餐。""我不请自来。等一等，我去拿点吃的。"

后来，在回阿尔及尔的飞机上，雅克整理他收集到的消息，其实消息很少，也没有什么直接关系到他父亲的。很奇怪，夜色似乎以几乎可以测量到的速度从地面上升起，最终吞噬了飞机，飞机笔直向前推进，十分平稳，就像一颗螺丝钉钻进了浓浓的夜色中。夜晚使雅克感到更加不适，他觉得自己被飞机和黑暗困住了，感到呼吸困难。他又看到了自己的出生登记簿和两个见证者的名字，是真正的法国名字，就像巴黎标牌上的名字，老医生讲述了他父亲到达这里的故事和他出生的情景，又告诉他，证人是当地的店主，第一批移民，他们同意帮他父亲的忙。他们的名字有巴黎乡下的气息，是啊，但这并不奇怪，因为苏法利诺是由1848年革命的老兵建立的。

"哦，是的，"维拉德说，"我的曾祖父母也参与其中，所以我老爸的基因里也有革命的火种。"他滔滔不绝，说他最早到的曾祖父是圣丹尼斯郊区的一个木匠，曾外婆是一个熟练的洗衣工。当时巴黎失业率高，社会动荡不安，制宪议会投票决定花五千万法郎派出移民，并承诺每个人拥有一栋房子和二到十公顷的土地。"可以想象，有多少人申请移民。有一千多人，他们都梦想着应许之地，尤其是男人。而女人呢，她们害怕未知的事物。而男人不会！他们的革命没有白费，就像他们相信圣诞老人，而且他们的圣诞老人穿着罩袍。最后，他们真的得到了圣诞礼物。1849年，他们就出发了，并在1854年夏天建成了第一栋房子。与此同时……"

现在，雅克呼吸顺畅了些。原先的黑暗已经结束了，仿佛潮水退去，留下一片星云，现在漫天繁星。只有震耳欲聋的马达声让他不适，他试着回忆那个卖角豆和饲料的老人，老人认识他父亲，还依稀记得，他反反复复地说："他不说话，他不喜欢说话。"但是噪声吵得他晕晕乎乎，几乎陷入了麻木状态，这感觉让人厌烦，他试图唤起关于父亲的回忆，却终究徒劳，他想象不出，父亲为何消失在这片辽阔而充满敌意的土地上，又怎样融入村庄和平原的无名历史。他们在医生那里谈话的细节，以及医生所说的那些驳船把巴黎移民送到了苏法利诺，一同涌入他的脑海。同样的浪潮，当时没有火车，对，没有，火车只到里昂。然后，六艘驳船由驮马拖运，当然还伴奏着《马赛曲》和《出征曲》，由市里的铜管乐队演奏，还有神职人员在塞纳河岸的祝福，旗帜上绣着村庄的名字，但村庄在当时还不存在，等着乘客们去建立，仿佛奇迹一般。船已经开动了，巴黎渐行渐远，变得模糊，即将消失了。愿上帝保佑你的事业，即使精神最坚强的路障战[①]的士兵，都陷入了沉默，心情沉重，他们受惊的妻子紧紧依赖他们的力量。在船舱里，他们不得不躺在沙沙作响的稻草上睡觉，脏水和眼

---

① 法国巴黎街道进行的街巷战，设路障于街道，用于守卫。

睛齐平。但是首先，女人们得举起被单，在被单后面脱衣服。那时候，他父亲在哪里呢？哪里都没有。一百年前的秋末，这些驳船沿着运河漂流了一个月，又沿着铺满枯叶的河流行驶了一个月，在灰暗的天空下，两岸光秃秃的榛树和柳树护航。每到一座城市，都会受到官方乐队的热烈欢迎，然后载上新的流浪者前往一个陌生的国度。它们让他了解许多关于圣布里厄的年轻死者的事情，而不是他寻找的老人们混乱的回忆。发动机现在变速了。那些黑暗的物体，那些锋利破碎的夜晚的块状，那是卡比利亚地区^①，是这野蛮血腥的国家的一部分，一直都野蛮血腥。那是他们的目的地，一百年前，1848年，工人就在这拥挤的船上。"拉布拉多号，"老医生说，"这是它的名字，你能想象吗？拉布拉多号扑向蚊子和烈阳。"不管怎样，拉布拉多号全副武装地划着桨，搅动着西北风暴吹起的冰冷海水，甲板被极地的风扫荡了五天五夜，船舱底部的征服者们仿佛病入膏肓，晕船晕得严重，一直呕吐。直到他们抵达伯恩港，码头上的人们奏响音乐来迎接这些面如菜色的冒险家。他们已经走了这么远，带着他们的妻子、孩子和财产，离开欧洲的首都，漂流了五个星期，在这一眼望去远处一片蓝色的大地上，心神不宁地闻着奇怪的混合肥料、香料和……^②的气味。

雅克在座位上翻了个身，半睡半醒之际，他仿佛看见了自己的父亲，实际上他从未见过父亲，甚至连他的身高都不知道。他看见父亲同移民们在伯恩的码头上，用滑轮把航行中幸存的几件家具吊下来，又因失去的财产而争吵。他站就在那里，态度坚定，神情忧郁，咬紧了牙关，毕竟，这不是他走过的那条路吗？40年前，在同一片秋日的

---

① 阿尔及尔北部柏柏尔人聚集区，阿特拉斯山脉的一部分，位于地中海边缘。
② 一个辨认不清的词。

天空下，从伯恩赶着马车奔向苏法利诺。但移民来的时候还没有这条路：妇女和儿童挤上军车，男人们步行穿过沼泽或灌木丛，偶尔聚集了一群阿拉伯人，用敌视的眼神远远看着他们，身边总是带着一群凶恶的卡拜尔①狗。凌晨，他们终于到达他父亲四十年前曾涉足的地方。那是一块辽阔的土地，四周是遥远的高山，没有住户，没有耕地，只有一小片土色的军用帐篷，除此之外空无一物。在他们眼里，这里是世界的尽头，在荒芜的天空和危险的大地之间。女人在深夜里哭泣，因为疲惫，恐惧，还有失望。

同样是夜晚，到达一个充满敌意的不毛之地，同样都是男人，然后，然后……哦！雅克不知道他父亲如何，但是其他人，他们必须在笑着的士兵面前振作起来，安顿好自己的帐篷。房子要晚一些才能建造，土地会分配好，劳动，神圣的劳动可以拯救所有人。"但他们不能马上就干活，那活计……"维拉德说。下雨了，阿尔及利亚的雨，又大又急，没有休止，已经连续下了八天了，塞布斯河②已经泛滥了。河水流到了帐篷这边，他们无法出去，兄弟、敌人都拥挤在肮脏混乱的大帐篷中，帐篷被这无休止的倾盆大雨打得劈啪作响。为了排除臭气，他们割下空心芦苇，这样就可以从帐篷里让尿流出去。一旦雨停，他们就在木匠的指挥下建造简易的小木屋。

"啊！他们都是好人，"维拉德笑着说道，"他们在春天建成了小窝棚，后来得了霍乱。我的父亲说，我的那位木匠祖先，就是因

① 阿尔及利亚一个地区。

② 阿尔及利亚东北部河流。源自艾因贝达东部的塞提夫平原边缘的谢里夫河，在安纳巴港口的南部注入地中海。河流流经密植农耕区，沿岸出产葡萄和谷物。水渠从主流直接通往田间进行灌溉。

为霍乱失去了女儿和妻子。她们不愿意远行是有道理的。""唉，是的。"老医生回答，他坐不住，来来回回踱步，裹着绑腿，挺直腰板，得意洋洋。"每天要死十来个人。炎热的夏天来得早，在棚屋里好像被火烤。至于卫生方面，总之，每天会死十来个人。"他那些军队里的同行都不知所措。顺便提一句，同行很奇怪。所有的药物都用完了，于是他们想了个主意，用跳舞来刺激血液循环。每天晚上干完活以后，在下葬逝者的间歇，移民们就伴着小提琴的乐声跳舞。其实也没有想象中的那么糟。那些善良的人跳舞跳得浑身发热出汗，排泄了毒素，传染病也就停止了。"这主意还是得花心思想的。"是的，是个好主意。炎热潮湿的夜晚，在病人们睡觉的小屋之间，小提琴手坐在箱子上，身旁挂了一盏灯笼，蚊子和昆虫在周围嗡嗡飞舞。身着长裙、披着被单的征服者们跳着舞，围着一堆熊熊燃烧的篝火，大汗淋漓。而营地四个角落则站着哨兵，保卫被困在这里的人们，以防黑鬃狮子、偷牛贼、阿拉伯强盗的袭击，有时还要防着其他法国移民的打扰或掠夺物资。后来，终于分配了土地，离窝棚区很远，十分零散。后来，他们建了这个村庄，又用土墙围起来。但是三分之二的移民都死了，情况和阿尔及利亚的其他地方一样，还没来得及拿到铲子、犁就去世了。活着的人即使在田地里还保持着巴黎人的风范，戴着高顶礼帽，肩上扛着枪，嘴里叼着烟斗。只能抽带盖子的烟斗，为了防止火灾。口袋里装着奎宁片，奎宁在当时伯恩的咖啡馆和蒙多维的餐厅里也有售，制成了一种普通的饮料。为了健康，他们身边的妻子身着丝绸衣裙。附近总有扛着枪的士兵巡逻，甚至在塞布斯河边洗衣服也需要士兵护送，从前在档案馆旁的洗衣房时，还能心平气和地聊天。夜晚，村子经常遭到袭击，就像1851年的起义中，成百上千的骑兵，穿着呢斗篷①，在围墙周围徘徊，最后看到被围困的人们支起大炮瞄准他们，才纷纷离开。他们在敌人的土地上建房干活，而对方拒绝他们占领土地，并且对他们发现的一切进行报复。为什么从飞机起飞到降落，雅克还在想着他的母亲？想象一辆马车陷在去往伯恩的路上，殖民者留下孕妇去寻求帮助，回来时发现她肚子被剖开，乳房被割掉。"这就是战争。"维拉德说道。"说句公道话，"老医生补充道，"我们也把他们一家老小都封在山洞里，的确这样，的确是，他们也把第一批来的柏柏尔人②阉割了，柏柏尔人自己也……然后一路追溯，追溯到第一个罪犯，你知道，那就是该隐③，从那以后就有了战争，人类实在可憎，尤其在烈日之下。"

午饭后，他们穿过村庄，这村庄和全国其他数百个村庄几乎一样，数百栋19世纪末简朴风格的小房子散落在几条街道上，每栋房子都面向更大的建筑，并与之形成直角，比如合作社、农场银行、娱乐大厅，而街道都通向金属框建造的音乐台，仿佛旋转木马或大地铁的入口。多年来，村里的男子合唱团或军乐队，都在此处举办节日音乐会。身着节日盛装的情侣们则一边吃着花生，一边在热浪和尘土中漫步。今天也是星期天，但是军队的心理研究部门在音乐台上安装了扩音器，聚集的人群大部分是阿拉伯人，不过，他们不在广场上散步，

---

① 阿拉伯人穿的带有包头巾的呢斗篷。
② 非洲北部的民族，主要分布在摩洛哥、阿尔及利亚、利比亚、突尼斯和马里等。属欧罗巴人种地中海类型。使用柏柏尔语，属闪－含语系柏柏尔语族。多数人信奉伊斯兰教。
③ 基督教文献《圣经》中的杀害亲人的人，是世界上所有恶人的祖先。人类祖先亚当与妻子夏娃最早所生的两个儿子之一，该隐为兄长。因为憎恨弟弟亚伯而把亚伯杀害，后来受到上帝的惩罚。

而是静静伫立，听着穿插演讲的阿拉伯音乐。法国人迷失在人群中，有着同样的表情：神情忧郁，忧虑未来，就像很久以前乘坐拉布拉多号来到这里的人，或者处于同样的境遇，逃到其他地方的人，他们遭受同样的痛苦，为了逃离贫穷或迫害，又遇上悲伤和岩石。那些马洪的西班牙人就是如此，他们是雅克母亲的先辈。还有阿尔萨斯人，1871年，他们拒绝德国统治而回到法国，得到了1871年阿拉伯叛军的土地，这些叛军要么被处死要么被监禁了。他们接手了叛军留下的烫手山芋，他们既是受害者又是迫害者，雅克的父亲就是他们的后代。40年后，雅克的父亲来到了这里，神情同样忧郁，态度同样坚定，他只关注未来，就像那些不爱过去、放弃过去的人，他自己也是一个移民，如同那些在这片土地上生活和生活过的人，什么痕迹都没有留下，除了在移民者小墓地上那些已经破损的、长满绿色苔藓的墓碑，正如同维拉德离开后，雅克和老医生一同探望的那块墓地。一边是新式的葬礼，新建造的丑陋建筑，用当下祈祷的廉价宗教艺术画来装饰。另一边，在古老的柏树下，铺满松针和柏树球果的小径之间，或潮湿的墙壁旁，长出了开小黄花的酢浆草，花叶一直延伸到他们脚下，古老的墓碑几乎与大地混为一体，已经辨认不清了。

一个多世纪以来，人们相继来到这里，他们开垦田地，挖沟掘渠，在某些地方越犁越深，另一些地方则越来越贫瘠，只剩一层薄薄的尘土，然后这地方又像从前一样荒草丛生了。他们生儿育女，然后也消失了。他们的后代也是如此。他们的子孙，和他们一样，生活在这片土地上，没有过去，没有伦理，没有指引，没有宗教，但他们却很高兴能够如此，生活在阳光之中，面对黑夜和死亡恐惧不安。所有这几代人，所有这些来自许多国家的人，在这片瑰丽的天空下，在黄昏快要降临之时，紧闭心扉，消失得无影无踪。他们已经彻底被遗忘了，实际上，这就是这片土地所给予他们的，是随着夜幕而降临的。他们三个人回到村庄，因夜幕的降临而倍感焦虑，心里充满了恐惧。夜幕笼罩了海面，降临到崎岖的山峦和高原上，这种恐惧也降临到所有非洲人的头上。夜幕在德尔斐山①产生了同样的效果，也正是因为同样的恐惧，人们在那里建造了神庙和祭坛。但是在非洲的大地上，神庙已经摧毁了，剩下的只有心灵无法承受的柔软负担。是的，他们是怎么死的！他们为何逝去！在沉默之中，抛弃一切，他的父亲远离故土，死于一场不可思议的悲剧，生前毫无自由可言：在孤儿院长大，经历了不可避免的婚姻，最终在医院逝去。生活缠绕着他，也只有他，直到战争夺走他的生命，埋葬了他。从此，他与妻子和儿子天人永隔，回到了那片无垠的遗忘之地，那是他这类人的最后归宿，一个没有生命之源的归宿。那个时代的图书馆，存有许多利用弃儿为这个国家殖民的报道，是的，所有这些发现又失去的孩子，他们建立了转瞬即逝的城镇，然后死去，在别人心中永远死去。仿佛人类的历史，那段在最古老的土地上缓慢前行的历史，却几乎没有留下任何痕迹，在不落的阳光下蒸发，连同创造他的人们的记忆也一起蒸发，成了无尽的暴力和谋杀，熊熊燃烧的仇恨之火，迅速泛滥和干涸的鲜血之河，就像这个国家的季节性河流。现在，夜色从大地上升起，渐渐吞没一切，逝去的人和活着的人，在同一片亘古永恒的神奇天空之下。不，也许他永远也不会了解他父亲，他会继续睡在那里，面容永远消失在灰烬中。这个人有一个秘密，一个他一直想要解开的秘密。但是

---

① 所有古希腊城邦共同的圣地，供奉着太阳神阿波罗，著名的阿波罗神庙位于此处，现已列入联合国教科文组织的世界遗产名录。

最后只有这贫穷的奥秘，贫穷创造了没有名字、没有过去的人，又把他们送回寂寂无名的众多死者之中，他们创造了世界，而自己却永远消失了，这是他父亲和拉布拉多号上的众人的共同点。萨赫勒的马洪人，高原上的阿尔萨斯人，以及那沙海之间被无边寂静笼罩的巨大岛屿，都在静默中无闻。鲜血、勇气、劳动和本能层层包裹着它，既残酷又让人同情。他想逃离这无名之地，逃离人群，逃离无名的家庭，但是他莫名渴望探寻黑暗和无名。他也是这个部落的一员，盲目地在夜色中前进，在他右侧的老医生气喘吁吁，倾听着广场上传来的音乐声，脑海里又浮现音乐看台周围阿拉伯人那神秘莫测的面孔、维拉德的笑声和他那倔强的神情，怀着甜蜜和悲伤的心情想象轰炸时母亲那绝望的脸庞。在岁月的黑夜里徘徊在这遗忘之地，每个人都是第一个人，他没有父亲，不得不独自成长，从来没有经历过父亲呼唤儿子的时刻，等他到了一定的年龄，父亲就告诉他家族的秘密，或者以往生活的悲伤，或者他生活的经验。那些时刻，使得荒谬可恨的波洛涅斯①告诫儿子雷欧提斯时也变得无比伟大。他成长到了十六岁，又到了二十岁，依旧没有谁告诫他，他必须独自学习，独自成长，学习坚韧，增强力量，找到自己的道德和真理，最终成为一个真正的男人，然后开始更艰难的成长，学着处理与他人的关系，与妇女的关系，像所有出生在这个国家的男人，一个接一个地试图学会没有根基、没有信仰地生活。如今，他们所有人都可能永远无名无姓，失去他们在这块土地上唯一神圣的痕迹。夜色再次笼罩着墓地里难以辨认的石板。

---

① 莎士比亚的著名戏剧《哈姆雷特》中有一位世故的御前大臣，趋炎附势，机关算尽反误了性命。在戏剧第一幕第三场向他的即将离家外出的儿子说了一大段告诫的话。

他们必须学会如何与他人相处，学会如何与被遗忘的众多征服者相处，他们占领了这片土地，而如今，必须承认他们拥有手足之情，是同一种族，有着共同的命运。

飞机正向阿尔及尔降落。雅克想到了圣布里厄的小墓地，那里士兵的坟墓比蒙多维的好一些。在雅克心里，地中海隔开了两个世界，一个是有限的空间，保存了记忆和姓名，而另一个世界，风沙抹去了广阔大地上所有人的痕迹。他曾试图逃离默默无闻的命运，逃离贫穷、无知和顽固的生活，他不能过那种盲目忍耐、没有言语、没有思想的生活。他到过很远的地方，曾塑造过、影响过、爱过、抛弃过人们，他的日子充实又丰盈。然而，如今他打心底里明白，圣布里厄及其代表的东西对他来说从来不是毫无意义的，他想起他不久前离开的那些破旧的、长满绿色苔藓的墓碑，怀着一种奇怪的愉悦，接受死亡将他带回了真正的故乡，那无限的遗忘，也将抹去这个格格不入的普通人的记忆的事实。他在贫穷中长大，孤立无援，登上幸福的彼岸，在清晨第一缕阳光下，没有记忆也没有信仰，独自进入了那些人的世界，进入了他的时代，进入了可怕又狂热的历史之中。

第二部

儿子或第一个人

一、中　学

　　那年10月1日[①]，雅克·科梅里脚上穿着笨重的新鞋，走起路来有些打滑，身上穿着一件布料粗糙生硬的新衬衫，背上的小书包散发着清漆和皮革的气味。雅克和皮埃尔并排站在电车前面，看见司机把变速杆拉到一档，那笨重的电车就驶离了贝尔库车站。雅克转过身，想看一眼母亲和外婆，她们离他几米远，趴在车窗边，想在他前往神秘的中学前多陪他一会儿，然而他看不到她们，他身旁的乘客在读《阿尔及利亚快讯》，报纸的内页挡住了他的视线。他看了看前方，凝视着不断被电车吞噬的钢轨，车顶上方，电缆在清晨凉爽的微风中轻轻振动，他转过身去，心情有些沉重，除了几次远游（每次进城，他们就说"去阿尔及尔"），他从未真正离开过的老街区，没离开过家。电车行驶得越来越快，尽管亲如兄弟的皮埃尔与他肩靠着肩，但他还是觉得孤独不安，面对一个陌生的世界，他不知道该怎么办。

　　其实，没有谁能给他们什么建议。皮埃尔和雅克很快就明白了，他们只能靠自己。即使是他们都不敢打扰的伯纳德先生也不了解中学，给不了他们什么建议。他们家里人更是一无所知。就拿雅克的家

---

① 从上学开始叙述，按时间顺序，或者介绍成年后的新朋友，然后又记录上学到生病的这段时间。

人来说，拉丁语这个词，是完全没有意义的（除了他们可以想象的原始时期）。曾有个时期没有人讲法语，曾有过文明（这个词本身对他们来说毫无意义）相互继承，尽管习俗和语言大相径庭，而他们并不知晓这些事实。无论是图像、读物、口口相传的故事，还是日常谈话中获得的肤浅文化，他们都无法理解。家里没有报纸，直到雅克把书带回来之前，家里也没有一本书，也没有收音机，只有实用的生活必需品。家里接待的只有亲戚，他们很少出门，见面的总是这无知家庭的其他成员。雅克从中学学到的知识，他们也听不懂，他和家人的话也越来越少。在学校里，他也不能谈论他的家庭，他感到他们有特殊性，即使他能战胜面对这问题时使他缄默不语的强烈的羞耻感，他也表达不清楚。

把他们隔开的不是阶级差异。在这个移民国家，有人一夜暴富，也有人突然破产，阶级之间的界线远远没有种族差异那么明显。如果孩子是阿拉伯人，他们会更加痛苦。虽然雅克上小学时也有阿拉伯同学，但中学就很少了，但那些阿拉伯同学都是社会名流的儿子。不，雅克感受到的隔阂甚至比皮埃尔感受到的更明显，因为这种特殊性在他家里比在皮埃尔家里更明显，这隔阂使他不可能把家庭与传统的价值和刻板印象联系起来。今年年初提出的问题，他当然可以回答，他父亲在战争中牺牲了，毕竟这也是社会地位，而且他是"国家的孩子[1]"，这一点人人都明白。但在那之后，困难就开始了。在他们的表格中，他不知道"父母的职业"这一栏该写什么，一开始他写的是"家庭主妇"，而皮埃尔写的是"邮局雇员"。皮埃尔向他解释说，

---

[1] 指战争中牺牲的士兵的子女，他们在学校可以领到一些学习用品以及一小笔津贴。

家庭主妇不是一种职业，而是照顾家里，做家务的妇女。"不，"雅克回答，"她还帮别人做家务，特别是街对面的店主。""这样啊，"皮埃尔犹豫片刻，"我想你应该写'佣人'这个词。"雅克从来没有想到过这个词，原因很简单，这个极其罕见的词从来没有在他家里出现过，因为家里没有谁认为她在为别人工作，她首先是为了她的孩子而工作。雅克开始动笔写那个词，然后突然停下，心上涌出一种羞耻感，并为这涌出的羞耻感而感到无比羞愧。

一个孩子本身代表不了什么，父母才是他的代表。孩子通过父母定义自己，也在世人眼中定了位。雅克觉得只有通过父母才能得到真正的评价。也就是说，没有上诉的权利，他刚刚发现，随着世人的评价，他自己也评价他的铁石心肠。他不知道，一旦长大，没有这种羞愧感，就不值得信任。一个人是好是坏，取决于他是什么样的人，从不曾取决于他的家庭，甚至反过来，会以长大成人的孩子来评判家庭。不过，雅克必须得有一颗珍贵英勇的纯洁之心，才不会因为他刚才的发现而痛苦，同样，他必须拥有一种难以想象的谦卑，才不会因他揭露自己的本性带来的痛苦而感到愤怒、羞愧。然而，这些品质他都没有，相反，他有一种坚韧和令人讨厌的骄傲，使他以坚定的笔触在表格上写下"佣人"一词，然后面无愧色地把它交给班长，而班长也没有留意。此外，雅克一点也不想改变家庭或身份地位，他的母亲始终是他在这个世界上最爱的人，哪怕是无望的爱。再者，人们怎么才能明白，穷孩子有时会羞愧，但却不曾有过艳羡之意呢？

还有一次，问及他的宗教信仰时，雅克回答："天主教。"问他是否要报名参加宗教教育课程时，他想起外婆的担忧，于是拒绝了。班长面无表情地说："说白了，你就是一个不遵循教规的教徒。"雅克无法解释家里发生的事情，也无法解释家人对待宗教的奇怪方式。于是，他坚决地答道："是的。"这回答惹得同学们开怀大笑，也为他赢得固执己见的名声，然而，那是他最迷茫困惑的时候。

还有一次，语文老师给学生们发了一份有关校内事务的表格，要求他们带回去给家长签字。这份表格列举了严禁带到学校的东西，从武器到杂志，还有扑克牌，写得非常精彩，以至于雅克只能简洁措辞，向母亲和外婆概述。家里只有母亲会在表格底部签上粗体签名。因为丈夫去世后，她每季度要去领取战争遗孀的抚恤金，而且因为政府，但这里称为国库，凯瑟琳·科梅里只说她要去国库，这对她来说，只是一个没有意义的名字，然而，在孩子们眼里，那是一个神话般的地方，有着取之不尽的金钱，他们的母亲时不时地可以在那里取出一小笔钱——国库每次都要她签名，她遇到这烦恼后，一个邻居教她模仿"寡妇加缪①"的签名，她或多或少学到了，无论如何，政府也接受了。然而，第二天早上，雅克发现他的母亲出门比他早，去打扫一家早早开门的店铺，忘记在学校的表格上签字了。外婆不会签名。她是用圆圈记录她的账本的，根据交叉一次或两次，分别代表个位数、十位数、百位数。雅克只能把没有签名的表格退回去，说他母亲忘记了，老师问到家里是否有人能签名，他回答说"没有"，从老师惊讶的表情中，他发现这种情况并不像他想象的那样寻常。

让他感到极其挫败不安的是一些法国男孩，他们由于父亲的工作跟着到阿尔及尔生活。带给他最多思考的人是乔治·迪迪尔，他们都喜欢法语课和阅读课，于是这共同爱好使他们结成了非常亲密的友

---

① 作者不小心透露了母亲真名。

谊，这甚至引起了皮埃尔的嫉妒。迪迪尔的父亲是虔诚的天主教徒，他的母亲"搞音乐"，他的姐姐（雅克从未见过她，但不妨碍他愉快地想象）做刺绣，而迪迪尔，据他所说，也打算加入牧师行列。他非常聪明，在信仰和道德问题上毫不妥协，他的信念是恪守教条。他从来没有说过一句脏话，也没有像其他孩子一样谈论身体的生理功能或生殖功能，而其他孩子总是乐此不疲，其实他们的想法也并不像他们说的那样清楚。他们的友谊建立后，迪迪尔让雅克做的第一件事，就是让他不要再说脏话。雅克和迪迪尔在一起的时候可以毫不费力地做到，但和其他人相处时，他很容易又开始说脏话。（他身上的多面性已经初步形成了，这使得很多事情对他来说都很容易，他能用不同的语言和不同的人交谈，在任何环境下都能与人和睦相处，可以扮演任何角色，除了……）与迪迪尔做朋友以后，雅克才明白什么是法国的中产家庭。迪迪尔在法国有一个家，他在那里度假，他总是和雅克谈起，或者写信聊这件事。那房子的阁楼上有很多旧箱子，箱子里保存着家里的信件、纪念品和照片。他知道他祖父母和曾祖父母的经历，还有一位祖先是参加过特拉法加海战①的水手。这段漫长的历史，在他的想象中栩栩如生，也给他的日常行为提供了榜样和准则。"我的祖父会说……我爸爸认为……"好像这样就能证明他的严厉、极其纯洁。谈到法国时，他会说"我们的国家"，准备随时为国家牺牲（"你父亲是为我们的国家而牺牲的"，他对雅克说……），然而，对雅克来说，国家这个概念没有丝毫意义，他知道自己是法国人，需要承担一定的责任，但在他眼里，法国是一个抽象概念，人们呼吁号

---

① 1805年，英法之间的著名海战，是英国海军史上的一次重大胜利。

召，有时是要求，有点像他在外面听说的上帝，上帝是主宰，主宰善与恶，不受世人影响，但却可以决定世人的命运。这种感觉，比在家里的女人更加深刻。有一天，他问母亲："妈妈，我们的祖国①是什么？"母亲神色慌张，就像每次她迷糊的时候一样。"我不知道，"她说。"不是，是法国。""哦，是的。"她似乎松了一口气。

　　然而，迪迪尔确实知道祖国代表什么。这个家族世代相传，对他来说是根深蒂固的存在，他对出生的国家的历史也是如此，能够直呼圣女贞德②为"让娜"。同样，对他来说，他知晓善与恶，知晓现在和未来的命运。雅克和皮埃尔觉得自己属于另一个种族，只是皮埃尔的感觉没那么强烈，他们没有过去，没有祖宅，没有装满信件和照片的阁楼，只是一个模糊的国度里理论上的公民，在那里白雪覆盖了屋顶，而他们自己却一直在野蛮的阳光下成长，他们仅有最基本的道德，例如，禁止偷窃，保护母亲和妇女，但在许多关于妇女的问题上，以及涉及上级的关系等，却始终保持沉默……总之，孩子们对上帝一无所知，也不为上帝所知晓，他们无法想象未来的生活，因为在阳光、海洋或贫穷这些无关紧要的神灵的庇护下，眼下这种生活，似乎取之不尽，用之不竭。其实，雅克之所以对迪迪尔如此迷恋，毫无疑问是因为这个男孩的心灵十分纯粹，完全忠于他的热爱（雅克第一次听到"忠诚"这个词是迪迪尔说的，他已经读了上百遍），并且表现出了迷人的温柔，当然也是因为在雅克的眼中，他是如此的与众不

---

① 直到1940年，雅克才找到自己的祖国。

② 英法百年战争期间法国的女英雄，名为"让娜"。贞德原本是一位法国农村少女，后来她得到兵权，于1429年解奥尔良之围，成为闻名法国的女英雄，后带兵多次打败英格兰的侵略者。

同，他的魅力是真正的异国情调，吸引着雅克。后来，雅克长大成人，常常感到外国女人对他有着致命的吸引力。迪迪尔的家庭、传统和宗教对雅克有一种吸引力，就像那些冒险家吸引着雅克，他们从热带地区回来，皮肤晒得黝黑，守护着一个奇怪而不可思议的秘密。

卡比利亚的牧羊人在阳光普照的山上放牧，看着白鹳飞过，梦想着鹳群经过长途旅行后，从北方飞来。他可能一整天都在做梦，傍晚又回到破旧的小屋，家里的晚餐是一盘乳香树叶，家人穿着长袍，这里是他的根。同样，虽然雅克可能陶醉于资产阶级传统这种神奇"药剂"，但他还是最喜欢最像他的人，那就是皮埃尔。每天早上六点一刻（星期日和星期四除外），雅克都会冲下四号楼的楼梯，无论是炎热潮湿的季节，还是冬天把他短短的斗篷吹得像海绵一样肿胀的暴风雨，都阻止不了他跑步，跑到喷泉那里，转向皮埃尔家那条街，一直跑，然后爬上三楼，轻轻地敲门。常常是皮埃尔的母亲给他开门，那是一位漂亮的女士，身材丰腴。进门就便是简陋的餐厅，在餐厅的两端各有一扇门，通向两间卧室。一个房间是皮埃尔的，他和他母亲住在一起，另一个房间住着他的两个叔叔，他们好像是铁路工人，很少说话，但总是面带笑容。走进餐厅，右边的房间不通风也不透亮，这房间既是厨房又是浴室。皮埃尔总是迟到，他坐在餐桌旁，桌上盖着油布，如果是冬天还点着煤油灯。他双手捧着棕色的陶瓷大碗，避免烫着自己，却又急着喝母亲刚倒给他的热咖啡。母亲总说"吹一吹"。他吹气，吸气，咂嘴，雅克在一旁看着他，把身体的重心从一条腿换到另一条腿。皮埃尔喝完后，还得去点着蜡烛的厨房，在锌制的洗涤槽旁，摆着一杯水，水杯上横放着一支牙刷，牙刷上面挤着专用的牙膏，因为他牙龈发炎流脓。他披上短斗篷，戴上帽子[①]，背上书包，全部准备好了才去刷牙，他使劲刷，然后在水槽里大声吐了口唾沫。牙膏的药味和咖啡混合的气味，让雅克感到恶心，同时也有点不耐烦，他就把不快表现在脸上，有时还会生闷气，但这也加固了友谊。他们一起下楼来到街上，一句话也不说，面无表情地走到电车站。有时候，他们互相追逐，大笑，或者一边跑一边来回地掷书包，就像掷橄榄球那样。他们在车站等车，盯着红色电车缓缓驶来，猜测两三个司机中，他们乘坐的是谁的车。

他们总是对后两节车厢嗤之以鼻，因此上了车以后，就要挤到前面，虽然很费劲。电车上挤满了前往市中心的工人，他们的书包也是个障碍。只要乘客一下车，他们就趁那个空隙往前挤，直到接近铁板和玻璃，隔开驾驶室和又高又窄的控制器，在顶端有一个变速杆，变速杆可以绕着一个圆圈移动，圆圈上一个大的钢槽是空挡，另外三个是加速挡，第五个是倒车挡。只有汽车司机才可以碰变速杆，孩子们十分崇拜司机，在他们眼中，司机仿佛是半人半神。在他们的头顶上，贴着牌子，禁止和司机说话。他们穿着准军装的制服，戴着模制皮革帽檐的帽子，阿拉伯司机则不同，他戴塔布什帽[②]。孩子们通过外表来区分他们。一个是"年轻和蔼的小个头司机"，看起来像电影男主角，肩膀很单薄；另一个是"棕熊"，他体格健壮，浓眉大眼，总是直视前方；还有一个是"动物之友"，一位眼神明亮、面色发黄的意大利老人，换挡时总是弯着腰，之所以有这个绰号，是因为有一次他害怕撞到一条粗心的狗，几乎停了车，还有一次是为了避开在铁轨

---

① 中学生的特制帽子。

② 穆斯林男子所戴的红色无边圆塔状毡帽或布帽，饰有流苏。

上撒尿，不管车辆来往的狗。最后一个是"佐罗"，他是个大个子，脸上留着小胡子，像极了道格拉斯·范朋克。

"动物之友"是孩子们的知心朋友。同时，他们也非常钦佩"棕熊"。"棕熊"沉着冷静，双腿紧紧地固定在座位上，用最快的速度驾驶这辆轰隆作响的电车，他巨大的左手紧紧地握住变速杆的木柄，一旦路况允许，就立即挂上三挡，右手则握着变速箱右边的大刹车轮，十分警觉，在换挡换到空挡的时候转几圈方向盘，然后电车就会在轨道上剧烈地滑动。"棕熊"驾驶电车时，在转弯处或岔道处从不减速，因此，车顶上的集电杆①常常掉下来。集电杆由螺旋弹簧固定在电车顶部，用一个空心轮连接集电杆和电缆。集电杆掉下来的时候，电缆震动，劈啪作响，火花飞溅，集电杆也立了起来。乘务员从电车上跳下来，抓住车尾长长的绳索②，绳索连接集电杆的末端，他用尽全力克服螺旋弹簧的阻力，把集电杆拉低，又慢慢地把集电杆拉高，试图让电缆重新插入位于集电杆顶端的空心轮中，瞬间火花四溅，绳索就自动卷入车后的一个铁盒子里。雅克和皮埃尔探出车窗，如果是冬天，就用鼻子贴着窗户，观看整个操作过程，一旦成功，他们就宣布消息，让司机知道，同时又不会违反直接和他说话的规定。但"棕熊"不为所动，静静等待着，根据规定，要等到乘务员给他信号，拉上挂在电车后面的绳子，再按响前面的铃铛，他才能起动电车，但他依旧我行我素，不愿多加小心。孩子们聚在前面，看着钢铁的路线从头顶、脚下掠过，不管是早晨下雨还是出太阳，只要电车全速行驶，

---

① 电车车顶上从架空电缆上取得电力的设备。集电杆通常置于电车车顶弹簧座上，弹簧的张力把集电杆压在电缆下，确保两者持续接触。

② 绳索用来升降集电杆，连接到一个弹簧机关，以避免集电杆脱落时向上弹起。

超过一辆马车，或者在一小段时间内，与一辆呼哧呼哧行驶的汽车并驾齐驱，孩子们就会十分欣喜。每到一个站点，就会下去一些阿拉伯和法国工人，也会上来一些穿着体面的人，离市中心越近，这些乘客的穿着就越考究。然后，铃声响起，电车再次出发，从弧形城市的一端再到另一端，直到他们突然出现在港口的那一刻，面对辽阔的海湾，一眼望去，能看见地平线尽头的蓝色高山。再坐三站，就到终点站了，那是孩子们下车的地方。广场三面环绕着树木和建有拱廊的建筑，另一面对着白色的清真寺，后面是辽阔的港口。广场中央矗立着奥尔良公爵跃于马上的雕像，阳光灿烂的时候，雕像呈铜绿色，天气不好时，铜像淋了雨就变成了黑色（他们难免要讲一个故事，说雕塑家因忘记在马具上安装缰绳而自杀了），马尾流出的水源源不断地流进小花园，铁栅栏围着雕像，围着小花园。广场铺满了闪闪发亮的石子小路，孩子们从车上跳下来，穿过长长的石子小路，冲向巴巴亚桑街，再走五分钟，就到了中学。

巴巴亚桑街十分狭窄，街道两侧立着由巨大方柱支撑的拱廊，这使得街道更加狭窄，只够设一条电车轨道，由另一家公司经营，连接了这个街区与城市较高的地区。在炎热的日子里，湛蓝的天空仿佛冒着热气的盖子，盖住整条街，但拱廊下的阴凉却很凉爽。雨天，整条街只见一条深深的水沟，路面湿滑，泛着光泽。拱廊下面是一排排商店：批发纺织品的经销商的商店正面漆成深色，浅色的布匹在阴凉处发出幽幽的光；杂货店散发着丁香和咖啡的香气；阿拉伯小贩售卖流着油和蜂蜜的糕点；幽暗的咖啡馆，此时咖啡壶正煮着咖啡（而到了夜晚，这里灯火通明，只听见喧闹声和说话声，人们踩着地板上的锯末，都往吧台挤，吧台上有几杯乳白色的饮品，还有几小碟羽扇豆、凤尾鱼、切好的芹菜、橄榄、薯条和花生）；集市是为游客开设的，市场里还出售难看的东方玻璃饰品，陈列在玻璃货柜里，旋转的架子上摆放着明信片，以及色彩艳丽的摩尔式丝巾。

拱廊中部有一个百货商店，店主是一个肥胖的男人，他总是坐在橱窗后面，要么在阴凉处要么在电灯下。他身材硕大，脸色苍白，眼睛浮肿，很像那些搬运石头后或在老树干里发现的虫，最重要的是，他完全秃顶了。鉴于这个特点，中学生们给他起了个绰号叫"苍蝇溜冰场"和"蚊子自行车赛道"，他们说，昆虫在这裸露的颅骨表面时，都转不了弯，也保持不了平衡。晚上，孩子们仿佛一群椋鸟，冲到他商店前面，叫着那个倒霉鬼的绰号，模仿想象中苍蝇的滑行动作，发出吱吱吱吱的声音。胖店主咒骂他们，有一两次，他自以为是，甚至想追赶他们，但最后还是放弃了。在一片叫骂声和嘲笑声面前，他突然沉默了，一连沉默了好几个晚上，这让孩子们更为大胆，径直走上前来，冲着他大喊大叫。然而，一天晚上，店主雇用了一些年轻的阿拉伯人，突然从藏身于柱子后冲出来，追赶孩子们。那天晚上多亏了他们跑得快，雅克和皮埃尔才逃过了一劫。雅克的后脑勺挨了一拳，才回过神来，飞速逃跑，甩开了对手。但有两三个同学被打得很惨。学生们计划着洗劫商店，打残店主，但事实是他们从来没有执行过那个黑暗的计划，他们再也不敢迫害那个倒霉鬼了，反而老老实实地走街道的另一边。"我们害怕了。"雅克苦涩地说。"毕竟，"皮埃尔回答道，"我们错了。""我们错了，我们害怕挨打。"后来，雅克回忆起那件事，他才真正明白，人们把自己包装成正人君子，却向强权低头①。

　　巴巴亚桑街中段，街道拓宽了，一侧的拱廊拆除了，用来建圣·维多利亚教堂。这个小教堂建在一座拆毁的清真寺旧址上。教堂的外墙刷成了白色，正面墙壁挖空造了一个奉献箱，里面总是装满了鲜花。孩子们路过的时候，卖花的小贩已经在开阔的人行道上摆好了大把鲜花，根据季节的不同而变化，有鸢尾花、康乃馨、玫瑰花或者银莲花，插在深深的锡罐里，因为常年浇花，罐子边缘已经生锈了。街道同一侧还有一家卖阿拉伯油条的小店，店面真的太小了，连三个人都容不下。小店的一侧挖了一个壁炉，壁炉两边镶了一圈蓝白相间的瓷砖，上面放了一大锅沸腾的油。一个奇怪的人盘腿坐在壁炉前，他穿着阿拉伯式的马裤，在夏天炎热的日子里，就半裸上身，其他时候，常常穿着一件欧式夹克，用安全别针别在翻领上。他剃着光头，脸庞瘦削，嘴里没有牙齿，看起来就是没戴眼镜的甘地②。他手里拿着一个红色的搪瓷漏勺，盯着在油锅里渐渐煎成褐色的油炸饼。油炸饼炸好的时候，也就是说，外面炸成金黄色，而里面细腻的面团炸成半透明，又酥又脆（就像一个透明的炸薯条），他小心翼翼地用勺子伸到油炸饼下面，熟练地把饼从油锅中舀出来，在锅上摇晃勺子，晃三四次沥干油，然后把它放在前面有玻璃罩的货架上，架子中间立着有孔的搁板，一边放着长长的蜂蜜油炸饼，另一边是又平又圆的普通油炸饼。皮埃尔和雅克很喜欢这些糕点，他们中哪一个有点钱的时

---

① 雅克也是如此，与其他人一样。

② 印度民族解放运动的领导人、印度国民大会党领袖。他的精神思想带领国家迈向独立，脱离英国的殖民统治。他的"非暴力"的哲学思想，影响了全世界的民族主义者和争取能以和平变革的国际运动。

候，就会停下来，接过用纸简单包着的油炸饼，油很快即浸湿这张纸，纸张就变透明了，或者商贩先把油炸饼放在炉子附近的一个罐子里，沾满了深色的蜂蜜和油炸饼碎屑，然后才递给孩子。孩子接过这美好的东西，一边跑向学校一边咬一口饼，低着头，弯着腰，以免弄脏衣服。

每年开学不久后，燕子都会从圣·维多利亚教堂前迁徙离开。街道拓宽了，但到处是电线，甚至是曾经用来驱动电车的高压电缆，虽然已经废弃了，但还没拆除。燕子①经常飞过水边的林荫大道，飞过中学前面的广场，或者飞过贫民区的天空，有时尖叫着扑向榕树的果实、漂浮的垃圾或者新鲜的粪肥。但是在初寒的天气——由于从来没有霜冻，所以只是相对寒冷，但是在炎热的月份里，你仍然可以感觉到寒冷——燕子会一个接一个地出现在巴巴亚桑街的走廊里，低低地飞向一辆电车，然后突然猛冲，消失在房屋上空。一天早晨，圣·维多利亚教堂的小广场的电线上还有屋顶上，突然出现了成千上万的燕子，它们紧紧挨在一起，黑白相间的小脖子上的小脑袋摇晃着，它们摇摇尾巴，移动一下脚步，为新来的燕子腾出位置。人行道上布满了小小的泥土般的粪便，所有燕子的叫声汇成了不间断的叽叽喳喳声，不时夹杂着短促的咯咯声，整个早晨都在街上低语，到了晚上，孩子们跑向回家的电车时，声音逐渐变大，震耳欲聋。然后，仿佛听到了一个无声的命令，叫声戛然而止，成千上万的燕子低下它们的小脑袋，垂下黑白相间的尾巴，进入了梦乡。连续两三天，燕子从萨赫勒的各个角落，有时甚至更远的地方，成群结队地来到这里，试图在先

---

① 即格雷尼耶所说的阿尔及利亚麻雀。

到的燕子之间找到栖息的位置，它们占满了街道两侧，安顿在街道两侧的屋檐上。他们在路人头顶拍打翅膀的声音以及叽叽喳喳的叫声越来越大，震耳欲聋。有一天早上，也是突然之间，街上空空如也。就在夜里，黎明前，鸟儿们一起飞往南方。对于孩子们来说，那是冬天提前来临了，因为他们从来没有见过没有燕子在傍晚温暖的天空中鸣叫的夏天。

巴巴亚桑街的尽头是一个大广场，位于广场左边的中学正对着广场右边的兵营。中学背靠阿拉伯城区，街道陡峭潮湿，沿着山坡而建。兵营背对大海。过了中学就是马朗戈花园，而过了兵营则是巴勃圣乌尔德贫民区，那里的居民多半是西班牙人。还差几分钟就到七点一刻了，皮埃尔和雅克飞速爬上楼梯，汇入一大群孩子中间，从大门旁边的小门进去。他们上了主楼梯，两侧都贴着光荣榜，仍然以最快的速度奔跑，跑到主楼层，通往上层的楼梯在左侧，与主庭院之间隔着一个玻璃拱廊。他们发现"犀牛"站在主楼层的柱子后面，悄悄观察迟到的学生。（"犀牛"是一个主任，科西嘉岛人，个头不高，紧张兮兮的，"犀牛"的绰号是因为他有卷曲的小胡子。）另一种生活开始了。

皮埃尔和雅克因为"家庭情况"获得了包括半寄宿待遇的助学金，因此，他们得在中学待一整天，中午得在食堂吃午饭。每天的上课时间不同，要么八点要么九点，寄宿学生在七点十五分吃早餐，半寄宿学生也有权享用早餐。两个孩子的家人无法想象有人会放弃他应得的权利，他们在家里能享用的本来就很少，因此，雅克和皮埃尔是极少数七点十五分到达白色圆形大餐厅的半寄宿学生。昏昏欲睡的寄宿学生已经坐在长长的镀锌餐桌前，面前是大碗和大篮子，里面放着厚厚的干面包片。侍者们大多数是阿拉伯人，裹着粗帆布制成的长围裙，手里提着饰有弧形花纹的大咖啡壶，走向一排排学生，把沸腾的饮品倒进碗里，饮品的主要成分是菊苣，咖啡比较少。孩子们可以在一刻钟后去自习室学习，在上课前复习功课，他们由一位老师管理，他自己也住校。

这里和社区小学最大的不同，就是教师众多。伯纳德先生无所不知，用同样的方式教授他知道的一切。而在中学，科目改变，老师也随之改变，方法也会随着老师①而改变。现在你可以比较了，也就是说，必须在你喜欢的和不喜欢的老师之间做出选择。从这个角度来看，社区小学的教师更像是一位父亲：他几乎完全接管了父亲的责任，像父亲那样不可或缺，是生活中必不可少的一部分。因此，爱或不爱他的问题并不存在。通常，孩子爱他是因为完全依赖他，但是如果孩子不喜欢他或者根本不喜欢他，依赖和需要依然存在，这与爱相差不大。另一方面，中学的老师们就像那些孩子们有权选择的叔叔伯伯。也就是说，你可以不喜欢他们。有一位物理老师，着装非常优雅，讲话却霸道粗鲁，雅克和皮埃尔都不能容忍他，虽然他们这几年已经上他的课上了两三个学期了。文学老师是他们最敬爱的老师，他给他们上课的时间也比其他老师多。其实，几乎每堂课，雅克和皮埃尔都很依恋他，但他们不能依靠他，因为他对他们一无所知，而且一旦下课，他就去过另一种生活，而他们也是如此，离开学校回到那个遥远的社区——社区里没有中学教师住在那里，他们之间的差别如此之大，以至于他们在电车上从来没有遇到过任何人，无论是老师还是

---

① 伯纳德先生受到学生们的爱戴和敬仰。然而在中学，最好的情况是，你能崇拜老师，却不会爱他（她）。

学生。红色电车服务于下层社区（C.F.R.A线），而绿色电车运营路线在优雅美丽的上层社区，即T.A线①。此外，绿色电车直达中学，而红色电车的运营路线到市政府截止，学生从下方往学校走。因此，一天结束时，孩子们分别的地方就在中学门口，或者稍远一点的市政府，他们与欢快的同学分开，走向红色的电车，回到最贫穷的社区。他们只察觉到与同学分离，而不是感到自卑。他们只不过住在别的地方，仅此而已。

　　另一方面，在上学的时候，大家并没有什么区别。他们的罩衫②或多或少都有些优雅，看起来都差不多。唯一的竞争是课堂上的智力比拼以及运动时的灵活敏捷。在这两类比赛中，这两个孩子都不会落于人后。他们在社区小学接受了扎实的教导，因此，中学第一年，在班里的成绩就名列前茅。他们拼写无误，算术准确无比，记忆训练有素，最重要的是，他们学会了对各类知识的尊重，至少在他们念中学的初期，这些都成了他们无比重要的财富。如果雅克不是那么捣蛋——这使他屡次不能登上光荣榜，如果皮埃尔多学学拉丁文，他们就彻底成功了。无论如何，他们受到了老师的鼓励和同学们的尊重。至于体育，最重要的是足球，课间休息时，雅克一上场就展露了他多年的爱好。足球比赛一般在食堂午饭后的休息时间，对于寄宿生、半寄宿生和非寄宿生来说，一小时的休息时间安排在下午四点最后一节课之前。那一个小时的休息，是为了让孩子们吃点东西，放松一下，再自习两小时，预习第二天的功课。雅克不吃东西，他痴迷于足球，

---

① T.A即绿色电车。
② 欧洲农民劳作时穿的长劳动服。

与同伴一起冲到水泥院子①里，院子四面环绕着由粗柱子支撑的拱廊（拱廊下，勤奋好学的男孩们在闲逛聊天），周围摆放着四五条绿色的长凳，还栽种了一棵大榕树，用铁栏杆保护着。两支队伍分站在院子两侧，守门员在两端的柱子之间就位，场地中间放置了一个巨大的泡沫橡胶球。球赛没有裁判，踢出第一脚后，喊叫和短跑便开始了。雅克已经能与班上最好的学生平起平坐了，而正是在这片土地上，他又受到了差生的尊敬和喜爱。差生们缺乏聪明的大脑，但命运赐予了他们健壮的双腿和巨大的肺活量。这是他第一次与皮埃尔分道扬镳，皮埃尔从不踢球，但肢体天生十分协调，他比雅克体弱，却比雅克长得快，头发也越来越黄了，好像不太适应中学。雅克的生长延迟了，因此赢得了"虾"和"矮屁股"这两个可爱的绰号，但是他不在意，疯狂地跑着，双脚运球，躲过一棵树，又躲开一个对手，他觉得自己是这片土地的王者，是足球世界之王。课间休息结束，上课的鼓声一响，他就感觉自己仿佛从云端跌落，在水泥地上突然定住，气喘吁吁，满头大汗，为玩耍时间之短而无比愤怒。然后，他渐渐回神，赶紧和其他人一起排队，用两只袖子擦掉脸上的汗水，又突然想到鞋底的鞋钉，不由得害怕起来，学习刚开始，还焦急地检查鞋钉的磨损，试图评估鞋钉与前一天的磨损程度有何不同，觉得难分辨磨损程度才安心。除了一些无法弥补的损伤，比如鞋底脱落，鞋面破裂，或者脚后跟扭曲，回家后会受到什么样的对待，是毫无疑问的。在学习的两个小时里，他不停吞咽唾沫，收紧腹部，试图通过努力学习来弥补过错，然而，尽管他努力学习，还是会因害怕挨打而分心。最后一节课

---

① 院子空荡荡的，因为那时很多学生都走了。

似乎格外漫长。首先是因为这节课持续了两个小时。其次，上课时间在晚上或者夜幕降临之时。透过高高的窗户可以看到马朗戈花园。雅克和皮埃尔同桌，周围的学生比平时安静，学习和玩耍让他们疲惫不堪，大家全神贯注，学习最后的功课。特别是年末，夜幕笼罩着公园里的大树、花坛和一簇簇的香蕉树，随着城市的喧闹声变得模糊遥远，天空渐渐呈绿色，似乎也变得越来越辽阔。天气很热，窗户半开着，他们听到最后一只燕子在小花园上空的叫声，丁香花、大玉兰花的香味扑面而来，淹没了墨水和尺子的苦涩气味。雅克做着白日梦，他的心情异常沉重，直到年轻的辅导老师叫他。辅导老师自己也在学习大学的功课。他们还得等到放学的鼓声响起。

七点一放学，学生就从学校冲了出来，成群结队地跑向巴巴亚桑街，街上所有的商店都亮着灯，拱廊下的人行道熙熙攘攘，有时候他们跑上车道，在铁轨之间跑，看见电车驶来，又跑回拱廊下面。最后，他们跑到市政府广场，周围的阿拉伯小贩的摊位点着明亮的煤石灯，孩子经过时，都快乐地嗅着灯散发的气味。红色的电车在等待乘客，上面已经挤满了人，而早上乘客就很少，有时他们只能站在电车的踏板上，这本来是禁止的，但又可以容忍。电车到站乘客下车，两个男孩挤进人群中，也就分开了，无论如何也不能聊天，只能用肘部和身体慢慢地挪到扶手上，站在扶手边，能看见黑暗的港口和亮着灯的轮船，在夜色茫茫的海天之间，仿佛烧毁的建筑物的骨架，大火燃过之后，剩下零星的火光。灯火通明的电车轰鸣着驶过海面，然后略微驶向内城，穿过越来越穷的房子，到达贝尔库地区，孩子们必须得分别了，雅克爬上从未有过照明的楼梯，走向煤油灯的光晕，煤油灯照亮了桌子的油布和周围的椅子，而房间的其余部分笼罩着阴影，凯瑟琳·科梅里在橱柜前正忙着摆餐具，外婆在厨房里加热午饭剩下的炖肉，雅克的哥哥坐在桌子一角读探险小说。有时，他还得去莫扎比特人开的杂货店，买急用的盐或四分之一磅黄油，或者去叫埃尔斯特舅舅吃晚饭，他在盖比的咖啡馆里夸夸其谈。晚餐八点开始，大家埋头吃饭，一言不发，除非埃尔斯特舅舅讲述一场神奇的冒险，然后哈哈大笑。但是无论如何，从来不会有人提到中学，除非外婆问他是否考了好成绩，他回答"是"，就没有人再说什么了。他的母亲什么也不问，当他承认自己考了好成绩时，她就点点头，温柔地凝视着他，但总是沉默不语，还有点儿惊慌失措。"您坐着别动，"她会对外婆说，"我去拿点儿奶酪。"然后沉默不语，直到吃完饭，她才站起来收拾桌子。

"去帮一下你妈妈。"雅克的外婆会说，那时他已经拿起《帕尔达扬》[1]这本书，如饥似渴地读着。他去帮忙，然后回到灯前，把那本讲述决斗和勇气的大册子放在光滑干净的油布上，而他的母亲，从灯光下拉开一把椅子，冬天坐在窗前，夏天就移到阳台上，望着电车、汽车和行人，一直等到街道逐渐安静……又是雅克的外婆，她告诉雅克，他必须上床睡觉，因为他第二天早上五点半就要起床。他吻了外婆，然后是舅舅，最后是母亲。母亲心不在焉，给了他一个温柔的吻，然后静默不动，在半明半暗的光线中沉默，目光迷失在街道上，生命的激流无休止地流淌，她坐在那里，不知疲倦地看着。而此刻，她的儿子在阴影中，喉咙发紧，凝视着她瘦削的背影，面对他无法理解的不幸，满怀一种莫名的焦急。

---

[1] 法国骑士小说，作者为米歇尔·泽瓦科。

鸡笼和杀鸡

　　雅克从中学放学回家时总会有一种死亡和未知的恐惧，这种恐惧总在夜幕时分紧紧抓住他，就像急速吞噬光明和大地的黑暗一样迅速，直到外婆点燃煤油灯才会停止。外婆把玻璃灯罩放在油布上，微微踮起脚尖，大腿紧贴着桌子边缘，身体向前倾，扭着头，以便看清灯罩下的灯头，一只手拿着调节灯芯的铜钮，另一只手用一根点燃的火柴拨弄灯芯，直到它不再闷燃，发出美丽明亮的光。然后，外婆重新安上灯罩，把灯罩卡进铜槽时，还不时发出吱吱的声音。继而，她又站直身子，举起一只胳膊，调整灯芯，直到炽热的暖色光线均匀地在桌子上晕成一个完美的大光圈，油布好像可以反射光一样，照在女人和孩子的脸上，光芒愈发柔和，孩子们正在桌子的另一边观看着点灯仪式，光线越来越亮，雅克的心情也渐渐放松了。

　　有时，雅克也会出于骄傲或虚荣而试图克服这种恐惧。那是特定的场合，外婆让他去院子里抓一只母鸡，时间总是在晚上，在重大的节日，比如复活节或圣诞节，或者富裕的亲戚来探望他们之前，他们既希望有点面子，也希望礼节得体，以掩饰家里的实际情况。雅克上中学的第一年，外婆让约瑟夫舅舅周日去贸易集市带回些阿拉伯母鸡，又让埃尔斯特在院子尽头潮湿的黏土地上建了一个简陋的鸡舍，她在那里养了五六只鸡，鸡群给她下蛋，有时还得献出生命。外婆第一次决定宰鸡的时候，家里人正在吃晚饭。她让雅克的哥哥去抓鸡，但路易斯[①]回绝了，他直截了当地说他很害怕。外婆冷笑，斥责这些"富家子弟"，不像她那个时代的孩子，那时他们住在荒郊野岭，什么也不怕。"我敢肯定，雅克更勇敢，雅克你去吧。"

说实话，雅克一点儿也不勇敢。但是别人话一出口，他也没有退路了，因此，第一次宰鸡的晚上，他就去了。他必须在黑暗中摸索着下楼，在黑暗的大厅里左转，找到院子的门，打开出去。夜色没有走廊那么黑，可以看到连着院子的四级长了青苔的光滑台阶。院子右边是理发师和阿拉伯人居住的小房子，百叶窗还透着微弱的光。穿过院子，就看到一些白色的斑点，那是睡在地上或者栖在沾满粪便的木栅栏上的鸡。他走近鸡笼，一碰到摇摇晃晃的鸡笼，就蹲在笼子前，用手抓住大格子门，鸡群发出一阵低沉的咯咯声，令人作呕的粪便的气味扑面而来。雅克打开地面上的格子门，弯下腰，把手和胳膊伸进鸡笼，碰到地面或肮脏的棍子，感到一阵恶心，急忙缩回他的手，心里一阵后怕，鸡群扑打着翅膀，四处窜逃，鸡笼瞬间乱作一团。既然他已经被指定为更勇敢的人，就必须下定决心。但是，他被黑暗中鸡群的骚动吓坏了，这昏暗肮脏的地方让他反胃。他等待，凝视着头顶洁净无瑕的夜空，这漫天繁星，静谧又明亮。然后，他冲上前去，抓住一只爪子，把那只惊恐尖叫的动物拖到小门，另一只手抓住它的第二只爪子，使劲把母鸡从笼子里拽出来，碰到门框上时还蹭掉了一些鸡毛，整个鸡笼突然发出一阵惊慌失措的咯咯声，而那个阿

---

① 雅克的哥哥亨利也叫路易斯。——译者注

拉伯老人，伴随着一道刺眼的光线突然出现，神色警惕。"是我，塔哈尔先生，"孩子低声说道，"我给外婆抓一只鸡。""哦，原来是你，唉，我还以为是小偷呢。"然后他回到屋里，让院子再次暗了下来。母鸡拼命挣扎，雅克便跑了起来，母鸡撞到了走廊的墙上或者楼梯的台阶上。他手里抓着母鸡那又冷又厚且有鳞片的爪子，又害怕又厌恶，在楼梯平台和大厅里跑得更快了，然后以胜利者的姿态走进了餐厅。胜利者站在门口，头发乱糟糟的，膝盖被院子里的苔藓染成绿色，把鸡抱得能离身体多远就有多远，脸色吓得苍白。"你看，"外婆对哥哥说，"他比你小，你知不知差。"雅克还未扬扬自得准备骄傲一下，就看到外婆牢牢地抓住母鸡的爪子，这时，母鸡突然安静下来，仿佛明白它已落入冷酷无情的手中。哥哥没有看他，埋头吃着甜点，向他做了一个轻蔑的表情，这让雅克更得意了。然而，这种得意十分短暂。有个阳刚的孙子，外婆对此十分欣喜，于是邀请他到厨房参观宰鸡。她已经系上了蓝色的围裙，一只手仍然抓着鸡爪，把一个深深的陶盘放在地板上，拿了一把长长的菜刀，埃尔斯特舅舅定期在一块黑色的长石头上磨这把刀，刀刃磨得又薄又窄，只看见一条闪亮的边缘。"站到那边去。"雅克去了指定的地方，穿过厨房，外婆站在门口，挡住了母鸡和孩子的出口。他背靠着洗碗池，左肩靠着墙，惊恐地看着外婆的一举一动。门左边木桌上放着一盏小煤油灯，外婆把陶盘推到灯光下，把母鸡放在地板上，然后膝盖跪在地上，夹住鸡爪，用手摁着鸡，以免它挣扎，然后用左手抓住鸡头，把鸡拉回盘子上。拿着仿佛剃刀般锋利的菜刀，慢慢地割开了它的喉咙，那应该是一个男人的喉结处。外婆扭着鸡头，让伤口裂开，刀子切开了鸡的软骨，发出了一种可怕的声音。那只鸡浑身抽搐，然后就不动了，鸡血流进了白色的盘子。雅克在一旁围观，颤抖着双腿，仿佛自己的血液也在慢慢流干。"把盘子拿走。"外婆絮絮叨叨地说。鸡血流干了。雅克小心翼翼地把盘子放在桌上，这时鸡血已经变成了暗红色。外婆把母鸡扔到盘子旁边，鸡毛已经发暗了，那圆圆的眼皮盖住了它玻璃般的眼睛。雅克盯着这纹丝不动的鸡，它的爪子一并收拢，无力地垂下来，鸡冠颜色暗淡松弛，总之，它已经死了，然后雅克才回到餐厅①。

"我，我真看不下去了。"那天晚上，哥哥压抑着怒火对雅克说，"真恶心。"

"不，不是的。"雅克犹豫了。路易斯带着敌意审视他。雅克站直了。他克服了内心的恐惧，那种面对夜晚和可怕的死亡时笼罩着他的恐惧，甚至从中找到了自豪，只是自豪，找到了一种对勇敢的渴望，最终成为勇敢本身。"你害怕了，就这么简单。"他最后才回答。"对。"外婆回到房间，说，"以后去鸡笼的就是雅克了。""很好，很好，"埃尔斯特舅舅眉飞色舞，"他很勇敢。"雅克愣在原地，看着他的母亲，母亲坐得有点远，在木板上补袜子。她看着他，说道："是的，很好，你很勇敢。"然后转身，望着街道。雅克看着她，他那沉甸甸的心又一次感到不幸。

"去睡觉吧。"外婆说。雅克没有点小煤油灯，借着餐厅的光回到卧室，脱下了衣服。他躺在双人床的一边，以免碰到或打扰哥哥。他疲惫不堪，情绪大起大落，一躺下就直接睡着了。有时，他会被哥

---

① 第二天，鸡肉的香味扑鼻而来。

哥弄醒，哥哥要跨过雅克，靠着墙睡，因为他起得比雅克晚。有时雅克会被母亲吵醒，母亲摸黑脱衣服的时候会不小心撞到衣柜，然后轻轻地爬到床上。她睡得很轻，让人以为她还醒着，雅克有时候也这么想，他想叫她，但又告诉自己，她听不见，然后强迫自己不睡觉，像她那样轻柔的，安安静静的，一动不动，也不发出声音，直到困倦战胜了他，就像他母亲那样，干了一天辛苦的家务活之后，很快睡着了。

周四与假期

只有在周四和周日，雅克和皮埃尔才能回到他们的小天地。（除了某些时候，雅克星期四留校受罚——正如监察长办公室出具的通知所说，雅克总结其内容后，用"惩罚"一词概括给母亲听，请母亲签字——在中学待两个小时，从八点到十点，严重的时候是四个小时，和其他受罚的学生待在特殊的教室里，在监察长的监督下，做着没意义的功课，而监察长常常对这突然的加班愤怒不已。）皮埃尔①在上中学的八年里，从未留校受过罚。但是雅克太捣蛋，也很虚荣，总是为了虚荣逞能干傻事，所以他成了留校的常客。尽管他试图向外婆解释，这些惩罚是针对行为，而外婆看不出愚蠢和行为不端的区别。对她来说，一个好学生必须品德高尚，举止得体，同样，美德直通学问。因此，至少在头几年，周四的惩罚更严重了，因为周三他会挨打。

在没有留校受罚的周四和周日，雅克早上就去跑腿或者在家干活。下午，皮埃尔就可以和吉恩②一起出去了。夏天可以去萨布莱特海滩，还有校阅场，那里有一大片空地，包括一个大致布置过的足

---

① 在中学，皮埃尔不叫唐纳德，叫卡斯塔涅。
② 这里应该是雅克，并非吉恩。——译者注

球场，还有几个地方是滚球①场。他们常常踢一个用破布做的球，阿拉伯男孩和法国男孩分成了两队。但是一年里的其余时间，两个孩子就去库巴的伤残老兵之家。皮埃尔的母亲离开了邮局，去了老兵之家当洗衣管理员。库巴是阿尔及尔东部一座小山的名字，是一条有轨电车线的终点站。其实，那里就是城市尽头了，从那里开始就是萨赫勒平坦的郊野，一眼望去，只见两对小山丘，相对丰沛的河流，肥沃的草地，还有美丽的红土地，由高大的柏树和芦苇树篱隔开。葡萄、果树、玉米繁盛茂密，无须费心培植。来自城市及潮湿和炎热低地的人，认为这里空气清新，对健康有益。阿尔及尔人一旦有了一些财富或收入，就会逃离阿尔及尔的夏天，去气候更为温和的法国。而平民到了某个地方，只要呼吸的空气稍微清新一点，就很满足了，并称之为"法国的空气"，所以在库巴，他们呼吸着的就是"法国的空气"。老兵之家是战后不久为残废退伍军人开办的，离有轨电车站只有五分钟路程。这里以前是个修道院，建筑庞大又复杂，分成几个侧翼，墙壁粉刷成白色，墙体厚实，建有拱廊。大厅宽敞凉爽，天花板呈拱形，用餐和各种服务都在这里进行。洗衣房由皮埃尔的母亲——马龙夫人管理，洗衣房就设在这样的大厅里。那是她首先招呼孩子们的地方，在热熨斗和潮湿的亚麻布的气味。她身边还有两个由她命令的雇员，一个阿拉伯人，一个法国人。她给孩子们每人一片面包和一块巧克力，然后挽起袖子露出她健壮又年轻的手臂。"把它们装进口袋，四点钟再吃，然后去花园玩儿，我还得干活。"

孩子们先在拱廊和院子里散步，大多数情况，他们马上就会把

---

① 即地掷球，法国常见的一种球类运动。——译者注

零食吃光，以免面包笨重行动不便，也避免巧克力融化在手上。他们遇到的残疾退伍军人，有人失去了一只胳膊或一条腿，有人坐在轮椅上。这里没有毁容的，也没有双目失明的，只有残疾人。他们穿着整洁，通常戴着勋章，衬衫或夹克的袖子或裤脚，被小心地卷起来，用安全别针固定住。看不见残疾的部位，就不可怕了。住这里的伤残士兵很多。一旦过了初来乍到的惊喜，孩子们看着他们，就像看着他们发现的一切新事物，并立即融入他们的世界。马龙夫人向他们解释说，这些人在战争中失去了一只胳膊或一条腿，而战争恰好是男人世界里的一部分，他们一直听人提到战争，战争影响了他们周围的很多事情，他们毫不费力地理解为，自己可能也会因此失去一只胳膊或一条腿，甚至将战争定义为一个失去胳膊和腿的时代。这就是为什么孩子们面对这残疾的世界，却一点也不觉得悲伤。其中一些人的确郁郁寡欢，但大多数人都很年轻，笑容满面，甚至拿自己的残疾开玩笑。其中一个人对他们说："虽然我只有一条腿，但我还是可以踢你们的屁股。"他金发碧眼，脸十分周正，身体很壮实，经常可以看到他在洗衣房里徘徊。他一边说着，一边右手拄着拐杖，左手撑在走廊的栏杆上，让自己站起来，把唯一的一条腿向孩子们踢去。孩子们和他笑作一团，然后拔腿就跑。他们是唯一可以跑步或使用双臂的人，却觉得这很正常。有一次，雅克在踢足球时扭伤了脚踝，一瘸一拐好几天，他突然想到，周四见到的残疾人终其一生都不能像他现在这样，跑着追赶行进中的电车或者踢球。突然，身体机械的神奇功能深深震撼了他，同时，他还怀着一种莫名其妙的恐惧，担心自己被截肢，不过他很快忘记了这恐惧。

两个孩子路过餐厅，透过半开着的百叶窗，看到包着锌皮的大桌子在阴影中发着微光，厨房里摆放着巨大的容器。从煮汤的大锅和砂锅里飘出了一股碎肉的气味。在最后一个侧翼，孩子们看到卧室里有两三张床，盖着灰色的毯子，还有浅色的木衣柜。随后，他们从外面的楼梯下去，到了花园。

老兵之家的四周是一个几乎完全废弃了的大公园。一些士兵承担起了照料建筑周围玫瑰花丛和花坛的任务，还有一个用干芦苇围起来的小菜园。往外延伸一点，曾经壮丽的公园已经回归了自然。这里生长着巨大的桉树、皇家棕榈树、椰子树、橡胶树，它们巨大的树干和低矮的树枝能够在远处扎根，形成一个植被迷宫，植物中隐藏着阴凉和秘密，枝繁叶茂的柏树、生机勃勃的橘子树、异常高大的粉红色和白色的月桂树，掩盖了幽僻小径，路面的砾石早已被泥土吞噬。小径边缘，丁香、茉莉、西番莲、铁线莲、金银花无比繁茂，地面上三叶草、酢浆草和野草不断侵入花丛之中，编织成了生机勃勃的绿色地毯。在这芬芳的丛林中漫步、爬行，潜伏在齐耳的草中，用刀子在长满树木的小径上开出一条小道，出来时，满脸汗水，双腿占满泥巴，让人着迷。

制造可怕的毒药也占据了下午的大部分时间。在一个靠墙的旧石凳下面，孩子们堆起了各种各样的器具，有阿司匹林管、药罐、旧墨水瓶、盘子碎片和破碎的杯子，这些东西组成了他们的实验室。他们隐藏在公园里草木最茂盛的地方，远离所有人的视线，准备他们神秘的药水。药水的主要成分是夹竹桃，因为他们经常听到周围的人说，夹竹桃的影子是致命的，任何人要是轻率地睡在夹竹桃树下，就永远醒不过来了。因此，到了花开的时候，他们就用两块石头磨碎夹竹桃的叶子和花朵，捣成一种有害的（不健康的）浆，一看到这种毒药就会死得很惨。这种毒浆晾在户外，立刻呈现出特别可怕的彩虹色。这段时间里，其中一个孩子跑去把一个旧瓶子装满水。现在轮到把柏树果碾碎了。孩子们确信柏树果有毒——虽然不太确定——只因柏树是栽种于墓地的树。这些果实必须从树上摘下，而不能从地上捡，因为落地以后树果干燥、硬化①，使它们看起来非常健康。接下来，把这两种糨糊混合在一个旧碗里，倒上水，用一块脏手帕过滤。滤出的液体呈现让人不安的绿色，孩子们把这当作剧毒，小心翼翼地将液体倒入阿司匹林试管或药瓶中，然后盖上盖子，十分谨慎，避免接触到。他们把剩下的东西和他们能收集到的各种浆果混合在一起，制成一系列毒性越来越强烈的毒药，然后仔细编号，放在石凳下面，一直等到下周，使其发酵成为致命毒药。这个凶险的制药工作完成后，雅克和皮埃尔就凝视着他们收集的这让人害怕的烧瓶，嗅着沾有绿色糨糊的石头上散发出的刺鼻的酸味，喜出望外。这些毒药不是针对任何人的。两位化学家估算着，他们能杀死多少人，有时乐观起来，觉得毒药的数量足以使整个城市的人无一幸免。然而，他们从来没有想过，这些神奇的药物可以杀掉他们憎恨的同学或老师。其实，他们并不憎恨任何人，但这会成为他们长大之后，必须面对的成人社会里的阻碍。

最有意思的日子是起风的时候。老兵之家面对公园的一侧，曾经有一个露台，如今，石雕栏杆躺在了镶了红砖的水泥地基前。站在三面开阔的平台上可以俯瞰公园，远眺公园之外更远的地方则是一条峡谷，把库巴山和萨赫勒高原分隔开。阿尔及尔的东风总是很猛烈，径直吹向阳台。刮大风的日子里，孩子们就跑向离他们最近的棕榈树，

———————————

① 按时间顺序排列。

捡起长长的棕榈树枯枝，刮去末端的刺，好用双手抓住。然后拖着身后的树枝，跑到平台上。狂风呼啸，高大的桉树疯狂地挥舞着树枝，棕榈树枝叶凌乱，橡胶树闪闪发亮的大叶子在风中摇晃，仿佛纸屑一般沙沙作响。孩子们想爬上阳台，举起棕榈树枝，让它们背对大风。两个孩子紧紧地抓住那些沙沙作响的枯枝，用身体挡住半边树枝，然后突然转身。树枝会立刻贴到他身上，他们呼吸到灰尘和稻草的气味。游戏就是在大风中前进，同时把树枝举得越来越高。谁第一个到达平台尽头，不让风从他的手上吹跑树枝，手臂高举着棕榈树枝站直，全身的重量都压在一条腿上，在狂风的呼啸下，谁站的时间长谁就是赢家。雅克站在那里，笔直地站在公园和草木茂密的平原之上，穹顶之下，巨大的云朵飞速而过，雅克能感觉到从郊野最远处吹来的风，沿着树枝，沿着他的手臂向下吹，这使他充满了力量和狂喜，他不断放声大喊，直到手臂和肩膀被压垮，松开了树叶，狂风立刻把树叶和他的叫声一同卷走了。那天晚上，他疲惫不堪地躺在床上，在母亲浅睡的卧室里，他仍然能听到狂风的喧嚣，终其一生，他始终爱着这风声。

星期四①也是雅克和皮埃尔去公共图书馆的日子。雅克读着手边的书籍，如饥似渴，他对书籍热爱的程度不亚于他对生活、游戏和梦想的渴望。阅读使他得以逃入一个天真无邪的世界，书里财富和贫穷同样有趣，因为两者完全是虚构的。他和朋友们互相传阅着厚厚的连环图故事，名叫《勇士》，直到纸板装帧②的封面磨成灰色，变得粗糙，

---

① 把他们和周围的环境隔开。

② 常于18与19世纪欧陆地区出现。出版社印好书籍，通常只用朴素的硬纸板或纸张制作封面。

内页也被撕破。这是第一本把他带入喜剧或英雄主义世界的书，书本满足了雅克的两种重要的渴望：快乐和勇气。这两个男孩对英雄主义和潇洒品位的喜好无疑是强烈的，他们对骑士小说的沉迷简直不可思议，可以轻易地将《帕尔达扬》中的人物融入他们的日常生活中。毫无疑问，他们最喜欢的作家是米歇尔·泽瓦科。文艺复兴时期，尤其在意大利，充斥着匕首和毒药的画面，罗马或佛罗伦萨的殿堂、宫廷或教廷的浮华排场，是这两位"贵族"最喜欢的王国。有时，他们会出现在皮埃尔居住的那条街，街道上尘土飞扬，拔出漆黑的尺子，向对方发起挑战，在垃圾桶之间展开激烈的决斗[①]，手指上还留下了伤痕。当时，他们几乎找不到其他类型的书，因为在那个街区很少有人读书，而且他们也买不起书，只能买书店里随处可见的廉价册子。

然而，几乎就在他们刚上中学的时候，当地开设了一个公共图书馆，图书馆就在雅克住的那条街和高地街区之间，高地街区是更为规整美观的街区：小花园环绕着别墅，花园里种满了香气四溢的草木，在阿尔及尔潮湿炎热的山坡上长得十分茂盛。这些别墅环绕着圣奥迪勒学校，这是一所教会寄宿学校，只招收女学生。雅克和皮埃尔就是在这里，这个近在咫尺却又远在天涯的街区，体验了内心最深处的情感（现在还不是讨论的时候，以后会叙述的，稍等）。这两个世界（一个尘土飞扬，没有树木，所有的空间都被居民和庇护他们的石头屋占据，另一个花草茂密，树木葱郁，这才是这世界真正的奢侈）的分界是一条宽阔的林荫大道，两侧的人行道上种植着高大的梧桐树。别墅沿着边界的一边延伸，廉价的房屋沿着另一边延伸。公共图书馆

---

① 事实上，他们在争论谁是达达尼昂，谁是拉加代尔。没人想成为阿拉密斯、阿多斯，或波尔多斯。

就建在边界上。

图书馆每周开放三次，包括星期四的整个上午和晚上下班后。一个相貌平平的年轻教师，每周来图书馆做几个小时的志愿者，他坐在一张相当大的浅色木桌后，负责管理借阅的书籍。图书馆是个方形的房间，墙上堆满了白色的木质书柜和黑色封面的精装书。还有一张小桌子，周围摆着几把椅子，供那些想快速查阅字典的人使用，因为这里只是一个借阅图书馆，还有一个按字母顺序排列的卡片目录册，但雅克和皮埃尔都没有查过，他们从书架走一圈，看标题选书，很少根据作者来选，然后记下标号，写在蓝色的借书卡上。想要借书只需出示租金收据，支付一点费用，然后会收到一张折叠的借书卡，上面写着借阅的书名，最后就收到年轻老师照看的书本了。图书馆里，大部分书籍都是小说，但是很多都禁止十五岁以下的人阅读，放在另一边书架上。孩子们仅凭直觉在剩下的书中挑选，但那算不上真正的选择。然而，对于文化问题来说，随机并不是最坏的选择，两个嗜书如命的孩子不加选择地吞下一切，无论好坏，也不管是否记得什么，其实看完以后什么都没记住，只留下一种奇怪而强烈的情感，经过几个星期，几个月，甚至几年，这种情感孕育了一个完整的世界，这些印象和记忆从来没有屈从于他们日常生活的现实，对于他们这样满怀热血的孩子来说，这种情感是长久存在的，他们热切地梦想，热切地面对生活。①②

其实这些书的内容并不重要，真正重要的是他们走进图书馆的那一瞬间的感觉，他们看到的不是摆满黑色封面的书籍的墙壁，而是广

---

① 小姐，杰克·伦敦的作品好吗？
② 奎莱特的字典的书页的气味，陈旧木板的气味。

阔的视野和空间，一旦他们穿过门阶，就逃脱了街区的狭隘生活。然后，他们拿到了有权借阅的两本书，用胳膊肘紧紧夹着书本，溜到林荫大道上，这时天已经黑了。他们一边踩着梧桐树掉落的果，一边计算着他们能从书中汲取的乐趣，把这喜悦和上周借书的欣喜相比较，直到到了大街，先在华灯初上时闪烁的光线下打开书本，挑出一句话（例如：他拥有一种不同寻常的力量），那句话会点燃他们的热情和希望。很快，他们分开了，两个孩子不约而同地跑到餐厅，在煤油灯的光线下，在餐桌的油布上，打开那本书，书本劣质的装订散发着一股强烈的胶水味，摸起来也十分粗糙。

书本的印刷方式会让读者提前知道他能从中得到什么乐趣。皮埃尔和雅克不喜欢字体过大和页边太宽的书，那是品位更高雅的读者特有的喜好。而两个孩子喜欢小字，一行一行，密密麻麻，行间距也窄，词句都排到书页边缘，就像那些可以尽情享用的乡村菜肴，好长时间也吃不完，可以满足一些胃口大的人。他们不需要细节，他们什么都不知道，又想知道一切。即使那本书写得不好，印刷得很粗糙，都没什么关系，只要文字清晰，只需要描写大量暴力活动。这些书，只有这些书，才能满足他们的梦想，读完以后，他们才能陷入沉沉的睡梦之中。

此外，印刷的纸张不同，每本书都有自己独特的气味，这气味十分微妙，但又如此独特，因此雅克闭着眼睛都可以分辨哪本是纳尔逊出版社的丛书①，哪本是法斯盖尔出版社出版的当代版本。甚至还没开始阅读，每本书的气味就会把雅克带到另一个充满希冀的世界，那

---

① 一系列的经典作品。

个希望甚至使他所在的房间变得朦朦胧胧，街区及其喧嚣渐渐隐匿，一旦开始如饥似渴地阅读，城市和整个世界都会随之完全消失，孩子完全陶醉其中，即使多次命令也不能把他拉出来。"雅克，这是第三遍叫你，摆桌子。"他起身摆好桌子，神色空洞，面无表情，目光呆滞，好似喝醉了，然后他立即拿起他的书，仿佛从来没有放下过。"雅克，快吃吧。"他终于吃了一些东西，虽然只是粗茶淡饭，但是看起来不像书上写得那么真实，那么牢靠。然后他收拾了桌子，又继续看书。有时候母亲会先来找他再去她常坐的窗边。"是图书馆。"她说道。这是她听儿子说的词，但是她念错了，这个词对她来说毫无意义，但她认出了书的封面。"是的。"雅克答道，头也不抬。凯瑟琳·科梅里①倾着身子，看着灯光下的两个长方形，线条很整齐，她也呼吸着书本的气味。有时候她也会用她洗衣服时被水弄皱的手指，翻过书页，好像在试图弄清楚这本书是什么，接近这些她不能理解的神秘的符号，但是她的儿子经常流连忘返，沉醉于一种她不了解的生活。看完书后，他会带着一种表情，看着母亲，就像看待一个陌生人。她粗糙的手轻轻地抚摸着男孩的脑袋，可他没有一丝反应，她叹了口气，然后走开，坐到远处。"雅克，睡觉去，"外婆不停地催促，"不然明天就迟到了。"雅克站起身，收拾好第二天上课用的书包，把书夹在腋下，然后像个醉汉一样，把书塞在枕头下，沉沉地睡去。

　　多年来，雅克的生活不均等地分割成了两种，而他也无法把这两种生活融合起来。有十二个小时，伴着鼓声，与同学和老师交往，

---

① 她们让埃尔斯特叔叔做了一张小小的白色木书桌。

沉浸在游戏和学习中。白天有两三个小时，生活在老社区的家里，靠近他的母亲，但是只有在贫穷的睡梦中才真正陪在母亲身边。虽然他最初的生活就在这个社区，但他的现在，甚至未来，都在中学里。从某种意义上看，这个社区最终与夜晚、睡眠和梦境融为了一体。再者，这个社区真的存在吗？这个孩子睡梦的夜晚，它不会变成沙漠吗？他摔倒在水泥地上……无论如何，在中学，他不能对谁谈论他的母亲和家庭，在家里，也不能和谁诉说中学的事。这么多年以来，在他拿到中学毕业证之前，没有一个朋友，也没有一位老师来过他家。至于母亲和外婆，她们从来没有去过中学，除了每年一次的例外，那就是七月初颁奖的时候。正是那天，在一群盛装的家长和学生中，她们从大门进入学校。外婆穿上了重大场合才穿的黑色礼服，戴上了黑色头巾；凯瑟琳·科梅里头上戴着一顶帽子，帽子上装饰着棕色的丝网和蜡染的青葡萄，她身穿一件棕色的夏裙，脚上穿着她唯一的一双高跟鞋。雅克穿着一件开领的白色短袖衬衫，以前穿短裤，后来穿长裤，然而无论如何，前一晚都由母亲小心地熨烫好。下午一点左右，他站在两个女人之间，亲自带着她们走上红色电车，让她们坐到座位上，而他仍然站在前面，透过玻璃隔板向后看着他的母亲，她时不时地对着他微笑，一路上总是在检查她帽子的角度，检查她的长袜是否脱落，或者检查戴在细链子末端的圣母小金牌。到了市政府广场，雅克便开始了沿着巴巴亚桑街的每日徒步，但每年只和这两个女人走一次。雅克嗅了嗅他母亲身上的"蓬柏露"香水，为了这个特殊的场合，她还用了许多。外婆昂首挺胸地走着，无比骄傲，斥责抱怨脚疼的女儿（"谁让你在这个年龄穿那么小的鞋"），而雅克坚持向她们讲述那些商店和店主，毕竟他们在他的生活中占据了重要地位。中学敞开了大门，高大的楼梯两侧从上到下饰有盆栽，最先到达的家长和学生已经在爬楼梯了，科梅里一家自然也早早到达了，穷人总是如此，他们几乎没有社交活动和乐趣，因此担心不准时①。随即，他们到了高年级学生的院子，院子里摆满了一排排座椅，是从一家歌舞厅借来的，院子最里端，一座大钟下，与院子一样宽的平台上也摆满了座椅和扶手椅，同样也装饰了大量绿植。院子里逐渐挤满了穿着浅色衣服的人，大多数是女人。最先到达的人选择了树荫下的座位，其他人则扇着用细稻草编成的扇子，扇子边缘饰以红色的羊毛流苏。观众席上空，蓝色的天空仿佛凝固了，在炎热的高温之中愈发坚固。

　　两点钟，一支军队管弦乐队在楼上看不见的拱廊里演奏《马赛曲》，所有的观众都站了起来，教师们头戴方帽，穿着因学科不同而颜色不同的长袍，由校长和官员（通常是殖民地行政区的高级官员）带领着走进来，为这重大场合致开幕辞。接着又演奏了一支军乐曲，教师在乐声中落座。紧接着官员登上讲台，谈了谈法国，尤其是对教育的见解。凯瑟琳·科梅里听不见，但也没有表现出不耐烦或厌倦的神色。外婆听得见，但是听不太懂。"他说得很好，"她对女儿说道，女儿深表赞同。外婆受到鼓舞，转过头去，对着左边的邻座微笑，那个人也点了点头，对她的意见表示赞同。从第一年开始，雅克就发现，只有外婆戴着西班牙老妇人的黑色头巾，这让他有些尴尬。老实说，这种虚伪的羞耻感从来没有离开过他。他曾小心翼翼地向外婆提议买一顶帽子，可是她说没有多余的钱可以浪费，而且戴着头巾耳朵很暖和，他觉得自己无能为力。但是外婆在颁奖典礼上与邻座闲

①那些命运不济的人难免在心里责怪自己，他们觉得自己不能因为任何微小失败而增添这种普遍的罪责。

聊时，他脸红了。政府官员讲完后，年轻教师站起来讲话，通常是当年从法国新来的教师，按照传统委托他发表正式演讲。演讲可能会持续半小时到一小时，年轻的学者频频使用文化典故和精妙的人文主义词汇，阿尔及利亚的听众完全无法理解，再加上酷热的天气，听众们更加集中不了注意力。就连外婆也懒洋洋地四处张望，只有凯瑟琳·科梅里最专注，眼睛一眨不眨，博学和智慧如雨点般绵绵不绝落在她身上。至于雅克，他坐立不安，四处张望，寻找皮埃尔和其他朋友，用眼神向他们示意，于是开始了一场长时间的做鬼脸的谈话。终于，热烈的掌声响起，感谢演说家的演讲结束，颁奖仪式便开始了。先从高年级开始，前几年，这两个女人坐了一下午，等着雅克的班级。只有优秀奖才能得到幕后乐队的赞美曲。获奖者年龄越来越小，他们站起来，走到院子的一边，走上讲台，接受政府官员的握手和夸赞，校长给每个人颁发获奖书籍（台下停放着带轮滑的手推车，车里装满了书籍，助手在获奖者之前到达讲台，把书递交给校长）。然后，获奖者把书夹在胳膊下，在音乐和掌声中回到座位，他容光焕发，四处寻找他高兴得不断擦眼泪的亲人。湛蓝的天空开始泛白，从海面上一个看不见的裂缝中散发出一些热气。获奖者们起身领奖又返回座位，一个接着一个，院子渐渐空了下来，天空逐渐发绿，终于到了雅克的班级。一开始宣布获奖名单，他就不再挤眉弄眼了，突然严肃起来。一听到他的名字，他脑袋嗡的一声，立刻站了起来，都没听清他身后的母亲问："他说的是科梅里吗？" "是的。"外婆答道，她兴奋得脸颊泛红。雅克走过水泥小路，登上台去，政府官员穿着背心，挂着表链，校长和蔼地微笑着，有时候，他看见他的一位老师在台上的人群中向他投来友好的目光，随后，伴着音乐回到座位，走到已经站在过道上的两个女人身边，母亲注视着他，惊讶又喜悦，他把厚厚的奖品和证书交给母亲保管，外婆用眼神邀请邻座都来见证——这一切发生得太快，而之后的下午格外漫长，雅克着急回家，想看看自己得到了什么奖品[1]。

他们常常和皮埃尔及其母亲[2]一起回家，外婆默默地比较着两叠书的厚度。到了家，雅克先拿起奖状，应外婆的要求，把写有他名字的那页折起来，这样她就可以向邻居和亲戚显摆了。然后，他清点了获得的财宝。他还没有弄完，就看见母亲回来了，她已经换了衣服，穿着拖鞋，扣上了她的亚麻布衬衫的扣子，把她的椅子拉向窗户。她对他微笑，说道："你做得很好。"随即看着他，摇了摇头。雅克回头注视着她，他在等待，等待着他也不知道的东西。然而，她又转向街道，那是他熟悉的姿势，思绪远离了今年她再也看不到的中学，而阴影侵入房间，街道华灯初上，只有看不清面容的行人路过。

他的母亲刚瞥见中学就永远离开了，而雅克突然发现自己回到了他的家人和邻居中间。假期也让雅克回到了家人身边，至少在头几年是这样。他家里没有人有假期，男人们整年工作，没人休息。只有工作时发生了意外事故，雇佣他们的公司为他们投保时，由医院或医生开具休假证明，他们才有时间休假。比如埃尔斯特舅舅，有一次，他觉得疲惫不堪，就故意用刨子从手掌上削下厚厚的一片肉，就像他说的那样，是为了"让自己享受保险"。至于妇女们，包括凯瑟琳·科梅里，她们一刻不停地工作，因为休息就意味着家里人的饭菜就要减少了。毫无保障的失业是他们最害怕的灾难。这就解释了为何这些

---

[1] 雅克得到的奖品是维克多·雨果所著的《海上劳工》。

[2] 皮埃尔的母亲从来没有见过中学，也不了解中学里的日常生活。她参加了一个为家长们安排的活动，但那不是中学而是……

工人，无论皮埃尔家还是雅克家，在日常生活中都是最宽容的人，却在劳工问题上反过来指责意大利人、西班牙人、犹太人、阿拉伯人，最后指责整个世界窃取他们的工作。这种态度，对那些研究无产阶级理论的知识分子来说无疑是令人不安的，但是又怀有人文关怀原谅他们。这些出乎意料的民族主义者与其他民族的人争斗，并不是为了统治世界，也不是为了财富和闲暇的特权，而是为了被奴役的特权。在这个社区工作不是美德，而是必需，是为了生存，却又导致死亡。

无论如何，无论阿尔及利亚的夏天多么炎热，超载的船只载着官僚和富人们，去往美好的"法国空气"中休养生息（回来的人描述，那里八月中旬还有溪水流过葱翠的田地，令人难以置信），贫困社区的生活没有丝毫改变，并非像市中心一样空了一半，反而由于许多儿童跑上街道①，社区的人口似乎还增加了。

皮埃尔和雅克穿着破洞的登山帆布鞋、廉价的裤子和圆领的紧身汗衫，在干燥的街道上漫步。假期就意味着炎热，最后几次降雨在四月份，最迟是在五月。几个星期甚至几个月以来，太阳越来越炽烈，天气越来越热、越来越干燥。阳光炙烤着墙壁，把地面的灰泥、石头和瓷砖都变成了细细的尘土，风一吹，灰尘到处都是，覆盖了街道、商店的橱窗，还有所有树木的叶子。七月，整个街区变成了一个灰黄色的迷宫，白天空无一人，房子的百叶窗都小心地关上了，被炽热的太阳笼罩着，把狗和猫赶到了楼梯上，迫使小动物贴了墙壁来躲避它。八月，太阳消失在厚厚的麻絮般的云层中，天空因酷热、阴沉和潮湿而变得灰蒙蒙的，散发出一种漫射的白色光线，使人的眼睛感到

---

① 地势高的街区有玩具、旋转木马和有用的礼物。

疲倦，抹去了街道上最后的色彩痕迹。在库珀的工作室里，锤子的声音减弱了，工人们①偶尔停下来，把他们汗津津的脑袋和胸膛浸在从公寓的水泵中抽出的清凉的水流里，而水瓶和常常比较少的酒，则用湿布包裹着。雅克的外婆光着脚在阴凉的房间里踱步，穿着一件便服，机械地摇着她的稻草扇子，早上工作，中午拽着雅克去睡觉，然后等到晚上凉爽的时候再回去工作。就这样，夏日的几周内，那些要忍受它的人就在沉重、闷热、酷热的天空下匍匐前行，甚至连冬天的凉爽和冰水的记忆都消失了，就好像地球从来没经历风、雪和水，从创世之初到九月的今天，除了这个巨大又干燥的矿物结构人行道和炽热的走廊之外，什么都不存在，在那里，满身是汗和灰尘的人，看起来有点憔悴，瞪着眼睛，缓慢地工作着。然后，突然间，天空收缩起来，直到承受不了压力而炸裂。九月的第一场暴雨，充沛而猛烈，淹没了城市。所有街区的街道都开始闪闪发光，榕树的叶子、架空的电线和电车的轨道也都闪闪发光。越过可以俯瞰城市的山丘，远处田野里传来潮湿泥土的气息，给夏日的囚徒带来了开放的空间和自由的信息。然后，孩子们跑到街上，穿着单薄的衣服在雨中奔跑，快乐地在街上的大水坑里打滚，互相扶着肩膀在水坑里围成圈，一张张充满了欢声笑语的脸变成了连绵不绝的雨，齐声踩出了这瓶新酿的美酒，使它喷出了一股比美酒还醉人的污水。

　　哦，是的，炎热的季节非常可怕，几乎所有人都快疯了，神经一天比一天更加紧张，可是人们没有力量或精神做出反应、去喊叫、去咒骂或者去击打，恼怒就像炎热一样积累，直到到处都变成了充满悲

---

① 工人会去海滩，还举办其他夏季活动。

哀、不受控制的街区，终于爆发了——就像那天，从里昂街，几乎到阿拉伯地区的边界，比如马拉布特地区，在山坡上红色黏土中的墓地旁，雅克看见一个阿拉伯人，穿着蓝色的衣服，剃着光头，从一个满是灰尘的摩尔人的理发店里走出来；他在雅克前面的人行道上走了几步，姿势很奇怪，身体前倾，头向后仰得很远，似乎是不可能的，事实上也是不可能的。理发师给他刮胡子的时候发疯了，用他那长长的剃刀一下子就割破了裸露的喉咙；光滑切口中的血液让阿拉伯人感到窒息，他跑了出去，像一只喉咙没有完全被割破的鸭子一样，而理发师立刻就被其他顾客制服了，可怕的号叫就像这漫长日子里的炎热。

随后，天空中瀑布般的雨流会猛烈地把树上、屋顶、墙壁和街道上积累的灰尘冲走。浑浊的水很快就灌满了排水沟，在排水沟里猛烈地汩汩作响，在大多数年份里，这些水会冲爆下水道里的排水管，淹没街道，在汽车和电车面前喷涌而出，就像两条流线型的黄鳍金枪鱼。海滩和港口附近的海域也会变得浑浊。在此之后的第一缕阳光会使蒸汽在建筑物和街道上升起，在整个城市上空升起。以后可能还会热，但热再也不能统治世界了；天空更开阔了，呼吸更轻松了，透过太阳的深处，空气中有一种颤动，预示着秋天要来了，新学年①要开始了。外婆说："夏天太长了！"她以同样如释重负的口气迎接秋雨、送别雅克，在炎热的日子里，雅克在紧闭的房间里无聊地跺脚只会让她更加生气。

此外，外婆怎么也想不通，为什么一年中有一部分时间专门留给学生，让他们无所事事。"我呢，我从来没有休过假。"她说道。

---

① 中学的电子订阅卡，每月办一次，他会怀着喜悦的心情回答"订户"，并验证有效。

的确，外婆既没有上过学，也没有休闲时间，她从小就开始劳动，不曾休息过。她可以接受外孙几年间不能挣钱回家，那是为了换取更大的收益。但是从第一天开始，她就一直在琢磨着浪费的那三个月，雅克快上中学四年级的时候，她觉得应该利用好他的假期了。学年结束时，外婆对雅克说："这个夏天你得去干活了，挣点钱，你不能待在家里什么也不做①。"其实，雅克觉得他有很多事情要做，去游泳，去库巴探险，体育运动，在贝尔库街道上漫步，阅读插图故事、通俗小说、维尔莫年鉴，还有圣·艾蒂安公司的无穷无尽的目录②。而且还没算上家务琐事和他外婆交给他的活儿。但是，在外婆眼中，这一切等于什么也没干，因为雅克没有为家里挣一分钱，也不像在学校那样学习，在她眼里，这种免费的假期就像地狱的火焰一样刺眼。而最简单的办法就是给他找份工作。

　　事实上并没那么简单。当然，在报纸上的分类广告中可以找到低级职员或跑腿的招聘信息。贝尔托夫人是乳品商，她的店就开在理发店旁边，闻起来总有一股黄油的味道（对于这些习惯了食用油的鼻子和味觉来说，这种味道很罕见），她常常把报纸上的广告念给外婆听。然而，雇主总是要求求职者至少年满十五岁，要谎报雅克的年龄实在有些厚颜无耻了，因为他才十三岁，个头也不高。此外，雇主总是希望雇员能长久干下去。外婆（穿上她出席重大场合才穿的衣裙，包括显眼的头巾在内）带着雅克去找工作，前几个雇主不是觉得他太小了，就是断然拒绝雇佣一名只干两个月的员工。"你只需要说你会留下来干活。"外婆说道。

_____

① 母亲大声说话，他也会疲惫。
② 他以前好像读过，在高地社区？

"可是那是假话。""没关系,他们会相信的。"但那不是雅克的意思,他并不担心雇主是否相信他。这种谎言会让他难以释怀。当然,在家里他经常撒谎:为了逃避惩罚,为了私自留下一枚两法郎的硬币,更多的时候是为了享受谈话或吹牛的乐趣。如果对他的家人撒谎,似乎是一种轻微的过错,然而对陌生人撒谎,就像是滔天大罪。他隐隐约约地感到,在重要的事情上不能对自己爱的人说谎,如果撒谎就不能和他们生活在一起,也不能爱他们。而雇主只能从他口中得知自己的信息,并不了解雅克,因此这就是纯粹的谎言。"我们走吧。"外婆一边说,一边系着她的头巾。有一天,贝尔托太太告诉她,阿加区的一家大五金店招聘一个年轻的档案管理员。五金店位于通往市中心的一个斜坡上,七月中旬,烈日炎炎,阳光晒得街道升起了一股尿液和沥青的气味。街上有一个狭窄但长度很深的商店,有一个展示铁制零件和门闩样品的柜台将商店分隔成两部分,而墙面上大部分是贴着神秘标签的抽屉。入口右边的柜台上安装了一个铁栅栏,开了一扇收银窗口。窗口里坐着一个温柔的女士,她正做着白日梦,让外婆去二楼的办公室。商店尽头有一架木楼梯,楼梯通向一个大办公室,布局和方向与商店相似,里面有五六个雇员,男女都有,他们围坐在中央的一张大桌子旁,房间一侧的门通向经理办公室。

经理坐在他闷热的办公室里,穿着衬衫,领口敞开①。他身后有一扇小窗,通向一个院子,虽然已经下午两点了,但阳光还没照进院子。经理又矮又胖,把大拇指插进天蓝色的背带里,呼吸急促。雅克看不清那张脸,只听见他那低沉的、气喘吁吁的声音请外婆坐下。雅

---

① 衣领带有领扣,可拆卸。

克呼吸着弥漫了整个房间的铁锈味，觉得经理一动不动的站姿透露了他怀疑的态度，一想到他们要对这个强大又可怕的人说谎，就感到两股颤颤。至于外婆，她一点也不害怕。雅克马上就十五岁了，他必须找到自己的位置走出第一步，刻不容缓。经理说他看起来不像十五岁，但如果他很聪明……顺便问了问他有没有毕业证。没有，他只有有奖学金。什么奖学金？中学的奖学金。所以他要去上中学了？几年级？四年级。他要退学了？经理越发安静了，他的脸现在看起来清晰了一些，他那双乳白色的圆眼睛从外婆身上移到了孩子身上。在经理的目光的注视下，雅克不停地颤抖。"是的，"外婆说，"我们家太穷了。"经理不知不觉地放松了。"那真是太糟了，"他说，"他很有天赋。但是做生意也有光明的前途。"的确，光明的前途开始时总是不重要。雅克得每天工作八小时，一个月能赚一百五十法郎。第二天就可以来上班了。"你看，"外婆说道，"他相信我们了。""可是，我要离开的时候，该怎么向他解释呢？""别担心，交给我吧。""好吧。"孩子顺从地说道。他抬头仰望夏日的天空，想着铁的气味、布满了阴影的办公室，他明天必须得早起，而假期才刚刚开始就已经结束了。

连着两年，雅克夏天都去工作了。先是在五金店，然后给一个船舶经纪人干活。每次他都害怕9月15日的到来，因为那天是他离职的日子。

假期的确结束了，尽管夏天还是和以前一样闷热无聊，但是夏天已经失去了曾经改变它的东西：天空、辽阔、喧嚣。雅克的夏季再也不在贫穷的街区度过了，而是在市中心，富人的水泥建筑替代了穷人的粗糙房屋，相比之下这些房子更显高贵，也蒙上了一层灰色的悲哀。八点钟，雅克走进了商店，商店散发着铁锈味和阴凉气息，他心里的一丝光亮消失了，天空也消失了。他向收银员打了个招呼，随后爬上二楼那间灯光昏暗的大办公室。中央的桌子没有他的位置。有个会计，他整天吸手卷香烟，把胡子染成了黄色；有个会计助手，是一个三十来岁的男人，已经快秃顶了，他的脸和胸膛仿佛公牛一样；还有两个年轻的职员，一个顶着一头棕色的头发，身材精瘦，肌肉发达，体格匀称，每天早上在办公室里埋头工作之前都会去码头游泳，因此衬衫总是湿漉漉地粘在身上，散发出一股海水的香味，而另一个身材胖胖的，笑个不停，无法抑制他的活泼愉快；最后是雷斯林夫人，经理的秘书，身形有点像马，总是穿着粉红色的亚麻布或鸭绒布衣服，看起来很舒服，但她总用严厉的眼光审视一切。这些人还有他们的文件、账本和器具，足以占满整张桌子。于是雅克坐在经理办公室门右侧的椅子上，等着人给他分派工作，通常是把发票或商业信函归档在窗户两边的卡片索引文件夹里。起初，他喜欢拉开滑动抽屉，拿着卡片嗅着纸张和胶水的香味，起初十分细腻好闻，最后他也厌倦了这气味。有时他坐在椅子上，重复一遍冗长的加法，在膝盖上计算着；有时，会计助理让雅克核对一系列数字，他一直站着，仔细核对助理读出来的数字，助理的声音低沉而忧郁，以免打扰他的同事。透过窗户可以看到街道和对面的建筑，但是从来看不见天空。他们有时候，但不是经常，派雅克出去办事，去附近的文具店买办公用品，或者去邮局①寄紧急汇款单。中央邮局离商店有两百米远，坐落在一条宽阔的林荫大道上，这条林荫大道从港口一直通往山丘上的城市。在

---

① 邮政交易？

这条大道上，雅克又重新找到空间和光明。邮局是一座巨大的圆形建筑，三扇大门透亮，阳光透过巨大的圆顶洒落下来。但不幸的是，更多的时候雅克被迫在下班离开办公室后再去邮局寄信，这是更为辛苦的差事。他不得不在天色渐暗之际跑到邮局，邮局里拥挤着一批顾客在窗前排队，因此这等待便让他的工作时间更长了。漫长的夏天，雅克暗无天日的日子没有一丝光亮，琐碎的工作耗尽了他的精力。"你不能什么都不干。"外婆说。可是，正是在办公室，雅克觉得他什么都没做。他并不是不愿意工作，虽然对他来说，没有什么可以取代大海和库巴的游戏。他觉得真正的工作应该像制桶工厂里的工作，比如长时间的体力劳动，有力而娴熟的双手要完成一系列熟练而精确的动作，于是劳动成果便成形了：一个新的桶，完美无缺，没有裂缝，工人就可以欣赏了。

可是，这个办公室的工作不知道从哪里冒出来的，也没有任何成果。只有买卖交易，所有的一切都围绕着这些普通琐碎的行为。虽然雅克一直生活在贫困之中，但恰好是在这间办公室里，他发现了世俗，为他失去的光明而哭泣。这令人窒息的感觉不是他的同事造成的。相反，他们对他很好，从不粗鲁地命令他，甚至一向不苟言笑的雷斯林夫人也会对他微笑。他们彼此之间很少说话，这种快活、热情又冷漠的气氛是阿尔及利亚人特有的。经理到店时，也就是他们到达的一刻钟后，或者当他从办公室出来发布命令或检查发票时（如果有严肃的事情，他就把会计或相关雇员叫到他的办公室），每个人的性格都暴露了出来，好像这些男人和这个女人只有在权威的关系上才能表现自己：老会计无礼又独立，雷斯林夫人沉浸在某种严肃的想入非非之中，而会计助理则卑躬屈膝。但是，在接下来的一天里，他们都会缩回壳里①。雅克坐在他的椅子上等待命令，这个命令会让他做一些可笑的事情，可他的外婆却称之为"工作"。

雅克再也无法忍受，在椅子上躁动不安的时候，他会走到商店后面的院子里，躲在土耳其式的厕所里，水泥墙之间灯光昏暗，弥漫着尿液的酸臭味。在这个黑暗的地方，他会闭上眼睛，呼吸着熟悉的气味，做着白日梦。有种模糊不清的东西在他心里翻腾着，没有来由，却存在于他的血液和天性中。有时他会想起那天看到的雷斯林夫人的双腿。当时他打翻了她面前的一盒回形针，于是便蹲下身捡起来，抬起头时，看见裙子下面她的膝盖分开，大腿上穿着蕾丝衬裙。在此之前，他从未见过一个女人的裙子下面穿什么，这种突如其来的情景使他口干舌燥，无法控制地颤抖起来。这种神秘让他明白，尽管他经历过很多，但他永远无法解谜。

每天两次，中午和六点，雅克都要冲到外面，沿着斜斜的坡道跑下去，跳上挤满了乘客的电车，电车上的每一块踏板上都挤满了乘客，等着电车把工人们送回他们的街区。大人和孩子在酷热中挤在一起，沉默不语，望着等待他们的家，平静地流着汗，听天由命地接受这种奔波的生活，从事一份没有灵魂的工作，坐着不舒服的电车长途通勤，晚上倒头就睡。某些夜晚，雅克看着他们，感到一阵心酸。在此之前，他只了解贫穷中的财富和快乐。如今，酷热、厌倦和疲劳向他展示了他们的诅咒，工作如此愚蠢，让人哭泣，如此无休止的单调，使得白昼太漫长，生命太短暂。

在船舶经纪公司，夏天就快活得多，因为办公室可以看到滨海大

---

① 中学毕业后的暑期——在他面前呆若木鸡的脑袋。

道，尤其是因为他的一部分工作在港口进行。雅克得登上在阿尔及尔进港的各国船只，而那个经纪人，一个长着卷发的老人，脸色红润，相貌英俊，是各个政府部门的代表。雅克把船上的文件送到办公室，在那里翻译，一个星期后，他自己就可以翻译用品清单和一些提货单了，只要这些清单是用英文写的，要送给海关当局或提货的进口大公司。因此，雅克经常去阿加商港拿文件。热浪席卷了通往港口的街道。沿路的斜坡上沉重的铸铁栏杆是如此炙热，根本不能用手触摸。烈日使得宽阔的码头更加空旷，附近只有一艘停靠在码头旁边的船只，工人们正在码头上忙碌着——他们穿着蓝色裤子，裤脚挽到了小腿肚，晒成古铜色的上身赤裸着，头上顶着包裹，有水泥袋、煤袋或棱角锋利的包裹，遮住了肩膀和腰。他们在甲板搭至码头的跳板上来来往往，或者通过货舱敞开的门直接进入货船的腹部，疾速走过货舱和码头之间的横梁。码头上升起阳光和灰尘的气味，灼热的甲板上，沥青正在融化，设备暴露在烈日之下，而雅克能够分辨出每艘货船的特殊气味：从挪威来的船可以闻到木头的气味，来自达喀尔或巴西的船只带着咖啡和香料的气味，德国的船有油的气味，而英国的船则有铁的气味。雅克会爬上跳板，把经纪人的名片出示给水手看，但他看不懂，于是便领着雅克穿过过道去找长官或者船长[1]。过道虽然背阴，却也闷热。一路上，雅克贪婪地望着那些狭窄又单调的小屋，那里是男性生活的浓缩，他渐渐爱上了那里，那种热爱甚至超过了对豪华居所的喜爱。他们友好地迎接他，雅克自己也笑得很开心，他喜欢这些人粗犷的面容，那是孤独的生活赋予他们的外表，他要让他们明白他

——————————

①.码头工人的事故？详见日记。

对他们的喜爱。有时，他们中间有人会说一点法语，就问他一些问题。随后他兴冲冲地离开，回到了炎热的码头，仿佛烧起来的斜坡，回到办公室里工作。只是，在大热天里奔波使他筋疲力尽，晚上睡得很沉。九月份，他发现自己瘦了，感到一阵烦躁。

即将到来的日子让他松了一口气，因为他要在学校待上12个小时，与此同时，他又不得不去办公室离职，因此日益感到尴尬。去五金店辞职是最尴尬的。他不想去办公室，想请外婆去帮他解释，随便什么理由都行。但是外婆认为跳过这些繁文缛节很容易：他所要做的就是领取工资，然后就不去上班了，也不用解释。雅克觉得让外婆去承受经理的暴怒是理所应当的，从某种意义上说，她确实应该对这种情况以及由此产生的谎言负责，而面对这种逃避的想法，他感到愤慨，却无法解释为什么。而且，他还找到了一个有说服力的理由："可是老板会派人过来的。""那倒是真的，"外婆说道，"那你就告诉他，你要去舅舅的店里。"雅克心里骂骂咧咧，已经离开了，外婆又说："最重要的是先领工资，领完工资再说。"

那天傍晚，经理把员工叫到他的办公室，给他们发工资。"拿着，孩子。"他对雅克说道，递给他一个信封。雅克伸手，有些迟疑，这时经理向他微笑着说道，"你做得很好，知道吧？回去可以告诉你父母，你干得不错。"雅克于是说了，说他不会再来了。经理看着他，很惊讶，那只手仍然伸向他。"为什么？"他不得不撒谎，却又说不出口，于是就沉默，带着悲伤的神情。经理明白了他的意思，问道："你要回去上学了？""是的。"雅克答道，在一阵恐惧和痛苦之中，他突然感到解脱了，眼泪也随之流了下来。经理十分生气，站了起来，"当初你来这里的时候就知道了。还有你外婆，她也知道。"雅克只能点头承认。房间里响起了雷鸣般的怒吼:他们不诚实,而他,经理,痛恨不诚实的人。经理知道他有权不付工钱吗?他真是太傻了,不,他不会付工钱给他,让他外婆过来,她会受到热情的接待,如果他们说实话,也许还会雇佣他,但是,啊,这个谎言——"他不能上学了,我们家太穷了。"——于是老板让自己受骗了。"就是因为这个。"雅克不知所措,突然说道。"什么就'因为这个'?""因为我们很穷。"然后他就沉默了。经理看了他一眼,继续问:"……这是你干的,是你编的故事?"雅克咬紧牙关,低头盯着自己的脚。之后便是沉默,无休止的沉默。随后,经理从桌子上拿出信封,吼道:"拿着你的钱,滚出去。""不。"雅克回答。经理把信封塞进雅克的口袋:"滚出去。"雅克跑上街,哭着用双手抓住衣领,以免碰到口袋里滚烫的钱。

为了过不上假期而撒谎,为了打工而远离他所热爱的夏日长空和大海,最后又为了回学校上课而撒谎——这种不公平使他极其难受。最糟糕的不是他说不出口的谎言,虽然他总是为了快乐而撒谎,但不会被迫这样做;最让他难受的是他失去了的快乐,这季节的阳光和被剥夺的休息时间,可是现在,一年里除了匆忙的起床和匆忙的沉闷日子,别的什么也没有。他失去了贫穷生活中难得的事物,失去了他无比热爱的无可替代的财富,他本可以尽情享用,现在只为了挣到一点点钱而放弃,那点钱却买不到这些财富的百万分之一。可是他明白,他必须这么做,甚至在他最矛盾的时候,他内心深处也为自己这么做而感到骄傲。因为在第一次拿到薪水的那天,那些为可怜的谎言而牺牲的夏日得到了补偿。他走进餐厅,外婆正在削土豆皮,削好后把土豆扔进一盆水里,埃尔斯特舅舅坐着,在两腿之间夹着布兰特耐心地捉跳蚤，他母亲刚到家，在橱柜边打开一小包她拿回来洗的脏衣服。雅克走上前去，一言不发，把一张100法郎的钞票，以及他抓在手里的大硬币放在桌子上。外婆没说话，把一枚20法郎的硬币推给他，然后拿起剩下的。她用手轻轻抚摸凯瑟琳·科梅里，好引起她的注意，让她看看钱，说道："这是你儿子挣的钱。""是的。"母亲回答，她用那悲伤的目光轻轻地爱抚着孩子。埃尔斯特舅舅点了点头，紧紧抓住认为自己的苦难已经结束的布兰特，一边说道："好，真好，你已经是个男子汉了。"

　　的确，他已经是个男子汉了，已经偿还了一些他所亏欠的东西，一想到减轻了点儿家里的贫穷，他的内心就充满了一种近乎邪恶的骄傲，这种骄傲来自开始感到自由和不受任何约束的男人的感受。事实上，下学期开学，他升入中学五年级，他已经不再是四年前那个清晨离开贝尔库的迷茫的孩子了。那天，他穿着嵌入了掌钉的鞋，一想到这个陌生的世界在等着他，就感到焦虑。而如今，他看向同学们的目光已经失去了一些天真。此外，那时候许有多事情开始把他往外拉，远离了曾经的那个孩子。如果说他忍耐着接受被外婆打的事实，就好像是孩提时代不可避免的责任。有一天他突然疯狂地从外婆的手中扯下皮鞭，想抽打这个白发苍苍的老人，她那双冷漠的眼睛激怒了他。外婆突然明白了，退后了几步，回到房间关上房门，为自己的不幸而啜泣，因为她养育了一个不孝的孩子。但是她知道，她再也不会打雅克了，事实上她再也没有打过他，因为从前那个孩子确实死了，长成了这个肌肉发达的青少年，他留着未打理过的头发，脸上露出暴躁的神色，整个夏天都在打工赚钱，他刚刚被任命为中学队的一线守门员，三天前，他第一次尝到了女孩嘴唇的芳香。

二、自我之谜

　　唉，是的，就是如此，这个孩子的生活就是如此：在贫穷的岛上，生活就是如此，与质朴的必需品捆绑在一起，生活在一个无知的残疾之家，他年轻的热血在沸腾，怀着对生活的贪婪欲望，原始地渴望着智慧，一直以来在生活中怀着喜悦，而这喜悦突然遭到陌生世界的回击，被生生打断，使他局促不安，但他很快就恢复过来，努力去理解，去学习，去吸收这陌生的世界，他的确这样做了，因为他如此贪婪地想要抓住这世界，而非在曲折中前进，慢慢融入其中；他愿意顺从，但不会因此折辱自己；最后，他一直怀着一个坚定的信心。是的，的确如此，他会得到他想要的一切，没有什么是不可能的，凡是这个世上的事，只要是这世上的事。他已经准备好了（贫穷的童年也是准备），在任何地方都能找到自己的位置，因为那里没有他渴求的位置，他只渴求快乐、自由的精神和活力，以及生活中一切美好的东西，那些神秘的东西，那些不会也永远不会出售的东西。即使因为贫穷，他也要做好准备，有朝一日不用寻找就能拿到钱，也不必屈从于钱，像现在这样——他，雅克，四十岁，控制着许多事物，却又如此确信自己不如最不起眼的人，无论如何也比不上他的母亲。是的，他就是这样生活，在海边的那些游戏中，在风中、在街上、在夏日的重压下，在短暂冬季的大雨中，没有父亲，没有传承下来的传统，但是在那一年里，就在他需要他的时候，找到一位父亲，学习学校里的人和物，通过这些知识，他塑造出一种类似于品行的东西（足以应对他当时的处境，但后来面对世界的绝症时，就不够了），并且创造了他自己的传承。

但是，那种行为、那些游戏、那种勇敢、那种热情、那个家庭、那盏煤油灯、那黑暗的楼梯、风中的棕榈树、大海里的出生和洗礼，还有那些昏暗而辛苦的夏天，这些就是全部吗？这些都有，哦，是的，就是这样，但是他也有生命中的隐秘部分，这些年来一直在他身体里隐隐搅动，就像地下无边无际的水，在岩石迷宫的深处流淌，从未见过阳光，却反射着幽光，也不知道这光亮是从哪里来的，也许是通过岩石纤细的空隙，从炽热的地心来到那些埋在洞穴里的黑色空气中的，而一些黏滑的植物在这里寻找食物，得以在那任何生命似乎都不可能生长的地方生活。

这种盲目的骚动从未停止过，现在他仍然能感觉到，他心中藏着一团黑色的火焰，犹如表面熄灭但中心仍然在燃烧的泥炭火，泥炭的外部裂缝在植被粗糙的旋涡中移动，因此泥泞的表面以与泥炭沼泽同样的节奏移动，这些不易察觉的密集波浪，日复一日地，引起他最猛烈和最可怕的欲望，以及他最无益的焦虑，他浓浓的乡愁，他那突如其来的对贫困和节俭的需求，他对默默无闻的渴求。是的，这些年来这种神秘的内心活动与这个辽阔的国家完全契合；他还是个孩童的时候，就已经感受到了周围地区的重量：眼前是无边无际的大海，身后则是一望无际的山脉、平原和沙漠，人们称之为内陆，在这两者之间常常潜伏着危险，却无人提及，只因这危险看起来太正常不过了。

但是雅克感觉到了这一点，就在比尔曼德雷斯小镇①，在那修建了拱形屋顶和白色墙壁的小农舍里，姨妈每到睡前都会去检查，看厚实坚固的百叶窗的大插销是否已经插好了。正是这个乡村，让他觉得自己被抛弃了，仿佛他是第一批居民，或者说是第一批征服者，登上了这个丛林法则仍然盛行的地方，在那里，正义只为了毫不留情地惩罚那些习俗未能阻止的事情。他周围的这些人，既吸引人却又令人不安，近在眼前却又隔了一层隔膜，整天在他们周围，有时候，友谊或者说同志之谊就产生了，到了晚上，他们仍然会回到门窗紧闭的房子里，从来没谁进去过，他们同你从来没有见过的女人一起设下了屏障，或者在街上看到她们，也不知道她们是谁，纱巾半遮着她们的脸，白纱上方美丽的眼睛感性而柔软。在他们聚居的社区里，人数众多，虽然疲惫不堪、恭顺服从，却因人多势众造成了一种无形的威胁。甚至在街上，当一个法国人和一个阿拉伯人打架的时候，某些夜晚的空气中也可以嗅到这气味。其实两个法国人或两个阿拉伯人也可能打架，但是人们对这两桩打架的看法却截然不同。街区里的阿拉伯人，身穿褪了色的蓝色工作服或破旧的斗篷，慢慢地从四面八方不断靠近，直到聚拢到一起，然而他们却不使用暴力，只靠聚众就驱逐了几个被围观者吸引过来的法国人。而那个正在打架的法国人连连后退，他突然发现自己独自面对他的对手以及一群面色阴郁的人群，如果他没有在这个国家长大，不知道只有勇气才能在这里生活，那么他的勇气就会消失殆尽。因此，他不得不面对那些形成威胁的人群，可是那些人除了他们的存在和他们无法控制的打斗之外，没有任何威胁。大多数情况

---

① 位于阿尔及尔地区。

下，他们会拉住那个暴怒的阿拉伯人，让他在警察到来之前赶紧离开。警察很快就收到警报，很快就来了，毫无疑问，他们立刻带走那些寻衅斗殴的人，在去警察局的路上，经过雅克家的窗下时，就对犯人进行虐待。"真可怜。"母亲说道。她看到两个男人的肩膀被警察紧紧地扣住，推搡着往前走。他们走了以后，暴力、恐惧和威胁仍然在孩子的脑海里徘徊，一种莫名的恐惧使他的嗓子发干。在他的内心深处，这些纠缠在一起的隐秘的根系，把他束缚在这片宏伟而可怕的土地上，就像它灼热的日子和令人心碎的短暂的暮光一样，犹如第二次生命，也许比他生活表面下的日常更为真实。这历史将被描述为一系列模糊的渴望和强烈的不可言说的感觉：学校的气味，邻近马厩的气味，母亲手上的衣服的气味，上流社区的茉莉花和忍冬花的气味，字典的书页和他读过的书的气味，他家和五金店厕所的尿骚味，有时他在课前或课后独自走进冰冷的大教室的气味，他最喜爱的同学的温暖，迪迪尔与他在一起时的羊毛的温暖和臭味，母亲大量喷在他身上的大马可尼古龙水，引得雅克坐在课堂长椅上总想离朋友更近一些，皮埃尔从他姨妈那里偷来的口红的香味，他们中的几个人曾一起嗅来嗅去，兴奋而不安，就像好几条狗进入了有着发情的母狗的房子，想象着这就是一个女人，就是香柠檬和美容膏的甜腻香味，在他们粗糙、喧嚣、流汗和灰尘的世界里，向他们展示了一个精致的世界，那个世界充满了难以言喻的诱惑，连他们一起围着口红讲着脏话也无法抵挡。从童年开始，他就热爱身体，热爱身体的美丽，这种热爱使他在海滩上幸福地欢笑，这种人体的温暖一直吸引着他，心里却没有什么特别的东西，就像一只动物一样——不是占有它们，他不知道怎么做，而是进入他们的光辉之中，肩靠着朋友的肩膀，产生一种强烈的自信和放松的感觉，而在拥挤的电车里，如果一个女人的手在他身边停留片刻，他会兴奋得几乎要晕厥。是的，他渴望活下去，活得久一些，沉浸在这个世界能给予他的最大的温暖之中，而这正是他希望从母亲那里得到却没有得到，也许也不敢得到的东西，但是当布兰特在他身边伸躺着，他呼吸着它毛皮的强烈气味时，他找到了，或者在最强烈的、最像动物的气味中，他找到了，那种奇妙的生命热度以某种方式为他保存了下来，他也离不开了。

他内心的黑暗涌现出如饥似渴的热情，这种对生活的疯狂的热情是他生命里的一部分，直至今日依然没有改变，只是更苦涩了。他重新回到家庭中，发现面对着他童年的景象，却感到更加痛苦，青春和岁月一去不回，就像他曾经爱过的那个女人一样。哦，是的，他曾经深深地爱过她，全心全意地爱着她，全身心地爱着她，是的，同她在一起的欲望如此热切。他爱她，因为她的美貌，以及她对生活的坦率和那绝望的热情，而这使她拒绝时间的流逝，尽管她知道此刻时间正在流逝，她不愿有一天人们谈起她，说她风韵犹存，而不是保持年轻、永远年轻。有一天，他笑着告诉她，青春正在逝去，日子正在消逝，她突然抽泣起来。"哦，不，不。"她泪流满面，"我真的喜欢爱情。"此外，她很聪明，在许多方面都非常优秀，也许正是因为她真的聪明优秀，她拒绝了这世界原本的样子。正如她回到出生地短暂停留之后，她回来了。那些悲伤的探望，提到姨妈人们就告诉她："这是你最后一次见到她们了。"她们的面容、她们的身体、她们的虚弱，让她想尖叫着逃离；还有那些家庭聚餐，桌布上是由一位早已过世的曾外婆绣的，已经没有人会想起她，唯独她想起曾外婆年轻时的容颜，想起了她的快乐，想起她对生活的渴望，就像她自己一样，年轻之时美得不可方物，餐桌上的每个人都赞美她，而桌子周围的墙上挂着的美丽的年轻女子的肖像，就是当年称赞她的人，她们都老了，疲倦了。于是，她的血像火一样烧起来，她想逃跑，逃到一个永不衰老、永无死亡的国度，在那里，美丽是不朽的，在那里，生命永远狂野而璀璨，可是，那国度并不存在。她回到家后，在他的怀里哭泣不止，而他深深地爱着她，不顾一切。

他也一样，也许比她更甚，只因他出生在一个没有祖先、没有记忆的土地上。在那里，先辈的消亡仍然是最终的结局；在那里，老年人在忧郁的晚年，丝毫得不到文明国家的慰藉。而他，就像一把永远闪耀的孤独的剑刃，注定要一下子断掉。人生是一种面对死亡的纯粹热情，他感受到生命、青春，还有人们从他身边离去，而他没有能力留住他们中的任何一个，只剩下盲目的希望，这隐秘的力量，这么多年来使他超越了生活，使他得到无限的滋养，使他能够应付最困难的环境——这力量以无尽的慷慨给了他活下去的理由，也给了他接受衰老却不抗拒死亡的理由。

附

录

插页 |

（4）在船上，和孩子一起午睡+十四年战争。

（5）在母亲家——爆炸案。

（6）去蒙多维的旅程——午睡——殖民移民。

（7）在母亲家。童年还在继续，他重温了童年，而非父亲。他知道自己是第一个人。莱卡夫人。

"她用尽全身力气吻了他两三次，紧紧地抱住他，放开他后，她凝视着他，又把他抱在怀里吻了他，仿佛她已经衡量了她对他的感情有多深（她刚刚这样做），她认为还欠缺一些，以及……①然后，她转过身去，似乎不再想他，也不再想任何事情了，有时甚至用一种奇怪的表情看着他，好像现在他挡住了她的去路，扰乱了她那空虚、封闭、局限的天地。"

---

① 句子在这里中断了。

插页 Ⅱ

1869年，一位移民写信给一位律师：

"阿尔及利亚如果要在医生的治疗下幸存下来，那么她必须要有很顽强的生命力。"

村庄被护城河或城墙包围着（四个角落都建有塔楼）。

1831年派出了六百名定居者中，其中有一百五十人死在帐篷里。因此在阿尔及利亚有很多孤儿院。

在布法里克，他们肩上扛着枪，口袋里装着奎宁片。"他看起来就像布法里克人。"他们当中，有百分之十九死于1839年。在咖啡馆，奎宁被当作饮料出售。

比若成写信给土伦市①长，请他为殖民士兵挑选二十名健壮的未婚妻。这就是"强制婚姻"，但是，一旦遇到这种情况，也可以交换伴侣。这是"富卡"的由来。

初期的集体劳动就是军队集体农场。

---

① 法国东南部海港城市，同时也是海军基地。

按地区安置移民。舍拉加①地区就由来自格拉斯②的六十六个园艺家族殖民定居。

在大多数情况下，阿尔及利亚的市政厅没有档案室。

马洪人组成了小团体，带着箱子和孩子登陆。他们的话就是契约。千万不要雇佣西班牙人。他们创造了阿尔及利亚海岸的繁荣。

比尔曼德雷斯和贝尔纳达的家。

托纳克医生的故事，他是第一批米蒂贾平原的殖民者。

参见班迪康，《阿尔及利亚殖民史》第21页。

皮瑞特的经历，同上，第50页和第51页。

插页 III

10—圣布里厄③

14—马伦

20—童年游戏

30—阿尔及尔。父亲与他的死亡（+爆炸）

42—家庭。

69—热尔曼先生和小学。

91—蒙多维—殖民与父亲

---

① 现为阿尔及尔的一个城市。

② 法国南部一个小镇，又称香水之都。

③ 数字对应于手稿的页面。

101—中学

140—我是谁

145—青少年时期①

插页Ⅳ

表演的主题同样很重要。能使我们摆脱最深重的悲伤的，正是这种被抛弃的孤独感，虽然也并不是那么孤单，但因此"他人"不会"注意到"我们的不幸。从这个角度上说，我们被抛弃的感觉发酵并使我们陷入无尽的悲伤中，我们的幸福时光有时就是这悲伤的时刻。同样，从某种意义上说，幸福往往只不过是我们不幸的自怜。

在穷人之中打动人心——上帝把顺从放置于绝望②一旁，正如将治愈放置于疾病一旁。

年轻时，我向人们乞求的超过了他们能给予的：永恒的友谊，永恒的感情。

现在，我向他们乞求的少于他们能给予：坦率的陪伴。在我眼里，他们的感情、友谊、慷慨的举动，似乎完全是奇迹，这仅仅是恩典的结果。

玛丽·维通：飞机

---

① 手稿在第144页结束。

② 外婆之死。

插页 V

他曾是世界之王，拥有非凡的才华、激情、力量和快乐，他前去乞求她的宽恕，正是由于具有这些天赋。她曾屈从于生命和过去，什么都不知晓，什么都不渴求，什么都不敢追求，尽管如此，她却完好地保留了他所丢失的真实，而唯有真实才能证明我们活着。

周四去库巴
训练，体育运动
舅舅
中学毕业会考
疾病

啊，母亲，啊，爱，亲爱的孩子，比我的时代更伟大，比令你屈从的历史更伟大，比我在这个世界上所爱的一切都更加真实。啊，母亲，原谅你的儿子逃离了你那真实的夜晚。

外婆就像一个暴君，却站着服侍家人吃饭。
儿子使母亲受人尊敬，却打了他的舅舅。

第一个人（笔记与概述）

"没有什么能比得上简朴、无知、固执的生活……"
克劳德尔：《交换》
或者

关于恐怖主义的对话：

客观地说，她有责任（应该负责）

换个副词，否则我会打你

什么？

不要吸取西方最愚蠢的东西。别再说客观地说，否则我会打你。

为什么？

您的母亲睡在阿尔及尔—奥兰火车前面吗？（无轨电车）

我听不懂。

火车爆炸了，四个孩子死了。而你妈妈没有动。从客观上说，她仍然是有责任的（应负责任），否则您就是赞成将人质枪杀。

可她事先不知道。

她也不知道。永远不要再说"客观地说"。

承认有无辜的人，否则我也会杀了你。

你知道我能做到。

是的，我见过你。

吉恩是第一个人①。

以皮埃尔作为参考点，赋予他一种过去，一个国家，一个家庭，一种道德（？）——皮埃尔——迪迪尔？

海滩上青春期的爱情，夜幕降临的海面，以及漫天繁星的夜晚。

---

① 参见《阿尔及利亚殖民史》。

在圣·艾蒂安与阿拉伯人见面。这是两个流亡者在法国的友谊。

征兵。我父亲作为有色人种应招入伍，在此之前他从未见过法
国。后来，他终于见到了，也葬身于此。

（像我这样卑微的家庭所给予法国的。）

雅克反对恐怖主义之时，与萨杜克的最后一次谈话。他接待了
萨杜克，庇护权是神圣的。他在他母亲的身边，他们在母亲的面前聊
天。最后，雅克指了指他的母亲，说："你看。"萨杜克起身，走到
他的母亲身边，手放在胸口上，以阿拉伯式的礼节，鞠躬吻了他的母
亲。他说："她也是我的母亲。我的母亲去世了。我爱她，尊重她，
把她当作我的母亲一样。"

（因为一次恐怖袭击，她跌倒了，状况不太好。）

或者：

是的，我恨你。对我来说，拥有世界上的荣誉的是被压迫的人，
而非掌握权力的人。强权造就耻辱。一旦历史上有一个被压迫的人明
白了……那么……

再见，萨杜克说道。

留下来，不然他们会抓住你的。

这样更好，我就可以恨他们了，就可以怀着仇恨与他们会合。而
你是我的兄弟，我们却要分开了。

……

夜晚，雅克在阳台上。远处传来两声枪响，以及人们惊慌的奔

跑声。

"发生了什么？"母亲问。

"没事。"

"啊！我很担心你。"

他扑进了她怀里……

后来，他因藏匿被捕。

派他去烤东西，花了两法郎。

外婆，她的权威，她的精力

他偷了零钱。

阿尔及利亚人的荣誉感。

学习正义和道德，意味着根据情绪产生的后果就能判断情绪的好坏。雅克可以沉迷女色，但如果得花他所有的时间的话……

"我已经厌倦了，行动起来，觉得这是对的，错了。按照别人对我的想象生活，我也厌倦了。我决定自治，我要求相互依存的独立。"

皮埃尔会当演员吗？

吉恩的父亲是队友吗？

玛丽患病之后，皮埃尔爆发了克拉芒斯[1]式的疯魔（我什么都不爱……），然后雅克（或格雷尼耶）对这堕落做出相应的反应。

用宇宙比作母亲（飞机，最遥远的国家连在一起）。
皮埃尔律师。充当伊夫顿[2]的律师。

"像我们这样的人，如此善良、骄傲、坚强……如果我们有信仰，有上帝，没有什么可以打败我们。但是，我们什么也没有，我们必须学习，仅仅为了荣誉生活是有其弱点的……"

同时，这应该是世界末日的历史……对于那些光辉年代的遗憾……

菲利普·库隆贝尔和蒂帕萨的大农场。与吉恩的友谊。他死于农场上空，飞机失事。找到他的时候，发现操纵杆在他的身边，他的脸压在仪表盘上。玻璃碎片上全是血迹。

标题：游牧民族。从搬家开始，最后撤离阿尔及利亚。

两种狂喜：可怜的女人和异教世界（智慧和幸福）。

每个人都喜欢皮埃尔。可雅克的成功及骄傲使他最终成了敌人。

---

① 克拉芒斯是加缪《堕落》中的主角。——译者注
② 一位共产主义者，曾把炸药装进工厂，在阿尔及利亚战争期间被处以绞刑。

私刑场景：四名阿拉伯人被扔下卡苏尔山。

他的母亲是基督徒。

让其他人谈论雅克，先将他引出来，介绍给他人，而他们共同描绘的形象却十分矛盾：

有学识，爱运动，又放荡，孤独，最好的朋友，刻薄却又永远可靠，等等。

"他不喜欢任何人""没有谁能在精神上比他高尚""冷漠而遥远""热情洋溢"，每个人都认为他精力旺盛，除了总是躺着的他自己。

就这样，夸大人格。

他说："我开始相信自己的无辜。我曾是沙皇，统治着一切，所有人都由我支配（等等）。然而，我发现自己没有那么宽广的胸怀真正地去爱，我也鄙视自己。后来，我承认，也不会有人真正去爱，我只需要接受这件事，就像所有人一样。

"后来，我又认定并非如此，我应该责怪自己不够出色，对自己的绝望却感到自在，直到我有机会成为伟人。

"换句话说，等我当上沙皇的那段时间，就不会再享受它了。"

还有：

人不能与真理相处——"明智"——这样会使自己脱离他人，再也无法以任何方式分享他的幻想。他仿佛外星人——那就是我。

马克西姆·拉斯蒂尔：1848年殖民者的磨难。蒙多维——插入蒙多维的故事？

例如：1，坟墓，归来，以及……①

（1—附）1848—1913年的蒙多维。

他在西班牙清醒又好色
精力充沛又一无所有

雅克："没有人能想象我遭受的痛苦……人们都尊敬那些做大事的人。然而，他们应该更加尊敬另一些人，他们尽管有地位，却能够克制自己，没有犯过严重的罪行。是的，请尊敬我。"

与伞兵中尉的对话：

"你说得太好了。我们去另一个地方，看看你是否还那么聪明。"

"好吧，但是首先我要警告你，毫无疑问，你从未遇到过任何真正的男人。请仔细听好。另一个地方的事情，你得负责。即使我算不上一流，那也没关系，只要机会，我就可以在公共场合向你吐口水，但是如果被迫害了，逃过一劫后，不论过了一年还是20年，我都要杀了你。"

中尉说："好好看着他，他是一个奸诈的人②。"

①一个无法辨认的词。——译者注
②他再次遇到了他，而他未带武器，于是挑起了决斗。

雅克的朋友自杀了，以"使欧洲成为可能"。造就欧洲，需要自愿的牺牲。

雅克同时拥有四个女人，因此过着空虚的生活。

C.S.：当灵魂遭受太多痛苦时，就会渴望不幸……

参见：《战斗运动史》①

她在医院去世了，而她的邻居的收音机正在胡说八道。
——心脏病。靠借来的时间生活。"如果我自杀，至少是自己的选择。"

"只有你知道我为什么自杀。你了解我的原则。我讨厌那些自杀的人，因为自杀对别人的伤害。如果你必须这样做，就必须掩饰。这是出于善意。我为什么要告诉你这个？因为你热爱不幸。这是我送给你的礼物。祝你有个好胃口！"

雅克：生活汹涌澎湃，更新，人口和经验增多，具有更新和（冲动）的能力（飞奔向前）——

———————————————

① 《战斗》是一本反抗组织的报纸，加缪为编辑。——译者注

结尾。她举起骨节粗大的手，抚摸他的脸。"你啊，你是最伟大的。"她阴沉的眼睛（在略微衰老的眉毛下）充满了爱和崇拜，以至于他心里的某人——了解事实的人——叛逆了……片刻之后，他将她搂在怀里。既然她有洞察力，又深爱他，他就得接受并承认，他必须稍微爱自己多一些。

穆齐尔[①]的主题：在现代世界中寻求灵魂的拯救——《群魔》[②]中的相遇与分离。

酷刑。代理刽子手。我永远也无法接近另一个人——现在我们并肩作战。

基督教的状况：纯洁的感觉。

这本书应该未完成。例如："在他回法国的船上……"

明明嫉妒，却假装若无其事，扮演着这个世界的男人。然后，他就不再嫉妒了。

四十岁时，他意识到自己需要一个人给他指路，并给予他指责或

---

① 奥地利作家，现代派作家，著有未完成的小说《没有个性的人》，被认定为最重要的现代主义小说之一。——译者注
② 陀思妥耶夫斯基所著的小说，故事取材于1869年莫斯科发生的涅恰耶夫案件。加缪曾改编成戏剧。——译者注

称赞：一位父亲。权威而不是权力。

X看到一个恐怖分子开枪……在黑暗的街道，他听到有人追赶他，他突然站着不动，转身，绊倒他，使他跌倒，左轮手枪掉了下来。他拿起手枪，瞄准那个人，然后意识到他不能把那人交给警察，于是将他带到一条偏僻的街道上，让那个人在他前面跑，他在后面开枪射击。

营地中的年轻女演员：草叶，炉渣中的第一株草，那种幸福感特别强烈。凄惨而快乐。后来她爱上了吉恩，因为他很纯洁。我？那些唤起爱的人，即使是失望，也是国王和使世界变得有价值之人。

1885年11月28日：C.吕西安在乌莱德–法耶出生：C.巴甫蒂斯特（四十三岁）和玛丽·科梅里（三十三岁）之子。1909年（11月13日）同凯瑟琳·辛特斯（生于1882年11月5日）结婚。1914年10月11日死于圣布里厄。

四十五岁时，他通过比较日期发现，哥哥的出生日期是结婚两个月后？但是刚刚描述了婚礼的舅舅讲起了修长的连衣裙……

在家具乱堆的新家里，医生为她接生了第二个儿子。

孩子被塞布斯河岸的蚊子叮咬得红肿了，7月14日，她带着孩子离开了。8月，政府动员征兵。丈夫直接去了阿尔及尔的（部队）。一天晚上，他溜出去亲吻两个孩子。后来，直到他死，他们都没有再见过他一面。

移民被驱逐出境，于是摧毁了葡萄树，让咸水进入田地……"如果我们在这里所做的是犯罪，就必须销毁它……"

妈妈（谈到Ｎ）：你被录取的那一天——"他们给你奖状的时候。"

克里克林斯基和禁欲的爱。

玛塞尔刚刚成为他的情妇，他十分惊讶，发现她对自己国家的不幸漠不关心。"来吧。"她说。她打开了一扇门：她九岁的孩子——出生时运动神经被钳子夹坏了——瘫痪了，也说不了话，左脸颊高于右脸颊，必须给他喂饭，洗澡，等等。他关上了门。

他知道自己患有癌症，但没有说自己已经知道了。其他人则以为他们在戏弄他。

第一部：阿尔及尔，蒙多维。他遇到一个阿拉伯人，他向他说起他的父亲。他与阿拉伯工人的关系。

J.杜艾：锁。

贝拉尔死于战争。

F得知他与Y的恋情时，她哭泣着，喊道："我也是，我也很美丽啊。"Y也哭了："啊！让别人来带我走吧。"

后来，在悲剧发生很久之后，F和M相遇了。

基督没有涉足阿尔及利亚。

他收到她的第一封信和看到她的笔迹写了自己名字时的感觉。

理想的情况是，如果这本书从头到尾是写给母亲的——到最后才知道她不识字——是的，就是如此。

而他在世上最渴望的，就是让母亲阅读所有关于他生活的一切、他的一切，然而，那是不可能的。他的爱，他唯一的爱，将永远沉默无语。

把贫穷的家庭从穷苦的命运中拯救出来，从历史上消失得无影无踪。沉默无语的人。
从过去到现在，他们比我伟大。

从诞生之夜开始写。第一章，随后写第二章：35年后，一个男人在圣布里厄火车站下车。

格雷尼耶^①，我视其为父亲，他出生于我真正的父亲去世及下葬的地方。

皮埃尔和玛丽。起初，他得不到她：这就是他开始爱她的原因。反之，雅克和杰茜卡，紧靠幸福，因此他要花些时间才能真正爱她——她的身体掩盖了她。

（菲加里）高原上的灵车。

德国军官和孩子的故事：没有什么比为他而死更有价值。

《奎林特》词典的页面：他们的气味，盘子。

制桶厂的气味：木屑闻起来比锯末更……^②

吉恩，他永远不满足。

他少年离家，以便独居。

在意大利发现宗教：通过艺术。

第一章结束：在这段时间里，欧洲正在调准大炮。他们六个月后

---
① 加缪结识的一位哲学教授。——译者注
② 一个辨认不清的词。——译者注

离开了。母亲到了阿尔及尔，手里牵着一个四岁的孩子，怀里抱着另一个因塞布斯河岸的蚊子叮咬而红肿的孩子。他们投奔了外婆家。外婆的家位于一个贫困社区，家里只有三个房间。"妈妈，谢谢您收留我们。"外婆站得直直的，用清澈的眼睛看着她："女儿，你得去找工作。"

妈妈：她像个无知的穆安金，不了解基督的生平事迹，只知道基督被钉在十字架上。然而，还有谁更清楚呢？

一天早上，在外省的一家旅馆的院子里，等待着M。他永远都无法体验到那种幸福感，只能短暂的享受这违背道德的幸福——事实证明，违背道德注定了幸福永远不会持久——这浸染了他的大部分时间，除了那么几次，呈现纯净的样子，在早晨的柔和的阳光下，大丽花的花瓣上还挂着亮晶晶的露珠……

××的故事：

她到了，不断往前，"我是自由的"，等等。扮演着挣脱束缚的女人。然后她赤裸裸地上了床，为……做了一切。一个坏……①多么不幸。

她离开了丈夫——丈夫悲痛欲绝，等等。丈夫写信给另一个人："你有责任。继续见她，否则她会自杀。"实际上，这注定失败：迷恋于绝对，在那种情况下试图寻求不可能的事物——于是她自杀

---

① 辨认不清的词。

了。丈夫来了："你知道我为何来到这里。""我知道。""好吧，你来选择，我杀了你，还是你杀了我。""不，选择的重任在你肩上。""继续，杀吧。"实际上，受害者确实无法为这种困境负责。但是（毫无疑问）她对其他事情负有责任，可她从未负责。十分可笑。

××有毁灭和死亡的倾向。她献身于上帝。

一个自然主义者：对食物，空气，等等，永远保持怀疑。

在被占领的德国：
晚上好，长官。
晚上好，雅克说道，随即关上了门。他对自己的语气感到惊讶。他明白许多征服者之所以使用这种语气，只是因为他们征服和占领了当地，并对此感到有些难堪。

雅克不想存在。他的所作所为，失去名誉，等等。

角色：妮可·拉德米尔。

父亲的"非洲的悲伤"。

结尾。带他的儿子去圣布里厄。在小广场上面对面。您过得好吗？儿子问。什么？是的，你是谁，等等。（欣喜万分）他感到在他周围，死亡的阴影越来越浓。

V.V.我们这个时代的男人和女人，在这个城市，这个国家，互相拥抱，互相排斥，互相和好，最后分离。但是，在所有的时间里，我们从未间断互相帮助，让共同奋斗和忍受痛苦的人们同谋共存。啊！那就是爱——爱所有人。

他只要进餐馆，就点不熟的牛排，直到四十岁那年，他才发现他实际上很喜欢完全炸熟的牛排。

让自己摆脱对艺术和形式的任何关注。重获直接联系，无须媒介，因此是纯粹的。在这里，放弃艺术就是放弃自己。并不是因为道德而放弃自我。相反，要接受一个人的地狱。一个想要变得优秀的人顾影自怜，一个想要享受的人顾影自怜。唯独放弃自我的人，他的自我，接受一切后果。这就是直接联系。
通过这种遥远的纯真，重获希腊人或大俄罗斯人的伟大。不要害怕。不用担心。但是谁能帮助我！

那天下午，在从格拉斯到戛纳的路上，在令人难以置信的狂喜之中，他突然发现在经历了多年的恋情之后，自己爱上了杰茜卡，他终于爱上了她，而世界仿佛成了她的影子。

我写的东西与我本人无关。不是我结婚，不是我父亲，也不是……等等。

许多文件记录了送弃婴到阿尔及利亚殖民地。是的。我们所有人都在这里。

清晨的电车，从贝尔库到市政府广场。在车头，驾驶员握着变速杆。

我要讲一个孤僻之人的故事。
我要讲的故事……

妈妈和历史：有人告诉她有国家发射了人造卫星。她答道："哦，我可不想知道在哪儿！"

倒叙章节。卡拜尔村的人质。被阉割的士兵——围捕，等等，局势逐步恶化，直到殖民地的第一声枪响。但是为什么要停在那里？该隐杀害了亚伯。技术上的问题：只写一章还是追述？

拉斯蒂尔：一个移民者，脸上蓄了浓密的胡须，两鬓花白。
他的父亲是圣丹尼斯郊区的木匠。母亲是洗衣工，穿着细亚麻布的衣服。
无论如何，所有移民都是巴黎人（许多人是1848年的革命者）。其中还有许多巴黎的失业人员。议会通过投票，拨款五千万用于派遣"移民队"。

每个移民者都拥有：

一所住宅

二至十公顷的土地

种子、培植的农作物等

食物配给量

他们不走铁路（铁路只到里昂）。那儿有运河——乘坐马拉的驳船。唱着《马赛曲》和《出征曲》，伴着神职人员的祝福，拿到了蒙多维的旗帜。

一共有六艘驳船，长一百米至一百五十米。殖民者睡在草席上。女人们要换衣服，就在床单后，一个接一个地举起床单来遮挡。

旅程将近一个月。

在马赛的大型医院（一共一千五百人）停留了一周。然后登上了破旧的明轮船：拉布拉多号。他们在地中海特有的干冷的北风中离开。五天五夜——所有人都病了。

在伯恩——全体人员聚在码头上，欢迎移民者。

堆积在船库中的行李丢失了。

从伯恩到蒙多维没有铁路（男人步行，为妇女和儿童在军队的炮车上留下位置和空气）。在阿拉伯人敌对的目光下，在潮湿的平原或灌木丛中摸索着前进，伴着卡拜尔犬的狂吠，1848年12月8日。蒙多维并不存在，只有军用帐篷。晚上，妇女们忍不住哭泣——阿尔及利亚一连下了八天的大雨，雨水打在帐篷上，河水泛滥成灾。孩子们在帐篷里方便。木匠搭起简易木棚，盖上几张床单以保护家具。从塞布斯河岸割来空心芦苇，让孩子们的尿液排出去。

移民者在帐篷里待了四个月，然后搭起了临时的木屋。每座双层小屋必须安置六个家庭。

1849年春季：天气很早就炎热了。他们在小屋里忍受着太阳的炙烤。患了疟疾，然后发生了霍乱。每天都要死八到十个人。木匠的女儿奥古斯丁去世，随后他的妻子也去世了。紧接着，他妻子的弟弟也去世了。（他们被埋入凝灰岩中。）

医生的处方：跳舞以便活血。

他们每晚都在葬礼之间的间歇跳舞，提琴手伴奏。

要等到1851年才分配土地。父亲去世了。只剩拉西娜和尤金。

在塞布斯河的支流中洗衣服，需要士兵护送。

军队建造了城墙和沟渠。他们亲手建造小屋、花园。

五六只狮子围着村子咆哮（长有黑鬃毛的努米底亚狮）。还有豺狼、野猪、鬣狗、豹子。

袭击村庄。盗窃牲畜。在伯恩到蒙多维的路上，一辆货车停下来。旅行者们离开去求援，留下怀孕的年轻女子独自一人。回来的时候，他们发现她的腹部被人剖开，乳房也被割掉了。

第一座教堂：四堵黏土墙，没有椅子，只有几条长凳。

第一所学校：由树干和树枝制成的小屋。三姐妹。

土地：零散的地块，他们肩上扛着枪耕作。晚上回到村庄。

一支由三千名法国士兵组成的队伍在夜间路过了村庄，并突袭了该村庄。

1851年6月：暴动。几百名骑兵，身穿阿拉伯呢斗篷，围住了村庄。人们用烟囱充当大炮，架在土墙上。

实际上，巴黎人的确在田野里种地，但许多人依然戴着大礼帽，女人还穿着丝绸连衣裙。

田野中禁止吸烟，除非加盖（为了防止火灾）。

房屋建于1854年。

在君士坦丁省，三分之二的移民者几乎还没碰过铁锹或者犁就死了。

古老的移民者墓地，无尽的遗忘。

妈妈。事实是，尽管我怀着全部的爱，但我还是无法忍受盲目忍耐的生活，没有言语，也没有计划。我不能过她那无知的生活。我走遍了世界，去建立，去创作，爱过人之后又把他们抛弃。我的日子充盈，但没有什么能占据我的心，就像……

他知道自己又要离开了，再次犯错，忘记他所知道的。但是实际上，他所知道的是，他一生的真相就在那个房间里……毫无疑问，他一定会逃离那个真相。谁能同自己的真相一起生活？只要知道它在那里就足够了，最终了解真相，在自我中供养秘密和沉默的（热情）就足够了，最后面对死亡。

妈妈临终之时是一名基督徒。可怜，不幸，无知的女人，……①向

---

① 一个模糊不清的词。

她展示人造卫星？愿基督保佑她！

1872年，父系分支的家人安顿下来时，情况如下：

——公社

——1871年阿拉伯暴动（在米蒂贾遇害的第一个人是一名教师）。
阿尔萨斯人占领了叛乱分子的土地。

时代的尺度。

母亲对历史和整个世界……①的反响无知。

比尔·哈凯姆："很远"或"在那边"。

她的宗教是视觉的。她知道自己所见，却无法解释。耶稣受苦，死了，等等。

女战士。

写一个人的……②以求真相。

第一部　流浪之人

（1）搬家期间的出生。战后六个月③。儿童。在阿尔及尔，父亲

---

① 一个模糊不清的词。

② 两个模糊不清的词。

③ 1848年的蒙多维。

身穿轻步兵制服，戴着一顶草帽上了战场。

（2）四十年后。儿子到圣布里厄公墓探望逝去的父亲，然后返回阿尔及利亚。

（3）为了"事件"及时赶赴阿尔及利亚。抬头。

前往蒙多维。他找回了童年，而非父亲。

他知道自己是第一个人[1]。

第二部　第一个人

青少年时期：拳斗

体育与道德

成人时期：政治活动（阿尔及利亚，抵抗运动）

第三部　母亲

爱

王国：老玩伴，老朋友，皮埃尔，老教师，以及两次打工的故事。

母亲[2]

在最后这部分，雅克向母亲解释了阿拉伯问题，克里奥尔文明，西方的命运。她说："是的。"然后是全面忏悔，于是话题便结

---

[1] 1850年来自马洪的定居者——1872—1873年的阿尔萨斯人——1914年。

[2] 作者在整段文章周围画线圈上了。

束了。

这个男人身上有一个谜，他想解开这个谜。
但最终，只有贫穷的谜，使得人们没有名字，没有过去。

海滩上的青年。经过几天的喊叫，阳光，剧烈运动，沉闷或强烈的渴望。夜幕降临在海面。一只雨燕在天空中鸣叫。痛苦揪住了他的心。

最终，他以恩培多克勒为榜样。独居的……①哲学家。

我想写一个故事，讲述一对血脉相连的母子，却有着种种差异。她集世界上最好的事物于一身，而他面目可憎。他陷入了我们时代荒唐的洪流之中。她经历了同样的历史，却大部分时间都保持沉默，只用几句话来表达。而他不停地说话，千言万语，却也无法讲出她只用沉默就能表达的东西……母亲和儿子。

自由使用任何风格。

雅克此前一直感到自己与所有受害者站在一起，但现在他才明白自己与刽子手在一起。他的悲伤。定义。

———————————
① 一个辨认不清的词。

您将不得不把自己当作自己人生的旁观者。为了添加完成一生的梦想。但是我们的生活，别人梦想着您的生活。

他注视着她。一切都停滞了，时间流逝，伴随着噼里啪啦的声音。就像看电影时发生了故障，图像消失了，在大厅的黑暗中，你听不到任何声音，除了机器运转的声音……银幕一片空白。

阿拉伯人出售的茉莉花项链。芬芳的黄色和白色花朵串在一起……①项链很快凋谢……②花朵褪成黄色，但香气仍弥漫在穷人家。

五月份巴黎的日子，栗子花的白色豆荚在空中四处摇曳。

他爱母亲和他的孩子，爱他选择不了的一切。最终，他对所有事物都提出了挑战，对所有问题提出了质疑，除了不可避免的事情之外，他从未爱过任何事物。命运强加给他的人，他必须面对的世界，他一生中无法避免的一切：疾病，职业，名望或贫穷，总之就是他的宿命。余下的一切，他不得不选择的一切，他让自己去爱，这不是一回事。毫无疑问，他已经经历了惊奇、热情甚至是温柔的时刻。但是每个时刻都将他带入其他时刻，每个人都把他抛给其他人，最终他没有爱过他选择的一切，除了选择因情况而施加于他的事物，偶然而因意愿而持续下来，最终变成必须：杰茜卡。这颗心，这颗心不自由。这是不可避免和必可避免的承认。其实，除了不可避免的事物以外，

---

① 六个辨认不清的词。

② 一个辨认不清的词。

其他的他从未全心全意地爱过。现在，留给他的只有爱自己的死。

明天①，将有六亿黄种人，数十亿黄种人、黑人、深色皮肤的人涌入欧洲的海岸……最好改变这里。他，以及其他像他一样的人所学到的一切，他所学到的一切，在那一天，与他同种族的人，他为之奋斗的一切价值观，都因无用而消亡。那还有什么是值得的呢？母亲的沉默。他在她面前放下了手臂。

M.十九岁那年，他已经三十岁了，他们彼此还不认识。他明白他们无法回溯时光，不能追溯爱人曾经的样子，曾做了什么，曾经历了什么，没有任何选择的权利。我们与母亲分开，从出生时的第一声哭泣，我们就必须选择——只是不能选择母亲。我们只拥有不可避免的东西，还必须复查（请参见前面的笔记）提交给它。然而，这是多么深切的怀旧！多么沉痛的遗憾！

必须放弃。不，要学着爱不完美的事物。

最后，他请求母亲的宽恕——为什么，你一直是个好儿子——但这是因为她无法知道甚至无法想象……②，因此她是唯一可以宽恕的人（？）

由于我是倒叙，因此先写年老的杰茜卡，之后再描写她年轻的时候。

——————————
① 他在午睡时的梦境。
② 一个辨认不清的词。

他与M.结婚，只因她从不曾接触过男人，他对此着迷。总之，他因为自己缺乏的东西而娶了她。然后，他将学会去爱那些已经献出身体的女人，也就是说，去爱生活中糟糕的需求。

叙述1914年战争的章节。我们这个时代的孵化器。如母亲所见？她不了解法国，不了解欧洲，也不了解世界，她甚至认为炮弹自己会爆炸。

交替的章节会传达母亲的话，评论相同的事件，用她仅有的400个词汇。

简而言之，我想谈一谈我所爱的人。仅仅如此，便感到十分欣喜。

萨杜克[①]：

（1）"萨杜克，为什么那样结婚？"

"我应该按照法国人的传统结婚吗？"

"按照法国的传统或其他任何传统！自己认为愚蠢和残酷的传统，为什么还要接受？"

"因为我国人民具有这种传统，所以他们别无选择，就在那里停下来，脱离这种传统就是与他们脱节。因此我明天要进入那个房间，

---

① 所有这些都是抒情风格的，并非完全现实。

而我会剥下一个陌生女人的衣服，在一片枪声中强奸她。"

"好吧。现在，我们去游泳吧。"

（2）"那又怎样？"

"他们说，必须巩固反法西斯阵线，法国和苏联必须携手自卫。"

"在自卫的同时，他们不能同时在国内弘扬正义吗？"

"他们说，那会以后的事，我们必须等待。"

"在这里，司法不能拖延，你很清楚这一点。"

"他们说，如果您不等待，客观上，您就在协助法西斯主义。"

"因此，监狱是您以前的同志的最佳去处。"

"他们说这太糟糕了，但是他们也没办法。"

"他们说，他们说。而你呢？你什么都不说。"

"我无话可说。"

他看着他，心头冒起一阵无名火。

"所以，你背叛了我？"

他没有说："你背叛了我们。"因为背叛涉及肉体，个体，等等。

"不。我今天要脱离党……"

（3）"记住1936年。"

"我不是共产主义者恐怖分子，只是反对法国的恐怖分子。"

"我是法国人，她也是。"

"我知道。你太倒霉了。"

"所以你在出卖我。"

萨杜克的眼睛里发出狂热的光。

如果我最终选择按时间顺序排列，雅克夫人或医生就将是蒙多维第一批移民者的后代。医生说道："我们不要为自己感到难过，想象一下，我们第一批到达这里的祖先。"等等。

（4）雅克的父亲在马恩河战役中牺牲。默默无闻的生命留下了什么？什么都没有。不可触及的记忆——森林大火中燃烧的蝴蝶翅膀的灰烬。

阿尔及利亚两种民族主义。1939—1954年阿尔及利亚（叛乱）。在阿尔及利亚人的情感中，在第一个人的情感中，法国的价值观变成了什么。两代人的叙述解释了如今的悲剧。

在米利亚那的夏令营，兵营的号角从早吹到晚。

爱情：他希望她们都是处女，没有过去，没有男人。他唯一见过的、也的确是这样的人，他要她发誓忠诚于他，但他本人却做不到忠诚。因此，他希望女性不要成为他这样的人。而他总被推给像他一样的女人，他爱她们，同时也使她们满怀愤怒和激情。

青少年时期。他生活的动力，他对生活的信念。但是，他吐血了。生活就是这样：医院、死亡、孤独、荒谬。最后又分离。在他内心深处：不，不，生活是另一回事。

从戛纳到格拉斯，一路的启示⋯⋯

而且他知道，即使他不得不回到自己一直生活的那片荒凉的寒冷中，他也会奉献自己的生命、内心、全部的感激。这感激之情使他有了一次，也许只有一次，但是一次，屈服于⋯⋯

最后一部分以此场景开始：

多年来，瞎了的驴子一直耐心地转圈，忍受着殴打，恶劣的自然，阳光的炙烤，苍蝇的折磨，忍受这种缓慢的圆周运动，似乎徒劳、单调、痛苦，而河水源源不断地涌上来⋯⋯

1905年。L.C.[1]在摩洛哥的战争。但是，在欧洲的另一端，卡利亚耶夫[2]。

L.C.的一生都不能自主，他只有生存和坚持活下去的意志。孤儿。农民工，不得不娶了他的妻子。因此，他的生活一直这样，身不由己——然后，战争杀死了他。

他去见了格雷尼耶："像我这样的男人，我承认，必须服从。他们需要一个指导性规则，等等。还有宗教，爱情，等等，可这对我来

---

[1] 大概是加缪的父亲吕西安·加缪。——译者注
[2] 加缪所著戏剧《正义者》中的主角。故事取材于1905年俄国社会革命党的一个恐怖小组，用炸弹炸死皇叔塞尔日大公的事件。——译者注

说是不可能的。因此，我决定服从您。"随后发生的事情（新闻）。

毕竟，他不知道父亲是谁。但是他本人，又是谁？第二部。

无声电影，给外婆念字幕。

不，我不是一个好儿子：好儿子是留下来的人。而我却走了很远很远，背叛了她，只为琐碎、名声，还有上百个女人。
"所以，你只爱她一个人吗？"
"啊！我只爱她一个人！"

他在父亲的坟墓旁感到时间混乱，这种新的时间顺序就是这本书的顺序。

他是一个放荡的男人：有过许多女人，等等。
因此，他（过度）受到了惩罚。他也知道了。

非洲的恐惧：当夜色突然落在海面、高原或起伏的山峦时。这是面对神圣的恐惧，面对永恒的恐惧。与德尔斐相同，夜幕降临之时也会产生相同的效果，使得人们建造了神庙。可是，在非洲的大地上，寺庙已经被摧毁，只剩心头上的沉重。他们就这样死了！在寂静中，远离一切。

他们不喜欢他身上的一点，就是他是阿尔及利亚人。

他与钱打交道。一方面是因为贫穷（他从没有为自己买过东西），另一方面是由于他的自尊：他从不讨价还价。

向母亲忏悔作为总结：

"您不理解我，但您是唯一可以原谅我的人。很多人愿意原谅我，还有许多人以各种方式大喊大叫，说我有罪，而当他们告诉我的时候，我也不再有罪了。是的，其他人有权这样说我，我知道他们是对的，我应该寻求他们的宽恕，但要请求那些能宽恕的人宽恕。就是这样，要宽恕，而不是要你应得的宽容，等待宽恕；但是，只是与他们诉说，告诉他们一切，并得到他们的宽恕。我可以请求宽恕的那些男人和女人，我知道，尽管他们是好意，但他们心中的某个地方，不懂也不会给予原谅。唯一可以原谅我的人，但我并不对他有罪。我全心全意地对待他，我本可以去找他，我常常默默地这样想，但他死了，留我独自一人。我的母亲，只有您一个人能做到，可是您不了解我，读不懂我。我在对您说话，给您写信，对您，只对您一人。等到写完的时候，我会请求您原谅，无须更多解释，您一定会对我微笑……"

雅克在逃离秘密编辑部时杀死了一名跟踪他的人（他一脸怪相，脚步蹒跚，弯腰驼背。然后，雅克内心深处感到一股愤怒升起：他再次对那人动手，从喉咙从下方打他。瞬间，脖子下开了一个大洞；然后，他又厌恶又愤怒，发了疯似的打他，也不管拳头落在哪里，正好打中眼睛），然后他去了旺达家。

贫穷又无知的柏柏尔农民。移民者。士兵。没有土地的白人。（他爱他们，是那些人，而不是那些只穿着尖头黄皮鞋，打着领带，只学西方最差的东西的混血儿。）

结尾：归还土地，那些不属于任何人的土地。归还那些既不可出售也不可购买的土地（是的，基督从未涉足阿尔及利亚，因为在这里，甚至僧侣们都拥有财产和租地）。

他大声喊着，看着他的母亲，最后看着其他人："归还这块土地吧。把所有的土地都给穷人，那些一无所有的人，那些穷到根本不敢想象拥有土地的穷人，在这个国度，他们像她一样，都是一群可怜人。那些人主要是阿拉伯人，还有一些法国人，他们在这里靠着坚忍不拔的精神和耐力生活，或者勉强度日，却保持着世界上唯一有价值的东西，即穷人的骄傲。把这片土地归还给他们，如同把神圣的东西赐给了神圣的人，然后，我将又一次永远贫穷，把自己放逐到地极的最惨烈的流亡中，我还会微笑，会幸福地死去，因为我知道，我崇敬的那些人和我崇敬的她，终将重聚在这片土地上，重聚在我出生的阳光下，而我，是如此热爱这片土地。"

（然后，众多默默无闻的人将繁盛，也能包容我——我将重回这片土地。）

反抗。（参见《阿尔及利亚的明天》，48页，塞尔维亚出版社）解放阵线的年轻政治委员，他们以塔赞为名。

是的，我下令，我杀人，我住在山上，不论天晴或下雨。您提供给我的更好的建议是：白求恩的工人。

还有萨杜克的母亲。参见115页。

面对……在世界上最古老的故事中，我们是第一个人，不是在……①报纸上大喊大叫的人，而是黎明时分不同时代的人。

没有信仰或父亲的孩子，他们推荐给我们的老师使我们厌恶。我们的生活没有合法的地位——骄傲。

他们所谓的新一代的怀疑是谎言。

从什么时候开始，一个拒绝相信骗子的诚实之人沦为了怀疑论者？

作家这一职业的崇高之处在于反抗压迫，因此接受孤立。

帮助我承担厄运的事情，也许会帮助我接受一个十分有利的结果——而支撑我的其实是伟大思想，我对艺术的远见卓识。

（古代）除外

作家从写作之初就要遭受奴役。

他们赢得了自由——毫无疑问……

---

① 一个模糊不清的词。

K.H.：夸大的一切都是微不足道的。但是K.H.先生在被夸大之前就微不足道。他想两者兼得。

两封书信

亲爱的热尔曼先生：

　　这些日子我周围的喧嚣平息了一些，我这才和您说说心里话。我刚刚得到了一个极大的荣誉，可是我既没有寻求也没有恳求过。话虽如此，可我听到这个消息时，第一个想到的，除了我母亲，就是您。如果没有您，没有您对我这个可怜的孩子伸出热情之手，没有您作为教诲，没有您的榜样，这一切都不会发生。说实话，我不太在意这种荣誉。但这至少让我有机会告诉您，从过去到现在，您一直在我心中，我向您保证，您的努力、您的工作以及您投入其中的慷慨之心，仍然存在于您的一个小学生的心中，尽管这么多年来，他一直都感激您。我想全心全意地拥抱您。

阿贝尔·加缪

1957年11月19日

我亲爱的孩子：

　　我已经收到了《加缪》一书，上面有你的笔迹，作者布里斯维尔先生还很好心地为我题了词。

　　我不知道如何表达你这热心之举给我带来多大的喜悦，我也不知道如何感谢你。如果可能的话，我会给你这个大男孩一个大大的拥抱，在我眼里，你永远是"我的小加缪"。

我还没读完这本书，只看了前几页。加缪是谁？我觉得那些试图了解你个性的人，都不是很成功。你总出自本能，不愿表露你的本性，你的感受。你真诚、率真，会更成功。最重要的是！你在课堂上留给我的印象。认真尽职的教师在工作之时，绝不会放过任何了解他的学生、他的孩子的机会。一个回答，一个举止，一个态度都能充分说明问题。所以，我了解你，你是个多么可爱的小家伙，而且很多时候，孩子就是一颗小小的种子，等待着日后长大成人。你在学校显示出的喜悦之情溢于言表，看起来也很乐观。在认识你的过程中，我从来没有怀疑过你家庭的实际情况。只是当你妈妈来问我关于你被列入了奖学金候选人名单的时候，瞥了一眼。此外，在你要离开我的时候发生了那件事。但在此之前，我一直觉得你和其他同学们的处境一样。你总能得到你想要的东西。你和你哥哥一样，总是穿着得体、整洁。我想我找不到更多溢美之词来称赞你的母亲了。

话题扯远了，我们回到布里斯维尔先生的书，书里有丰富的插图。我从照片上见到了你可怜的父亲，我一直觉得他是"我的战友"，这让我很感动。布里斯维尔先生好心地提到了我：我为此而感谢他的。

我看到越来越多的关于你、谈论你的作品。你的名声（这是事实）没有冲昏你的头脑，我感到非常满足。你还是从前那个加缪，这真是太好了。

我饶有兴趣地关注着你改编并策划的戏剧——讲述了政治变迁的《群魔》。我太爱你了，必须祝你成功，你的成功也是实至名归的。

还有，马尔罗想给你提供一个剧本。但是……那么多活动，你能应付过来吗？我担心你滥用你的才能。请允许你的老朋友提醒你：你有一个很好的妻子和两个孩子，他们需要丈夫和爸爸。关于这个问题，我要告诉你我们师范学校的校长时常对我们说的话。他对我们很严厉，因此，这让我们看不到，也感觉不到他真的爱我们。"大自然是一本伟大的书籍，书中详细地记录了我们每一次的过分的举动。"我必须承认，这个明智的建议，在我想要忽视它的时候，这句话常常约束我。

听着，大自然的伟大著作给你留了一页空白，请你务必让它保持洁白。

安德烈提醒我，我们曾在电视上看到过你，听到过你讲话，那是一期关于《群魔》的节目。看到你回答问题，真让人感动。我无法阻止自己故意评论，毕竟，你知道我会看到你，听到你讲话。这可以弥补你不在阿尔及尔的遗憾。我们已经很久没见到你了……

在这封信结尾之前，我想告诉你，作为一名世俗教师，我对针对学校的阴谋有多么不安。我相信在我的职业生涯中，我一直尊重孩子身上最神圣的东西:寻找自己真理的权利。我爱你们所有的人，我觉得自己尽了最大努力不表达自己的观点，以免影响你们年轻的思想。涉及上帝的问题（在课程里的），我只说：有些人相信，有些人不相信。在每个人的权利范围内，他都可以做自己想做的事。同样，关于宗教的话题，我只列举了那些已经存在的、人们愿意皈依的宗教。准确地说，我也补充说，有些人没有宗教信仰。我很清楚，这会让那些想让教师成为宗教同路人的人不高兴，更确切地说，那些人想把教师变成天主教的传教士。在阿尔及尔的普通学校（当时是在加朗公园），我父亲和他的同学们一样，不得不每周日去做弥撒和领圣餐。有一天，他被这个要求激怒了，把"圣餐"放在一本祷告书里，然后合上了书！校长得知此事后，毫不犹豫地开除了我父亲。这就是"自由①学校"的倡导者们想要的（自由……思考，像他们一样）。鉴于众议院目前的成员构成，我担心这个阴谋可能会成功。据《被链条拴住的鸭子》②报道，在某一个省，有上百所世俗学校的墙上挂着一个十字架。在我看来，这是对孩子们的思想的恶毒迫害。未来会怎样？这些想法让我很难过。

我亲爱的孩子，我快写满第四页了，占用你的时间，在此请求你的原谅。这边一切都很好。克里斯蒂安，他是我的女婿，明天就开始他的第27个月的兵役了！

你知道吗，即使我不写信，还是经常挂念你们全家所有人。

热尔曼夫人和我，热烈拥抱你们四位。深情地拥抱。

路易斯·热尔曼

1959年4月30日于阿尔及尔

我还记得那次，你带着同你一起领圣餐的同伴来我们班。很明显，你为穿上新衣服和庆祝你们的节日感到很自豪。说实话，我为你的快乐感到高兴。相信如果你要参加圣餐仪式，那是因为你想。那么……

---

① "自由"是指私人的，通常是天主教会学校，而不是世俗的国立学校。
② 讽刺性周刊。

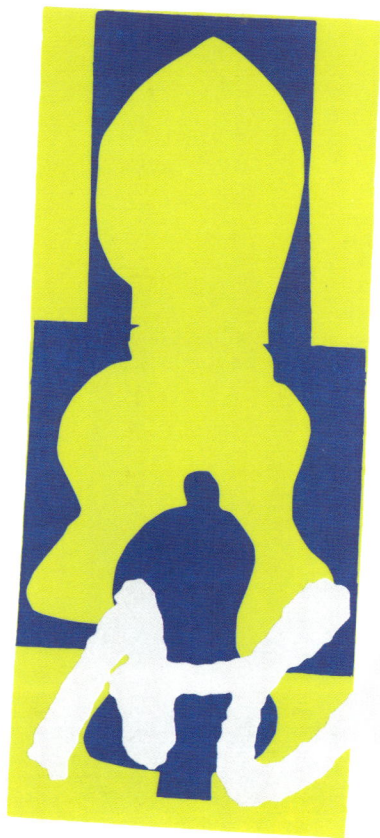

ISBN 978-7-5682-9188-0

9 787568 291880 >

定价：90.00 元（全三册）

鼠　　疫

[法] 阿尔贝·加缪 - 著

丁剑 - 译

北京理工大学出版社

BEIJING INSTITUTE OF TECHNOLOGY PRESS

上架建议：外国文学

ISBN 978-7-5682-9188-0

9 787568 291880 >

定价：90.00 元（全三册）

Arthur Camus

[法] 阿尔贝·加缪 – 著

丁剑 – 译

置身于苦难和阳光之间　加缪救赎三部曲

La Peste

鼠疫

北京理工大学出版社
BEIJING INSTITUTE OF TECHNOLOGY PRESS

图书在版编目（CIP）数据

鼠疫 / (法) 阿尔贝·加缪著；丁剑译. —北京：北京理工大学出版社, 2020.12

（置身于苦难和阳光之间：加缪救赎三部曲）

ISBN 978-7-5682-9188-0

Ⅰ.①鼠… Ⅱ.①阿… ②丁… Ⅲ.①长篇小说－法国－现代

Ⅳ.①I565.45

中国版本图书馆CIP数据核字（2020）第211344号

出版发行 /	北京理工大学出版社有限责任公司
社　　址 /	北京市海淀区中关村南大街 5 号
邮　　编 /	100081
电　　话 /	（010）68914775（总编室）
	（010）82562903（教材售后服务热线）
	（010）68948351（其他图书服务热线）
网　　址 /	http://www.bitpress.com.cn
经　　销 /	全国各地新华书店
印　　刷 /	三河市金元印装有限公司
开　　本 /	880 毫米 × 1230 毫米　　1/32

印　　张 / 8　　　　　　　　　　　　责任编辑 / 李慧智

字　　数 / 184字　　　　　　　　　　文案编辑 / 李慧智

版　　次 / 2020 年 12 月第 1 版　2020 年 12 月第 1 次印刷　责任校对 / 刘亚男

定　　价 / 90.00元（全 3 册）　　　　　　　　　责任印制 / 施胜娟

图书出现印装质量问题，请拨打售后服务热线，本社负责调换

目录

第一部分 / 001

第二部分 / 055

第三部分 / 139

第四部分 / 153

第五部分 / 215

第一部分

1

　　这篇纪实小说里非同寻常的事件发生在20世纪40年代某一年的奥兰市。考虑到事件的特殊性，人们都感到匪夷所思。因为奥兰市给人的印象首先是平凡，它不过是法属阿尔及利亚海岸的一个大港口，一个省的省会①所在地而已。

　　我们得承认这座城市是丑陋的。它有一种自以为是的平静气氛，人们往往得花些时间才能发现使它区别于这个世界上其他商业中心的特质。怎么说才好呢？比如说，一个没有鸽子、没有树和花园，绝对听不到飞鸟扇动翅膀和树叶沙沙声的城市——简言之，一个完全让人提不起劲儿的地方。这里四季的分别几乎只体现在天空中。告诉人们春天到来的是空气里的春意或小贩从郊区运来的一篮篮鲜花，这是在市场里叫卖的春天。整个夏天，太阳把房屋炙烤得干燥异常，墙上落满灰尘，人们别无选择，只能关起百叶窗，躲在室内——在酷暑的日子里只有这样才能生活。秋天一到，绵绵秋雨又造成一片泥泞。只有冬天奥兰才能迎来真正宜人的天气。

　　要熟悉一座城市，也许最简单的途径就是了解生活在其中的人们如何工作、如何相爱和如何死亡。在我们这座小城，三者都是以大

---

① 法国的行政区自上而下分为大区、省、地区和县，目前法国本土有96个省。

致相似的方式进行的，被以同样狂热而漫不经心的态度来看待（人们会感到奇怪，是不是受气候的影响）。事实是每个人都很无聊，所以都专注于培养自己的嗜好。市民们努力工作，但唯一的目标是为了发财。他们的主要兴趣在商业上，正如他们所说的，他们生活的主要目的是做生意。自然，他们也不回避生活里的简单乐趣，如做爱、泡海水浴和看电影。只是他们非常理智地把这些消遣安排在周六下午和周日，而剩下的时间都用来赚钱，尽可能多地赚钱。到了傍晚，离开办公室后，他们一成不变地相聚在咖啡馆，或在同一条马路上闲逛，或在阳台上呼吸新鲜空气。年轻人的激情猛烈而短暂；年长者的爱好则很少脱离保龄球、联谊会这类的宴会，或一张牌落桌后大笔金钱易手的博彩俱乐部。

无疑有人要说，这些习惯也不是我们这座城里特有的。的确，所有我们同时代的城市都大同小异。人们从早到晚工作，然后在牌桌、咖啡馆或闲聊中挥霍余生，没有比这更平常的了。虽然如此，但仍然存在着一些城镇，那里的人们时不时地幻想着不同的生活。一般来说，这并不能改变他们现在的生活，然而他们毕竟有过一些幻想，这已经很好了。奥兰似乎是一个没有幻想的城市，换句话说，它是一座完全现代式的城市。因此，我认为无须详述我们这座城市的爱情。男男女女以他们所谓的"爱的行为"迅速消费彼此，不然就安定下来过温和的婚姻生活。我们很难在这两个极端之间发现折中的办法。这一点，也称不上特别。不管在奥兰市还是在别的什么地方，因为缺乏时间和思考，人们都只能彼此相爱而不加深思。

我们的城市更为特别的是人们经历死亡时的艰难。说"艰难"也许并不恰当，"痛苦"会更贴切一些。生病绝对不是件愉快的事。患者需要关注，希望有所依靠，这是人之常情。在某些城市，你生病了会有人帮你，你可以顺其自然。但是在奥兰，极端的气温，火爆的生意，沉闷的环境，倏然而至的夜晚和各种人生乐趣都需要人有健康的身体。生病的人在那里会感到寂寞，更何况垂死的人了。他们被困在无数堵吱吱冒着热气的墙壁后面，其他人都坐在咖啡馆里或盘桓在电话机旁讨论着航运、提单和折扣，想想那是什么感觉！伴随着死亡的必定是令人不堪忍受的痛苦，即使是现代形式的死亡，尤其是当你在一个如此枯燥的地方迎来它的时候。

这些略显随意的资料也许能让你对我们这座城市的生活有一个清楚的了解。我一点都没有夸大。事实上，所有这些描述想传达的只是这座城市的外表和生活都很平庸。一旦习惯了，在其中生活没有任何困难。既然习惯正是我们的城市所鼓励的，这也没什么不好。从这个角度看，我们必须承认它的生活虽然不让人特别振奋，但至少可以说平安无事。我们讲话坦诚、为人亲切、工作勤勉的市民也总能赢得来访者相应的尊重。没有树木、缺乏魅力、无精打采，奥兰市却给人以恬静的感觉，在这里待上一会儿，你会舒适得进入梦乡。

要补充一点才显得公正，奥兰市所处的地形很特别。它位于一片光秃秃的高地中央，四周环绕着明亮的山丘，下面是一道形状完美的海湾。我们或许会因为这座城市的设置感到遗憾，它背对海湾，除非特意去找，否则你很难看见海。

奥兰市的日常生活正是如此，所以市民们对我们将要谈到的那一年春天发生的事件没有任何心理准备，这是很容易理解的。尽管（像我们随后意识到的那样）那是我们将要记录的灾难的先兆。对一些人来说，这些事件似乎非常自然，但在另一些人看来则简直不可思议。但是，作为一个叙述者，不需要顾及这些观点的差异。叙述者的任务只是在了解那些密切影响老百姓生活的真实发生的事件，且那些事件有无数目击者可以做证的时候，对大家说："事情就是这样发生的。"

总之，叙述者（他的身份将在这一过程中为人所知）如果不是因缘际会被密切卷入他打算叙述的那些事件的话，他原本是没有能力从事这样一项工作的。那也正是他充当历史学家角色的理由。自然，一位历史学家，即使是业余的，也总是用资料——直接或间接的资料作为指导的。现在，叙述者本人有三种资料：第一，他本人所见；第二，其他目击者的叙述（感谢他扮演的角色，使他能从这本纪事小说里的所有人物那里获知他们的个人感受）；第三，后来得到的档案。他打算在合适的时候动用这些记录，而且用最好的方法利用它们。他还打算……

可是，也许到了结束前言和告诫，进入正文的时候了。最初几天的描写要从一些细节开始。

2

贝尔纳·里厄医生4月16日早晨离开诊所的时候，脚下踩到一个软软的东西。那是一只躺在楼梯平台上的死老鼠。他没有多想，把它踢到一边就下了楼。但是当他走到街上的时候，突然意识到楼梯口不应该有死老鼠，于是掉头要求大楼的守门人把它清理掉。等注意到老米歇尔对这件事的反应时，他才意识到他的发现不同寻常。就他自己而言，他只是觉得死老鼠的出现非常奇怪，仅此而已；但是守门人却确确实实动了气。他表现得很直接："这里没有老鼠。"医生徒劳地向他保证说的确有一只老鼠，大概是死的，在二楼的楼梯平台上；米歇尔毫不动摇，"这栋楼没有老鼠。"他又说了一遍。那么这只老鼠一定是什么人从外面带进来的。很可能是小孩子搞的恶作剧。

那天晚上，里厄医生正站在楼梯口摸钥匙，准备上楼回家，这时他看见一只大老鼠从黑暗的过道里摇摇晃晃地朝他跑过来，动作迟缓，浑身湿漉漉的。它中途停下来，似乎想找回平衡，然后又向前朝里厄医生方向移动了一下，接着再次停下来，打了个转，发出一声尖细的叫声后躺倒在地上。它微张着嘴，有血从里面流出来。医生盯着它看了片刻，然后迈步上楼。他没有去想那只老鼠，那一瞥把他的思想转到一件他记挂了一天的事情上：他病了一年的妻子明天该出发去山区的疗养院了。考虑到她面临的旅途劳顿，他叮嘱妻子好好休息。回家时，妻子正照他说的躺在卧室里。看见他回来，她向他微笑了一下。

"你知道吗，我现在感觉非常好！"她说。里厄医生看着那张在床头灯的亮光下转向他的脸。他妻子30岁，缠绵不去的病痛在她脸上留下了印记。然而里厄凝视她时的想法却是："她看起来多么年轻啊，几乎像个小女孩儿！"但也许那是因为她的笑容抹去了别的一切。

"想办法睡一觉，"他劝告说，"护士11点才来，你还得赶中午的火车。"

他温和地在她的前额上吻了一下。那笑容伴随他出了门。

第二天，即4月17日，上午8点，守门人在里厄出门时不由分说地拉着他唠叨起来。"某些小流氓，"他说，"把三只死老鼠扔在了大厅里。它们显然是被弹簧力道很足的捕鼠器捉住的，因为流了很多血。"守门人提溜着老鼠在门口已经站了很长时间，用严厉的目光盯着路过的人，寄希望于那些坏蛋会因为窃笑或说怪话而暴露。然而他的守望没有任何结果。

"不过我会把他们全逮住的。"米歇尔信心十足地说。

里厄更加困惑了，他决定从郊区开始出诊，那里住的是他的那些比较贫穷的患者。那些地区的垃圾清理工作进行得比较迟。当他开着车驶过那些笔直、灰尘扑扑的街道时，他留意了一下摆在人行道边缘的垃圾箱。仅仅在一条街上，他就在垃圾箱里的烂菜叶和杂物里数出了12只死老鼠。

他到了他的第一个患者家，那是一个长期哮喘病患者。他躺在一个卧室兼餐室的房间里，从房间里俯瞰着大街。患者是个长着一张严厉而粗糙面孔的西班牙老人。他面前的床单上摆着两盘豆子。医生进门的时候，老人正巧犯病，坐在床上后仰着脖子，咝咝喘着气试图恢复呼吸。他的妻子端来了一碗水。

"咳，医生，"在准备注射的时候，他说，"它们出来了，你注意到没有？"

"他指的是老鼠，"他的老婆解释说，"隔壁家男人发现了3只。"

"它们出来了，你在所有的垃圾箱里都能看见它们。它们饿！"

里厄很快发觉人人都在谈论老鼠，随便在哪里都能听到这样的话题。出诊完毕后，他开车回了家。

"先生，楼上有一封你的电报。"米歇尔告诉他。

里厄问他有没有发现更多的老鼠。"没有，"守门人回答，"没有再出现过。我盯得很紧呢。有我在，那些野小子就不敢来捣乱。"

电报里说他母亲次日来。儿媳要出门，她准备来代她照看房子。当里厄医生走进公寓的时候，发现护士已经到了。妻子穿着一件订制的长裙，还擦了胭脂。他微笑着看她。

"好极了，"他说，"你气色不错。"

几分钟后，他陪着她上了卧铺车厢。她打量了一下车厢隔间。

"这对我们来说太破费了，不是吗？"

"这是必须的。"里厄回答道。

"那个到处在传的老鼠的故事是怎么回事？"

"我解释不了，确实很奇怪，但它会过去的。"

接着他匆匆请求她原谅自己：他认为自己本应该把她照顾得更好一点，但他一直以来都很失职。她摇着头，仿佛想让他别说了。他又补充道："总之，等你回来的时候，一切都会好起来的。我们会有一个崭新的开始。"

"说得好！"她的双眼闪闪发光，"我们会有一个崭新的开始。"

但她接着扭转过头，似乎在透过车窗看站台上匆匆忙忙的行人。火车头的呜呜声响起来。他温和地叫了一下妻子的名字，当她转过头来，他看见她的脸上满是泪痕。

"别这样。"他低声说。擦去眼泪后，笑容又回来了，但略带几分紧张。她深深吸了一口气。

"出发吧！一切都会好起来的。"他拉拉她的胳膊，然后转身走回站台。现在他只能透过车窗看着她的笑容。

"亲爱的，"他说，"照顾好自己。"但她听不见他说的话。

离开站台的时候，他遇见正牵着儿子的手站在出口附近的治安法官奥顿。他问奥顿是不是打算离开去旅行。

奥顿身材高大，皮肤黝黑，有几分像过去习惯说的"一条好汉"，但脸色总是带着几分阴郁。"不，"治安法官说，"我来接奥顿夫人①，她要来探望我们一家人。"

火车引擎呼啸起来。

"那些老鼠，呃——"治安法官开口说。

里厄沿着火车的方向走了两步，闻言又朝出口返回。

"老鼠？"他说，"没什么大不了的。"

后来，他对那一刻唯一能回想起的画面就是一个路过的铁路工人，那人手里提着一个满满的、装着死老鼠的盒子。

那天下午，里厄回到诊所的时候天色还早，他刚打开门诊，一个年轻男子就前来拜访。里厄医生记得他上午来过，是一位记者。他叫雷蒙德·朗贝尔，是个矮个子，宽肩膀，有一张坚定的脸和一双目光敏锐、灵活的眼睛，给人一种能在任何环境下处变不惊的感觉。他穿着一套运动服式的外衣，说话开门见山。他在一家销量领先的报社——《巴黎日报》社任职，报社委派他做一个关于阿拉伯人的生活状况调查，主要是公共卫生方面。

里厄告诉他情况并不好。不过，在进一步详谈之前，里厄想知道这个记者能不能据实报道。

---

① 此处应指奥顿先生的母亲。

"当然能。"朗贝尔回答道。

"我指的是，"里厄说，"你能毫无保留地发表谴责当前状况的新闻吗？"

"毫无保留？呃，不行，我做不到那样。但是情况真的那么糟糕吗？"

"不，"里厄平静地说，"还没有那么糟，我问这个问题只是想知道你会不会含糊其词地陈述事实。"

"对那些有保留的东西，我的陈述是毫无用处的，"里厄补充说，"所以我不会提供支持你的信息。"

朗贝尔笑了："你说话简直和圣茹思特一样。"

里厄平静地告诉朗贝尔，他对圣茹思特一无所知。他说的只是一个对所处的世界感到恶心和厌倦的人说的话——尽管他喜欢他的同胞——但就他自己而言，他拒绝和不公正及妥协的真相发生任何关系。

朗贝尔耸耸肩，无言地盯着里厄看了一会儿。然后说："我想我理解你了。"他从椅子上站了起来。

里厄送他到了门口。

"你这样说话很好，"他说，"是的，是的，我懂了。"朗贝尔再次说，声音里带着一种似乎是不耐烦的暗示。"抱歉打扰了你。"

在和他握手的时候，里厄提议，他如果想为他的报纸找一些离奇故事的话，或许他可以去了解一下目前城里发现的数量惊人的死老鼠的事。

"啊！"朗贝尔叫道，"我当然感兴趣。"

下午5点，里厄医生出门进行另一轮巡诊时，在楼梯上碰到一个眉毛粗重、法令纹很深、体格健壮的年轻人。里厄在顶层公寓见过这个人一两次，住在上面的几个男性西班牙舞者之一。这个名叫让·塔鲁的年轻人一边抽烟，一边盯着一只正在阶梯上垂死挣扎的老鼠。他抬起头，用灰色的眼睛盯着里厄医生看了片刻，然后向医生问好。接着他聊起了这件他觉得非常古怪的事——所有的老鼠都从洞里跑出来死掉了。

"确实，"里厄表示赞同，"让人感觉很不安。"

"有一点，医生，只有一点。我们以前从没见过这种事，仅此而已。就我来说我认为这很好玩儿，是的，太有趣了。"

塔鲁用手指掠了掠额头上的头发，重新回头看看那只老鼠（现在已经一动不动了），然后又朝里厄笑着说：

"不过说真的，医生。这是守门人的麻烦，不是吗？"

因为这件事的发生，守门人成了里厄遇见的第二个人。他靠在临街大门的墙壁上，显得很疲惫，脸上也失去了往日的红润。

"是的，我知道，"老人在里厄告知他最新的老鼠死亡事件后回答，"我一直三只两只地发现它们。但是街上别的房子里也一样。"

他显得沮丧而忧虑，还总是心不在焉地抓挠着脖子。里厄问他感觉怎么样。守门人没有进一步告诉他自己感觉不舒服。尽管身体不适，但在他看来是因为着急上火，这些该死的老鼠把他烦得够呛。等到它们不再跑出来死得到处都是的时候就好了。

第二天早上，即4月18日，里厄把母亲从车站接回来的时候，发现老米歇尔还是无精打采的。从地下室到阁楼的楼梯上横七竖八地躺着十多只死老鼠。街上所有的垃圾桶里也都是死老鼠。

里厄医生的母亲对此倒是很平静。"有时候就是这样。"她温和地说。她是个满头银发的小老太太，有一双黑色的、目光柔和的眼睛。"很高兴又能和你在一起，贝尔纳，"她补充说，"总之，这些老鼠改变不了什么。"医生点点头。说实话，母亲一来，似乎一切都显得轻松起来了。

不过，他还是往市政办公室打了个电话。他认识一个和灭虫有关的部门的负责人，他问那个人有没有听说所有的老鼠都跑出来，死在露天的地方。是的，梅西埃全知道。事实上，他临近码头的办公室也发现了50多只。老实说，他也很担心。"医生，你觉得这种情况很严重吗？"他问。里厄给不出肯定的看法，但他认为卫生机构要采取一些行动。

梅西埃同意了。"啊，如果你认为值得这么麻烦的话，我会签发命令的。"

"当然值得。"里厄回答。他的女佣刚刚告诉他，她丈夫工作的一家大工厂已经扫出了几百只死老鼠。

至此，市民们开始有了不安的迹象。因为从4月18日开始，工厂和仓库发现了大量已经死掉或者垂死的老鼠，在一些情况下，后者被人们杀死以免除其死亡前的痛苦。从远郊到市中心，在医生出诊经过的所有的偏僻小路和大马路上，死老鼠堆满了垃圾桶，排水沟里也摆成长长的一列。那天的晚报报道了这件事，并询问市议员是否打算采取行动，以及会采取什么紧急措施来解决这件让人深恶痛绝的烦心事。事实上，市政当局还没有任何行动计划，但正在开会讨论。随后卫生部门收到了一条命令，每天黎明时收集所有的死老鼠，然后装进两辆市政卡车拉到焚化炉进行焚烧。

但是，接下来的几天情况变得更糟糕了。街上的死老鼠越来越多，清理人员卡车上的载荷也与日俱增。到了第四天，老鼠开始成批死亡。它们像潮水一样从地下室、阁楼、下水道涌出来，来到光亮的地方，身体毫无指望地摇摆着，然后做一个像芭蕾舞一样的转体动作，倒毙在惊恐的旁观者脚下。晚上，无论是在人行道上还是在小巷里都能听到它们临死前的尖细叫声。到了早晨，排水道里躺满了鼠尸，每只老鼠的尖嘴上都挂着一块血迹，就像一朵小红花；一些老鼠的尸体已经鼓胀起来，开始腐烂，另一些尸体还是僵硬的，翘着胡须。连繁忙市中心的住宅楼梯口和后院里也能看到一堆堆的鼠尸。一些老鼠偷偷死在市政办公室的大厅、学校的操场，甚至是露天的咖啡座旁。我们的市民们惊奇地发现像达尔姆斯广场、中央大道、滨海步行街这样繁忙的商业中心都散落着令人恶心的鼠尸。每天早上日出前后的例行清理工作完成后，地面上会暂时干净一会儿；然后老鼠又开始大量出现，一直持续一整天。晚上出门的人常常脚下踩到嘎吱作响、还带着暖劲儿的、圆滚滚的尸体。就像承载我们房屋的地面正在净化自己的体液，把体内形成的脓疮和脓液排到体表一样。我们此前一直平静的小城，固有的平静被打破了，这种状况是不容回避的。此刻它就像一个原本非常健康的人突然感到体温飙升，血流像野火一样在血管里流窜不停。

事态的发展甚至引起了兰斯多克信息处（对各种话题迅速反应并准确答复的机构）的注意，他们在电台上做了一次谈话节目，节目一开始就宣布仅在4月25日一天就收集和销毁了6 231只老鼠。这个节目使我们对每天出现在眼前的事件有了一个充分且准确的概念，那个惊人的数字也震动了公众的神经。在此之前，人们对这种愚蠢、相当讨厌的现象不过是抱怨而已；但现在他们认识到这个范围无法估量、源头也无法查明的奇怪现象透着一种隐隐的威胁。只有里厄医生的哮喘患者，那个西班牙老人一边搓着手，一边咯咯笑着说："它们出来了，它们出来了！"话音里带着一种老人的童心。

4月28日，当兰斯多克信息处宣布收集的鼠尸达到约8 000只时，一段恐慌的情绪席卷了全城。有人要求采取激烈措施，有人谴责当局不作为，在海滨有房产的人扬言要搬到那里，尽管就季节而言还为时尚早。但当次日信息处宣布异常现象突然中止，卫生机构收集的鼠尸数量微不足道时，每个人都松了一口气。

然而，就在同一天中午，里厄医生在他居住的公寓前停车时，注意到守门人从街道另一头向他走过来。他拖着脚，低着头，四肢奇怪地张开，像发条玩具一样摇摇晃晃地移动着。挽着老人的是医生认识的一位神父，叫帕纳卢，他们见过几次面。帕纳卢是一位博学而激进的耶稣会教士，在城里威望很高，哪怕在对宗教相当淡漠的圈子里也是如此。里厄等着两人走近。老米歇尔的双眼因为发热放着光，呼吸急促。老人解释说，他感到有点不舒服，想到外面走走。但他刚刚忽然开始觉得全身各处——脖子、腋窝、腹股沟——剧烈疼痛，他不得不往回走，并请求帕纳卢神父挽他一把。

"只是发肿，"他说，"我肯定是把自己弄得太紧张了。"

医生从车窗里探出头，用手在米歇尔的颈窝里摸了摸，那里形成了一个像树瘤一样的硬块。

"马上卧床休息，量一下体温，我下午去看你。"

老人走后，里厄询问帕纳卢神父是什么导致了老鼠的这种狂热行为。

"哦，我认为它们患了一种流行病。"神父的眼睛在他又大又圆的眼镜后面露出笑意。

午饭后，里厄第二次阅读妻子从疗养院发回的平安电报时，电话响了。打电话来的是他从前的一个患者，是市政办公室的职员。那人患过长期的主动脉缩窄症，但因为他家境不好，里厄没向他收费。

"谢谢你还记得我，医生。但是这次是另一个人。隔壁家的男人出事了。请你赶快来。"他听起来像喘不过气来一样。

里厄在心里迅速盘算了一下，是的，他可以随后再去看守门人。几分钟后，他赶到了市郊费代尔布街一栋矮小的老房子前，刚走到虽然通风条件良好但气味却十分污浊的楼梯中间，就遇到了匆忙赶下来迎接他的市政职员约瑟夫·格朗。他是个50岁左右的男子，瘦高个子、驼背、窄肩膀、四肢细长、留着泛黄的小胡子。

"他现在好点儿了，"他告诉里厄，"不过刚才我真觉得他没救了。"他用力擤擤鼻涕。在顶楼，即三楼，里厄注意到左侧的一扇房门上用红粉笔歪歪扭扭地写着几个字："进来吧，我把自己吊死了。"

他们进了房间。一根绳子摇摇晃晃地从吊灯上垂下来，下面倒着一张椅子。餐室的桌子被推到了一个角落，不过绳子上什么都没有。

"幸好我及时把他放了下来。"尽管格朗总是用尽可能简单的方式来表达自己，但他在措辞上似乎一直有困难。"我正准备出去时，听见一个声音。看见门上写的字以后，我以为这是个恶作剧。不过，接着我听见了一种奇怪的呻吟，让我感到血都变冷了，就像他们说的那样。"他挠挠头，说，"那样做一定非常痛苦，我想。我自然就冲了进去。"

格朗打开一扇门，他们站在一个明亮但非常简朴的卧室门口。屋里一张黄铜床抵墙放着，床上躺着一个胖乎乎的小个子男人，正喘着粗气，用充血的眼睛盯着他俩。里厄突然站住了。在那个男人呼吸的间隙里，他似乎听见了老鼠的尖叫声，但房间的角落里没有发现任何移动的东西。他走到床边。从那人的情况来看，显然他跌落的高度不高，且不太突然。当然，他有些窒息的症状，需要拍个片子。医生给他打了一针樟脑磺酸钠，告诉他过几天就会好起来的。

　　"谢谢你，医生。"那人含混地说。

　　里厄问格朗有没有通知警察，后者低下了头，"呃，事实上，我没有。首先要做的，我想，是……"

　　"确实，"里厄打断了他，"让我来吧。"

　　但是患者急忙摆着手从床上坐了起来。

　　"我感到好多了，"他解释说，"真的不用这么麻烦。"

　　"别担心，"里厄说，"这不过是走个程序。总之，我必须把这件事向警方汇报。"

　　"噢！"那个人沉重地倒在床上，开始轻轻抽噎起来。

　　在他们谈话时一直捻着胡须的格朗这时走了过来。

　　"嗨，科塔尔先生，"他说，"请体谅一下。如果你再自杀的话，人们会指责医生是罪魁祸首。"

　　科塔尔泪汪汪地保证绝对不会了，他说他刚才是鬼迷心窍，现在已经过去了，他只想一个人静一下。

　　里厄开了一张处方。"很好，"他说，"我们目前先把这件事放下，我一两天内会再来看你一次。但你不要再做任何傻事。"

　　在楼梯口，他告诉格朗他得写一份报告，但会请警长迟几天再来调查。

"但是今晚必须有人看护科塔尔，"里厄又说，"他有什么亲戚吗？"

"就我所知没有。不过，我完全可以陪着他。我不能说跟他很熟，但人们应该帮邻居，对吗？"

在走下楼梯时，里厄朝比较暗的角落瞥了一眼，问格朗在他们这里老鼠是不是已经完全消失了。

格朗不知道。确实，他听过一些关于老鼠的事，但他对这种闲聊完全没有上心。

"我还得考虑别的事情。"他补充说。

急着离开的里厄匆匆和他握手道别。他要给妻子写信，此外还想先去看看守门人。

一路上，卖报人正叫嚷着最新的新闻——老鼠消失了。但里厄发现他的患者（守门人老米歇尔）趴在床沿上，一手捂着肚子，一手按着脖子，正在向污水桶里呕着略带粉色的酸水。呕了一阵后，患者喘着粗气重新躺到床上。他的体温是39.4摄氏度，四肢和颈部的淋巴结肿大，大腿上有两处已经发黑。他正因为体内的疼痛而呻吟。

"就像着了火一样，"他呜咽着，"王八蛋在里面烧我。"

因为发热他起皮的嘴唇几乎吐不出完整的字词，他用突起的眼睛凝视着里厄医生，眼里因为疼痛蒙着一层泪水。他的妻子焦虑地看着里厄，但后者一言不发。

"请问，医生，"她说，"这是什么病？"

"可能是——什么可能都有。现在还不能确诊。给他清淡的饮食，让他多喝水。"

患者一直说自己口渴。

一回公寓，里厄就打电话给同行里夏尔，后者是城里最有名的执业医师之一。

"不，"里夏尔说，"我没有发现什么异常。"

"没有局部炎症引起发热的病例吗？"

"稍等！我有两个淋巴发炎的病例。"

"这还不算异常？"

"啊，"里夏尔说，"那取决于你的'正常'是什么意思。"

那天晚上，守门人的体温一直维持在39.4摄氏度，说胡话，嘴里嘟囔着"那些老鼠"。里厄试了固定性脓肿的治疗。在受到松节油的刺激后，老人号叫起来："那些浑蛋东西！"

但老人的淋巴结仍然在变大，摸上去像嵌在肉体里的硬硬的纤维状物质。老米歇尔已经彻底吓坏了。

"坐在他身边守着他，"医生对老人的妻子说，"必要的时候叫我。"

第二天，4月30日，天空是蓝色的，起着薄雾。轻风送暖，风里带着远郊的花香。大街上的嘈杂声比往日更盛，也更快活一些。这天似乎为我们小城里的每个人带来了新的生命许诺，在人们心头压了一周的恐惧阴影逐渐烟消云散。下楼看守门人的时候，里厄的心情也很乐观，他正为妻子寄回的第一封信感到高兴。

老米歇尔的体温降到了37.2摄氏度，此外，尽管仍然显得非常虚弱，但他在微笑。"他好起来了，医生，是不是？"他的妻子问。

"呃，现在这样说还有点早。"

中午，患者的体温突然蹿到了40摄氏度，开始持续谵语和呕吐。

老人颈部的淋巴结一碰就疼，脖子强直，似乎正被无形的力量尽可能远地拉离身体。他的妻子坐在床脚，手放在床罩上，双脚轻轻搭在一起。她哀求地盯着里厄。

"听着，"里厄说，"我们得把他转移到医院，试一种特别的疗法。我去打电话叫救护车。"

两个小时后，医生和米歇尔夫人在救护车里俯身看着患者。患者嘴上结了一层厚厚的痂，一边呻吟，一边翻来覆去地说："那些老鼠，那些该死的老鼠！"他的脸色变成青灰色，嘴唇没有一丝血色，他的呼吸短促而无规律。因为淋巴组织肿大，撕裂般的痛苦让他蜷缩成一团窝在铺位上，好像试图把自己埋进去，又或是地底深处的一个声音正在召唤他一样，这个不幸的人似乎在某种看不见的压力下窒息了。

他的妻子抽噎着："还有什么希望吗，医生？"

"他死了。"里厄说。

3

人们或许会说，米歇尔的死标志着第一个时期即那些令人困惑的异象的结束，以及另一个非常难过的时期的开始，在后一个时期里，早些日子的困惑逐渐被惊恐取代。根据后来发生的事件回顾第一个阶段，市民们认为他们绝对想象不到，我们的小城会被选中成为大批老鼠在光天化日下死亡和守门人身患怪病不治而亡的场所。在这方面他们是错的，他们的看法显然需要修正。尽管如此，如果事情到此为止，习惯的力量无疑会像平常一样获得胜利。但我们社区的其他成员，不全是佣工或穷人，将要走上米歇尔所走的同样的道路。自那以后，恐惧以及伴随着恐惧的认真反思，开始了。

但是，在展开下一步的详细描写之前，叙述者希望提供另一个见证人对我们已经描述过的那个阶段的看法。我们在前一阶段已经认识了他——让·塔鲁，他是在几周前来到奥兰的，住在市中心的一家大酒店。显然，他有和生意无关的私人收入。不过，尽管他逐渐变成了我们中间的一位熟悉的人物，但是谁都不知道他来自哪里和来到奥兰的目的。初春的时候，人们常常在公众场合见到他，而且几乎每天都能看到他在这个或那个海滩，显然他热爱游泳。他有一副好脾气，总是面带笑容。他似乎对所有正常的娱乐活动都感兴趣，但又不沉迷其中。事实上，他为人所知的唯一嗜好就是结交城里为数不少的西班牙舞者和歌手。

他的笔记里包含着对我们经历过的那些奇怪的早期日子的某种记录。但那是一种不寻常的记录，因为写作者好像刻意用了一种疏离的笔调，初看起来，我们几乎会认为塔鲁有一种从望远镜错误的一端观察人和社会的习惯。在那段混乱的时期，他记录了将会被正常的历史学家忽略的历史。自然，我们可以指责他这种性格上的怪癖，指责他缺乏正常的感情。但我们无法否认，这些看似杂乱无章的日记记录的关于那一时期的大量似乎微不足道的细节，还是不失其重要性的，其中的怪事足以使读者不会对此人匆忙下判语。

让·塔鲁最早的记录是从他来到奥兰市开始的。这些记录一开始就表现出发现一座如此丑陋的城市后的一种矛盾的满足感。我们在里面找到了一小段对装饰在市政办公室门前的两尊青铜狮子的描写，还有对于缺少树木、可怕的房屋和城市可笑的布局所做的适当评论。塔鲁用在电车或街道上偶尔听到的对话片段来进行他的描述，从不在里面加入自己的评论——除了有一次提到关于一个名叫坎普斯的人的对话时——不过是在稍晚的时候。那是一场发生在两个电车司机之间的谈话。

"你认识坎普斯，是不是？"其中一个人问。

"坎普斯，那个留着黑胡须的高个小伙儿？"

"是他。一个扳道工。"

"是的，我想起来了。"

"对，他死了。"

"哦？什么时候死的？"

"老鼠的事发生以后。"

"不会吧？他是怎么死的？"

"我说不清楚。一种什么热病。当然，绝对不是你想象的那种。他胳膊以下生了脓疮，看来是因为这个死的。"

"可是，他看起来和别人一样健康啊。"

"我不那么想。他过去常常在市乐队吹短号，肺不好。吹短号对肺要求很高。"

"啊，真是肺不好的话，吹那样的大家伙确实没好处。"

在记下这场对话后，塔鲁接着猜测坎普斯为什么在明显不可取的情况下加入乐队，以及他冒着生命危险参加周日上午的乐队游行是因为怎样的动机。

从记录中我们发现，塔鲁对他窗外一栋房子的阳台上每天出现的场景印象很深。他酒店的房间正对着一条小马路，马路的墙影里总睡着几只猫。每天午饭后不久，当大多数人在家里午睡的时候，一个衣冠楚楚的矮个子老头儿就从马路对面的一栋房子里走到阳台上。他一副军人仪表，腰杆笔直，衣着也带着军人的风格，一头白发总是梳得一丝不乱。他俯爬在阳台栏杆上，用威严中带着慈爱的声音叫："猫咪，猫咪！"那些猫眨巴着睡眼看看他，还是一动不动。接着他会把一些纸撕成碎片，让它们落到街道上，那些猫被像白蝴蝶一样飞舞的纸片吸引，就会跑过来，尝试用爪子抓最后几张纸片。这时老人经过仔细瞄准，用力向小猫啐唾沫，每当一颗液体飞弹击中猎物，老人都会兴高采烈地大笑起来。

最后，塔鲁似乎对这座城市的商业特色非常着迷，从它的外表到种种活动，以至于欢乐似乎都是被商业因素所主导的。这种特质——塔鲁在他的日记里用了这个词——得到了塔鲁的热情赞赏。真的，他的每一句欣赏的评语都是以感叹的语气结束的。

在这位来访者这个时期的记录里，以上列举的是仅有的一些表面上给人以个人评论感觉的段落。其中的严肃和真诚也许会被读者在不经意间漏掉。例如，在讲述一只死老鼠的出现如何导致饭店收银员在账单上犯了错误之后，塔鲁还做了如下补充——

疑问：怎样才能不浪费时间？

回答：要时刻充分意识到这一点。

通过这些途径可以做到：在牙医接待室里一张不舒服的椅子上坐一天；整个星期天的下午待在阳台上；听用一种你不懂的语言做的讲座；通过最漫长最不舒服的火车路线旅行，而且得一路站着；在剧场的票房排队，然后不买坐票；等等。

紧跟着这些奇怪的思考和表述，我们突然读到了一段对市区电车的详尽描写，电车的构造，它们模糊不清的颜色，它们永远不变的肮脏——然后他用什么也说明不了的"真古怪"一词做了结论。

　　接下来，让我们了解一下塔鲁对老鼠现象的描述。

　　对面的小个子老兄今天很不开心。猫都不在了。散落在大街上的那些死老鼠也许激起了它们捕猎的天性；总之，它们全都消失了。照我看来，它们是不可能吃死老鼠的。我记得我的猫就对死物不屑一顾。它们也许忙于在地下室狩猎，抛弃了老顽童。他的头发梳得不像平常那样整齐，而且看上去多了几分迟钝，少了几分军人气派。看得出他在担心。过一会儿，他准备回房间。在回屋之前，他漫无目的地啐了一口。

　　今天，城里的一辆电车中途停车，因为里面发现了一只死老鼠。（疑问：它是怎么进去的？）有两三个女人立刻下了车。那只老鼠被人丢出来。车接着开走了。

　　酒店的守夜人，一个头脑清醒的人，向我保证说这些老鼠意味着麻烦。"当老鼠离开一艘船……"我回答说这句话适用于船，但是对于城镇它还没有得到过验证。但他坚持己见。我问他我们可能会遇见哪种"麻烦"。他回答不了，灾难常常从天而降。但如果有一场地震正在酝酿，他是不会感到意外的。我承认有这种可能性，接着，他问我这种预期是否使我感到惊慌。

　　"我唯一感兴趣的是，"我告诉他，"获得内心的平静。"

　　他完全懂得我的意思。

　　我发现一家在饭店吃饭的人很有趣。当父亲的又高又瘦，总是穿着黑衣服，戴着硬领。他谢了顶，头顶两侧各有一丛白头发。他又小又圆的眼睛，窄鼻梁和又直又硬的嘴唇使他看上去像一只有着良好教养的猫头鹰。他总是先来到饭店的大门旁，站在旁边让他的妻子——一个身材娇小，像黑老鼠一样的女人——先进门，然后再带着一对穿得像表演节目的狮子狗一样的儿女一起进来。入座的时候，他也会等妻子先坐下，直到那时，一对狮子狗才能坐到他们的座位上。他对家人不用爱称，对老婆说话客气而冷淡，告诉孩子们他对他们的看法时也总是很生硬。

"妮可，你的表现很可耻。"小女孩儿的眼眶里滚出了泪珠——可想而知。

今天早上小男孩儿因为老鼠兴致勃勃，说了一些关于老鼠的话。

"菲利普，不能在饭桌上谈论老鼠。以后禁止你用这个词。"

"你爸爸说得对。"黑老鼠附和道。

两只小狮子狗都低头吃饭，猫头鹰生硬而敷衍地点头表示感谢。

这是一个绝妙的例子，城里的每个人都在谈论老鼠，本地报纸也参与了这个话题。通常多变的城市话题栏目现在成了批评当地政府的专栏。"我们的政府官员知道这些腐烂的啮齿动物尸体对市民构成了严重的威胁吗？"饭店经理的话题也离不开老鼠。但他有自己的抱怨；三星级饭店的电梯里出现死老鼠，在他看来就像末日来临的景象一样。为了安慰他，我说："但是你要知道，每个人的处境都一样。"

"就是，"他回答，"现在我们都和别人一个样了。"

他是第一个向我说起那种正在引发极大恐慌的奇怪的热病的人。他的一个女佣得了那种病。

"但我相信它没有传染性。"他赶忙向我保证。

我告诉他说，那对我来说都一样。

"啊，我明白了，先生。你和我一样，你是个宿命论者。"

我可没那样说，而且，我不相信宿命。我告诉他……

从这里开始，塔鲁的日记开始涉及那场引起大规模公众焦虑的热病的细节。在记录了小个子老头儿在老鼠停止出现后重新找回他的猫，继续苦练他的唾液飞弹之后，塔鲁在日记里记下了大约12个患了热病的病例，其中多数以死亡告终。

作为下一步叙述的补充，塔鲁对里厄医生的描写也许插在这里正合适。就作者的判断而言，这段描写相当准确。

"从外表看35岁上下，中等身材，宽肩膀，国字脸，黑眼珠，目光沉稳，但下颌突出。有一个挺拔的大鼻子。黑头发，修得非常短。嘴呈弧形，厚厚的嘴唇总是紧闭着。他的肤色是深褐色的，胳膊和双手都晒得黝黑，深色的皮肤和他平常的衣着很相配，他让人想到西西里的农民。

"他走路很快。在走下人行道穿越大街的时候仍然步速不减，但走上另一侧的人行道时，多半会轻轻一跃。他总是心不在焉，在开车的时候，常常在转弯后忘记关掉转向灯。习惯不戴帽子。很有学者风度。"

4

塔鲁的描写很准确。里厄对事态发生的严重转变再清楚不过了。

在守门人的尸体被安排隔离之后，他给里夏尔打了电话，问他对这些腹股沟淋巴结炎的病例有什么看法。

"我也一筹莫展，"里夏尔承认说，"有两例已经死亡，一名在48小时内死亡，另一名是在3天内。而且第二名患者在我隔一天复诊时表现出了所有康复的迹象。"

"如果你有别的病例，请通知我。"里厄说。

他又给另外几个同行打了电话。询问的结果是最近几天有20多个同样类型的病例。几乎全部是致死的。接着他又打给里夏尔，后者是当地医疗协会的主席，里厄提议把新出现的病例收入隔离病房。

"抱歉，"里夏尔说，"可是我无能为力。这样的命令只能由省里发布。况且，你有什么根据来认定这病有传染的危险呢？"

"没有明确的根据。但是目前表现出来的症状绝对令人担忧。"

然而里夏尔一再说"这样的措施是在他的职权范围之外的"。他能做的是把这件事上报到省里。

但在这些谈话进行的同时，天气变坏起来。老米歇尔死后第二天，天空乌云密布，下起一阵阵倾盆大雨。每场大雨后都伴随着几个小时的溽热。大海也变了模样：在低垂的天幕下，海面不再是平日半透明的深蓝色，而是不时闪动着灼人眼目的铅色和银色的光芒。春季的湿热让每个人都对即将来临的夏季干爽的炎热心生期盼。高台上的小城被周围的山丘环绕着，几乎断开了和海的一切联系，城里笼罩着一种令人无精打采的气氛。被一道道刷成白色的墙壁包围着，走在一排排灰扑扑的店铺之间，或者坐在肮脏的黄色电车上，你会觉得像被天气困住一样。不过，里厄的西班牙老病号是另一种感觉，他非常喜欢这样的天气。

"就像在煮着你一样，"他说，"对哮喘患者正合适。"的确，天气在"煮"着你，但感觉和发热一模一样。确实，整座城都在发热；里厄医生在开车去费代尔布街参加对科塔尔自杀未遂事件的调查程序时，这种感觉始终挥之不去。他知道这种想法毫无来由，就把它归结为自己神经衰弱；此刻他确实满腹忧虑。事实上，他感到自己确实应该放松一下，设法调整调整自己的精神状态。

到达目的地后，他发现警官还没到。格朗在楼梯口迎接他，提议他们先去他家里，开着门等。这位市政职员家有两间屋子，都装饰得很简单，唯一引人注目的是一个上面放着两三本词典的书架，还有一块小黑板，上面只能模糊地看出两个词："鲜花、大道"。

格朗说科塔尔一晚上睡得很踏实。但早上因为头疼醒了过来，情绪很低落。格朗也显得疲劳和心烦，他不停地在房间里走来走去，把桌上的一个装满了稿纸的公文包一会儿打开，一会儿合上。

然而他又告诉医生，他事实上对科塔尔不太了解，但是相信他有少量的私人收入。科塔尔是个怪人。很长时间里他们的关系仅止于在楼梯里遇见时互相问候一声。

"我和他只有过两次对话。几天前我回来的时候打翻了一盒彩色粉笔，就在楼梯口。粉笔是红色和蓝色的。正好科塔尔从房间里出来，就帮我把粉笔拾起来。他问我用彩色粉笔做什么。"

格朗就向他解释说他在复习拉丁文。他读书的时候学过，但现在记忆变得模糊了。

"知道吗医生，有人告诉我拉丁文知识能帮助一个人更好地理解法语词汇的真正含义。"

所以他在黑板上写下拉丁文单词，然后又用蓝粉笔抄下每个词发生变化或变位的部分，用红粉笔抄下从来不发生变化的部分。

"我不知道科塔尔有没有完全听明白，但他好像很感兴趣，还问我要了一根红粉笔。我真有点吃惊，可是我毕竟猜不到他是这样用的。"

里厄询问他们第二次谈话的主题时，警官带着一名书记员赶来了，说想先听听格朗的陈述。医生注意到格朗在提到科塔尔的时候，总是称他为"那个不幸的人"，有一次甚至用了"残酷的决定"这样的说法。在谈到自杀的可能动机时，格朗在措辞时格外纠结。最后用了"内心忧郁"这样的说法。警官又问科塔尔是否有什么行为暗示了他的"自杀①意图"。

"他昨天敲我的门，"格朗说，"问我借火柴。我给了他一盒。他说他很抱歉打扰我，不过，因为我们是邻居，他希望我不会介意。他保证说会把火柴还给我，我让他收下那盒火柴。"

警官问格朗是否注意到科塔尔有什么异常表现。

"让我感到奇怪的是他似乎总想跟我聊聊，但他应该注意到我正忙着自己的事。"格朗转向里厄，非常难为情地补充道，"一件私人的事。"

警官表示现在他要去见见病号，听听他的说法。里厄认为最好让科塔尔对问讯有所准备。于是他走进那间卧室，发现科塔尔穿着一件灰色的法兰绒睡衣坐在床上，眼睛直勾勾地盯着门，一脸惊恐的表情。

"是警察，对不对？"

---

① 此处作者采用了拉丁文。

"对，"里厄说，"不过别担心。只是例行问讯，然后就不会有人打扰你了。"

科塔尔没说话，里厄开始往门口走去。刚迈出一步，小个子就叫他回去，一等他走到床边，就抓住了他的双手。

"他们不会对患者动粗，对一个寻过死的人，是吗，医生？"里厄低着头看了他一眼，安慰他说不可能发生那种事，他无论如何都会在这里保护患者的。科塔尔放松了一些，于是里厄出门叫警官进来。

在宣读过格朗的口供之后，警官要求科塔尔陈述自杀的真实动机。他不敢抬眼看警察，只是回答"是内心忧郁，这种做法在当时恰如其分"。警官接着严厉地问他是否还想"再试一次"。科塔尔这才显得多了些生气，他说当然不想，他现在只想一个人安静一下。

"请让我指出一点，老兄，"警官生硬地回答，"现在打乱别人平静的是你。"里厄示意他别说了，于是问讯结束了。

"多好的一个小时，浪费了！"关上门后，警官叹着气说，"你也猜得到，我们要忙的事还真不少，现在每个人都在议论和高烧有关的事。"

然后他问里厄高烧是否会对市里造成严重的威胁，里厄表示不好说。

"一定是因为天气，"警官断言，"就是这么回事。"

无疑是因为天气，这一天随着时间的流逝，什么东西摸起来都黏糊糊的，里厄感到自己的焦虑随着每次出诊有增无减。那天晚上，郊区一个老病号的邻居开始呕吐，双手捂着腹股沟，高烧伴随着谵语。淋巴结的肿块比米歇尔的肿块还严重。一处肿块开始化脓，不久后就像熟过头的水果一样裂了口子。里厄一回公寓就往本地区的药品库打了电话。他那天的工作记录上只写了一条："否定回答。"城里各个地方的同样病例已经通过电话向他做了反馈。显然，脓肿需要切开。划两个交叉切口，肿块里冒出血和脓的混合物。患者的四肢竭力向外张开，切口流血不止。他们的两腿和腹部发展出黑块；有时候肿块会停止化脓，然后又突然再次膨胀起来。患者通常在腐败的恶臭中死去。

对关于老鼠的新闻，不惜版面的本地报纸现在一言不发。因为老鼠死在街上，人死在自己家里。报纸只关心大街上的事。与此同时，政府和行政官员正在碰头商议。既然每个医生都只遇到两三个病例，就没人会考虑采取行动。但这只是个数字累加的问题，一旦加起来，总数是令人吃惊的。仅仅几天工夫，患者的数量就有了突飞猛进的增长，所有这种奇怪疾病的观察者都开始明白这是一种已经开始流行的传染病。当卡斯特尔——里厄的一位比他老得多的同行来拜访他时，就是这样的情形。

"自然，"他对里厄说，"你知道这是什么病。"

"我正在等尸体检验的结果。"

"哈，我知道。但我不需要什么尸体检验。我职业生涯的大部分时间在中国，20年前我在巴黎也见过一些病例。只是那时候没人敢直呼这种病的名字。当然，惯常的禁忌罢了；一定不能惊动公众，可是这样做是没用的。那时候，就像我的一位同行所说的，'不可思议。人人都知道它在西欧已经绝迹了'。是的，每个人都知道——除了死人。好了，里厄，你和我一样知道这是怎么回事。"

里厄沉思着。他透过手术室的窗户，眺望着天际环抱半圆形海湾的峭壁。天是蓝色的，但被朦胧的暮色抹上了一种沉闷的光泽。"是的，卡斯特尔，"他回答，"很难相信。但一切都证明这是鼠疫。"
卡斯特尔起身开始朝门口走。

"你明白，"卡斯特尔说，"他们会告诉我们什么？这种病很久以前就从温带国家绝迹了。"

"'绝迹'？这个词是什么意思？"里厄耸耸肩，"是的，别忘了，大约20年前巴黎就发生过。"

"对，希望这次最终不会比那时候更糟。但这可真让人难以相信啊。"

5

"鼠疫"这个词终于被第一次轻声说出。在这个阶段的叙述里，贝尔纳·里厄医生正站在窗口，也许可以允许叙述者为医生的犹豫不决和惊讶做一番辩护。因为差异很小，他的反应可以说和我们的绝大多数市民是一样的。人人都明白瘟疫有在世上复发的途径，然而我们很难相信灾祸会凭空落在自己头上。历史上瘟疫和战争都曾多次发生，然而在瘟疫和战争发生时人们也同样惊讶。事实上，和我们的市民朋友一样，里厄也感到猝不及防，在事实面前我们应该原谅他的犹豫；也要理解他在恐惧和信心冲突下的矛盾心理。战争爆发的时候，人们说："这太愚蠢了，不会持久的。"然而尽管战争可能"很愚蠢"，却并不会因此而停止。愚蠢有办法为所欲为，只要我们不那么自以为是就该明白。

在这方面，我们的市民和大家一样，都只关注自己的世界。换句话说，他们是人道主义者：他们不相信瘟疫。瘟疫是一种和人类无关的东西；因此我们告诉自己瘟疫不过是想象中的妖怪，是一场醒来就会消逝的噩梦。然而它往往不会消逝，而是一个噩梦后面接着另一个噩梦，逝去的反而是人类，而且首先是人道主义者，因为他们没有采取预防的手段。我们的市民们并不比其他人更应该受责备，他们忘记了应该谦逊，是的，他们以为一切都应照旧，这种心态使他们认为瘟疫是不可能发生的。他们继续做生意，继续安排旅行，继续自行其是。他们怎么会关心像瘟疫这样，能够否定未来、取消旅行、压制人与人交流的事情呢？他们幻想着自由，然而只要有瘟疫，谁都得不到自由。

事实上，即使在里厄承认他朋友的公司有一小部分分散在城里各个地方的患者，在毫无预警的情况下死于鼠疫之后，危险仍然像做梦一样不真实。原因很简单，如果一个人是医生，他倾向于对疾病有自己的看法，并且有着比一般人更强的想象力。隔窗朝城里看去，小城的外表依然如故，但医生对未来产生了隐隐的疑虑，一种模糊的不安。

他试着回忆起读过的关于那种疾病的资料。各种各样的数字从他的记忆里浮现出来，他回忆起历史上曾经发生过的造成了上亿人死亡的大约30次鼠疫的爆发。可是一亿人死亡是什么概念呢？当一个人在战争中服役一段时间以后，就很难对死人有什么概念了。除非你真正看到他的死亡，否则一个死人没有任何意义，散播在漫长历史中的一亿具尸体不过是想象中的阵阵轻烟罢了。里厄想到君士坦丁堡的那场鼠疫大爆发，根据普罗科匹厄斯①的记载，仅一天就造成了一万人死亡。一万人大约是一个大型电影院观众人数的5倍。是的，鼠疫爆发的情景正是如此。如果你想对此有一个清晰的概念，你可以在5家电影院的出口把观众召集起来，带他们去一座城市广场，让他们一堆堆死去。然后你至少还可以在无名无姓者的尸体堆里认出几个熟悉的面孔。但这自然是无法实现的；此外，有谁能记得一万张脸呢？总之，那些老历史学家如普罗科匹厄斯所留下的数字是不可靠的；这是常识。根据历史记载，70年前，在中国广东，鼠疫传播给居民之前有4万只老鼠死亡。但是，同样地，广东的传染病也没有可靠的统计死亡老鼠数字的方法。他们所能做的只是进行非常粗略的估计，显然带有相当大的误差。

"让我想想，"里厄自言自语地说，"假设一只老鼠长9英寸，4万只老鼠首尾相连排成一条直线，那么长度是……"

他猛地站起身。他太放纵自己的想象了——眼下是最不应该这样的。少数病例，他告诉自己，是不足以造成大规模传染的；只需采取严格的预防措施即可。首先，他必须专注于已经观察到的事实：身体强直和极度虚弱，腹股沟淋巴结炎，极度干渴，谵语，体表黑斑，体内肿块，那么，最后……结论是，一些词语回到里厄的脑海里；症状吻合，他的医学手册的结语里给出的症状描述是："脉搏变得紊乱，重脉，无规则，轻微移动即可造成死亡后果。"是的，结论是，患者命悬一线，四分之三（他记得确切的数字）的患者因为耐不住性子移动身体而加速死亡。

---

① 拜占庭帝国的一位历史学家。

里厄仍然眺望着窗外。窗外是凉爽的春日天空的平静光辉；而室内则回响着一个词：鼠疫。这个词进入里厄的脑海并不仅仅因为科学的选择，也因为眼看着这座灰色和黄色的城市时想到的一系列虚幻的可能性。此刻，小城正释放着这刻特有的温和的活动所发出的声音；一种嗡嗡声而不是喧闹声，一座快乐小城的声音，总之，如果说快乐和无趣可以并存的话，那就是我们这座城市的写照。这种如此悠闲和轻率的平静似乎可以毫不费力地揭穿那些古老的鼠疫情景的谎言：雅典，一座臭气熏天，甚至被飞鸟遗弃的停尸所；中国堆满垂死患者的城市；马赛的犯人把腐烂的尸体堆进深坑；普罗旺斯筑起阻挡凶猛疫情的长城；君士坦丁堡传染病院泥土地上潮湿发霉的小床，患者被从床上用钩子钩起来；14世纪黑死病爆发时，随处可见的戴口罩的医生；米兰坟地上末日交欢的男男女女；一车车载着死尸驶过伦敦食尸鬼出没的黑暗，随时随地充斥于耳的人类痛苦的呻吟。不，上述一切遥远的恐怖都不足以扰动这个春日午后的平静。看不见的城市电车叮叮当当地从窗外驶过，生动地反驳着残酷和痛苦。只有被掩盖在棋盘一样的肮脏屋顶后的大海的低语，在倾诉着这个世界的危险和不安。凝视着海湾的方向，里厄医生回忆起了卢克莱修①所描述的罗马人在海岸点燃的葬火。死去的人入夜后被带往那里，因为火堆没有足够的空间，活着的人为了给自己死去的亲人争得一片空间而用火把大打出手，他们宁可进行流血冲突也不愿把亲人的尸体抛进大海。一幅画面出现在他眼前：葬火的红光映着昏暗而平静的大海，争斗的火把在把旋转的火花抛向黑暗，恶臭的浓烟飘向默默无言的天空……

———————————

① 古罗马哲学家及诗人。

但是理性压过了浮想联翩的不祥之兆。没错，"鼠疫"这个词已经说出了口，同时有一两个患者不幸被夺去了生命。然而疫情的蔓延仍然是能够被阻止的。只要看透该看透的东西，驱散无关的干扰，采取必要的措施，然后疫情就会结束，因为它是无法接受的，或者说人们是从错误的方向看待它的。如果疫情结束，这个可能性很大，那么一切都将好起来。如果疫情没有结束，人们无论如何也都能弄清它是什么，以及用什么步骤对付它并最终制服它。

里厄打开窗户，城市的喧闹声立刻响亮起来。附近一家工厂机器锯单调的吱吱声断断续续地传来。里厄振作起精神。只有日常工作才是确定的。其他的一切都是飘浮不定的，你不能把时间浪费在那些琐碎的或然事件上，要紧的是把工作做好。

6

里厄沉思到这里，有人通报约瑟夫·格朗来拜访他。格朗在市政办公室当办事员，但职责很多，他间或受雇于统计部门编制出生、婚姻和死亡数字。因此最近几天统计死亡人数的差事就落到了他身上。他为人热心，所以自告奋勇为医生带来一份最新的死亡数据。

格朗由邻居科塔尔陪着，手里挥着一张纸。

"数字在上升，医生。48小时内死亡11例。"

里厄和科塔尔握了手，问他感觉怎么样。格朗解释说科塔尔决定来向医生致谢，并为他带来的麻烦道歉。但里厄只顾皱着眉头盯着那张纸上的数字。

"啊，"他说，"也许我们最好下决心正视这种疾病。到目前为止我们一直在浪费时间。听我说，我要去化验室，想跟我一起去吗？"

"正是，正是，"格朗一边说一边跟着医生下楼，"我也认为不能怕事。不过这是什么病呢？"

"我不能说，总之就已知的情况看，你不会患上的。"

"您瞧，"格朗微笑着说，"这样做毕竟没那么容易！"

他们朝达尔姆斯广场方向动身了。科塔尔依然保持沉默。街上的人流开始拥挤起来。我们的小城的短暂的黄昏已经开始让位于黑夜，第一颗星星在轮廓依然清晰的地平线上闪烁起来。一会儿工夫后，所有的街灯亮起来，天空模糊，大街上的声音似乎也升高了一度。

"抱歉，"格朗在达尔姆斯广场拐角处说，"我得去赶车了。我的夜晚是神圣的。正如我们那边的老话：今天的事绝不拖到明天——"

里厄已经注意到了格朗说话喜欢引用一些"他们那边"（他来自蒙特利马尔）的说法的习惯，然后跟着一些诸如"迷失在梦里"或"美得像一幅画"之类的文绉绉的说法。

"原来如此，"科塔尔说，"晚饭后你别想把他从家里拉出来。"

里厄问格朗是否在为市政机构加班。格朗说不是，他在做自己的事。

"真的？"里厄追问下去，"你干得还行吧？"

"考虑到已经搞了好多年，要是说不行的话我会觉得很奇怪。尽管从某种意义上说进步不大。"

"能问一下——"里厄停顿了一下，"你从事的是什么吗？"

格朗伸手拉拉帽子，把帽檐拉到两只大大的招风耳上，含含糊糊地说了些让人听得不明不白的话，里厄似乎听出他的工作和"人格成长"有关。然后格朗匆忙转身，心急火燎地迈着碎步，在马恩大街两侧的无花果树下走远了。

来到化验室大门前，科塔尔对里厄说很想拜访他并请教一些问题。里厄一边在口袋里摸那张记录着数据的纸，一边告诉他最好在门诊时间打电话，接着他又改变了主意，说他次日要到他们的住所附近，可以傍晚去拜访他。

离开科塔尔后，里厄又想起格朗，试图想象他在一场鼠疫暴发后的情景——不像现在这次，这次也许最终不会很严重，而是像过去的那种大范围的暴发。"他是那种总是能在这种情况下安然无恙的人。"里厄记得在什么地方读到过，鼠疫会放过体质羸弱的人，而是从身体强壮的人中挑选牺牲者。他一边想，一边隐隐觉得格朗在某种程度上称得上是个"神秘人"。

是的，初看起来，格朗的外表和行为上都是一个卑微的市政职员。他又瘦又高，总喜欢穿刻意挑选的尺码过大的衣服，似乎以为这样可以穿得长久些。他下牙床的牙齿大部分还在，但上牙床的牙齿已经没了。于是他笑的时候，上嘴唇抬起——下嘴唇几乎不动——他的嘴看上去就像脸上的一个小黑洞。他还有着像害羞的年轻神父一样的步态，走路喜欢溜墙根，像老鼠一样进门，身上带着一股淡淡的香烟和地下室房间的气味。简言之，他有着所有不引人注目的属性。是的，除了趴在办公桌上认真修改市区浴室的收费表，或整理初级秘书提交的关于垃圾收集税的汇报材料的本职工作之外，描写他的形象的确不太容易。即使你不知道他的工作，也会感觉他生来就是领62法郎30生丁的日薪，在市政部门从事不起眼但又不可或缺工作的临时性助理人员。

事实上，这正是他每个月在市政办公室人员登记表职位栏目上填写的内容。22年前——在得到大学入学资格后，他因为缺钱而不能继续深造——于是得到了这个临时职位，并在别人的诱导下怀着被迅速"承认"的憧憬，他大概说过，只要能证实他有处理市政当局安排的一些棘手任务的能力。一旦得到"承认"，他们向他保证过，他就笃定能被提拔到一个确保他过上舒适生活的等级。当然，并非他有很大的抱负，他可以发誓，他说这番话时带着讽刺的微笑。他最大的期望是通过勤恳工作获得有保障的物质生活。他接受那个提供给他的职位，是出自可敬的动机，甚至可以说是一种对理想的坚持。

但这种"临时"状态变成了无止境的等待，物价飞涨，但格朗的薪水经过几次法定加薪后还是少得可怜。他向里厄倾诉过，但似乎没人注意他的境况。这就是格朗的天性，或者至少可以说是一种天性的体现。他当然可以提出正式要求，如果这不是他的权利——他对此不太确定——至少他得到过承诺。可是一则对他做过承诺的部门领导已经过世一段时间了，二则格朗也不记得那些承诺的确切条款。最后，真正让人头疼的是，约瑟夫·格朗不知道怎么开口。

正如里厄注意到的那样，这一特点是理解我们这位值得尊敬的市民朋友的关键。因为这个原因，他一直写不出一份心里盘算已久的措辞温和的抗议书，或为形势所迫采取一些措施。在他看来，他羞于提到"权利"——说起这个词他总是很迟疑——对"承诺"这个词也一样——这些词意味着他在要求自己应得的利益，因此和他从事的卑微职位显得很不相称。另外，他拒绝使用诸如"你的仁慈""感激"，甚至"乞求"之类的词，在他看来，这些词有损他的个人尊严。于是，因为他在言语上的无能为力，他继续履行那些不起眼的、薪水微薄的职责，直到一大把年纪。还有，他还对里厄说过，在有了一些经验后，他已经认识到只要量入为出，他总能靠着那份微薄的薪水维持生活。这样一来，他证实了我们的市长——本市的一位工业巨子——常说的一种观点里的智慧。这位市长强烈坚持说，归根结底（他强调了这种慎重的表达方式，的确使他赢得了辩论）他没有理由认为本市有因饥饿而死的人。无论如何，约瑟夫·格朗的这种简朴的，虽说称不上苦行僧生活的生活方式，归根结底，反证了任何与饥饿有关的顾虑。他继续推敲着他的措辞。

在某种意义上，完全可以说他的生活方式是值得效仿的。他有坚持自己美好情操的勇气，这无论在本市还是别的地方都是不多见的。他透露的有关个人生活的片段，证明了一种在我们这个时代无人敢于承认其存在的善行和爱的能力。他理直气壮地承认他深爱自己的姐姐和侄子，他们是他仅有的在世的近亲。他每隔两年去法国探望他们一次。他直言不讳对父母的想念，他在很小的时候就失去了双亲，一想起他们就很伤心。他也毫不隐瞒对家乡教堂钟声的特殊感情，每天下午一到5点，悦耳的钟声就会准时响起。然而要表达出这些情感，既要平实，又要简单，他要付出可怕的努力才行。这种措辞的困难已经成了他生活里的一个很大的苦恼。

"噢，医生，"他会大声说，"我是多么希望学会如何表达自己呀！"他每次和里厄会面都会提起这个话题。

那天晚上，看着格朗离开的身影，里厄突然明白了格朗试图表达的意思，他显然正在写作一本书之类的东西。在去化验室的路上，这个有趣的想法使他感到安心。他虽然知道这很荒唐，但他无法相信一场大规模瘟疫会降临在一个连格朗这样干着卑微的工作都有着体面癖好的人的城市里。或者更准确地说，他不能相信这样的癖好存在于被鼠疫袭击的社会，所以他断定鼠疫不可能在我们的市民朋友中传播开来。

7

第二天，凭借一种很多人认为不明智的固执劲儿，里厄说服省里在省政府办公室召开卫生委员会会议。

"市民们正变得越来越紧张，那是事实，"里夏尔医生承认，"当然，各种奇奇怪怪的谣言也到处都是。省长对我说：'迅速采取行动，但是不要引起注意。'他个人认为这是一场误报。"

里厄顺道捎卡斯特尔去省政府。

"你知道吗？"卡斯特尔在车里对他说，"我们整个地区连一克血清都没有。"

"知道，我给药品站打过电话。站长很震惊。那得从巴黎调运呢。"

"但愿他们能尽快去办。"

"我昨天发了电报。"里厄说。

省长亲切地向他们致意，但看得出他很紧张。

"让我们开始吧，先生们，"他说，"需要我介绍一下情况吗？"

里夏尔认为没有必要。他和他的同事们都是知情人。唯一的问题是应该采取什么措施。

"关键在于，"卡斯特尔近乎粗暴地插嘴说，"要知道这是不是鼠疫。"

两三个在场的医生表示抗议，其他医生则显得欲言又止。省长吓了一跳，赶忙朝门口看了一眼，以确保门口没人无意中听到这句惊人的话。里夏尔说，他认为最重要的是不必大惊小怪，现在可以认定要对付的是一种伴随腹股沟并发症的特殊类型的热病。无论从医学观点，还是根据生活常识来看，过早下结论都是不明智的。卡斯特尔安静地捻着黄胡须，用明亮的灰眼睛盯着里厄。然后，在友好地环顾委员会成员一周后，他说他很清楚这就是鼠疫，而且毋庸讳言，他也知道假如正式承认的话，当局将被迫采取非常激烈的措施。当然，这就是他的同事们不愿面对事实的原因，如果能让他们安心，他情愿说这不是鼠疫。省长显得很生气，说无论如何这种论点在他看来都是不可靠的。

"重要的不是可靠与否，"卡斯特尔回答，"而是能不能让人慎重考虑。"接着，他询问迄今为止尚未发言的里厄的看法。

"我们把它当成一种伴随呕吐和腹股沟淋巴炎的伤寒性发热来治疗，"里厄说，"我已经对淋巴炎病变部位切片，并对脓液进行了分析；我们的化验员认为他检验出了鼠疫杆菌。但我要补充一下，这是一种特殊的变体，不太符合有关鼠疫杆菌的经典描述。"

里夏尔指出，这证明持观望态度是有道理的。不管怎样，等待已经进行多日的一系列分析的统计结果是明智的做法。

"可是，"里厄指出，"当一种细菌3天内能让脾脏胀大4倍，能让肠系膜淋巴结肿大到橘子大小，并且使组织病变成稀粥一样的物质的时候，持观望态度至少可以说是不明智的。传染源正在持续扩展。以疾病传播的速度来看，如果我们不及时制止的话，它很可能两个月之内造成一半的市民死亡。所以你叫它什么无关紧要，重要的是要防止它杀死一半的市民。"

里夏尔说过于悲观是错误的，此外，这种疾病的传染性尚未证实。的确，他的患者的亲属，和患者同居一室也没有患病。

"但是其他人的亲属死了，"里厄表示，"显然传染从来不是绝对的，否则你会看到一个持续的几何级数，而且死亡率会出现突发性的激增。这不是悲不悲观的问题，而是是否应该采取预防措施的问题。"

然而里夏尔先入为主地做出了总结。他指出，如果传染病不自行停止传播，那就有必要根据法律规定采取严格的预防措施。但是，要采取措施的话，就有必要正式承认瘟疫已经暴发。但目前尚未绝对确定，因此不赞成采取任何草率的行动。

里厄坚持己见："法律规定的措施是否严厉不重要，重要的是是否需要利用它们来阻止半数人口的死亡。其余只是行政作为的问题，不用我说你也知道，我们的法律授权地方行政长官签署必要的命令，对此类突发事件有应对的措施。"

"确实，"省长说，"但是我需要你们专家的论断，来确定这种传染病是鼠疫。"

"如果我们不做论断，"里厄说，"就可能出现一半人口死亡的危险。"

里夏尔有些不耐烦地插话说："事实是我们的这位同事相信这是鼠疫，他对综合症状的描述证明了这一点。"

里厄说他描述的不是"综合症状"，仅是他的亲眼所见。他看见的是腹股沟淋巴结炎症，伴随谵语的高烧，48小时内致人死命。如果宣布这场传染病会在不采取严格预防措施的情况下也会自然结束，里夏尔医生敢承担责任吗？

里夏尔犹豫了一下，然后盯着里厄说："请坦白回答我。你绝对肯定这是一场鼠疫吗？"

"这个问题问错了。问题不在我用什么词，而在于我们要抓紧时间。"

"你的看法，我是这样理解的，"省长说，"即使这不是鼠疫，我们也要立即执行法律规定的鼠疫状态下的最高预防措施？"

"如果一定说我有个看法，那我的看法就是这样。"

医生们交谈了片刻。里夏尔充当了他们的代言人："就谈到这里。我们把这种病当成鼠疫一样行动起来，我们承担起我们的责任。"

这个说法得到了一致认同。

"你们用什么说法我不在乎。"里厄说，"我的意见是，我们不能掉以轻心，不要认为不可能有一半人死掉，因为到那时这件事可能真会变成事实。"

里厄在气愤和抗议声中离开了会议室。几分钟后，在他开车驶入一条弥漫着煎鱼和尿臊味的背街时，看见一个腹股沟鲜血淋漓，因为痛苦而尖叫着的妇女朝他张着双臂。

8

　　会议后第三天，热病又出现了另一个小小的进展。它甚至上了报纸，但是很不显眼，只是简单地被提及。不过接下来的一天，里厄注意到了城里张贴出来的小小的官方告示，尽管都贴在一些吸引不了多少人注意的地方。在那些告示里很难发现当局有任何正视事实的迹象。告示上的举措称不上严厉，而且给人以不惊动公众做出很多让步的感觉。其中以黑体字宣布奥兰市发现了几个恶性发热病例，现在还无法断定这种热病是否具有传染性。该病的症状还没有达到真正令人担忧的程度，政府希望市民们对这种情况保持镇定。为慎重起见，省府还是决定采取一些预防措施。如果这些措施制定完备且得到正确的实行，将会把传染病的风险扼杀在萌芽状态。有鉴于此，省长相信辖区的每位市民都能由衷地支持他的个人努力。

　　告示上列举了当局采取的一套通用程序。其中包括向下水道喷射毒气进行系统化灭鼠，严格监督水源质量。建议市民保持最严格的清洁卫生，要求任何发现身上有跳蚤的人去市卫生所。同时要求经医生诊断有发热患者的家庭的户主即刻上报，并允许对患者在医院的特殊病房进行隔离。告示上解释，这些病房是专门配备来为患者提供及时治疗，最大可能地确保患者康复用的。此外，还有一些补充规定，要求对病房和患者乘坐过的车辆进行强制性消毒。最后，省长本人还建议所有曾经和患者接触过的人向卫生检查员咨询并严格遵循他的指示。

　　里厄猛地从告示前转身，开始往诊所走。格朗正在那里等他，一见他进门，就夸张地扬起了双臂。

"是的，"里厄说，"我知道。数字正在上升。"前一天汇报的死亡人数是10个。他告诉格朗说可能晚上去见他，因为他已经承诺去拜访科塔尔。

"好主意，"格朗说，"您这样会对他有好处的。说老实话，我发觉他的变化很大。"

"在哪方面？"

"他变得友善多了。"

"他以前不友善吗？"

格朗若有所思。他不能说科塔尔过去不友善，这个词不合适。但科塔尔是个沉默、神神秘秘，举止有点像粗野的人。他的卧室、廉价餐馆的饭食、一些相当神秘的人际往来——科塔尔过去的生活就是这样。他对外自称是推销葡萄酒和白酒的旅行推销员。时不时会有两三个人来拜访他，大概是客户。有时候晚上他会去街对面看电影。说到这里，格朗提到了他注意到的一个细节——科塔尔似乎偏爱黑帮电影。虽然不能说他不信任遇见的任何人，但这个人给他的最大的印象是不合群。

但是现在，格朗说的是他完全变了。

"我不知道该怎么说，但我有种感觉，他正试着让自己被各种各样的人接纳，做每个人的好朋友。现在他常常找我说话，提议我们一起出门，我没法拒绝。另外，我对他也感兴趣，当然，我救过他的命。"

自杀事件发生后，就没有人再访问过科塔尔了。无论在大街上还是在店铺里，他总是努力和人交朋友。他对杂货店主和和气气，对一位烟草商的唠叨也表现出了无人能及的耐心。

"这个特别的烟草商——顺便说一下，是一位女士，"格朗解释道，"是个让人腻烦透顶的人。我对科塔尔这样说过，但他说我有成见，还说她有很多优点，只是需要去发现。"有两三次科塔尔邀请格朗和他一起去市里的豪华饭店和咖啡馆——他最近也开始光顾那些地方。

"那些地方气氛不错，"他解释道，"人也很好。"

格朗注意到那些员工对科塔尔很殷勤，当他看到后者给小费的手笔时，很快明白了其中的奥妙。科塔尔似乎非常享受人家回报他的慷慨时所表现出的友善。有一天，当一位领班护送他出门并为他披外套的时候，科塔尔对格朗说："他是个好人，而且是个好证人。"

"证人？我没听明白。"

科塔尔犹豫了一下，然后回答："呃，证明我其实不是坏人。"但他的心情有起有伏。一天，当杂货店主显得不够友善的时候，他气恼万分。

"他站在别人一边，这头猪！"

"站在什么人一边？"

"很多该死的人。"

格朗还目睹了发生在烟草店的奇怪的一幕。当时正谈得火热，那个站柜台的女人开始发表她对一起在阿尔及尔人中造成了一些风波的谋杀案的看法。在那个案子里，一个年轻的商业雇员在海滩上杀死了一个阿尔及尔人。

"我一直说，"那女人说，"要是他们把那些渣滓都关进大牢，正派人就能松口气了。"

她被科塔尔后来的反应吓了一跳——后者一句话没说就从店里冲了出去。格朗和她从后面盯着他，都呆住了。

随后，格朗又向医生讲述了科塔尔在性格上的另一些变化。科塔尔过去常常发表一些自由主义的看法，比如在经济问题上用的宠物格言，"大鱼吃小鱼"就是明证。但是现在他买的唯一一份奥兰的报纸是保守派的，而且在公开场合大声阅读，这让人怀疑他是有意的。还有件事也同样奇怪，在他离开病床之前不久，请格朗办了一件事：格朗说要去邮局，科塔尔托他帮忙给一个住在外地的姐姐汇100法郎，还提到每个月都会给她汇同样数额的钱。然后，就在格朗出门的时候，他又叫他回来。

"不，给她汇200法郎吧，给她一个惊喜。她认为我从来不关心她，可实际上我是全心全意对她的。"

不久后，他还和格朗进行过一次奇怪的对话。他缠着格朗让格朗告诉他每晚所做的那些有几分神秘的工作到底是什么。

"我知道！"科塔尔大叫，"你在写一本书，对不对？"

"差不多可以这样说，但不像写书那么简单。"

"啊！"科塔尔叹息着说，"我真希望自己也有写作的本事。"

看到格朗有些吃惊，科塔尔有几分难为情地解释说，成为一个作家肯定可以在很多事情上容易一些。

"为什么？"格朗问。

"为什么，因为大家都知道，作家比平常人有更多的权利。人们更尊重他们。"

就在官方告示贴出来的那天上午，里厄对格朗说："好像老鼠的事把他的脑子搅乱了，就像对其他很多人造成的影响一样。我觉得就是这样，要不然就是他担心'热病'。"

"我想不是，医生。假如你想知道我的看法，他……"

他不得不暂停下来，窗外有灭鼠车经过，发出机关枪一样嗒嗒响的排气声。里厄也沉默着等到外面的车走远，才饶有兴趣地问格朗的看法是什么。

"他是个良心上有很大负担的人。"格朗严肃地说。

医生耸耸肩。正如那个警官所说的，他还有其他重要的事情要做。

那天下午里厄和卡斯特尔进行了另外一场谈话。血清仍然没有送来。

"总之，"里厄说，"我不知道血清能有多大用处，这种杆菌很奇怪。"

"这个，"卡斯特尔说，"我和你的看法不一样。这些小畜生总是显得很独特，但是在根本上还是一样的。"

"那是你的理论。实际上，我们对这个题目几乎一无所知。"

"是的，这是我的理论。但是，在某种意义上，它是适用于每个人的。"

整整一天，只要一想到瘟疫的迹象变得越来越明显，医生就有一种轻微眩晕的感觉。最后他意识到这是害怕！他两度走进拥挤的咖啡馆。像科塔尔一样，他感到了一种对于友好接触、人类温情的需要。这是愚蠢的本能，里厄告诉自己。可是，这个想法却让他想起了对那个旅行推销员的承诺。

那天傍晚，当医生走进科塔尔的房间时，后者正站在餐桌旁。餐桌上摊开放着一本侦探小说。但夜色临近，在越来越暗的光线下是很难阅读的。所以在听到门铃响之前，科塔尔更像是坐在桌旁沉思。里厄问他觉得怎么样。科塔尔坐下来，没好气地回答说他感觉好极了，还补充说要是能不被人打扰的话，他会感觉更好。里厄劝告他，人不能老一个人待着。

"我不是那个意思。只是我在想，对你感兴趣的人只会给你惹麻烦。"

里厄没接话。

科塔尔接着说："注意，这说的不是我自己。只是我在读这本侦探小说，书里讲的是一个可怜的人在一个美好的早晨突然被逮捕的事。人们一直对他有兴趣，但他一无所知。他们在办公室里议论他，在索引卡片上输入他的名字。这样的情况，你认为公平吗？你认为人们有权这样对待一个人吗？"

"那要视情况而定。"里厄说，"在某种意义上我同意你的看法，谁都没有权利。但是这些都是题外话。对你来说最重要的是多出去活动，老待在家里不好。"

科塔尔似乎有些气恼，说正相反，他经常外出，而且如果需要的话，街上所有的人都能为他做证，他也认识很多市里其他地方的人。

"你认识里戈先生吗，那个建筑师？他是我的一个朋友。"

房间里几乎完全暗下来了。大街上声音越来越吵，当街灯一齐亮起来时，外面的一阵低沉的欢呼声似乎在迎接这一时刻。里厄走到外面的阳台上，科塔尔也跟了出来。正如我们这座城市每天的傍晚一样，微风从远处的街区里吹来一阵低语声和烤肉味，随着从店铺和办公室里涌出来一群群吵吵嚷嚷的年轻人，街道上洋溢着一种自由自在的欢快气氛。夜幕降临，停泊在遥远海上的看不见的轮船上传来的声音，大街上人群快乐的喧闹声，在过去，每天的这个时候这些在里厄看来都有着一种特别的魅力。然而今天他心事重重，眼前一切似乎都充满了危机。

"开灯吧？"回到房间，他提议说。电灯打开后，科塔尔眨巴着眼睛凝视着他。

"告诉我，医生。假如我病了，你愿意安排我住进你的医院病房吗？"

"为什么不呢？"

接着科塔尔又问是否有人曾经在医院或疗养院被捕。里厄说有过这种事，但全取决于患者的情况。

"你知道，医生，"科塔尔说，"我是最信任你的。"他问医生能否载他一程，因为他想去市里。

市中心的街道上，人已经少下来了，灯光也变得稀疏。儿童们正在门口嬉戏。在科塔尔的要求下，医生在其中一伙小孩儿旁边把车停下来。他们在玩跳格子游戏，吵吵闹闹的。其中一个梳着整齐而光滑的分头，面孔肮脏的男孩儿用明亮的眼睛无礼地盯着里厄。医生移开了目光。科塔尔站在人行道上摇摇头。然后，他心神不定地往身后看了看，用嘶哑而不自然的声音问：

"每个人都在说传染病。真有这回事吗，医生？"

"人的嘴闲不住，"里厄说，"你还能指望听到什么呢？"

"你说得对。所以要是死了10个人，他们就会认为世界末日了。但我们需要的不是这个。"

发动机空转着。里厄的手放在手刹上。这时他又转头看了看那个还在以一种奇怪的严肃劲儿盯着他的那个男孩儿。突然，男孩儿出人意料地咧着嘴笑了。

"是吗？那么我们需要什么？"里厄一边向男孩儿回以微笑，一边问。

科塔尔在转身要走的时候忽然紧紧抓住车门，用愤怒而激昂的声音大喊了一声："一场地震！大地震！"

没有发生地震。接下来的一天里，里厄驾车跑遍了城里的每个角落，和患者及患者的家属交谈。里厄从来不知道自己的职业会带来如此大的烦恼。从前他的患者很配合他的工作，他们乐于把他们自己托付给他。而现在里厄发觉他们在保持距离，带着一种令人困惑的敌意隐瞒自己的病情。这是一种他不习惯的抗争。那天晚上10点的时候，他把车停在老哮喘患者门外——他当天最后一个访问对象——然后吃力地从座位里爬出来。他盘桓了一会儿，在漆黑的街上仰望着天上明灭不定的群星。

里厄进门的时候，老人正坐在床上平时的位置上，把干豆子从一个盘子里数到另一个盘子里，一见客人他就满脸堆笑。

"啊，医生，那是霍乱，对不对？"

"你究竟从哪里冒出这个想法的？"

"从报纸上，电台上也说了。"

"不，这不是霍乱。"

"不管怎么样，"老人咯咯笑着说，"那些大人物在说大话。他们紧张了，是不是？"

"一个字都别信。"里厄说。

他给老人做过检查，在那间昏暗的小餐室里坐下来。是的，他害怕，尽管嘴上没说。他知道仅在这片郊区就有大约十个不幸的人，正因为腹股沟淋巴炎蜷缩在病床上，等着他明天早上诊治。其中只有两三个对肿块进行切口的患者有了好转，大部分都得住院，他了解贫穷的人对医院是什么感觉。"我不想让他们在他身上做试验。"其中一个患者的妻子说。但是他不会被当成试验品，他会死，就是这样。那些现在执行的措施是不适当的，事实是这样可悲地清晰。至于那"特别配备"的病房，他知道是怎么回事：两间别的患者已经被匆忙转移出去的独立病房，窗户被封得密不透风，环绕大楼外面设置一条隔离警戒线。唯一的指望是疾病的暴发会自然停止，当局目前采取的措施无疑是不可能扑灭疫情的。

尽管如此，那天晚上的官方通报的口气仍然乐观。第二天，兰斯多克信息处宣布地方采取的举措得到了普遍认同，已经有30个患者上报。

卡斯特尔打电话给里厄："特殊病房里有多少张床位？"

"80个。"

"城里肯定有不止30个病例吧？"

"别忘了还有两种情况：害怕的和没有时间的，后者占多数。"

"我明白了。他们检查尸体埋葬吗？"

"不。我通过电话告诉里夏尔需要采取积极措施，不能只停留在口头上，我们得设置一道对付这种病的真正屏障，否则还不如什么事都不干。"

"是吗？他怎么说？"

"办不到。他没有权限。照我看，情况要变糟。"

正是如此。三天内，两处特配病房都满了。按照里夏尔的说法，正在讨论征用一所学校来设置一个附属医院。与此同时，里厄继续为患者开刀处理脓肿，并等候抗鼠疫血清的到来。卡斯特尔则回到旧书堆里，把大部分时间花费在公共图书馆。

"那些老鼠死于鼠疫，"他得出结论说，"或者某种极端类似的疾病。而且它们在城里散播了无数只跳蚤，如果不及时处理，疾病将会以几何级数扩散。"

里厄沉默不语。

大约在这个时候，天气开始好转，太阳晒干了雨水留下的最后一些泥泞。每天早晨都是蓝天白云，温度也开始上升，天空时而传来飞机的嗡嗡声——都和世界上的其他地方没什么两样。然而这4天里热病出现了4个惊人的飞跃：16例死亡，24例，28例，32例。第四天，附属医院在一所小学成立的消息发布了。此前还设法用说笑来掩盖内心忧虑的市民们现在变得缄默，表情阴郁。

里厄决定给省长打电话。

"这些措施是远远不够的。"

"是的，"省长回答，"我看了统计数字，正如你所言，太让人担忧了。"

"不止让人担忧，数字是确定性的。"

"我会要求政府下命令。"

当里厄再次去见卡斯特尔时，省长所说的话让后者火冒三丈。

"命令！"他轻蔑地说，"一句空话顶什么用！"

"有血清的消息吗？"

"这个星期到。"

省长通过里夏尔请里厄起草一份备忘录，发给殖民地中央政府请求下命令。里厄在里面附了一份临床诊断书和传染病统计资料。在汇报40人死亡的那一天，省长负起责任，宣布了严格的新规定。强制要求上报发热病例并严格对患者执行隔离；患者的住处要封闭并进行消毒；居住在同一所房屋的人要进行隔离检疫；下葬要在地方政府的指导下进行——用一种随后会加以描述的方式。第二天，血清由飞机送达。这批血清只够眼前应急，不足以应付传染病的扩散。在回复给里厄的电报里，通知他紧急储备已经耗尽，但正在筹备新的供应。

与此同时，春天的脚步正从所有偏远的区域向市区走来。成千上万朵玫瑰枯萎在市场和街道两旁花商的篮子里，空气里充溢着它们甜腻的香气。表面上，这一年的春天和往年没什么两样。电车在高峰期总是挤满了人，在一天的其他时间则空空荡荡、又脏又乱。塔鲁继续观察那个小个子老头儿，小个子老头儿照旧朝猫儿吐口水。格朗每天傍晚匆匆回家干他神秘的文学工作。科塔尔接着过他平时散漫的生活。而治安法官奥顿先生则继续检阅他的"兽群"。

老西班牙人还在把豆子从一个盘里往另一个盘里数，有时候你会遇见记者朗贝尔，他似乎对看见的一切都兴趣盎然。

到了傍晚，人们照例拥挤在大街上，或者在电影院前排成长队。而且，传染病似乎成了强弩之末：有几天公布的死亡人数只有10例左右。然而，几乎在突然之间，数字又一次直线上升起来。在死亡人数上升30例那天，省长交给里厄医生一份电报，里厄说："他们终于慌了。"

电报上写的是："宣布鼠疫爆发，封闭城市。"

第二部分

9

从现在开始，可以说鼠疫已经成了我们每个人的心头病。在这之前，尽管他们都会因为身边发生的怪事而感到吃惊，但只要有可能，每个市民都会像往常一样各忙各的事情。而且无疑他们会一直这样持续下去。但是一旦城市的大门关闭，我们中的每个人都会意识到，所有人，包括叙述者本人，都面临着同样的处境，而且每个人都得设法适应新的生活环境。于是，比方说，一种通常是分别的爱人才有的痛苦的个人感情突然成了城里人的共同感受，包括恐惧，对即将面临的长期被迫异地分居生活的恐惧。

事实上，封闭城市最令人震惊的一个影响是这种令人猝不及防的隔离感。

那些母子、恋人、夫妻，他们在车站的月台上互相吻别的时候，满心认为几天后，至多几个星期后就能再次相见，人类盲目信念的作弄使他们根本想不到这次离别会打乱他们的日常生活。所有这些人都发现自己在没有丝毫预警的情况下被隔离起来，不仅不能相见，连互相联络也不再可能。实际上，封城已经在官方通告前几个小时就已经开始，而且很自然，个人困难是不予考虑的。也许我们可以这样说，这场天灾的第一个后果是迫使市民们作为个体像没有个人感情一样行事。发布禁令的当天，省长办公室被一群持同样有说服力但又同样不可能被考虑的理由的人围了起来。的确，要用上几天时间我们才能认识到自己被完全困了起来，那些类似"特殊安排""通融""优先"之类的词都已经失去了意义。

甚至连写信这样渺小的乐趣也远离了我们。规定是这样的：不仅市里不能和世界上的其他地方通过正常联络方式交流，而且——根据第二条通告——一切通信都是禁止的，以免信件上可能的感染源被扩散到城外。最早的几天，一些幸运的少数人设法说服守门的岗哨，得以把信件送到了外部世界。但这只是在封城后的最初几天，岗哨能够体谅这种人之常情的时候。后来，这些岗哨充分认识到了事态的严重性，他们板着脸拒绝承担那些无法预计的可能的后果。一开始往其他城市打电话还是被允许的，但随之导致了电话亭人满为患和线路的严重延迟，于是有几天连打电话也遭到了禁止，从那以后，只有死亡、嫁娶、出生等"紧急事件"才允许使用电话联络。于是我们只好回到了电报时代。

以友谊、亲情或肉体的爱联系在一起的人们现在只能搜肠刮肚，以一封不超过10个字的电报来维系他们过去的交流。这样一来，实际上能够在电报上使用的词语很快就耗尽了，长期共同生活的情感，抑或深情的思念，很快缩减为诸如"我好，想你，爱你"之类的套话的交流。

然而，我们中的少数人一直坚持写信，并耗费大量时间来制订和外部世界联络的计划，但是这些计划几乎总是白费工夫。即使有为数不多的几次成功了，我们也无从得知，因为得不到任何回复。几个星期下来，我们只是反复写着同样内容的一封信，复述着同样的新闻片段和个人请求，结果那些倾注了我们心血的生动词句失去了任何意义。我们还是机械地复制着它们，企图通过这些毫无生气的语句来传递我们对艰难生活的见解。然而经过漫长的尝试，相较于这些毫无结果、重复再三的独白，这些徒劳的和墙壁的对话，电报里老套的交流也开始显得可以接受起来。

又过了几天，当出城的渺茫希望破灭后，人们开始询问什么时候允许鼠疫暴发前出城的人回来。经过几天的考虑，当局同意了。但是他们指出，回城的人不许再出城。一旦回到城里，无论发生什么情况，他们都必须留下来。一些家庭——事实上为数不多——拒绝接受事态的严重性而且急于和外出的亲人团聚，不顾一切地发电报给他们，让他们趁这个机会返回。但是，受困于鼠疫的人们很快发现这将使他们的亲人面临可怕的危险，于是又悲伤地决定承担离别的痛苦。在鼠疫发展到高峰的时候，我们只看到了一个自然感情以一种特别痛苦的形式克服死亡恐惧的例子。这个例子并不像我们料想的那样是两个热恋的年轻人，为了接近彼此宁可忍受难以预料的痛苦。这两个人是老卡斯特尔医生和他的妻子，他们已经结婚多年。卡斯特尔夫人是在疫情初起时去邻市的。他们算不上模范夫妻；相反，叙述者有资格在这里说，夫妻双方多半不太确定是否对他们的婚姻满意。但这场无情的、势必旷日持久的分离使他们认识到绝不能分开生活，既然如此，那么鼠疫的威胁就不重要了。

这是一个特例。对大多数人而言，离别显然要持续到疫情结束。至于我们每个人自以为很熟悉的在生活中占支配地位的情感（正如前面已经提到过的，奥兰人的感情很简单），出现了新的变化。曾经完全信任妻子的丈夫们吃惊地发现了自己的嫉妒，情人也有同样的体验；曾经以把自己描述为花花公子为荣的男人变成了道德楷模；和父母居住在一起，平日对他们不加关心的子女满心悔恨地发现了父母脸上平时没有注意的一道道皱纹。这种极端的、刻骨铭心的剥夺和对未来的茫然使我们猝不及防，我们对于终日折磨着我们的现状无能为力。事实上，我们的痛苦是双重的：首先是我们自身的痛苦，其次是思念不在身边的儿子、母亲、妻子或情人的痛苦。

在别的情况下，我们的市民也许已经找到了其他途径，来增加他们的活动和过更社会化的生活。但是鼠疫迫使他们过静止的生活，把他们的活动限制在市里某个令人乏味的地方，让他们日复一日地在思念中寻找慰藉。因为当他们漫无目的地闲逛的时候，由于这座城市的小，他们总是回到同样的街道上，而这些街道常常是在快乐的日子里和现在不在身边的人曾经走过的地方。

所以鼠疫给我们的城市带来的首先是被流放的感觉。叙述者相信这个说法适用于每个人，这个感觉不仅他有，他的很多朋友也向他承认过。这种确定无疑的放逐感，这种空虚的感觉始终缠绕着我们，使我们失去理性，不是盼望时光倒流就是希望时间的步伐变快，而记忆和现实的无情变换又像火一样刺痛我们。有时我们沉浸在幻想里，想象我们正等待门铃响起，某人归来；楼梯上传来熟悉的脚步声。尽管我们设法忘掉此刻已经不再有火车运行，刻意选择在平常晚班火车经过，游客夜归的时候待在家里等待。但这种自我欺骗的游戏，由于显而易见的原因，是不能继续下去的。面对现实的那一刻总会到来，当你意识到火车不会再来，那种隔离感注定会回来，我们没有别的选择，只好和未来的日子妥协。简而言之，当我们回到囚室一样的家的时候，留给我们的只有过去，即使有人寄希望于未来，他们也会很快放弃那种想法，现实的创伤会很快打碎他们的梦。

值得注意的是，我们的市民很快甚至公开地放弃了他们过去形成的试图估算他们的离别期能够持续多久的习惯。原因是这样的：当最悲观的人把这个时期估计为，比如6个月的时候，当他们提前做好了忍受6个月痛苦的准备，艰难地鼓起全部的勇气，准备耗尽最后的力量熬过漫长而痛苦的日子时，他们偶尔会遇到一个朋友，会见到报纸上的一篇文章，脑海里会闪过一种模糊的怀疑或者某种一闪而过的远见，这些都将表明，他们没有理由说明疫情不会比6个月更长，为什么不可能是一年，或者更长的时间呢？

他们的勇气、毅力和忍耐就在这样的想法下突然崩溃了，突然使他们感到自己再也爬不起来。因此他们强迫自己不去考虑那个不确定的日期，也不再考虑未来，而是用眼睛盯着自己脚下的路。但这种小心翼翼回避困境、拒绝抗争的做法也收效不大。因为，在回避他们认为无法承受的巨变的时候，他们也逃离了救赎的机会；而通过想象重聚的景象，他们可以暂时忘掉鼠疫。于是，在这些高峰和低谷间他们选择了一条中间路线，他们在生活中飘浮而不是生活其中，在没有目标的时光和毫无结果的回忆里，像本可以获得实质的游荡的影子一样，选择了立足在他们不幸的土壤里。

因此，他们也认识了所有囚犯和流放者的根深蒂固的悲哀，那就是生活在毫无用处的回忆里。即使他们无时无刻不思念的过去，也只有苦涩的味道。因为他们本可以把那些令人遗憾的和亲人来不及做的事情一起加进记忆里，如果他们等待的亲人归来，那些事情也许已经完成了。正像在所有的活动里一样，即使是他们作为囚徒生活中相对快乐的活动，他们也一直徒劳地希望不在场的亲人加入。因此他们的生活里总是有一些缺失的东西。对过去的敌视，对现状的不耐烦，对未来的逃避，我们像那些被迫在铁窗下生活的人，心怀愤懑。然而逃脱的唯一办法是在想象里让火车再次开动起来，用虚构出来的门铃的叮咚声来填满寂静，然而实际上门铃顽固地保持着缄默。

尽管如此，如果说这是一场流放的话，对我们中的大多数而言，是被流放在自己家里的。尽管叙述者体验的仅仅是一般形式的流放，他无法忽略另外一些情况，如记者朗贝尔和其他很多人，将不得不经历一种更让人难以忍受的隔离。他们作为旅行者被鼠疫阻拦在这里，他们被隔断了和亲人及家庭的联系。从一般意义的放逐而言，他们是最痛苦的；和我们一样，他们也有着时间催生的烦恼，但他们也有着空间带来的痛苦；这种痛苦时刻纠缠着他们，他们不时地撞到这个巨大而奇异的疫区的高墙上，这些墙壁隔开了他们和远方的家园。毫无疑问，这些人你在任何时候都能在尘土飞扬的城里看到，他们孤独地徘徊着，默默思念着只有他们才熟悉的能让他们更快乐的家乡的黄昏和黎明。稍纵即逝的想象，像飞舞的燕子一样扰乱人心的消息，清晨时的露珠或者阳光偶尔在空荡荡的大街上造成的奇怪的闪光，所有的一切都能成为他们苦恼的来源。至于那个总是能够提供摆脱这一切烦恼途径的外部世界，想了也徒增烦恼。他们沉溺在想象出来的逼真幻影里，两三座小山、一棵最爱的树木、一个女人的微笑，为他们构成了无可取代的世界。

最后，我们要特别讲讲离别的情侣的情况，这个题目也许是最令人感兴趣的，而且，也许叙述者最有资格发言。对被迫离别的情侣而言，这场瘟疫是另一种感情的折磨，其中最明显的感情或许是懊悔。当前的处境使他们以一种狂热的客观来观察他们的感情。而且，在这种情况下，他们很难忽视自己的缺点。首先，他们因为无法想象不在身边的人的状况而烦恼。他们开始哀叹自己对对方生活方式的无知，然后又责备自己过去竟然对此毫不关心，并因此想到，当两人不在一起的时候，考虑爱人的日常活动可能是一件无所谓的事，而且只会徒增烦恼。一旦想到这一点，他们就能够追溯他们的恋爱过程并发现其中的不足。放在平时，我们都自觉或不自觉地知道，世上没有不能变得更完美的爱情；尽管如此，我们都或多或少轻易地屈从于一个事实，即我们的爱情永远达不到平均水平以上。然而回忆是不容易妥协的。

这场从外部降临全城的灾难不仅给我们带来了不应有的痛苦，也造成了我们自身的痛苦，并使我们把挫折当成了生活的常态。这就是鼠疫转移人们的注意力并混淆是非的恶作剧之一。

因此我们每个人都必须独自面对冷漠的苍天，满足于过一天算一天的生活。这种被抛弃的感觉也许能够及时给人们的性格里加入一些好脾气，然而，人性遭到的破坏已经使其失去了意义。比如说，我们的一些市民开始服从于一种古怪的奴隶心态，这种心态使他们听凭阳光和降雨的支配。看着他们，你会感觉这是他们有生以来第一次变得对天气这样敏感。一线阳光就能使他们面对世界喜形于色，而雨天又给他们的脸色和心情蒙上一层阴影。几个星期前，他们还没有这种对天气的荒唐反应，因为他们不曾一个人面对过生活；在某种程度上，在他们的小世界里，天塌了是有人顶着的。但从现在开始，一切都变了样：他们似乎只能听凭命运的作弄——换言之，他们的痛苦、他们的希望，都由不得自己。

而且，在这种极端孤独的情况下，谁也不能指望邻居的帮助，每个人都必须独自忍受自己的烦恼。如果有偶然的机会，我们中的一个人试着向别人说了心里话，或者吐露了自己的一些想法，那么无论得到的回答是什么，十有八九是会令他伤心的。然后他会发现他和那人谈不到一起去。因为当他倾诉自己长期埋藏在心里的个人痛苦，以及在爱情和悔恨之火中慢慢成形的感受时，这些东西对他的倾诉对象而言却毫无意义，后者认为那是司空见惯的感情，是批量生产在市场上交易的悲伤。无论是友好还是恶意，回答通常是不得要领的，而交流的尝试也不得不放弃。至少对那些无法忍受寂寞的人而言，这是千真万确的。由于别人无法找到那些真正有表现力的词汇，他们只好退而求其次，聊聊流行话题，平淡无奇的老生常谈，趣闻逸事及日报上的新闻。所以在这种情况下，即使最真挚的悲伤也要用日常交谈的套话来勉强应付。只能借助这种表达方式，鼠疫的囚徒们才能确保看守者的同情和听众的兴趣。

不过，最重要的是，无论他们的痛苦多么强烈，无论他们的心情多么沉重，因为内心的空虚，在鼠疫爆发的早期阶段，仍然可以认为这些流放者是得到了特别赦免的。因为正当城里的居民们开始恐慌的时候，他们的心思还完全放在那些他们渴望再次相会的人身上。这种爱的利己主义使他们没有受到群体恐慌的影响，而且，如果他们想到鼠疫，那只是在鼠疫可能造成永远分离的危险的时候。所以虽然身处疫区中心，他们却保持着一种难得的漠不关心的态度。他们的绝望心情使他们免受恐慌，因此他们的不幸也有好的一面。比如，如果他们中的一个碰巧被疫病带走，几乎在他还没有意识到的情况下就发生了。从和幽灵般的记忆漫长而无声的交流中，突然被拉进永恒的寂静，不再有任何痛苦。这是幸运还是不幸？

10

在我们的市民正设法适应着突然实行的隔离的时候，鼠疫正在给各处关卡派去岗哨，使开往奥兰的轮船掉头。自施行封城政策以来，没有任何交通工具进过城。从那天以后，人们会产生一种印象，即所有的汽车都在城里兜圈子。假如从中央大道的最高处俯瞰港口，也会看到一幅奇怪的景象。迄今为止，使它成为海岸线上一个主要港口的贸易往来已经突然停止，繁华不再。只有寥寥几艘接受检疫的船只停泊在海湾里。但是码头上闲置的无精打采的吊车，歪倒在地上的翻斗车，无人照管的一堆堆麻袋和木桶——都无声地证明了连商业也被鼠疫剥夺了生机。

尽管面对着如此不寻常的景象，市民们还是感到难以理解自身的处境。有些感觉是每个人都深有感触的，比如恐惧和分别的痛苦，然而个人利益也仍然在他们的思想中占据着首要的地位。迄今为止人们还不明白鼠疫究竟意味着什么。大部分人只是发觉他们日常生活的秩序被打乱，利益受到了影响。他们既担心，又生气，但这些情绪不是能够用来对付鼠疫的。比方说，他们的第一反应是去谩骂政府。省里通过新闻机构对这些批评——难道不能修改一下这些严格的规定吗？——的反击多少有点出人意料。原本各家报纸和兰斯多克信息处都是得不到任何官方的疫情统计数字的。现在省里每天都把这些数据发给媒体，要求它们每周发布一次。

公众对这一举措的反应也比预料中迟缓。鼠疫爆发第三周造成302例死亡的干巴巴的声明没有触动他们的想象力。首先，这302例死亡也许并非全部是鼠疫造成的；其次，城里没有一个人了解市里平时每周的死亡人数。本城的居民共约20万。因此无从得知当前的死亡率是否真的那么反常。事实上，这种统计数字虽然平时无人关心，然而其重要性又是不言而喻的。因为公众缺乏比较的标准。只有随着时间的流逝，当死亡率上升到无法忽视的程度时，人们的看法才能贴近现实。接下来的第四周有321人死亡，第五周有355人。这些数字足够说明问题了。但还不足以说服我们的市民，尽管他们人心惶惶，但还固执地认为这只是一场意外事件，尽管非常讨厌，但终究是暂时性的。

所以他们照常在大街上徜徉，在露天咖啡座喝咖啡。一般而言，他们不缺乏勇气，传播的笑话远多于耶利米哀歌①，而且高高兴兴地接受了这些暂时的不便。总之，他们保住了自己的脸面。然而到了月底，在稍后会谈到的祈祷周到来的时候，更严重的情况改变了城里的方方面面。首先，省里采取了一些控制交通和粮食供应的措施。汽油实行配给，食品销售也受到了一些限制，还规定缩减电力的使用。只有生活必需品可以通过陆路或空运进入奥兰。道路上的车辆逐渐稀疏，直到路上几乎看不到任何私人车辆；奢侈品商店第二天就停止了营业，其他商店也开始贴出了"无货"的通知，而门外则挤满了等着采购的人。

奥兰市呈现出一幅奇异的景象：大街上行人更多了，因为很多商店和大批办公室关闭，大量无所事事的人挤满了街头和咖啡馆。因为目前他们还算不上失业，只是在休假。所以，在天气晴好的日子，接近下午3点的时候，城里就像在举行公共庆祝活动一样，商店都关了

---

① 《旧约·圣经》的一章，讲述被上帝降罚的耶路撒冷城人民的悲哀。

门，公共交通也停了下来，把街道让给狂欢的人们。

电影院受益于这种情况，赚钱不费吹灰之力。他们唯一的难题是缺乏新电影，因为这个地区的影片流通已经被迫中止。两星期后，电影院之间不得不开始互相交换影片。再过一段时间，就只能翻来覆去地播放同一套影片。尽管如此，他们的票房却不见减少。

至于咖啡馆，要感谢这座城市引以为傲的葡萄酒和烈酒贸易所积累的大量库存，所有的咖啡馆都同样能满足顾客的需求。而且，说老实话，酗酒的情况很严重。有一家咖啡馆贴出了一条绝妙的标语："防止感染的最佳途径是一瓶好酒。"这条标语强调了酒精能够预防传染性疾病的流行观点。于是每天凌晨2点时分，都有很多烂醉如泥的人被咖啡馆赶出来，一边在大街上摇摇晃晃地走，一边乐观地大呼小叫。

然而在某种意义上，所有这些变化显得如此不真实，而且又出现得如此突然，令人很难相信它们会持续下去。所以，我们还是把注意力集中到我们个人的感受上来。

封城第二天，里厄医生离开医院的时候在街上遇见了科塔尔，后者喜气洋洋。里厄向他表示祝贺，说他气色很好。

"是的，"科塔尔说，"我感觉不错。一辈子都没这样好过。医生，告诉我，这场该死的鼠疫，它是怎么啦？开始变严重了，是吗？"

看见里厄点头，他又兴致勃勃地说："那就没理由停下来。从城里的情况看，要乱套了。"

他们一起走在一条小路上，科塔尔讲了他们街上一个感染鼠疫的杂货店老板的事，那个人抱着以后赚大钱的想法囤积了很多罐头。当救护人员赶到的时候，他的床底下放了好几十罐肉罐头。"他在医院里死了。瘟疫里面是没钱可赚的，那是肯定的。"科塔尔有一大堆和疫情有关的故事，也不知道是真是假。其中一个说的是，一个出现了所有的症状并发着高烧的男人跑上大街，冲向他遇见的第一个女人，然后死死抱住，嘴里大叫着他"得上了"。

科塔尔的评论是"他真行"，但他的下一句话出卖了他幸灾乐祸的假象，"总之，不久以后我们都会发疯的，除非我错了。"

当天下午，格朗终于向里厄说了心里话。因为注意到桌子上里厄夫人的照片，他询问地看着医生。里厄告诉他他妻子正在离城里有段距离的疗养院接受治疗。

"在某种意义上，"格朗说，"那是幸运的。"

里厄表示同意，不过他又补充说，最好他妻子能就此康复。

"是的，"格朗说，"我理解。"

于是，从里厄认识他以来，格朗第一次变得健谈起来。尽管还会在词语的选择上卡壳，但是他几乎总是能成功地找到适合的词语。真的，就像他深思熟虑多年才开口一样。他告诉里厄，他十几岁的时候，娶过一个附近贫穷家庭的非常年轻的女子。实际上，正是为了结婚他才放弃学业并接受了现在的工作。他和让娜都不曾离开过他们那片地区，在追求她的那段时间里，他常常去她家里看她，而她的家人总是取笑她的这个腼腆而沉默的仰慕者。她爸爸是个铁路工人，不上班的时候，大多时候坐在靠窗的角落，把一双大手摊放在大腿上，默默地盯着过路人。她母亲则终日忙于家务，让娜时常帮忙。让娜身材瘦小，每当过马路的时候格朗总为她担心，因为在她纤弱身躯的衬托下，那些车辆都显得那么庞大。后来，在圣诞节前不久的一天，他们俩一起出门散步，停下来欣赏一家商店装饰精美的橱窗。在入迷地凝视了一会儿后，让娜转向他。"哎呀，是不是很可爱？"他握住了她的手腕。就这样，他们确定了终身。

后面的故事在格朗看来非常简单。和很多结合的普通夫妇没什么两样：他们结了婚，他们的爱持续了更长的一段时间，两个人都工作，然后过于努力工作使他们遗忘了爱。因为格朗受雇的市政办公室的领导没有遵守诺言，让娜也不得不在外面工作。在这里，我们得用上一点想象力才能理解格朗试图表达的意思。在很大程度上是因为疲惫，他逐渐失去了对自己的控制能力，变得越来越沉默寡言，无力保持和爱妻之间的感情的活力。劳累过度的丈夫、贫穷的生活、未来生活希望的逐步丧失、一个个沉默无言的夜晚——爱情在这样的环境下有多少生存的机会？也许让娜已经受够了，但她坚持了下来。当然，人们也许总能忍受长期的痛苦而不自知。就这样过了一年又一年。后来有一天，她离开了他。自然，她不是一个人走的。"我很爱你，但是现在我太累了。我走了会痛苦，但一个人重新开始不需要很多快乐。"她在信里是这样说的。

格朗也很难受。而且如里厄所说，他也许也有了一个新的开始。然而并非如此，他失去了生活的信念，他无法停止对她的思念。他想给她写一封信来为自己辩解。

"但是很难，"他告诉里厄，"多年来我一直在考虑。当我们相爱的时候，我们不用语言就能懂得彼此的心意。但是人们不会永远相爱。我一直希望能找出一些词语来把她留在我身边——但我做不到。"他从口袋里拿出一块看起来像格子布抹布一样的东西，响亮地擤了擤鼻涕，然后又擦擦胡须。里厄默默地凝视着他。

"原谅我，医生，"格朗匆忙补充说，"但是——我该怎么说呢？——我认为你是值得信任的。所以才把这些事情告诉你。然后呢，你看，我总算讲完了。"很明显，格朗的思想和鼠疫完全是背道而驰的两个范畴。

那天晚上里厄给妻子发了一封电报，告诉她城里已经封闭，嘱咐她一定要照顾好自己，另外，自己一直想念着她。

有天晚上，在他离开医院的时候——大约是封城后的第三个星期——发现一个年轻人正在外面等他。

"您记得我，对吗？"

里厄相信自己记得，但一时却想不起来。

"这场麻烦刚刚开始的时候，我拜访过您，"年轻人说，"为了了解阿拉伯人社区的生活状况。我叫雷蒙德·朗贝尔。"

"啊，是的。现在你可以为你们的报纸写一篇大新闻了。"

这一次，朗贝尔给人的感觉不如他们初次见面时那么自信，他说他的目的不是这个。他想求医生帮点忙。

"我得向您道歉，"他说，"但在这里的确人生地不熟，我们的报纸在这里的代表处完全是个摆设。"

里厄说他得去一趟市中心的药房，提议他们一起步行去那里。他们途中要穿过黑人区的狭窄街道。暮色初起，但是往常这个时候非常热闹的城里却静得出奇。只能听到几声军号声在空气里回荡，在薄暮中显得异常嘹亮。无论如何，军队还和往常一模一样。他们一走进那些由蓝色、淡紫色和黄色墙壁围起来的陡峭的窄巷，朗贝尔就开始滔滔不绝起来，好像无法控制自己的情绪一样。他把妻子丢在了巴黎，他说。说真的，她其实还算不上他的老婆，但是没什么不同。城里一实行隔离他就给她发了一封电报。那一次他表达的意思是这种状态完全是暂时的，后来他一直想设法给她寄一封信，但邮局拒绝了他，本地的同事也帮不上忙，省政府办公室的一个职员甚至当面嘲笑他。后来他只好排队等了几个小时，才得以发了一封电报，电报上写的是："一切都好，希望很快和你相见。"

但是第二天早上，他一睁开眼就想到，毕竟根本没法知道这种情况会持续多长时间。所以他决定马上离开奥兰。多亏他的职业身份，在托了一些关系后，他才受到省政府办公室的一位高官的接见。他解释说他来奥兰纯属意外，他和这里一点儿关系都没有，完全没有理由留在这里；按照当前的情况，他当然有权利离开，即使出城后要接受一段时间的隔离检疫也没关系。那位官员对他说，很理解他的处境，但不能做例外处理。不过，他会看看能否能帮上什么忙，尽管他对结果不抱希望，因为当局对现状采取了一种非常严肃的态度。

"可是，真该死，"朗贝尔大叫起来，"我不属于这里！"

"确实。无论如何，但愿这场瘟疫能早日结束。"为了安慰朗贝尔，那位官员指出，作为记者，他在奥兰市有一个绝好的新闻题材。的确，只要认真想想，无论什么事，不管有多让人讨厌，都有着光明的一面。

但朗贝尔气恼地耸耸肩，径自出了门。

他们已经到了市中心。

"这真是太傻了，是不是，医生？事实上我到这个世界上不是为了写新闻稿，而很可能是为了和一个女人一起生活的。那也是合情合理的，对不对？"

里厄谨慎地表示他的话不无道理。

中央大道不像平常那样拥挤。附近为数不多的几个人都忙着往远处的家里赶。每个人的脸上都看不到任何笑意。里厄猜想这是兰斯多克信息处最新发布的消息导致的结果。再过24小时，市民们将再次充满希望。但在他们听到新消息的那天，那些统计数字在每个人的记忆里都留下了深刻的印象。

"其实，"朗贝尔突然说，"她和我在一起的时间不长，但我们情投意合。"看到里厄没说话，他又接着说："我看得出你讨厌我。对不起，我只想知道，你能不能给我出一张证明，说明我没有得这种该死的病。或许能让我办事容易一点。"

里厄点点头。一个小男孩儿撞到他腿上跌倒了，他把他扶了起来。

继续往前走，他们到了达尔姆斯广场。棕榈树和无花果树的树叶上蒙了一层灰尘，垂头丧气地环绕着一座共和雕像，后者也蒙了一层灰尘和污迹。他们在雕像旁停了下来。里厄把双脚在石板上跺了两下，抖掉鞋子上附着的一层灰白色尘土。朗贝尔把帽子推到后脑勺上，衬衣领从松垮垮的领带上翻出来，脸上胡子拉碴，表情阴郁而倔强，一副认为自己受到深深伤害的表情。

"请不要怀疑，我理解你的感受，"里厄说，"但是你必须得明白，你的论据是站不住脚的。我不能给你那张证明，因为我不知道你是否患了病；就算我愿意，我怎么能肯定你在离开我的诊所和赶到省政府办公室期间不会感染上呢？何况即使我……"

"即使你怎么样？"

"即使我给你一张证明，那也无济于事。"

"为什么？"

"因为城里和你处境相同的人成千上万，无论如何是不能允许他们离开的。"

"他们没有染上鼠疫也不行？"

"那不是个充分的理由。我知道这种情况很荒谬，但既然我们都被卷了进来，我们就得接受现实。"

"但我不属于这里。"

"很不幸，从现在开始，你和其他每个人一样，都属于这里。"

朗贝尔微微提高了声音："可是，该死的，医生，难道你不明白这是人之常情吗？难道你认识不到这种隔离对彼此相爱的人意味着什么吗？"

里厄沉默了一会儿，然后说他完全理解。他衷心希望朗贝尔能够获准出城回到爱人身边，也希望所有相爱而受阻隔的人重聚。但是法律就是法律，鼠疫已经爆发，他只能坚持原则。

"不，"朗贝尔愤愤地说，"你不会理解的。你说的是理性的语言，不是心里话，你生活在抽象的世界里。"

医生仰头看了看共和雕像，然后说他不懂自己用的是不是理性的语言，但他所说的事实是每个人都看得到的——两者是不是一回事不重要。

朗贝尔正正领带，说：

"好，我明白了，我不能指望得到你的帮助。很好，不过——"他挑战似的抬高了声音，"我会离开这座城市的。"

医生再次说他非常理解，但这一切都和他没关系。

"对不起，但是这和你确实有关系。"朗贝尔又一次抬高了声音，"我找你是因为有人告诉我你是那份法令的主要推动人，所以我以为在这件事上你无论如何能网开一面。但是你根本不在乎，你从来不为任何人考虑，你根本不把那些被拆散的人当回事。"

里厄承认在某种意义上这是实情，他宁可不去考虑这一类的事情。

"啊，我现在明白了！"朗贝尔大声说，"你很快就要跟我谈论公众利益了。但是公众利益是我们每个人个体利益的总和。"

里厄好像突然从梦里醒过来一样。他说："啊！话虽没错，但并不是这样简单。急于下结论是不行的，你知道，不过你没有理由生气。如果你能找到办法脱离困境，我会非常高兴。只是，我的职业身份不允许我做你要求的事。"

朗贝尔烦躁地摇摇头："是的，是的，我不该生气。另外，我已经占用了你太多的时间。"

里厄要求朗贝尔把他的逃脱方案的进展情况告诉他，并请他不要因为自己的不近人情而怀恨在心。他相信，他补充道，他们还是有一些共同看法的。朗贝尔被搞糊涂了。

"是的，"他沉默片刻后说，"我也认为可能是这样——关于你说的那些话。"他停顿了一下，"可是，我不能同意你的做法。"

他把帽檐拉到眼睛上面，快步走开了。里厄看见他走进了塔鲁住的那家旅馆。

片刻后，医生微微点了点头，仿佛同意了内心的某种想法。是的，记者追求幸福是对的。但是他指责他——里厄，生活在抽象的世界里——难道也是对的吗？当鼠疫在城市里肆虐，一个星期内夺走500条生命的时候，"抽象"这个词能用来描述这些天他在医院所过的生活吗？是的，有几分抽象，遭遇这样的灾难，的确让人有脱离现实的感觉。然而当抽象要来屠杀人们的时候，你必须行动起来。就里厄所知，这并不难理解。比如说，管理这个附属医院（他担任负责人）——现在有三家这样的医院——就不是一件轻松的工作。

他已经让人准备了一间通往手术室的接待室，用作接待送来的患者。地板被挖掉，换成浅浅一池消毒水，在正中间用砖垒成一个平台。新入院的患者被放到平台上后，迅速脱掉衣服，衣服丢进消毒水里。患者经过洗浴消毒、擦干身体后套上粗糙的病号服，被带给里厄检查，接着被送入病房。这座用征用来的校舍改造成的医院，现在拥有500张床位，而且几乎所有的床位都被占用了。

里厄亲自监督着患者入院之后，又为他们注射血清，开刀处理脓疮，然后重新查看一遍统计数字。下午他又马不停蹄地回去看门诊，晚上又继续进行巡诊，深更半夜才能回家。前一天晚上，他母亲在把妻子的电报递给他的时候，说他的手在发抖。

"是，"他说，"不过这只是因为太专注了，我的情绪会稳定下来的，你放心。"

他有一副结实的身体，所以至今还没有真正感到疲劳。然而每天的巡诊已经开始给他的耐性造成极大的压力。传染病一旦确诊，患者必须立刻转移，然后真的开始"抽象"以及一场和患者家庭的争夺。因为他们知道除非康复或死亡，否则他们和得病的亲人就永无再见之日。"发发慈悲吧，医生！"这是塔鲁旅馆女佣的妈妈洛雷太太向他发出的哀求。一个多余的哀求，慈悲心他是有的，可是有什么用呢？他必须打电话，很快救护车拉着警报从街上开过来（开始邻居还打开窗户看看，接着他们就迅速关了窗户）。然后开始上演第二场冲突，眼泪和恳求——一言以蔽之，"抽象"。在那些火炉一样热、折磨人神经的病房里总是上演着一幕幕令人疯狂的惨剧。但是结果总是一样的。患者被带走，里厄也可以离开了。

在最初的几天他只是打电话，然后不等救护车赶来就匆匆离开去看下一个患者。但往往他前脚离开，后脚患者家就锁了门，上了杠，宁可感染鼠疫也不愿和他们已经很清楚病情的亲人分开。于是叱责、尖叫、砸门，先是警察，后来又是军队，患者最终被强行带走。因此在最早的几个星期里，里厄不得不留在患者身边，一直等到救护车赶来。后来，当每位医生都配备一名警察志愿者陪同的时候，里厄才能腾开手多看几个患者。可是，一开始的时候，每天晚上都像那天他给洛雷太太的女儿看病的情景一样。他被领进一间装饰着纸扇子和人造花的小公寓房间里。那位母亲带着犹豫的微笑迎接了他。

"噢，我真希望这不是每个人都在谈论的那种热病。"

掀开床单和睡衣，他默默地盯着女孩儿大腿和腹部的红斑、肿胀的淋巴结。只看了一眼，那位母亲就开始无法控制地尖声痛哭起来。每天晚上母亲们看到那些出现在四肢和腹部的致命红斑时的号啕大哭，每天晚上紧紧抓住里厄胳膊的不同的手，一连串无用的话、许诺和眼泪，每天晚上被救护车的警报声引发的像各种各样的悲哀一样徒劳的场景。除了一遍遍重复这样的情景，他这些天指望不到别的什么了。是的，鼠疫就像大道理一样，是一成不变的，唯一改变的方面是他自己。站在共和雕像脚下的那个夜晚，盯着朗贝尔刚刚走进的旅馆大门，里厄感到一种荒凉冷漠的感觉正在逐步侵蚀着他的心。

几个星期令人疲倦的生活过后，经过所有这些市民拥上街头，在大街小巷漫无目的地闲逛的夜晚，里厄意识到他不再需要硬起心肠来克制他的同情心。当同情心没用的时候，人们要抛弃它。在这样的环境下，里厄的心已经慢慢封闭起来，他感觉到一种安慰，他在几乎无法忍受的负担下的唯一的安慰。这样，他明白，会使他的任务轻松一些，因此他感到高兴。当他凌晨2点回到家里的时候，他母亲被他脸上的茫然表情惊呆了，同时也为他的过度操劳感到担心。为了对抗抽象的事物，在你的性格里必须有一些同样的东西。

但是怎么能指望朗贝尔理解这些呢？对他来说，那些看不见的、抽象的事物全是妨碍他幸福的东西。的确，里厄不得不承认记者在某种意义上是对的。但他也知道，那些抽象有时比幸福强大得多，那么，在这种情况下就必须认真对待。这也正是朗贝尔将要经历的过程，正如很久以后，当朗贝尔向他吐露了更多的关于他自己的事情之后，他会了解到的那样。因此他才得以在一个不同的水平上，参与了这场在每个人的幸福和作为抽象敌人的鼠疫之间进行的枯燥乏味的战争——这场战争在很长时间里构成了我们这座城市的全部生活。

11

但是，一些人眼里遥不可及的抽象概念，在另一些人看来却是事实情况。鼠疫爆发以来的第一个月在沮丧的气氛中结束了，伴随着疫情的猛烈发作和帕纳卢神父主持的一场激动人心的布道会。帕纳卢神父曾经在老米歇尔发病初期摇摇晃晃往家走时伸出过援手。他因为对奥兰地理学会做出的频繁贡献出了名，这些贡献主要和古代碑文有关，他是该领域的一名专家。他的名气还借助一系列关于当代个人主义的演讲传播到了更广泛的非专业人士的群体里。在这些演讲中，他表明自己是一个最严格、最纯粹、对现代放纵行为和过去的蒙昧主义敬而远之的基督教教义的坚定拥护者。在这些场合，他不怕用逆耳忠言来打击他的听众，因此成了当地的名人。

临近月末，本市的教会决心采用适合他们的方法和鼠疫展开一场战争，组织了一场"祈祷周"活动。这场公众展示虔诚的活动将于周日以一场纪念死于瘟疫的圣罗奇的大弥撒告终，帕纳卢神父应邀进行布道宣讲。这位热情、脾气火暴的神父为此中断了为他赢得了很高地位的关于圣奥古斯汀和非洲教会的研究工作，全心全意地进行了两周的准备。这场布道在开始前就成了街谈巷议的话题，在这个意义上，可以说它是这一历史时期的一个重要的日子。

大量市民参加了"祈祷周"活动，但是不能据此认为奥兰的市民们平时对宗教特别虔诚。比如，在星期日早上，海水浴对人们的吸引力经常大过去教堂做礼拜。也不能认为他们蒙受神的感召内心突然发生了转变。原因主要有两个：首先，因为封城，海滨在封锁区以外，海水浴成为不可能。其次，他们当前的心情很特别，虽然在心底远未认识到目前面临的极大威胁，但是因为明显的原因，他们不由自主地感到有些事的确不一样了。虽然如此，很多人仍然希望疫情会很快结束，他和他们的家人能够幸免于难。所以他们感到目前没有义务改变他们的任何生活习惯。鼠疫在他们看来是一个不期而至的过客，有一天会像它的突然出现一样突然消失。他们惊慌，但远远不是绝望，他们还没有把鼠疫当成存在的一部分。简单地说，他们在等候事态转变。

在看待宗教——包括其他很多问题——的时候，鼠疫给他们带来一种介于漠不关心和热情之间的态度。要给这种态度取一个名字的话，也许最好用"客观"。就里厄医生所听到的，很多参加"祈祷周"活动的人都会这样说："不管怎么说，这又没什么坏处。"就连塔鲁，在日记上记录了中国人用敲锣打鼓的方式驱赶瘟神的例子之后，也评论说，实际上，没有任何途径能够证明敲锣打鼓是否比防疫措施更有效。他又补充了一点，为了确定这一点，我们首先得确定瘟神是否真实存在，而我们在这个问题上的无知使我们形成的任何观点都是毫无意义的。

总之，在整个"祈祷周"期间，大教堂几乎总是挤满了人。开始的两三天很多人待在外面，站在门廊前花园里的棕榈树和石榴树荫下。隔着一段距离听潮水一样的祈祷声和充斥于临近街道的回音。可是一旦有人做了榜样，他们就开始进入大教堂，胆怯地加入了祈祷。在周日布道会那天，众多的会众挤满了教堂中殿，连台阶和教堂围地也挤满了人。前一天已经阴云密布的天空此刻下起了大雨，站在露天地里的人撑开了伞。大教堂内的空气里充满浓重的焚香和湿衣服的气息，帕纳卢神父走上了讲道台。

他中等身高，体格健壮。当他用一双大手抓着木栏靠在讲道台边上时，人们看到的是一个黑色的、粗壮的躯干，上面是红润的脸颊和一副钢框眼镜。他声音雄浑，富有感染力，站在远处的人也听得清清楚楚。宣讲一开始，他就用清晰有力的声音说："大难已经降临到你们头上，我的同胞们，你们罪有应得！"话音落下，教堂内外一阵骚动。

以严格的逻辑来看，神父接下来的演讲和这个引人注目的开场白没有衔接。只是随着演讲的进行，借助于巧妙的演讲技巧，人们才明白这句像劈面一拳一样的话正是他这场演讲的主旨。说完这句话后，他立刻引用了《圣经》中《出埃及记》记录埃及瘟疫的一段文字，然后说：

"这种灾难第一次在历史上出现，是用来杀死上帝的敌人。法老反抗上帝的旨意，瘟疫打败了他。上帝降灾给那些盲目自大和胆敢反抗他的人，有史以来一直如此。好好考虑一下，我的朋友们，然后跪下来吧。"

大雨越下越猛，这番话从只听得见雨点敲打着窗户的圣坛上说出来，带着如此令人信服的力量，于是在短暂的犹豫后，一些信众从椅子上往前一滑，跪了下去。另一些人感到最好也效仿他们的做法，于是一个跟着一个，直到从大教堂的一端到另一端，每个在场的人都跪了下去。除了雨声和椅子伴随着移动偶尔发出的嘎吱声，教堂里听不到任何声音。这时帕纳卢神父站起来，深深吸了口气，用越来越激昂的声音接着说：

"如果瘟疫今天降临到你们中间，那是因为到了需要停下来思考的时候。正派人无须害怕，但坏人有充分的理由瑟瑟发抖。因为瘟疫是上帝的连枷，世界是他的打谷场，他不断挥动连枷，直至麦粒从麦秸里脱离。麦秸会比麦粒多，因此被筛选出的总是少数。然而这种灾难并非上帝的意愿。很久以来，我们这个世界纵容邪恶；很久以来，我们仰仗上帝的慈悲和宽恕。悔悟就足够了，人们想：我们可以为所欲为。当那一天到来的时候，他肯定会幡然悔悟，对以前的罪过深恶痛绝。在那一天到来之前，最简单的办法是屈从现状，余下的交给仁慈的上帝来安排。长期以来，上帝以怜悯的眼光俯视这座城市，但他厌倦了等待，他内心的希望在等待中耗尽，现在他不再眷顾我们。失去上帝的眷顾，我们就行走在黑暗里，生活在瘟疫的浓重阴影下。"

会场里有人轻轻哼了一声，就像一匹烦躁不安的马。

神父略停了一下，接着用低沉的声音说：

"我们在《金色传说》里读到，在翁贝托一世的时候，意大利爆发了一场鼠疫，疫情最严重的地方是罗马和帕维亚，严重到活下来的人不足以埋葬死人的程度。一位善良的天使现身在众人面前，命令一位手执巨大猎矛的邪恶天使，让他用长矛敲打房屋，对一栋房屋敲打几次，就有几个人死亡。"

说到这里，帕纳卢神父朝走廊的方向伸开两条短胳膊，仿佛指着飘摇雨幕后面的什么东西一样。

"兄弟们，"他大声叫道，"那场致命的狩猎已经开始，正在折磨着我们的街道。看，他就在那里，那个散播瘟疫的天使，像路西法一样俊美，像魔鬼一样散发着光芒！他正悬浮在你们的屋顶上方，右手握着巨矛，准备敲下去；左手伸出去指着这一座或那一座你们的房屋。也许此时此刻他的手指正指着你的家门，那柄红色的巨矛敲打在门扇上，鼠疫正进入你家，在你的卧室里潜伏下来等你回去。耐心而警醒，像命中注定一样无可逃避。只要它扑向你，没有什么世俗的力量，甚至——请记好我的话——包括连人类科学吹嘘出来的力量——也不能够扭转你们的命运。就像在血淋淋的打谷场上被颠选的谷物，你们将随着谷壳一起遭到抛弃。"

这时神父又重新强调了连枷这个符号的象征意义。他让听众们想到一根呼啸在城市上空的粗大的木棒，随机地落下来，然后带着一片血雨重新抬起，在地面上留下尸体和苦难，"为收获真理的播种期做准备"。

说完这段长长的话后，帕纳卢神父暂停了一下。他的头发垂落到额头上，他的身体因为双手在讲道台上的动作而颤抖。当他再次开口时，他的声音更低沉了一些，因为谴责而略显颤抖。

　　"是的，该认真思考一下了。你们天真地认为只要礼拜日来朝拜上帝就够了，在工作日可以自由自在。你们偏信一些简单的形式，相信弯弯膝盖就能让他赦免你们罪恶的冷漠，但上帝是不容轻慢的。这种短暂的接触无法满足上帝对爱的渴求。他希望见你们朝拜的时间更长一些，次数更频繁一些；这是他爱你们的方式，事实上，这是唯一的方式。这就是为什么，在他厌倦等候你们来到他身边的时候，他给你们这次朝拜的机会，就像从古到今他访问所有那些冒犯他的城市一样。你们已经得到了教训，同样得到教训的还包括该隐和他的后代，所多玛和蛾摩拉两座城的人，约伯和法老王，也包括所有铁心反对他的人。既然城市的大门把你们和瘟疫围困在一起，像他们一样，你们现在对人类和所有上帝的造物都有了新的看法。那么，你们终将明白，这一刻要求你们把思想回归到事物的本源上来。"

　　一股潮湿的风吹进中殿，烛火一阵摇曳和闪烁。在一片蜡烛烟、咳嗽声和喷嚏声里，帕纳卢神父不露声色地回到了演讲的主题，接着用一种平静，几乎不含任何感情的声音说："我知道，你们很多人在猜测我的用意是什么。我希望引导你们走向真理，教你们喜悦，是的，喜悦——尽管我向你们说了刚才那番话。但当一只友善的手或寥寥几句建议就能使你们踏上正途的时候，那些话已经成为过去。今天，真理就是命令。那支红色长矛坚定地指着一条狭窄的小路，还有一条仅有的救赎之路。因此，我的兄弟们，最终你们会明白，上帝的仁慈规定万物有善与恶两面；愤怒与同情；瘟疫和你们的救赎。同一场瘟疫毁掉了你们的工作，也为你们指明了道路。

　　"很多世纪以前，阿比西尼亚的基督徒把鼠疫看成上帝赐予的获得永生的方式。尚未得病的人把自己裹在死人用过的床单里以求必死。我向你们保证，这种狂热追求救赎的方式不值得表扬。这种行为显得过于草率，甚至过于蛮横，我们只能表示谴责。谁都不能强迫上帝或在注定的时间里操之过急，从实践上看，任何旨在加速上帝规定的秩序的做法都是徒劳的，而且距离异端只有一步之遥。尽管这些阿比西尼亚人的做法狂热，过犹不及，但我们仍然能够从中得到有益的启示。在我们开明的眼光看来，这个故事大体是不可思议的，但仍然能使我们在人类苦难的黑暗之中看到一点闪亮的永恒之光，而且这道光也照亮了通往救赎的黑暗道路。它显示了上帝永无止境地把邪恶转变为善良的意志。今天，它再一次引领我们穿过充满恐惧和痛苦的幽暗山谷，通往神圣的和平及一切生命的源泉。我的朋友们，这就是我带给你们的无限安慰，当你们离开这座屋子的时候，上帝给你们的不仅有愤怒的话语，也有让你们心灵宽慰的福音。"

　　每个人都以为布道已经结束了。外面的雨已经停了，带着雨意的阳光给教堂广场洒下一片金色。街上传来模糊的人声，车辆低沉的嗡嗡声，苏醒的城市开始喧闹起来。在一阵突如其来的窸窣声里，会众们小心翼翼地收拾起他们的物品来。然而，神父还有几句话要说。他告诉他们，在说明这场上帝降下的瘟疫是为了惩罚他们的罪恶之后，他无意用什么漂亮话做结语。考虑到这一场合的悲剧性，那样做是不合适的。他希望而且相信他们在主的指引下认清了自己的处境。但是，在离场之前，他希望同他们分享一些他在一本记录马赛的黑死病的历史书里读到的资料。在那本书里，作者马蒂厄·马雷有很多抱怨，他称自己被投入地狱，在既无助又无望的黑暗中饱受折磨。啊，马蒂厄·马雷是瞎了眼！帕纳卢神父从来没有像今天一样深切感受到上帝赐予的帮助和希望。尽管我们对这些黑暗的日子怀有恐惧，尽管深陷痛苦中的男人和女人仍在呻吟，他希望市民朋友们向上帝做真正的基督徒的祈祷，爱的祈祷，把其他一切托付给上帝。

12

很难说这场布道是否影响了我们的市民。治安法官奥顿言之凿凿地向里厄说，他认为神父的论据是"绝对无法反驳"的。但并非每个人都持这样绝对的观点。对一些人而言，这场布道只是告诉他们，他们因为未知的罪被判了刑期未定的刑罚罢了。而当很多人适应了监禁，像以往一样过起单调乏味的日子的时候，却有另一些人造起反来，一心只想摆脱这座牢房。

一开始，和外界隔绝的事实还能多少被人接受，就像人们能够忍受只影响他们少数生活习惯的暂时性不便一样。但是，突然发觉他们被禁锢在蓝蓝的天幕下，开始被盛夏的烈焰烤得吱吱作响的时候，他们隐隐感觉当前事态的变化威胁了他们的整个生活。到了傍晚，凉风唤醒了他们的精力，这种像罪犯一样被禁闭起来的感觉有时候会驱使他们做出莽撞的事来。

值得关注的是，这可能是偶然的巧合，布道的这个周日标志着某种类似恐慌的情绪蔓延全市的开始，这种情绪的影响如此之深，令人感到只有在此刻，我们的市民才真正认识到他们的处境。从这个角度来看，城里的气氛多少发生了一些变化。不过，究竟是气氛的变化还是他们内心的变化，这是一个问题。

布道会过后几天，里厄在去一个偏僻街区的途中，和格朗谈论着这个变化。在黑暗中他不小心碰到了一个人，那人站在人行道中间，左摇右晃，没有跨步的意思。与此同时，开始亮得越来越晚的街灯突然大放光明，里厄和格朗身后的一盏灯正照在那人的脸上。他闭着眼，无声地嬉笑着，抽动的脸上淌着大颗大颗的汗水。

"哪里跑出来的疯子？"格朗说。

里厄注意到格朗在瑟瑟发抖，于是伸手拉住他。

"如果情况这样持续下去，"里厄说，"整座城会变成一座疯人院。"

他感到有几分虚脱，嗓子很干。

"我们去喝一杯。"

他们拐进一家小咖啡馆。咖啡馆里只有吧台上亮着一盏灯，沉重的气氛里带着一点奇怪的粉红色调。不知道什么原因，每个人都用很低的声音交谈。

格朗的表现让医生惊讶，他要了一小杯不掺杂其他东西的烈酒，端起来一饮而尽。"真够劲儿！"他说。过了一会儿，他提议出去走走。

出门到了街上，在里厄看来，那个晚上似乎充满了窃窃私语声。在夜灯上方黑暗处的什么地方有沙沙的声音，让他想到帕纳卢神父说的那把不停拍打着沉闷空气的看不见的连枷。

"幸好，幸好。"格朗嘟囔了两声，然后又停了下来。

里厄问他想说什么。

"幸好，我有我的工作。"

"啊，是呀，"里厄说，"终究是件好事。"他不去管那空中怪异的呼啸声，问格朗是否有什么进展。

"是的，我认为有进展。"

"你还有很多事情要做吗？"

格朗恢复了他平时的样子，声音也因为酒意显得兴奋起来。

"我不知道。但这不重要，医生。我可以向你保证，这不重要。"

周围黑得看不清楚，但里厄感到他正挥舞着手臂。他似乎准备说些什么，然后他开了口，滔滔不绝起来。

"我真正希望的，医生，是这样。当我的手稿送到出版商手里的那一天，我希望他在读完之后站起来，向他的员工说：'先生们，脱帽致敬！'"

里厄目瞪口呆，而且，更让他吃惊的是，他看到身边的人用一个大幅度挥手的动作摘下帽子举在头上，另一只手向前平伸出去。头顶奇怪的沙沙声似乎更响了。

"所以你明白吗？"格朗补充说，"一定要做到无可挑剔。"

尽管对文学领域一窍不通，但里厄怀疑事情不会这样单纯——比如，出版商在办公室里不会一直戴着帽子。可是，谁会知道呢？所以里厄决定保持沉默。在他决定对此充耳不闻的时候，上面那种奇怪的沙沙声，那关于鼠疫的低语声还在他耳边萦绕不去。他们已经到了格朗的住所附近，因为这里地势有点高，凉爽的晚风拂过他们的面颊，也带走了城里的嘈杂声。

格朗还在不停地说，但里厄不能完全听明白这位可敬的人所说的话。只隐约听出来他的那部作品已经写了很多很多页，而他为了完善这部作品费尽了心血。"有时候，仅仅为了一个词就要花几个晚上，或者几个星期，想想看！有时候只是为了一个连接词！"

　　格朗突然停下来，抓住里厄。他牙齿不全的嘴里说出来的话磕磕绊绊。

　　"我想让你明白，医生。在'然而'和'而且'之间选择很容易，在'而且'和'然后'之间做选择就有点难了。但是最难也许是决定一个地方该不该用'而且'。"

　　"对，"里厄说，"我明白你的意思。"

　　他说完后接着往前走。格朗显得有点窘，紧走几步追上来。

　　"对不起，"他笨拙地说，"我不知道今天晚上是怎么了。"

　　里厄鼓励地拍拍他的肩，说愿意帮助他，并对他所说的很感兴趣。这话让格朗安了心，等他们到了格朗的住处后，他犹豫了一下，提议里厄进去坐一下。里厄同意了。

　　他们进了起居室，格朗请里厄在书桌旁坐下来。书桌上散落着一张张写着蝇头小字、带有修改痕迹的纸张。

　　"对，就是那个。"格朗迎着里厄探询的目光说，"你不想喝点什么吗？我有一些葡萄酒。"

　　里厄谢绝了。他弯下腰看那些手稿。

　　"不，别看，"格朗说，"这是我的开篇，它让我很烦恼，无穷无尽的烦恼。"

　　格朗也注视着书桌上的稿子，他的手似乎不由自主地被其中的一张吸引住，最终把它抽出来，举起来放在灯下。那张纸在他手里摇晃着，里厄注意到他的额头上沁出了一层细汗。

"坐下来，"他说，"给我读读。"

"好。"格朗的眼睛和笑容里带着一种羞怯的感激，"我想我也希望你听一下。"

他盯着那页手稿看了片刻，然后坐下来。与此同时，里厄正倾听着街上传来的奇怪的嗡嗡声，那声音仿佛在回应鼠疫的呼啸一样。在那一刻，他对脚下绵延出去的城市，这个幽闭的与世隔绝的受害的世界，以及被黑暗掩盖下的受难者的呻吟有着一种不可思议的敏锐感觉。接着，格朗低沉沙哑然而吐字清晰的声音传到了他的耳朵里。

"5月一个天气晴朗的早晨，人们也许见过一位优雅的年轻女子，骑着一匹俊美的栗色牝马在布洛涅森林鲜花盛开的大道上飞驰。"

格朗停住了，脚下城市里模糊的低语声重新响了起来。过了一会儿，格朗放下他仍在凝视的那张纸，抬起了头。

"你觉得怎么样？"

里厄回答说这个开头已经勾起了他的好奇心，他愿意听听下面的部分。但格朗却说他完全弄错了。他显得很激动，用手掌拍着桌子上的稿子：

"这只是一份草稿。只要我成功地描绘出头脑里看到的那幅画面，只要我的遣词造句契合这种节奏——马蹄嗒嗒，1—2—3，1—2—3，明白我的意思吗？剩下的就会容易得多，而且，更重要的是，只有从最初一些句子里得出的印象才有可能让他们说：'脱帽致敬！'"

但在那之前，格朗承认，还有很多困难的工作要做。他绝不会把这些句子以现在的形式付印。因为尽管它们有时候会让他感到满意，但他充分意识到它们还没有完全达到他的目的。而且，在某种程度上，它们在语气上的虚浮，也许并不明显，但还是可以识别——接近庸常之作。他说的大约就是这个意思。也就在这个时候，窗户下面的街道上传来有人跑动的声音。

里厄站了起来。

"等着看我的作品吧，"格朗说着，一边往窗外看，一边补充说，"等这一切结束的时候。"

可是紧接着慌乱的脚步声又响了起来。里厄已经走到楼梯中途，等他走下楼梯来到大街上时，两个男人和他擦肩而过。他们似乎正要赶往某一个城门。事实上，伴随着炎热和瘟疫，我们的一些市民朋友正在失去理智，已经出现了一些试图通过暴力行为和夜间避过哨兵逃往外部世界的尝试。

13

另一些人，比如朗贝尔，也在设法逃脱这种日益令人恐慌的气氛，但有着他更多的技巧和毅力，如果谈不上更成功的话。

在一段时间里，朗贝尔继续辗转在官场上。照他的说法，他一直认为坚持不懈是必然能够获胜的，而且，说起来，他的职业也要求在紧急情况下能够随机应变。所以他那天离开后，拜访了各种各样的官员和其他一些平时讲话很有分量的人物。但是，在这样的情形下，那些影响力是无济于事的。他们多半是一些在出口、银行业、水果和葡萄酒贸易有关的一切事情上能够提供专业意见的人，是一些在处理和保险、解释错误的合同条款之类的事情上游刃有余的人，也具有较高的资历和明显的善意。事实上，这也正是最打动人的一点——他们值得称道的善意。但在鼠疫问题上，他们的能力几乎为零。

但是，只要有机会，朗贝尔都会抓住时机申诉自己的理由。他陈述的要点总是不变的几条：他是我们这座城市的陌生人，按照当前情况，他的处境需要特别考虑。通常听他讲话的人都承认他的要求很好理解，但接着又会表示还有很多与他处境相同的人，所以他的情况不如他想象的那样特别。对这种答复，朗贝尔回答说这毕竟不影响他的论据。然后别人又告诉他这确实会对当局已经很困难的处境造成影响，当局拒绝显示任何偏袒，否则会造成恶劣的"先例"。

在和里厄的谈话中，朗贝尔把他接触的人分成了几类。那些采用上述说辞的人被他称作"老顽固"。除此之外还有"辅导员"，他们安慰他说目前这种状态是不可能持久的，而后，在被问及明确的建议时，又怪他对暂时的不便大惊小怪，便把他打发出门。还有一些大人物，要求来访者留下一张说明情况的便条，并告诉他，他们会按照程序处理；一些轻佻的人甚至为他介绍暂宿处或给他出租房屋的地址；官僚商人，让他填写表格，然后丢进文件堆里；劳累过度的官员，把双手举过头顶表示无能为力，更不耐烦的人则索性掉头不理；最后，墨守成规的人，这些人目前看来是多数，他们建议朗贝尔去另一个办公室，或者指点他新的接洽方法。

这些无功而返的访问使记者筋疲力尽，但是，好的一面是，他对市政办公机构和省政府办公室的内部运作有了深刻的认识。他在仿真皮沙发上一连几个小时的漫长等待，眼前是鼓励他投资储蓄债券以免除收入税和殖民军队征兵的招贴。透过接待办公室的窗口，他看到了那些和他们身后文件橱、书架上蒙了一层灰尘的档案一样空洞无物的面孔。朗贝尔带着一丝苦涩告诉里厄，所有这些虚耗精力的唯一收获，是让他暂时忘记了自己的窘况。事实上，鼠疫的迅猛传播也被他在无意中忽视了。这也使他的日子过得飞快。鉴于整座城市的境况，也许可以这样说，每过去一天，每个还活着的人距离他们痛苦的结束就近了一天。里厄无法否认这一推断的真实性，但在他看来，这种真实性实在是一种过于空泛的法则。

有那么一次，朗贝尔看到了一线希望。省政府办公室送给他一份表格，要求他认真填写所有的留空处。其中包括他的身份、家庭、他目前及从前的收入来源。事实上，他要交出的是一份所谓的简历。他产生了一种感觉，这次调查也许是为了起草一份将被送出城回家的人的名单。从某个办公室的雇员处得到的一些模糊信息加深了他的这个印象。但是随着对这件事的深入了解，最终找到了那个分发这份表格的办公室后，他得知收集这些信息是为特定的意外事件做考虑的。

"什么意外事件呢？"他问。这时他才知道所谓的意外事件是他得病或死于鼠疫的可能性，这些信息可以让政府通知他的家人，同时也可以决定是由市政当局承担医疗费用，还是在适当的时候向死者的家属收取。乍看起来，这件事暗示着他和那位正等待他归来的女子之间的联系还没有完全被切断，但这样想不能带来任何安慰。真正值得关注，且令朗贝尔大为震动的是，处在瘟疫盛行的中心，政府机构能够运行如常，而且主动做了这些并非立竿见影的工作。他们这样做仅仅是因为他们的职责，且常常不为最高当局所知。

接下来的一段时期，对朗贝尔来说既是最轻松的，也是最艰难的。这是一段浑浑噩噩的时期。他跑遍了所有的办公室，做了他能做的每一件事，终于认识到所有的路子都走不通。所以他漫无目的地从一家咖啡馆飘到另一家咖啡馆。早上他坐在咖啡馆的露天咖啡座看报纸，寄希望于发现疫情衰落的迹象。他会盯着路人的脸，看到满脸愁云不展的就厌烦地掉转头，接着看对面街上的商店广告，在看过几遍现在已经买不到的流行饮品的广告后，他就站起身，继续在土黄色的街道上漫无目的地瞎逛。

他就这样消磨着时光，在城里游荡，偶尔在咖啡馆和饭馆买些食物，直到夜幕降临。一天傍晚，里厄见他在一家咖啡馆外徘徊，打不定主意是否进去。最后他决定进去，在房间靠里的一张桌子前坐下来。根据命令，咖啡馆店主尽可能地拖延着开灯的时间。昏暗的暮色渗进房间，暗淡的夕阳照在墙上的镜子上，大理石桌面在渐深的夜色里泛着白光。坐在空荡荡的咖啡馆里，朗贝尔就像阴影里的一个影子，显得既可怜又迷茫。里厄想，这一定是他一天中最孤独的时候。确实，每天的这个时候，正是城里所有的囚徒意识到他们被人遗弃的处境之时，每个人都在想着一定要做点什么来加速他们被释放的时候尽快到来。里厄匆匆转身离开了。

朗贝尔在火车站也花了一些时间。站台禁止任何人进入，但又黑又冷、一直开着门的候车室可以从外面进去，在大热天总有乞丐光顾这里。朗贝尔花了很多时间研究列车时刻表，看禁止随地吐痰的告示牌和旅客规章。然后他在一个角落坐下来。一个熄火几个月的大铸铁炉子像地标一样立在候车室正中央，被地板上很久以前留下来的"8"字结图案环绕着。墙上贴着盛情邀请观光者去戛纳或邦多尔过一个无忧无虑假期的招贴画。朗贝尔在那个角落里体味着被剥夺自由的人对自由的苦涩感觉。

他最难过的是，他曾经向里厄描述过的关于巴黎的一切，此刻都不由自主地涌上了心头。古老的石头和河堤的远景、皇宫的鸽群、火车北站、先贤祠附近幽静的老街，还有很多他从来不知道自己会如此热爱的城里其他的景色。沉浸在对这些景色的回忆里，他打消了采取任何形式行动的热情。里厄确信他把这些景色和对爱情的回忆混在了一起。后来，有一天当朗贝尔告诉他，说他喜欢凌晨4点起床思念他挚爱的巴黎时，里厄根据自己的经验，轻而易举地猜出他喜欢在那个时候想念他现在分别的女人。是的，在那个时候，他能够安心地感到她是完全属于他的。因为凌晨4点人们很少做别的事情，即使当天夜晚是不忠的夜晚，这一刻他们也会沉睡。是的，每个人都在沉睡，这种想法让人安心，因为无法安宁的心盼望持久而真实地占据爱人的心；或者，如果关山阻隔，就让爱人进入持续不醒的无梦长眠，直到重聚的那一天。

14

帕纳卢神父的布道会结束后不久，天气报复性地炎热起来。

星期天那场反常的瓢泼大雨下过后，第二天，夏日的骄阳就在屋顶上闪耀起来。首先一场强劲的热风不知疲倦地刮了一整天，吹干了墙壁。接着阳光开始发威，逼人的热浪和阳光席卷城市，除了有拱廊的街道和室内，其他的一切都暴露在刺目的强光下。

因为热浪的第一次袭击和令人震惊的死亡人数增长同步——一周

内达到了接近700人——城里出现了深重的沮丧气氛。在郊区，平坦的街道和一排排房屋之间往常生气勃勃的景象不复再见；在这些地区生活的普通人，过去常常在他们的大门前度过一天里最有闲暇的时光。但现在每家每户都关着门，甚至连软百叶窗也都放了下来，一个人都看不见，这样就无从得知他们想挡在门外的究竟是炎热还是鼠疫。从一些房屋里可以听见呻吟声。起初发生这种事的时候，人们出于好奇或同情，还常常聚在外面听听。但是在长期的压力下，似乎人心也变得硬起来，住在呻吟者附近或途经他们身边的人，只当听到的是寻常话语。

至于城门口的搏斗，警方在这一过程中被迫使用了手枪，因为一些无法无天的人冲了出去。有些人无疑在和警察的冲突中受了伤，但是在城里，因为受炎热和恐惧的影响，一切都遭到了夸大，出现了打死人的说法。不管怎样，有一件事是可以确定的：不满的情绪在蔓延。由于担心出现更糟的情况，市政官员开会讨论了在疫病疯狂流传的情况下，市民们受到刺激变得无法控制后应该采取的措施。报纸上刊出了新的规定，重申了禁止出城的禁令，还警告说，破坏禁令的人将面临长期监禁。

新的巡逻体系建立起来了，空旷而闷热的街道上，随着马蹄踩在鹅卵石地面的声音，一支骑警队将会在一排排门窗紧闭的房屋间巡逻。市里间或能听到一声枪响，这是为了消除可能存在的传染源，一支新近选派出来消灭猫和狗的特别小队在行动。响亮的枪声打破了平静，更增添了城里早已存在的惶惶不安气氛。

天气炎热，连一阵风都没有，在我们陷入困境的市民看来，任何事物，甚至最细微的声音，都有着特别重要的意义。他们第一次注意到了天空中千变万化的云，土壤里蒸腾出的标志着每个季节变化的泥土气息。每个人都惊慌地认识到炎热的天气助长疫情的传播，而夏天明显已经来临。傍晚的天空里，褐雨燕的鸣叫声入耳惊心，甚至连天空也失去了6月黄昏应有的辽阔。市场里送来的鲜花由含苞待放变成了完全盛开，早市过后，落满尘土的人行道上散落着践踏过的花瓣。人们清清楚楚地看到春天已经耗尽了自己的力量，在把所有的热情投入千千万万朵处处盛开的花朵上之后，此刻正在炎热和鼠疫联合作用下奄奄一息。对我们的市民朋友来说，这夏日的天空，覆盖着厚厚一层尘土，像他们当前的生活一样灰扑扑的街道，和城里每天死亡的上百人有着同样不祥的意味。在过去，无休无止的艳阳意味着午睡及休假的幸福时光，意味着海滨的嬉戏和调情。然而现在他们在这座封闭的城市里空虚度日，失去了度过一个快乐夏季的好心情。鼠疫扼杀了所有的色彩，禁止了一切乐趣。

这的确是鼠疫带来的大变化之一。在这之前，我们都满怀愉悦地盼望着夏天的到来。那时城里向大海开放了大门，年轻人能自由出入海滨。但这个夏天，近在咫尺的大海变成了禁区；年轻的身体不能尽情嬉戏。在这种情况下我们还能干什么呢？塔鲁又一次对我们那些日子的生活进行了忠实的描绘。不用说，他描述了鼠疫的发展过程，同时也记录了疫情发展的一个新阶段。收音机里不再播报每周的死亡总数，而是每天92例、100例、70例和130例死亡。"报纸和政府在玩数字游戏。他们自以为得计，因为130比起910是个小得多的数字。"他还记录了这一期间引起他注意或打动他的一些事件，比如说，一个住在偏僻街道的女人突然打开头顶的百叶窗，高声尖叫两声，然后重新把自己关进阴暗的卧室里。他还注意到药店的薄荷糖突然断货了，因为人们有一种流行的信念——嘴里含着薄荷糖能预防传染病。

他继续观察对面阳台上的老人，似乎这场灾难也引发了古老的猎人游戏。一天早上街上响起了枪声，正如塔鲁所记录的，"几颗铅弹"杀掉了大多数猫，吓跑了剩下的几只，总之它们不在附近了。当天那个小老头儿按时走到阳台上，起初显得很惊讶，接着趴在栏杆上仔细在角落里找了一下。接着他坐下来，耐心地等着，用右手轻轻拍打着栏杆。过了一会儿，他撕了几张纸，返回了房间，然后再次走出来，又等了更长的一段时间后，他回了房间，重重地关上了落地窗。那个星期剩下的几天里，他每天重复着同样的步骤，过了一天又一天，那张苍老面孔上的伤心和失望越来越明显。

第八天，塔鲁等了一天也没见他露面。那扇窗户一直紧闭着，屋里人的伤心可想而知。在这段话的结尾，塔鲁总结道，"鼠疫期间，禁止向猫吐痰"。

在另一条记录里，塔鲁提到，晚上回家的时候，总会看见那个夜班警卫在大厅里踱来踱去，像值班的哨兵一样。

这个人一有机会就提醒别人，他的预见应验了。

塔鲁赞同他遇见了一场灾难，但是提醒他预言的是一场地震，对此，那个老人回答说："哈，但愿这是一场地震！一场大地震，你平安无事！你点点多少人死了，多少人活着，这就完了。但这种该死的病——连没得上病的人都不能安生。"

旅馆经理也同样闷闷不乐。一开始，那些无法离开的游客还保留着房间，但是在看到疫情没有缓和的迹象之后，他们就一个接一个地搬到朋友那里了。曾经使客房住满的同样的原因现在却造成客房空置。因为城里没有新客人，塔鲁成了还住在这里的仅有的几个房客之一。旅馆经理一有机会就对他说，要不是不想给客人带来不便，他早就把这里关掉了。他还经常让塔鲁估计这场瘟疫会持续多久。"听人说，"塔鲁告诉他，"寒冷的天气会消灭这种类型的病。"那位经理吓了一跳："可这个地区没有真正的冷天，先生。况且，即使有，也要再等上好几个月。"此外，他相信要过很长一段时间，才会有足够的游客光顾这座城市。事实上，这场瘟疫也毁掉了旅游业。

一段时间不见，那位长得像猫头鹰一样的家长，名叫奥顿的先生又在饭店露面了。但他这次只带着两只"表演节目的狮子狗"——他的一对儿女。一打听，原来奥顿夫人正在隔离检疫，她一直在照顾她的妈妈，后者已经死于鼠疫。

"我不喜欢这一点，"经理说，"不管有没有隔离，她都有嫌疑，他们几个也逃不掉。"

塔鲁指出，如果这样想的话，每个人都有"嫌疑"。但旅馆经理坚持己见，一点也不动摇："不，先生。你和我，我们都不可疑。但他们不一样。"

但是奥顿先生对这种想法无动于衷，毫不因为鼠疫改变自己的习惯。他带着一贯的威严姿态走进饭店，在孩子面前坐下，不时用一贯措辞讲究又严厉的语气向他们训话。只有那个小男孩儿看上去有几分不一样，他和姐姐一样身穿黑衣服，但比以前憔悴了一些，看起来像他爸爸缩小了的影子。对奥顿先生同样缺乏好感的夜班警卫对塔鲁说：

"衣冠楚楚的绅士想穿得整整齐齐地送命。全套打扮，他入殓都不用做准备了。"

塔鲁也对帕纳卢神父的布道做了一些评论："我能理解这类热

情，而且不感到讨厌。在瘟疫开始和结束的时候，人们总喜欢说些豪言壮语。到了灾难最危急的时候，人们才会在真相面前坚强起来——换句话说，就是闭上嘴巴。所以我们等着瞧吧。"

塔鲁也记录了他和里厄的一席长谈，但他只谈到"效果不错"。他还顺手记下了里厄夫人即医生母亲眼睛的颜色——一种透明的褐色，还做了一番奇怪的评论，说这种展现内心善良的目光总能在瘟疫面前取得胜利。另外他还在里厄的老哮喘患者身上花了不少篇幅。

谈话结束后，他跟着医生去看那位老人。老人一边咯咯笑着向塔鲁致意，一边高兴地搓着双手。他像往常一样坐在床上，面前放着两盘干豆子。

"哈，又来了一个！"他一见塔鲁就大声说，"这是个颠倒的世界，医生比患者多。因为像割庄稼一样，是不是，越来越多。那个神父说得对，这是我们自找的。"第二天，塔鲁没有事先通知又去探望了他。

根据塔鲁的记录，我们得知这位老人原来的职业是干货商，在50岁的时候退了休。他在对床产生依赖后就一直没离开过，但原因不是哮喘，哮喘对他的行动没有影响。他靠一小笔固定收入活到了现在这个年纪——75岁，而且年龄丝毫不影响他的快乐。他不喜欢钟表，而且整个房间里确实一只表都没有。"表是个愚蠢的小东西，"他说，"又贵得要命。"他计算时间——也就是说吃饭的时间——是靠着他的两个盘子。每天早晨醒来，先把豆子全倒进其中一只盘子里。然后他用固定的速度不断把豆子一粒粒地往另一只盘子里捡。于是靠倒豆子和这两个盘子，他就能推断大概是什么时间。"每15盘，"他说，"就到了吃饭的时间，还有什么比这更简单的吗？"

如果他妻子说得没错的话，他在很年轻的时候就表现出了知天命的迹象。什么都不能引起他的兴趣，他的工作、友情、咖啡馆、音乐、女人、旅行——他对一切都不在乎。他从来没有离开过老家，除了有一次被叫到阿尔及尔处理家事，即使那一次，他也是在火车开出奥兰的第一站就下了车，不能继续冒险了，他搭第一班火车返回了奥兰。

塔鲁对他与世隔绝的生活很感兴趣。老人对他大概解释说，根据宗教的说法，人的前半生是上升的，后半生是下降的。在走下坡路的日子里他没有任何要求，因为这些日子随时可能会被夺走。既然对这些日子无法把握，所以最好的办法恰恰是不去把握。他显然不介意自我否定，几分钟后，他又告诉塔鲁，上帝是不存在的，否则就不需要神父了。不过，在接下来的谈话里，塔鲁意识到老人的人生观和他对教堂无休无止地挨家挨户募捐的不满是有密切关系的。完成老人形象刻画的最后一点是他多次表达的一种愿望，这种愿望似乎在他心里扎下了根：他希望活到非常年迈的时候再死。

"他是一位圣人吗？"塔鲁自问自答，"是的，只要圣德是所有习惯的综合。"

同时塔鲁也对鼠疫盛行的城市里的一天做了一番长长的描述，完整而精确地再现了那个夏天我们的市民朋友的生活。"除了醉鬼，没有一个人笑，但醉鬼笑得多过了头。"然后他又接着写道：

"天亮的时候，清风吹拂着还显得空荡荡的街道。在昨夜的死亡和来日的痛苦挣扎之间，似乎这一刻鼠疫收了手正在稍事休息。所有的店铺都关着门，但有些店铺贴着通知：因鼠疫停止营业，表示不久后其他店开门营业的时候，它们仍然不会开门。睡眼惺忪的报童还没开始叫卖当天的新闻，而是在街角闲逛，像梦游一样，仿佛在向路灯兜售货物。很快，随着早班电车的出现，他们会分散到城里的各个地方，胳膊里的报纸上标着显眼的'鼠疫'两个大字。鼠疫会持续到秋天吗？B博士说：'不会。''鼠疫暴发第94天的统计：124例死亡。'

"尽管纸张短缺日益严重，迫使一些日报缩减了版面，但一份名叫《鼠疫纪事》的新报纸却应运而生，它的宗旨是'以审慎的客观态度向市民报道疫情的发展或衰退；向市民提供关于疫情走向的权威观点；欢迎所有希望加入对抗鼠疫的人，无论阶层，在它的专栏上发表文章；鼓舞民众的士气；刊发政府的最新命令；集中所有愿意在当前情况下提供真诚而积极协助的人的力量'。事实上，这家报纸很快把它的专栏全部用来为一种全新的、'绝对可靠的'抗鼠疫药物做广告。

"到了早晨6点左右，这些报纸被卖给商店外面在开门前一个多小时就排起的长队；而后被卖给郊区开来的电车上挤得满满的乘客。这些电车现在成了唯一的交通工具。因为车踏板上站着人，扶手上也挂满了人，所以开起来很困难。奇怪的是，乘客们都设法背对着身边的人，为此把身体扭曲成怪异的姿势——之所以这样做，当然是为了避免传染。在每个车站，每个下车的男男女女都匆忙和别人拉开安全距离。

"第一辆电车驶过之后，城市逐渐苏醒过来，早市的咖啡馆开了门，但你会看到柜台上贴着一系列卡片：咖啡无货，白糖自备，诸如此类。随着店铺开门，街上有了些人气。与此同时，天色开始放亮，虽然时辰尚早，但天空已经因为炎热带了一层铅灰的色调。这正是一些无事可做的人在街头闲逛的时候。他们中的大多数似乎决定以这样的盛装出行来对抗鼠疫。白天，大约11点左右，在大街上可以看到年轻男女的某种时装表演，他们会使你在每个灾难的中心地带感受到茁壮生长的求生欲望。如果瘟疫蔓延下去，道德的范畴也将放宽，我们也许能再次看到米兰式的狂欢场面，男男女女聚在坟墓周围纵情跳舞。

"到了中午，所有的饭店在一瞬间人满为患。很快每家饭店门外都站着一些找不到座位的人。天空因为酷热显得浑浊。食客们在大遮阳伞下等座位，街上的马路牙子被中午的热焰烤得吱吱作响。饭馆如此拥挤的原因是它们解决了很多人的吃饭问题。不过，它们无助于减轻人们对传染的恐惧。

"不久前一些饭店贴出通知：我们的餐盘、刀和叉保证经过消毒。但是他们逐渐不再这样宣传，因为顾客无论如何都会上门。另外，人们花钱很随便。选择葡萄酒或者号称葡萄酒的饮料，价格昂贵的上等酒，表现出一种不管不顾的奢侈气氛。似乎一家饭店出现了类似恐慌的气氛，因为一位顾客突然感到不舒服，脸色煞白，跌跌撞撞地跑到了门外。

"到了下午2点，城里慢慢冷清下来，这是寂静、阳光、灰尘和鼠疫占据街道的时候。在这段漫长而倦怠的时间里，一波波热浪从高高的灰色房屋的前脸放散出来。下午的时光就这样缓慢地消逝，缓缓融进傍晚，暮色的来临就如一张红色的皱纹纸覆盖在喧闹的城市上。在高温天气开始的几天，不知道是什么原因，晚上大街上几乎看不到人影。但现在至少有一丝凉风给人带来轻松的感觉，虽说谈不上什么希望。于是人们都涌上街头，醉心于互相交谈、争论或谈情说爱。然后伴随着落日的最后一抹余晖，成双成对的情侣在城里高声说笑，像无舵的船一样投进悸动的黑暗。一位头戴毡帽，打着领带的热心的福音传道士在人群里走来走去，徒劳而又无休止地呼喊着：'上帝是最伟大、最善良的，投入他的怀抱吧。'然而正相反，人们匆忙投身的是一些他们认为比皈依上帝更具直接利益的琐碎目标。

"在早期的时候，当他们认为这次的传染病和其他的流行病很相像的时候，宗教是能够稳住阵脚的。但是一旦这些人认识到迫在眉睫的危险，他们就会转而考虑及时行乐。所有白天刻在他们脸上的可怕的恐惧，在火热而布满尘土的黄昏都变成了一种使他们热血沸腾的狂热的兴奋和原始的自由感。

"而且，我也和他们一样。不过有什么关系呢？死亡对我这样的人来说什么都不是。结果证明他们这样做没错。"

15

日记里提到的那次会面是塔鲁向里厄提出的。那天晚上，在塔鲁赶到之前，里厄已经盯着他母亲看了一段时间，后者静静地坐在饭厅的一个角落里。家务做完后，她大部分时间都坐在那张椅子上。她双手放在膝盖上，好像在等着什么一样。里厄不太肯定她等的是自己。然而，等他进屋的时候，母亲的脸上总会出现一些变化。操劳生活造成的沉默顺从似乎在一刹那被喜悦的光照亮起来，然后她又回到了平静中。那天晚上她向外凝视着已经空无一人的街道。街灯减少到只有三分之一亮着，每隔很远才有一盏路灯闪烁在城市浓重的黑暗里。

"只要鼠疫没结束，他们会一直这样减少照明吗？"里厄老夫人问。

"恐怕是的。"

"但愿它不要拖到冬天，那就太压抑了。"

"是呀。"里厄说。

他注意到母亲的目光落在他的额头上，这些天连日的担忧和过度劳累已经在那里刻下了痕迹。

"今天情况不太好？"他母亲问。

"哦，和平常一样。"

和平常一样！那就是说，从巴黎新运来的血清似乎效果比第一批差，而且死亡率在上升。此外仍不可能对患者家属之外的人进行预防接种，如果普遍使用的话，所需的数量将非常庞大。还有，大部分肿块不溃烂，就像它们遭遇了季节性硬化一样，给患者造成了可怕的痛苦。在过去的24小时里，出现了两例新形式的鼠疫：鼠疫正在转化成肺鼠疫①。在当天的一场会议里，疲惫不堪、雪上加霜的医生们逼迫心力交瘁的省长发布一项预防传染病通过口对口传染的新规定。省长按他们的要求发布了命令，但和以往一样，他们几乎还是在黑暗中摸索。

看着母亲，里厄突然产生了一种几乎已经忘掉的感情，看着母亲关切地盯着自己的那双浅棕色眼睛，他好像回到了童年。

"你从来都不害怕吗，母亲？"

"哦，到我这个年纪，没什么值得害怕的了。"

---

① 鼠疫转为肺鼠疫后可以在人与人之间传染。

"白天那么长，现在我又几乎不沾家。"

"只要我知道你会回来，你不在这里的时候，我就想你在干什么。她有什么消息吗？"

"有，要是最新的一封电报可信的话，一切都像预期的那样好。不过我知道她那样说是为了不让我担心。"

门铃响了。医生对母亲微笑一下，走过去开门。

在楼道昏暗的灯光下，塔鲁看上去像一头大灰熊。里厄请客人坐在书桌前，自己站在书桌后的一把椅子后面。在他俩之间是房间里唯一的一盏灯——书桌上的一盏台灯。

塔鲁一开口就直奔主题。"我知道，"他说，"我跟你可以坦白讲话。"

里厄点点头。

"再过两个星期，或者最多一个月，"塔鲁接着说，"你在这里也没用了，局势会变得无法控制。"

"我赞同。"

"卫生部门效率低下——人手不足，比如说，你都忙得脚不沾地了。"

里厄承认情况确实如此。

"对了，"塔鲁说，"我听说当局正在考虑实行某种人员征用制度，要求所有身体健康的男性参与和瘟疫斗争的工作。"

"你的信息没错。但当局其实对此不看好，省长下不了决心。"

"如果他不敢冒险采用强制措施，为什么不号召志愿者协助？"

"已经试过了，应者寥寥。"

"那是通过官方渠道进行的，没有号召力。他们缺乏想象力，官僚绝对对付不了真正的灾难，他们想出来的补救措施只能应付普通的头疼发热。如果让他们这样搞下去，他们很快就会完蛋，我们也会跟着完蛋。"

"这是很有可能的，"里厄说，"不过，我要告诉你，他们正在考虑利用监狱的犯人做我们所说的'繁重工作'。"

"我宁愿他们雇用自由人。"

"我也一样。能问问你这样想的原因吗？"

"我讨厌人们被判死刑。"

里厄盯着塔鲁的眼睛："那应该怎么办？"

"我想对你说的就是这个。我已经起草了一份招募志愿者援助组织的计划，让我得到实施这份计划的权力，然后我们把官员甩到一边。总之当局现在已经忙得不可开交。我各行各业都有朋友，他们将组成一个启动的核心骨干。我本人当然也会参与。"

"不用说，"里厄说，"我非常乐于接受你的提议。人们普遍缺乏助手，特别是在现在的情况下从事我这样工作的人。我负责让当局批准你的计划。毕竟他们没有选择。但是……"里厄犹豫了一下，"我认为你知道这种工作可能对参与者是致命的。但我必须问你一句，你考虑过这种危险吗？"

塔鲁灰色的眼睛沉静地迎着里厄的目光："你对帕纳卢神父的那场布道演说怎么看，医生？"

塔鲁问话的语气平平淡淡，医生的回答也很平淡。

"我在医院待得太久，不欣赏任何集体惩罚的说法。不过，你也知道，基督徒有时候在谈论这类事情的时候是没有真正去思考的，他们比表面上看起来好。"

"但是，你也像帕纳卢一样，认为鼠疫有好的一面，能让人睁开眼睛，迫使他们思考吗？"

里厄不耐烦地摇摇头："血肉之躯会得的每一种疾病都不例外。对世界上所有罪恶成立的，对鼠疫也同样成立，它帮助人们超越自身。总之都一样，只要你看到鼠疫造成的惨剧，你就会明白只有疯子、懦夫或盲人才会向它屈膝投降。"

里厄刚刚抬高声音，塔鲁就微笑着向他轻轻做了个手势，好像想让他平静一下。

"对了，"里厄耸耸肩说，"你还没有回答我的问题。你考虑过吗？"

塔鲁靠在椅背上舒展了一下身体，然后又把头探到灯光下。

"你相信上帝吗，医生？"这个问题也是用平平常常的语气问出来的。但里厄回答这个问题用了更长的时间。

"不相信——但是信不信有什么关系呢？我在黑暗中摸索，挣扎着想弄明白些什么。我很久以前就习惯这样了。"

"那就是你和帕纳卢之间的分歧吗？"

"我不这样想。帕纳卢是个博学的人，一位学者。他还没有接触过死亡，所以他能那样自信地谈论真理。但是每个访问过自己教区的乡村牧师，只要他听到过垂死之人的喘息声，都会和我一样想。他会先设法缓解人类的痛苦，然后再来解释痛苦的好处。"

里厄站起身来，他的脸处于阴影里。

"我们抛开这个话题吧，"他说，"既然你不愿回答。"

塔鲁依然坐在椅子上，他又一次微笑起来。

"假如我用一个问题来回答呢？"

里厄也笑了。

"你喜欢故弄玄虚，是不是？好啊，来吧。"

"我的问题是，"塔鲁说，"既然你不相信上帝，为什么又显示出这样的献身精神呢？我怀疑你的答案有助于回答我的问题。"

里厄仍然站在阴影里，他说他已经回答过了：如果他相信有一个全能的上帝，他大可以不再治病救人，把患者交给上帝就是了。但世界上没人相信有这样的上帝，是的，恐怕帕纳卢也不认为自己信仰这样一位上帝。事实证明没有一个人会把自己完全交给上帝。总之，在这一点上里厄认为自己的道路是正确的——与客观事物做斗争。

"这就是你对自己职业的看法？"塔鲁说。

"差不多。"里厄又回到灯光下。

塔鲁轻轻吹了声口哨，里厄目不转睛地看着他。

"是的，你认为那样想的人自大。但我向你保证正是这一点自大让我坚持下来。我不知道等着我的是什么，或者这一切结束后会怎样。目前我只知道这些——那里有患者，他们需要治疗。或许随后他们能想明白，我也能想明白。但现在需要做的是把他们治好。我尽自己所能保护他们，就这样。"

"你在反抗什么？"

里厄转头看向窗外，地平线上的一道黑线显示着大海的存在。他感到的只有疲惫，然而同时又抗拒着一种突如其来的、想向对方倾诉一番的荒谬冲动。这个人也许是个怪人，但他认为他是自己的同类。

"我没有什么概念，塔鲁，我向你保证，我没什么概念。在我从事这个职业的时候，可以说我是'不自觉'的，只是因为我想做，因为它像其他行当一样是一种职业，一种年轻人渴求的职业。或许还因为它对我这样一个工人的儿子来说尤其难得。然后我不得不时常经历人们的死亡。你知道有些拒绝死亡的人吗？你听到过一个垂死的女人用最后一口气发出的'我不要死！'的尖叫吗？啊，我都经历过。后来我明白我永远不可能面对这种情景无动于衷。我那时候还年轻，我对这一切感到愤怒，后来我变得平和多了。只是，我永远做不到眼睁睁看着人们死去。我想就是这样。然而……"

里厄沉默着，坐了下来。他感到口干舌燥。

"然而……"塔鲁轻声追问。

"然而，"里厄重复着，然后又犹豫了一下，看着塔鲁说，"这大概是你这类的人能理解的。然而，既然世界的秩序注定是死亡，如果我们不仰面看着没有任何回应的苍天，拒绝信仰上帝，用我们的力量和死亡做斗争，那样会不会对上帝更好呢？"

塔鲁连连点头。

"是的。不过你的胜利永远不会长久，就是这样。"

里厄的脸色阴沉下来。

"对，我知道。但这不是放弃斗争的理由。"

"不成为理由，我同意。不过，我现在可以想象这场鼠疫对你意味着什么了。"

"是的。一场没有尽头的失败。"

塔鲁凝视着里厄，然后起身迈着沉重的脚步往门口走去。里厄跟着他，两人几乎走到并排的时候，正垂头看着地板的塔鲁突然说：

"谁教会了你这一切，医生？"

里厄脱口回答："苦难。"

里厄打开诊疗室的大门，告诉塔鲁，他也要出门，他有一位郊区的患者要探视。塔鲁提议他们一起去，里厄同意了。在门厅里，他们碰到了里厄老夫人，里厄向她介绍了塔鲁。

"我的一位朋友。"他说。

"真的，"老夫人说，"非常高兴认识你。"

在她离开他们的时候，塔鲁转身目送着她。里厄在楼梯口按开关打开楼梯灯，但楼梯里仍然漆黑一片。也许是因为实行了新的节约照明措施，真正的原因不得而知。过去这段时间，大街上和私人住宅一样，一切都变得乱七八糟。也许只是因为守门人和城里几乎所有的人一样，不再关心他身边的兄弟们，里厄没有继续想下去，因为塔鲁又在背后发话了。

"再多说一句，医生，尽管在你听来有点愚蠢，你是完全正确的。"

里厄只是微微耸了耸肩，在黑暗里完全看不见。

"说老实话，我对这一切毫无把握。但是你——你又知道多少呢？"

"啊！"塔鲁相当冷静，"该知道的差不多都知道了。"

里厄站住脚，塔鲁在身后的台阶上滑了一下，他抓住里厄的肩膀才稳住了身子。

"你真以为自己对生活的一切都了解吗？"

同样冷静而自信的声音在黑暗里回答。

"是的。"

等到走上街头，他们才意识到时间一定很晚了，恐怕已经到了11点。除了一些模糊的沙沙声之外，城里一片寂静。远处传来一辆救护车隐隐约约的警笛声。他们钻进汽车，里厄发动了引擎。

"明天你必须来医院，"里厄说，"注射疫苗。另外，在开始这场冒险之前，你最好明白活着回来的概率只有三分之一。"

"这种估计是不成立的，你和我一样都明白。一百年前鼠疫消灭了波斯的一个城市的全部人口，只有一个例外。而那个唯一的幸存者干的正是为死人清洗尸体的工作，在鼠疫流行期间从未间断。"

"他赢得了那三分之一的机会，没别的原因。"里厄放低了声音，"但你也没错，我们对这方面近乎一无所知。"

这时他们已经进入市郊。车灯照亮了空荡荡的街道，停下车，里厄站在车头前面，问塔鲁愿不愿意进去。

塔鲁说："愿意。"天空反射的微光映在他们脸上。

里厄突然爆发出一声短促的大笑，笑声里透露出十足的亲切。

"说吧，塔鲁！究竟是什么促使你参与这件事的？"

"不知道。也许是我的道德准则。"

"你的道德准则？什么准则？"

"设身处地。"

塔鲁转身朝屋子里走去，直到进入老哮喘患者的房间，里厄才再次看到他的脸。

16

第二天，塔鲁开始行动并组织了第一个义工小组，很快又有很多别的小组也跟着成立起来。

不过，叙述者无意把这些义务卫生援助组织的重要性拔高到不应有的程度。现在很多市民朋友大概倾向于夸大他们提供的服务。但是叙述者认为，过分夸大值得称道行为的重要性的话，人们也许在不知不觉中鼓励了人性糟糕的一面。因为人们会认为这类行动是作为特例受到关注的，而麻木不仁和漠不关心才是常态。叙述者不同意这样的看法。愚昧无知是人世间罪恶的根源，如果缺乏认知，好心能造成和恶意同样大的危害。总体而言，人类的善是多于恶的，但这不是问题的关键，关键在于人类或多或少是愚昧的，这就是我们称为恶习和美德的东西，最不可救药的恶习是一种认为自己无所不知，因此认为自己有权力杀戮的愚昧。杀人者的灵魂是盲目的，而缺乏透彻的认知，就不可能有真正的善和真正的爱。

因此，应该以称许和客观的眼光来看待这些完全在塔鲁的努力下建立的卫生援助组织。这也是叙述者拒绝用过度美化的辞藻吹捧塔鲁，并认为这种行为只具有一定相对价值的勇气及奉献精神的原因。但他将继续充当记录者，记下市民们面对鼠疫的冲击表现出的痛苦和反抗的感情。

那些加入卫生援助组织的志愿者，他们的工作确实没有那么伟大的价值，因为他们知道这是唯一的出路，而且在那时不做这种选择是不可想象的。这些组织使我们的市民能够和疾病战斗，并使他们相信瘟疫已经来到我们中间，他们应该齐心协力与之斗争。既然鼠疫以这样的方式变成了一些人的责任，人们也就认识了它的实质，它是所有人的心腹之患。

到目前为止还不错，但我们不会赞扬一个正在教二加二等于四的教师，尽管我们可能会赞扬他选择了一个令人尊敬的职业。这时我们就可以说，塔鲁和其他很多人选择去证明二加二等于四是值得赞扬的而不是相反，但我们要补充一点，他们的这种美德是教师以及和教师拥有同样情感的人所共有的，而且，可以称之为"人类的荣光"。这样的情感比人们想象的多得多——这，至少是叙述者的信念。他也很清楚有人会提出反对的意见，说这些人在拿生命冒险。但是，在历史上总会一再出现这样的时刻，敢于说出二加二等于四的人被处以死刑——教师很清楚这一点。但问题的关键不是在提出这个的时候就考虑得到的是惩罚还是奖赏，而是二加二是不是等于四。对那些在危难关头挺身而出的市民来说，重要的是他们中间是否暴发了鼠疫，他们是否必须同鼠疫进行战斗。

在那些天里，很多新涌现出来的说教者在城里散布消极论调，说大家应该听天由命。而塔鲁、里厄和他们的朋友们也许给出的回答不同，但结论只有一个，绝不能坐以待毙，必须组织一场战争。最基本的目的是把尽可能多的人从死亡和注定永诀的命运中拯救出来。达到这一目的只有一个途径：同鼠疫做战。这种态度没什么值得敬佩的，它只是一种理性的选择而已。

所以，这是再自然不过的，老卡斯特尔满怀信心地迈着蹒跚的脚步，一心一意在他临时拼凑出来的设备上制备抗鼠疫血清。里厄和他怀着同一个希望，期待一种从本地获取的杆菌中培养出来的疫苗能够比外部运入的疫苗更有效，因为当地的鼠疫杆菌和热带病教科书上定义的普通鼠疫杆菌有细微的差异。此外，卡斯特尔预期能在一个短得惊人的周期内收获他的第一批疫苗。

这也是再自然不过的，一点也谈不上英雄的格朗充当了卫生援助小组秘书长的角色。塔鲁组织的卫生援助小组里有一部分在人口稠密地区工作，着眼于改善那里的卫生状况。他们的责任是确保房屋处于良好的卫生状况，并登记未经官方卫生组织消毒的阁楼和地下室。另一些小组的志愿者陪医生们逐户访问，负责疏散受感染的患者，因为缺少司机，还要驾车运送患者和死尸。这一切都要归档和统计，于是格朗就承担了这个任务。

　　从这个角度来看，叙述者认为格朗比里厄和塔鲁更具有鼓舞这些义务援助小组的沉静勇气。他毫不犹豫地应允下来，只要求给自己分配一些比较轻省的工作：他年龄太大，做别的力有未逮。他可以抽出每晚6点到8点的时间。当里厄感动地向他致谢时，他显得很惊讶。

　　"为什么，这不难！发生了瘟疫，我们都要站出来，这是显而易见的。啊，我只希望一切都简简单单的！"然后他又扯起他的老一套来。有时候在晚上，当他写完报告，做好统计之后，会和里厄一块聊聊。很快塔鲁也加入进来并形成了习惯。格朗跟两位同事聊天的瘾头越来越大，他们也开始对他在鼠疫肆虐的环境中所从事的吃力的文学工作产生了真正的兴趣。确实，他们也从中得到了一种紧张之余的放松。

　　"你那个马背上的年轻女子进行得怎么样？"塔鲁会问。格朗则总是苦笑着回答："进展很慢，进展很慢！"一天晚上，格朗宣布他决定弃用"女骑士"前面的形容词"优雅"。从现在开始把它换成"苗条"。"这个词更具体。"他解释道。此后不久，他向两位朋友朗读了那句话的新版本：

　　"5月一个天气晴朗的早晨，人们也许见过一位苗条的年轻女子，骑着一匹俊美的栗色牝马在布洛涅森林鲜花盛开的大道上走过。"

　　"你们不认为这样看起来更好一些吗？另外，我写'5月一个天气晴朗的早晨'是因用'在5月'显得拖慢了节奏，你们懂我的意思吗？"

接着他又对形容词"俊美"不满意起来，在他看来这个词表现力不够，于是开始推敲更能立竿见影地描述那匹他想象中神骏马匹的形容词来。"壮硕"不行，虽然够具体，但听起来有点贬义，且流于鄙俗；"鞍辔鲜明"吸引了他一会儿，但这个词很累赘，多少影响了韵律。一天晚上，他胜利地宣布找到了灵感："黑色。"他解释道，黑色蕴含了俊美和健壮的意思。

"那不行。"里厄说。

"为什么？"

"因为后面的栗色牝马已经表明了颜色。"

"呃，"格朗显得异常苦恼，"谢谢你，多亏有你在这里帮我！可是你也知道这有多难了。"他感激地说。

"'雍容'怎么样？"塔鲁提议。

格朗盯着他，沉思了片刻。

"对！"他大叫一声，"太好了。"他慢慢上扬嘴角，微笑起来。

几天后，他承认"鲜花盛开"这个词让他很苦恼。因为他唯一熟悉的城市是奥兰和蒙特利马尔，他有时候让他的朋友们告诉他，布洛涅森林有什么种类的花，是怎么布置的。事实上，里厄和塔鲁都没有那里的林荫道"鲜花盛开"的印象，但格朗在这个问题上的言之凿凿动摇了他们对于记忆的信心。格朗对他们的犹豫感到很困惑。"只有艺术家才懂得运用他们的眼睛。"他断言。但是一天晚上里厄发现他非常兴奋。因为他用"撒满鲜花"代替了"鲜花盛开"。他搓着手说："这样人们不光能看见它们，也能闻见它们！脱帽致敬，先生们！"他得意扬扬地大声朗读着："5月一个天气晴朗的早晨，人们也许见过一位苗条的年轻女子，骑着一匹雍容的栗色牝马在布洛涅森林撒满鲜花的大道上走过。"

然而大声一读，他又感到句子的节奏有一种令人不快的效果。他仔细揣摩了一会儿，然后垂头丧气地坐下来，向里厄医生告别。他还要回去好好推敲一下。

事后人们才知道，大约在这段时间，他开始在办公室里显示出心不在焉的迹象。这种注意力不集中的情况被看得很严重，因为市政当局不仅因为缺少人手面临极大的压力，还时常接到强制摊派的新任务。他的部门正忙得焦头烂额，而主管一边派给他沉重的工作，一边指出付给他薪水是为了做这些工作的，但他却没有好好完成。主管说："我听说你在卫生援助小组做义工。你在工休时间做，所以跟我没关系。但是在这样糟糕的形势下，最好先把本职工作做好，否则别的一切都是白搭。"

"是的，他说得对。"医生表示赞同。

"但我的脑子静不下来，那句话的结尾一直在困扰我，我一直解决不了。"

那句话令人遗憾的节奏一直在他的耳边跳动，但他找不到改善的办法。而那个他灵光一闪想出来的"撒满鲜花"现在也显得不尽如人意。怎么能把种植在大道两边或者自然生长的鲜花说成"撒满"呢？事实上，在某些晚上，他显得比里厄还疲倦。

是的，这个一直占据着他头脑的徒劳的任务已经使他疲惫不堪，然而他仍然坚持为卫生协助组织做数据统计和撰写报告。每晚他都耐心地更新总数，把它们绘制成图表，绞尽脑汁把这些数据用最精确、最清晰的表格展现出来。他常常跑去某家医院见里厄，在办公室或药房要一张桌子，带着资料坐下来，完全和在市政办公室坐在他的办公桌旁一样。他在带着消毒水和疾病的恶臭的暖洋洋的空气里挥着撰写完毕的纸张使墨水变干。在这样的时候，他显然已经把"女骑士"置之度外，一心一意干手头的工作。

是的，事实上人们愿意身边有一些模范，这样的人他们称为英雄。如果叙述者有必要在故事里树立一个"英雄"的话，那么他必定向读者推荐这个有一颗善良的心和貌似荒谬的理想，无关紧要且不起眼的英雄。这样展现出的真理恰如其分，正像二加二等于四，而英雄主义则应置于高尚的幸福追求之后而不是之前的第二位。这样做也体现了这部纪事的原则，叙述者希望构成它的是一些美好的感情，既非显著的恶，也非舞台表演中那种渲染情绪的丑陋的方式。

这至少是里厄在阅读报纸或听广播里外部世界发给受灾人们的消息和鼓励的看法。除了空运和海运来的援助外，人们在报纸或广播里对这座孤立的城市也不吝同情和赞美之词。而这些冠冕堂皇的陈词滥调总是让他感到不舒服。不用说，他明白这种同情是真心实意的。但这种套话只能表达人类群体之间的团结，对另外的一些情况则是非常不适当的，比如，对于格朗每天做出的看似渺小的一些努力，而且它们无力描述格朗在瘟疫盛行的环境中所代表的精神。

到了午夜，沉睡中的城市万籁俱寂，医生有时候会在几个小时的短暂睡眠前打开收音机。从地球的各个角落，隔着千万里的陆地和海洋，善良而好心的演说者们试图表达他们感同身受的心情，他们确实说了，但同时也证明每个人都是无力分担他们看不见的痛苦的。"奥兰！奥兰！"呼叫声徒劳地漂洋过海，里厄也满怀希望而又徒劳地听着；每当一场长篇大论的演说开始，都带来一道横亘在格朗和演说人之间的无法逾越的鸿沟。"奥兰，我们和你同在！"他们充满感情地呼喊。"不，"里厄对自己说，"只有爱或携手赴死——这是唯一的路。他们太遥远了。"

17

现在瘟疫正聚集全部力量，打算把它们倾泻到城里，使之变成一座废城的时候，我们要记录一些像朗贝尔一样倔强的人，为了找回他们失去的幸福而负隅顽抗，所进行的痛苦而漫长的、形式单调的抗争。这是他们抵抗即将面临的束缚的途径，尽管他们的抵抗不具备其他人那种积极的态度，显得徒劳而没有理性，但仍具有自身的价值，体现了一种不容忽视的不屈不挠的精神。

朗贝尔面对瘟疫绝不言败。一明白过来无法通过合法的途径出城，他就决定另找出路。他首先从咖啡馆的服务员入手，咖啡馆服务员通常了解很多内幕消息。不过他首先探听到的是进行这种逃脱的尝试会面临严重的惩罚。有家咖啡馆甚至把他当成了警察局派出来的密探。直到在里厄家遇见科塔尔，他才找出了点头绪。那天他和里厄又聊起在政府部门碰壁的事，科塔尔听到了那场谈话的尾巴。几天后，科塔尔在街上遇见他，热情地和他打招呼。

"你好，朗贝尔！还没碰到好运气？"

"一无所获。"

"指望官僚商人是没用的，他们不会替人着想。"

"我知道。我正在想别的办法，但实在太困难了。"

"对，"科塔尔回答，"确实是这样。"

不过，他知道一个办法，他向朗贝尔解释说。朗贝尔这段时间在咖啡馆认识了不少朋友，已经知道有一个组织在经营着这种生意。他吃惊地了解到，一直花钱大手大脚的科塔尔现在正从事和配给商品有关的走私生意，通过以稳步上涨的价格出售走私香烟和劣质酒，他正在积累起一笔小小的财富。

"你有把握吗？"朗贝尔问。

"有。前些天还有人给我提过这种建议。"

"但你没接受？"

"拜托，你不用怀疑。"科塔尔友好地说，"我不接受是因为我不愿意离开。我有我的道理。"他沉默了一会儿，又接着说："我注意到，你没有问我原因是什么。"

"我认为这和我没关系。"朗贝尔回答。

"是的，在某种程度上，当然是。但是换个角度——好，让我这样说吧：自从发生了鼠疫，我在这里感到越来越得心应手了。"

朗贝尔没有发话。然后问："那么，怎么和你说的这个组织接触？"

"啊！"科塔尔回答，"不是那么容易。跟我来。"

时间是下午4点，城里的闷热到了顶点。附近一个人都没有，所有的店铺都关着门。科塔尔和朗贝尔无言地走了一段来到拱廊下。这是一天里鼠疫陷入低潮的时候，在酷烈的阳光和瘟疫的笼罩下，城里一片死寂，失去了一切颜色和活动；空气沉闷，说不清是因为灰尘和溽热，还是因为瘟疫的压迫。瘟疫的痕迹需要仔细观察和思考才能察觉，因为只有一些反常的迹象才能揭示它的存在。因此那位和鼠疫关系密切的科塔尔，让朗贝尔注意到了狗的消失。在往常这个时间，常常能看到它们趴在走廊的阴影里，一边喘着粗气，一边试图找到一片不存在的阴凉。

他们沿着棕榈道穿过达尔姆斯广场，然后朝下面的港区走去。左边出现了一家漆成绿色、装着伸到人行道上的宽大黄色遮阳棚的咖啡馆。科塔尔和朗贝尔抹着汗走进这家咖啡馆。咖啡馆里有几张同样漆成绿色的小铁桌，还有折叠椅。房间里空荡荡的，空气里嗡嗡地飞着几只苍蝇；吧台上放着一个黄色的笼子，一只耷拉着羽毛的鹦鹉蹲在栖木上；四面的墙上贴着几幅蒙着灰尘和蜘蛛网的军事题材的老照片；桌子上落着干鸟粪，朗贝尔坐的一张也不例外。正在他疑惑这些鸟粪的来历时，随着几声扑棱翅膀的声音，一只神气的公鸡从一个黑暗角落里跳了出来。

这时候气温似乎又上升了几度。科塔尔脱下外衣，在桌子上敲了几下。一个个子很矮、戴着一条直挂到脖子上的蓝色围裙的男人从后面的门道里走出来，一边和科塔尔大声打招呼，一边用力把那只公鸡踢开。他走过来，抬高声音在公鸡咯咯的抗议声里问他们要点什么。科塔尔要了葡萄酒，然后问："加西亚在哪儿？"小个子回答说他好几天没在咖啡馆露面了。

"你看他今天晚上会来吗？"

"咳，我又不是他肚里的蛔虫——你知道他一般什么时候来，对不对？"

"对。啊，没什么急事，我只是想让他认识一下我这位朋友。"

小个子把湿手在围裙上擦了擦，说道："哦，那么这位先生也是做生意的？"

"对。"科塔尔说。

小个子抽了一下鼻子。

"好吧，晚上过来。我派小伙子通知他。"

离开那里后，朗贝尔问他们所说的生意是什么。

"还用问吗，当然是走私。他们通过城门的哨兵把东西运进来。这是赚大钱的事。"

"我明白了，"朗贝尔说，"他们有内应。"

"说对了！"

傍晚，遮阳棚卷了起来，鹦鹉在笼子里嘎嘎直叫，咖啡馆里坐满了穿着衬衣的男人。科塔尔一进门，一个身穿白衬衣，肤色黑红，反戴着草帽的人就站了起来。他有一张晒成褐色的脸，五官匀称，一双小眼睛又黑又亮，牙齿很白，手上戴了两三个戒指。他看上去大概30岁。

"嘿！"他没有理朗贝尔，对科塔尔热情地说，"过来喝一杯。"

三杯酒下肚后，加西亚提议："出去走走怎么样？"

他们朝港口方向走，加西亚问他们找他有什么事。科塔尔解释说事实上不是为了生意，而是想介绍他的朋友——朗贝尔先生——给他，为的是他所说的"逃走"。加西亚一边抽着烟，一边在前面大步走着。他问了一些问题，提到朗贝尔的时候总是说"他"，一副当朗贝尔不存在的样子。

"他为什么想走？"

"他老婆在法国。"

"啊！"过了一会儿他又问，"他是干什么的？"

"他是个记者。"

"是吗，原来如此。记者喜欢乱说话。"

"我告诉过你他是我的朋友。"科塔尔回答。

他们在沉默中走到靠近码头的地方，那里现在已经用栏杆隔开了。然后他们朝一个飘着炸沙丁鱼香味的小酒馆走去。

"说到底，"加西亚终于开了口，"这不是我擅长的事，你们要找拉乌尔。我会和他联系。这件事不容易啊。"

"这样啊？"科塔尔来了兴趣，"他躲起来了，是吗？"

加西亚没说话。在小酒馆门口，他停下来，第一次直接对朗贝尔说：

"后天上午11点，到城内高地海关兵营角上。"

他好像要走，接着又像想起来什么一样。

"这是要有所付出的，你知道。"他用不经意的语气说。

朗贝尔点点头："当然。"

在回去的路上，朗贝尔向科塔尔致谢。

"不用谢，老朋友。能帮你一把我太高兴了。另外，你是记者，我敢说有朝一日你会替我说句好话的。"

两天后，朗贝尔和科塔尔爬上通往城里较高部分的没有遮蔽的宽阔街道。被海关官员占用的兵营已经有一部分变成了医院，不少人正站在大门外，其中一些希望获准探访患者——自然不可能，这种探访是严格禁止的；另一些人则是来打探消息的。正因为这些原因，所以这里总是有很多人在活动，这大概就是加西亚选择在这里和朗贝尔会面的原因。

"我一直想不通，"科塔尔说，"你为什么这么急着离开。说真的，这里发生的事还是很有意思的。"

"对我来说不是。"朗贝尔回答。

"哦，一个人总是要担风险的，我向你保证。其实都一样，仔细想想，过去横穿马路也要冒风险。"

正在这时，里厄的汽车在他们身边停了下来。塔鲁在开车，里厄似乎快睡着了，他坐起身子为他们做了介绍。

"我们认识，"塔鲁说，"我们住同一个旅馆。"接着他提议载朗贝尔回市中心。

"不了，谢谢。我们在这里有约会。"

里厄看看朗贝尔。

"是的。"朗贝尔说。

"怎么回事？"科塔尔很吃惊，"医生也知道这件事吗？"

"治安法官。"塔鲁警告地朝科塔尔瞟了一眼。

科塔尔的脸色变了。奥顿先生正迈着大步从街对面朝他们走来，步伐轻快，但很威严。走过来后，他脱帽向他们致意。

"早上好，奥顿先生。"塔鲁说。奥顿向车里的两人问好，然后又向后面的朗贝尔和科塔尔轻轻点点头。塔鲁向他介绍过科塔尔和记者。治安法官抬起头看了看天，叹着气说真是个凄惨的时候。

"塔鲁先生，"他说，"听说你正帮忙推行预防措施。那确实太值得赞美了，一个很好的榜样。里厄医生，你认为疫情会变得更糟糕吗？"

里厄回答说只能希望不会变糟，治安法官回答说天意难测，但人一定不能失去希望。

塔鲁问他当前的情况是否加重了他的工作。

"正相反。现在刑事案件变得越来越少。实际上，我现在审讯的几乎全是严重违反新规定的案子。我们的普通法律从来没有像现在这样被人尊重过。"

"那是因为，相比之下，那些法律也显得好起来了。"塔鲁说。

一直抬头看着天，似乎陷入沉思的治安法官突然垂下头，盯着塔鲁。

"那有什么关系？重要的不是法律，是判决。判决是我们必须全盘接受的。"

"那个家伙，"塔鲁在治安法官走远后说，"是我们的头号敌人。"他启动了汽车。

几分钟后，朗贝尔和科塔尔看见加西亚走了过来。他没有显示出丝毫认识他们的样子，只是不动声色地说了一句："你还要再等等。"

他们身边没有一个人说话，那些人多数是妇女，几乎每个人都带着包裹，徒劳地希望通过某种办法把东西带给他们生病的亲人，甚至希望后者吃得下他们带来的食物。医院的大门有持枪的哨兵把守，营房和过道之间不时传出怪异的哭叫声。一旦传出这种声音，那些人关切的目光就转往病房方向。

三个人正看着，一声轻快的"早上好"使他们齐齐转过身来。尽管天气炎热，拉乌尔仍然穿着一套剪裁合体的深色外套，头戴一顶卷边毡帽。他身材高大，体格健壮，脸色很苍白。他说话嘴唇几乎不动，声音迅速而清晰："我们去市中心，你，加西亚，不用过来。"

加西亚点起一支烟，站在原处等他们走开。拉乌尔走在科塔尔和朗贝尔之间，步子很快。

"加西亚说了你的情况，"他说，"我们可以帮你安排。不过话说在前面，这件事要花你一万法郎。"

朗贝尔说他同意这些条件。

"明天在靠近码头的西班牙饭店和我一起吃午饭。"

朗贝尔答应下来。拉乌尔和他握握手，第一次露出了笑容。他走后，科塔尔说他第二天有安排，不能一起去吃午饭，不过好在朗贝尔一个人也应付得了。

第二天，朗贝尔走进那家西班牙饭馆的时候，每个人都扭过头来盯着他。那家饭馆在一条土黄色小街道的地下室里，光线昏暗，像牢房一样。光临那里的都是男性，从外表看，多数是西班牙裔。拉乌尔正坐在房间后面的一张桌子旁。看到他向记者打招呼，而且后者开始朝他走过去后，其他人脸上的好奇烟消云散，都接着埋头吃饭。拉乌尔身边已经坐了一个又高又瘦，胡子拉碴的男人。这个男人有一副极宽的肩膀、一张马脸和一头稀稀拉拉的头发。那个人卷着衬衣袖子，露出覆盖着一层黑毛的又瘦又长的胳膊。当朗贝尔被介绍给他的时候，他缓缓点了三次头。他没有说自己的名字，而拉乌尔在提到他的时候，总是用"我们的朋友"来代替。

"我们的朋友认为他能帮助你。他打算……"拉乌尔停了一下，等女招待过来招呼完朗贝尔后，接着说，"他打算给你联系一下我们的两个朋友，他们会把你介绍给一些我们已经买通的哨兵。但那不代表你能够马上离开，你必须等着哨兵决定最佳的时机。对你来说最简单的是和他俩一起待几个晚上，他们住得离城门很近。首先我们在场的这位朋友会给你需要的联系人，然后等一切安排妥当，你把该付的钱付给他。"

那位"朋友"大嚼着西红柿和甜椒沙拉，再次点了点头。这时他才开口，略带西班牙口音。他让朗贝尔次日一个人和他会面，时间是上午8点，在大教堂门口。

"还要再等两天？"朗贝尔说。

"这件事没那么容易，"拉乌尔说，"小伙子需要找机会。"

马脸男子又一次缓缓点头表示赞同。三个人有一搭没一搭地找着话题。直到朗贝尔发现这位马脸人是个狂热的足球运动员后，气氛才活跃起来。朗贝尔对足球也很热心。他们讨论起法国杯、英国职业球队的优点、过人技巧。午饭结束的时候，马脸男子心情不错，开始管朗贝尔叫起"老弟"来，还试图使他相信，到目前为止足球场上最具挑战性的位置是中前卫。"你看，老弟，组织传球的是中前卫，那是这种游戏的灵魂所在，不是吗？"朗贝尔表示赞同，尽管他本人总是踢中前锋。他们的谈话一直平静地进行着，直到有人打开收音机。在一段令人感伤的音乐播放完之后，播音员宣布前一天死于鼠疫的人数是137人。在场的人都无动于衷。马脸男子耸耸肩膀站了起来，拉乌尔和朗贝尔也跟着起身。

他们出门的时候，中前卫热情地和朗贝尔握手。

"我叫贡扎莱斯。"他说。

对朗贝尔而言，接下来的两天仿佛没有尽头。他找里厄诉说了最近的进展，然后陪里厄走访一位患者。在一个怀疑有人患了鼠疫的人家的门口，他和里厄分开了。那家人的客厅传出一阵脚步声和说话声，他们已经得到了医生来访的警告。

"希望塔鲁别误事。"里厄喃喃地说。

他显得筋疲力尽。

"疫情要失控了吗？"朗贝尔问。

里厄说并非如此。事实上，死亡人数的上升已经缓和多了，只是他们还没有对付这种疾病的适当方法。

"我们缺少设备。世界上所有缺乏装备的军队都要用人力来补足。可我们连人手都不够。"

"其他城市没有派医生和受过训练的助手来吗？"

"有，"里厄说，"10名医生和100个助手。听起来很多，但只能勉强应付现在的情况，情况恶化就不够了。"

朗贝尔一直听着屋子里的声音，这时他带着友好的笑容转向里厄。

"对，"他说，"你最好赶快打赢这场仗。"

他的脸上掠过一丝阴影。"你知道，"他低声补充道，"这和我要离开没关系。"

里厄回答说他非常理解，但朗贝尔接着说：

"我不认为我是个懦夫——总之不是一贯如此。我曾经接受过考验。只是有些想法我不能忍受。"

里厄看着他的眼睛。

"你会和她再次相见的。"他说。

"也许会。我只是不能忍受这种情况一直持续下去的想法，而她将一直变老。到了30岁人们开始衰老，一个人应该把握人生的一切。但我不知道你是否能理解。"

医生正在回答说他相信自己能理解，塔鲁来了，而且显得非常兴奋。

"我刚才邀请帕纳卢加入我们。"

"怎么样？"医生问。

"他考虑了一下，然后答应了。"

"那太好了，"医生说，"我很高兴知道他本人比他的布道更好。"

"大部分人都是这样，"塔鲁回答，"只要给他们一个机会。"

他朝里厄笑着挤挤眼。

"那就是我的工作——给人机会。"

"请原谅，"朗贝尔说，"我要走了。"

星期四，朗贝尔在距约定时间还有5分钟的时候走进了教堂的门口。这时天气还相对凉爽，天上飘着很快就会被太阳一口吞掉的丝丝白云。草坪上虽然干燥，但仍然带着一点湿气。在东边房屋的阴影下，太阳只晒热了圣女贞德的头盔，还在教堂广场上投下一片孤独的阳光。钟声敲响8点，朗贝尔走上几级台阶，进了空荡荡的门廊。教堂里传来低沉的颂歌声，随之而来的还有一股带着潮气的微弱的焚香气息。接着声音停止了，十几个身穿黑衣的人从教堂里走出来，匆匆赶往市中心。朗贝尔不耐烦起来。另一些黑色的人影爬上台阶进了门廊。朗贝尔正想点上一根烟，忽然想到在这里抽烟也许会招来白眼。

到了8点15分，教堂里响起轻柔的管风琴声。朗贝尔走进门廊。在侧廊微弱的光线下，一开始什么都看不清，过了一会儿他才看清中殿里那些穿黑衣的人影。他们聚在角落里的圣坛前，圣坛上是一尊本地雕刻家匆匆赶制的圣罗奇的雕像。每个人都跪着，看上去比此前更显渺小，一个个黑影比暗淡的光线深不了多少，似乎在缭绕的烟雾里飘浮。在他们上面，一具风琴正弹着变奏曲。

等朗贝尔走出教堂时，正看到贡扎莱斯走下台阶准备回城的背影。

"我以为你已经走了，老弟，"他对记者说，"考虑到已经这么迟了。"

接着他解释说，因为7点50分要在约定的地方和朋友见面，那地方离这里很近，但他等了20分钟也没见到他们。

"肯定被什么事缠住了。你知道，干我们这行有很多麻烦。"

他建议次日同一时间在战争纪念碑再碰一次头。

朗贝尔叹了口气，把帽子往脑袋后面一推。

"别这样泄气，"贡扎莱斯笑起来，"足球是圆的，会不停改变方向，想踢进一个球，要跑，要过人，还要等机会。"

"确实如此，"朗贝尔说，"可是一场球只有一个半小时的时间。"

奥兰的战争纪念碑位于一个能看见海的地方，有一片平坦的空地，接着是一段俯瞰海港的山顶平台。第二天，朗贝尔又是第一个来到这里，通过阅读那些为国捐躯的战士的名单来消磨时间。几分钟后，两个男子缓步走上来，不露痕迹地看了他一眼，然后趴在围栏上向下看着空荡荡、死气沉沉的海港。两人都穿着短袖上衣和蓝裤子，而且身高也几乎一模一样。记者走到一边，坐在一个石凳上从容地打量着他们。他俩显然都是小年轻，不超过20岁。就在这时，他看见贡扎莱斯走了过来。

"那是我们的朋友。"他为迟到道过歉后说。他带着朗贝尔来到两个年轻人身边，介绍说他们分别叫马塞尔和路易。他们俩长得很像，朗贝尔相信他们是兄弟俩。

"好了，"贡扎莱斯说，"现在你们认识了，谈正事吧。"

马塞尔兄弟说他们两天后值班，为期一周，他们得等到晚上才能找机会行动。这里麻烦的地方是除了他俩还有另外两个哨兵，是正规军人。那两个人是不能指望的，最好不让他们知道，毕竟最好不要增加不必要的费用。不过，有些晚上，那两名哨兵会在附近酒吧的密室待几个小时。马塞尔兄弟说最好朗贝尔能待在他们家等通知，那里距离城门步行只要几分钟。那样他可以轻而易举地出城，但是时间紧迫，据说不久后要设立双重岗哨。

朗贝尔同意了，把剩下的几支烟递给兄弟俩。这时，那个没发话的年轻人问贡扎莱斯是否费用已经商定，订金有没有到手。"没有，"贡扎莱斯说，"不用担心，他是我的朋友。费用临走时结算。"下一步的接头安排好了。贡扎莱斯提议两天后他们一起在西班牙饭馆吃晚饭。从那里到两个年轻人的住处很近。

"第一天晚上，"他补充说，"我会来陪你的，老朋友。"

第二天，在回卧室的途中，朗贝尔在楼梯上遇见塔鲁下楼。

"想跟我一起来吗？"他问，"我正要去见里厄。"

朗贝尔有点犹豫。

"呃，我总是怕打扰他。"

"别担心，他说了很多你的事。"

朗贝尔考虑了一下。

"听我说，"他说，"要是你们晚饭后有空，别管多晚。你们俩一起来旅馆，和我一起到酒吧喝酒？"

"那取决于里厄，"塔鲁显得有些疑惑，"还得看鼠疫的面子。"

不过，那天晚上11点，里厄和塔鲁走进了旅馆狭小的酒吧。酒吧里挤着30多个人，说话的声音一个比一个高。从被瘟疫压迫得声息皆无的城里走进来，两个人都被突然爆发的吵嚷声惊呆了，站在门口不知所措。等看到这里仍在供应烈酒后，两人才明白过来。正坐在酒吧角落一个高脚凳上的朗贝尔招呼他们过去，他清醒地把身边一个聒噪的顾客挤到一旁，给两位朋友腾出空间。

"你们不反对来点带劲的吧？"

"不，"塔鲁说，"正相反。"

里厄闻着朗贝尔递给他的杯子里浓烈的苦艾味道。在这样喧嚣的声音里，很难让人听清楚自己在说什么，但朗贝尔似乎关心的只是喝酒。里厄不能断定他是不是已经醉了。在吧台周围一个半圆形的空间之外，两张桌子占据了剩下的全部空间。其中一张桌子旁坐着一个海军官员，双手各搂着一个女孩儿，正大声向一个肥胖的红脸男人讲述开罗发生的斑疹伤寒疫情。"他们有集中营，你知道吗，"他说，"给本地人的，患者在帐篷里，周围全是哨兵。要是有家属想把什么蠢到家的土方药带进去的话，他们一发现就会开枪。有点严厉，我承认，但只能那么干。"围在另一张桌子旁的是一群穿着五颜六色衣服的年轻人，说的话很难听清楚，声音大半被他们头顶高音喇叭放的《圣詹姆斯医院》的刺耳旋律淹没了。

"办成了吗？"里厄不得不提高嗓门。

"还在办，"朗贝尔回答，"也许就在这个星期了。"

"真遗憾！"塔鲁喊道。

"为什么？"

里厄插嘴说："塔鲁这样说是因为他认为你在这里也许对我们有帮助。不过，我个人完全理解你急于离开的想法。"

塔鲁站起来叫酒。朗贝尔下了高脚凳，第一次直视着塔鲁。

"我怎么可能帮得上忙呢？"

"当然能，"塔鲁一边慢慢伸手拿酒杯，一边回答，"加入我们的防疫小组。"

朗贝尔脸上又出现了徘徊不去的固执表情，他又坐回到高脚凳上。

"你认为我们这些防疫卫生援助小组没有用处吗？"塔鲁吸了一口酒，盯着朗贝尔问。

"不，我相信它们是有用的。"记者回答，然后把杯里的酒一口喝了下去。

里厄注意到他的手在发抖，断定这个人已经完全喝醉了。

第二天，朗贝尔第二次走进那家西班牙饭馆。他不得不从一群把椅子搬上人行道，坐在暮光里一边抽着气味刺鼻的烟草，一边享受第一股凉风的人中间穿过。饭馆里几乎是空的。朗贝尔走到第一次和贡扎莱斯碰面时后者所在的那张靠后的桌子旁，坐了下来。他对女招待说要等一会儿。到了7点半，人们三三两两从外面走进来，开始在桌子旁坐下来。女招待开始招呼他们，刀叉的叮当声、嗡嗡的交谈声才在这个像牢房一样的房间里响起来。到了8点，朗贝尔还在等着。饭馆里开了灯，新进来的几个人坐上了他那张桌子的其余几把椅子。他也叫了晚饭。8点半，他吃完晚饭，但贡扎莱斯和两个年轻人还没露面。他抽了几支烟。饭馆逐渐空了下来。外面，夜色迅速降临了，从海上吹来的暖风鼓动着挂在门口的布帘。到了9点，朗贝尔意识到饭馆里已经很空，女招待正好奇地看着他。他付账出门，发现街对面的咖啡馆还开着，就在那里找了个位置坐下来，同时留意着饭馆门口。9点半的时候，他慢慢走着回旅馆，一路上思考着找到贡扎莱斯的办法，后者的住址他还不知道。一想到这套烦人的接洽可能还要再来一遍，他就感到无比泄气。

就在这一刻，走在救护车飞速驶过的黑暗街头，他才突然想到——正如他后来告诉里厄的那样——这些天来，他一门心思地想在把他和爱人隔开的墙上撕开一个缺口，事实上已经忘记了那个他爱的女人。但是此时此刻，所有逃脱的途径又一次对他关闭起来，他感到对她的想念猛地爆发出来，既突然又强烈。他一路跑回了旅馆，仿佛为了逃避那种仍然刻骨铭心的痛苦一样，血液像野火一样在他身上燃烧。

第二天一大早，他给里厄打电话，问在哪里能找到科塔尔。

"这是我唯一能找回失落线索的办法了。"

"你明天晚上过来，"里厄说，"塔鲁让我邀请科塔尔——我不知道为什么。他10点到，你10点半来。"

次日科塔尔拜访里厄时，塔鲁和里厄正在讨论里厄的一位出人意料康复的患者。

"这种事十个里面只有一个，"塔鲁评论说，"他是运气好。"

"噢，得了吧，"科塔尔说，"他患的不是鼠疫，就是这么回事。"

他们明确地告诉他那就是鼠疫。

"不可能，因为他康复了。你们和我一样很清楚，一得上鼠疫就没救了。"

"一般来说是这样，"里厄说，"但是如果你拒绝被打败，就会得到意外的惊喜。"

科塔尔哈哈大笑起来。

"总之这种情况是极少数。你知道昨天晚上发布的死亡数字吗？"

塔鲁和气地看着科塔尔，说他知道最新的数字，而且形势非常严峻。但那能表明什么呢？只代表需要采取更严厉的措施。

"怎么办？还能有比现在更严厉的措施吗？"

"是的，但城里的每个人都必须行动起来。"

科塔尔迷惑地看着他，塔鲁说逃避工作的人太多，而这场鼠疫是大家的事，每个人都要承担责任。比如说，欢迎每个身体健全的人加入医疗援助小组。

"那是个办法，"科塔尔说，"但是这样做没用。鼠疫已经占了上风，干什么都无济于事。"

"只有我们尝试过每一种办法，"塔鲁耐心地控制着自己的声音，"才能知道是不是这样。"

在两人讨论的同时，里厄一直坐在书桌前抄报告。塔鲁一直注视着那位个子矮小的推销员，后者在椅子上不自然地扭动着身子。

"听我说，科塔尔先生，为什么不加入我们呢？"

科塔尔拿起窄边礼帽，像受到冒犯一样从椅子上站起身。

"这不是我的工作。"他说。

然后，他用逞强的口气补充道："另外，这场瘟疫很适合我，我没有理由自找麻烦去阻止它。"

塔鲁敲敲额头。

"啊，当然，我都要忘了。如果不是这样，你已经被逮捕了。"

科塔尔吓了一跳，用手紧抓着椅子靠背，好像要跌倒一样。里厄停止书写，严肃而关切地看着他。

"谁告诉你的？"科塔尔的声音变得尖厉起来。

"哎呀，是你自己！"塔鲁一副吃惊的样子，"至少，那是医生和我从你说话的方式里看出来的。"

科塔尔激动得无法自制，嘴里冒出了一连串的咒骂。

"别激动，"塔鲁沉着地说，"我和医生都不会向警察告发你。你干的事和我们一点关系都没有。再说，不管怎样，我们也不喜欢警察。好了！先坐下来。"

科塔尔看看椅子，犹豫地坐了下去。他长叹一声。

"那是很久以前的事了，"他说，"不知怎么被他们查出来了。我以为那些事已经全部被人忘记了。但是有人突然说了出来，该死！他们叫我过去，告诉我在调查结束前不准离开。我肯定他们最终会逮捕我。"

"那件事严重吗？"塔鲁问。

"那取决于你怎么看'严重'这件事。总之，不是谋杀。"

"监禁还是苦役？"

科塔尔显得很沮丧。

"好吧，监禁——要是我运气好的话。"

不过，片刻后他又变得激动起来。

"那完全是一个错误。每个人都会犯错。我无法容忍因为这个被关进去，和我的家、我的生活，还有我认识的每个人分离的想法。"

"这就是原因，"塔鲁问，"那你为什么还会有轻生的念头？"

"对。那样做是非常愚蠢的，我承认。"

里厄第一次开了口。他告诉科塔尔他非常理解他的焦虑，不过也许最终一切都会好起来的。

"哦，眼下我没什么好怕的。"

"看得出来，"塔鲁说，"你是不会和我们一起干了。"

科塔尔心神不定地抚弄着手里的帽子，用闪烁的眼神看着塔鲁。

"我希望你不会因此怪罪我。"

"当然不会，不过，"塔鲁微笑着说，"至少不要故意散播细菌。"

科塔尔说他也绝对不希望暴发鼠疫，那完全是意外，不能因为发生鼠疫碰巧对他有利就赖到他头上。然后他似乎又恢复了勇气，当朗贝尔走进来的时候，他正自信地对塔鲁说："另外，我敢肯定你是不会有什么结果的。"

朗贝尔懊恼地了解到，原来科塔尔也不知道贡扎莱斯的住处。科塔尔建议他再去一次那家咖啡馆，给加西亚留个口信约定晚上见面，或者让他抽不开身的话安排到下一天。他们约定次日会面。当里厄表示希望了解他的进展时，朗贝尔提议他和塔鲁周末晚上去找他，不管时间多晚，他肯定会在房间里等着。第二天一早，科塔尔和朗贝尔就去那家咖啡馆给加西亚留了口信，约他当晚会面，或者安排到次日。那天晚上他们白等了一个晚上。第二天，加西亚露面了。他默默听朗贝尔说明了情况，然后说他也不知情，但是听说城里有几个地区被隔离了24个小时，进行挨家挨户的检查，很可能贡扎莱斯和那两个年轻人被困住了。他只能再次帮他们联系拉乌尔，当然，这件事一夜之间是做不到的。

"我明白了，"朗贝尔说，"我们又要从头开始了。"

第三天，在一个街头的角落里，拉乌尔证实了加西亚的猜测：下城区被封闭了。所以要重新和贡扎莱斯联系。又过了两天，朗贝尔才和足球运动员一起吃上午饭。

"真好笑，"他说，"我们早该安排好备用联络方式。"

朗贝尔无奈地表示同意。

"明天早上我们去见小伙子们，把事情安排妥当。"

第二天，两个年轻人不在家。他们只好留了个口信，约第二天中午在国立中学广场见面。朗贝尔垂头丧气地回家。那天下午塔鲁见到他时，吓了一跳。

"出了什么事？"

"那件事要从头再来。"朗贝尔说。

然后他重新提起了邀请：

"今天晚上过来。"

那天晚上两人来到朗贝尔房间时，他正摊开四肢躺在床上。他起床往准备好的杯子里斟上酒。里厄接过酒杯，问事情进行得怎么样。朗贝尔说他又从头来了一次，回到了最开始的地方，但很快就要进行最后一次接头了。他喝下一口酒，补充道：

"当然，他们是不会来的。"

"千万别把这种事当成常态。"塔鲁说。

"你们还是不明白。"朗贝尔耸耸肩膀，回答说。

"什么我们还不明白？"

"鼠疫。"

"哈！"里厄说。

"你们不明白这全因为一切都要从头来过。"

朗贝尔走到角落里，打开一台小录音机。

"这是什么磁带，"塔鲁问，"我知道这首曲子。"

朗贝尔说这是《圣詹姆斯医院》。

磁带放到一半，他们听到远处传来两声枪响。

"一条狗或者逃犯。"塔鲁说。

过了一会儿，磁带放完了，但救护车的警笛声由远而近，越来越响，越来越清晰，从旅馆房间下面经过，然后又逐渐变小，直到完全听不见。

"这盘带子没意思，"朗贝尔说，"我今天已经听了至少10遍了。"

"你这么喜欢它？"

"不，我只有这一盘。"

又过了一会儿：

"我告诉你——关于从头来过。"

他问里厄卫生援助小组的工作怎么样。现在共有五个小组在工作，但他们希望另外组织一些。朗贝尔坐在床上，似乎注意力全放在他的手指甲上。里厄看着他健壮有力的身影，突然注意到朗贝尔正在注视着他。

"你知道，医生，"他说，"关于你们的组织，我也想了很多。我没有加入你们，那是有原因的。我想我仍然是个不怕冒生命危险的人，我在西班牙打过仗。"

"在哪一方？"塔鲁问。

"在失败一方。不过从那以后我思考了很多。"

"关于什么？"

"勇气。我现在懂得人是能够做出伟大事业的，但是如果他不能得到伟大的感情，那么我是不会感兴趣的。"

"人们总是认为自己无所不能。"塔鲁说。

"根本不是，他们无法忍受长时间的痛苦和饥饿，所以他们做不出任何有价值的事情。"

他看看他们，然后问：

"这样说吧，塔鲁，你能为爱而死吗？"

"不知道，不过目前看来不会。"

"那就对了。但你能为了理想而死，那是毋庸置疑的。啊，为理想而死的人我见得多了。我不相信英雄主义，那并不难，而且我认为英雄主义是危险的。我感兴趣的是，为了自己的所爱活着或死亡。"

里厄一直专注地听着记者的话。他盯着朗贝尔，温和地说：

"人不止有一种想法，朗贝尔。"

朗贝尔从床上跳了起来，脸上闪耀着激动的情绪。

"人就是只有一种想法，而且一旦脱离爱情，人生会变得极为短暂。我的看法是这样的：我们——人类——已经失去了爱的能力。我们必须面对这个现实，医生。让我们等着获得那种能力，或者，如果确实无法触及，那就等着我们每个人都会面临的救赎，别去逞什么英雄。对我来说，我不会再往前走一步的。"

里厄站了起来，突然显得异常疲惫。

"你说得不错，朗贝尔，你愿意做什么，我都不会阻拦的。因为在我看来那是充分而正当的。但我必须告诉你：这完全和英雄主义无关，而是平常的尊严。也许看来很可笑，但是对抗瘟疫的唯一途径是用上我们的尊严。"

"尊严是指什么？"朗贝尔突然显得严肃起来。

"笼统地说，我说不清楚。但对我而言，我相信它代表着做好我的本职工作。"

"噢！"朗贝尔怒冲冲地说，"我不知道我的本职工作是什么。我选择了爱情，也许当真是个错误。"

里厄站在他面前一动不动。

"不！"他斩钉截铁地说，"你没做错。"

朗贝尔若有所思地看着他们。

"你们，"他说，"我想你们在这场变故里不会损失什么。站在道德的一方，那样做总是容易得多。"

里厄把杯里的酒一饮而尽。

"走吧，"他说，"我们还有活儿要干。"

他径自走了出去。

塔鲁跟在他身后，但他似乎临出门时又改了主意。他回头对记者说：

"我想有一件事你不知道，里厄的老婆正在一家疗养院里，离这儿大约几百公里。"

朗贝尔露出吃惊的表情，但塔鲁已经离开了。

第二天一大早，朗贝尔打电话给里厄：

"在我找到出城的办法之前，你愿意让我和你一起工作吗？"

电话那端沉默了片刻，然后：

"当然，朗贝尔。谢谢你！"

第
三
部
分
——

18

一周接着一周过去，瘟疫的囚徒们各尽所能地抗争着。正如我们所看到的，少数人，像朗贝尔，仍然幻想着他们能够像自由人一样生活，认为他们仍然有选择。但事实上我们可以认为，在8月中旬的那一刻，鼠疫已经吞噬了一切，包括每个人。个体的命运已经不复存在；取而代之的是以鼠疫和全体市民共有的感情构成的群体命运。这些感情里最强烈的是疏离和被放逐的感觉，以及随之而来的恐惧和反抗。这正是叙述者认为在这个炎热和疾病发展的最高潮，最好以活人的放纵、死者的埋葬和分隔两地的情侣们的痛苦为线索对总体的形势进行一番描述的原因。

这个时候刮起了大风，接连几天吹拂着这座饱受瘟疫折磨的城市。奥兰的居民特别怕风，因为城市所在的台地四周没有天然屏障，风在街道上畅通无阻。大风一刮，从那场大雨后没有受到过一滴雨水滋润的城市外表的灰壳剥落下来，化成漫天尘土，夹杂着纸片在越来越少的行人脚下打转。脚步匆匆的出门人都弓着身子，用手帕或用手掩住口鼻。到了晚上，人们不像往常一样聚在一起，尽可能地拖延着每个大有可能是人生最后的日子，街上只能看见三三两两忙于回家或赶往心爱的咖啡馆的人。结果有好几天，当薄暮降临的时候——一年的这个时节夜晚来得特别快——大街上几乎空无一人，只有风声在不停地哀叹。风从不可见的波涛起伏的大海上卷来海藻和盐的气味。尘土漫天的空城里白茫茫一片，弥漫着海的气息，回响着风的呼号，正如一座被诅咒的孤岛。

到目前为止，鼠疫在人口稠密且不太富裕的郊区造成了比市中心更多的死亡。突然之间，它好像发动新的进攻，占据了商业区。居民们怪罪大风传播了细菌。"它是在洗牌。"旅馆经理说。无论原因是什么，居住在市中心的人们在夜间越来越频繁地听到救护车的警笛声，感受着窗外瘟疫沉闷而冷漠的召唤时，他们知道自己大难临头了。

在城里，有人出主意把鼠疫特别严重的特定区域隔离起来，只允许那些从事不可或缺工作的人离开。住在那些区域的人们认为这项举措是特别针对他们的，总之，他们把其他地区的居民当成自由人。而其他区域的人一想到还有人比他们更不自由，在这种艰难时刻也未尝不感到一种安慰。"总之，还有比我情况更糟的人呢。"成了那些日子里人们所能拥有的唯一慰藉。

大约在同一时期，城里的火灾事件增多了，特别在靠近西门的居民区。据调查显示，火灾原因是那些隔离检疫完毕后回家的人，因为悲伤和不幸发了狂，于是点燃了他们的房子，幻想借此消灭鼠疫。大风助长火势，扑灭这些防不胜防的火灾异常困难，整个地区因此处在持续的危险当中。当局试图向大家证明经过消毒的房屋足以消除隐患，但完全没用，于是势必对那些无知的纵火狂采取非常严厉的惩罚手段。最终震慑住那些不幸的人的显然不是监狱本身，而是所有人的一个共识，即入狱等同于判死刑，因为市监狱的死亡率非常之高。这种看法是不无根据的。显而易见，鼠疫似乎特别喜欢那些出于选择或必要以群体形式生活的人：士兵、修道士、修女或囚犯。尽管一些囚犯是单独拘禁的，但监狱是一个群体，事实表明，市监狱的狱卒死于鼠疫的比例和囚犯不相上下。在瘟疫的眼里众生平等，从狱长到最卑微的囚犯都被定了罪，这也许是监狱里首次实现的绝对公正的统治。

当局想在这一层级引入等级制度，为因公而死的狱警授勋，给他们颁发军功章。因为在戒严状态下，这些狱警可以说是在服役。但这种做法无疾而终。囚犯自然不会有意见，但军方反应激烈，他们得体地指出，这种做法可能导致公众思想的混乱。当局采纳了他们的反对意见，决定简化为给殉职的狱警颁发抗疫勋章。但是对于已经颁发过军功章的人，尽管军方仍然坚持他们的观点，再行收回是不可能的。此外，抗疫勋章又达不到军功章所能起到的鼓励士气的作用，因为在发生疫情时获得这样的奖章是很平常的。

另外，监狱管理部门不可能像修道院或军队一样疏散。城里仅有的两座修道院里的修士已经暂时分散住进虔诚的信徒家里。士兵也一样，只要有可能，就分成小组从军营住进学校或公共建筑。就这样，鼠疫在表面上把困于围城中的市民团结起来，而同时又分裂了传统的社会团体，造成个体的疏离，造成人心的动荡。

可以想见，这些情况和大风一起煎熬着一些人的心灵。夜晚冲击城门的事件反复发生了多次，但是这一次发起冲击的是小型武装组织。他们和守门的哨兵交火，有些人受伤，有些人逃了出去。当局加强了城门的守卫，这类攻击很快停止了。然而，这几起事件足以激起一股反抗情绪，城里发生了一些暴力事件。一些因为失火或因为卫生原因被关闭的房屋遭到了洗劫。很难认定这些行为是有预谋的。更可能的情况是，突发事件致使迄今为止规规矩矩的市民做出了疯狂的举动，并迅速被人模仿。所以我们或许可以看到，一些疯子当着茫然无措的苦主的面，冲进人家着了火的房子里。看到主人没有反应之后，一些旁观者也效法第一批掠夺者借着火光冲了进去。在阴暗的街道上，在行将熄灭的火光的映射下，一个个扛着各种物品或家具的奇形怪状的黑影四处逃散。这些事件迫使当局颁布了对应法令，实行戒严。两个小偷被枪毙了，不过很难说对其他人有多大的震慑作用。因为每天有这么多人死亡，处死两个人就像一滴水滴进大海，几乎无声无息。而且事实上当局对频繁发生的同类事件没有采取任何措施。真正影响居民的是宵禁的实行。晚上11点过后，全城陷入一片黑暗，俨然一座死城。

月光下，只看到灰白的城墙和横平竖直的街道，没有树木的阴影，也完全听不到路人的脚步和狗叫声。这座死寂的城市只是一堆庞大的、一动不动的立方体，其中一尊尊被人遗忘的捐助者和伟人的雕塑无言地凝立着，石头或金属雕刻出来的脸庞显示出人类过去的样子。在沉沉的天幕下，这些平庸的偶像占据着空无一人的十字路口，冷漠的表情正如我们死水一样的生活，或者说，我们生活的归宿，即一座死亡之城，瘟疫、石头和黑暗终将绝灭一切声响。

黑夜也沉沉地压在每个人的心上，有关死人埋葬的传闻更增加了人们的不安。关于丧葬的问题有必要在此做一番描述。叙述者先道个歉，他明白谈论这个话题会招致批评，然而下葬的事贯穿疫情始终，叙述者和城里的每个人一样，不得不关心这件事情。并非他对这类仪式有特别的偏好——正相反，他更喜欢和活人做伴，比如说，洗海水浴。然而现实是海水浴已经被禁止，和活人相伴则要冒风险，且随着时间的流逝风险越来越大，最终不可避免地变成和死人相伴。这是摆在眼前的现实。人们当然可以逃避，可以捂住眼睛拒绝承认事实，但是死亡最终将把所有人带到葬礼面前——在你亲爱的人举行葬礼的时候。

事实上，在鼠疫时期，葬礼最显著的特点是快！一切化繁为简，总的来说，所有精心布置的仪式都废止了。患者死亡时远离家人，守灵仪式也被禁止，因此死于夜间的人可以单独停尸一夜，白天死亡的人则尽可能快地入殓。当然，病殁者的家属会得到通知，但多数情况下家庭成员无法参与葬礼，因为如果他们曾经和患者一起生活的话，此时正处于隔离检疫状态。在家庭成员和死者没有一起生活的情况下，他们可以在指定的时间随灵车前往墓地，这时尸体已经收殓完毕，放进了棺材。

假设这个仪式发生在里厄负责的附属医院里。这所临时充当医院的学校的主楼后面有一个出口，棺木就停放在走廊外面的一个储藏室里。死者的家属会在走廊里看到一具已经盖上的棺木。他们很快完成最重要的任务：由一家之长在一些文件上签字。紧接着棺材就被装上汽车，这些车或者是真正的灵车，或者是由救护车临时改装成的。亲属们坐上少数仍然允许运营的出租车中的一辆，取避开市中心的路线，全速赶往墓地。在墓地门口，送葬者被宪兵拦下，为他们签发一张通行证——非如此不得进入。然后宪兵退到一旁，汽车开到一块已经挖出很多墓穴的墓地旁停下。一名神父会在那里等候他们，因为在教堂进行追悼仪式已经被禁止了。在祈祷声中，棺材被抬出来，系上绳子，拖过来滑进墓穴。神父这边向棺木上洒圣水，那边第一锹土已经落在了棺盖上。灵车很快离开以便进行消毒。在一锹锹土发出的越来越沉闷的声音中，死者家属也挤进出租车。一刻钟后他们就回了家。

以这种形式，丧礼在以最快的速度完成的同时也最大限度地避免了风险。不用说，至少在最初的时候，死者的亲属自然是感到不愉快的。但是鼠疫当头，这些感情是无法顾及的：万事都要以效率为先。没过几天，奥兰市里出现了紧急的食物供应问题。尽管草率的葬礼影响人们的情绪，尽管风光大葬的观念广为大众接受，但在这种情况下，居民的注意力被更迫切的事情吸引过去。想吃饭就要排队，就要找关系，要填表格，人们没有时间关心周围的人如何死亡，也无暇去想他们自己也有一天将会怎样死去。于是这些看似烦恼的物质困难最终又成了让人脱离烦恼的恩赐。假如鼠疫没有蔓延的话，正如我们所看到的，一切都会有个圆满的结局。

接着连棺材都开始变得短缺，裹尸布和墓地空间都成了问题。必须想新办法。从效率上看，最简单的做法是合葬，必要时可以让灵车多拉几趟。于是，以里厄的医院为例，他们目前有五具棺木。一旦这些棺木放满，救护车就把它们拉走。到墓地后，棺材被腾空，铁青色的尸体被放入担架，停放在特别准备的停尸棚里。棺木在经过消毒后重新拉回医院，然后再次重复这一过程。整个过程井然有序，省长也颇为满意。他甚至对里厄说，这比历史书里记载的早期鼠疫时利用黑人奴隶驾驶灵车的做法要好多了。

"是的，"里厄说，"葬礼是一样的，但我们保存了卡片索引。这是无可否认的进步。"

尽管这是当局的成功举措，但葬礼令人不快的性质迫使地方上阻止家属接近现场。他们现在只能来到墓园门外，甚至这样都不是官方允许的。因为前述葬礼的最后一个阶段已经发生了小小的改变。在墓地的远处，一片长着乳香黄连木的空地里已经挖出了两个大坑，分别作为男性和女性的墓穴。以此看来，政府并非不尊重习俗，只是后来因为形势所迫，甚至连这样的形式都取消了，男女尸随意地堆在一起，一点体面也顾不上了。好在这种极端的混乱只发生在疫情后期。我们现在讲述的还是男女分葬，而且政府对此非常坚持的时候。在每个墓坑的底部，一层厚厚的生石灰沸腾着，冒着白烟。救护车完成运输之后，人们把一具具赤裸的、微微扭曲的尸体用担架抬过来，滑进墓穴里，大致排整齐。然后，在这些尸体上盖一层生石灰，再覆一层土，为了容纳更多的死者，这层土不能太厚。第二天，死者的亲属会被叫来做一个登记——这样做只是为了表示一种差别，比方说，人类和狗：人类的生死是要有案可查的。

这些工作所需的人力总是处在枯竭的边缘。很多掘墓的、抬担架的，以及类似的人，开始是官方人员，后来是志愿者，但这些人很多都患鼠疫死掉了。无论采取什么预防措施，他们总有一天会感染上鼠疫。可是回想起来，最让人惊奇的事情是，鼠疫期间总能找到做这些工作的人。在疫情发展到高峰前不久的危急关头，里厄最担心的就是人手不够。无论是管理还是他所说的"粗活"，都面临着后继乏人的窘境。可是等鼠疫席卷全城的时候，一个出人意料的后果出现了。因为全城的经济活动被迫中断，出现了大量的失业人口。多数情况下，从他们中间找不到管理人员，但是招募干粗活的人很容易。从那时开始，贫穷显示出了比恐惧更大的力量，因为虽然存在风险，这类工作有较高的报酬。卫生部门手里总有一批申请者的名单，一出现空缺，就依次通知名单上的人。只要接到通知的人没有在同一时间也变成空缺，就肯定会答应。这样一来，一直拒绝考虑雇用死刑犯从事这类工作的省长就无须内心纠结。只要有人失业，那个做法就可以暂时搁置。

一直到8月底，城里的死难者还能被带到他们的最后归宿，虽然谈不上体面，但终究不失条理，当局自认问心无愧地尽到了责任。但8月过后疫情稳定下来，累积起来的死者远远超出了那块小墓地的容量。到了把围墙打开，把尸体埋到周围地面的时候了。但在此之前必须尽快解决另外一些问题。首先，他们决定晚上埋葬死者，这是为了避开手续和仪式。救护车上每次堆的尸体越来越多。少数违反宵禁令在偏远地区活动的人，有时候会遇见长长的白色救护车从身边全速驶过，单调的警笛声回响在深夜空荡荡的街头。那些尸体被草草抛进挖得越来越深的墓坑，盖上几铲生石灰后归于黄土。

没过多久，土地也不敷使用。政府只得颁布法令征用居民租用的永久墓地，把墓地里的遗骸全部送往火葬场焚化。再后来，病殁者的尸体也要拉走火化了。但是这样做需要启用东门外的旧焚化炉，还得把岗哨外移。一个市政厅的职员建议把闲置中的原来往返海滨公园的有轨电车利用起来，这样能给焦头烂额的市政府省了不少麻烦。他们对电车的内部做了一些改造，拆下座位，重新铺排了轨道，把焚化炉变成了终点。

整个夏季剩余的时间和阴雨连绵的秋季，人们常常在午夜听到一列没有乘客的电车咣咣当当地开往海边。最后，终于有人发现了其中的秘密。尽管巡逻队禁止任何人靠近电车，但一些人设法来到俯瞰大海的峭壁旁，在电车经过时把鲜花扔进车厢里。夏天的晚上，一直能听到这些载着鲜花和尸体行驶的车辆的声音。

到了早上，至少在早期的时候，城东区上空飘浮着一股腐臭的浓烟。所有的医生都表示，虽然烟雾气味难闻，但于人体无害。但这些地区的居民认定鼠疫将从天而降，威胁着要搬离这个地区，政府只好利用一套复杂的管路系统改变了烟雾的方向。于是居民们平静下来。只有到了起大风的日子，才有一些非常微弱的气味从东边飘过来，提醒人们身处的新秩序，瘟疫的火焰每天晚上都在吞噬着它的祭品。

这是鼠疫造成的最极端的后果。幸运的是，它没有更进一步。因为人们开始怀疑管理机构的能力，政府的手段甚至焚化炉的容量是否能应付得了现状。里厄获悉当局已经开始设想更孤注一掷的措施，比如把尸体抛进大海，蓝色的海浪里漂浮着尸骸的可怕场面似乎指日可待。他也知道如果死亡数字继续上升，不管多优秀的组织都无济于事，来不及处理的死尸将堆积起来，在街头腐烂。无论当局采取什么措施，在城里的公共广场上，总能看到垂死的鼠疫患者带着可以想见的憎恨和荒谬的希望猛然扑向别人的情景。

就是在这种明显的恐惧迹象中，我们看到了市民们无法摆脱的被流放和疏离感。叙述者感到遗憾的是，他意识到在此无法描述一些真正振奋人心的事件，比如那些我们可以在古老的故事里找到的鼓舞人心的英雄或令人难忘的事迹。因为没有什么比一场瘟疫更惊人的事物了，假如它没有造成旷日持久而且千篇一律的不幸的话。在经历过这些不幸的人的回忆里，暴发鼠疫的那段可怕的日子不像一场残酷而壮观的大火，更像一场没有尽头的践踏，所经之处，一切都被夷为平地。

是的，真正的鼠疫和疫情开始时与里厄医生所想象的那种宏大的场面毫无共同之处。首先，鼠疫是一个精细而完美的系统，有着极高的效率。在此补充一句，为了不遗漏事实，也不插入自己的观点——

这正是叙述者力求客观的目的——他努力在艺术加工的过程中还原真相，只在贯通情节时多少做一些关联性的评论。正是基于客观性的要求，他要在这里说，尽管这一时期最大、最广泛和最深切的痛苦是分离之苦，尽管此刻有必要对这些痛苦做一番新的描述，可是也要承认连这种痛苦也已经失去了它的悲剧性。

我们的市民朋友，或者退一步说，那些被离别之苦折磨得最严重的人适应了这种处境吗？说适应也许不确切，也许应该说他们在这个过程里变得身心憔悴。在疫情初期，他们清晰地记得失去的人，为他们不在身边而难过。可是尽管他们能够回忆起爱人的音容笑貌，对往日相聚时的快乐记忆犹新，但是却很难想象出正当他们苦苦思念的时候对方在干什么，在那些现在变成咫尺天涯的地方。总之，他们拥有足够的回忆，但缺乏想象能力。随着疫情的发展，连这一点回忆也不复存在了。不是说他们忘记了那张面孔，而是（事实上差不多）像失去对方的肉体一样，他们只能把记忆埋藏在内心深处。最初几个星期他们还倾向于抱怨他们只有所爱的人的影子可以留恋，后来他们意识到连这些影子也变得越来越缺少血肉，甚至失去了记忆中的色彩和细节。在这段长期的分离过后，他们无法想象从前共享的那些亲密行为，甚至怀疑起曾经有个触手可及的人生活在他们身边的事来。

由此看来，他们已经适应了瘟疫特有的环境，这种环境因其平凡而愈显深刻。除了日常生活的平淡无奇，人们不再能体会到任何伟大的感情。"该结束了。"他们说，因为在鼠疫时期，人们自然而然希望一系列的痛苦早日结束。但到了说这话的时候，人们已经没有了早期的愤怒和怨恨，他们只是用发牢骚的语气说着一些无力的话。起初强烈的感情让步于沮丧，我们不能把它混同于屈服，但不能不承认这是一种暂时的让步。

市民们已经适应了，他们不得不默默承受，因为除此别无他途。当然，他们仍然有痛苦和不幸，但他们不再感到难熬。可是里厄却认为这是最不幸的，因为习惯绝望比绝望本身更令人灰心丧气。此前，为分离而痛苦的人们所经受的并不是绝对的痛苦，因为他们在夜间辗转反侧时还有一线希望，但这点仅有的希望现在也破灭了。你可以看到他们平静地出现在街头，在咖啡馆或朋友家，心不在焉，无精打采，神情厌倦，使得整座城变得像一座列车候车室。那些有工作的人认认真真地照常工作，每个人都简单而低调。那些遭遇离别的人第一次不再介意谈论不在身边的人，用的语言和其他每个人一样，谈起他们的离别就像在谈论鼠疫期间的统计数字一样，采用的是同一个角度。这种改变是令人吃惊的，因为以前他们满怀戒备，拒绝把个人的悲情与市民们共同的不幸相提并论，现在也承认了他们的包容性。没有回忆，没有希望，他们只为眼下生活。实际上，此时此刻对他们而言就是一切。鼠疫从他们所有人身上夺走了爱，以至于友谊，因为爱情不能没有未来，留下的只有眼下的此时此刻。

当然，这只是一种宽泛的描述。尽管所有遭遇离别的人都会这样，但要补充一点，这是有先后之分的。当陷入这种心态后，瞬间的回忆、突然的清醒又会让这些伤心人陷入更深的痛苦。他们需要这样的刺激，于是他们开始制订计划，好像鼠疫已经结束一样。他们需要这种不期而至的感情泛滥和没有来由的嫉妒。另一些人也体验过在麻木中突然振奋起来的日子，当然常常是星期六下午或星期日，因为这曾经是他们习惯和所爱的人共度的日子。一天终了时，一阵突如其来的哀愁提醒他们，痛苦的回忆又将浮上心头。这时正是信徒们检视自己内心的时候，但对内心空虚的囚徒或流放者而言却是艰难的时刻。焦虑片刻后，他们又回到麻木不仁的状态，在瘟疫中把自己封闭起来。

他们已经懂得，要抛开个人的感情。但是在鼠疫早期的时候，他们纠缠于和自己有莫大关系、对别人却毫无意义的琐碎事物，对外界的事物缺乏关心。而现在恰恰相反，他们脑子里只有最普遍的想法，对自己的爱情本身却漠然置之。他们完全把自己交给了瘟疫，以至于有时一心希望自己在瘟疫中长眠不醒："让我也得上鼠疫，和它同归于尽吧！"但是实际上他们已经进入了沉睡状态，这整段时间不过是一场长长的睡眠罢了。城里居住的都是梦游的人，他们没有真正摆脱他们的命运；只有在晚上，他们表面上愈合的伤口会偶尔崩裂。他们惊醒过来，在恍惚中摸索着，伤口剧痛。他们一下发现痛苦又回来了，随之而来的还有他们的爱情的憔悴面容。到了早上，他们又重新回到鼠疫中，也就是说，回到了日常生活里。

也许有人要问，这些瘟疫的放逐者会给观察者什么印象？回答很简单：没有印象。如果你愿意，也可以说他们和每个人都一样，是平常人的一部分。他们丧失了所有至关重要的精神，却有了一种默然的态度。比如说，你可以发现，他们中间最有才能的人也像其他人一样看报纸或听广播，寻找使他们相信鼠疫将很快结束的根据，他们阅读无聊记者趴在案头随意撰写的评论，从中寻找想象的希望或没有根据的恐慌。不然就是喝啤酒，照看患者，无所事事或在工作中消耗自己的精力，在办公室处理文件，或者在家听唱片，大家都一模一样。换句话说，他们变得听天由命。鼠疫压抑了价值判断，比如说，人们在买衣服或食物的时候不再挑三拣四，无论什么都原样接受。

最后，可以说那些遭遇分离的人失去了最初曾经保护过他们的那种特权。他们失去了利己主义的爱情，也失去了由此获得的保护。现在的情况是：灾难和每个人切身相关。枪声在各城门处回响，橡皮图章的敲击声决定着生死的节律，档案和火灾、恐慌和手续，都通往一场丑陋但经过登记的死亡。生活在令人毛骨悚然的烟雾和救护车冷酷的警笛声中，我们吃着同样的流放者的食物，无意识地等候着同样的重聚，期待着同样的重获安静生活的奇迹。无疑我们的爱情还留存在那里，只是没了用处，它成了我们内心里一种难以消除的惰性，就像被判刑定罪一样不能改变。爱情变成了没有未来的耐心而执拗的等待，就像城里各个地方的食品店前排起来的长长的队列。我们可以从中看到同样的顺从和忍耐，不知疲倦且不存幻想。

唯一不同的是，购买食物者的精神状态和生受离别之苦的人自然不能相提并论，因为后者的痛苦源于无法满足的饥渴。

总之，如果想对遭遇离散的市民的心情有一个准确的概念，就必须再次回顾一下这座没有树木、落满尘埃的小城里那些沉闷的傍晚，男男女女在夕阳的余晖下涌上每一条街道。这时在仍然沐浴着最后一抹阳光的露台上，我们听到的不是以往组成城市主题的汽车和机器轰鸣声，而是脚步声和低沉的说话声形成的巨大嘈杂声。沉重的天空下，成千上万双鞋子在瘟疫的节拍中发出痛苦的呻吟。这种无休无止和令人窒息的践踏声逐渐充斥全城，一夜又一夜，忠实而忧郁地表达出一种盲目的顽固，最终取代了我们心中的爱情。

第四部分

19

9月和10月，鼠疫迫使奥兰臣服在它的脚下。因为无可奈何，几十万市民只能苦苦挨着似乎没有尽头的日子。大雾、高温和阴雨天气相继而来。几群来自南方的椋鸟和鸫鸟悄无声息地飞来，临飞到头顶时却绕城而过，好像为了躲开帕纳卢神父所说的连枷——那根正在房屋上空呼呼作响地挥舞着的怪木头一样。刚入10月，一场大雨把大街小巷冲刷得干干净净，在这期间，除了数着过日子外别无大事。

里厄和他的朋友们也感到疲惫不堪。确实，卫生援助小组的成员也不再想方设法克服他们的疲劳。里厄注意到这一点，是在发现自己和朋友们内心稳步滋长的一种漠不关心的奇怪态度的时候。比如说，从前对鼠疫的新闻非常感兴趣的人，现在根本懒得关心。朗贝尔被临时派去负责一个设在旅馆里的隔离检疫机构，他把自己负责的接受观察的人数记得清清楚楚，对里厄为每个人制定的工作细则也了如指掌；一旦有人突然出现鼠疫症状，就即刻进行隔离；抗鼠疫血清对那些接受隔离的患者所产生的效果的统计数字，他也牢记在心。不过他说不出每周患鼠疫死亡的总人数，也完全不知道这些数字是上升还是下降。不管情况怎样，他还抱着不久后就能逃离这里的愿望。

至于其他人，他们日夜扑在工作上，不看报纸也不听广播。如果有人告诉他们统计数字，他们会装作感兴趣的样子，但事实上却漫不经心，让人想到大战役中士兵的态度。他们筋疲力尽，只求尽职，但也一心盼望着最后的决战或停战的一天。

格朗继续从事着鼠疫的数据整理工作，当然，他对鼠疫的总体趋势或现状是最了解的。他的健康状况一直不好，不像塔鲁、里厄和朗贝尔那样结实和健康。然而他既要做市政府的工作，又要充当里厄的秘书，晚上还要忙自己的事。所以，他一直处于筋疲力尽的状态，同时用两三个盘算好的计划来为自己打气。比如说，鼠疫过后至少用一星期好好休个假，这样他才能在积极的状态下从事那个"让人脱帽致敬"的项目。他还容易情绪激动；碰到那样的情况，他会很自然地向里厄谈起让娜，猜测她此刻人在哪里，以及会不会在看报纸时想起他。有一天，里厄吃惊地发觉，他在无意中向格朗提起了自己的妻子，这在以前是从来没有过的。因为他对妻子千篇一律的平安电报有几分担心，他决定给妻子所在疗养院的主治医师发一封电报。在回电里他得知妻子的病已经恶化，目前只能尽力延缓病情的发展。他一直把这个消息埋在心里，也许是因为疲倦，导致他把这件事告诉了格朗。谈论完让娜之后，格朗问起他妻子的情况，谈话就开始了。"你知道，"格朗说，"这种病现在是完全能治好的。"里厄表示同意，说只是因为分别的时间太长，不然他也许能帮助妻子战胜疾病。然后他陷入沉默，不再正面回答格朗的问题。

另一些人也处在同样的状态。塔鲁最坚强，但他的笔记显示，尽管他寻根究底的好奇心深度不减，但失去了广泛性。那段时间，他的兴趣都在科塔尔身上。自从旅馆被改造成隔离检疫房后，他搬到了里厄家，到了晚上，他对里厄和格朗关于疫情进展的话题毫无兴趣。他会很快把话题引到他最感兴趣的奥兰生活的细节上去。

再说卡斯特尔，有一天他赶来告诉医生，说疫苗已经准备好了。他们决定在奥顿先生家的小男孩儿身上做试验，那孩子刚被送进医院，照里厄看已经没救了。里厄正要告诉老朋友最新的统计数字，却发现他已经躺在沙发上睡着了。看着那张以往温和而略带嘲讽的表情，总是一副年轻人神色的脸，现在突然变了模样：一线口水从他半张着的嘴里垂下来，显露出他的老迈和疲惫。里厄感到嗓子有点发堵。

通过这种感情上的脆弱，里厄能够评估自己的疲劳。他的感情正变得难以控制。在大部分情况下，他都能控制住自己，硬起心肠，摒弃不必要的感情。但他偶尔也会变得失控，感到无力控制他的感情。他唯一的抵御办法是拉紧内心用来约束感情的绳结，让自己变得强硬起来。他知道这是让他继续坚持下去的好办法。至于其他方面，他几乎不抱幻想，即使有也被疲劳带走了。因为，他明白，在这段看不到尽头的时期里，他的职责不是为人治病，而是诊断。发现、诊断、描述、记录，然后宣判，这就是他的工作。患者的妻子抓着他的手腕尖声哀求："医生，救救他！"但他去那里不是救人，而是去宣布隔离的。他从人们脸上看出的恨意又有什么用呢？"你没有心肝。"有人这样说过他。但他的确有心肝，他用以承受一天20个小时的工作，看着本应活着的人死去。他用来支撑着自己日复一日地继续下去。就目前来说，他的心肝只够做这些，又怎么能再要求他救人活命呢？

是的，他每天所做的不是给人提供帮助，而是提供资料。当然，这种事不能称为职业，但是在这个人心惶惶，被瘟疫吓破了胆的群体里，还有谁会去从事正常的工作呢？感谢上帝，幸好他疲倦了。假如里厄头脑更清醒一点，这种随处可闻的死人气味一定会影响他的情绪。但是一个每天只睡4个小时的人是没有多余的时间沉溺于悲情的。在这种情况下，你看待事物会直视本质，那就是说要公正——可怕而荒谬的公正。而那些身患绝症的人也明白这一点。在鼠疫暴发前，里厄是人们眼里的救星。他能够用几片药或一支针剂解决所有的问题，所以人们拉着他的胳膊领他进门。而现在恰恰相反，他要带着士兵出面，用枪托敲门才能让人家同意他进去。他们很可能连累他，或者连累所有人一起死掉。啊！人不能脱离其他人生活，这是千真万确的，在离开那些人家时，他和那些不幸的人一样无助，也一样值得人同情，正如他对他们所怀的同情。

在那些漫长得似乎没有止境的日子里，这至少是纠缠在里厄医生内心的想法，还有其他一些和亲人分离的孤独情绪。这些情绪也同样反映在他那些朋友的脸上。但逐渐支配他们的疲倦无力感所造成的最危险的影响，不是对外界事物和他人感情的无动于衷，而是他们自己所表现出的漫不经心的态度。他们有一种倾向，不是必不可少的事，或者在他们看来超出他们能力范围的事，他们都懒得去做。结果这些人越来越忽视他们制定的卫生守则，省略了他们应该实行的一些消毒程序；他们有时候不采取必要的预防措施，就匆匆赶去探访患上肺鼠疫的患者，一来是因为临时通知，二来他们认为为了吃药或打针回卫生服务站一趟太劳神。这是真正的危险所在，因为和鼠疫做斗争使他们更容易患上鼠疫。总之，他们在拿运气冒险，而运气不在人类的一边。

不过，城里有一个人既不疲倦，也不垂头丧气，一直显得志得意满。这个人就是科塔尔。他维持着和别人的关系，继续我行我素。他常常和塔鲁见面，只要后者工作允许，一来塔鲁对他知根知底，另外，塔鲁也一直真诚欢迎他的来访。这是为人称道的原因之一。不管工作多繁重，他总是一个很好的倾听者和令人愉快的同伴。尽管有几个晚上他疲乏不堪，但第二天他照样精力充沛。"塔鲁是个值得谈谈的人，"科塔尔对朗贝尔说，"因为他为人好，总能听进去你说的话。"

这或许可以解释塔鲁这一时期的日记差不多集中在科塔尔身上的原因。显然塔鲁试图对科塔尔进行一个全面的描述，记录下他的反应和想法，不管是科塔尔的谈话还是他自己的解读。在"科塔尔和鼠疫的关系"的标题下，这篇关于科塔尔的描写在笔记本上占了好几页，叙述者认为有必要对此做一点概述。塔鲁对这个小个子男人的看法总体可以归结为一点："他是个积极乐观的人。"另外，科塔尔的心情似乎也变得越来越好。他对事态的发展并非不满意。有时候，他会这样总结自己的看法："情况当然见不到好转，可是至少每个人的处境都一样。"

"自然，"塔鲁补充道，"他和其他每个人都受着鼠疫的威胁，但重要的是每个人都一样。后来我相信他并不真正相信自己会被感染上鼠疫。他似乎是靠着这个想法生活的，这种想法谈不上多愚蠢，一个遭受严重疾病或被巨大恐慌困扰的人，会自然而然地不去考虑其他疾病或忧虑。'你注意到没有，'他问我，'疾病是不能兼得的？如果你患了严重的或者无法治愈的疾病，比如说癌症或肺结核，就绝对不会同时患上鼠疫或斑疹伤寒，这是不可能的。另外，还不光是这样，因为你绝对看不到一个癌症患者死于车祸。'无论这种说法是对是错，它让科塔尔感到心情很好。他唯一不希望的就是把他和别人隔离开，他宁可和大家一起被困在城里，也不想像囚犯一样被单独关押起来。鼠疫一来，没有人再进行秘密调查，什么档案、户籍卡、密令和近在眼前的逮捕都成了云烟。确切地说，也不再有警察，不再有新案陈案，不再有负罪的人，只有被判了刑的人们等着最随意的缓刑，其中甚至包括警察在内。"所以，根据塔鲁的解读，面对市民们混杂着焦虑和混乱的心态，科塔尔大可以带着十足和宽容的满足心理说："你们尽管谈，我已经比你们先一步领教过了。"

"我一片好心地告诉他，归根结底，避免陷入和别人隔离状态的唯一办法是做到问心无愧。但他皱着眉头说：'如果这样说的话，人和人之间的关系就是始终被隔断的了。'然后，他又说：'你爱怎么说怎么说，塔鲁。不过我要告诉你，把人们团结在一起的唯一的办法是给他们一场瘟疫。看看周围就知道。'我得承认，我非常理解他的意思，也知道今天的这种生活在他看来是多么惬意。但他怎么会认识不到别人的反应也曾经是他的反应呢：每个人都希望别人认同自己；人们有时对迷途的路人热心指路，换一个场合面对同样的事则显得急躁；人们脚步匆匆地赶往高档饭店，为去那里吃饭感到心满意足；乱哄哄的人群每天在电影院前排队，挤满所有的剧院和舞厅，像无拘无束的潮水一样涌进每一个公共场合；人们害怕任何接触，然而对于人类温情的渴望又把人们吸引到一起，比肩继踵，耳鬓厮磨。科塔尔显然都经历过。除了女人，因为长了那样一副模样……我猜测当他需要去找妓女时，他会克制自己，以免给人粗俗的名声，以后害了自己。

"总之，鼠疫使他如鱼得水。使他这样一个不甘孤独的孤独者成了它的同谋犯。是的，一个同谋犯，而且是一个乐在其中的同谋犯。他认同看到的一切：那些疑虑重重的人的迷信，没有来由的恐惧和容易受惊的情绪；他们极力避免谈论瘟疫，然而又总是忍不住谈论的矛盾心理；他们在得知鼠疫从头疼开始后，一感到头疼就惊恐不已的表现；他们过分紧张，一惊一乍和不稳定的情感，使他们往往把忽视当成冒犯，会因为掉了一颗裤子纽扣而伤心不已。"

塔鲁晚上经常和科塔尔一起外出。在他的笔记里，他描述了他们如何在黄昏或夜间出门，在零零星星点亮的路灯下，肩并肩走进忽明忽暗的人群里，他们和常人一起去寻找温暖的乐趣以摆脱鼠疫的寒冷。人们现在沉湎于科塔尔几个月前在公众场所寻求的那种奢靡的生活。尽管商品价格上涨的势头无法阻挡，但在大部分人缺乏生活必需品的同时，人们又从来没有浪费过这样多的金钱，也从来没有像这样沉迷于奢侈品。所有的休闲娱乐活动都因为人们失业而顾客盈门。有时候科塔尔和塔鲁会跟在某对男女身后，一连跟上几分钟。过去，男女结伴出行还要花费心思掩人耳目，但现在他们紧搂着招摇过市，根本不管周围的一群人怎么看。科塔尔会情不自禁地对他们大声说："哦，多么快活的年轻人！"他的声音变得响亮，在群体性的狂热中，在身边人们大手大脚给小费的当啷声里，在风流韵事在他们面前上演的环境里，他显得兴高采烈。

不过，塔鲁感到科塔尔的态度没有多少恶意。他的那句"我已经比你们先一步领教过"的话里，更多的是遗憾而非得意。"我认为，"塔鲁写道，"他正在开始热爱那些城里被困在天空下和围墙里的人。比如说，如果有机会，他很乐意向他们解释情况并没有那么糟糕。'你听听他们说的。'他对我说，'在鼠疫后，我要做这个……在鼠疫后，我要干那个……'他们在沮丧伤心而不是安心过日子。他们甚至意识不到自己的幸福。难道我能说：'等我被捕后，我要做这个或做那个吗？被捕是一个开端，而不是结束。所以，鼠疫……你想知道我是怎么看的吗？我认为他们是因为不知道顺其自然才痛苦。我这样说可不是随口乱说。'"

"他的确不是随口乱说，"塔鲁补充道，"他对奥兰居民的矛盾心理有很清楚的认识，当他们迫切需要温暖的时候，就会聚在一起，但同时又因为疑心而最终相互疏远。人们深深懂得不能信任他们的邻居，因为如果你疏于防护，他们完全能够在不知不觉中把鼠疫传染给你。如果你像科塔尔一样，随时在提防着每个人——甚至这些人是他乐于相处的人——害怕他们是警察密探的时候，你就能理解这种感觉。并会同情那些惶惶不可终日的人，他们担心鼠疫会随时找上自己，甚至在他们庆幸自己仍然健康无恙的时候突然降临。尽管如此，科塔尔却在恐怖气氛中显得泰然自若。因为他在此之前已经领教过，我认为他不可能真正体会到这种身不由己的状态是多么残酷。总之，和我们这些尚未死于鼠疫的人在一起，他感到他的自由和生命也会随时处于毁灭的边缘。但是既然他一直生活在恐惧里，他认为轮到别人体验这种感觉也是正常的。或者，更准确地说，就个体而言，恐惧于他而言是轻得多的负担。这正是他的错误之处，因此他比其他一些人更难以理解。可是，这毕竟也是他比别人更值得让我们去了解的原因。"

最后，塔鲁以一个故事做了结尾。这个故事展示了科塔尔和鼠疫患者共同具有的奇怪心理，并捕捉到了当时的困难气氛，因此叙述者认为它具有一定的重要性。

应科塔尔的邀请，他们一起去了市歌剧院，那里正在上演《俄耳甫斯与欧律狄刻》。剧团是在暴发鼠疫的这年春天来市里演出的，后来就此被困在了这里。经歌剧院同意，他们每周一次，把这幕歌剧重新表演一次。因此这几个月以来，一到星期五，市歌剧院里就回响起俄耳甫斯旋律优美的咏叹和欧律狄刻软弱无力的哀求。不过这场歌剧一直受到公众的欢迎，票房收入源源不断。科塔尔和塔鲁坐在最贵的座位上，俯瞰着集中了城里最风雅人士的观众席。那些入席的人显然极力避免惊动沿途的观众。当乐师开始调音的时候，他们在一排排座位间移动着，优雅地弓着身子，在前台耀眼的灯光下，他们身影的轮廓清晰可见。在一阵嗡嗡的礼貌交谈声里，这些人恢复了几个小时前在城里黑暗街头失去的自信。庄重的晚礼服驱散了鼠疫带来的凄凉。

在整个第一幕里，俄耳甫斯用柔和的音调哀悼他失去的欧律狄刻，几个穿着希腊束腰外衣的女子优雅地评论他的不幸，这一段是用小咏叹调唱出来的。观众用热情而适度的掌声做出了回应。但几乎没有人注意到，俄耳甫斯第二幕的唱腔里出现了一些不应有的颤音，而且在向冥王哀求，期望冥王被自己的眼泪打动的时候，他的声音显得过分悲怆。当他无意中做出几个异常动作的时候，有经验的观众认为这是一种即兴发挥，是演员对于角色的新的演绎。

直到第三幕俄耳甫斯和欧律狄刻的大合唱时——这正是他失去欧律狄刻的时候——观众感觉出了异样。而且，仿佛那名歌手一直在期待着观众的骚动，或者，更可能的情况是，前排观众的窃窃私语声证实了他的感觉，他选择那一刻以一种怪异的姿势，张手叉脚，穿着古装走向前台的脚灯，最后倒在始终显得很不协调的18世纪田园风格的布景中间。这一幕变成了观众眼里的噩梦。与此同时，乐队停止了演奏，前排的观众站起身，开始缓缓离场，起初陪着小心，就像刚参加过礼拜或葬礼一样。女人整理一下衣裙低着头离开，男人挽着女伴的胳膊，拉着她们从折叠椅中间穿过。但是逐渐地，这种动作变快起来，窃窃低语声变成了惊叫，人们争先恐后地涌向出口的方向，一边推挤一边叫嚷，像潮水一样冲出了剧院。这时才站起身的科塔尔和塔鲁，被单独留在一幅如同他们生活象征的画面前：鼠疫通过一个像瘸脚傀儡一样的演员出现在舞台上。剧院里，被遗弃在红色长毛绒座位上以扇子和蕾丝披肩的形式展现的奢华顿时变得失去了意义。

20

9月初，朗贝尔一直认认真真地在里厄身边工作。他只请过一天假，去和贡扎莱斯以及两个年轻人在国立中学前会面。

那天中午时分，贡扎莱斯和朗贝尔看见两个年轻人笑嘻嘻地走过来。他们说上次运气不好，但那种情况是可以预料到的。另外，本周他们不当值。他们得等到下星期，然后才能重新开始。朗贝尔表示他也是这样想的。于是贡扎莱斯建议他们定在下周一会面，但这一次他们希望朗贝尔住在马塞尔和路易家。"你和我会再见一次面。如果我没有露面，你就直接去他们家，我会把地址告诉你。"但是一个小伙子说最稳妥的办法是马上把这位朋友带去那里。要是他不挑剔，那里的食物足够他们四个人吃。这样他可以先熟悉一下。贡扎莱斯说这个主意不错，于是他们四个人一起动身去港口。

马塞尔和路易住在滨海区外围，靠近那些俯瞰海边的房屋。他们家是一座小小的西班牙式房屋，有厚厚的墙壁和油漆过的木制百叶窗，房间里空空荡荡，光线很暗。两个小伙子的母亲，一位面带微笑，满脸皱纹的西班牙妇女给他们端上了米饭。贡扎莱斯显得很吃惊，因为城里正在闹米荒。"我们在城门那里有门路。"马塞尔说。朗贝尔吃了个痛快，贡扎莱斯说他很"实在"。但记者一直想着未来的一星期。

事实上他还得再等两个星期，因为为了减少班次，守卫轮值的周期延长了一周。回去后，朗贝尔拼命工作，不知道的人会以为他没睡觉。他晚上睡得很迟，一躺下就人事不知。一下从无所事事状态转到令人筋疲力尽的工作中，他感到不仅没了力气，也没了梦想。他很少向人提起他即将逃走的事。一个星期后，他才第一次透露给里厄，前一天晚上，他喝醉了。从酒吧出来的时候，他突然感到腹股沟肿胀，腋窝发僵。他想这下完了。当时他只记得自己做了一件事——里厄和他都认为这件事很荒唐，他跑到城里最高的地方，那里有一个小广场，从那里仍然看不到海，但至少能看见更广阔的天空，在那里大声呼喊他妻子的名字。等他回了家，却发现身上没有感染的症状，所以他对自己的反应感到很难为情。里厄说他对这种反应非常理解："人们在那种情况下很容易变得软弱。"

"奥顿先生早上和我说起了你，"里厄在朗贝尔准备离开时突然补充说，"他说要是我认识你，就劝劝你别再和那些走私贩子打交道，人们开始注意你了。"

"那是什么意思？"

"表示你最好抓紧时间。"

"谢谢你。"朗贝尔抓住里厄的手说。

他在门口又突然转过身来。那是鼠疫暴发后里厄第一次看到他的笑脸。

"你为什么不阻止我离开呢？如果你愿意，是能做到的。"

里厄像往常一样摇着头说，这是朗贝尔自己的事：他已经选择了幸福，别人不能反对。他在这件事上没有权力做评判。

"那么你为什么要催我抓紧时间呢？"

这次轮到里厄笑了。

"也许是因为我也想为幸福出点力吧。"

第二天，他们一起工作，但什么都没有讨论。第二个星期，朗贝尔搬进了那座西班牙风格的小房子。他们为他在起居室支了一张床。因为两个年轻人不回家吃饭，他也遵守告诫尽可能不出门，所以大部分时间他都一个人待着，或者和老太太聊天。她身材干瘦，很精神，穿着一套黑衣服，褐色的脸上满是皱纹，一头银发显得异常干净利落。她不爱说话，但一看见朗贝尔就满眼笑意。

有时候，她会问朗贝尔怕不怕把鼠疫传给他妻子。朗贝尔说这是他们必须承担的风险，否则的话他们就有可能永远分离。

"她可爱吗？"老太太笑着问他。

"非常可爱。"

"漂亮吗？"

"是的。"

"哈！原来是为了这个原因。"

朗贝尔沉思了一下。当然，这是原因，但并不仅仅是这个原因。

"你信仰上帝吗？"老太太说。她每天早上都去做弥撒。

朗贝尔否认了，她没有再问什么。

"你一定得回到她身边，你是对的，不然你就没什么盼头了。"

剩下的时间，朗贝尔就在那间空空荡荡、墙上抹着粗灰泥的房间里走来走去，摸摸钉在墙上做装饰用的纸扇，或者数台布穗子上的羊毛球。晚上两个年轻人回到家，他们也很少交谈，只对他说时机未到。晚饭后，马塞尔弹起吉他，他们一起喝一种带茴香味儿的酒。朗贝尔显得心事重重。

星期三，马塞尔回来后说："明天晚上12点左右，做好准备。"和他们一起当值的两个人中的一个患了鼠疫，另一个和他共用一张床的人正在接受观察。所以这两三天马塞尔和路易两个人单独值班。那天晚上他们会做一点最后的安排，第二天就万事俱备了。"高兴吧？"老太太问朗贝尔。朗贝尔回答说高兴，但他心里却在想着别的事。

第二天，天上阴云低垂，空气又闷又潮。鼠疫的死亡数字又上升了，但是那个西班牙老太太还是很平静。"世上罪恶太多，"她说，"你还能指望别的什么呢？"朗贝尔和两个年轻人一样光着上身。但只要一活动，汗水就从肩胛和胸膛上冒出来。在紧闭着百叶窗的昏暗房间里，他们的棕色的躯干闪着油光。朗贝尔在屋里像困兽一样一言不发地踱着步。到了下午4点，他突然穿上衣服，说要出去。

"当心点，"马塞尔说，"半夜出发，一切都安排好了。"

朗贝尔去找里厄。里厄的母亲告诉他里厄在上城的医院里。医院门口的岗哨前，仍然有一群人在那里逡巡着。"不准逗留！"一个长着金鱼眼的宪兵说。人们动了，但还是在周围绕着圈子。"这里没什么可看的。"那个宪兵说，汗水浸透了他的外套。每个人都知道，但尽管闷热难耐，人们还是徘徊不去。朗贝尔出示了通行证，那人给他指了指塔鲁的办公室。办公室的房门开向院子。他在门口见到了正从里面走出来的帕纳卢神父。

那间有着肮脏的白色墙壁的小房间里，散发着一股消毒水和湿床单的气味，塔鲁正挽着袖子坐在一张黑色办公桌后面，用手帕擦胳膊肘弯上的汗。

"还没走？"他问。

"对，我想跟里厄谈谈。"

"他在病房里。但要是我们能解决的话最好别去找他。"

"为什么？"

"他太累了，自己能办的事我都尽量不去找他。"

朗贝尔看着塔鲁。他已经消瘦了很多，眼睛和脸颊因为疲劳脱了形，健壮的肩膀也支棱起来。一个戴着白口罩的男护士敲敲门走了进来，把一叠档案卡片放在塔鲁的办公桌上，瓮声瓮气地说了个"6"，然后走了出去。塔鲁看看朗贝尔，然后拨开那些卡片给他看。

"卡片很漂亮，是吗？噢，他们是死人，昨天晚上死掉的6个人。"

他皱着眉头把那些卡片收好。

"现在我们似乎只剩下统计数字了。"

塔鲁站起来，把身体靠在桌子上。

"我猜你很快要离开了，是吗？"

"今天晚上，半夜的时候。"

塔鲁说他很高兴，并希望朗贝尔保重。

"你说的是真心话吗？"

塔鲁耸耸肩膀。

"在我这种年纪，说什么话都是认真的，撒谎太累了。"

"塔鲁，"朗贝尔说，"我要见医生。抱歉。"

"我明白，他比我更善解人意。走吧。"

"不是这样。"朗贝尔笨拙地说，他站住了。

塔鲁看着他，突然大笑起来。

他们走过一条两边墙壁漆成绿色、光线使人联想到水族馆的狭窄走廊。在进入一扇双层玻璃门之前，塔鲁领着朗贝尔到一个堆满纸箱的小房间里。塔鲁从消毒柜里取出两个薄纱布口罩，递给朗贝尔一个，让他戴上。朗贝尔问他这东西有多大用处，塔鲁说没用，但这样做可以让别人有信心。

他们推开那扇玻璃门。尽管天气炎热，那间大病房的所有窗户都封得严严实实。墙壁的高处挂着几架促进空气流通的嗡嗡作响的机器，机器的风叶把混浊的空气吹向两排灰色的病床。患者沙哑的呻吟和凄厉的惨叫响成一片，融合成一种单调的哀号。穿着白大褂的人在高处窗栅透进来的刺目光线下在病床间走动着。朗贝尔在这个闷热的房间里感到很难受，他艰难地认出了正俯身站在一个呻吟的患者身边的里厄。他正在给患者的腹股沟做切口，两个女护士一人一边，固定着患者分开的双腿。里厄直起腰后，把器械放进身边助手手里的托盘，一动不动地看着那个正在接受包扎的患者。

"有什么新闻？"他在塔鲁走近后发问。

"帕纳卢答应接替朗贝尔在隔离病房的工作。他已经做了不少工作。剩下的就是组织第三个小组，现在朗贝尔要走了。"

里厄点点头。

"卡斯特尔已经完成了第一批疫苗，提议我们进行试用。"

"啊！"里厄说，"太好了。"

"朗贝尔也来了。"

里厄转过身，看见朗贝尔，他眯起了眼睛。

"你来这里干什么？你应该远走高飞了。"

塔鲁说时间定在今天半夜，朗贝尔补充说："在理论上是这样。"

一说话，薄纱布口罩就鼓起来，嘴周围变得潮乎乎的。这给他们的谈话增添了一种不真实感，好像木头人在说话一样。

"我想和你谈谈。"朗贝尔说。

"好，我正要走，你到塔鲁的办公室等我。"

一会儿工夫后，朗贝尔和里厄坐进汽车后座，塔鲁在前面开车。

"汽油要没了，"塔鲁一边发动汽车，一边说，"明天我们得步行了。"

"医生，"朗贝尔说，"我不走了，我想留下来和你们一起干。"

塔鲁毫无反应，继续开车，里厄似乎还没有从疲劳中恢复过来。

"那她呢？"他用低沉的声音问。

朗贝尔说他反复考虑过。虽然他的想法没变，但是逃走的话他会感到羞愧，也会使他对那个女人的爱感到不安。这时里厄直起身子，坚定地说，这是一派胡言，选择幸福没有羞耻可言。

"是的，"朗贝尔说，"但一个人只顾自己的幸福是耻辱。"

一路没说话的塔鲁发话了，说如果朗贝尔想分担别人的不幸，就不再有时间追求自己的幸福。这是需要慎重选择的。

"不是这样的，"朗贝尔说，"我一直认为我是这座城市的陌生人，和你们没有任何关系。但现在目睹了这一切之后，我明白不管愿不愿意，我已经变成了这座城市的一部分，这里的事和每个人休戚相关。"

看到两个人都没回应，朗贝尔显得激动起来。

"总之，你们和我一样清清楚楚！要不然，你们在医院里做的这些事又是为了什么？难道你们不是做出自己的决定的同时又放弃了自己的幸福吗？"

塔鲁和里厄都没有回答。他们一直沉默着，一直等到车子开近里厄家。然后朗贝尔又一次问了最后一个问题，语气仍然很激烈。这一次，里厄吃力地坐直身子，转身对他说：

"我很抱歉，朗贝尔，可是我也不知道，如果你愿意，就留下来和我们一起干吧。"

车子开始转弯，他停了一下，然后又直视着前面说：

"世界上没有任何事物有权把你从所爱的人身边拉走。可是，我也被拉走了，而且不知道什么原因。"

他沉重地靠到座位上。

"这是一个事实，就是这样，"他疲倦地说，"我们只需承认它，从中得到一些必要的结论。"

"什么结论？"朗贝尔问。

"哦！"里厄说，"一个人不能既治病，同时又把什么都弄明白，那就让我们先尽快给人治病，这是当务之急。"

午夜时分，塔鲁和里厄正在把一张需要朗贝尔监控的街区的地图交给他时，塔鲁突然看了看表，然后抬头看着朗贝尔。

"你告诉他们了吗？"

朗贝尔别开头。

"我留了一张字条，"他扭捏地说，"在我来找你们之前。"

21

10月末，他们试验了卡斯特尔的血清。这是里厄最后的希望了，一旦失败，里厄认为他们将不得不屈从于鼠疫的淫威，疫情或许再持续几个月，直到莫名其妙地自行停止。

卡斯特尔来找里厄的那天晚上，奥顿先生的儿子患了病，全家人都被隔离起来。刚结束检疫回家的奥顿夫人因此又一次住进了隔离病院。奥顿先生遵守指令的要求，一发现儿子身上的症状就叫来了里厄。里厄赶到的时候，奥顿夫妇正站在病床前，他们已经打发走了小女儿。病得有气无力的小男孩儿顺从地接受了检查。医生结束检查后，抬头看着奥顿先生，也看见了他身后脸色苍白的奥顿夫人，后者用手帕捂着嘴，睁大眼睛看着里厄的一举一动。

"是那个病，对不对？"治安法官冷静地问。

"是。"里厄回头看着孩子说。

奥顿夫人圆睁着眼睛，但什么都没说。治安法官也一言不发，过了一会儿，他用低沉的声音说：

"好的，医生，我们该怎么办就怎么办。"

奥顿夫人仍然用手帕捂着嘴一动不动，里厄一直避开她的眼睛。

"一会儿就好，"他犹豫地说，"我能用你家的电话吗？"

奥顿先生说他带他去打，但里厄转身对奥顿夫人说：

"很抱歉。你得准备一些东西。你知道会需要什么。"

奥顿夫人似乎被吓呆了。她死死地盯着地面。

"好，"她点点头，"我会的。"

在离开这家人之前，里厄歉意地问他们是否需要点什么。奥顿夫人默默地看着他。这一次，奥顿先生别开了头。

　　"不。"他说。然后，他又艰难地说，"请救救我的孩子。"

　　开始的时候，隔离检疫只是简单的例行公事，但现在在里厄和朗贝尔的组织下已经变得非常严格。他们特别要求把家庭成员始终单独隔离，以便降低一个家庭有人在不知不觉中受到传染后再感染给其他人的概率。里厄向治安法官做了解释，后者表示认可，但是奥顿夫妇无语对视的样子使里厄感到这场分离对他们是沉重打击。奥顿夫人和她的小女儿可以安置在朗贝尔负责的旅馆里进行隔离检疫，但安排奥顿先生比较为难，因为到处人满为患，可选择的只有省里在市政体育场利用废品收购站提供的帐篷设置的一个隔离营。里厄表示了歉意，但奥顿先生说法律面前人人平等，他应该遵守。

　　至于那个男孩儿，他被送到了附属医院，安置在一间设了10个铺位的教室里。大约20个小时后，里厄认为他已经没有指望了。那个毫无反应的瘦小的身躯正在被致命的传染病吞噬着。刚刚形成但令人痛苦的淋巴结肿块正在阻塞他瘦弱的四肢。他从一开始就被打垮了。这正是里厄打算给他试用卡斯特尔医生的疫苗的原因。那天晚上吃过晚饭后，他们给孩子做了注射，但孩子没有一点反应。第二天天刚亮，他们都来到小男孩儿的病床旁，来评估这一决定性实验的效果。

　　那孩子已经从昏迷中醒来，在床单下翻来覆去地抽搐。里厄、卡斯特尔和塔鲁从凌晨4点开始守在他身边，一直关注着病情的起伏。塔鲁在床头，里厄站在床脚，卡斯特尔坐在他身边平静地看书。随着天光一点点地照亮这间教室，其他的人也来了。首先是帕纳卢，他站在塔鲁对面的一侧，背靠着墙。他显得表情沉痛，这些天来他不辞劳苦，光亮的额头上也出现了皱纹。格朗和他前后脚到。这时是早上7点，格朗气喘吁吁地表示歉意，说他只能待一会儿，并问他们是不是已经有了结果。里厄默默地让他看那个小孩儿。后者表情扭曲，双眼紧闭，紧咬牙关，身体一动不动，但头却前后左右地在长枕上不住摆动。等教室里明亮到能够看清后面黑板上留下的题目时，朗贝尔进来了。他靠在另一张床的床头上，摸出一盒烟，但在看到那个男孩儿后，他又把烟放回了口袋。

卡斯特尔透过眼镜看着里厄：

"他爸爸有什么消息吗？"

"没有，"里厄说，"他在隔离医院里。"

男孩儿呻吟起来，里厄紧握着床尾的铁栏。他一直密切注意着小患者，后者的身体突然变得僵直，又一次咬紧牙关，腰轻轻弓了一下，四肢慢慢地向外张开。小男孩儿裸身躺在军毯下面，散发出一股汗水和羊毛混合的刺鼻气味。他逐渐松弛下来，双手和双腿朝床中间收了一点，但还是人事不省，而且呼吸似乎变得更急促了。里厄朝塔鲁看过去，后者把头转开了。

他们已经看到过一些孩子的死亡：瘟疫是不挑选对象的，但他们还没有像现在这样，从凌晨开始一分一秒地关注一个孩子的痛苦。当然，无辜者遭受痛苦的情景屡见不鲜，令人愤怒。但在某种程度上，他们以前所感到的愤怒是抽象的，因为他们没有这样长时间地面对着一个无辜儿童的垂死挣扎。

这时候，那个男孩儿像腹部被什么咬了一样蜷起身子，发出一声尖细的呻吟。他的身子抖个不停，好像他脆弱的身体正在瘟疫的暴风下飘摇，在反复高烧的打击下变得支离破碎一样。等这阵风过去，他松弛了一点，似乎高烧退了，他像一条搁浅在受了污染的海滩上的鱼一样奄奄一息，艰难地喘着气。当灼热的浪潮第三次袭击他的时候，男孩儿再次猛地弓起身子，把毯子掀到了一边，他蜷缩在床头，狂暴地左右摇晃着脑袋，大颗大颗的泪珠从他浮肿的眼睑里涌出来，流到他苍白的脸颊上，当这次发作结束后，遭受了48个小时折磨的男孩精疲力竭，僵硬地摊开变得瘦骨嶙峋的四肢，以一种怪异的姿势躺在那张不成样子的床上，就像那个被钉在十字架上的人。

塔鲁俯下身子，用手擦了擦那张混杂着汗水和泪水的小脸。卡斯特尔在这之前已经合上了书，看着孩子。他想说话，但不得不先咳嗽了一下，因为他的声音突然开始变得沙哑。

"这孩子的病情早上没有缓解，是吗，里厄？"

里厄说没有，但这个孩子比平常人坚持的时间更长。

背靠墙壁的帕纳卢似乎有几分支持不住自己，他阴郁地说：

"如果不幸夭折，他受的苦也更长。"

里厄突然向他转过身，张着嘴想说什么，但一转念又回头看向那个孩子，显然在克制着自己。

阳光洒满了病房。另外5张床上的患者也开始辗转呻吟，但带着一种自我克制的感觉。只有病房另一头的一个患者比较引人注意，他隔上一定的时间就小声呻吟一下，表达得似乎更多是惊异而不是痛苦。现在患者也开始对鼠疫抱着一种承认的态度了。只有这个孩子在竭尽全力地挣扎。里厄不时给他把把脉（他这样做并无必要，只是为了逃避无能为力的状态），一闭上眼睛，他就觉得这种求生的欲望也在和自己的血管一样搏动。在这种时候，他会感到自己和这个饱受折磨的孩子融为一体，试图用自己仍未衰减的力量来支持他的抗争。但是他们两颗心脏的跳动只同步了一分钟，就再也合不上节拍：那孩子逃离了他，他的努力终归于无。于是他默然放下孩子纤细的手腕，回到他的位置上。

随着白墙上的光线由粉红色变成黄色。窗外炎热的一天开始了。格朗临走时说会再回来，他们几乎都没有注意到。他们在等候。那孩子还闭着眼，但似乎平静了一点。他的双手现在像枯干的爪子，在床两侧轻轻抓着。他的双手向上移动，抓挠着靠近膝盖的毯子，然后他突然抬起双腿，一直到贴近腹部才静止下来。这时他才第一次睁开眼睛，看着站在他眼前的里厄。在他那张塌陷的脸上，仿佛被灰色的黏土围起来的嘴张开了，一声连续的、几乎不随呼吸改变的叫喊声几乎同时响起来。这种单调而刺耳的抗议充满了整个房间，令人不忍卒闻，几乎像所有患者同时发出来的。里厄咬紧牙关，塔鲁不忍再看下去；朗贝尔走过来站在卡斯特尔身边，后者合上那本摊开放在膝头的书；帕纳卢看着孩子因为生病变得肮脏的嘴，听着那愤怒的死亡的呐喊。他跪了下来，在不绝于耳无以名状的哀号声里，他用哽咽但清晰的声音说："我的上帝，救救这孩子吧。"

但孩子还在叫喊，旁边其他患者也变得不安起来。病房远处的那个患者的叫声没有停止，而是加快了呻吟的频率，直到变成扯着嗓子的号叫，其他患者的呻吟声也变得越来越响。房间里爆发出一片痛苦的哀号，淹没了帕纳卢的祈祷声。里厄紧握着床尾的横栏，闭上眼睛，内心感到一阵疲倦和恐慌。

等他睁开眼，发现塔鲁正站在他身边。

"我必须离开，"里厄说，"我不能再忍受下去了。"

但其他患者突然安静下来。里厄发觉孩子的叫声已经变弱了，越来越弱，终归停止。而他身边的呻吟声又接着响起来，但低了很多，好像一场结束的战斗的遥远回声。卡斯特尔走到床的另一头，说一切都结束了。孩子的嘴还张着，但不再有声音，他蜷缩在皱巴巴的毯子里，脸上挂着泪痕，好像突然变得更小了。

帕纳卢也来到床头，做了个赐福的手势。然后他拿起长袍，从中央走廊往门外走。

"我们必须再重新来一次吗？"塔鲁问卡斯特尔。

老医生摇摇头。

"也许吧，"他勉强露出一个微笑，"他毕竟战斗了很长时间。"

但是里厄已经在往病房外走了，他走得那么快，神色那样奇怪。在经过帕纳卢身边时，神父想伸手阻止他。

"别这样，医生。"他说。

里厄猛地向他转过身，愤愤地说：

"啊！至少这个孩子是无辜的，你也知道得很清楚！"

然后，他转身在帕纳卢前面走出病房，来到学校的院子后面。他在一张夹在两棵灰扑扑的小树之间的长凳上坐下来，擦掉已经流进眼睛里的汗水。他想大声喊叫来解开压在心头的死结。热浪从无花果树的枝丫间缓缓流下来。早晨蓝色的天空很快蒙上了一层白色的光晕，使空气显得异常沉闷。里厄靠在靠背上，仰望着树枝和天空，呼吸慢慢恢复了正常，感到疲劳也在一点一点地消失。

"刚才跟我说话为什么发那么大脾气？"他背后一个人说，"看着那样的情景，我也不忍心啊。"

里厄回头看着帕纳卢。

"是的，"他说，"原谅我。但是疲劳是一种疯狂的形式。在这座城市里，很多情况下我只能感受到愤怒和厌恶。"

"我理解，"帕纳卢说，"之所以厌恶，是因为超出了我们的理解。可是我们也许应该爱那些我们不能理解的事物。"

里厄猛然坐起来，用仅有的力量和激情猛烈地摇着头。

"不，神父，"他说，"我对爱有不同的理解，到死我也不会爱这个使儿童遭受折磨的罪魁祸首。"

神父的脸上出现了一种深刻的痛苦表情。

"啊，医生，"他伤心地说，"我刚懂得什么叫天主的恩典。"

里厄泄气地靠在长凳上。他又一次感到深深的疲倦，他用较为温和的语气回答：

"这是我无法体会的，我知道。不过我不想和你讨论这些。我们在一起工作，是因为有比祈祷或亵渎神灵更重要的东西把我们团结在了一起，这是最重要的。"

帕纳卢在里厄身边坐下来，显得深受感动。

"是的，"他说，"是的，你也在为拯救世人而工作。"

里厄勉强笑了一笑。

"拯救这个词我不敢当，我也不敢那样想。我只对人类的健康感兴趣，健康是第一位的。"

帕纳卢迟疑了一下。

"医生……"他说。

然后他又停下不说了。汗水也开始从他的额头上淌下来。他低声说了句"再见"，然后目光炯炯地站了起来。他正要离开，这时一直在出神的里厄也站了起来，朝他走了一步。

"请再次原谅我，"他说，"我不会再这样失态了。"

帕纳卢伸出一只手，失望地说：

"但我还是没有说服你！"

"那有什么关系？"里厄问，"你也知道，我痛恨死亡和邪恶，无论你是否承认这一点，我们正在一起承受和反抗它们。"

里厄握住帕纳卢的手。

"你看，"他故意不看神父的眼睛，对他说，"现在连上帝本人也不能把我们分开。"

22

自从开始为卫生援助小组工作，帕纳卢从未离开过医院和其他出现疫情的地方。他和救援人员一起到他认为应该去的地方，换句话说，也就是前线。他曾经多次目睹死亡。另外，尽管在理论上有免疫血清保护，但他也多次想过自己的死。在表面上他依然保持着平静。但自从那天用几个小时看着一个孩子的死亡过程开始，他似乎变了个样子。从他的脸上可以看出日益沉重的压力。所以当有一天他带着微笑告诉里厄，说他正在撰写一篇以"一个神父是否能请医生看病"为题的短文时，里厄产生了一个感觉，感到帕纳卢似乎有更重要的事情告诉他。当他表示很希望看看那篇文章时，帕纳卢告诉他说不久后要为男性教徒做一场弥撒，在训诫时会阐述他的一些看法。

"我希望你能到场，医生，这个题目你会感兴趣的。"

神父做第二场布道是在一个大风天。说实话，这次集会的场面比上次小得多，因为这种活动对市民已经没有那种新鲜的吸引力了。在城里所处的困难环境中，"新鲜"这个词已经失去了意义。另外，多数人在没有完全放弃他们的宗教义务，或者把宗教义务和他们极度不道德的个人生活混为一谈的时候，用非理性的迷信代替了平常的宗教仪式。他们更愿意佩戴护身符或圣罗奇的像章，而不是去做弥撒。

比如说，人们可以发现市民们过度轻信预言。春天的时候，每个人都认为疫情随时会结束，所以没人关心疫情能持续多久的事情，因为他们认为这种事是没有答案的。但随着时间的流逝，越来越多的人开始担心这种痛苦的局面会无止境地持续下去，出于同样的原因，瘟疫的结束成了人们共同的希望。所以各种各样的占卜师和天主教会的圣徒所做的预言在市民中流传起来。城里的出版商迅速意识到，可以对人们的这种兴趣善加利用并转化为利益，于是他们推波助澜地印刷了大量的小册子。后来他们发现公众的胃口难以满足，就在市图书馆对相关的正史和野史资料做了一番研究，然后印出来在城里销售。当历史资料也不足以提供这样多的题材之后，他们又委托新闻记者进行杜撰，至少在这方面，他们证明自己不比几个世纪前的同行逊色。

他们的一些预言甚至在报纸上连载，像正常时期的言情小说一样受到人们的热情追捧。一些预言以奇特的计算方式为基础，涉及发生鼠疫的年份、死亡人数和鼠疫持续的月数。另一些则和历史上暴发的鼠疫进行比较，归纳出共同点（在这些预言中称为"不变量"），然后用同样的奇怪计算方法得出有关这场鼠疫的言之凿凿的结论。但人们最喜欢的无疑是以启示录式的语言宣布的一系列事件，任何一件事都有可能是城里当前发生的，而且其晦涩的语言可以做各种各样的解读。诺查丹玛斯[1]和圣女奥黛尔[2]因此成了人们每日求祷的对象，而且往往能得到好的结果。所有的预言都一直流行不衰的原因是，它们是人们求得心灵安慰的最后手段。而鼠疫却恰恰相反。

由于这些迷信行为占据了宗教在市民心目中的地位，帕纳卢神父在教堂举行的布道会上，到会的信徒只坐满了四分之三的座位。那天晚上里厄到场的时候，大风正从入口的两扇大摆动门灌进去，无遮无挡地在会场上流动。在冰冷而安静的教堂里，里厄在全部由男性信徒组成的会众中间坐下来，看着神父走上讲道台。他用比上一场布道更柔和、更深思熟虑的声音开始布道。有几次听众们注意到他在讲话时有些犹豫。还有另一件奇怪的事：他不再说"你们"，而是换成了"我们"。

不过，他的声音逐渐变得有力起来。他说，回顾已经在我们中间持续了几个月的疫情，现在我们对鼠疫已经有了更深的了解。我们或许听到瘟神一直在不停地告诉我们一些什么，但我们在开始的惊慌中不可能听得很明白。上一次他在这个地方所说的那些仍然是有效的，至少他是这样认为的。但是，也可能有人认为（说到这里，他拍了拍自己的胸膛）他所想所说的缺乏慈悲心。不过，事实上，在任何环境下，始终存在需要我们去学习的东西。最残酷的考验对基督徒而言也仍然是有益的。作为基督徒，需要寻求的无疑是对自己有益的东西，然后他开始解释所谓有益的事物是什么，以及如何去追求这样的事物。

---

[1] 诺查丹玛斯（1503—1566），法国籍犹太裔预言家。

[2] 奥黛尔（约662—720），也称阿尔萨斯的圣奥黛尔，天生是一个盲人，被认为是好视力的守护人。传说中她曾奇迹般复明，还曾使自己的兄弟起死回生。

这时候，里厄身边的人都靠着扶手坐好，尽可能让自己坐得舒服点。通道里一扇带着衬垫的门被风吹得轻轻摇摆起来。有人起身去固定门。里厄被走动声打扰，几乎没听清神父后来所说的话。他的意思差不多是说，不要试图去解释鼠疫的现象，而应该设法从中学习我们能够学到的东西。根据神父的说法，里厄认为可以大致理解成什么都不用解释。接下来，他被帕纳卢神父的讲话完全吸引住了。帕纳卢神父用坚定的语气说，在上帝看来，有一些事物人们是可以解释的，另一些人们则无法解释。当然，像善良和邪恶这样的事，一般来说人们能够很容易分清楚。然而具体到邪恶本身，问题就出现了。比如说，邪恶显然有必要的邪恶和不必要的邪恶之分。有下地狱的唐璜，也有儿童的死亡。然而浪荡子被投入地狱是理所当然，儿童遭受折磨则让人无法理解。事实上，没有什么比儿童的苦难和由此带来的恐惧更重要，我们必须对此问一个究竟。在生活的其他方面，上帝给了我们一切便利，所以在那个意义上宗教是没有什么价值的。然而在另一方面，它却把我们置于走投无路的境地。帕纳卢神父本可以轻松地说，永恒的欢乐正等着这孩子，并将抵消他所受的苦难，但事实上他对此也不能肯定。谁能断定永恒的喜乐能抵消人类一时的痛苦呢？一个做这样保证的人绝不是真正的基督徒，因他的主受过肉体和心灵的双重痛苦。是的，在面对一个孩子的苦难时，一个神父将不会退让，而是对十字架所象征的痛苦的分裂充满信念。而且那一天他会毫无畏惧地对听他讲话的人说："我的兄弟们，决断的时刻到了。要么信任一切，要么否认一切。你们里面有人要否认一切吗？"

里厄刚想到帕纳卢的话接近异端，他已经再次接着讲起来，坚定地断言这个命令，这种纯洁的要求，正是基督徒的福音。这也是他们的美德。神父知道，他打算讲述的美德有一些极端，也许会让习惯了传统和宽容道德的人感到震动。但是在鼠疫暴发期间不同于平时，如果上帝认可甚至希望人类的灵魂在幸福的时候安安稳稳，那么他也希望人们在过分不幸的时候变得激进。今天，上帝的恩赐把他的子民置于如此不幸的境地，那么他们理应重新发现和获得最高的美德，这是一个全有或全无的选择。

19世纪，一个世俗作家宣布没有炼狱①这回事，声称他揭露了教会的秘密。通过这样做，他暗示没有折中可言，或者是天堂，或者地狱，根据一个人的选择，他只有被拯救或受诅咒两条路可走。如果帕纳卢的说法可信，那是一种只有自由思想家才会有的异端邪说。不过，在历史上完全可能存在一些时期，在此期间我们不能指望炼狱，在这种时候人们不应谈论可赎之罪。所有的罪都不容饶恕，一切漠不关心即罪行。这也是一个或者有罪，或者无罪的问题。

帕纳卢停顿了一下，透过门扇，里厄清楚地听到外面风声的呼号变大了。与此同时，神父又说，这种顺从接受的美德是不能用我们平时赋予它的那种有局限的观念去理解的，它不是简单的放弃，甚至也不是更困难的谦让。这是一种屈辱，但是遭受这种屈辱的人是心甘情愿的。儿童的苦难当然于我们是一种耻辱，但这正是我们必须成为其中一部分的原因。而且这就是为什么——帕纳卢向听众保证，他要说的是经过深思熟虑的话——既然上帝希望这样，我们就要接受它。只有用这种办法，基督徒才能不遗余力、心无旁骛地把握住这一重大选择的实质。他愿意选择相信一切，以免落到全面否定信仰的地步。像

---

① 天主教认为炼狱是信徒死后灵魂暂时受罚的地方，处在天堂和地狱之间，关押在这里的是已经确定会得救的信徒，灵魂净化后便可升天堂。

那些可敬的妇女一样，在得知腹股沟淋巴结炎是身体抵抗感染的自然反应之后，就去教堂向上帝祈祷："亲爱的上帝呀，赐予他腹股沟淋巴结炎吧。"所以基督徒必须学会向上帝的旨意屈服，即使这种旨意暂时无法理解。人们不能说："我懂得，但那样做是不可接受的。"他必须拥抱上帝赐予我们的这种不可接受，因此我们才能做出抉择。儿童所受的苦是我们的苦面包，但没有这个面包，我们的灵魂将死于精神的饥饿。

　　说到这里，会场上响起了通常在帕纳卢神父暂停时才会发出的窸窣声，但这一次他出人意料地接着大声讲了下去，他显然代表听众做了个设问：究竟应该怎么办呢？他猜人们会提到"宿命论"这个可怕的词。啊！只要在这个词前面加一个限定词"积极的"，就不会让人感到那么可怕了。的确，应该再次指出，不要去模仿他上次说过的那些阿比西尼亚的基督徒。甚至也不该学那些波斯鼠疫患者的样子，一边向基督教卫生哨扔他们的破衣服，一边高声乞求上帝降瘟疫给那些反抗邪恶的异教徒，因为这邪恶是上帝的旨意。但是反过来说，也不应该学习19世纪那些开罗的修道士在鼠疫中的行为，他们为了避免感染，不去接触信徒们可能潜伏着感染性的湿热的嘴，于是在领圣餐仪式上用镊子给信徒夹圣饼。波斯的鼠疫患者和开罗的修道士是同样有错的。前者不考虑儿童的痛苦，后者则把个人对于痛苦的恐惧作为首要的考虑。这两伙事都回避了问题的实质：对天主的声音充耳不闻。帕纳卢神父还回顾了其他一些例子。根据马赛大鼠疫编年史作者的记载，慈善修道院的81位修士中只有4位在鼠疫中幸存下来。在幸存的4位修士中，有3位逃走了。编年史的作者只记录了这么多。但是当帕纳卢神父阅读到这里时，他想到的是那个留下来的修士，尽管面对着77

具尸体，尽管有3名兄弟逃跑在先，他还是选择一个人坚持下来。讲到这里，神父用拳头敲打着讲道台的边缘，大声说："我的兄弟们，你们必须做那个坚持下去的人！"

绝不是说不去采取预防措施，那是政府为了对付疫情引起的混乱而采取的明智举措。也不能去听那些伦理学家的话，说什么我们应该放弃一切，在瘟疫面前屈膝投降。我们只要能在黑暗中前行，摸索出我们的路，努力做有益的事就行了。至于其他的，哪怕涉及孩子的死亡，也应该顺其自然，交给上帝去安排，而不是寻求个人的解决方法。

接着，帕纳卢神父回顾了马赛暴发鼠疫期间的杰出人物贝尔赞斯主教。他提醒听众，在鼠疫临近结束的时候，这位主教在做了他认为该做的一切之后，认为再没有别的挽救办法，于是他带上一些生活用品，把自己关在房子里，外面用墙堵起来。城里原来把他当偶像一样崇拜的居民改变了看法，就像人们在极度不幸时所发生的那样，开始对他的做法感到愤怒。人们把尸体堆在他的房屋四周，甚至隔着墙把尸体扔进去，以确保他染上瘟疫死掉。这位主教在最后一刻的软弱之下，曾经认为他可以把自己和死亡的世界隔离起来，然而尸体从天而降，落到他头上。同样的道理对我们来说也适用：我们应该知道，瘟疫中没有任何可以躲避的岛屿。是的，没有中间道路。我们必须接受可怕的现实，因为我们必须选择是憎恨上帝，还是去爱他。有谁会去选择仇恨上帝呢？

"我的兄弟们，"帕纳卢神父宣布布道将要结束，他最后要说的是，"对上帝的爱是困难重重的爱。它需要彻底的忘我精神，要求蔑视自我的肉体。但是，这种爱本身可以抵消痛苦和儿童的死亡；这种爱本身使痛苦和死亡成为必须，因为这样的事情是无法理解的，所以我们除了迎接它们之外别无他途。这是一堂我愿和你们一起分享的艰难课程。这也是我们必须拥有的信念——尽管在凡人看来显得残酷，但在天主眼里是决定性的。我们一定不能被这种可怕的局面压倒。站到顶峰，一切都浑然一体，平等如一，真理将从表面的不公正中脱颖而出。正因如此，几个世纪以来，在法国南部的许多教堂里，瘟疫的受害者长眠在石头下面，而唱诗班和神父们在他们的坟墓上面诵经布道，他们颂扬的精神从一堆堆其中甚至包含着儿童的骨灰里体现出来。"

当里厄离开教堂的时候，一股劲风从半开的门扇中扑面而来。大风裹着雨气吹进教堂，一股潮湿的人行道的气息让人没有出门就能想象到外面的情景。走在里厄前面的一位年长的神父和一个年轻助祭，两个人都吃力地按着帽子。那位神父还在讨论着这场布道。他对帕纳卢神父的雄辩赞誉有加，但对他大胆的看法表示担心。他认为这场布道显示了更多的担忧而非力量，在帕纳卢的年纪，一个神父是不应当这样忧虑的。而那个低着头抵挡着风的年轻助祭回答说他和帕纳卢神父经常接触，熟悉他思想的发展，而且他的论述会大胆得多；而且肯定是得不到官方许可的。

"那么他的看法是什么呢？"老神父问。

他们已经走到了教堂前的空地上，周围风声呼啸，使那个年轻助祭难以开口。等他能张嘴的时候，只是说：

"如果一位神父请医生看病，那一定有矛盾。"

塔鲁听里厄说了帕纳卢的布道内容，告诉里厄说，在战场上，一个神父看到一个被人挖去眼睛的年轻人后丧失了信仰。

"帕纳卢是对的，"塔鲁说，"当一个无辜者被挖掉眼睛，一个基督徒必定丧失信仰或接受这种行为。帕纳卢不愿失去信仰，他要坚持到底。这就是他要表达的意思。"

塔鲁的评论是否有助于解释在随后发生的不幸事件中，帕纳卢神父的那种令周围的人费解的表现呢？读者必须自行评判。

布道会后没过几天，帕纳卢决定搬家。随着疫情的发展，人们在城里不断搬迁。在塔鲁被迫离开旅馆和里厄住在一起的同时，帕纳卢神父也不得不离开修道会安排给他的公寓，搬到一位定期去教堂、迄今尚未感染鼠疫的年老女信徒家里。在搬家的时候，神父已经感到越来越重的焦虑和疲劳，他也因此失去了那位女房东的尊敬。有一天，当她热情地颂扬圣女奥黛尔预言的价值时，神父做了一个轻微的不耐烦的手势，显然是因为他的疲劳。但从那天开始，无论他怎么努力，都无法和女房东重新友好中立地相处。于是每天晚上在回那间堆满蕾丝织物的卧室之前，他只得在客厅里看着她的后背，然后随着一声头也不回的干巴巴的"晚安，神父"回房休息。正是在这样一个晚上，他在上床睡觉时开始头疼，感到几天来酝酿的热潮在手腕和太阳穴部位爆发起来。

后来发生的事全部是通过女房东的叙述得来的。那天早上她像往常一样早早起床。过了一会儿，因为奇怪神父没有从房间出来，她经过一番犹豫后决定去敲门。她发觉神父一夜没合眼，还躺在床上。他呼吸困难，而且脸色比平时红得多。正如她后来所说的，她礼貌地提议叫医生来看看，但她的建议被神父以一种她认为不可接受的强硬态度拒绝了。她只好离开。过了一会儿，神父按铃叫她。他因为自己的粗暴向她道了歉，然后又告诉她，他得的病不可能是鼠疫，因为没有鼠疫的症状，这只是暂时的疲劳。女房东庄严地回答说，她的建议完全和这种担心无关，她也完全不考虑自己的安全，那是上帝的事，她只是关心他的健康，因为她感到自己有一部分责任。但是因为他没做另外的表示，女房东渴望（她是这样说的）尽自己的责任，又一次建议叫她的医生来。神父又一次表示拒绝，还补充了一些让女房东听了很糊涂的理由。她认为她唯一听明白的是——对她而言显得不可思议——神父反对看医生的原因是违反了他的原则。她认为是发热烧坏房客的脑子，就给只他端了些药茶。

在这种情况下，为了尽责，她还是每隔两小时去看一下患者。她印象最深的是那天神父一整天都处于烦乱的状态。他一会儿甩掉被单，一会儿又拉回来，一直用手在额头上摸来摸去，还经常坐起来咳嗽，发出像卡住一样的嘶哑而沉闷的咳嗽声，但又不能把喉咙里卡住他的东西咳出来。在一番挣扎后，他就极为疲乏地倒在床上。最后，他又一次半坐起来，在那短短一刻，他以一种比先前更狂热的专注凝视着前方。但女房东还是打不定主意，不知道是不是该违背患者的意愿去叫医生。尽管病情显得有点可怕，但这也许只是单纯的发高烧。

但是，那天下午她试着和神父说话的时候，神父只模模糊糊地说了几个字。她又一次建议叫医生。然后神父从床上坐了起来，虽然呼吸困难，但是用清晰的声音说他不想找医生。看到这种情况，女房东决定等到第二天早上，如果神父的病情不见好转，她就打那个兰斯多克信息处每天在广播上重复十几次的电话号码。仍然是为了尽责，她决定晚上也去看看房客，留意他的病情。但那天晚上在给他端去一些新鲜的药茶后，她想先躺一会儿，但一觉睡到了第二天凌晨时分。她一醒过来就匆忙赶到神父的房间。

神父摊开四肢躺在床上一动不动。前天晚上潮红的脸色现在变成了青灰，因为脸颊仍然圆润而更显得触目惊心。他的眼睛一眨不眨地盯着头顶上那盏小灯上垂下来的彩色玻璃珠。女房东进屋后，他才转过头来。根据她的讲述，他就像被人殴打了一个晚上，更像个死人而不是活人。她问他感觉怎么样。神父用一种冷漠得出奇的声音说，他病了，他不需要医生，只要把他送到医院安排妥当就够了。女房东吓坏了，赶忙去找电话。

里厄是中午到的。当女房东把情况告诉他之后，他只是说神父是对的，但是也许太晚了。神父用同样的冷漠态度迎接了他。里厄为他做了检查，感到很惊讶，因为没有发现任何腹股沟淋巴腺鼠疫或肺鼠疫的主要症状。但是神父的脉搏很慢，而且总体健康状况令人担忧，看来凶多吉少。

"你没有鼠疫的主要症状，"他告诉帕纳卢，"但还是有一些可疑，我必须把你隔离起来。"

神父露出一个奇怪的笑容，似乎出于礼貌，但没有说话。里厄出去打了个电话后又回到房间里。他看着神父。

"我会留在你身边。"他轻声说。

神父似乎苏醒过来，转头看着医生，目光里似乎重新出现了原本的那种热情。然后他艰难地以一种令人无法分辨是否悲伤的方式说：

"谢谢你，"他说，"但是神父不能有朋友。他们已经把一切献给了上帝。"

他要挂在床头的十字架，拿到之后，他就一直盯着十字架。

进了医院后，帕纳卢神父没有再开过口。他被动地接受任何方式的治疗，但一直没有放开过那个十字架。但是，他的病情一直充满疑问。里厄仍然难以判断。这个病既像鼠疫，又不像鼠疫。事实上，这段时间鼠疫似乎在以颠覆医学诊断为乐。但是以帕纳卢这个病例而言，结果将表明这种不确定性是无关紧要的。

他的体温升高了。他的咳嗽声变得越来越嘶哑，而且一整天咳个不休。终于，神父在晚上咳出了那个一直令他窒息的"棉花团"。那是红色的。在发高烧的过程中，帕纳卢一直保持着冷漠的神情，第二天他们发现他身体半悬在床外死去的时候，他的表情变成了一片空白。他们在他的病历卡上写道："可疑病例。"

23

那年的万灵节①也和往年不一样。天气当然是合时令的。几乎在一夜之间，凉爽的天气就取代了最后的溽热。一阵阵冷风不停地刮着，把大片大片的云从地平线的一头吹到另外一头。房屋一会儿笼罩在阴影里，一会儿又重新回到11月凉爽的金色阳光下。第一批雨衣上市了，但是人们会注意到很多雨衣上有着亮闪闪的橡胶材料：原来报纸报道说，200年前法国南部暴发严重鼠疫的时候，医生常常披上油布来保护自己。于是商店就借此机会倾销了一批不再流行的雨衣，人人都希望靠这种雨衣来免疫。

----

① 纪念在炼狱中涤罪的基督教徒亡灵的节日，法国的万灵节是每年的11月1日，这一天法国全国放假。根据习惯，这一天要去墓地献花，凭吊亡故的亲人，其中菊花最受欢迎。

但是，这些季节的标志无法掩饰公墓被人遗弃的事实。换在别的年份，电车里早已充满菊花的清香，妇女们正成群结队地赶往安葬她们亲人的地方，把鲜花放在他们的墓前。这一天曾经是人们祭拜死者、寄托哀思的时候。然而这一年谁都不愿再去想念死人，这恰恰是因为他们对死者已经投入了过多的关注。人们不再考虑回去探望死者，表达他们的同情和哀思。因为死者不再是需要人们一年一度关注的被遗忘者。人们现在宁可忘掉他们。这正是那一年的万灵节遭到人们漠视的原因。塔鲁注意到科塔尔的话变得越来越有讽刺意味了，照他的说法，现在每一天都是万灵节。

　　确实，焚尸炉里的火焰一直熊熊燃烧。应该承认，每天的死亡人数并没有上涨。但是疫情似乎在顺利地发展到顶峰后，开始像一个一丝不苟照章办事的公务员一样完成每天的杀戮任务。在专家看来，这在理论上是个好兆头。从疫情发展图来看，不断上升的曲线出现了一个平台，显得令人宽慰——例如，在里夏尔医生眼里。"很好，很好，真是一幅好图。"他说。他猜测疫情已经达到了他所说的"天花板"。从现在开始，鼠疫的气焰将会越来越衰弱。他把这种情况归功于卡斯特尔的疫苗获得了一些意想不到的成功。卡斯特尔没有否认，但认为不能做这样肯定的预测，因为历史显示鼠疫有再次意外暴发的可能。省里长期以来一直希望平息公众的焦虑，但限于疫情的发展直到现在才找到机会，省长决定召集所有的医学专家就这个题目做一个报告。但就在疫情发展到平台期的同时，里夏尔医生也被鼠疫夺去了生命。

　　尽管这件事什么都证明不了，但毕竟令人吃惊。当局像起初欢迎里夏尔的乐观主义一样陷入了无理由的悲观。在卡斯特尔这边，他还在认认真真地制备血清。总之，城里除了省政府之外，其他的公共场所都改造成了临时医院或隔离所。之所以保留省政府没动，只是因为他们不能不保留一个开会的场所。总的来说，由于疫情的相对稳定，里厄他们的医疗组织还足以应付。本来已经心力交瘁的医生和助手们不用担心更繁重的任务。他们只需继续目前的超负荷工作。造成肺部感染的肺鼠疫病例在城里的每个地方都有增加，好像风助长了人们胸膛里的火焰，患病者往往很快吐血死去。伴随着这种新的传染形式，鼠疫蔓延的威胁变得更大——尽管专家们的看法在这个问题上往往是矛盾的。与此同时，为了最大限度的安全，防疫小组的工人们使用消毒纱布制作的口罩。

总之，尽管人们认为疫情有恶化的可能，但患淋巴腺鼠疫的病例在减少，所以总体感染人数保持在水平状态。

然而，随着食品供应的日益困难，投机商趁机作乱，高价出售在普通市场上难以获得的生活必需品，人们的焦虑又岂止鼠疫一端。贫穷家庭因此处于异常困难的状态，而富人事实上什么都不缺。无论贫富一视同仁，瘟疫原本可以通过个人主义的相互作用促进市民间的平等，但在事实上却加深了人们内心的不公平感。当然，谁都不能诟病死亡的平等，但这种平等又有何用？于是挨饿的穷人愈加想念临近的城镇和村庄，那里不仅生活自由，面包也便宜。既然在这里吃不饱饭，他们就产生了一种不切实际的想法，认为政府应该允许他们离开。于是有人设计了一个口号，有时候你能在街头的墙壁上看到，有时候在省长路过时会听到人喊叫："要么面包，要么新鲜空气！"这句讽刺的话是人们号召游行示威的暗号，尽管这场游行被很快压制住了，但谁也不怀疑其中的严重性。

报纸开始遵照上面的命令不惜版面地宣扬乐观主义精神。读着那些报纸，你会觉得当前形势的主流是市民们表现出来的"镇定和勇气的动人典范"。但在这座自我封闭的城市里，一个没有秘密可言的地方，谁会相信那些"典范"呢？但是，如果想对镇定和勇气有一个正确的概念，只能去隔离区或当局设立的隔离营看一下才能有所体会。恰好当时叙述者在别的地方忙，对此没有亲身体会，所以让我们在此引用一下塔鲁提供的证明。

在他的日记里，塔鲁讲述了他和朗贝尔对设在市政体育场的一座隔离营进行的一次访问。体育场坐落在城门旁，一边临街，有电车经过；另一边连着一片荒地，一直延伸到城市所处的高地的外围。大体上这座体育场被高高的水泥墙围在中间，因此只需在四个通道设上岗哨，里面的人就很难逃脱。同样，这些高墙也可以阻止外面的好事者打扰关在里面接受隔离检疫的那些不幸的人。但是，被隔离的人整天听着电车来来往往，从外界的声音推断上下班的时刻。在这种情况下，他们感到自己被剥夺的生活仍在几米外的地方继续，那些水泥墙隔开了两个互不相关的世界，让他们感到宛如置身另一个星球。

塔鲁和朗贝尔选在星期天下午去体育场。和他们同行的是足球运动员贡扎莱斯，经过朗贝尔的介绍，贡扎莱斯同意加入轮值名单，负责这座体育场的监管。朗贝尔打算把他引见给隔离营主管。他们见面的时候，贡扎莱斯告诉他俩，在鼠疫暴发前，这正是他过去在体育场换衣服准备上场比赛的时候。现在赛场被征用，比赛也不再可能，贡扎莱斯左右无事可做。这是他接受担任监管员的原因之一，不过他提了个条件，只在周末工作。那天是多云天气，贡扎莱斯抽了抽鼻子，不无遗憾地说，今天没有下雨也不热，正是踢球的好天气。他绘声绘色地描述了他曾经熟悉的更衣室里搽剂的气味，摇摇晃晃的看台，黄褐色场地上色彩鲜艳的球衣，中场休息时沁人心脾的柠檬汁和冒着无数清爽气泡的柠檬汽水。塔鲁还提到在他们一路经过工人区破旧的街道时，这位足球运动员在路上见到石子就踢。他力图把石子直接踢进排水孔，一旦成功踢进，他就说"一比零"。抽完烟，他也把烟蒂往前一吐，在烟头落地之前再踢一脚。有几个孩子正在体育场附近玩耍，把一只球朝他们踢过来，贡扎莱斯也不辞辛苦地把那只球准确地踢还给他们。

最后，他们进了体育场。场内的看台上全是人，运动场上密密麻麻搭起了几百顶红帐篷，从远处可以看见帐篷里的铺盖和包裹。看台被保留了下来，这样，在炎热或下雨的天气里，那些被羁留的人可以躲避一下。不过太阳一下山，他们就得回到帐篷里。在看台下是经过整修的淋浴室，运动员的休息室现在改成了办公室和医务室。

多数接受隔离的人都在看台上，然而还有另一些人正沿着边线散步。少数人蹲在帐篷的入口，漫无目的地看着四周。很多人躺在看台上，好像在等着什么一样。

"他们每天都做些什么？"塔鲁问朗贝尔。

"什么都不干。"

几乎所有人都闲着双手，什么事都没干。这么大的一群人却安静得出奇。

"一开始，你在这里连自己说话都听不见，"朗贝尔说，"但是时间一长，他们的话就越来越少了。"

按照塔鲁的说法，他理解他们，认为他们一开始挤进帐篷之后，每天听着苍蝇的嗡嗡声，难过得在身上又抓又挠，所以一旦有人愿意听他们倾诉，就会逮住机会大倒苦水，表达他们的愤怒和恐惧。但是随着营房人满为患，愿意听别人说话的人越来越少。于是他们只好变得沉默而警觉。的确，在灰色而明亮的天空下，这些红帐篷确实有一种令人警醒的气氛。

是的，他们都显得充满猜忌。因为他们都是被和其他人隔离开的，这不是没有原因的，因此他们都带着探究和担忧的神情。塔鲁看到的每个人都目光空洞，都带着一副因为和原来的生活全面分离而伤心欲绝的表情。既然不能老想着死亡，那就索性什么都不想。他们就像在度假。"然而最糟的是，"塔鲁写道，"这些人是被遗忘的人，而且他们都明白。他们的熟人因为考虑其他事情忘记了他们，这是可以理解的。至于那些爱他们的人，因为求情或筹划把他们弄出隔离营而耗尽了心力，也忘记了他们。他们一心想把他救出去，结果却忽视了要营救出来的人。这也是正常的。一旦想到这里，你会发现即使在最不幸的时候，一个人也无法真正牵挂另一个人。因为，真正牵挂一个人，那就意味着每分每秒，一心一意的牵挂，无论是家务事，有苍蝇飞过，还是想挠痒痒，都不能分心。但是人们总会为苍蝇和发痒而分心，这就是日子难过的原因，而且这些人都很明白。"

隔离营的主管又朝他们走过来，说奥顿先生想见他们。他先领贡扎莱斯去了办公室，然后又带着塔鲁和朗贝尔去了看台的一个角落。正一个人独坐的奥顿先生站起来迎接他们。他还是和以前一样的打扮，戴着同样的硬领。塔鲁只注意到他两鬓的头发比以前乱得多，一边的鞋带也松开了。他显得很疲倦，讲话的时候没有一次直视对方的脸。他表示很高兴见到他们，并请他们代他谢谢里厄。

两人都没说话。

"但愿，"过了一会儿，奥顿说，"菲利普没有受太多苦。"

这是塔鲁第一次听他叫他儿子的名字，因此意识到一些事情发生了变化。太阳正缓缓沉入地平线，从两朵云的缝隙里斜照着看台，把他们三个人的脸都照成了金色。

"是的，"塔鲁说，"是的，他确实没受什么苦。"

他们离开时，治安法官继续凝视着太阳落下去的方向。

他们去和贡扎莱斯告别，后者正在看值班表。贡扎莱斯笑着和他们一一握手。

"至少，我又看到了更衣室，"他说，"总之没白来。"

过了一会儿，那位主管领塔鲁和朗贝尔出去。途中他们听到看台方向传来响亮的咔嗒声，接着，那些平时用来介绍比赛小组和宣布得分的高音喇叭，用小得多的声音通知被隔离的人回到帐篷去，要分发晚餐了。那些人慢吞吞地离开看台，然后慢吞吞地各自回帐篷。每个人都回去之后，两辆我们在火车站常常见到的那种小电车，载着两口大锅在帐篷间穿行，车上的人用长柄勺伸进大锅，把里面的东西盛进接受隔离者的两个锡盘里。电车接着往前开，在每个帐篷前重复着同样的程序。

"这很科学。"塔鲁对主管说。

"对，很科学。"主管一边和他们握手，一边得意地说。

夜幕降临，天空一片澄明。营地沐浴在一片柔和而清澈的光线里。在那个寂静的傍晚，勺子和盘子碰撞的声音从四面八方响起来。在帐篷上空轻快飞舞的蝙蝠突然消失了。一辆电车在墙的另一边嘎嘎吱吱地驶过岔道。

"可怜的法官，"出门的时候塔鲁说，"应该为他做点什么。但是怎么样才能帮助一位法官呢？"

24

　　城里还有几个同样的营地，但叙述者因为没有关于它们的第一手信息，所以着实不能多说。他能说的是，这些营地的存在，营地里散发出来的气味，黄昏时高音喇叭发出的低沉的声音，神秘的高墙和流放之地成了市民们沉重的精神负担，使人们更加惶惑和不安。当局面临的意外事件和冲突也变得越来越频繁。

　　不过，到了11月底，早上的天气变得非常冷。倾盆大雨把街道冲刷了一遍，把天空也洗得干干净净，亮闪闪的大街上空没有一丝云彩。每天早上，丧失力量的太阳把闪闪的冷光投进城里。但是到了晚上，天气再次变得温暖起来。就是在这个时候，塔鲁决定向里厄透露有关自己的一些事情。

　　有一天，晚上10点左右，在经过特别疲惫的一天之后，塔鲁陪着里厄去老哮喘患者家夜访。老城区的房顶上映着一层柔和的光线，清风无声地吹拂着黑洞洞的十字路口。两个人走出静悄悄的街道，面对着那个老人的喋喋不休。老人对他们说，有些人不赞成把那些赚钱的轻松差事总是给同一些人，经常在井边用的罐子会碎——他搓着双手——那是很有可能伴随灾祸的。这番长篇大论在医生为他检查时也没停下来。

　　他们听见头顶上有脚步声。老太太注意到塔鲁的好奇，就解释说是邻居在天台上。他们这才了解到这些房子的天台往往是和邻居家的天台接起来的，这样主妇们不用到街上就能互相串门，而且天台上视野也比较好。

"是啊，"老人说，"上去看看吧，那里空气很好。"

他们发现天台上没有人，只摆着三把椅子。天台的一边全是屋顶的平台，更远处是一片黑乎乎的石头，那是城外围的小山。朝另一边看过去，几条街外是港口（港口是看不见的），海天相接的地方一团模糊，只能隐隐分辨出起伏的波浪。在远处的峭壁之外，一束光有规律地忽明忽灭，尽管他们看不到光源的方位，但是知道那是灯塔。从春天开始，航道的灯塔就一直这样闪着，指示船舶驶往其他港口。在被晚风吹得晶莹剔透的天幕上，繁星像无数小银片一样闪闪发光，又时不时在灯塔扫过的黄色光柱下变得失色。微风里飘来香料和温暖的石头的气息。一切都显得那么安静。

"感觉真好，"里厄坐下来说，"就像从来没有发生过瘟疫一样。"

塔鲁背对里厄，看着大海的方向。

"是的，"他沉默了一会儿才开口，"感觉真好。"

他走回来坐在里厄身边，认真地看着里厄。灯塔的亮光在天上出现了三次。街道深处传来一声陶器撞击的声音。院子里一扇门砰地响了一声。

"里厄，"塔鲁非常自然地说，"你从来都不想知道我是个什么人吗？我能把你当朋友吗？"

"当然，"里厄说，"我们是朋友，不过在这之前我们都没有多少时间。"

"啊，那我就放心了。让我们休息一个小时——为了友谊。"

里厄向他微笑了一下，作为回答。

"呃，是这样的……"

几条街以外传来悠长而微弱的噼啪声，好像一辆汽车在潮湿的人行道上驶过，那声音慢慢消失了，接着远处几声模糊的叫喊声再次打破了平静。然后，寂静伴随着天空和繁星再次回到两个人身边。塔鲁站起身靠在栏杆上，面对着里厄，里厄仍旧深陷在椅子里。散发着微光的夜幕勾勒出塔鲁魁梧的黑色轮廓，他讲了很长时间，下面就是他讲话的大致内容：

长话短说吧，里厄。可以这样认为，在认识这座城市和这场鼠疫很久以前，我已经生活在瘟疫的痛苦里了。这一切意味着我和每个人都一样。只是有些人不感觉痛苦或者乐于生活在这种状态，有些人感觉痛苦并希望逃脱。我一直希望逃走。

我年轻的时候，生活得浑浑噩噩，也就是说，什么想法都没有。我不是那种自寻烦恼的人，我的人生开始得一帆风顺，一切对我来说都很顺利，我的脑子够用，在情场上也很成功，就算有烦恼，它们来得快也去得快。有一天，我开始反省。于是……

我得告诉你，我年轻的时候不像你那样穷。我的父亲是一名检察官，那是个重要的工作。不过他脾气好，不像人们眼里检察官的样子。我母亲平凡而谦让，我一直爱着她，但我一向不喜欢谈她。我爸爸充满慈爱地照顾我，我相信他实际上曾经试图了解我。他不是个模范丈夫，现在我相信他有外遇，但我不因此感到难过。他在这些事情上没有辜负谁，也没有干扰谁。总之，他是个平常人。在他死后，我认识到，虽然他没有像圣人一样生活，但他并不是坏人。他走的是一条中间道路，就是这样。另外，他是那种能够让人产生适度好感的人，而且这种好感历久弥新。

然而他有一个癖好：他的枕边书是一大本谢克斯列车时刻表。不是因为他经常旅行，他只在假期乘火车去布列塔尼省，他在那里有一栋小别墅。他能不差分毫地告诉你巴黎—柏林快车的发车和到达时间、为了赶上从里昂到华沙的列车需要如何换车，以及你提问的任意两个首都城市之间的精确里程。你能告诉我怎么乘火车从布里昂松到夏蒙尼吗？连火车站的站长都弄不清楚，但我父亲能。为了提高这方面的知识，他几乎每天晚上进行练习，并对此相当自豪。我也非常着迷，经常给他提问题，然后兴致勃勃地在谢克斯列车时刻表上检查他的答案，最后承认他没有搞错。这些小练习促进了我们的关系，因为我充当了他的听众，他也领我的情。在我看来，精通铁路知识并不比熟练掌握其他知识逊色。

但是，我讲得有点离题了，也许赋予了这个好人过多的重要性，因为说到底，他对我形成自己决心只产生了间接的影响。他充其量给我提供了一个机会。我17岁时，父亲邀请我在他工作时旁听。那是一个大案，在巡回法庭开庭，他一定认为这样可以展示他最好的一面。我认为他也希望这种场面——通常能对年轻的心灵造成震撼——引导我走向他选择的职业。我接受了，因为我对他在家庭之外充当的另一种角色感到好奇，这使他感到很高兴。我并没有其他更多的想法。法庭上的事在我看来像7月14日的国庆阅兵或毕业典礼一样自然而然，也同样秩序井然。我在这方面的概念完全是抽象的，也完全没有认真思考过。

可是，那天唯一给我留下印象的是那个罪犯。我认为他确实有罪，但重要的不是他犯了什么罪。这个小个子男人长着一头稀稀拉拉的红头发，30岁左右，似乎被他所犯的罪和将面临的惩罚吓破了胆，对所有的指控都承认下来。以至于几分钟后，我的注意力完全被他吸引住了。他就像一只被过于明亮的光线吓呆的猫头鹰。他的领带歪到一边。他正在啃着一只手的指甲，右手……唉，我不想多说——你知道，他是个大活人。

但我是突然意识到的，因为在那之前，我只把他看成一个简单意义上的"被告"。我不能说完全忘掉了我父亲，但我内心的一种感觉使我难以把注意力从这个站在被告台上的人身上移开。我几乎什么都听不见。我感到他们想把这个活生生的人杀死，一种像海啸一样强烈的本能使我盲目而固执地站到了他这边。直到我父亲开始宣读判决时，我才真正清醒过来。

披上红色的长袍，他变得既冷酷又威严，一连串短语像毒蛇一样从他嘴里冒出来。我那时才认识到他正在代表社会要求判那个人的死刑，甚至要求砍掉那个人的脑袋。实际上，他的话可以总结成："人头必须落地。"这两种说法的差别到头来并不大。因为结果一样，他得到了那个人的脑袋。只是他没有亲自去干罢了。我因此关注着那件案子，一直到结尾，我对那个不幸的人产生了极为强烈的亲切感，这种感觉甚至对我父亲都没有过。按照习惯，我父亲必须在那个被婉称为"最后一刻"的时候到场，这一刻按道理可以称为最可耻的谋杀时刻。

从那天开始，一看到那本谢克斯列车时刻表我就非常反感。我震惊地认识到，这样的谋杀我父亲必定参与过许多次，在这些日子他总是早早起床。是的，在这种时候他会设闹钟。我不敢把这件事告诉我母亲，但当我更认真地观察她时，我意识到他们的生活总体上不再有任何意义，我母亲已经放弃了希望。我因此原谅了她，就像我当时对自己说的那样。后来，我明白没什么好原谅的，因为她结婚前家里很穷，贫穷使她学会了顺从。

你一定以为我会告诉你，我决定马上离家出走。不是的，我在家待了几个月，差不多有一年，但我内心很痛苦。一天晚上我父亲找闹钟，因为第二天他要早起。那天晚上我一夜没睡着。第二天他回家的时候，我已经走了。必须先说明，他找过我，因此我回去见他。我没有做任何解释，平静地对他说，如果他强迫我回家，我就自杀。最后他接受了，因为他脾气向来很好。但他语重心长地告诉我过自己的生活（他这样理解我的行为，但我不愿说明其实是另一种情况）是很愚蠢的，还一边忍着眼泪，一边向我做了很多好建议。后来，我总是隔很长时间，定期回去看望我母亲，同时也见见他。我认为我父亲对这种不频繁的相见是感到满足的。从内心而言，我不恨他，只是有一些伤心。他死后，我把我母亲接来一起生活，要不是她后来去世，现在她还跟我在一起呢。

我之所以在开头花了那么多时间，是因为它事实上是一切的起点。现在我要加快速度了。我在18岁的时候，因为离家出走吃了贫穷的苦头。为了生活，我做过很多工作，后来日子过得不错。但我一直对死刑耿耿于怀。我有一笔账要和这个红头发的猫头鹰算。所以，我进了他们所谓的政界。我不愿变成瘟疫的牺牲品，就是这样。我认为，我所在的这个社会是依赖于死刑的，如果我想反抗这个社会，就要反抗谋杀。这就是我的信仰。另外的人也对我说过同样的事情，说到底，这在大体上是正确的。所以我加入了我喜欢的一些人的行列，现在仍然喜欢。我和他们一起待了很长时间，欧洲任何一个国家的斗争，我都有份。但是，留着以后说吧……

当然，我知道我们偶尔也判人死刑。但有人向我说，这少数人的死亡是实现人和人之间不再互相残杀的世界所必须的。这在某种程度上是对的，但我毕竟不能忍受这种事实。我动摇过，但当我想到那只猫头鹰后又得以坚持下去。就这样，直到有一天我在匈牙利目睹了一场处决，我又感到了当我还是一个孩子时所感受到的那种厌恶。

你从来没有见过一个人被枪决吧？当然没有，只有事先经过精心挑选的受邀者才能到场旁观。所以，你是通过图片和书籍了解的——一只头套、一根木桩、远处几个士兵。但是事实上正相反。你知道行刑队距离被处死刑的人只有1.5米远吗？你知道如果死刑犯向前走两步，枪管就会碰到他们的胸口吗？你知道在那么近的距离，行刑队的人把他们的火力集中在心脏部位，他们的大口径子弹能够打出一个足以让你把拳头伸进去的洞吗？不，你不知道，因为这是人们不会谈论的细节。对遭受鼠疫的人来说，他们内心的平静比生命重要得多。必须让正派人在夜晚安眠。唠叨这些细节大概是惊人的坏品位，因为人人都懂得。但从那一次开始，我就没有踏踏实实睡好过。但是由于内心的折磨，我一直不停地纠缠于这些细节，也就是说，不停地思考。

这时，我终于认识到，这么多年来，我认为自己在全心全意地和鼠疫做斗争，但事实上我也是鼠疫的受害人。我明白我曾经间接地支持了成千上万个人的死亡，我甚至认可过那些不可避免地造成他们死亡的行动和原则。别的人似乎不以为意，或者至少他们不去主动谈论。但这种想法如鲠在喉。我和他们在一起，然而我是孤独的。当我偶尔真的表达了我的疑虑时，他们对我说，必须考虑那些最紧要的问题，他们还总是给我一些令人感动的理由，让我把那些难以下咽的东西咽下去。但我回答说，对于这种情况，那些穿着大红袍的大鼠疫患者也有冠冕堂皇的说法，可是如果我接受小鼠疫患者提出的那些不可抗力和必要的理由，那么我就不能反对大鼠疫患者的说法。他们向我指出，证明红袍子正确的最好办法是给他们垄断的裁判权。不过我认为如果你让步一次，就没有理由不继续让步。看来历史也证明我是对的。现在不就是一场自由的屠杀吗？他们都杀红了眼，而且想停也停不下来了。

总之，我关心的不是争论，而是那个红头发的猫头鹰。是那个肮脏的场合，那些肮脏的、瘟疫缠身的嘴宣告一个上了镣铐的人的死刑，然后安排好一切，使他在遭受一个个夜不能寐等候死亡来临的漫漫长夜的折磨后，最后被冷血地谋杀。我关心的是胸口上的洞。我在那时候下了决心，至少就我而言，我绝不会对这种令人作呕的屠杀做一丝一毫的让步。是的，我选择了这种盲目的固执，直到我对这个问题有更清楚的认识为止。

从那以后，我的想法一直没有改变。这么长时间以来，我一直感到羞愧，因为轮到我是杀人凶手了，即使是间接的，即使怀着世界上最好的愿望。随着时间的流逝，我注意到即使好人也不能避免杀人，或者指使别人杀人，因为这是他们赖以生存的逻辑。在这个世界上，如果不冒死亡的风险，我们甚至不能摆出一个姿态。是的，我会继续感到羞耻，因此我认为我们都生活在鼠疫中，我还失去了内心的安宁。直到今天我还在寻找，我设法了解每个人，极力不成为他们不共戴天的敌人。我只知道我们必须努力不成为鼠疫的牺牲品，只有这样我们才能拥有希望和安宁，或者失败，我们难逃一死。这样想或许能给人以安慰，就算不能拯救他们，也能对他们造成最少的危害，甚至会给他们带来一点好处。这就是我为什么决心反对一切，无论是直接还是非直接地，造成人们死亡或通过证明造成别人死亡的行为的原因。

这也是除了我必须和你在一起斗争以外，这场鼠疫迄今为止没有教会我任何新东西的原因。我对此有绝对的认识——是的，里厄，我懂得生活的方方面面，你看得出来——每个人身上都有鼠疫，因为世界上没有一个人是对鼠疫免疫的。我们必须不断地约束自己，以免一时不慎呼气到别人脸上，感染了别人。只有细菌是自然存在。至于其他的——健康、正直、纯洁，你可以随意列举——是一种不能松懈的意志的作用。不感染别人的正派人是律己最严的。为了不分心走神，他们需要坚定的意志，需要时时刻刻小心翼翼！是的，里厄，作为鼠疫的牺牲者是很累人的。不想成为鼠疫的牺牲者甚至更加累人。所以每个人都疲惫不堪，因为每个人都是个渺小的受感染者。所以少数不愿成为鼠疫牺牲者的人，他们经历了极度的疲劳，除了死亡之外，没有什么能够使他们解脱。

从现在开始直到死亡为止，我知道，我对这个世界毫无价值。从我放弃杀人开始，就宣判了自己永久的流亡。别的人将创造历史，我也清楚地知道我不能指责这些人。我缺乏那种能够使自己心安理得杀人的素质。这当然不是优势。不过，我已经学会了谦逊，我愿意像现在这样。我要说的是，这个世界上有鼠疫，也有受害者——要尽可能拒绝站在鼠疫一边。这在你看来也许相当简单，我不晓得它是不是简单，但我知道它是真的。我听过那么多理由，这些差点改变了我的想法的理由足以让其他人赞成谋杀，所以我懂得，人类的不幸都来自没有用明确的条款来描述事物。所以我决定为了不走邪路，无论说话还是做事都要明明白白。所以我说，这个世界上除了瘟疫和受害者，再没有其他的了。如果这样说着，我自己也变成了瘟疫，那么至少我不是心甘情愿的。我正在设法使自己成为一个无辜的凶手。你看，这算不上很大的野心。

当然，还应该有第三类人，那就是真正的医生。但是这样的医生人们很少遇到，因为成为这样的医生一定很难。这就是我决定无论在什么情况下，都站在受害者一边的原因。在他们中间，我至少能探索一个人如何能达到第三类人的境界，也就是说，能够保持心灵的平静。

说完这番话后，塔鲁摆动着腿，轻轻用脚踢着栏杆。沉默片刻后，里厄直了直身子，问塔鲁是否知道一个人应该如何实现心灵的平静。

"当然，通过同情心。"

这时，两声救护车的警笛声从远处响起来。早些时间模糊的叫喊声现在集中到了市区的外围，靠近城外围小山的地方。同时他们又听到了一种类似爆炸的声音。接着四周又平静下来。里厄看着灯塔又亮了两次。风力似乎在逐渐变大，一阵微风吹过，从海上带来了盐的气息。这时候，他们清晰地听到了海浪拍击崖壁的沉闷的声音。

"总的来说，"塔鲁干脆地说，"我感兴趣的是如何成为一个圣人。"

"可是你不信上帝。"

"确实，一个不相信上帝的人是否能成为圣人，这是我今天遇见的唯一一个具体的问题。"

突然，从喊叫声传来的方向发出了一道强烈的闪光，同时一阵模糊不清的嘈杂声随着风传到两个人的耳朵里。那道闪光立刻消失了，只能看到远处屋顶的边缘有微微的红光。风停了一会儿，他们听到有人叫喊，接着听到一声枪响，然后是一片吼叫声。塔鲁站起来，仔细去听，但接下来什么都听不到了。

"城门口又打起来了。"

"现在结束了。"里厄说。

塔鲁喃喃地说，这从来没有结束过，还会有更多的牺牲者，因为这是事物的正常程序。

"也许是这样，"里厄说，"不过，你知道，我感到自己跟失败者比跟圣人更能打成一片，我对英雄主义和圣人的身份都不感兴趣。我感兴趣的是做一个凡人。"

"是的，我们的追求是一样的，但我的野心没你那么大。"

里厄以为塔鲁在开玩笑，就朝他看了一眼。在昏暗的光线下，他看到的是一张忧伤而严肃的脸。又起风了，里厄感到风吹在身上暖洋洋的。塔鲁回过神来。

"你知道，"他说，"为了友谊我们应该做什么吗？"

"只要你喜欢，什么都行。"

"去海里游泳。即使对于未来的圣人来说，这也是一件赏心乐事。"

里厄微笑起来。

"用我们的通行证可以去防波堤。毕竟，总和瘟疫生活在一起太愚蠢了。一个人当然应该为受害者斗争。但如果他因此不再爱任何别的东西，那么他的斗争又有什么意义？"

"对，"里厄说，"我们走。"

不一会儿，汽车在靠近闸门的地方停了下来。月亮已经升起来，从乳白色的天空投下无处不在的灰白色的阴影。城市在他们身后以阶梯状向高处展开，一股温热、病态的气息驱使他们朝海边走去。他们向一个哨兵出示了通行证，哨兵检查了很长时间。最后他们通过城门，穿过堆满木桶、散发着酒香和鱼腥味的水泥地面，然后转往码头方向。还没走到，一股碘和海藻的气味就告知了他们大海的所在。就在这时，他们听到了海的声音。

海水轻轻拍打着防波堤的石基，他们爬上防波堤后，大海就出现在眼前，海面像天鹅绒一样致密，又像野兽的毛皮一样柔软光滑。他们坐在石头上，面朝大海。海水轻轻起伏，海面在平静的呼吸中泛出时隐时现的油光。在他们面前，是一片广袤无垠的黑暗。里厄摸着坑坑点点的石头表面，内心充满了奇异的幸福感。再看看塔鲁，那张安详而沉思的脸，虽然没有忘掉一切甚至杀戮，但也可以感觉得到同样的幸福感。

他们脱掉衣服。里厄先跳进水里。海水一开始有点凉，但当他从水里冒出来后，又感觉海水是温的，显然秋天的海水里蕴藏着夏天几个月来的热量。他用均匀的速度游着，双脚在身后拍打出一道翻滚的浪花。身后"扑通"一声，塔鲁也下水了。里厄翻了个身，一动不动地躺在水面上，仰望悬挂着月亮和点点繁星的苍穹。他深深地吸了几口气。接着身后打水的声音越来越明显，在孤独和寂静的夜里听得格外清楚。塔鲁正朝他游过来，里厄很快听到了他的呼吸声。他翻过身，和里厄并排以同样的节奏接着向前游。塔鲁的动作更有力，所以他只好加快速度。在那短短的几分钟时间里，他们以同样的动作，同样的力量，孤独地远离了这个世界，最终摆脱了这座城市和鼠疫。里厄首先停了下来，然后他们缓缓游回去，途中有一会儿他们遭遇了一股冰冷的水流。在大海出人意料的袭击下，他们不约而同地加快了速度。

重新穿好衣服后，他们一言不发地踏上了归途。但他们的心灵已经契合无间，而且那个晚上给他们留下了愉快的回忆。当他们远远看到疫城的哨兵时，里厄知道塔鲁和他一样，都有着同样的想法，鼠疫刚刚忘却了他们，这很好，但他们现在必须再次行动起来。

25

是的，他们必须再次行动起来，鼠疫不会长时间忘却哪个人。12月，它在市民们的胸膛燃烧起来，它点燃了焚尸炉，它让隔离营里满是无所事事的身影。总之，它接着以耐心的、不规则的步伐继续前进。当局原本指望冷下来的天气能够阻止它的进程，但它毫不停留地跨过了季节的第一场寒流。我们还要等待。但等得越久，就意味着你要等更长的时间，我们的城市没有希望地生活着。

至于里厄医生，在享受过短短片刻宁静和友情之后，又接着忙碌起来。他们又开了一座新医院，里厄天天和患者在一起，连闲聊的时间都没有。不过，他感觉到在疫情的这个阶段，当鼠疫越来越倾向于肺部感染的形式之后，患者也越来越配合医生。他们不再屈服于早期的虚弱和疯狂，似乎对自己的利益有了更好的认识，自愿要求对他们的病情最有益的东西。他们不断要水喝，都希望发热。尽管里厄还是同样疲劳，但在这种环境下，他至少不再感到那么孤独。

　　临近12月底，里厄收到一封奥顿先生从隔离营写来的信。那封信里说他的隔离期结束了，但营地的管理机构查不到他入住的日期，所以他被错误地留在隔离营里。他已经结束隔离一段时间的老婆向地方上抗议，但碰了壁，人家告诉她不可能出错。里厄让朗贝尔去交涉，几天后，奥顿先生来了。原来确实是弄错了，里厄对发生这种事感到愤愤不平。但变得消瘦很多的奥顿先生无力地摆摆手，谨慎地说谁都会犯错误。里厄感到他似乎有了些变化。

　　"接下来你有什么打算，法官？你的案子还等着你呢。"里厄说。

　　"哦，不，"奥顿先生说，"我打算休假。"

　　"是的，当然，你需要休息一下。"

　　"不是这样，我想回隔离营去。"

　　里厄吃了一惊："但你不是刚出来吗？"

　　"我没讲清楚。我听说营地里有负责管理的志愿者。"治安法官转转眼珠，用手把一绺翘起来的头发抚平，"你看，那里也许能给我点事做。虽然也许听起来有点傻，我感到那样会使我更接近我的小男孩儿。"

　　里厄看着他。那双坚定而缺乏表情的眼睛原本是不可能出现温情的，但现在它们变得更浑浊，失去了那种金属一样的纯净感。

　　"当然，"他说，"如果你确实想去，我会安排的。"

　　里厄没有食言。直到圣诞节为止，疫城的生活继续着老样子。塔鲁还是镇定自若地在城里到处忙碌。朗贝尔告诉里厄，他通过那两个年轻守卫建立了一套和他妻子秘密通信的办法。每隔段时间，他就能收到一封信。他建议里厄利用一下这个办法，里厄同意了。这么长时间以来，他第一次动笔写信，可是却不知从何处下笔。他已经忘记了那种语言。信发走了，回信还要等上很长时间。在科塔尔这边，他正春风得意，靠投机生意大发其财。不过，格朗的这个圣诞假期对他来说却不尽如人意。

这年的圣诞节和过去的圣诞节毫无共同之处，它更令人想到地狱而非天堂。空荡荡、黑洞洞的店铺里只有假巧克力和摆在橱窗里充数的空盒子，过往的电车里都是无精打采、意气消沉的乘客，没有一点往日圣诞节的气氛。在以前这个时候，人们无论贫富都纵情作乐，但现在没有这样的地方了，只有少数有特权的人躲在昏暗的密室里，花大价钱进行孤独而可耻的狂欢。教堂里充满的不是感恩声，而是哭泣和哀鸣。在这个阴暗而寒冷的城市里，只有少数懵懂儿童还在跑来跑去。但是谁也不敢跟他们提起以前满载礼物的圣诞老人，他像人类的痛苦一样古老，又像最新鲜的希望一样崭新。在人们的心里，除了一个非常古老非常忧伤的希望以外，再也盛不下别的。这个希望使人不至于向死亡屈服，说到底，它不过是一个单纯而倔强的活下去的决心罢了。

圣诞节前一天，格朗没有照常上班。里厄有点担心，上午绕道去了他家。他不在家。里厄通知了每个人。大约11点钟，朗贝尔到医院告诉里厄，说他曾看见格朗在大街上徘徊，脸上的表情很奇怪，不幸的是转眼就看不到他了。于是里厄和塔鲁开车去找格朗。

中午的时候，外面天寒地冻，里厄下了车，远远看见格朗几乎贴着一家商店的橱窗，看着里面雕刻得很粗糙的木头玩具。格朗泪流满面。里厄也觉得喉头发堵，因为他知道这眼泪意味着什么。他也回忆起了这个伤心人的求婚，在一家商店门前，也是在圣诞节，让娜靠在他身上，说她是多么开心。穿过逝去多年的时光，透过温柔而绝望的深渊，让娜清脆的声音正在格朗耳边响起，这是肯定的。里厄明白这位老人擦拭泪水时的想法，而且他也有同样的想法：那就是，这个没有爱情的世界就像死掉的世界，总有一天，当一个人厌倦了牢狱、工作和勇气时，就会渴望起另一个人的面容，关切和挚爱的心灵。

这时格朗透过玻璃窗的反光发现了他。他转过身，流着泪，靠在橱窗上看着里厄走过来。

"噢，医生，医生！"他泣不成声。

里厄也说不出话来，只向他点着头。他对他的痛苦感同身受，但此刻攫住他内心的是一种愤怒，这种愤怒源于面对着人类共有的痛苦。

"唉，格朗。"他说。

"我本来有时间给她写信。这样她就明白……就能不再懊悔，快快乐乐。"

里厄近乎粗暴地推着格朗往前走。后者没有抗拒，任由自己被推着走，一边磕磕巴巴地说。

"太久了！拖得太久了。一个人总是想放纵一次。然后有一天他必定会忘乎所以。哦，医生，我似乎大部分时间都很平静。但是我一直在用极大的努力才能勉强保持正常。可是现在我受够了。"

他站住了，眼神疯狂，四肢颤抖。里厄握住他的手。他的手像在燃烧。

"我们必须回去。"

但是格朗挣开他，跑了几步，然后停下来，张开双臂前后摇摆。他脚下绊了一下，跌倒在冰冷的人行道上。泪水接着从他遍布泪痕的脸上留下来。大街上路过的人远远看见，突然停下来，再不敢前进一步。里厄只好把老人抱起来。

躺回自己的床上，格朗呼吸非常吃力。肺部受了感染，里厄心想。格朗没有家人，干吗转移他？他只有一个人，有塔鲁照顾他就够了……

格朗深陷在枕头里，他的皮肤发青，眼神呆滞。他盯着塔鲁用一个包装箱的残片在壁炉里生起的一小堆火。"我的病情不妙。"他说。一阵奇怪的咔嗒声伴随着他说的每个字从他的肺部响起来。里厄建议他在床上静卧，说他会好起来。格朗奇怪地微笑了一下，脸上露出温和的表情。"要是能挺过去，我向你脱帽致敬，医生！"刚说完这句话，他就进入了虚脱状态。

几个小时后，里厄和塔鲁发觉格朗半坐在床上。里厄担心地从他脸上看到了病情恶化的迹象。但他似乎头脑清醒了一些，一看到他们醒来，就用奇怪而空洞的声音让他们从一个抽屉里把手稿拿出来。塔鲁把手稿递给他时，他看也不看就一把抓过来，然后递给里厄，示意后者为他朗读。这是一份约50页的短短的手稿。里厄翻了翻，发现这些稿纸上都只写着同一句话，只是抄了又抄，做了一些有好有坏的改动。"5月""优雅的女骑士"和"布洛涅森林大道"等这些字眼以不同的排列组合改来改去。这份手稿还包含了注释，有些注释显得很长，而且有不同的版本。但在最后一页上，笔迹看上去还是新的，上面工工整整地写着：我最亲爱的让娜，今天是圣诞节……在这句话上面，整整齐齐地写着那句话的最新版本。"读一下。"格朗说。于是里厄开始朗读起来：

"在5月一个美丽的清晨，一位优雅的女士正骑着一匹神骏的栗色牝马，穿行在布洛涅森林大道的花丛中。"

"是这个味道吗？"格朗兴奋地说。

里厄专注地看着那份手稿。

"啊！"格朗不安地扭动着身子，"我知道。美丽，美丽这个词不合适。"

里厄握住他搁在床单上的手。

"算了吧，医生。我没有时间了。"

他的胸口痛苦地起伏着，突然，他大叫一声：

"烧了它！"

里厄犹豫着，但格朗又重复了一遍，那样严厉，他的声音里又包含着那么多的痛苦，里厄只好把那些稿纸扔进行将熄灭的壁炉里。屋子里短暂地亮了一下，一阵短促的燃烧给屋子里带来一些温暖。里厄回到患者身边，格朗已经背转身，脸几乎贴到了墙上。塔鲁望着窗外，似乎是这一幕的局外人一样。给格朗注射过血清后，里厄告诉塔鲁，说格朗也许活不过今晚。塔鲁提出自己留下来，里厄同意了。

整个晚上，格朗即将死去的想法一直在里厄心头萦绕不去。然而第二天一早，他发现格朗正坐在床上和塔鲁说话。他的体温恢复了正常，只表现出一点极度乏力的症状。

"哦，医生，"格朗说，"我错了，但我会重新开始的。你看，我什么都记得清清楚楚。"

"再等等看。"里厄对塔鲁说。

但是到了中午，病情没有出现反复。傍晚的时候，已经可以认定格朗得救了。里厄无法理解这种死里逃生的现象。

　　然而差不多同一时间，里厄收治了一位病情危重的女患者，患者一入院他就让人把她隔离起来。那位女患者神志混乱，表现出了所有肺鼠疫的症状。但是第二天早上，她的体温也降了下来。这一次，就像格朗的情况一样，里厄认为这是病情在早上的临时缓解，经验告诉他这是一个糟糕的信号。然而患者的体温到中午也没有回升。傍晚时，体温只高了一点点，第三天就完全恢复了正常。那个女孩儿尽管还是很虚弱，但可以躺在床上自如地呼吸了。里厄告诉塔鲁说她得救了，这简直不可思议。可是在那一周里，里厄遇到了四个同样情况的病例。

　　同一周的周末，医生和塔鲁去探望那位老哮喘患者时，他激动地向他们唠叨个不停。

　　"你们怎么都不会相信！它们又出来了。"他说。

　　"什么？"

　　"嘿，老鼠呗！"

　　自从4月以来，别说活老鼠，连一只死老鼠都看不到了。

　　"这意味着生活要重新开始了吗？"塔鲁问里厄。

　　老人兴奋地搓着双手说。

　　"你们应该看看它们奔跑的样子！看了真让人高兴，真的。"

　　他已经见过两只活生生的老鼠从临街的门钻进他家里。邻居们也告诉他，他们也在地下室里发现了老鼠。有些人家，人们再次听到了从前熟悉的老鼠在家具背后的窸窣声和骚动声。里厄等待着每周一发布的统计数据。结果表明，疫情在衰退。

第五部分

26

尽管疫情的突然衰退出乎意料，市民们却不急于大声欢呼。过去的几个月尽管使他们越来越渴望解放，但同时也让他们懂得谨慎，使他们越来越不指望疫情能在短期内结束。不过，这个新动向成了人们交谈的主题，而且在人们心底，出现了一个强烈的，但一直没有承认的希望。其他的一切都是次要的。人们关心的事实是：鼠疫的死亡数字正在下降，鼠疫的新的牺牲者相形之下就算不上什么。一个表现人们秘密期望（尽管没有人承认这一事实）的健康时代来临的迹象是，从那时起，人们变得更愿意谈论——尽管带着一副无所谓的样子——如何安排鼠疫后的生活。

人人都知道从前的快乐生活是不可能在一夜之间恢复的，因为重建比毁坏困难得多。他们只是认为食物供应或许能得到几分改善，可以解决一下他们的燃眉之急。但事实上，在这些无关紧要的谈话中，一种疯狂的希望也在滋长，以至于到了市民们偶尔能够觉察的地步，这时他们就赶忙表示，鼠疫无论如何是不可能在几天内结束的。

的确，鼠疫不会在几天内结束，但其减弱的势头超出了人们的合理期望。1月初，天气一直寒气逼人，让人很不适应，似乎寒冷在城市上空凝结起来。然而天空从来没有这样蓝过。每天从早到晚，冷冰冰的阳光不间断地照耀着这座城市。在这种清新的空气里，疫情连续三个星期持续减弱，死亡人数越来越少。在特定的时间段，疫情似乎丧失了几个月来积攒起来的力量。看到它放过已经明显选中的牺牲品，比如格朗和里厄的那位女患者，在某些地区肆虐两三天，同时在其他地区则销声匿迹，在星期一使更多的人患了病，然而到了星期三又几乎让所有人逃脱……看到它这种忽而乏力后退或忽而加速前进的样子，人们会以为它正在因为疲劳和烦躁而崩溃，不仅丧失了对自身的控制力，而且也丧失了它的力量中那种毫不含糊的精确效率。卡斯特尔的血清突然获得了以前不曾得到过的一系列成功。医生们使用的治疗方法，从前产生不了任何有益的效果，现在也突然显得有效起来。似乎鼠疫到了山穷水尽的时候，它突然的衰弱使那些原来用以对付它的钝刀变得锋利起来。但是，它也会时不时地挣扎一下，发动一场盲目的攻击，夺走三四个有望康复的患者的生命。他们是这场瘟疫的不幸者，在希望最迫近的时候送了命。治安法官奥顿先生也是这样，人们不得不把他从隔离营里撤出来，塔鲁说他倒霉，至于他指的是治安法官的生活，还是死亡，人们无从得知。

不过从总体来看，疫情正在全线退却。省里的公报一开始只表达了一些遮遮掩掩的希望，后来则向公众证实了一种信心，即胜局已定，瘟疫正在丧失它的阵地。事实上，很难认定胜利与否。我们所能注意到的是这场瘟疫似乎正在像它的突然发生一样突然退去。用来对付它的策略一直没有变过，这些手段昨天还毫无作用，现在却效果显著。我们只能说瘟疫已经耗尽了自身的力量，或者认为它在达成所有的目标后正在撤退。在某种意义上，它已经完成了自己的任务。

可是，人们会说城里什么都没有变。白天大街上仍然一片寂静，晚上仍然聚集着同一批人，只是都披上了大衣和围巾，电影院和咖啡馆的生意也未见变化。不过，如果仔细观察的话，就会发现人们的表情比以前轻松，而且不时挂着笑容。这会让人想到从前在大街上看不到一个笑脸。实际上，几个月来把城市缠得透不过气来的那道不透明的帷幕已经出现了一道裂缝。每到星期一，人们都能从收音机的公告里得知这个裂缝正在扩大，他们最终将能够自由呼吸。尽管这种慰藉仍然是负面的，因为没有实质的结果。但是在从前，诸如一列火车出站、一艘轮船到港或者汽车可以重新在市里通行的事情是人们想都不敢想的，可是这样的消息在1月中旬发布就不会引起人们的惊讶。这当然是远远不够的，但这个轻微的差异事实上反映出了人们在希望之路上走过的一个重要的阶段。我们可以说，只要人们有可能产生一点渺茫的希望，就可以认为瘟疫的实质统治结束了。

在整个1月份里，市民们摇摆在沮丧和兴奋之间，他们的反应仍然是矛盾重重的。所以在统计数字显示最乐观的时候，仍然发生了几起试图逃走的事件。当局对此非常震惊——显然哨兵也一样毫无思想准备，因为多数人成功逃脱了。有人选择在这个关头逃走，他们的想法其实是可以理解的。因为对一些人而言，瘟疫已经在他们心里播下了深刻的怀疑种子，所以他们的内心容不下希望。即使现在鼠疫已经过去，他们还是跟不上形势的变化，仍然照着老一套生活。另一些人呢，他们大多是仍和他们所爱的人分离的人，在经过长期的囚禁和沮丧之后，希望之风点燃的狂热反而使他们失去了耐心，他们因此丧失了自制力。一想到他们也许会在瘟疫结束之际死去，再也见不到他们钟爱的人，他们长期的苦苦等待将得不到任何回报，他们就感到深深的恐惧。几个月来，尽管他们遭遇囚禁和流放，但仍然不屈不挠地坚持等待。但现在一线希望的曙光却摧毁了恐惧和绝望没能摧毁的东西。他们无法按部就班地等到鼠疫最终结束，而是选择像疯子一样逃走来打败瘟疫。

与此同时，一些自然而然的乐观迹象出现了。比如说，物价出现了显著的下跌。以严格的经济学观点来看，这是不可解释的。因为同样的问题仍然存在：城门口的检疫规定没变，食品供应当然也没有得到改善。因此我们见证了一种纯粹的精神现象，好像疫情的退却引起了全面的反应一样。这种乐观的态度也出现在那些从前过着集体生活，却因为瘟疫不得不分散居住的人身上。城里的两个修道院开始恢复，集体生活得以继续。军队的情况也一样，士兵也重新集合在空置的营房里，恢复了正常的驻防生活。这一件件的小事具有强烈的象征意义。

一直到1月25日，市民们仍生活在这种秘密的骚动中。那一星期，死亡数字降到了极低的程度，以至于省政府在咨询过卫生委员会之后，宣布疫情得到了控制。然而，公报又补充道——以一种市民们不能不赞同的审慎精神——城门将继续封闭两周，卫生防疫措施还要继续一个月。在这期间，一旦发现疫情复发的迹象，"将继续维持现状，并采取必要的措施，期限视需要而定"。但是，每个人都认为这些补充规定不过是官样文章，因此在1月25日晚上，城里一片欢腾。为了配合欢庆的气氛，省长下令开放照明。于是在寒冷而清澈的天空下，人们成群结队，又说又笑地拥进灯火通明的街道。

当然，许多屋子仍然紧闭着百叶窗，在其他人热热闹闹庆祝的同时，这些人家则是在沉默中度过这个夜晚的。然而，对这些悼亡者而言，很多人也未尝不感到深深的安慰，因为他们终于不用担心再看到其他亲属死去，也无须为了保全自己而胆战心惊。在这样的时刻，那些还有患者在医院里和鼠疫抗争的家庭是最不幸的，他们或者在隔离中心，或者在自己家里，等着自己真正摆脱这场瘟疫，就像那些已经逃脱鼠疫阴影的人一样。当然，这些人也有希望，但是他们把希望储存起来，埋在心里，在时机尚未到来之前，他们拒绝动用它们。于是这种等待，这种静静的观望，这种痛苦和喜悦之间的挣扎，在一片欢腾中显得尤其残酷。

不过，这些例外丝毫不影响其余人的乐观。因为鼠疫虽然尚未结束，而且还将尽力证明自己，人们已经想到了几个星期以后，火车呼啸着从长得看不见尽头的轨道上驶出，轮船在闪闪发光的海面航行的情景。可是第二天，等亢奋的精神平复，怀疑又将涌上心头。但是在这一刻，整座城都在摇动，从那些封闭的、黑暗的、静止不动的，它曾经在其中打下石头地基的地方挣脱出来，最终载着它的生还者移动起来。那天晚上，塔鲁、里厄、格朗和朗贝尔还有其他一些人走在人群中，他们也如同走在云端。离开大街很久，塔鲁和里厄还能听得到身后的欢声笑语，而同时在偏僻的街道上，他们又走过了一扇扇紧闭的窗户。在城市的一面，痛苦在紧闭的百叶窗后继续，而不远处的大街上则一片欢腾。即将来临的解放也是两面，一面是欢笑，另一面是泪水。

当欢笑声变得更响的时候，塔鲁站住了。一条黑影正轻盈地穿过黑暗的街道。那是一只猫，春天以来他见到的第一只猫。那只猫在路中间停了一下，犹豫地舔了舔爪子，然后用爪子飞快地挠一下右耳朵，接着继续悄无声息地跑起来，最后消失在黑夜里。塔鲁微笑起来。那个小老头儿也会开心起来的。

27

可是，正当鼠疫渐行渐远，眼看要回到它从中不声不响发动突袭的不为人知的巢穴时，根据塔鲁的日记，城里至少有一个人是对这场离别感到惊慌失措的，这个人就是科塔尔。

碰巧，日记自从死亡数字开始下降后，也变得非常奇怪。也许因为疲劳，字迹变得难以识别，而且内容也过于频繁地在不同的话题间跳来跳去。另外，这些笔记第一次抛弃了客观描述，让位于个人评论。结果在一段段关于科塔尔的记录里，人们往往能发现一些关于那位老人和猫的片段。根据塔鲁的说法，鼠疫丝毫无损于他对那位老人的尊重，但是不幸的是，后来再也见不到那位老人，他也失去了兴趣，尽管如此，塔鲁的诚意是毋庸置疑的。因为他曾经设法再次见到那位老人。1月25日晚上过后不久，他站在那条小巷的角落。正如我们所说的，猫儿回来了，正躺在有阳光的地方取暖。可是老人却没有在习惯的时间出现，百叶窗还是死死地关着。接下来的日子里，塔鲁再也没看到那扇百叶窗打开过。于是，塔鲁认为老人要么在生气，要么就是死了。如果他生气的话，就是他认为自己占理，鼠疫害了他；但是如果他死了的话，那么就有必要问一下——正像对那个老哮喘患者一样——他算不算一个圣人。塔鲁认为他算不上。但是他认为这位老人是一个指示。"或许，"他写道，"我们只能近似地达到圣徒的标准。假如那样的话，我们就设法维持一种谦逊而仁慈的恶行吧。"

在日记里，有关科塔尔的内容里还掺杂了很多其他的评论，通常是零零散散的，其中一些提到了格朗，后者正处于恢复期，但已经像什么事都没发生一样回去上班了，其中还有一些地方提到了里厄的母亲。塔鲁在里面记录了和老太太住同一栋房子时的几次谈话，老太太的态度、她的微笑和对鼠疫的看法。首先，塔鲁着重写了里厄夫人的沉默寡言，她用简洁的句子表达事物的习惯，还有她对一扇俯视着僻静街道的窗户的特别偏爱。傍晚她喜欢坐在这扇窗户后面，身子挺直，两手放松，一动不动地向窗外眺望，直到暮色照进房间，把她勾画成一道黑影，而后暮色渐深，再把她一动不动的影子淹没在黑暗里。塔鲁还提到她从一个房间到另一个房间时那种轻悄悄的步伐，还有她的善良，尽管没有得到确切的证实，但是塔鲁可以从她的一言一行感受到那种柔和的光芒；她似乎天生不需要（明显的）思考就能洞悉一切；最后，尽管她这样沉默寡言和不引人注目，但她不惧怕任何光，包括瘟疫咄咄逼人的光芒。写到这里，塔鲁的笔迹变得难以辨认起来，似乎是为了给这种内心的虚弱提供新的证据，最后几句话第一次流露出了他的内心感情："我母亲也像这样，我喜欢她那种同样的谦逊，我一直想和她在一起。8年来，我始终不能承认她去世了。她只是比平时更不显眼而已，然而我回过头，她却不在那里了。"

我们该谈谈科塔尔了。自从统计数字开始跌落，他用不同的借口拜访过里厄几次。但事实上他每次去都问了同一个问题，即里厄对疫情发展的预测。"你认为它会像这样停止吗，这么突然，一点征兆都没有？"他对这个问题表示怀疑，至少声称如此。但他所问的进一步的问题又显示他的信心并不那么坚定。1月中旬的时候，里厄已经在多个场合非常乐观地回答过这些问题，但一直没让科塔尔满意，他每次的反应都不一样，但总不离暴躁和沮丧。到后来，里厄不得不说，尽管统计数字显示出好转的迹象，但宣布胜利还为时过早。

"换句话说，"科塔尔说，"我们什么都不知道。瘟疫也许会继续下去？"

"是的，正像治愈率也有可能提高一样。"

可是这种人人都感到烦恼的不确定性，似乎对科塔尔却是一种安慰。他曾经在塔鲁在场的时候和他所在地区的一些店主谈话，在谈话中宣扬里厄的观点。无可否认，人们不难接受这种看法，因为在初步胜利的狂热过后，很多人又出现了怀疑的想法。看到人们的忧虑，科塔尔就安了心。可是在另外一些时候，他又感到沮丧起来。"是的，"他告诉塔鲁，"他们终究会打开城门的，那样一来，你看着吧，他们全都会抛弃我的！"

在1月25日以前，每个人对他情绪的多变感到吃惊。尽管他通常总是不遗余力地和熟人及邻居套近乎，但现在他会整天和人公开吵架。在这种情况下，塔鲁注意到他会突然和外界断绝联系，阴郁地躲回自己的壳里。饭店、剧院或他喜欢的咖啡馆里也都看不到他的人影。可是，他似乎无法回到鼠疫暴发前的那种不引人注目的、单调的生活。他整天闭门不出，叫附近的一家饭馆给他送饭。只有晚上他才悄悄出门买需要的东西，一买完就急急忙忙赶回去。如果塔鲁在这样的情况下遇见科塔尔，也只能从他那里得到嗯嗯啊啊之类的回答。可是，似乎在突然之间，他又会变得爱好交际起来，大声大气地谈论鼠疫，询问每个人的看法，每天晚上又高高兴兴地出现在人群里。

在当局发布公告那天，科塔尔一下子从朋友圈子里消失了。两天后，塔鲁碰见他在街上闲逛。科塔尔请塔鲁陪他走到郊区。塔鲁迟疑了一下，他正因为一天的工作感到特别疲劳。但是科塔尔执意请求，显得非常激动，声音又大，语速又快，双手挥舞个不停。他问塔鲁是否认为省里的公告标志着鼠疫的结束。当然，塔鲁认为一份行政公告本身不足以中止鼠疫，但有理由认为疫情即将结束，除非出现意外。

"对，"科塔尔说，"除非出现意外。但意外情况总会出现。"

塔鲁指出省里宣布两周后才开放城门，这说明在某种程度上对意外情况有所准备。

"那么他们做得很明智，"科塔尔还是显得阴郁不安，"因为从事情发展的趋势看，他们一定会把说过的话收回来。"

塔鲁承认这种可能性，但也认为期待城门早日开启，生活恢复正常也不是坏事。

"也许，"科塔尔说，"也许是这样。不过，你说的生活恢复正常是什么意思？"

"电影院有新电影可看。"塔鲁微笑着说。

但是科塔尔没有笑。他想知道人们会不会认为鼠疫没有改变城里的一切，一切都将开始恢复原貌，也就是说，就当什么都没有发生过一样。塔鲁认为：可以认为有了改变，也可以认为没有；从市民的内心来看，他们最大的愿望是能够像什么事都没有发生过一样继续生活，因此可以认为什么都没变。但是换一个角度来看，人们不可能忘记一切，无论他多么希望做到这一点，因为鼠疫无论如何都会在人们的心底留下痕迹。科塔尔非常坦率地说，他对人们的内心一点都不在乎，事实上他最不关心内心这种东西了。他感兴趣的是整个行政系统是否会发生改变，比如说，是否所有的部门会像从前一样运行。塔鲁不得不承认他也不知道。不过按照他的想法，所有这些部门都必定在鼠疫中遭到了破坏，重新运转的话会有麻烦。所以一定会出现大量的问题，至少那些旧机构是需要进行改编的。

"啊！"科塔尔说，"那是有可能的。一切都得重新开始。"

两个人已经走到了科塔尔家附近。科塔尔很激动，一副乐观的样子。他想象着城市将抹掉过去，从零开始继续生活。

"没错，"塔鲁说，"对你来说也一样。在某种意义上，这是新生活的开始。"

他们在门前握了握手。

"你说得对，"科塔尔越来越激动了，"从零开始，那样会比较好。"

就在这时，有两个人从走廊的阴影里跳了出来。塔鲁正要问那两个家伙究竟想干什么。那两个衣冠整齐，看上去像公务员的人已经向科塔尔核实他是否名叫科塔尔了。于是，后者发出一声低沉的惊叫，没等那两个人和塔鲁做出任何反应，就转身跑向黑夜里。塔鲁问那两个人要干什么。他们谨慎而有礼貌地说，只是想问一下情况，然后他们就迈着从容的步伐朝科塔尔消失的方向走去。

回到家里，塔鲁记下了这个场景，接着又马上写自己很疲倦（他的字迹可以做证）。他又接着写道，他还有很多事情要做，但这不能作为保持不了状态的理由，于是他问自己是否真正做好了准备。最后——或者说塔鲁的日记结束的时候——他回答自己说，在白天或夜里，人们总会有一个感到自己懦弱的时候，除了这一刻，他别的什么都不怕。

28

两天后，距离城门开放没有几天了，里厄医生中午回到家里，想知道是否能收到他期待已久的那份电报。虽然这些天和鼠疫高峰期时一样筋疲力尽，但一想到不久后就能恢复自由，疲劳也就不复存在。现在他有了希望，工作起来也高兴。一个人不能总绷着弦儿，不能总是硬撑着。现在，为了和鼠疫做斗争拧起来的那些劲儿，终于可以放松下来，这是令人高兴的事。如果期待的那封电报也传来了好消息，那么里厄就能够重新开始了。在他看来，似乎每个人都正在重新开始他们的生活。

他走过门房的时候。新来的守门人把脸贴在小窗上向他微笑。在上楼梯的时候，那人因为劳累和贫困而显得苍白，然而微笑着的脸仍然飘浮在里厄眼前。

是的，当这段"抽象"的时期结束后，他会有一个全新的开始的，要是运气好的话——但是当他带着这些想法打开门后，正好看到母亲下楼迎接他。她告诉他，塔鲁先生不舒服。他早上起来过，但是没力气出门，只好又躺回床上。她很担心。

"可能没什么严重的。"里厄说。

塔鲁正疲惫地躺在床上，他的大脑袋深陷在长枕头里，宽阔的胸膛在厚毯子下面显露出清楚的轮廓。他发热了，而且头疼。他对里厄说虽然不能肯定，但这很可能是鼠疫的征兆。

"不，现在还不能断定。"里厄为他做过检查后说。

但是塔鲁感到非常口渴。在走廊里，里厄告诉母亲，说塔鲁可能患了鼠疫。

"啊！"老太太惊叫道，"这怎么可能，怎么会现在得上！"

她随即说：

"我们把他留在这儿，贝尔纳。"

里厄考虑了一下。

"我没有这个权力，"他说，"但是城门就要重新开放了。我想，如果你不在这儿的话，我擅自做个主还差不多。"

"贝尔纳，"老太太说，"把我们俩都留下。你知道我刚打过再接种疫苗。"

里厄说塔鲁也做过重复接种，但也许因为他太累，忘记上次做注射或者忘记采取预防措施才患了病。

里厄走进门诊室，回到卧室的时候，塔鲁看到他拿了几大安瓿血清。

"原来如此。"他说。

"不，这是个预防措施。"

塔鲁一言不发地伸出胳膊，像他自己给别人注射时一样，让医生为他做了长时间的疫苗注射。

"我们晚上再看看情况。"里厄直视着塔鲁，说道。

"把我隔离起来怎么样，里厄？"

"还不能完全确定你得了鼠疫。"

塔鲁勉强笑了笑。

"这是我第一次看见你在没有下令隔离的情况下给患者注射血清。"

里厄把目光转开，说：

"有我母亲和我照顾你。你在这里会舒服一点的。"

塔鲁没说话，里厄把那些安瓿放好，想等塔鲁在他转过身之前说话。最后，他走到床边。塔鲁正在看着他。他面容疲倦，但灰色的眼睛平静如常。里厄笑了。

"能睡的话先睡一会儿。我很快就回来。"

里厄正要转身出门，听见塔鲁叫他，他转过身。但塔鲁有些迟疑，好像不知道怎么说才好。

"里厄，"他终于开口说，"你必须把我需要知道的全告诉我。"

"我保证。"

塔鲁的脸扭曲着，露出一个微笑。

"谢谢你。我不想死，我会争取活下去。但是如果我失败了，我也想死得体面一点。"

里厄俯下身，紧紧抓住他的肩膀。

"不，"他说，"要做一个圣人，你得活着。你要活着打败它。"

那天天气开始很冷，后来暖和了一点，下午下了几场瓢泼大雨和冰雹，傍晚时，天气微微放晴，但变得寒冷刺骨。里厄晚上才回家，回家之后大衣没顾上脱就赶到塔鲁房间里。他母亲正在那里织毛衣。塔鲁好像一直没移动过位置，但他的嘴唇因为发烧显得发白，表明了他的努力抗争。

"怎么样？"里厄问。

塔鲁在床上微微欠起身子。

"啊，"他说，"我要输了。"

里厄俯身观察着他。塔鲁滚烫的皮肤下出现了肿胀的淋巴结，他的胸膛里好像有一个铁匠炉的风箱。很不寻常，塔鲁表现出了两种鼠疫的症状。里厄直起身子，说血清还没有得到充分的时间完全发挥功效。塔鲁想回答，但一阵热潮涌在他喉咙里，堵住了他的话。

　　晚饭后，里厄和母亲坐在患者旁边。这个晚上塔鲁面临的是一场残酷的战争，这场天使和瘟神的斗争将一直持续到黎明。塔鲁宽阔的肩膀和胸膛并不是他最好的防御武器，而是刚才里厄通过注射促使其流动的血液，正是在那些血液里，存在着任何科学都无法解释的、比灵魂更加深奥的东西。里厄能做的只是看着朋友斗争。至于他采取的治疗手段，比如注射滋补液，促进脓肿成熟——几个月来反复的失败已经让他懂得了这些应急手段的真正价值。事实上，在这一过程中他唯一起到的作用，是给那些往往不会主动出现的好运气创造一些有利的条件。运气是他不可或缺的伙伴，因为里厄面对的是鼠疫令人困惑的一面。然而鼠疫再次竭尽全力试图打乱人们用来对付它的办法，它在最令人意想不到的时候忽然出现，然而又在看似牢牢站稳脚跟的时候突然消失了踪影。又一次，它企图把水搅浑。

　　塔鲁一动不动地抗争。整整一夜，他在病魔的袭击下没有表现出一丝不安，全靠沉默和顽强抵抗着。但他也没有说一句话，他用这种方式表示他没有松懈的余力。里厄一直盯着他的眼睛，以此跟踪他的病情。塔鲁的双眼时而睁开，时而闭上；眼皮时而绷紧，时而松弛，在放松的时候，他的目光会紧盯着一个物体，或者停留在里厄和他母亲身上。每当里厄和他目光接触，塔鲁都会以极大的努力露出微笑。

　　有一会儿，他们听见街上有匆匆的脚步声。人们似乎在由远及近的哗哗声里逃散，最后大街上充满了流水声：又下雨了，很快，雨里夹杂着冰雹噼噼啪啪落在人行道上。窗前的遮阳棚哗啦啦响个不停。在昏暗的屋子里，里厄的注意力被雨声吸引了片刻，然后回头继续看着床头灯下的塔鲁。他母亲还在织毛衣，不时抬头关切地看看患者。这时里厄已经做完了他该做的一切。大雨过后，屋里愈显寂静，但寂静里充斥着一场看不见的战争的无声的骚动。他的精神因为失眠而显得过于兴奋，在寂静之外，他似乎听到了整个鼠疫期间一直伴随着他的那种柔和、有规律的呼啸声。他朝母亲点点头，示意她去睡觉。但老太太摇了摇头，眼睛里没有一点睡意，然后低头认真检查起一处可疑的针脚。里厄站起身给塔鲁喂了点水，然后又回到自己的位子上。

窗外，几个路人趁着暴雨的间隙快步从人行道上走过。他们的脚步声越来越弱，最后消失在远处。这时里厄才第一次发觉，这天晚上有很多迟归的人，也没有听到救护车的鸣笛声，就像鼠疫之前的夜晚一样。这是一个摆脱了鼠疫束缚的夜晚。然而病魔似乎被寒冷、灯光和人群驱赶，从城市的黑暗深处逃了出来，躲进这个温暖的房间，对一动不动的塔鲁展开了最后的袭击。瘟疫已经无力在城市上空挥舞它的连枷，而是在这个房间沉重的空气里轻声呼啸。这就是里厄听了几个小时的声音，他要制止它，让它在这里也承认失败。

黎明前不久，里厄欠身对母亲说：

"你该去睡一会儿，这样到8点钟才能接替我。睡觉前记着喝药水。"

里厄夫人站起来，把毛线活放好，走到床边。这段时间塔鲁的眼睛一直闭着。他的头发被汗水浸湿，一缕缕地贴在额头上。里厄夫人叹了口气，塔鲁的眼睛睁开了。他看见俯在身前的慈祥的面容，于是在一波波热浪的冲击下，他的脸上又出现了那种顽强的笑容。但他的眼睛又很快紧闭起来。母亲走后，里厄坐在她的那张椅子上。大街上寂静无声，屋里可以感觉到清晨的寒意。

里厄打起瞌睡来，但黎明的第一辆马车惊醒了他。他打了个寒战，看了看塔鲁，意识到病情暂时缓和，塔鲁也睡了。马车用金属和木头做的轮子哐当哐当地消失在远方。窗户外面，天还是漆黑一片。里厄走到床头，发现塔鲁正面无表情地看着他，好像还处在睡眠边缘一样。

"你真睡着了，是吗？"

"是的。"

"呼吸轻松点没有？"

"有一点，那能说明什么吗？"

里厄迟疑了一下，然后说：

"不能，塔鲁，什么都说明不了。你和我一样明白症状常常在早上出现缓解。"

塔鲁点点头表示同意。

"谢谢你，"他说，"始终准确地告诉我实情。"

里厄在床边坐下来。在他身边可以感觉到患者的双腿像墓石上的雕像一样僵硬。塔鲁的呼吸又开始沉重起来。

"又要发烧了，是吗，里厄？"他有气无力地问。

"是的，不过到中午我们就知道实际情况怎么样了。"

塔鲁闭上眼睛，似乎在积蓄力量。他的脸上有一种筋疲力尽的表情。他正在等待已经从体内深处骚动起来的热度的再次进攻。再次睁开眼时，他表情呆滞，直到看见里厄才活泛一些。

"喝点水。"里厄说。

塔鲁喝过水，然后重新躺回去。

"时间过得真慢。"他说。

里厄抓住他的胳膊，但是塔鲁正看着别的地方，没有什么反应。突然之间，热潮像冲破了内部的堤坝一样席卷过他的身体，冲上他的额头。当塔鲁再次向里厄转过头来的时候，里厄憔悴的面容露出鼓励的神色。塔鲁又一次试图微笑，但笑容没有挣破紧锁的牙关和被白色泡沫封闭的嘴唇。但是在他僵硬的脸上，那双眼睛仍然闪耀着勇气的光芒。

7点钟时，里厄夫人回到房间里。里厄去诊室打电话给医院安排换班。他同时也打算推迟门诊时间，在沙发上躺一下，但他几乎刚躺下就随即起身回了卧室。塔鲁的头转向里厄老夫人的方向，他正在看着那个弯着腰坐在他身边椅子上的小小的身影，她交叠双手放在腿上。他这样专注地凝视着她，于是里厄老夫人竖起一根手指放在嘴唇上示意，然后起身关掉了床头灯。但是天光正在窗帘背后迅速变亮，然后穿过窗帘，当患者的脸从阴影里浮现出来时，里厄老夫人发现他仍在看着她。她俯下身，给他把枕头拉平，然后直起身，把手在他潮湿而卷曲的头发上放了一会儿。这时她听到塔鲁沉闷的声音，似乎从很远的地方传来一样，向她表示感谢，并说现在一切都好。等她重新坐下来，塔鲁已经闭上了眼睛，他脸色疲惫不堪，尽管仍然牙关紧闭，但再一次微笑起来。

中午的时候，发热达到了顶峰。一种牵动五脏六腑的咳嗽摇动着患者的身体，他开始咳血。淋巴结停止继续肿大，但没有消退，硬的像铁而且深入肌理，里厄认为现在不能进行切口处理。在一阵阵咳嗽和发热的间隙，塔鲁不时看着他的朋友们。没过多长时间，他睁眼的次数就越来越少了。每一次，他饱受摧残的面容就变得苍白几分。病魔就像一场暴风雨，用一阵阵的抽搐摇动他，用越来越频繁的闪电点燃他的身体。塔鲁在暴风雨中慢慢地不省人事。现在，留在里厄面前的只是一副永远失去笑容、一动不动的像面具一样的脸。这个曾经对他而言如此亲近的人，现在已经被瘟神的猎矛刺穿，被灼热的、非人能忍受的火焰炙烤，在邪恶的连枷的打击下变得扭曲。他正在他眼前沉进鼠疫的黑色洪水里，但他面对这幕惨剧束手无策，只能站在岸边，空张着双手，心如刀绞，再次感到自己的无力。挫败的泪水模糊了他的双眼，使他没有看到塔鲁突然一翻身，面朝墙壁，好像身体里的一根重要的弦突然绷断一样，发出一声空洞的呻吟，然后离开了人世。

接下来的一个夜晚，不再有抗争，只有寂静。在死者安宁的卧室里，站在已经换上便服的尸体旁边，里厄感到一种惊人的平静，就像很多天以前的那个晚上，在人们攻击过城门之后，站在联排天台上，凌驾于瘟疫之上所感到的那种平静。那时他谈起过患者在病床上过世之后，从病床上感受到的那种平静。是的，这一刻都是同样的，同样肃穆的间隙，战斗后的暂时平静，这是一种失败的平静。但是这一刻的寂静包围着他的朋友，似乎触手可及，又和从鼠疫中解放出来的街道和城市中的寂静是如此浑然一体，面对此情此景，里厄感到这是一次决定性的失败，这场失败结束了战争，又把和平本身变成了一种无可补救的痛苦。里厄不知道塔鲁最终是否找到了安宁，现在一切都结束了，但他感觉自己从此以后是不可能找得到内心的平静了。就像一个和亲骨肉分离的母亲，或一个埋葬了朋友的人一样，暂时的麻木之后是永恒的哀伤。

这是一个同样寒冷的夜晚，星星被冻结在晴朗而冰冷的天空。在光线昏暗的房间里，可以感到窗外逼人的寒意，听见漫漫长夜苍白的叹息。里厄老夫人以习惯的姿势坐在床边，她的右侧被床头灯照亮着。在屋子中间，在灯光照亮的一小圈外面，里厄坐在那里等着。他不时想到妻子，但每一次都在想法出现后就压了下去。

入夜后，过路人的鞋跟在寒夜里发出清晰的咔嗒声。

"你都安排好了？"里厄老夫人说。

"是的，我打了电话。"

然后，他们继续默默守着。里厄老夫人时不时地看看儿子。里厄碰到她的目光，就报以微笑。夜晚街上熟悉的声音继续着。尽管禁令尚未解除，很多车辆又开动起来了。这些车飞快地驶过路面，消失了，而后又再次出现。说话声、喊叫声，接着归于寂静，一匹马的马蹄声，两辆电车驶过弯道的刺耳摩擦声，隐约的嘈杂声，接着再次响起夜的叹息声。

"贝尔纳？"

"嗯？"

"你不累吗？"

"不累。"

里厄知道母亲在想什么，她爱自己。可是爱一个人是不够的，或者至少可以说，爱没有足够的力量来自我表达。所以他和母亲总是默默地互相关爱。有一天，轮到她，或者他死去的时候，两个人在生活中没有任何时候能够进一步倾诉彼此的感情。他和塔鲁也曾经这样一起生活，但他已经死了，就在这个下午，他们也没能得到时间真正体味他们的友谊。按照塔鲁的说法，他没有赢得这场游戏。但是他，里厄，又赢得了什么呢？他了解了鼠疫并化作了回忆，懂得了友情也化成了回忆，认识了爱，然而有一天爱也将成为回忆。在鼠疫和生命的游戏里，一个人能赢得的只有认识和回忆。也许这就是塔鲁所说的"赢"了游戏的意义！

又一辆车驶过，里厄老夫人在椅子上动了动身子。里厄对她笑了笑。她告诉他说不累，又紧接着说：

"你应该去那儿休息一下，去山区。"

"一定，妈妈。"

是的，他会去休息一下。为什么不去呢？那也将是一个回忆的借口。只能与已知和记忆一起生活，却被剥夺了希望，如果这就是赢了这场游戏的意义，这样的生活将是多么残酷。无疑塔鲁就是这样生活的，而且他深深知道没有幻想的生活是多么苍白。没有希望，就不会有内心的安宁，尽管塔鲁认为谁都无权判别人的刑，但他也明白谁也控制不住自己，就连受害者有时也会成为刽子手——塔鲁生活在混乱和矛盾的状态里，他从来没有认识到希望。这就是他渴望成为圣人、通过帮助别人寻求内心安宁的原因吗？说老实话，里厄不能回答，但这无关紧要。他会永远记着一个曾经双手驾着他的汽车的人，还有他魁梧敦厚的身体，现在一动不动躺在这里的情景。温暖的生命和死亡的图景，这就是认识。

第二天早晨，里厄收到妻子死亡的消息时显得异常平静，无疑就是因为这个原因。他正在门诊室里。他母亲几乎小跑着给他拿来了一封电报，然后又回去给信童小费。她赶回来的时候，里厄正拿着那张展开的电报。她看着他，但里厄固执地凝视着窗外，盯着港口上缓缓苏醒过来的崭新的一天。

"贝尔纳。"里厄老夫人叫道。

里厄精神恍惚地看着她。

"电报上说了什么？"

"就是那件事，"他承认，"一周以前。"

里厄老夫人也把目光转向窗外。里厄没说话。然后他让妈妈不要哭，说他一直有预感，但这终究很难接受。在说这番话的同时，他感到这在他受的痛苦里并不出奇。几个月来，尤其最近两天里，他每天都经历着同样的痛苦。

29

2月一个晴朗的早晨，黎明时分，城门终于开放了。市民们、报纸、电台包括省政府的公告都对这一事件表示了庆贺。这提醒叙述者对城门开启后的欢庆场面加以记录，尽管他分身乏术，没有全心全意参与这件盛事。

大规模的庆祝活动进行了一天一夜。同时火车在车站里冒起烟，远洋的轮船也已经朝我们的港口航行，它们以各自的方式标志着这个饱受离别之苦的人们重聚的重要日子。

不难想象很多饱经离别之苦的市民们的心情。整整一天，到站和出发的火车都载满了人。由于担心当局在最后一刻变卦，所以每个人都在等待城门开启的两周里充满疑虑，早早预定了车票。一些进城的旅客还没有完全打消疑虑，因为尽管他们对亲人的遭遇有所了解，但对其他人，对这座城市本身一无所知，因此他们把城里想象得很可怕。不过这种情况仅限于在这一时期不曾经受爱情煎熬的人。

那些饱受相思之苦、终于盼到和爱人相会日子的人却惶恐起来。在长达几个月的离别生活里，他们一个劲地希望时间过得更快，甚至当奥兰城遥遥在望的时候，他们仍然希望火车再开快一点。可是一旦火车开始刹车，将要停下来的时候，他们反而希望时间慢下来，最好停下来。他们有一种强烈的、无法捉摸的感情，过去几个月损失的爱情使他们产生了一种不切实际的想法，希望即将来临的快乐时光过得越慢越好，最好比等待的时间慢上一倍。而那些等待他们的人（比如朗贝尔，几周前就得到了恋人的消息，她决定用尽一切办法赶到这里）也都同样焦躁不安。朗贝尔在不安和战栗中等待，怀着几个月来被鼠疫消磨成一种抽象观念的爱或感情，以此迎接支撑他度过了那段时间的爱人。

他真想再次变回鼠疫开始时的那个想一跳跳出城外，一路奔跑着去和爱人相见的人。但他知道那是不可能了。他已经变了，鼠疫给他带来了一种漠然的心态，尽管他极力摆脱这种心态，但它像一种麻木的疼痛一样纠缠着他。在某种意义上，他感到鼠疫结束得太突然，他还没有准备好。幸福全速降临，形势的变化超出了期望。朗贝尔意识到他长久期盼的一切将在如此短的时间内成为现实，快得甚至令人来不及好好品味。

的确，每个人都自觉不自觉地有着同样的感觉，因此，我们在这里谈的是月台上每个人的情况。在这个站台上，他们的生活得以继续，然而他们彼此交换着目光和微笑，仍然有一种患难与共的感觉。不过，一看到远来的火车的白烟，那种被放逐的感觉就突然随着令人晕眩的狂喜烟消云散了。当火车停下来的时候，始于同一个站台的令人肝肠寸断的分离也在一瞬间，在贪婪地拥抱住已经变得生疏的躯体的同时宣告结束。直到那个奔跑过来的人影扑进怀里，朗贝尔还没来得及仔细端详伊人的容颜。他用双手搂着爱人，把她的头贴在自己身上。他看着那熟悉的长发，泪水不禁一涌而出，不知道是因为此刻的幸福，还是因为压抑了太长时间的痛苦。不过，这些泪水也使他无法断定埋在他肩窝里的那张脸是他曾经朝思暮想的脸，还是正相反，是一个陌生女人的脸。以后他会弄明白这个疑团的。至于眼下，他只想像周围的所有人一样，相信鼠疫来了又去，但爱情始终如一。

他们一对对依偎着回到家里，带着战胜鼠疫的欢欣，对周围的世界视而不见，全然忘记了痛苦和那些乘坐同一辆火车却发现没人等候他们、默然无语、正打算回家证实他们担心的事情的人。对那些现在只感到新的痛苦，或者正在悼念失去亲人的人而言，情况是非常不同的，他们的离别之情反而在此刻达到了顶峰。这些母亲、丈夫、妻子或爱人，他们的一切快乐已经随着某个被埋葬在无名墓地或已经化为灰烬的人远去，对他们而言，鼠疫还在那里。

但谁会考虑这些孤独的人呢？到了中午，阳光压倒了一早徘徊不去的寒意，用宁静的光不停歇地温暖着这座城市。从堡垒到山丘上，欢庆的炮声不断地在宁静的天空下鸣响。全城的人都跑出去庆祝这一万众欢腾的时刻，这一刻标志着痛苦已经结束，但遗忘尚未开始。

他们在每一个广场上跳舞。马路上日渐拥挤，汽车也多了不少，在拥挤不堪的马路上艰难行驶。城里钟声齐鸣，整整响了一下午，蔚蓝色的天空里充满了颤动的回声。各处的教堂举行了感恩仪式。与此同时，各个娱乐场所也人满为患，咖啡馆抱着今朝有酒今朝醉的想法，把剩下的烈酒存货全端了出来。柜台前的每个人都兴奋异常，吵吵闹闹，几对情侣旁若无人地拥抱和亲吻，一点不在意别人怎么看。每个人都在吵嚷和欢笑。几个月来，他们一直把个人的感情放在次要地位，这一天，他们把几个月来累积的热情全部发泄了出来，这一天是他们得以幸存的日子。明天再去过沉默拘谨的正经日子吧，至于眼前，人们无论出身，都像亲兄弟一样挤在一起。死亡的威胁不能达到的平等，至少在这几个小时时间里，在解放的快乐中得到了实现。

　　但这种普遍的欢庆局面并非全部。傍晚的时候，和朗贝尔一起漫步在拥挤的大街上的人里面，一些人平静的外表下往往隐藏着更为微妙的欢乐。很多男女和家庭看似在平静地散步，其实更大程度上是在重温他们曾经遭受过苦难的地方，同时向新来者指出或明显或隐蔽的鼠疫的痕迹，或者说历史的遗迹。在少数情况下，他们乐于充当向导——作为有阅历和经历过鼠疫的人——他们不提恐惧，却对鼠疫的危险夸夸其谈。这是一种无伤大雅的乐趣。但在另一些情况下，这种旅游活动却显得情意绵绵，当一位情人陷入甜蜜而痛苦的回忆时，可能会对他的爱人说："就是在这里，一个今天这样的晚上，我想你想得发疯，但你却不在身边。"这些恋人是很容易认出来的：在熙熙攘攘的人群中，他们窃窃私语，充满信心，就像一座座醒目的小岛。他们比街头的乐队更能表达人们获得解放的心情，因为这些如同着了魔的情侣紧紧搂抱着，即使不说话，也能在嘈杂的人群中以一种完全赢得胜利的、令人羡慕的快乐大声宣布：鼠疫已经结束，恐惧烟消云散。尽管证据还在，他们已经若无其事地否定了我们曾经熟悉的死个人就像死了一只苍蝇一样的世界，那种明确无疑的野蛮状况，那种有据可查的疯狂和伴随着可怕的自由放任的囚禁生活，那种令每个活着的人不知所措的死人的恶臭。总之，他们否认我们曾经是一群麻木不仁的人，曾经每天看着我们的一些同类被填进焚尸炉，苟活者则臣服于软弱和恐惧的锁链，等着自己前途未卜的命运。

至少，当里厄一个人在钟声、隆隆的炮声里、音乐和震耳欲聋的喊叫声里朝市郊走去的时候，心中就是这样想的。他的工作还在继续：患者没有节日。在照耀着奥兰城的温暖宜人的阳光下，可以闻到烤肉和茴香酒的气味。身边的人们仰天欢笑，一对对男女偎依在一起，因为兴奋而显得容光焕发，因为欲望而叫喊。是的，鼠疫结束了，恐惧不再，这些纠缠在一起的手臂用最深刻的语言表明了曾经的流放和分离。

几个月来，里厄第一次感到他能够把握大街上行人表情的相似之处。这种表情现在足以引起他的注意。鼠疫已结束，痛苦和匮乏也成为过去，所有这些人终于穿上了体现他们长久以来社会角色的服装，这在鼠疫时期移民的表情上，他们现在所穿的体现他们遥远故乡的服装上表现得特别明显。从鼠疫关闭城门的那一刻开始，他们就生活在疏离的状态里，远离人类的温暖，这种状态致使他们忘记了一切。从不同程度上，这些男男女女在城里的每个角落都渴望着重聚，虽然每个人的情况都有不同，但结果都是不可能的。一些人强烈思念不在身边的亲人，为了身体的温暖，为了爱，或者只是为了习惯的生活。另一些人，常常不自觉地因为失去友谊，或无法通过通常的途径如信件、火车、轮船和友人接触而痛苦。还有一些人，数量很少——也许塔鲁就是其中的一位——愿意做一些他们不能明确定义，但在他们看来唯一值得做的事情。因为找不到更好的名字，他们有时称之为安宁。

里厄继续走着，越走身边的人越多，嘈杂声也越大，似乎要去的郊区正在向远处移动一样，感觉越走越远。他一点一点地融进这个吵吵嚷嚷的群体，同时对身边的叫喊声有了更深的领会，毕竟，在某种程度上，这也是他自己的声音。是的，他们曾经一起经受过苦难，因为难以忍受的疏离感，因为惨痛的放逐和无法满足的渴望，在肉体和心灵上留下了创伤。在死人堆里，救护车的警笛声里，在所谓命运的警告下，在恐惧和内心反抗的无法抗拒的压迫中，一个巨大的声音曾经一直向他们呼喊，告诉这些生活在惊恐中的人，让他们必须回到他们真正的故乡。然而在这些人的心目中，真正的故乡远在这个令人窒息的城市的城墙之外。它在山上散发着芬芳香气的草丛里，在大海上，在自由的国度和他们沉重的爱情里。他们渴望回到故乡，重新过上快快乐乐的生活，至于其他的一切，他们都不屑一顾。

　　这种放逐和重聚的愿望有什么意义呢？里厄也无从得知。人们向他喊叫，从各个方向推挤着他，他慢慢走进一条不太拥挤的街道。他想，这些事有没有意义都不重要，但是必须看到，对于人类的希望，这里所出现的回应。

　　现在他知道这些回应是什么了，在走进郊区那些几乎空荡荡的街道时，他的体会更深了。那些执着于小我的人，一心想回到他们爱的家园，他们或许得到了回报——尽管其中的一些人还孤身一人走在街头，而且他们曾经等待的人不在身边。可是这些没有遭受双重分离的人还算是幸运的，像那些在鼠疫前没有为他们的爱情建立一个坚实的基础，花费多年时光盲目求得一纸协定，勉强生活在一起的爱人一样。这些人就像里厄一样，轻率地把希望寄托在时间上，现在却收获了永远的离别。但是另外一些人，比如朗贝尔——医生早上曾对他说："勇敢点！现在是你证明自己正确的时候了。"——已经很快迎回了他们原以为失去的恋人。总之，在一段时间里，他们将感到幸福。他们现在明白，如果说存在一种人们一直渴望获得但有时又能真正得到的东西的话，这就是人类的感情。

相反地，对那些目光超越了人类个体，触及他们自己也无法描述的领域的人来说，答案是不存在的。塔鲁似乎达到了那种他所说的几乎无法企及的安宁，但他临死的时候才得到，这个时候对他已经失去了意义。作为比较，里厄见到另一些人在家门口，在暗淡的光线下紧紧搂抱在一起，像着了魔一样互相凝视着：如果说他们找到了他们向往的东西，那是因为他们所要求的是取决于他们自身的唯一的东西。在拐进格朗和科塔尔居住的那条街道时，里厄想到，对局限于人类本身及其卑微而令人敬畏的爱情的人而言，是应该时常得到一些快乐作为奖励的。

30

这篇叙事行将结束，也到了贝尔纳·里厄医生承认他的作者身份的时候。但在记述结束的场景之前，他希望至少解释一下他写这篇作品的理由，并指出他力图采用的公正旁观者的语气。在整个鼠疫期间，他的职业使他能够观察大多数市民，并了解他们的感受。因此他有记录这些所见所闻的条件。不过他希望在讲述时保持必要的克制。

总体上，他一直慎重地避免记录他没有亲眼看到的事件，同时也避免把一些无法证实的想法安插在他鼠疫时期的伙伴身上，并仅利用一些因为机缘或不幸事件落到他手里的文档作为参考。

有幸为一种罪行见证，他像一个善良的证人应当做的那样，保持了一定的克制。然而，遵照他的良心，他站在受害者一边，并和他的同胞分享他们共同的确定无疑的经历——爱情、放逐和痛苦。因此他可以问心无愧地说，他们的忧虑都曾经是他的忧虑，他们的困境也曾经是他的困境。

作为一个忠诚的见证人，他讲述的主要是人们的所作所为，以及从档案中搜集到的资料。至于他个人的烦恼和长期的焦虑，他的职责使他保持沉默。当他偶尔提到这些问题的时候，那只是为了让别人更好地理解他的市民朋友，并尽可能明确地把他们在很多时候隐约感觉到的东西表现出来。说实在的，他认为这种理性的努力一点都不难。每当他想在成千上万名受害者痛苦的呼声里加入自己的评论时，就会想到他自己的痛苦没有一种不是别人的痛苦，而在一个痛苦往往需要一个人孤独承受的世界上，这反而是一种好处，于是他就因此作罢。毫无疑问，他必须代表所有人讲话。

但是，至少有一个市民是里厄医生所不能代表的。有一天塔鲁曾这样向里厄说起他："他唯一真正的罪过是从心底里认可那种杀害男人、女人和儿童的事情。别的我都能理解，要不是这样的话，我会原谅他的。"这个人有一颗愚昧，也可以说是孤独的心，讲完他的事，我们的这篇记录就可以结束了。

当里厄离开人声鼎沸的大街，正要拐进格朗和科塔尔所在的那条街道时，被一排警察拦住了。这实在出人意料。远处的喧闹声更显出这里的寂静，他原以为这里一个人都看不到呢。他出示了名片。

"不行，医生，"一个警察说，"有个疯子正对着人群开枪。但是你最好留在这里，我们也许会需要你。"

这时，里厄看见格朗朝他走过来。格朗也不知道怎么回事。人家不让他过去，但他得知子弹是从他家所在的那栋房子里打出来的。事实上，在这个距离，他们能看到那栋被夕阳镀上一层金色的楼房。那栋楼房前是一片开阔的空地，一直延伸到对面的人行道。路中间可以看到一顶帽子和一块脏东西。更远处，在街道的另一头也有一排警察，几个本地区的居民在后面快步走着。仔细一看，还能发现一些警察拿着左轮手枪，躲在那栋楼房对面房屋的门道里。那栋楼房所有的窗户都关着，只有三楼有一扇窗户半开着。这条街上鸦雀无声，只能听到市中心断断续续传来的音乐声。

突然之间，从那栋楼房对面的房子里发出了两声枪响，那扇半开的百叶窗碎片乱飞。然后周围又静了下来。站在这里，经过一天的喧嚣之后，这个场面让里厄产生了不真实的感觉。

"那是科塔尔家的窗户呀，"格朗突然显得非常不安，"但是科塔尔已经消失一阵子了。"

"他们为什么开火？"里厄问那个警察。

"他们在干扰他。我们正等着运装备的车来，因为不管谁靠近那座楼房的大门，他都会开枪，一个警察已经中了枪。"

"他为什么要开枪？"

"天知道。人们正在街上庆祝。第一声枪响的时候，他们还都不知道怎么回事。接着又是一枪，人们惊叫起来，有人受了伤，于是大家都逃走了。那个人是个疯子，就是这样。"

在新一轮的寂静中，时间似乎过得非常慢。街道远端突然有一条狗跑了出来，那是一条脏兮兮的西班牙猎狗，它一定是被主人一直藏起来的。这条狗沿着墙边小跑过来，在靠近那栋房子大门的地方停下来，蹲坐在地上，扭头舔舐身上的毛。几个警察朝它吹口哨，招呼它过来。它抬起头，然后慢慢走到路中间，闻了闻那顶帽子。这时三楼传来一声枪响，那条狗像翻煎饼一样翻倒在地，四只脚在空中踢腾着，然后侧身倒在地上，一边抽搐，一边浑身颤抖。警察立即还击，对面大楼的门口又开了五六枪，那扇百叶窗被打得更烂。接着又平静下来，夕阳又下沉了一点，阴影正在爬上科塔尔家的窗户。里厄后面的街道上传来轻轻的刹车声。

"他们来了。"那位警察说。

一些警察出现在他们身后，拿着绳子，一架梯子和两个用油布包起来的长方形的东西。他们走左侧的街道，绕到格朗所住那栋楼房对面的房屋背后。过了一会儿，那些房子门口出现了一些骚动。然后又安静下来。那条狗已经不再挣扎，躺在一摊暗红色的血泊里。

突然之间，从被警察占据的那栋房屋的窗户里，冲锋枪嗒嗒地响了起来。那扇百叶窗碎成一片片落下来，露出一个黑洞，但从里厄和格朗所在的地方什么都看不见。一阵射击停止后，另一支冲锋枪又从另一个角度开了火，从更远处的一栋房子里。子弹无疑是朝窗户里打的，窗户周围的砖被打碎了一圈。与此同时，三名警察跑过大街，消失在门里。同时另外三名警察也迅速冲了进去，枪声停止了。其他人原地等待。那栋楼房里传出两声爆炸声。接着又响起了越来越明显的吵闹声，一个穿着衬衣的小个子哀号着被拖了出来。就像变魔法一样，街道两边紧闭的百叶窗齐齐打开，窗户口挤满了好奇的观众，警戒线后也一下子冒出很多人。这会儿，那个小个子被拖到了马路中间，两脚着地，双臂被警察反剪在背后。他在叫嚷，一个警察跑上来，相当冷静地狠狠给了他两拳。

"是科塔尔，"格朗结结巴巴地说，"他疯了。"

科塔尔跌倒在地上。他们看见那个警察又朝他用力踢了一脚。接着一群人开始乱糟糟地朝里厄和格朗这边走过来。

"别站在这里！"一个警察说。

那群人经过的时候，里厄把头转开了。

夜幕降临时，格朗和里厄离开了。这场事件似乎打破了四邻的麻木状态，偏僻的街道上开始挤满了欢庆的人群。格朗在家门口向里厄告别，他要去工作。不过正当他要上楼梯时，又回头对里厄说，他已经给让娜写了信，他现在很高兴。他已经重新开始推敲那个句子了："我去掉了所有的形容词。"

他带着淘气的微笑举起帽子，做出一个隆重的姿态。可是里厄正在想着科塔尔，他一边朝老哮喘患者家走，一边回想着拳头打在科塔尔脸上发出的沉闷声音。也许想一个有罪的活人比想一个死人更令人难受。

赶到老人家里时，天已经黑了。卧室里，老人一边听着远处人们自由自在欢庆的声音，一边继续安然地倒腾着他的豆子。

"他们应该乐一乐，"他说，"什么苦头都吃过了。你的同事怎么没有来，医生？"

他们听见了爆炸声，不过是无害的那种，那是孩子们在放爆竹。

"他死了。"里厄一边用听诊器听着患者胸膛的杂音，一边说。

"哎呀！"老人惊叫了一声，但不知道该说什么才好。

"他是患鼠疫死的。"里厄补充道。

"是啊，"过了一会儿，老人感慨地说，"好人先走。这就是生活。不过他是个有想法的人。"

"你这个说法是怎么得来的？"医生把听诊器放好。

"没有原因。他不轻易开口说话。我喜欢他，就是这样。别人会说：'这是鼠疫呀，我们经历了鼠疫。'接下来，他们就想为自己要一块奖章。但是鼠疫到底是怎么回事？不过就是生活罢了。"

"你要确保定期使用吸入剂。"

"啊，别担心！我还有好长时间要活，我会看着他们都死在我前面。我懂得怎么保命，我懂。"

欢快的叫喊声从远处回应着他。里厄在屋里站了一会儿。

"我去天台上一下，你不介意吧？"

"一点也不！你想从那里看看他们吗？别客气。不过他们还和过去一模一样。"

里厄朝楼梯走去。

"告诉我，医生，他们打算为鼠疫中死掉的人树一座纪念碑，这事是真的吗？"

"报纸上是这样说的。纪念柱或者纪念碑。"

"我就知道！还会有人演讲呢。"

老人笑得气都透不过来。

"我都能听见他们说什么了：'我们亲爱的……'接着他们就回去吃大餐了。"

里厄上了楼梯，冰冷辽阔的天空在房顶上闪闪发光，靠近山冈的地方，星星显得像燧石一样坚硬。这天晚上和那天没什么两样，那一次为了暂时忘掉鼠疫，他和塔鲁爬到了这个房顶上。不过，今天海水拍打崖壁的声音比那时更响亮，空气平静而透明，没有秋天空气里特有的海水的咸味。城里的喧闹声仍然像海浪一样一波又一波地冲击着平台的底部。但这个晚上是解放的夜晚，不是叛乱的夜晚。远处，一片暗红色标记出城里的大街和灯火通明的广场。这个自由的夜晚，欲望无拘无束，汇成了里厄耳边的声声洪流。

城外黑沉沉的港口升起了政府的第一批庆祝礼花。城里的人用一片悠长低沉的欢呼声迎接了这一刻的到来。科塔尔、塔鲁，那些里厄爱过而又失去的男男女女，所有这些人，无论是死去的还是有罪的，都被遗忘了。老头子说得对，人一直是这个样子的。但这也同时体现了他们的生命力和纯真，正因为这样，里厄忘却了痛苦，感到自己融入了这些人当中。在人们越来越持久、越来越响亮、响彻整个城区的欢呼声里，五颜六色、千姿百态的烟火争相在空中绽放。里厄医生正是在此时决定撰写这篇记录的，他的目的是不在事实面前保持沉默，为鼠疫的受害者做证，为他们遭遇的暴力和不公平留下一点回忆，也是为了记录一个人在这样的苦难中学到的东西：在人类身上，令人赞赏的东西总是多于令人鄙弃的东西。

然而，他也明白这篇记录并不是一个全面胜利的故事。它只能是一个记录，告诉我们应当如何抗争，以及在反抗恐惧及其无情进攻的没有尽头的战斗中，那些身为凡人但拒绝向瘟疫让步，不顾自身的困境，拼尽全力济世救人的人又一定会做些什么。

是的，里厄一边倾听城里的欢呼，一边想到，这样的欢乐终究是处在威胁之中的。他了解这些快乐的人所不了解但可以在教科书上看到的东西，那就是：鼠疫杆菌绝不会完全死亡或消失，它们能够在家具或衣物里存活数十年。它们在浴室、地下室、行李箱、手帕和旧纸张里耐心地潜伏着，等候着冥冥中的指令或人类的不幸，到那时，鼠疫将再次唤醒它的鼠群，送它们去某座幸福的城市播撒死亡。